제2판

추상대수학

허 걸 · 채갑병 지음

KM 경문사

수학자는

첫째, 어떠한 믿음도 수정할 준비가 되어 있어야 한다.
　　'지적인 용기'를 필요로 한다.

둘째, 믿음을 바꾸어야 할 합당한 이유가 생겼을 때는, 그렇게 해야 한다.
　　'지적인 정직성'을 필요로 한다.

셋째, 합당한 이유가 없는 한, 함부로 믿음을 바꾸어서는 안된다.
　　'현명한 인내'를 필요로 한다.

"의심할 가치가 있는 것 이외에는 아무것도 믿지 말라."

- 수학자 죠지 폴야(George Polya)

부모님을 기억하며

I hope we'll be able to solve these problems before we leave.

- 수학자 폴 에르도시(Paul Erodös)

머리말

이 책은 학부에서 첫 번째 대수학 교재로 사용할 수 있도록 구성하였다. 또한 학생들이 자습서로 사용할 수 있게 최대한 자세히 개념을 설명하고, 문제를 어떻게 접근하고 풀어나가야 하는지 설명하려 노력하였으며, 현재까지 앞선 여러 교재의 공통 주제만을 다루려고 노력하였다. 따라서 학부에서 알아야 할 대수학의 거의 모든 주제와 개념에 대하여 논하였고, 되도록이면 선형대수학이나 정수론의 선수과목을 듣지 않아도 이해할 수 있도록 1장과 6장 1절에 기초정수론 이론과 선형대수학 이론을 각각 간단히 논하였다. 따라서 2학기 교재로 사용할 경우 1장과 4장, 5장 3절, 6장 1절을 생략하고, 3학기용으로 사용할 때는 모든 영역을 배울 수 있으리라 생각된다.

학생들이 대수학을 처음 대할 때 그 추상적 공리계에 어려움을 느끼고, 문제를 대하였을 때 어떻게 풀어야 할지 막막해 하는 경우를 고려하여 가능한 많은 예제와 유제를 해답과 같이 수록해서 학생들이 학습할 때 조금이나마 도움이 되도록 하였다. 또한 비교적 많은 연습문제를 실으려 노력하였다. 그 양이 상당하기 때문에 강의자는 적당히 유제를 생략하고 강의를 하여야 할 것이다. 모쪼록 이 책이 학생들이 대수학을 이해하는 데 많은 도움이 되기를 바란다.

1판에 있는 오타와 오류를 수정하였고 약간의 연습문제를 추가하였다. 몇 개의 장과 절이 통합되었고, 7.3절 원분확대체가 추가되었다. 마지막으로 경문사 편집부의 도움과 세심한 편집에 감사드립니다.

2022년 3월

허걸, 채갑병

세상은 사실들의 총체이지, 사물들의 총체가 아니다.

The world is the totality of facts, not of things.

- 논리철학자 루트비히 비트겐슈타인(Ludwig Wittgenstein)

차 례

1장 기초 정수론

1.1 나눗셈 알고리즘 ······ 2
1.2 약수와 배수 ······ 3
1.3 소수와 유일 소인수분해 ······ 9
1.4 합동과 합동류 ······ 12
1.5 합동류의 계산 ······ 17
1.6 p가 소수일 때 $\mathbb{Z}_p$ ······ 22

2장 군(Group)

2.1 군의 정의 ······ 32
2.2 군의 기본성질 ······ 57
2.3 부분군 ······ 74
2.4 동형 사상 ······ 92
2.5 정규부분군 ······ 112
2.6 몫군 ······ 132
2.7 동형정리 ······ 145
2.8 라그랑지 정리 ······ 164

3장 환

3.1 환의 정의 ······ 184
3.2 환의 기본성질 ······ 204
3.3 동형 사상 ······ 221
3.4 다항식의 계산 ······ 241
3.5 다항식의 약수와 배수 ······ 251

3.6 기약성과 유일 인수분해 ······ 259
3.7 다항함수의 근과 가약성 ······ 266
3.8 $\mathbb{Q}[x]$에서 기약성 ······ 277
3.9 $\mathbb{R}[x]$와 $\mathbb{C}[x]$에서 기약성 ······ 291
3.10 $F[x]$에서 합동 ······ 295
3.11 합동류의 계산 ······ 304
3.12 $F[x]/(p(x))$ ······ 312
3.13 이데알 ······ 316
3.14 몫환과 준동형 사상 ······ 332
3.15 소 이데알과 극대 이데알 ······ 348

4장 정역
4.1 유일 인수분해 정역 ······ 360
4.2 유일 인수분해와 주 이데알 ······ 374
4.3 정역의 분수체 ······ 386

5장 군의 직적, 작용, 실로우 정리
5.1 직적 ······ 402
5.2 유한 아벨군 ······ 408
5.3 군의 작용 ······ 420
5.4 실로우 정리 ······ 434
5.5 실로우 정리의 응용 ······ 446

6장 확대체
6.1 기저와 차원 ······ 456
6.2 단순 확대체 ······ 468
6.3 대수적 확대체 ······ 480
6.4 분해체 ······ 492
6.5 분리 가능성 ······ 506
6.6 유한체 ······ 514

7장 갈로아 이론
7.1 갈로아군 ······ 528
7.2 갈로아 이론의 기본정리 ······ 536
7.3 원분 확대체 ······ 548

참고문헌 ······ 561
찾아보기 ······ 562

1장

기초 정수론

그러나 약 2600년 전에 밀레토스의 탈레스가 등장하면서 변화가 일어나기 시작했다. 자연이 한결같은 원리들을 따르며 그 원리들을 알아낼 수 있다는 생각이 등장한 것이었다.

그리하여 신들이 지배한다는 생각이 물러가고, 우주가 자연법칙들에 의해서 지배되며 우리가 언젠가 해독하게 될 설계도에 따라서 창조되었다는 생각이 전면에 나서는 긴 과정이 시작되었다.

- 이론 물리학자 스티븐 호킹 "위대한 설계" 중에서

(Stephen Hawking in the book "The Grand Design")

1.1 나눗셈 알고리즘

정리 1.1.1 나눗셈 알고리즘(The division Algorithm)

a와 c는 $c \neq 0$인 정수라 하면 $a = cq + r$, $0 \leq r < |c|$를 만족하는 유일한 q, $r \in \mathbb{Z}$이 존재한다.

예제 1.1.1 $9 = 2 * 4 + 1$

$-5 = 2 * (-2) - 1$ $\quad r = -1 < 0$이라 알고리즘을 만족하지 않는다.

$-5 = 2 * (-3) + 1$ $\quad r = 1 > 0$이므로 만족한다.

예제 1.1.2 모든 홀수는 어떤 정수 k에 대하여 $4k+1$ 또는 $4k+3$ 꼴임을 증명하라.

[풀이] n이 임의의 홀수라 하면 $m \in \mathbb{Z}$이 존재하여 $n = 2m + 1$을 만족한다.

경우1 : m이 짝수인 경우. $k_1 \in \mathbb{Z}$이 존재하여 $m = 2k_1$이고

$n = 2(2k_1) + 1 = 4k_1 + 1$이다.

경우2 : m이 홀수일 경우. $k_2 \in \mathbb{Z}$이 존재하여 $m = 2k_2 + 1$이고

$n = 2(2k_2 + 1) + 1 = 4k_2 + 3$이다. ■

유제 1.1.1 -302를 19로 나눌 때 몫과 나머지를 구하라.

유제 1.1.2 모든 홀수 a에 대하여 a^2은 어떤 정수 k에 대해서 $8k+1$ 꼴임을 증명하라.

예제 1.1.3 임의의 정수 a의 제곱은 어떤 정수 k에 대하여 $3k$ 또는 $3k+1$ 꼴임을 증명하라.

[풀이] 나눗셈 알고리즘에 의하여, $a = 3q$, $3q+1$ 또는 $3q+2$이다. 여기서 $q \in \mathbb{Z}$이다.

(i) $a = 3q$인 경우 : $a^2 = (3q)^2 = 9q^2 = 3(3q^2)$이고 $3q^2 \in \mathbb{Z}$이다.

(ii) $a = 3q+1$인 경우 : $a^2 = (3q+1)^2 = 3(3q^2 + 2q) + 1$이고 $3q^2 + 2q \in \mathbb{Z}$이다.

(iii) $a = 3q+2$인 경우 : $a^2 = (3q+2)^2 = 3(3q^2 + 4q + 1) + 1$이고

$3q^2+4q+1\in\mathbb{Z}$이다. 따라서 증명이 완료된다. ■

유제 1.1.3 임의의 정수의 세제곱은 어떤 정수 k에 대하여 $9k$ 또는 $9k+1$ 또는 $9k+8$ 꼴 중의 꼭 하나임을 증명하라.

1.2 약수와 배수

정의 1.2.1 약수와 배수

a와 b는 $b\neq 0$인 정수라 하자. 적당한 $c\in\mathbb{Z}$ 가 존재하여 $a=bc$ 이면 b는 a를 나눈다(b divides a) 또는 b는 a의 약수(divisor) 또는 b는 a의 인수(factor) 또는 a는 b의 배수(multiple)라 한다. 이 경우에 기호 $b|a$로 쓰고 b가 a의 약수가 아닐 때 기호 $b\nmid a$로 쓴다.

보기 1.2.1 모든 0이 아닌 정수 b는 0의 약수다. 왜냐하면 $0=b\cdot 0$이기 때문이다. 모든 정수 a에 대하여 $1|a$이다. 왜냐하면 $a=1\cdot a$이기 때문이다. ■

주목 b가 a의 약수이면, 어떤 c에 대하여 $a=bc$이다. 또한 $-a=b(-c)$이므로 $b|(-a)$가 된다. 비슷하게 $-a$의 모든 약수는 역시 a의 약수임을 알 수 있다. 따라서 a와 $-a$는 같은 약수들을 갖는다.

주목 $a\neq 0$이고 $b|a$라 가정하면 $c\in\mathbb{Z}$가 존재하여 $a=bc$를 만족한다. 따라서 $|a|=|b||c|$이다. 그러므로 $0\leq|b|\leq|a|$, $b\neq 0$이다. 이 부등식은 $-|a|\leq b\leq|a|$, $b\neq 0$와 논리적으로 같다. 따라서

(i) 0이 아닌 정수 a의 모든 약수는 $|a|$보다 작거나 같다.

(ii) 0이 아닌 정수는 유한개의 약수만을 갖는다.

정수 12의 모든 약수는

$$1,\ -1,\ 2,\ -2,\ 3,\ -3,\ 4,\ -4,\ 6,\ -6,\ 12,\ -12$$

비슷하게, 30의 모든 약수는

$$1,\ -1,\ 2,\ -2,\ 3,\ -3,\ 5,\ -5,\ 6,\ -6,\ 10,\ -10,\ 15,\ -15,\ 30,\ -30$$

12와 30의 **공약수**(common divisor)는 12와 30을 모두 나누는 수이다.

$$1,\ -1,\ 2,\ -2,\ 3,\ -3,\ 6,\ -6$$

이 공약수들 중에서 가장 큰 수 6을 12와 30의 **최대공약수**(the greatest common divisor)라 한다.

정의 1.2.2 최대공약수

a와 b는 동시에 0이 아닌 정수라 하자. a와 b의 최대공약수(gcd)는 a와 b를 모두 나누는 가장 큰 정수 d를 말한다. 다른 말로 하면, 정수 d가 a와 b의 최대공약수일 필요충분조건은 d가 다음의 조건을 만족하는 것이다.

(i) $d|a$이고 $d|b$,

(ii) $c|a$이고 $c|b$면, $c \le d$이다.

이때, d를 보통 (a, b)로 표시한다.

a와 b가 둘 다 0이 아니면, 이 두 정수의 최대공약수는 존재하고 유일하다. 그 이유는 0이 아닌 정수는 유한개의 약수만을 가지므로, 유한개의 공약수만이 존재한다는 것이다. 그러므로 꼭 하나의 가장 큰 공약수가 존재해야만 한다. 더욱이, a와 b의 최대공약수는 부등식 $(a,\ b) \ge 1$을 만족한다. 왜냐하면, 1은 a와 b의 공약수이기 때문이다.

| 보기 1.2.2 | 위에서 보았듯이, $(12,\ 30) = 6$. 10과 21의 공약수는 1과 -1뿐이다. 그러므로 $(10,\ 21) = 1$이다. 이러한 최대공약수가 1인 두 정수를 **서로소**(relatively prime)라 한다. ■

$6 = (12,\ 30)$임을 알았다. 약간의 계산을 통하여 6은 12와 30의 **선형 결합**(linear combination)으로 표시됨을 알 수 있다. 예를 들면

$$6 = 12(-2) + 30(1) \text{이고 } 6 = 12(8) + 30(-3)$$

이다. $6 = 12u + 30v$을 만족하는 또 다른 정수 u와 v를 구할 수도 있다.

정리 1.2.3

a와 b는 동시에 0이 아닌 정수이고 d는 이 두 수의 최대공약수라 하자. 그러면 $d = au + bv$를 만족하는 정수 $u,\ v \in \mathbb{Z}$(꼭 하나일 필요는 없음)가 존재한다.

위 정리의 역은 일반적으로 성립하지 않는다. 오직 $d = 1$일 때만 역이 성립함을 주의한다.

따름정리 1.2.4

a와 b는 동시에 0이 아닌 정수이고 $(a,\ b) = 1$일 필요충분조건은 $1 = au + bv$를 만족하는 정수 $u,\ v \in \mathbb{Z}$(꼭 하나일 필요는 없음)가 존재하는 것이다.

최대공약수는 다른 모든 양의 공약수의 배수이므로 다음이 성립한다.

따름정리 1.2.5

a와 b 동시에 0이 아닌 정수이고 d는 양의 정수라 하자.
$d = (a,\ b)$일 필요충분조건은 다음과 같다.

(i) $d|a$이고 $d|b$,

(ii) $c|a$이고 $c|b$면, $c|d$이다.

”위의 (ii)는 다음과 같이 쉽게 증명이 가능하다. 먼저 $c \le d$라고 하자. $c|a$, $c|b$ 이므로 적당한 $k_1,\ k_2 \in \mathbb{Z}$가 존재하여 $a = k_1 c$, $b = k_2 c$ 이다. 만약 $(k_1, k_2) = 1$이라고 하면 $c = d$ 이므로 $c \mid d$ 이다. 만약 $(k_1, k_2) = m \ne 1$이라면 $(a, b) = mc$가 되어 $mc = d$이므로 $c|d$ 이다.“

다음의 질문에 대한 답은 여러 가지 경우에 필요하게 될 것이다. $a|bc$면, 어떤 조건에서 $a|b$ 또는 $a|c$가 성립하는가? 이것은 언제나 성립하지는 않는다. 예를 들면, $6|3 \cdot 4$ 이지만 $6 \nmid 3$이고 $6 \nmid 4$이다.

정리 1.2.6

$a|bc$이고 $(a,\ b) = 1$이면, $a|c$이다.

[증명] $(a,\ b) = 1$이므로, 따름정리 1.2.4에 의하여, $1 = au + bv$를 만족하는 정수 $u,\ v \in \mathbb{Z}$

가 존재한다. 양변에 c를 곱하면 $acu+bcv=c$이다. 한편 $a|bc$이므로 $r\in\mathbb{Z}$가 존재하여 $bc=ar$를 만족한다. 따라서 $c=acu+bcv=acu+(ar)v\ =a(cu+rv)$이므로 $a|c$가 된다. ■

임의의 정수 b에 대하여, b와 $-b$는 같은 약수들을 가진다. 결국 a와 b의 공약수들은 a와 $-b$의 공약수들과 같다. 그러므로 최대공약수들은 같아야만 한다. 즉, $(a,\ b)=(a,\ -b)$이다. 비슷하게 $(a,\ b)=(a,\ -b)=(-a,\ b)=(-a,\ -b)$이다. 따라서 두 양의 정수의 최대공약수를 구하는 방법은 임의의 두 정수의 최대공약수를 구하는 방법과 같다.

정리 1.2.7 유클리드 알고리즘(The Euclidean Algorithm)

a와 b는 $a\geq b$인 양의 정수라 하자. $b|a$면, $(a,\ b)=b$이다. $b\nmid a$면, 다음과 같이 반복하여 나눗셈 알고리즘을 적용한다.

$$\begin{aligned}
a &= bq_0+r_0 & 0<r_0<b\\
b &= r_0q_1+r_1 & 0\leq r_1<r_0\\
r_0 &= r_1q_2+r_2 & 0\leq r_2<r_1\\
r_1 &= r_2q_3+r_3 & 0\leq r_3<r_2\\
r_2 &= r_3q_4+r_4 & 0\leq r_4<r_3\\
&\ \vdots
\end{aligned}$$

이 과정은 나머지가 0이 될 때 끝난다. 이것은 유한번의 단계 후에 일어나야만 한다. 즉, 어떤 정수 t에 대하여

$$\begin{aligned}
r_{t-2} &= r_{t-1}q_t+r_t & 0<r_t<r_{t-1}\\
r_{t-1} &= r_tq_{t+1}+0
\end{aligned}$$

그러면 $r_t=(a,\ b)$이다.

유클리드 알고리즘을 사용하여 $(324,\ 148)$을 구한다. $a=324$이고 $b=148$이라 하고, 나눗셈 알고리즘을 사용하여, $q=2$와 $r_0=28$을 구한다.

(1) $324=148\cdot 2+28$

(2) $148=28\cdot 5+8$

(3) $28=8\cdot 3+4$

$8=4\cdot 2+0$

각 가로줄에 있는 나눗수는 다음 가로줄에서 나뉨수가 되고 각 가로줄에 있는 나머지는 다음 가로줄에서 나눗수가 된다.

마지막 0이 아닌 나머지는 4다. 그러므로 $(324, 148)=4$가 된다. 이제 324와 148의 선형 결합으로 4를 쓰기 위하여 위의 방정식들에서 후방대입(back-substitution)을 사용한다.

$4=28-8\cdot 3$ [이것은 바로 방정식 (3)이다.]

$4=28-(148-28\cdot 5)\cdot 3$ [방정식 (2)가 수 8을 다시 쓰기 위하여 사용되었다.]

$4=28-148\cdot 3+28\cdot 15$

$4=28\cdot 16-148\cdot 3$

$4=(324-148\cdot 2)16-148\cdot 3$ [방정식 (3)이 수 28을 다시 쓰기 위하여 사용되었다.]

$4=324\cdot 16-148\cdot 32-148\cdot 3$

$4=324\cdot 16+148(-35)$

따라서 $d=324u+148v$가 되는 u, v는 $u=16$, $v=-35$가 된다.

보조정리 1.2.8

$a, b, q, r\in\mathbb{Z}$이고 $a=bq+r$이면, $(a, b)=(b, r)$이다.

[증명] c가 a와 b의 공약수라 가정하자. 그러면 $s, t\in\mathbb{Z}$가 존재하여 $a=cs$이고 $b=ct$이다. 따라서

$$r=a-bq=cs-(ct)q=c(s-tq)$$

이다. 그러므로 $c|r$이고 c는 b와 r의 공약수이다. 역으로 e가 b와 r의 공약수라 가정하자. 그러면 $x, y\in\mathbb{Z}$가 존재하여 $b=ex$, $r=ey$라 쓸 수 있다. 따라서

$$a=bq+r=(ex)q+ey=e(xq+y)$$

이므로 $e|a$이다. 즉, e는 a와 b의 공약수이다. 이제 S를 a, b의 공약수 전체집합이라 하고 T를 b, r의 공약수 전체집합이라 하면 $S=T$가 된다. 따라서 S의 최대원 (a, b)와 T의 최대원 (b, r)은 같다. ■

예제 Ⅰ 1.2.1 4144와 7696의 최대공약수를 구하라.

[풀이] $7696=4144\cdot 1+3552$

$4144=3552\cdot 1+592$

$3552=592\cdot 6+0$

따라서 $(4144, 7696)=592$ ■

유제 1.2.1 $(12378,\ 5054)$를 구하라.

예제 1.2.2 $a|b$이고 $b|c$면, $a|c$임을 증명하라.

[풀이] $a|b$이고 $b|c$이므로, 두 수 $l,\ m \in \mathbb{Z}$이 존재하여 $b = al$이고 $c = bm$이다. 따라서 $c = (al)m = a(lm)$이고 $lm \in \mathbb{Z}$이다. 그러므로 $a|c$이다. ■

유제 1.2.2 $a|b$이고 $b|a$이면, $a = \pm b$임을 증명하라.

예제 1.2.3 $a|b$이고 $a|c$이면, $a|(b+c)$임을 증명하라.

[풀이] $a|b$이고 $a|c$이므로, $l,\ m \in \mathbb{Z}$이 존재하여 $b = al$이고 $c = am$이다. 그러므로 $b + c = al + am = a(l+m)$이고 $l + m \in \mathbb{Z}$이므로 $a|(b+c)$이다. ■

유제 1.2.3 $a|b$이고 $a|c$이면, 임의의 $r,\ t \in \mathbb{Z}$에 대하여 $a|(br+ct)$임을 증명하라.

예제 1.2.4 모든 정수 n에 대하여 $(n,\ n+1) = 1$임을 증명하라.

[풀이] 결과가 성립하지 않는다고 가정하자. 그러면 $m \in \mathbb{Z}$이 존재하여 $(m,\ m+1) = d > 1$이다. $d|m$이고 $d|(m+1)$이므로 즉 $k_1,\ k_2 \in \mathbb{Z}$이 존재하여 $m = dk_1$이고 $m + 1 = dk_2$, $(k_1,\ k_2) = 1$이다. 그러므로 $dk_1 + 1 = dk_2$ 또는 $d(k_2 - k_1) = 1$이다. d는 양의 정수이므로 $d = 1$이다. 이것은 $d > 1$이라는 가정에 모순이다. ■

유제 1.2.4 수학적 귀납법을 사용하여, $(a,\ b) = 1$이면 모든 $n \geq 1$에 대하여 $(a,\ b^n) = 1$임을 증명하라.

예제 1.2.5 $a|c$, $b|c$이고, $(a,\ b) = 1$이면, $ab|c$임을 증명하라.

[풀이] $a|c$이므로 $k \in \mathbb{Z}$이 존재하여 $c = ak$이고 $b|c$이므로 $b|ak$이다. $(a,\ b) = 1$이므로, $b|k$이어야 한다. 따라서 $u \in \mathbb{Z}$가 존재하여 $k = bu$이다. 그러므로 $c = ak = a(bu) = (ab)u$이므로 $ab|c$이다. ■

유제 1.2.5 $a|c$, $b|c$이고 $(a,\ b) = d$이면, $ab|cd$임을 증명하라.
[도움말 : 예제 1.2.5는 $d = 1$인 경우다.]

1.3 소수와 유일 소인수분해

정의 1.3.1 소수

다음을 만족하는 정수 p를 소수(prime)라 한다. $p \neq 0$, ± 1이고 p의 약수는 ± 1과 $\pm p$뿐이다.

보기 1.3.1 3, -5, 7, -11, 13과 -17은 소수다. 그러나 15는 소수가 아니다. 정수 4567은? ■

정수 p는 $-p$와 같은 약수를 갖기 때문에, 다음의 사실을 알 수 있다 : p가 소수이면 $-p$도 소수이고 그 역도 성립한다. p와 q가 모두 소수이고 $p|q$이면, p는 1, -1, q, $-q$ 중의 하나이어야만 한다. 그러나 p는 소수이므로, $p \neq \pm 1$이다. 따라서 p와 q가 소수이고 $p|q$면, $p = \pm q$이다.

정리 1.3.2

p는 $p \neq 0$, ± 1인 정수라 하자. 그러면 p가 소수일 필요충분조건은 $p|bc$이면, $p|b$ 또는 $p|c$이다.

[증명] $\Rightarrow$] p가 소수이고 $p|bc$라 가정하자. 분명히 $(p, b)=1$ 또는 $(p, b)=p$이다. $(p, b)=1$인 경우, 정리 1.2.6에 의하여, $p|c$이다. 또한 $(p, b)=p$인 경우, $p|b$이다. 따라서 어느 경우에나 $p|b$ 또는 $p|c$이다.

$\Leftarrow$] d가 p의 약수라 하자. 그러면 적당한 $t \in \mathbb{Z}$가 존재하여 $p=dt$이다. $p|dt$이므로 $p|d$ 또는 $p|t$이다. $p|d$인 경우 $d|p$이므로 $d=\pm p$이다. 또한 $p|t$인 경우 $p=dt$이므로 $t=\pm p$이다. 즉, $d=\pm 1$이므로 p는 소수이다. ■

따름정리 1.3.3

p는 소수이고 $p \mid a_1 a_2 \cdots a_n$이면, p는 a_i들 중의 하나의 약수다.

정리 1.3.4

0과 ± 1을 제외한 모든 정수 n은 소수들의 곱이다.

소수가 아닌 0과 ± 1 이외의 정수를 **합성수**(composite number)라 한다. 비록 합성수 45가

$$45 = 3 \cdot 3 \cdot 5$$
$$45 = (-3) \cdot 5 \cdot (-3)$$
$$45 = 5 \cdot 3 \cdot 3$$
$$45 = (-5) \cdot (-3) \cdot 3$$

과 같은 여러 가지 다른 **소인수분해**(prime factorization)를 가질지라도, 이 소인수분해들은 본질적으로 같다. 인수들의 순서와 $-$부호를 끼워 넣는 차이만 있을 뿐이다. 45의 모든 소인수분해는 정확하게 세 개의 **소인수**(prime factor), $q_1 q_2 q_3$를 가짐을 알 수 있다. 더욱이, q들을 다시 배열하고 새 이름을 붙임으로써 언제나 $3 = \pm q_1$, $3 = \pm q_2$와 $5 = \pm q_3$가 됨을 알 수 있다. 이것은 다음의 결과의 한 예이다.

정리 1.3.5 계산의 기본정리(The Fundamental Theorem of Arithmetic)

0과 ± 1 이외의 모든 정수 n은 소수들의 곱이다. 이 소인수분해는 다음의 의미에서 유일하다.

$$n = p_1 p_2 \cdots p_r \text{이고 } n = q_1 q_2 \cdots q_s \text{면,}$$

$r = s$(즉, 인수들의 갯수는 같다)이고 q들을 다시 배열하고 새로 이름을 붙인 후에,

$$p_1 = \pm q_1,\ p_2 = \pm q_2,\ p_3 = \pm q_3,\ \cdots,\ p_r = \pm q_r$$

이다. 여기서, 각 p_i와 q_i는 소수이다.

이 생각을 양의 정수로 제한하면, 유일한 소인수분해에 대한 더 강한 변형이 있다.

따름정리 1.3.6

모든 정수 $n > 1$은 꼭 하나의 방법

$$n = p_1 p_2 p_3 \cdots p_r$$

꼴로 쓸 수 있다. 여기서 p_i는 $p_1 \le p_2 \le p_3 \le \cdots \le p_r$인 양의 소수다.

예제 1.3.1 p는 0과 ± 1 이외의 정수라 하자. p가 소수일 필요충분조건은 모든 $a \in \mathbb{Z}$에 대하여 $(a, p) = 1$ 또는 $p \mid a$이다. 이를 증명하라.

[풀이] $\Rightarrow$] p는 소수라 가정하고 각 $a \in \mathbb{Z}$에 대하여 $(a, p) = d > 1$라 가정하자(즉, $(a, p) \neq 1$이라 하자). 따라서 $d \mid p$가 되고 p가 소수이므로 $d = 1$ 또는 $d = p$이다. 하지만 $d > 1$이므로, $d = p$이고 $d \mid a$이므로 $p \mid a$이다.

$\Leftarrow$] 필요조건이 성립한다고 가정하고 $d \mid p$라 하자. 그러면 적당한 $t \in \mathbb{Z}$가 존재하여 $p = dt$이다. $d \in \mathbb{Z}$이므로 가정에 의하여 $(d, p) = (d, dt) = 1$ 또는 $p \mid d \, (\Leftrightarrow dt \mid d)$이다. $(d, dt) = 1$이면 $d = \pm 1$이다. $dt \mid d$이면 $t = \pm 1$이고 $p = dt$이므로 $d = \pm p$이다. 따라서 p의 약수는 ± 1 또는 $\pm p$뿐이다. 따라서 p는 소수이다. ■

유제 1.3.1 p는 0과 ± 1 이외의 정수라 하자. p가 소수일 필요충분조건은 r과 s가 $p = rs$인 정수이면, $r = \pm 1$ 또는 $s = \pm 1$이다. 이를 증명하라.

예제 1.3.2 $3^s 5^t$의 모든 양의 약수들을 열거하라. 여기서 $s, t \in \mathbb{Z}$이고 $s, t \geq 0$이다.

[풀이] $1, 3, 3^2, \cdots, 3^s;$

$5, 3 \cdot 5, 3^2 \cdot 5, \cdots, 3^s \cdot 5;$

$5^2, 3 \cdot 5^2, 3^2 \cdot 5^2, \cdots, 3^s \cdot 5^2;$

$5^3, 3 \cdot 5^3, 3^2 \cdot 5^3, \cdots, 3^s \cdot 5^3;$

$\cdots \quad \cdots \quad \cdots \quad \cdots$

$5^t, 3 \cdot 5^t, 3^2 \cdot 5^t, \cdots, 3^s \cdot 5^t.$ ■

예제 1.3.3 $c^2 = ab$이고 $(a, b) = 1$이면 a와 b는 완전제곱수(perfect square)이다. 이를 증명하라.

[풀이] $c = p_1 p_2 \cdots p_r$이라 하자. 여기서 p_i는 $p_1 \leq p_2 \leq \cdots \leq p_r$인 양의 소수이다. 그러면

$$ab = c^2 = p_1 p_1 p_2 p_2 \cdots p_r p_r \tag{*}$$

이다. 따라서 $p_1 \mid ab$이다. 즉, $p_1 \mid a$ 또는 $p_1 \mid b$이다. 여기서 $p_1 \mid a$라 하자. $(a, b) = 1$이므로, $p_1 \nmid b$이다. 그러므로 $p_1^2 \mid a$이어야 한다. 따라서 $i \neq j$에 대하여 $p_i^2 \mid a$ 또는 $p_j^2 \mid b$임을 알 수 있다. 이제 (*)에서 $p_i^2 \mid a$ 또는 $p_j^2 \mid b$인 것들을 분류하여 다음과 같이 쓸 수 있다. $a = p_1 p_1 p_2 p_2 \cdots p_i p_i = (p_1 p_2 \cdots p_i)^2$

이고 $b = p_{i+1}p_{i+1} \cdots p_r p_r = (p_{i+1} \cdots p_r)^2$이다. 따라서 a와 b는 완전제곱수이다. ■

유제 1.3.2 $n = p_1^{r_1} p_2^{r_2} p_3^{r_3} \cdots p_k^{r_k}$라 하자. 여기서 $p_1, p_2, p_3, \cdots, p_k$는 서로 다른 소수이고 $r_i \geq 0$이다. n이 완전제곱수이면 각 r_i가 모두 짝수이고 역도 성립한다. 이를 증명하라.

1.4 합동과 합동류

정의 1.4.1

$a, b, n(n>0)$이 정수라 하자. $n|(a-b)$이면 a가 n을 법으로 하여 b와 합동(a is congruent to b modulo n)이라고 한다. 이때, 기호 $a \equiv b \pmod{n}$ 으로 쓴다.

보기 1.4.1 $17 \equiv 5 \pmod{6}$ 이다. 왜냐하면 6은 $17-5=12$의 약수이기 때문이다. 비슷하게, $4 \equiv 25 \pmod{7}$ 이다. 왜냐하면 7은 $4-25=-21$의 약수이기 때문이다. 역시 $6 \equiv -4 \pmod{5}$ 이다. 왜냐하면 5는 $6-(-4)=10$의 약수이기 때문이다. ■

주목 "$a \equiv b \pmod{n}$"에서, 기호 "$\equiv$"과 "$(\mathrm{mod}\, n)$"은 실제로 하나의 기호이다. "$a \equiv b$"자체로는 의미가 없다. 어떤 교제는 "$a \equiv b \pmod{n}$" 대신에 "$a \equiv_n b$"를 쓴다.

일상적으로 쓰는 같음(equal, 상등, =)이라는 관계도 다음과 같이 동치 관계의 모든 조건을 만족한다.

반사율: 모든 정수 a에 대하여 $a = a$이다.
대칭률: $a = b$이면, $b = a$이다.
추이율: $a = b$이고 $b = c$이면, $a = c$이다.

정리 1.4.2

n은 양의 정수라 하자. 모든 $a, b, c \in \mathbb{Z}$에 대하여,

(1) $a \equiv a \pmod{n}$.

(2) $a \equiv b \pmod{n}$ 이면, $b \equiv a \pmod{n}$ 이다.

(3) $a \equiv b \pmod{n}$ 이고 $b \equiv c \pmod{n}$ 이면, $a \equiv c \pmod{n}$ 이다.

[증명] (1) $a-a=0$이고 $n|0$이다. 따라서 $a \equiv a \pmod{n}$ 이다.

(2) $a \equiv b \pmod{n}$ 라 가정하자. 그러면 $n|(a-b)$이다. 그러므로 $k \in \mathbb{Z}$가 존재하여 $a-b=nk$이다. 그러므로 $b-a=-(a-b)=-nk=n(-k)$이고 $-k \in \mathbb{Z}$이다. 따라서 $n|(b-a)$이다. 따라서 $b \equiv a \pmod{n}$ 이다.

(3) $a \equiv b \pmod{n}$ 이고 $b \equiv c \pmod{n}$ 이라 가정하자. 그러면 $k,\ t \in \mathbb{Z}$ 가 존재하여 $a-b=nk$이고, $b-c=nt$이다. $a-c=(a-b)+(b-c)=nk+nt$이므로 $a-c=n(k+t)$, $k+t \in \mathbb{Z}$이다. 그러므로 $n|(a-c)$이다. 따라서 $a \equiv c \pmod{n}$ 이다. ■

여러 가지 본질적인 연산과 대수적인 처리에 다음의 사실을 사용한다 :

$$a=b\text{이고 } c=d\text{면, } a+c=b+d\text{이고 } ac=bd\text{이다.}$$

정리 1.4.3

$a \equiv b \pmod{n}$ 이고 $c \equiv d \pmod{n}$ 이라 하자. 그러면

(1) $a+c \equiv b+d \pmod{n}$

(2) $ac \equiv bd \pmod{n}$

[증명] (1) 합동의 정의에 의하여, $k,\ t \in \mathbb{Z}$가 존재하여 $a-b=nk$이고 $c-d=nt$이다. 그러면

$$\begin{aligned} & (a-b)+(c-d) = nk+nt \\ \Leftrightarrow\ & a+c-b-d = n(k+t) \\ \Leftrightarrow\ & (a+c)-(b+d) = n(k+t) \end{aligned}$$

$(k+t) \in \mathbb{Z}$이므로 $n|[(a+c)-(b+d)]$이다. 따라서 $a+c \equiv b+d \pmod{n}$ 이다.

(2) $ac-bd = ac+0-bd$

$$= ac - bc + bc - bd$$
$$= (a-b)c + b(c-d)$$
$$= (nk)c + b(nt) = n(kc+bt) \quad ((1)\text{번의 조건 사용})$$

$kc+bt \in \mathbb{Z}$이므로 $n \mid (ac-bd)$이다. 따라서 $ac \equiv bd \pmod{n}$ 이다. ■

정의 1.4.4

a와 n은 정수라 하자(단, $n > 0$). n을 법으로 a와 합동인 모든 정수들의 집합을 n을 법으로 하는 a의 **합동류**(the congruence class of a mod n)라 하고 기호 $[a]$로 쓴다. 따라서

$$[a] = \{b \in \mathbb{Z} : b \equiv a \pmod{n}\}$$

$$b \equiv a \pmod{n} \Leftrightarrow k \in \mathbb{Z}\text{가 존재하여 } b - a = kn \text{ 이다.}$$
$$\Leftrightarrow k \in \mathbb{Z}\text{가 존재하여 } b = a + kn \text{ 이다.}$$

그러므로

$$[a] = \{b \in \mathbb{Z} : b \equiv a \pmod{n}\}$$
$$= \{b \in \mathbb{Z} : k \in \mathbb{Z}\text{가 존재하여 } b = a + kn\text{를 만족하는 모든 } b\text{이다.}\}$$
$$= \{a + kn : k \in \mathbb{Z}\}$$

이다.

| 보기 1.4.2 | 5를 법으로 하는 합동에서,

$$[9] = \{9 + 5k : k \in \mathbb{Z}\} = \{9,\ 9 \pm 5,\ 9 \pm 10,\ 9 \pm 15,\ \cdots\}$$
$$= \{\cdots,\ -11,\ -6,\ -1,\ 4,\ 9,\ 14,\ 19,\ 24,\ \cdots\}.$$ ■

| 보기 1.4.3 | 3을 법으로 하는 합동에서, 합동류

$$[2] = \{\cdots, -7, -4, -1, 2, 5, 8, \cdots\}.$$

그러나 $[-1] = [2]$이다. 왜냐하면

$$[-1] = \{-1 + 3k : k \in \mathbb{Z}\} = \{\cdots, -7, -4, -1, 2, 5, 8, \cdots\}$$

이기 때문이다. 더욱이, $2 \equiv -1 \pmod{3}$ 이다. ■

정리 1.4.5

$a \equiv c \pmod{n}$일 필요충분조건은 $[a] = [c]$이다.

[증명] $\Rightarrow$] $b \in [a]$이라 하자. 정의에 의해 $a \equiv b \pmod{n}$이고 $a \equiv c \pmod{n}$이므로 추이법칙에 의해 $b \equiv c \pmod{n}$이다. 따라서 $b \in [c]$이다. 따라서 $[a] \subseteq [c]$이다. 비슷하게 $[a] \supseteq [c]$임을 보일 수 있다. 그러므로 $[a] = [c]$이다.

$\Leftarrow$] $[a] = [c]$이라 하자. $a \in [a]$이므로 $a \in [c]$이다. 정의에 의해 $a \equiv c \pmod{n}$이다. ■

A와 B가 두 집합이면, 보통 세 가지 가능성이 있다 : A와 B가 서로소, $A = B$ 또는 $(A \cap B \neq \varnothing$이고 $A \neq B)$이다. 그러나 합동류에서는 두 가지 가능성만 있다.

따름정리 1.4.6

n을 법으로 하는 두 합동류는 서로소이거나 또는 같다.

[증명] $[a]$와 $[c]$가 서로소이면 증명할 필요가 없다. $[a] \cap [c] \neq \varnothing$라 가정하자. 그러면 $b \in \mathbb{Z}$가 존재하여 $b \in [a]$이고 $b \in [c]$이다. 합동류의 정의에 의하여, $b \equiv a \pmod{n}$이고 $b \equiv c \pmod{n}$이다. 합동관계는 동치 관계이므로, $a \equiv c \pmod{n}$이므로 정리 1.4.5에 의하여, $[a] = [c]$이다. ■

따름정리 1.4.7

n을 법으로 하는 서로 다른 합동류는 꼭 n개 있다. 즉,

$$[0],\ [1],\ [2],\ \cdots,\ [n-1]$$

[증명] 먼저 $0, 1, 2, \cdots, n-1$ 중의 어느 두 개도 n을 법으로 하여 합동이 아님을 보이자. $0 \leq s < t < n$이라 가정하면 $t-s$는 $0 < t-s < n$인 정수이다. $n \nmid (t-s)$이므로, $t \not\equiv s \pmod{n}$이다. 따라서 $[t] \neq [s]$이다. 정리 1.4.5에 의하여, 합동류 $[0]$, $[1]$, $[2]$, $\cdots$, $[n-1]$은 모두 다르다. 모든 합동류가 이 n개의 합동류 중에 하나임을 보여야 한다. $a \in \mathbb{Z}$를 임의로 택하자. 그러면, 나눗셈의 알고리즘에 의하여, 꼭 하나의 q, $r \in \mathbb{Z}$가 존재하여 $a = nq + r$이고 $0 \leq r < n$이다. 따라서 $a - r = qn$, 즉 $n \mid (a-r)$이다. 그러므로 $a \equiv r \pmod{n}$이다. 정리 1.4.5에 의하여, $[a] = [r]$이고,

$0 \le r < n$이므로 따라서 $[a]$는 $[0]$, $[1]$, $[2]$, $\cdots$, $[n-1]$중의 하나이다. ■

정의 1.4.8

n을 법으로 하는 모든 합동류들의 집합을 ("$\mathbb{Z}$법 n($\mathbb{Z}$ mod n)"으로 읽게 되는) $\mathbb{Z}_n$으로 표시한다.

$\mathbb{Z}_n$의 원소들은 합동류(class)들이지, 하나의 정수가 아니다. 따라서 명제 $[5] \in \mathbb{Z}_n$은 참이지만, 명제 $5 \in \mathbb{Z}_n$은 참이 아니다. 더욱이, $\mathbb{Z}_n$의 모든 원소는 여러 가지 다른 방법으로 표시될 수 있다. 예를 들면

$$2 \equiv 5 \pmod 3, \quad 2 \equiv -1 \pmod 3, \quad 2 \equiv 14 \pmod 3$$

이므로 정리 1.4.5에 의하여, $\mathbb{Z}_3$에서 $[2] = [5] = [-1] = [14]$이다. 비록 $\mathbb{Z}_n$의 각 원소(즉, 각 합동류)가 무한히 많은 다른 표시들을 가질지라도, 사실상 집합 $\mathbb{Z}_n$은 꼭 n개의 원소를 가짐에 따라(따름정리 1.4.7에 의하여) 유한개의 다른 류들만이 존재한다.

| 보기 1.4.4 | 집합 $\mathbb{Z}_3$은 세 개의 원소 $[0]$, $[1]$과 $[2]$로 이루어진다. ■

예제 | 1.4.1 $a \equiv b \pmod n$일 필요충분조건은 n으로 나눌때 a와 b는 같은 나머지를 갖는 것이다. 이를 증명하라.

[풀이] 나눗셈 알고리즘에 의하여, 유일한 p, q, r, $s \in \mathbb{Z}$가 존재하여

$$a = qn + r, \ 0 \le r < n \qquad \cdots \text{①}$$

이고

$$b = pn + s, \ 0 \le s < n \qquad \cdots \text{②}$$

이다.

$\Rightarrow$] $a \equiv b \pmod n$라 가정하자. $n \mid (a-b)$이므로 적당한 $k \in \mathbb{Z}$가 존재하여 $a - b = nk$를 만족한다. ①과 ②에서 $nk = (qn+r) - (pn+s)$이다. 즉, $r - s = (k - q + p)n$ 또는 $n \mid (r-s)$이다. 그런데, $r < n$이고 $s < n$이므로, $r - s < n$이다. 그러므로 $r - s = 0$, 즉 $r = s$이다.

$\Leftarrow$] $r = s$라 가정하자. 그러면 ①과 ②에서, $a - b = n(q-p)$이고 $q - p \in \mathbb{Z}$이다. 따라서 $n \mid (a-b)$이므로 $a \equiv b \pmod n$이다. ■

유제 1.4.1 $a \equiv b \pmod{n}$ 이고 $k|n$이면, $a \equiv b \pmod{k}$ 임을 증명하라.

예제 1.4.2 $k \equiv 1 \pmod{4}$ 일 때 $6k+5 \equiv b \pmod{4}$를 만족하는 b의 값 중에서 가장 작은 양의 정수 값은?

[풀이] $k \equiv 1 \pmod{4}$라 가정하자. 그러면 $4|(k-1)$, 즉 $m \in \mathbb{Z}$가 존재하여 $k-1 = 4m$이다. 따라서 $6k+5 = 24m+11 = 4(6m+2)+3$ 또는 $(6k+5)-3 = 4(6m+2)$이므로 $(6k+5) \equiv 3 \pmod{4}$ 이다. 그러므로 $b=3$이다. ■

유제 1.4.2 $k \equiv 2 \pmod{6}$ 일 때 $8k+3 \equiv b \pmod{6}$를 만족하는 가장 작은 양의 정수 b의 값은?

예제 1.4.3 합동 방정식 $2x \equiv 3 \pmod{5}$ 의 모든 해를 구하라.

[풀이] $2x \equiv 3 \pmod{5}$ 이므로 $5|(2x-3)$이다. 따라서 $x=4$는 $2x \equiv 3 \pmod{5}$의 한 해이다. 이제 $A = \{a \in \mathbb{Z} : a \equiv 4 \pmod{5}\}$라 하고 임의로 $a \in A$를 택하자. 그러면 $a \equiv 4 \pmod{5}$ 이다. 따라서 $u \in \mathbb{Z}$가 존재하여 $a-4=5u$을 만족한다. 그러므로 $2a-3 = 2(5u+4)-3 = 5(2u+1)$, 즉 $5|(2a-3)$이다. 따라서 a는 $2x \equiv 3 \pmod{5}$ 의 해이다. ■

유제 1.4.3 합동 방정식 $6x \equiv 9 \pmod{15}$ 의 모든 해를 구하라.

1.5 합동류의 계산

유한집합 $\mathbb{Z}_n$은 무한집합 $\mathbb{Z}$와 밀접하게 관계된다. $\mathbb{Z}_n$에서 덧셈과 곱셈을 정의해보자.

합동류 $[a]$와 $[c]$의 합은 $a+c$를 포함하는 합동류 또는 기호로 $[a] \oplus [c] = [a+c]$ 이다. 여기서 합동류들의 덧셈을 보통의 정수들의 덧셈과 구별하기 위하여 $\oplus$로 나타낸다. 곱셈에 대하여 비슷한 정의를 할 수 있다. $[a]$와 $[c]$의 곱은 ac를 포함하는 합동류다. 즉,

$[a]\odot[c]=[ac]$ 이다. 여기서 $\odot$ 은 합동류들의 곱을 나타낸다.

| 보기 1.5.1 | $\mathbb{Z}_5$ 에서, $[3]\oplus[4]=[3+4]=[7]=[2]$ 이고 $[3]\odot[2]=[3\cdot 2]=[6]=[1]$ 이다. ■

정리 1.5.1

$\mathbb{Z}_n$ 에서 $[a]=[b]$ 이고 $[c]=[d]$ 이면 $[a+c]=[b+d]$ 이고 $[ac]=[bd]$ 이다.

[증명] $[a]=[b]$ 이고 $[c]=[d]$ 라 가정하자. 정리 1.4.5에 의하여, $a\equiv b \pmod{n}$ 이고 $c\equiv d \pmod{n}$ 이므로 정리 1.4.3에 의하여, $a+c\equiv b+d \pmod{n}$ 이고 $ac\equiv bd \pmod{n}$ 이다. 따라서 다시 정리 1.4.5에 의하여, $[a+c]=[b+d]$ 이고 $[ac]=[bd]$ 이다. ■

정의 1.5.2

$\mathbb{Z}_n$ 에서 덧셈과 곱셈은 다음과 같이 정의된다.

$$[a]\oplus[c]=[a+c],\quad [a]\odot[c]=[ac]$$

| 보기 1.5.2 | 여기서 $\mathbb{Z}_5$ 에 대한 완전한 덧셈과 곱셈표가 있다(이 계산이 옳은가를 확인하라).

$\oplus$	[0]	[1]	[2]	[3]	[4]
[0]	[0]	[1]	[2]	[3]	[4]
[1]	[1]	[2]	[3]	[4]	[0]
[2]	[2]	[3]	[4]	[0]	[1]
[3]	[3]	[4]	[0]	[1]	[2]
[4]	[4]	[0]	[1]	[2]	[3]

$\odot$	[0]	[1]	[2]	[3]	[4]
[0]	[0]	[0]	[0]	[0]	[0]
[1]	[0]	[1]	[2]	[3]	[4]
[2]	[0]	[2]	[4]	[1]	[3]
[3]	[0]	[3]	[1]	[4]	[2]
[4]	[0]	[4]	[3]	[2]	[1].

또한 다음은 $\mathbb{Z}_6$ 에 대한 연산표다.

⊕	[0]	[1]	[2]	[3]	[4]	[5]
[0]	[0]	[1]	[2]	[3]	[4]	[5]
[1]	[1]	[2]	[3]	[4]	[5]	[0]
[2]	[2]	[3]	[4]	[5]	[0]	[1]
[3]	[3]	[4]	[5]	[0]	[1]	[2]
[4]	[4]	[5]	[0]	[1]	[2]	[3]
[5]	[5]	[0]	[1]	[2]	[3]	[4]

⊙	[0]	[1]	[2]	[3]	[4]	[5]
[0]	[0]	[0]	[0]	[0]	[0]	[0]
[1]	[0]	[1]	[2]	[3]	[4]	[5]
[2]	[0]	[2]	[4]	[0]	[2]	[4]
[3]	[0]	[3]	[0]	[3]	[0]	[3]
[4]	[0]	[4]	[2]	[0]	[4]	[2]
[5]	[0]	[5]	[4]	[3]	[2]	[1]

■

이 두 계산의 성질을 $\mathbb{Z}$의 잘 알려진 성질과 비교하자. $\mathbb{Z}$에서 계산에 대한 중요한 사실들은 다음과 같다. 모든 a, b, $c \in \mathbb{Z}$에 대하여 :

1. a, $b \in \mathbb{Z}$이면 $a+b \in \mathbb{Z}$이다. [덧셈에 대하여 닫힘]
2. $a+(b+c)=(a+b)+c$ [결합적인 덧셈]
3. $a+b=b+a$ [교환적인 덧셈]
4. $a+0=a=0+a$ [덧셈의 항등원]
5. 각 $a \in \mathbb{Z}$에 대하여 방정식
   $a+x=0$은 $\mathbb{Z}$에서 하나의 해를 갖는다.
6. a, $b \in \mathbb{Z}$이면, $ab \in \mathbb{Z}$이다. [곱셈에 대하여 닫힘]
7. $a(bc)=(ab)c$ [결합적인 곱셈]
8. $a(b+c)=ab+ac$이고 $(a+b)c=ac+bc$이다. [분배법칙]
9. $ab=ba$ [교환적인 곱셈]
10. $a \cdot 1=a=1 \cdot a$ [곱셈의 항등원]
11. $ab=0$이면, $a=0$ 또는 $b=0$이다.

보기 1.5.2에 있는 표를 사용함으로써, 위의 성질들 중의 처음 10가지가 $\mathbb{Z}_5$와 $\mathbb{Z}_6$에서 성립하고 성질 11은 $\mathbb{Z}_5$에서는 성립하지만 $\mathbb{Z}_6$에서는 성립하지 않음을 확인할 수 있다. 그러나 표를 사용하는 것은 그다지 효과적인 증명방법(특히 결합법칙과 분배법칙을 증명하는 데)이 아니다. 그러므로 성질 1~10이 $\mathbb{Z}_n$에 대하여 성립하는 증명은 $\mathbb{Z}_n$에서의 두 연산과 이러한 성질들이 $\mathbb{Z}$에서 성립한다고 알려진 사실들에 근거하게 된다.

정리 1.5.3 임의의 합동류 $[a]$, $[b]$, $[c] \in \mathbb{Z}_n$에 대하여

1. $[a] \in \mathbb{Z}_n$이고 $[b] \in \mathbb{Z}_n$이면, $[a] \oplus [b] \in \mathbb{Z}_n$이다.
2. $[a] \oplus ([b] \oplus [c]) = ([a] \oplus [b]) \oplus [c]$
3. $[a] \oplus [b] = [b] \oplus [a]$
4. $[a] \oplus [0] = [a] = [0] \oplus [a]$
5. 각 $[a] \in \mathbb{Z}_n$에 대하여, 방정식 $[a] \oplus x = [0]$은 $\mathbb{Z}_n$에서 하나의 해를 갖는다.
6. $[a] \in \mathbb{Z}_n$이고 $[b] \in \mathbb{Z}_n$이면, $[a] \odot [b] \in \mathbb{Z}_n$이다.
7. $[a] \odot ([b] \odot [c]) = ([a] \odot [b]) \odot [c]$
8. $[a] \odot ([b] \oplus [c]) = [a] \odot [b] \oplus [a] \odot [c]$이고
   $([a] \oplus [b]) \odot [c] = [a] \odot [c] \oplus [b] \odot [c]$이다.
9. $[a] \odot [b] = [b] \odot [a]$
10. $[a] \odot [1] = [a] = [1] \odot [a]$

[증명] 성질 1과 6은 $\mathbb{Z}_n$에서 $\oplus$과 $\odot$의 정의로부터 분명하다.

성질 2를 증명하기 위하여 덧셈의 정의에 의하여

$$[a] \oplus ([b] \oplus [c]) = [a] \oplus [b+c] = [a+(b+c)]$$

이다. $\mathbb{Z}$에서 $a+(b+c) = (a+b)+c$이므로 이 정수들의 합동류들은 $\mathbb{Z}_n$에서 같아야만 한다. 즉,

$$[a+(b+c)] = [(a+b)+c]$$

이므로 $\mathbb{Z}_n$에서 덧셈의 정의에 의하여

$$[(a+b)+c] = [a+b] \oplus [c] = ([a] \oplus [b]) \oplus [c]$$

이다. 성질 3, 7, 8과 9의 증명은 비슷하다.

성질 4와 10은 직접적인 계산에 의하여 증명된다. 예컨대

$$[a] \odot [1] = [a \cdot 1] = [a]$$

이다. 성질 5에 대하여 $[a] \oplus [-a] = [a+(-a)] = [0]$이므로, $x = [-a]$가 주어진 방정식의 해임을 알기는 쉽다. ■

새로운 표시법

$\mathbb{Z}_n$을 다룰 때 문맥이 분명할 때는 언제나, 류 표시법 "$[a]$" 대신에 간단히 "a"로 쓸 것이다. $\mathbb{Z}_6$에서, 예컨대 비록 6과 0이 다른 정수면 $6=0$은 의미가 없을지라도, $\mathbb{Z}_6$의 류들에 대하여 $6=0$이라 말할 수 있다. $\mathbb{Z}_n$에서 덧셈과 곱셈에 대하여 각각 보통의 "+" 기호와 "·" 기호를 사용할 것이다. 예를 들면 $\mathbb{Z}_5$에서,

$$4+1=0 \text{ 또는 } 3\cdot 4=2 \text{ 또는 } 4+4=3$$

과 같이 쓸 수 있다. 이 사용법이 혼동을 야기시킬 수 있는 경우에, 합동류들의 표시법으로 돌아갈 것이다.

보기 1.5.3 새로운 표시법에서, $\mathbb{Z}_3$에 대한 덧셈과 곱셈표는 다음과 같다 :

+	0	1	2
0	0	1	2
1	1	2	0
2	2	0	1

·	0	1	2
0	0	0	0
1	0	1	2
2	0	2	1

■

보통의 계산에서 사용되는 것과 같은 지수표시법이 $\mathbb{Z}_n$에서도 정의될 수 있다. $a\in\mathbb{Z}_n$이고 k가 양의 정수면, a^k은 $\mathbb{Z}_n$에서 곱 $aaa\cdots a$(k개 인수)를 나타낸다.

보기 1.5.4 $\mathbb{Z}_5$에서 $3^2=3\cdot 3=4$이고 $3^4=3\cdot 3\cdot 3\cdot 3=1$이다. ■

주목 지수들은 보통의 정수이다. $\mathbb{Z}_n$의 원소가 아니다. $\mathbb{Z}_3$에서 예컨대 $2^4=2\cdot 2\cdot 2\cdot 2=1$이고 $2^1=2$이다. 비록 $\mathbb{Z}_3$에서 $4=1$일지라도, $2^4\neq 2^1$이다.

예제 1.5.1 $\mathbb{Z}_2$의 덧셈과 곱셈표를 만들어라.

[풀이]

+	0	1
0	0	1
1	1	0

·	0	1
0	0	0
1	0	1

■

유제 1.5.1 $\mathbb{Z}_7$의 덧셈과 곱셈표를 만들어라.

주목 $\mathbb{Z}_n$에서 임의의 원소 $a \in \mathbb{Z}_n$에 대하여 $\overbrace{a+\cdots+a}^{n}= na$일 때 na는 n의 배수이므로 $na \equiv 0 \pmod{n}$이다.

예제 I 1.5.2 $\mathbb{Z}_5$에서 방정식 $x+x+x+x+x=0$의 해집합은?

[풀이] $\mathbb{Z}_5$이다. 각자 계산해보자. ■

유제 I 1.5.2 $\mathbb{Z}_4$에서 방정식 $x+x+x+x=0$의 해집합은?

예제 I 1.5.3 $\mathbb{Z}_5$에서 $(a+b)^5 = a^5 + b^5$임을 증명하라.

[풀이] $$(a+b)^5 = a^5 + \binom{5}{1}a^4b + \binom{5}{2}a^3b^2 + \binom{5}{3}a^2b^3 + \binom{5}{4}ab^4 + b^5$$

$$= a^5 + \frac{5!}{1!(5-1)!}a^4b + \frac{5!}{2!(5-2)!}a^3b^2 + \frac{5!}{3!(5-3)!}a^2b^3$$

$$+ \frac{5!}{4!(5-4)!}ab^4 + b^5 \quad = a^5 + 5a^4b + 10a^3b^2 + 10a^2b^3 + 5ab^4 + b^5$$

$$= a^5 + b^5$$ ■

유제 I 1.5.3 $\mathbb{Z}_2$에서 $(a+b)^2$을 계산하라.

1.6 p가 소수일 때 $\mathbb{Z}_p$

$\mathbb{Z}_n$ 중의 어떤 것은 $\mathbb{Z}$의 성질들을 공유하지 못한다. 예컨대 $\mathbb{Z}$에서 0이 아닌 정수들의 곱은 언제나 0이 아니다. 그러나 $\mathbb{Z}_6$에서 비록 $2 \neq 0$이고 $3 \neq 0$일지라도 $2 \cdot 3 = 0$이다. 또한 $a \neq 0$일 때 방정식 $ax = 1$이 $\mathbb{Z}$에서 해를 가질 필요충분조건은 $a = \pm 1$이다. 그러나 $\mathbb{Z}_5$에 대한 곱셈표는 임의의 $a \neq 0$에 대하여 방정식 $ax = 1$은 $\mathbb{Z}_5$에서 해를 가짐을 보여 준다. 예를 들면 $\mathbb{Z}_5$에서

$$x = 3\text{은 } 2x = 1\text{의 해이고,}$$

$$x = 4\text{는 } 4x = 1\text{의 해다.}$$

더 일반적으로 n이 소수일 때는 언제나, $\mathbb{Z}_n$은 특별한 성질들을 갖는다 :

정리 1.6.1

$p > 1$은 정수라 하자. 그러면 다음의 조건들은 논리적으로 동치이다 :

(1) p는 소수다.

(2) 임의의 $0 \neq a \in \mathbb{Z}_p$에 대하여, 방정식 $ax = 1$은 $\mathbb{Z}_p$에서 해를 갖는다.

(3) $\mathbb{Z}_p$에서, $ab = 0$이면, $a = 0$ 또는 $b = 0$이다.

[증명] (1) $\Rightarrow$ (2) : p는 소수라 가정하고 $\mathbb{Z}_p$의 임의의 원소 $[a] \neq [0]$를 택하자. 그러면, 정리 1.4.5에 의하여 $\mathbb{Z}$에서 $a \not\equiv 0 \pmod{p}$이다. 합동의 정의에 의하여 $p \nmid a$이다. 그런데 p가 소수이므로 $(a, p) = 1$이어야만 한다. 따름정리 1.2.4에 의하여, $u, v \in \mathbb{Z}$가 존재하여 $au + pv = 1$을 만족한다. $au - 1 = p(-v)$이므로 $au \equiv 1 \pmod{p}$이다. 정리 1.4.5에 의하여, $\mathbb{Z}_p$에서 $[au] = [1]$이다. 그런데 $[a][u] = [au] = [1]$이므로 $x = [u]$는 $[a]x = [1]$의 해이다.

(2) $\Rightarrow$ (3) : 조건(2)가 성립하고 $\mathbb{Z}_p$에서 $ab = 0$이라 가정하자. $a = 0$이면 증명할 것이 없다. $a \neq 0$이면 조건(2)에 의하여, $u \in \mathbb{Z}_p$이 존재하여 $au = 1$이다. 그러면 $0 = u \cdot 0 = u(ab) = (ua)b = (au)b = 1 \cdot b = b$이다. 따라서 모든 경우에 $a = 0$ 또는 $b = 0$이다.

(3) $\Rightarrow$ (1) : 조건(3)이 성립한다고 가정하고, a는 p의 임의의 약수, 즉 $p = ab$라 하자. p가 소수임을 증명하기 위하여, $a = \pm 1$ 또는 $\pm p$임을 보여야만 한다. $p = ab$이므로, $ab \equiv 0 \pmod{p}$이다. 정리 1.4.5에 의하여, $\mathbb{Z}_p$에서 $[a][b] = [ab] = [0]$이다. 그러므로 조건(3)에 의하여 $[a] = [0]$ 또는 $[b] = [0]$이다. $[a] = [0]$라 가정하자. 그러면 $a \equiv 0 \pmod{p}$이고 $p \mid a$, 즉 적당한 정수 w가 존재하여 $a = pw$이다. 그러므로 $p = ab = pwb$가 되고 양변을 p로 나누면 $wb = 1$이다. w와 b는 정수이므로 가능성은 $w = \pm 1$과 $b = \pm 1$뿐이다. 그러므로 $b = \pm 1$이고 $a = pw = p(\pm 1) = \pm p$이다. 한편, 비슷한 논증에 의하여, $[b] = [0]$이면 $a = \pm 1$임을 보일 수 있다. 따라서 p는 소수이다. ■

정리 1.6.1에 따라서 $\mathbb{Z}_n$에서 $ax = 1 (a \neq 0)$ 꼴의 모든 방정식은 n이 소수일 때 해를 갖는다. n이 소수가 아니더라도, 이와 같은 어떤 방정식은 해를 가질 수 있다. 예를 들면 $\mathbb{Z}_{10}$

에서, $a=3$일 때, $x=7$은 $3x=1$의 해다.

따름정리 1.6.2

a와 n은 $n>1$인 정수라 하자. $\mathbb{Z}$에서 $(a, n)=1$일 필요충분조건은 방정식 $ax=1$이 $\mathbb{Z}_n$에서 해를 갖는 것이다.

[증명] $\Rightarrow$] $(a, n)=1$이므로 따름정리 1.2.4에 의하여, 적당한 $u, v\in\mathbb{Z}$가 존재하여 $au+nv=1$이다. $au-1=n(-v)$이므로 $au\equiv 1 \pmod{n}$이다. 그러므로, 정리 1.4.5에 의하여, $\mathbb{Z}_n$에서 $[au]=[1]$이다. 그런데 $[a][u]=[au]=[1]$이다. 따라서 $x=[u]$는 $[a]x=[1]$의 해다.

$\Leftarrow$] $ax=1$이 $\mathbb{Z}_n$에서 해 u를 갖는다고 가정하자. 그러면 $\mathbb{Z}_n$에서 $au=1$ 또는 (a와 u를 정수로 생각하여) $\mathbb{Z}$에서 $au\equiv 1 \pmod{n}$이다. 따라서 $n\mid(au-1)$이므로 $v\in\mathbb{Z}$가 존재하여 $au-1=nv$이다. $au-nv=1$이므로 a와 n의 임의의 공약수는 1을 나누어야만 한다. 따라서 $(a, n)=1$이다. ■

정의 1.6.3 단원(unit)

한 원소 $a\in\mathbb{Z}_n$에 대하여 $ax=xa=1$인 $x\in\mathbb{Z}_n$가 존재할 때 원소 a를 $\mathbb{Z}_n$의 **단원(unit)**이라 한다.

예제 1.6.1 $\mathbb{Z}_7$에서 방정식 $ax=1$이 해를 갖게 되는 a의 값들의 집합은?

[풀이] $\mathbb{Z}_7$에서 $ax=1$이 해를 가질 필요충분조건은 $\mathbb{Z}$에서 $(a, 7)=1$인 것이다. 따라서 $a=1, 2, 3, 4, 5$ 또는 6이다. ■

유제 1.6.1 $\mathbb{Z}_9$에서 방정식 $ax=1$이 해를 갖게 되는 a의 값들의 집합은?

1장 연습문제

1. $(a, 0)=1$일 때, a의 값은?

2. $a|(b+c)$이고 $(b,\ c)=1$이면, $(a,\ b)=1=(a,\ c)$임을 증명하라.

3. $a,\ b,\ c\in\mathbb{Z}$이고 $k=abc+1$면, $(k,\ a)=(k,\ b)=(k,\ c)=1$임을 증명하라.

4. $a,\ b,\ u,\ v\in\mathbb{Z}$가 $au+bv=1$이면, $(a,\ b)=1$임을 증명하라.

5. $c|ab$ 이고 $(c,\ a)=d$면, $c|db$ 임을 증명하라.

6. 모든 양의 정수 n에 대하여 $10^n\equiv 1\ (\text{mod}\ 9)$ 임을 보여라.

7. p가 소수이고 $(a,\ b)=p$면, $(a^2,\ b^2)$의 값은?

8. $p\ge 5$가 소수면, p^2+2는 합성수다. 이를 증명하라.
[도움말 : p를 6으로 나눌 때 가능한 나머지를 생각하라.]

9. $a\in\mathbb{Z}$이면, a^2은 4를 법으로 2에 또는 4를 법으로 3에 합동이 아님을 증명하라.

10. $a\equiv 3\ (\text{mod}\ 4)$ 이면, $a=c^2+d^2$인 정수 c와 d가 존재하지 않음을 증명하라.

11. $\mathbb{Z}_n$에서 $[a]=[b]$ 이면, $(a,\ n)=(b,\ n)$임을 증명하라.

12. 양의 정수가 9로 나누어질 필요충분조건은 이 정수의 각 자릿수의 합이 9로 나눠진 다임을 증명하라.

13. p는 소수고 $0\ne a\in\mathbb{Z}_p$라 하자. 임의의 $b\in\mathbb{Z}_p$에 대하여, 방정식 $ax=b$는 해를 가짐을 증명하라.

14. 다음의 각 명제들이 참인지 거짓인지 판별하라.

① $a^2\equiv b^2\ (\text{mod}\ n)$ 이면, $a\equiv b\ (\text{mod}\ n)$ 또는 $a\equiv -b\ (\text{mod}\ n)$ 이다.

② $(a,\ n)=1$이면, $\mathbb{Z}_n$에서 $[a]=[1]$ 이다.

③ $ab\equiv ac\ (\text{mod}\ n)$ 이고 $a\not\equiv 0\ (\text{mod}\ n)$ 이면, $b\equiv c\ (\text{mod}\ n)$ 이다.

④ $\mathbb{Z}_n$에서 $ab=0$이면, $a=0$ 또는 $b=0$이다.

⑤ $\mathbb{Z}_n$에서 $ab=ac$이고, $a\ne 0$이면, $b=c$이다.

1장 유제풀이

유제 1.1.1 -302를 19로 나눌 때 몫과 나머지를 구하라.

[풀이]

$$\begin{array}{r|r} & -16 \\ \hline 19 & -302 \\ & \underline{-19} \\ & -112 \\ & \underline{-114} \\ & 2 \end{array}$$

따라서 몫은 -16이고 나머지는 2이다.

유제 1.1.2 모든 홀수 a에 대하여 a^2은 어떤 정수 k에 대해서 $8k+1$ 꼴임을 증명하라.

[풀이] a가 임의의 홀수이면 적당한 $n \in \mathbb{Z}$이 존재하여 $a=2n+1$을 만족한다. 따라서

$$a^2=(2n+1)^2=4n^2+4n+1 \quad (*)$$

이다. 그런데 $n=2u$ 또는 $2u+1$ $(u \in \mathbb{Z})$ 꼴이다.

경우 1 : $n=2u$인 경우. (*)에서 $a^2=4(2u)^2+4(2u)+1=8(2u^2+u)+1$ 이다.

경우 2 : $n=2u+1$인 경우. (*)에서,

$$a^2=4(2u+1)^2+4(2u+1)+1=8(2u^2+3u+1)+1$$

이다. 따라서 어느 경우에나, $a^2=8k+1$ $(k \in \mathbb{Z})$ 꼴이다.

유제 1.1.3 임의의 정수의 세제곱은 어떤 정수 k에 대하여 $9k$ 또는 $9k+1$ 또는 $9k+8$ 꼴 중의 꼭 하나임을 증명하라.

[풀이] a는 임의의 정수라 하자. 그러면 a는 다음의 꼴 중 하나다 :

$$a=3n,\ 3n+1 \text{ 또는 } 3n+2 \quad (n \in \mathbb{Z})$$

경우 1 : $a=3n$인 경우. 그러면

$$a^3=(3n)^3=27n^3=9(3n^3)$$

경우 2 : $a=3n+1$인 경우. 그러면

$$a^3=(3n+1)^3=27n^3+27n^2+9n+1=9(3n^3+3n^2+n)+1$$

경우 3 : $a=3n+2$인 경우. 그러면

$$a^3=(3n+2)^3=27n^3+54n^2+36n+8=9(3n^3+6n^2+4n)+8$$

이다. 따라서 증명이 완료된다.

유제 1.2.1 (12378, 5054)를 구하라.

[풀이]
$$\begin{aligned} 12378 &= 5054\cdot 2+2270,\\ 5054 &= 2270\cdot 2+514,\\ 2270 &= 514\cdot 4+214,\\ 514 &= 214\cdot 2+86,\\ 214 &= 86\cdot 2+42,\\ 86 &= 42\cdot 2+2,\\ 42 &= 2\cdot 21+0 \end{aligned}$$

따라서 $(12378,\ 5054)=2$이다.

유제 1.2.2 $a|b$이고 $b|a$면, $a=\ \pm b$임을 증명하라.

[풀이] $a|b$이고 $b|a$이므로, $u,\ v\in\mathbb{Z}$가 존재하여 $b=au$이고 $a=bv$이다. 따라서 $a=bv=auv$이므로 $1=uv$이다. u와 v는 정수이므로, $u=v=\pm 1$이다. 따라서 $a=\pm b$이다.

유제 1.2.3 $a|b$이고 $a|c$면, 임의의 $r,\ t\in\mathbb{Z}$에 대하여 $a|(br+ct)$임을 증명하라.

[풀이] $a|b$이고 $a|c$이므로 임의의 $u,\ v\in\mathbb{Z}$에 대하여 $b=au$이고 $c=av$이다. 그러면 $br=aur$이고 $ct=avt$이다. 따라서 $br+ct=a(ur+vt)$이고 $ur+vt\in\mathbb{Z}$이다. 따라서 $a|(br+ct)$이다.

유제 1.2.4 수학적 귀납법을 사용하여, $(a,\ b)=1$이면 모든 $n\geq 1$에 대하여 $(a,\ b^n)=1$임을 증명하라.

[풀이] (i) $n=1$인 경우 ; 그러면 분명히 $(a,\ b)=1$이다.

(ii) $n=k$에 대하여 $(a,\ b^k)=1$가 성립한다고 가정하자. 그러면 $u,\ v\in\mathbb{Z}$가 존재하여 $au+b^kv=1$이다. 따라서 $abu+b^{k+1}v=b$이다. $(a,\ b)=1$이므로 $u',\ v'\in\mathbb{Z}$이 존재하여 $au'+bv'=1$이다. 그러므로 $au'+(abu+b^{k+1}v)v'=a(u'+buv')+b^{k+1}(vv')=1$이다. 따라서 $(a,\ b^{k+1})=1$이다.

유제 1.2.5 $a|c,\ b|c$이고 $(a,\ b)=d$이면, $ab|cd$임을 증명하라.[예제 1.2.5는 $d=1$인 경우다.]

[풀이] $a|c$, $b|c$이므로 k, $k' \in \mathbb{Z}$이 존재하여 $c = ak$이고 $c = bk'$이다. 또한 $(a, b) = d$이므로 u, $v \in \mathbb{Z}$가 존재하여 $au + bv = d$이다. c를 양변에 곱하면 $cd = cau + cbv$이고, 이 식에 $c = ak$, $c = bk'$를 대입하면 $cd = bk'au + akbv = ab(k'u + kv)$, $k'u + kv \in \mathbb{Z}$이다. 따라서 $ab|cd$이다.

유제 1.3.1 p는 0과 ± 1 이외의 정수라 하자. p가 소수일 필요충분조건은 r과 s가 $p = rs$인 정수이면, $r = \pm 1$ 또는 $s = \pm 1$이다. 이를 증명하라.

[풀이] $\Leftarrow$] p는 주어진 조건을 갖는다고 가정하고 $d|p$라 하자. 그러면 $t \in \mathbb{Z}$가 존재하여 $p = dt$가 성립하므로, 가정에 의하여, $d = \pm 1$ 또는 $t = \pm 1$, 즉 $d = \pm p$이다. 그러므로 p의 유일한 약수들은 ± 1과 $\pm p$이다. 따라서 p는 소수이다.

$\Rightarrow$] p가 소수라 가정하고 r과 s는 $p = rs$인 정수라 하자. 그러면 $r|p$이고 $s|p$이다. p는 소수이므로 p의 유일한 약수들은 ± 1과 $\pm p$이다. 그러므로 $r = \pm 1$ 또는 $s = \pm 1$이다.

유제 1.3.2 $n = p_1^{r_1} p_2^{r_2} p_3^{r_3} \cdots p_k^{r_k}$라 하자. 여기서 p_1, p_2, p_3, $\cdots$, p_k는 서로 다른 소수이고 $r_i \geq 0$이다. 그러면 n이 완전제곱일 필요충분조건은 각 r_i가 짝수이다. 이를 증명하라.

[풀이] $r_i = 2k_i$라 하면 n은 분명 완전 제곱수이다. 반대로 n이 완전제곱수이므로 $n = a^2$이라 하자. $n = p_1^{r_1} p_2^{r_2} p_3^{r_3} \cdots p_k^{r_k}$이면 $p_1^{r_1} p_2^{r_2} p_3^{r_3} \cdots p_k^{r_k} | a^2$이므로 모든 i에 대하여 $p_i^{r_i} | a^2$이다. 따라서 적당한 k_i에 대하여 $p_i^{k_i} | a$이어야 한다. 즉 $p_i^{2k_i} | a^2$이다. 따라서 모든 i에 대하여 r_i는 짝수이다.

유제 1.4.1 $a \equiv b \pmod{n}$이고 $k|n$이면, $a \equiv b \pmod{k}$임을 증명하라.

[풀이] $a \equiv b \pmod{n}$이므로, $u \in \mathbb{Z}$가 존재하여 $a - b = un$이다. 또한 $k|n$이므로, $v \in \mathbb{Z}$가 존재하여 $n = kv$이다. 따라서 $a - b = u(kv) = k(uv)$이고 $uv \in \mathbb{Z}$이다. 따라서 $k|(a-b)$이다. 따라서 $a \equiv b \pmod{k}$이다.

유제 1.4.2 $k \equiv 2 \pmod{6}$일 때 $8k + 3 \equiv b \pmod{6}$를 만족하는 가장 작은 양의 정수 b의 값은?

[풀이] 가정에 의하여, u, $v \in \mathbb{Z}$가 존재하여 $k - 2 = 6u$이고 $(8k + 3) - b = 6v$이다. 그러면 $b = 6(8u - v) + 19$, 즉 $b \equiv 19 \pmod{6}$이고 $19 \equiv 1 \pmod{6}$이

므로 b의 가장 작은 양의 정수는 1이다.

유제 1.4.3 합동 방정식 $6x \equiv 9 \pmod{15}$의 모든 해를 구하라.

[풀이] $6x \equiv 9 \pmod{15}$이면 적당한 t가 존재하여 $6x-9=15t$, 즉 $x=(15t+9)/6=(5t+3)/2$이다. 따라서 $x=4,\ 9,\ 14$는 $6x \equiv 9 \pmod{15}$의 특별한 해이다. 이제

$$A=\{a\in\mathbb{Z} : a\equiv 4 \pmod{15}\}$$
$$B=\{a\in\mathbb{Z} : a\equiv 9 \pmod{15}\}$$
$$C=\{a\in\mathbb{Z} : a\equiv 14 \pmod{15}\}$$

라 하고 임의로 $a\in A$를 택하자. $a\equiv 4 \pmod{15}$이므로 $u\in\mathbb{Z}$가 존재하여 $a-4=15u$이다. 그러므로

$$6a-9=90u+15=15(6u+1)$$

이고 $6u+1\in\mathbb{Z}$이다. 따라서 $6a\equiv 9 \pmod{15}$이다. 따라서 A는 $6x\equiv 9 \pmod{15}$의 해집합이다. B 또는 C일 때도 비슷하게 한다.

유제 1.5.1 $\mathbb{Z}_7$의 덧셈과 곱셈표를 만들어라.

[풀이]

+	0	1	2	3	4	5	6
0	0	1	2	3	4	5	6
1	1	2	3	4	5	6	0
2	2	3	4	5	6	0	1
3	3	4	5	6	0	1	2
4	4	5	6	0	1	2	3
5	5	6	0	1	2	3	4
6	6	0	1	2	3	4	5

·	0	1	2	3	4	5	6
0	0	0	0	0	0	0	0
1	0	1	2	3	4	5	6
2	0	2	4	6	1	3	5
3	0	3	6	2	5	1	4
4	0	4	1	5	2	6	3
5	0	5	3	1	6	4	2
6	0	6	5	4	3	2	1

유제 1.5.2 $\mathbb{Z}_4$에서 방정식 $x+x+x+x=0$의 해집합은?

[풀이] $\mathbb{Z}_4$

유제 1.5.3 $\mathbb{Z}_2$에서 $(a+b)^2$을 계산하라.

[풀이] $(a+b)^2=a^2+2ab+b^2=a^2+b^2$

유제 1.6.1 $\mathbb{Z}_9$에서 방정식 $ax=1$이 해를 갖게 되는 a의 값들의 집합은?

[풀이] $\{1,\ 2,\ 4,\ 5,\ 7,\ 8\}$

2장

군(Group)

자명하다는 말은 수학에서 가장 위험한 말이다.

"Obvious" is the most dangerous word in Mathematics.

- 수학자 에릭 템플 벨(Eric Temple Bell)

2.1 군의 정의

집합 G에 하나의 연산을 주고, 일정한 조건을 만족하면 **군**(group)이라고 한다. 대수학의 여러 연구 대상 중 하나이다. 이 장에서는 **치환**(permutation)을 시작으로 군에 대한 연구를 시작해 보자.

집합 T의 **치환**(또는 **순열**)은 바로 T의 원소들의 **재배열**(rearrangement)이다. 예를 들면 $T=\{1, 2, 3\}$이라 하면 6개의 가능한 치환이 있다 :

$$1\,2\,3 \qquad 1\,3\,2 \qquad 2\,1\,3 \qquad 2\,3\,1 \qquad 3\,1\,2 \qquad 3\,2\,1$$

이와 같은 각 치환은 T에서 T로의 **전단사 함수**를 결정한다 :

2 3 1은 규칙이 $f(1)=2$; $f(2)=3$; $f(3)=1$인 함수 $f: T \to T$를 결정한다. 역으로, T에서 T로의 모든 전단사 함수는 $\{1, 2, 3\}$에서 $\{f(1), f(2), f(3)\}$으로의 원소들의 재배열을 정의한다. 따라서 집합 T의 **치환**(permutation of a set T)을 T에서 T로의 전단사 함수로 정의할 수 있다.

| 보기 2.1.1 | $T=\{1, 2, 3\}$이라 하자. 규칙이

$$f(1)=2 \ ; \ f(2)=3 \ ; \ f(3)=1$$

인 치환 f는 첫째 행(row)에 있는 각 원소들의 f에 의한 상(image)들이 두 번째 행에 나열되는 배열 $\begin{pmatrix} 1 & 2 & 3 \\ 2 & 3 & 1 \end{pmatrix}$로 나타내질 수 있다. 이 표시법을 사용하면, T의 6개의 치환은 아래와 같다 :

$$\begin{pmatrix} 1 & 2 & 3 \\ 1 & 2 & 3 \end{pmatrix} \qquad \begin{pmatrix} 1 & 2 & 3 \\ 1 & 3 & 2 \end{pmatrix} \qquad \begin{pmatrix} 1 & 2 & 3 \\ 2 & 1 & 3 \end{pmatrix}$$

$$\begin{pmatrix} 1 & 2 & 3 \\ 2 & 3 & 1 \end{pmatrix} \qquad \begin{pmatrix} 1 & 2 & 3 \\ 3 & 1 & 2 \end{pmatrix} \qquad \begin{pmatrix} 1 & 2 & 3 \\ 3 & 2 & 1 \end{pmatrix}$$

두 전단사 함수의 합성은 역시 전단사이므로 이 치환들 중의 임의의 두 치환의 합성은 위의 목록에 있는 6개 치환들 중의 하나다. 예컨대 $f=\begin{pmatrix} 1 & 2 & 3 \\ 3 & 2 & 1 \end{pmatrix}$이고 $g=\begin{pmatrix} 1 & 2 & 3 \\ 2 & 1 & 3 \end{pmatrix}$이면, $f \circ g$는 아래와 같이 주어지는 함수다 :

$$(f \circ g)(1) = f(g(1)) = f(2) = 2,$$
$$(f \circ g)(2) = f(g(2)) = f(1) = 3,$$
$$(f \circ g)(3) = f(g(3)) = f(3) = 1$$

그러므로 $f \circ g = \begin{pmatrix} 1 & 2 & 3 \\ 2 & 3 & 1 \end{pmatrix}$이다. 처음에 g를 적용하고 다음에 f를 적용할 때, 함수의 원소에 대한 적용을 차례차례 확인해 감으로써 $f \circ g$를 계산하는 것이 쉽다. 예를 들면

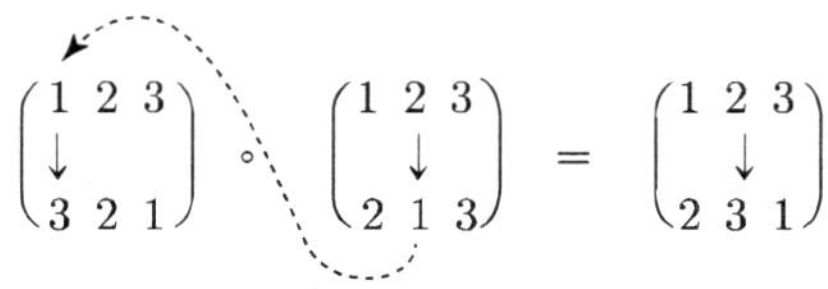

(순서에 주의)

T의 치환들의 집합을 S_3로 나타내자. 그러면 함수들의 합성($\circ$)은 다음의 성질을 갖는 집합 S_3에서 연산으로 정의된다.

$$f \in S_3 \text{이고 } g \in S_3 \text{면, } f \circ g \in S_3$$

함수들의 합성은 결합법칙을 만족하므로 모든 $f,\ g,\ h \in S_3$ 에 대하여

$$(f \circ g) \circ h = f \circ (g \circ h) \text{ (결합법칙)}$$

이다. 항등치환 $1 = e = \begin{pmatrix} 1 & 2 & 3 \\ 1 & 2 & 3 \end{pmatrix}$은 성질 : 모든 $f \in S_3$에 대하여

$$1 \circ f = f \text{이고 } f \circ 1 = f$$

을 만족한다. 모든 전단사 함수는 역함수를 가지므로, 임의의 $f \in S_3$에 대하여, 적당한 $g \in S_3$가 존재하여 $f \circ g = 1$ 를 만족하고 $g \circ f = 1$이다.

예컨대 $f = \begin{pmatrix} 1 & 2 & 3 \\ 3 & 1 & 2 \end{pmatrix}$면,

$$\begin{pmatrix} 1 & 2 & 3 \\ 3 & 1 & 2 \end{pmatrix} \circ \begin{pmatrix} 1 & 2 & 3 \\ 2 & 3 & 1 \end{pmatrix} = \begin{pmatrix} 1 & 2 & 3 \\ 1 & 2 & 3 \end{pmatrix}$$

이고

$$\begin{pmatrix} 1 & 2 & 3 \\ 2 & 3 & 1 \end{pmatrix} \circ \begin{pmatrix} 1 & 2 & 3 \\ 3 & 1 & 2 \end{pmatrix} = \begin{pmatrix} 1 & 2 & 3 \\ 1 & 2 & 3 \end{pmatrix}$$

이므로, $g = \begin{pmatrix} 1 & 2 & 3 \\ 2 & 3 & 1 \end{pmatrix}$이다. S_3의 다른 치환의 역치환을 구해보라(연습문제

2.1.1). 일반적으로 $f \circ g \neq g \circ f$임에 유의하자. 예컨대

$$\begin{pmatrix} 1 & 2 & 3 \\ 3 & 2 & 1 \end{pmatrix} \circ \begin{pmatrix} 1 & 2 & 3 \\ 2 & 1 & 3 \end{pmatrix} = \begin{pmatrix} 1 & 2 & 3 \\ 2 & 3 & 1 \end{pmatrix}$$

이지만

$$\begin{pmatrix} 1 & 2 & 3 \\ 2 & 1 & 3 \end{pmatrix} \circ \begin{pmatrix} 1 & 2 & 3 \\ 3 & 2 & 1 \end{pmatrix} = \begin{pmatrix} 1 & 2 & 3 \\ 3 & 1 & 2 \end{pmatrix}$$

이다. ■

정의 2.1.1

군(group)이란 다음의 **공리**(axiom)를 만족하는 연산 $*$을 갖춘 공집합이 아닌 집합 G를 말한다 :

1. **닫힘**(Closure) : 모든 $a \in G$, $b \in G$에 대하여 $a * b \in G$이다.
2. **결합법칙**(Associativity) : 모든 a, b, $c \in G$에 대하여

$$a * (b * c) = (a * b) * c$$

   이다.
3. 적당한 원소 $e \in G$가 존재하여 모든 $a \in G$에 대하여

$$a * e = a = e * a$$

   이다. $e \in G$를 **항등원**(identity element)이라 부른다.
4. 임의의 $a \in G$에 대하여 원소 $d \in G$가 존재하여 $a * d = e$이고 $d * a = e$이다. $d \in G$를 a의 **역원**(the inverse)이라 부르고 a^{-1}라고 쓴다.

군이 되기 위해서는 위 공리 1번~4번까지만 만족하면 된다.

군 G가 다음 공리를 만족하면 **가환군**(commutative group) 또는 **아벨군**(abelian group)이라 한다.

5. **가환성**(**교환법칙**) : 임의의 원소 a, $b \in G$에 대하여 $a * b = b * a$이다.

군 G가 '유한하다' 또는 '유한 위수(finite order)를 갖는다' 또는 '유한군이다'는 뜻은 G가 유한개의 원소를 가짐을 뜻한다. 이 경우에, G에 속하는 원소의 개수를 G의 **위수**(order)

라 하고 $|G|$로 표시한다. 무한히 많은 원소를 갖는 군을 **무한위수**(infinite order)를 갖는다 또는 **무한군**이라고 말한다.

| 보기 2.1.2 | 보기 2.1.1에서 함수들의 합성이 연산 $\circ$ 인, 위수 6의 **비가환군**(비아벨군, nonabelion group)임을 보여준다. 즉, $|S_3| = 6$이다. S_3를 위수 6인 **치환군**(permutation group of order 6)이라 한다. ■

| 보기 2.1.3 | 복소수 부분집합 $\{1,\ -1,\ i,\ -i\}$는 곱셈에 대하여 위수 4인 가환군임을 증명하라. 여기서 $i^2 = -1$이다.

[풀이] 이 집합이 곱셈에 대하여 닫혀 있고, 1이 곱셈의 항등원임을 쉽게 확인할 수 있다. $i(-i) = 1$이므로, i와 $-i$는 서로의 역이다. 또한 $(-1)(-1) = 1$이므로, -1은 자신의 역이다. 그러므로 공리 4가 성립한다. 따라서 $\{1,\ -1,\ i,\ -i\}$는 곱셈에 대하여 군이다. ■

| 보기 2.1.4 | 양의 유리수들의 집합 $\mathbb{Q}^+$는 곱셈에 대하여 무한 아벨군을 이룬다. 왜냐하면 양수의 곱은 양수이고 1은 곱셈의 항등원이다. a의 역은 $1/a$이기 때문이다. 비슷하게, 양의 실수들의 집합 $\mathbb{R}^+$ 역시 곱셈에 대하여 아벨군을 이룬다. 그러나 양의 정수들의 집합 $\mathbb{Z}^+$(또는 $\mathbb{N}$)를 곱셈에 대하여 군이 아니다. 왜냐하면 방정식 $ax = 1\,(a \geq 2)$가 $\mathbb{Z}$에서 해를 갖지 않는다. 즉, a가 곱셈에 대하여 역을 갖지 않기 때문이다(공리 4가 성립하지 않는다). ■

| 보기 2.1.5 | $\mathbb{Z}_n$에서 곱셈에 관한 역원을 갖는 원소(단원이라 한다)들의 부분집합을 $\mathbb{Z}_n^*$이라 하면 이 집합은 곱셈에 관한 군을 이룬다. 따름정리 1.6.2에 의하여, $\mathbb{Z}_n^* = \{a \in \mathbb{Z}_n : (a,\ n) = 1\}$이다. 따라서 $\mathbb{Z}_8$의 단원들의 군은 $\mathbb{Z}_8^* = \{1,\ 3,\ 5,\ 7\}$이고 $\mathbb{Z}_{15}^*$의 단원들의 군은 $\mathbb{Z}_{15}^* = \{1,\ 2,\ 4,\ 7,\ 8,\ 11,\ 13,\ 14\}$이다. $\mathbb{Z}_8^*$에 대한 곱셈표는 다음과 같다 :

•	1	3	5	7
1	1	3	5	7
3	3	1	7	5
5	5	7	1	3
7	7	5	3	1

$\mathbb{Z}_{15}^*$에 대한 곱셈표는 각자 만들어 보자. ■

| 보기 2.1.6 | $M(\mathbb{R})$은 각 성분이 실수인 모든 2×2 행렬들의 집합이다. 즉, $M(\mathbb{R})$은 $a,\ b,\ c,\ d\in\mathbb{R}$에 대하여 $\begin{pmatrix} a & b \\ c & d \end{pmatrix}$ 꼴의 행렬들로 이루어졌다. $M(\mathbb{R})$의 두 원소가 같다는 뜻을 다음과 같이 정의한다.

$$\begin{pmatrix} a & b \\ c & d \end{pmatrix} = \begin{pmatrix} r & s \\ t & u \end{pmatrix} \Leftrightarrow a=r,\ b=s,\ c=t,\ d=u$$

예를 들면

$$\begin{pmatrix} 4 & 0 \\ -3 & 1 \end{pmatrix} = \begin{pmatrix} 2+2 & 0 \\ 1-4 & 1 \end{pmatrix}$$

이지만

$$\begin{pmatrix} 1 & 3 \\ 5 & 2 \end{pmatrix} \neq \begin{pmatrix} 3 & 5 \\ 1 & 2 \end{pmatrix}$$

이다. 두 행렬의 덧셈은 다음과 같이 정의한다.

$$\begin{pmatrix} a & b \\ c & d \end{pmatrix} + \begin{pmatrix} a' & b' \\ c' & d' \end{pmatrix} = \begin{pmatrix} a+a' & b+b' \\ c+c' & d+d' \end{pmatrix}$$

예를 들면

$$\begin{pmatrix} 3 & -2 \\ 5 & 1 \end{pmatrix} + \begin{pmatrix} 4 & 7 \\ 6 & 0 \end{pmatrix} = \begin{pmatrix} 3+4 & -2+7 \\ 5+6 & 1+0 \end{pmatrix} = \begin{pmatrix} 7 & 5 \\ 11 & 1 \end{pmatrix}$$

두 행렬의 곱셈은 다음과 같이 정의한다.

$$\begin{pmatrix} a & b \\ c & d \end{pmatrix}\begin{pmatrix} w & x \\ y & z \end{pmatrix} = \begin{pmatrix} aw+by & ax+bz \\ cw+dy & cx+dz \end{pmatrix}$$

예를 들면

$$\begin{aligned}\begin{pmatrix} 2 & 3 \\ 0 & -4 \end{pmatrix}\begin{pmatrix} 1 & -5 \\ 6 & 7 \end{pmatrix} &= \begin{pmatrix} 2\cdot 1+3\cdot 6 & 2(-5)+3\cdot 7 \\ 0\cdot 1+(-4)6 & 0(-5)+(-4)7 \end{pmatrix} \\ &= \begin{pmatrix} 20 & 11 \\ -24 & -28 \end{pmatrix}\end{aligned}$$

이다. 실수에서 모든 2×2 행렬들의 집합 $M(\mathbb{R})$에서 역행렬을 갖는 원소들의 부분집합을 **일반선형군**(general linear group)이라 하고 $GL(2, \mathbb{R})$로 나타낸다.

$$\begin{pmatrix} a & b \\ c & d \end{pmatrix} \in GL(2, \mathbb{R}) \Leftrightarrow ad - bc \neq 0$$

이 결과에 의하여, $\begin{pmatrix} 1 & -1 \\ 2 & 3 \end{pmatrix}$, $\begin{pmatrix} 1 & 1 \\ 2 & 0 \end{pmatrix} \in GL(2, \mathbb{R})$이다. 이 두 행렬을 곱하면 $GL(2, \mathbb{R})$이 비가환군임을 확인할 수 있다. ■

| 보기 2.1.7 | 치환군 S_3은 일반적 형태의 특별한 경우에 불과하다. 고정된 양의 정수 n에 대하여 T를 집합 $\{1, 2, 3, \cdots, n\}$이라 하고, S_n은 T의 모든 치환(즉, 모든 전단사 함수 $f : T \to T$)들의 집합이라 하자. S_3에서처럼 각 함수에 대하여 같은 표시법을 사용할 것이다. S_6에서, $\begin{pmatrix} 1 & 2 & 3 & 4 & 5 & 6 \\ 4 & 6 & 2 & 3 & 5 & 1 \end{pmatrix}$은 1은 4, 2는 6, 3은 2, 4는 3, 5는 5, 그리고 6은 1에 대응하는 치환을 나타낸다. 두 전단사 함수의 합성은 전단사이므로, S_n을 합성의 연산에 대하여 닫혀 있다. 예를 들면 S_6에서,

$$\begin{pmatrix} 1 & 2 & 3 & 4 & 5 & 6 \\ 3 & 5 & 2 & 4 & 1 & 6 \end{pmatrix} \circ \begin{pmatrix} 1 & 2 & 3 & 4 & 5 & 6 \\ 6 & 4 & 2 & 3 & 5 & 1 \end{pmatrix} = \begin{pmatrix} 1 & 2 & 3 & 4 & 5 & 6 \\ 6 & 4 & 5 & 2 & 1 & 3 \end{pmatrix}$$

이다. S_n은 이 연산에 대하여 군이다. 함수의 합성은 결합법칙을 만족하고, 모든 전단사 함수는 합성에 대하여 역함수를 갖는다. 항등치환 $1 = e = \begin{pmatrix} 1 & 2 & 3 & \cdots & n \\ 1 & 2 & 3 & \cdots & n \end{pmatrix}$은 S_n의 항등원임을 증명하는 것은 쉽다. S_n을 n개의 원소에 대한 **대칭군**(symmetric group)이라 한다. S_n의 위수는 $n!$이다. ■

| 보기 2.1.8 | 이제 T는 무한인 임의의 집합이고 $A(T)$는 T의 모든 치환(모든 전단사 함수 $f : T \to T$)들의 집합이라 하자. S_n에 대한 보기 2.1.7에서 주어진 논의가 $A(T)$에서도 똑같이 성립하므로 $A(T)$가 함수들의 합성연산에 대하여 군임을 알 수 있다. $A(T)$를 **치환군**이라 한다. ■

| 보기 2.1.9 | 모든 회전은 중심의 주위로 시계바늘 반대방향을 취하게 된다 :

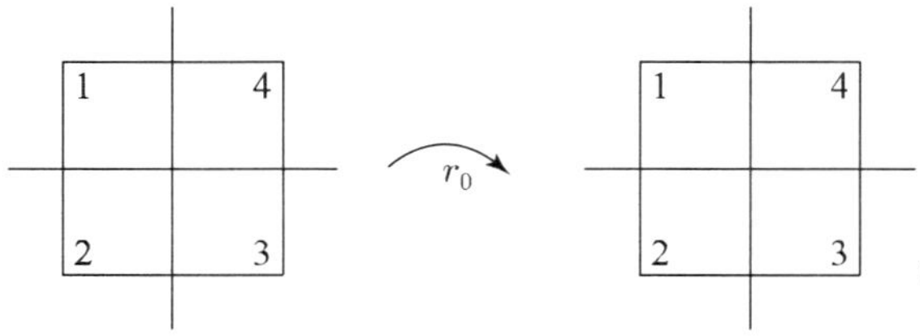

$r_0 = 0^\circ$ 의 회전

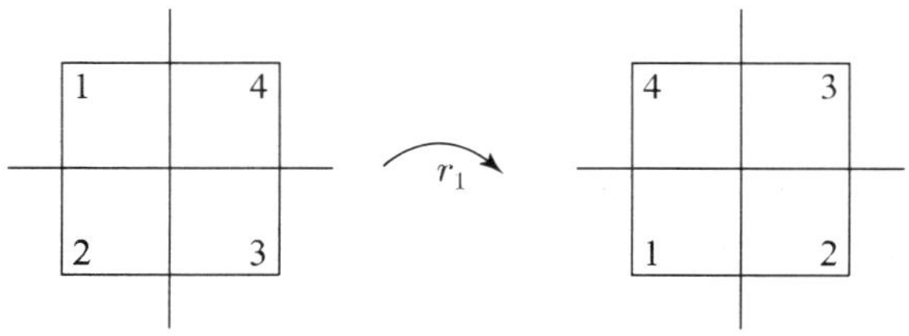

$r_1 = 90^\circ$ 의 회전

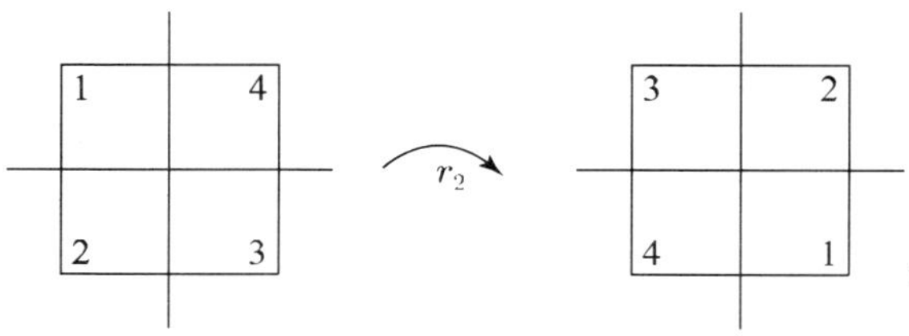

$r_2 = 180^\circ$ 의 회전

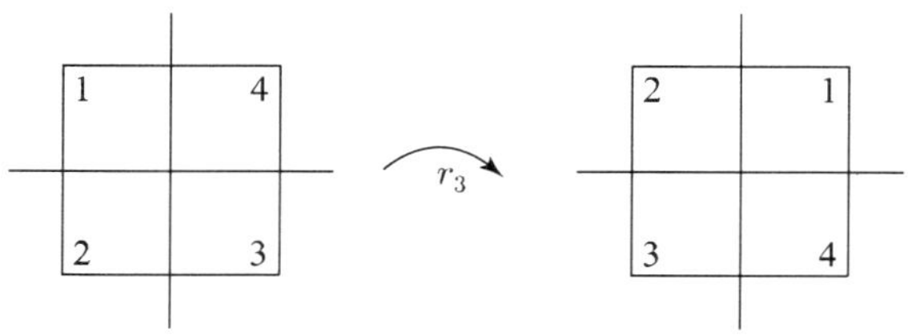

$r_3 = 270^\circ$ 의 회전

또한 마주보는 두 꼭지점을 이은 직선 그리고 마주 보는 두 변의 중점을 이은 직선을 축으로 회전이동하는 변환이 있다.

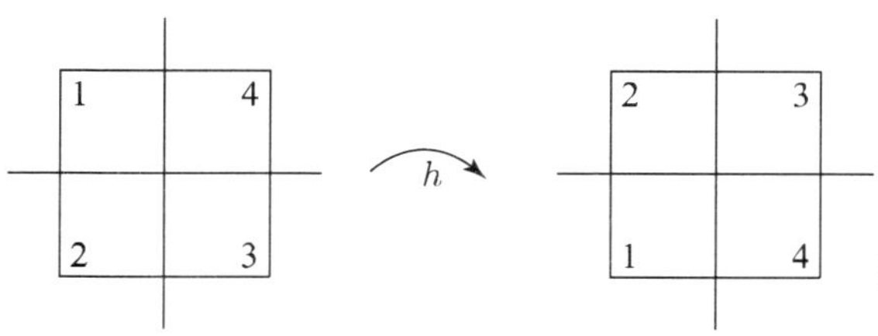

$h = x$축에 대한 회전이동

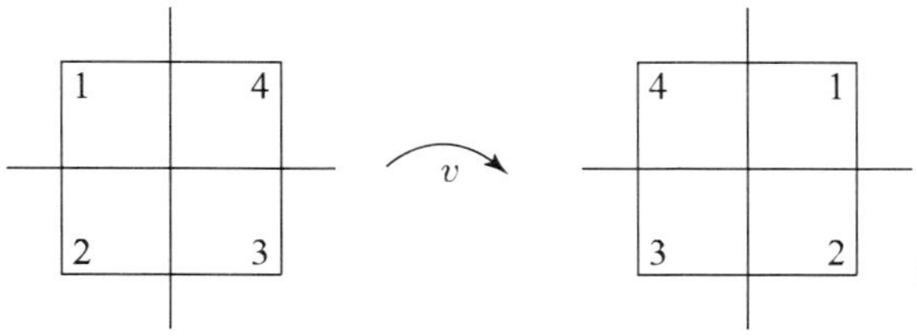

$v = y$축에 대한 회전이동

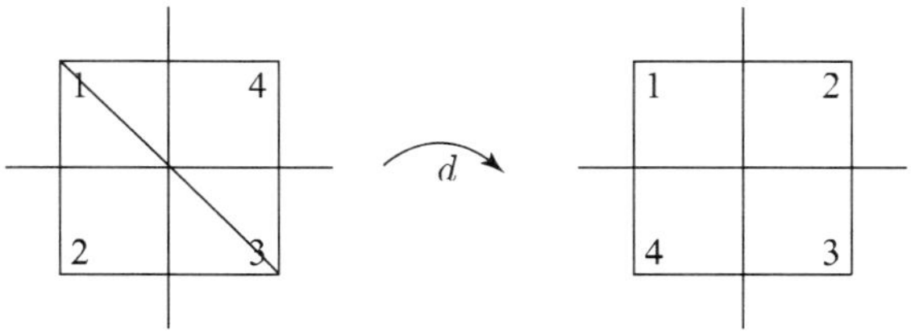

$d =$직선 $y = -x$에 대한 회전이동

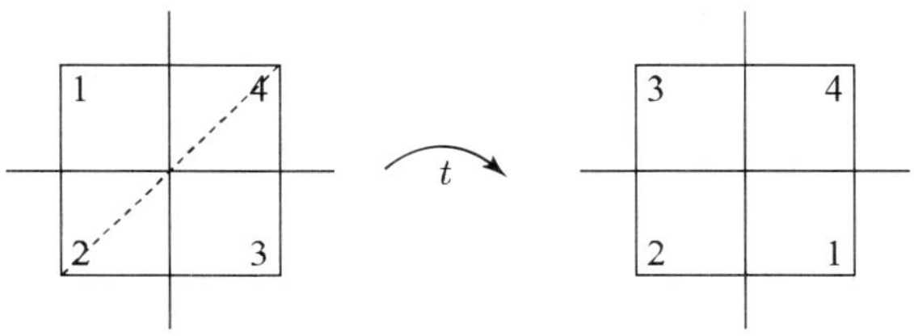

$t =$직선 $y = x$에 대한 회전이동

이 이동들 중의 하나를 실행하고 이 실행에 다른 이동이 뒤따르면, 그 결과는 위에 열거한 8가지 중의 하나가 될 것이다 ; 예를 들면

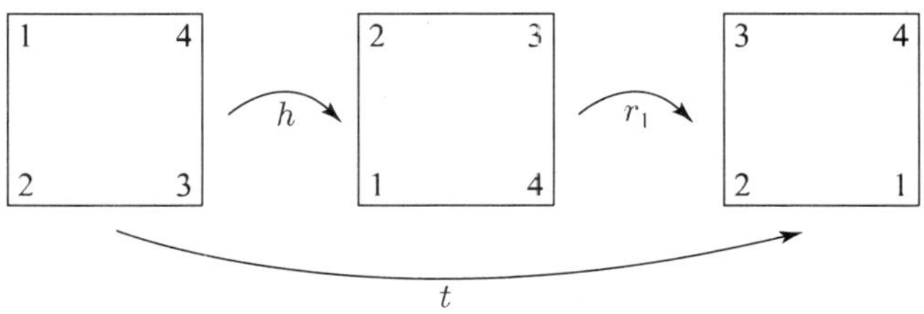

이러한 이동들은 정사각형에서 정사각형 자신으로의 함수로 생각하면, 하나의 이동에 다른 이동이 바로 뒤따르는 것은 바로 함수들의 합성이다. 위의 그림에서, $r_1 \circ h = t$($r_1 \circ h$는 처음에 h를 적용하고 다음에 r_1을 적용함을 의미한다)로 쓸 수 있다. 집합

$$D_4 = \{r_0,\ r_1,\ r_2,\ r_3,\ h,\ v,\ d,\ t\}$$

는 합성연산이 다음의 표를 가짐을 확인하라 :

$\circ$	r_0	r_1	r_2	r_3	d	h	t	v
r_0	r_0	r_1	r_2	r_3	d	h	t	v
r_1	r_1	r_2	r_3	r_0	h	t	v	d
r_2	r_2	r_3	r_0	r_1	t	v	d	h
r_3	r_3	r_0	r_1	r_2	v	d	h	t
d	d	v	t	h	r_0	r_3	r_2	r_1
h	h	d	v	t	r_1	r_0	r_3	r_2
t	t	h	d	v	r_2	r_1	r_0	r_3
v	v	t	h	d	r_3	r_2	r_1	r_0

분명히 D_4는 $\circ$에 대하여 닫혀있고, 함수들의 합성연산은 결합법칙을 만족한다는 것이 알려져 있다. 이 표는 r_0는 항등원이고 D_4의 모든 원소는 역원을 가짐을 보여준다. 예컨대 $r_3 \circ r_1 = r_0 = r_1 \circ r_3$이다. 따라서 D_4는 군이다. 예를 들면 $h \circ d \neq d \circ h$이므로, D_4는 비아벨군이다. D_4는 **4차의 정이면체군**(the dihedral group of degree 4) 또는 **정사각형의 대칭군**(the group of symmetries of the square)이라 한다. ■

| 보기 2.1.10 | 정사각형의 대칭군은 많은 대칭군들 중의 하나다. 비슷한 과정을 n개의 변을 갖는 임의의 정다각형(regular polygon)에 적용할 수 있다. 이렇게 만들어진 군 D_n을 **n차의 정이면체군**(the dihedral group of degree n)이라 한다. 예를 들면 군 D_3은, 연산으로 함수들의 합성을 갖는, 정삼각형(equilateral triangle)의 6개의 대칭($0°$, $120°$와 $240°$의 중심에 대한 시계바늘 반대 방향의 회전과 아래에 지적된 직선에 대한 회전이동, 즉 꼭지점과 이를 마주 보는 면의 중점을 이은 직선을 회전 축으로 하는 회전이동)들로 이루어진다.

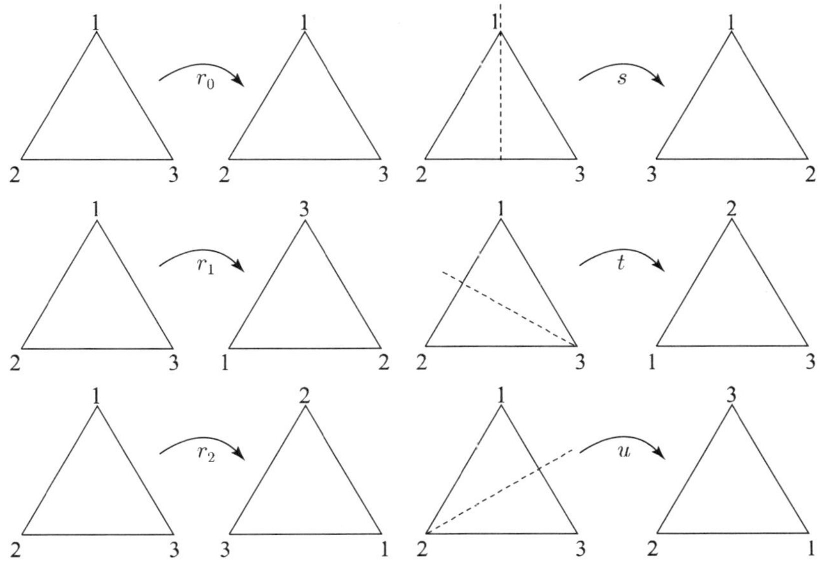

■

유한 대칭군 S_n에 관해 좀더 살펴보도록 하자. S_6에서 치환 $\begin{pmatrix} 1 & 2 & 3 & 4 & 5 & 6 \\ 1 & 4 & 3 & 6 & 2 & 5 \end{pmatrix}$을 생각하라. 2는 4에, 4는 6에, 6은 5에, 5는 2에 대응되고, 나머지 두 원소 1과 3은 자기 자신에 대응된다. 이 치환의 표기는 다음의 정의와 같이 기호 (2 4 6 5)로 나타내기도 한다.

정의 2.1.2 순환표시법

$a_1,\ a_2,\ a_3,\ \cdots,\ a_k\ (k \geq 1)$는 집합 $\{1,\ 2,\ 3,\ \cdots,\ n\}$의 각각 다른 원소들이라 하자. $(a_1\, a_2\, a_3\, \cdots\, a_k)$는 a_1은 a_2에, a_2는 a_3에, $\cdots$, a_{k-1}는 a_k에 그리고 a_k는 a_1에 대응되고 $\{1,\ 2,\ 3,\ \cdots,\ n\}$의 다른 원소들은 자기 자신으로 고정되는 S_n의 치환을 나타낸다. 이때, $(a_1\, a_2\, a_3\, \cdots\, a_k)$을 길이 k의 **순환**(a cycle of length k) 또는 k-**순환**(a k-cycle)이라 한다.

| 보기 2.1.11 | S_4에서 (143)은 1은 4에, 4는 3에, 3은 1에 그리고 2는 자기 자신에 대응하는 3-순환이다 ; 이것은 표시법 $\begin{pmatrix} 1 & 2 & 3 & 4 \\ 4 & 2 & 1 & 3 \end{pmatrix}$으로 쓸 수 있다. (143)은 역시 (431) 또는 (314)로 표시될 수 있다. 왜냐하면 각각은 1은 4에, 4는 3에, 3은 1에 그리고 2는 2에 대응하는 함수를 나타내기 때문이다. ■

| 보기 2.1.12 | 정의 2.1.2에 의해 S_n에서 1-순환 (3)은 3은 3으로 그리고 $\{1, 2, \cdots, n\}$ 중의 다른 모든 원소들은 자기 자신으로 대응하는 치환이다. 다른 말로 하면, (3)은 항등치환이다. 비슷하게 임의의 $k \in \{1, 2, \cdots, n\}$에 대하여, 1-순환 (k)는 항등치환이다. ■

두 치환의 연산을 k-순환 표시법을 사용하여 나타내는 방법은 원래의 방법과 동일하다. 예를 들면 S_6에서,

$$\begin{pmatrix} 1 & 2 & 3 & 4 & 5 & 6 \\ 3 & 5 & 2 & 4 & 1 & 6 \end{pmatrix} \circ \begin{pmatrix} 1 & 2 & 3 & 4 & 5 & 6 \\ 6 & 4 & 2 & 3 & 5 & 1 \end{pmatrix} = \begin{pmatrix} 1 & 2 & 3 & 4 & 5 & 6 \\ 6 & 4 & 5 & 2 & 1 & 3 \end{pmatrix}$$

은

$$(1325)(16)(243) = (1635)(24)$$

와 같이 나타낸다. 즉, $\sigma, \tau \in S_n$에 대하여 $\sigma \circ \tau = \sigma\tau$이다(다른 책에서는 $\sigma \circ \tau = \tau\sigma$로 정의하기도 한다).

'**두 순환이 서로소(disjoint)이다**'라는 뜻은 이 두 치환이 공통의 원소를 갖지 않음을 의미한다. 예컨대 (13)과 (2546)은 S_6에서 서로소인 순환이다. 그러나 (13)과 (345)는 3이 두 순환에서 나타나므로 서로소가 아니다. 모든 치환이 하나의 순환은 아니지만, 모든 치환은 서로소인 순환들의 곱으로 표시될 수 있다. 예를 들면 S_7에서 치환

$$\begin{pmatrix} 1 & 2 & 3 & 4 & 5 & 6 & 7 \\ 5 & 1 & 7 & 2 & 4 & 6 & 3 \end{pmatrix}$$

을 생각하자. 자기 자신으로 대응되지 않는 원소 1부터 시작하면, 1이 이 치환에 의하여 어디로 보내지는지를 거슬러 올라가 보자. 1은 5에, 5는 4에, 4는 2에 그리고 2는 1(출발했던 원소)에 대응된다. 따라서 주어진 치환은 이 4개의 원소에 대하여 순환 (1542)와 같은 작용을 한다. 이제 자기 자신에 대응되지 않는 1, 5, 4, 2 이외의 임의의 원소, 예컨대 3을 살펴보자. 그러면 3은 7에 그리고 7은 3에 대응된다. 따라서 2-순환 (37)은 7과 3에 대하여 주어진 치환과 같은 작용을 한다. 이제 설명되지 않은 원소는 6뿐이다. 이것은 자기 자신에 대응된다. 이제 원래의 치환이 앞서 구하였던 두 치환의 곱임을 쉽게 확인할 수 있다.

$$\begin{pmatrix} 1 & 2 & 3 & 4 & 5 & 6 & 7 \\ 5 & 1 & 7 & 2 & 4 & 6 & 3 \end{pmatrix} = (1542)(37)(6) = (1542)(37)$$

정리 2.1.3

S_n에서 모든 치환은 서로소인 순환들의 곱이다.

항등치환은 $(1)=(1\,2)(1\,2)$처럼 쓸 수 있다. 비슷하게, 순환 $(1\,2\,3\,4)$는 역시 (서로소가 아닌) 2-순환들의 곱이다. 왜냐하면 $(1\,2\,3\,4)=(14)(13)(12)$이기 때문이다. 보통 2-순환을 **호환**(transposition)이라 한다. 임의의 순환 $(a_1 a_2 \cdots a_k)$가 호환들의 곱

$$(a_1 a_2 \cdots a_k) = (a_1 a_k)(a_1 a_{k-1})\cdots(a_1 a_3)(a_1 a_2) = (a_1 a_2)(a_2 a_3)\cdots(a_{k-2} a_{k-1})(a_{k-1} a_k)$$

임을 쉽게 증명할 수 있다. 그러므로 다음의 결과를 얻는다.

따름정리 2.1.4

S_n에서 모든 치환은 호환들의 곱이다.

이 따름정리는 역시 정리 2.1.3을 사용하지 않고 직적 귀납법에 의하여 증명될 수 있다. 서로소인 순환들의 곱으로 표시하는 치환의 분해는 이 순환들의 순서를 제외하고 유일하다. 그러나 호환의 곱으로 표시하는 분해는 유일하지는 않다. 예를 들면

$$(15)(13)(12) = (1235) = (13)(24)(35)(14)(24)$$

이다. 임의의 호환은 자기 자신의 역(예컨대 $(1\ 2)(1\ 2)=(1)$)이므로, 언제나 결과에 영향을 미치지 않고, 호환들의 곱으로 표시하는 치환의 임의의 분해에 짝 $(ab)(ab)$을 끼워 넣을 수 있다. S_n에서 치환이 **짝수(even)치환**이라는 뜻은 이 치환이 짝수개의 호환의 곱임을 의미하고, **홀수(odd)치환**이라는 뜻은 이 치환이 홀수개의 호환의 곱임을 의미한다. 예를 들면 (123)과 $(2543)(12)$은 짝수치환이다. 왜냐하면, $(123)=(13)(12)$이고 $(2543)(12)=(23)(24)(25)(12)$이기 때문이다. 반면에 (1234)는 홀수치환이다. 왜냐하면 $(1234)=(14)(13)(12)$이기 때문이다. $(1)=(12)(12)$이므로, 항등치환은 짝수치환이다. 또한 $(12)^{-1}=(12)$처럼 호환의 역은 자기자신이고 $((12)(34))^{-1}=(34)^{-1}(12)^{-1}=(34)(12)$임을 쉽게 알 수 있다. 따라서 호환 σ, τ에 대하여 $\sigma^{-1}=\sigma$이고 $(\sigma\tau)^{-1}=\tau^{-1}\sigma^{-1}=\tau\sigma$이다. 따름정리 2.2.2에 의해 일반적으로 모든 치환 σ, τ에 대하여 $(\sigma\tau)^{-1}=\tau^{-1}\sigma^{-1}$이 성립한다.

보조정리 2.1.5

S_n에서 항등치환은 짝수치환이다.

정리 2.1.6

S_n에서 어떠한 치환도 홀수치환이면서 동시에 짝수치환일 수 없다.

[증명] $\alpha \in S_n$은 $\sigma_1\sigma_2 \cdots \sigma_k$와 $\tau_1\tau_2 \cdots \tau_r$ 로 나타내질 수 있다고 가정하자. 여기서 각 σ_i와 τ_i는 호환, k는 홀수이고 r은 짝수이다. 호환의 역은 자기자신이므로

$$\begin{aligned}(1) = \alpha^{-1}\alpha &= (\tau_1 \cdots \tau_r)^{-1}(\sigma_1 \cdots \sigma_k) \\ &= \tau_r^{-1} \cdots \tau_1^{-1}\sigma_1 \cdots \sigma_k \\ &= \tau_r \cdots \tau_1\,\sigma_1 \cdots \sigma_k\end{aligned}$$

k는 홀수이고 r은 짝수이므로, $k+r$은 홀수다. (1)을 홀수개의 호환들의 곱으로 썼다. 이것은 보조정리 2.1.5에 모순이다. 따라서 α는 짝수이면서 동시에 홀수일 수 없다. ■

A_n을 S_n의 짝수치환들의 집합이라 하자.

정리 2.1.7

$A_n(n \geq 2)$은 위수 $n!/2$이다.

[증명] 홀수치환 전체의 집합을 B_n이라 하면,

$$S_n = A_n \cup B_n,\ A_n \cap B_n = \phi$$

이다. 함수 $f: A_n \to B_n$를 $f(\sigma) = \sigma(12)$로 정의하자.

$$f(\sigma) = f(\tau) \Rightarrow \sigma(12) = \tau(12) \Rightarrow \sigma = \tau(12)(12) = \tau$$

이므로 f는 단사함수이다. 또한 $\rho \in B_n$에 대하여 $\sigma = \rho(12) \in A_n$이고 $f(\sigma) = \sigma(12) = \rho(12)(12) = \rho$이므로 f는 전사함수이다, 따라서 f는 전단사 함수이고 $|S_n| = |A_n| + |B_n|$이므로 $|A_n| = |B_n| = |S_n|/2 = n!/2$ 이다. ■

S_n에서 모든 짝수치환들의 집합을 A_n, $n \geq 2$으로 나타내고 n차 교대군(the alternating group of degree n)이라 한다.

정리 2.1.8

$(G, *)$와 $(H, \diamond)$는 군이라 하자. $G\times H=\{(g, h)|g\in G, h\in H\}$이라 할 때, $G\times H$에서 연산 ■을

$$(g, h) \blacksquare (g', h')=(g * g', h \diamond h')$$

로 정의한다. 그러면 $G\times H$는 군이다. G와 H가 아벨군이면, $G\times H$도 역시 아벨군이다. G와 H가 유한하면, $G\times H$도 역시 유한하고 $|G\times H|=|G||H|$이다.

[증명] 연습문제 2.1.14를 보시오 ■

❙보기 2.1.13❙ $\mathbb{Z}$와 $\mathbb{Z}_6$은 둘 다 덧셈에서 군이다. $\mathbb{Z}\times\mathbb{Z}_6$에서

$$(3, 5) \blacksquare (7, 4) = (3+7, 5+4) = (10, 3)$$

이다. 또한, 항등원은 $(0, 0)$이고 $(7, 4)$의 역원은 $(-7, 2)$다. ■

❙보기 2.1.14❙ $\mathbb{R}^*\times D_4$를 생각하자. 여기서 $\mathbb{R}^*$는 영이 아닌 실수들의 곱셈군이다. 이때, $(2, r_1) \blacksquare (9, v)$를 계산하고 $\mathbb{R}^*\times D_4$의 항등원과 $(8, r_3)$의 역을 구하라.

[풀이] 보기 2.1.9에서 D_4의 곱셈표에 의하여, 다음의 결과를 얻는다 :

$$(2, r_1) \blacksquare (9, v)=(2\cdot 9, r_1 \circ v)=(18, d)$$

항등원은 $(1, r_0)$이고 $(8, r_3)$의 역원은 $(1/8, r_1)$이다. ■

예제❙2.1.1 다음 각 군의 위수는?

(1) $\mathbb{Z}_{18}$ (2) D_4

[풀이] (1) $|\mathbb{Z}_{18}|=18$ (2) $|D_4|=8$ ■

유제❙2.1.1 다음 각 군의 위수는?

(1) S_4 (2) S_5

예제❙2.1.2 보기 2.1.10에서 설명된 군 D_3에 대한 연산표를 만들어라.

[풀이]

$\circ$	r_0	r_1	r_2	s	t	u
r_0	r_0	r_1	r_2	s	t	u
r_1	r_1	r_2	r_0	t	u	s
r_2	r_2	r_0	r_1	u	s	t
s	t	u	t	r_0	r_2	r_1
t	s	s	u	r_1	r_0	r_2
u	u	t	s	r_2	r_1	r_0

■

유제 2.1.2 덧셈군 $\mathbb{Z}_2$와 복소수들의 곱셈군 $G=\{\pm 1, \pm i\}$에 대하여 군 $\mathbb{Z}_2 \times G$의 연산표를 만들어라.

예제 2.1.3 집합 $G=\mathbb{Q}$의 연산이 $a*b=a+b+3$일 때, 군이면 증명하고, 아니면 반례를 들어라.

[풀이] (i) $*$의 정의에 의하여, $\mathbb{Q}$는 $*$에 관하여 닫히고, 결합법칙을 만족함을 쉽게 확인할 수 있다.

(ii) $-3\in\mathbb{Q}$는 항등원이다. 즉, 임의의 $a\in\mathbb{Q}$에 대하여

$$e*a=e+a+3=a$$
$$e+3=0 \Rightarrow e=-3$$
$$a*e=a+e+3=a$$
$$e+3=0 \Rightarrow e=-3$$

(iii) 임의의 $a\in\mathbb{Q}$에 대하여, $-6-a\in\mathbb{Q}$는 a의 역원이다. 왜냐하면, d를 a의 역원이라 하면 $a*d=a+d+3=-3$이고 $d*a=d+a+3=-3$이어야 하므로 $d=-6-a$이다. 따라서 $(\mathbb{Q}, *)$는 군이다. ■

유제 2.1.3-1 집합 $G=\{r\in\mathbb{Q} : r\neq -1\}$에 주어진 연산 $a*b=a+b+ab$에 대하여 G가 군이면 증명하고, 아니면 반례를 들어라.

유제 2.1.3-2 G를 연산 $*$를 갖는 군이라 하자. G 위에서 새로운 연산 $\#$을 $a\#b=b*a$로 정의한다. G는 $\#$에 대하여 군임을 증명하라.

유제 2.1.3-3 $a,\ b,\ c \in G$이면, $axb = c$인 유일한 원소 $x \in G$가 존재함을 증명하라.

예제 2.1.4 T는 공집합이 아닌 집합이고 치환군 $A(T)$는 T의 모든 치환들의 집합이라 하자. $A(T)$는 함수들의 합성연산에 대하여 군임을 보여라.

[풀이] (i) 임의로 $a,\ b \in A(T)$를 택하자. 그러면 a와 b는 전단사 함수이다. 따라서 $a \circ b$ 역시 전단사 함수이다. 그러므로 $a \circ b \in A(T)$이다.

(ii) 함수의 합성에 대하여 결합법칙이 만족되므로, 모든 $a,\ b,\ c \in A(T)$에 대하여 $(a \circ b) \circ c = a \circ (b \circ c)$이다.

(iii) $id_T : T \to T$는 항등함수라 하자. 그러면 분명히 $id_T \in A(T)$이고 $id_T \circ a = a \circ id_T = a$이다. 그러므로 id_T는 항등원이다.

(iv) 임의의 $a \in A(T)$에 대하여, 그 역치환 d는 존재하고 $d \in A(T)$이고 $a \circ d = d \circ a = id_T$이다. 따라서 $(A(T),\ \circ)$은 군이다. ■

유제 2.1.4-1 T는 적어도 세 개의 원소를 갖는 집합이라 하자. 치환군 $A(T)$ [예제 2.1.4] 아벨군임을 보여라.

유제 2.1.4-2 T는 무한집합이고 $A(T)$는 T의 치환군이라 하자. $M = \{f \in A(T) :$ 유한 개의 $t \in T$에 대해서만 $f(t) \neq t\}$이라 할 때, M은 군임을 증명하라.

예제 2.1.5 $a,\ b \in \mathbb{R},\ a \neq 0$이고 $T_{a,\ b} : \mathbb{R} \to \mathbb{R}$는 $T_{a,\ b}(x) = ax + b$로 주어지는 함수라 하자. $G = \{T_{a,\ b} : a,\ b \in \mathbb{R}\}$는 함수들의 합성에 대하여 비아벨군임을 증명하라.

[풀이] (i) 임의로 $T_{a,\ b},\ T_{c,\ d} \in G$와 $x \in \mathbb{R}$를 택하자. 그러면

$$\begin{aligned} T_{a,\ b} \circ T_{c,\ d}(x) &= T_{a,\ b}(cx + d) \\ &= a(cx + d) + b \\ &= acx + (ad + b) \\ &= T_{ac,\ ad+b}(x) \end{aligned}$$

여기서 $a \neq 0$이고 $c \neq 0$이므로, $ac \neq 0$이다. 더욱이 $a,\ b,\ c,\ d \in \mathbb{R}$이므로 $ac \in \mathbb{R}$이고 $ad + b \in \mathbb{R}$이다. 따라서 $T_{a,\ b} \circ T_{c,\ d} \in G$이다.

(ii) 결합법칙은 일반적으로 성립하므로 생략한다.

(iii) $T_{1,\ 0} \in G$는 항등원이다. 왜냐하면, 임의의 $T_{a,\ b} \in G$와 $x \in \mathbb{R}$에 대하여,

$T_{s,\,t}$가 G의 항등원이라 하자.

$$\begin{aligned} T_{s,\,t} \circ T_{a,\,b}(x) &= T_{s,\,t}(ax+b) \\ &= s(ax+b)+t \\ &= asx+bs+t = ax+b = T_{a,\,b}(x) \end{aligned}$$

이어야 하므로 $as=a$, $bs+t=b$이어야 한다. 따라서 $s=1$, $b+t=b$가 되어 $t=0$이다. $T_{a,\,b} \circ T_{s,\,t}(x) = T_{a,\,b}(x)$도 같은 방법으로 하면 $s=1$이고 $t=0$임을 알 수 있다. 따라서 $T_{1,\,0} \in G$는 항등원이다.

(iv) 임의의 $T_{a,\,b} \in G$에 대하여, $T_{a,\,b}{}^{-1} = T_{\frac{1}{a},\,-\frac{b}{a}}$이다. $T_{s,\,t}$가 $T_{a,\,b}$의 역원이라 하자. 임의의 $x \in \mathbb{R}$에 대하여,

$$\begin{aligned} T_{a,\,b} \circ T_{s,\,t}(x) &= T_{a,\,b}(sx+t) \\ &= a(sx+t)+b \\ &= asx+at+b \\ &= x = T_{1,\,0}(x) \end{aligned}$$

이어야 한다. $as=1$, $at+b=0$이므로 $s=\dfrac{1}{a}$, $t=-\dfrac{b}{a}$이어야 한다. $T_{s,\,t} \circ T_{a,\,b}(x) = T_{1,\,0}(x)$도 같은 방법으로 하면 $s=\dfrac{1}{a}$, $t=-\dfrac{b}{a}$를 얻는다. 따라서 $T_{a,\,b} \in G$의 역원은 $T_{a,\,b}{}^{-1} = T_{\frac{1}{a},\,-\frac{b}{a}}$이다.

(v) 임의로 $T_{a,\,b}$, $T_{c,\,d} \in G$를 택하자. 그러면 과정 (i)에 의하여, $T_{a,\,b} \circ T_{c,\,d} = T_{ac,\,ad+b}$이고 $T_{c,\,d} \circ T_{a,\,b} = T_{ca,\,cb+d}$이다. $ac=ca$이지만 $ad+b \neq cb+d$이다. 따라서 $T_{a,\,b} \circ T_{c,\,d} \neq T_{c,\,d} \circ T_{a,\,b}$이므로 $(G,\ \circ)$은 비아벨군이다. ■

유제 2.1.5-1 $H=\{T_{1,\,b} : b \in \mathbb{R}\}$ (예제 2.1.5에서 같은 표시법)라 하자. H는 함수들의 합성에 대하여 아벨군임을 증명하라.

유제 2.1.5-2 $K=\{r \in \mathbb{R} : r \neq 0,\ r \neq 1\}$이고 G는 K에서 K로의 다음의 6개의 함수로 이루어진다고 하자.

$$f(x) = \frac{1}{1-x} \qquad g(x) = \frac{x-1}{x} \qquad h(x) = \frac{1}{x}$$

$$i(x) = x \qquad j(x) = 1 - x \qquad k(x) = \frac{x}{x-1}$$

G는 합성함수의 연산에 대하여 군인가?

예제 2.1.6 각 치환을 순환표시법으로 써라.

(1) $\begin{pmatrix} 1 & 2 & 3 & 4 & 5 & 6 & 7 & 8 & 9 \\ 7 & 2 & 1 & 4 & 5 & 6 & 3 & 8 & 9 \end{pmatrix}$ (2) $\begin{pmatrix} 1 & 2 & 3 & 4 & 5 & 6 & 7 & 8 & 9 \\ 2 & 4 & 3 & 5 & 7 & 6 & 8 & 9 & 1 \end{pmatrix}$

[풀이] (1) $\begin{pmatrix} 1 & 2 & 3 & 4 & 5 & 6 & 7 & 8 & 9 \\ 7 & 2 & 1 & 4 & 5 & 6 & 3 & 8 & 9 \end{pmatrix} = (173)$

(2) $\begin{pmatrix} 1 & 2 & 3 & 4 & 5 & 6 & 7 & 8 & 9 \\ 2 & 4 & 3 & 5 & 7 & 6 & 8 & 9 & 1 \end{pmatrix} = (1245789)$ ■

유제 2.1.6 각 치환을 순환표시법으로 써라.

(1) $\begin{pmatrix} 1 & 2 & 3 & 4 & 5 & 6 & 7 & 8 & 9 \\ 4 & 8 & 1 & 7 & 5 & 2 & 6 & 3 & 9 \end{pmatrix}$ (2) $\begin{pmatrix} 1 & 2 & 3 & 4 & 5 & 6 & 7 & 8 & 9 \\ 1 & 2 & 5 & 4 & 7 & 6 & 9 & 3 & 8 \end{pmatrix}$

예제 2.1.7 각 곱을 계산하라.

(1) $(34)(23)(12)$ (2) $(135)(147)(246)$

[풀이] (1) $(34)(23)(12) = (34)(132) = (1432)$

(2) $(135)(147)(246) = (135)(14627) = (1462735)$ ■

유제 2.1.7 각 곱을 계산하라.

(1) $(23)(53214)(12)$ (2) $(2345)(1234)$

예제 2.1.8 서로소인 순환들의 곱으로 나타내라.

(1) $\begin{pmatrix} 1 & 2 & 3 & 4 & 5 & 6 & 7 & 8 & 9 \\ 2 & 1 & 3 & 5 & 4 & 7 & 9 & 8 & 6 \end{pmatrix}$ (2) $\begin{pmatrix} 1 & 2 & 3 & 4 & 5 & 6 & 7 & 8 & 9 \\ 3 & 5 & 1 & 2 & 4 & 6 & 8 & 9 & 7 \end{pmatrix}$

[풀이] (1) $\begin{pmatrix} 1 & 2 & 3 & 4 & 5 & 6 & 7 & 8 & 9 \\ 2 & 1 & 3 & 5 & 4 & 7 & 9 & 8 & 6 \end{pmatrix} = (12)(45)(679)$

(2) $\begin{pmatrix} 1 & 2 & 3 & 4 & 5 & 6 & 7 & 8 & 9 \\ 3 & 5 & 1 & 2 & 4 & 6 & 8 & 9 & 7 \end{pmatrix} = (13)(254)(789)$ ■

유제 2.1.8-1 서로소인 순환들의 곱으로 나타내라.

(1) $\begin{pmatrix} 1 & 2 & 3 & 4 & 5 & 6 & 7 & 8 & 9 \\ 3 & 5 & 1 & 2 & 4 & 9 & 8 & 7 & 6 \end{pmatrix}$ (2) $(1472)(34)(523)(27)(14)$

유제 2.1.8-2 유제 2.1.8-1에 있는 각 치환을 호환들의 곱으로 써라.

예제 2.1.9 A_3의 원소들을 모두 열거하라.

[풀이] A_3은 S_3에서 모든 짝수치환들의 집합이다. 그런데

$$S_3 = \{1,\ (123),\ (132),\ (12),\ (23),\ (13)\}$$

이고 여기서 1, (123), (132)는 짝수치환이다. 따라서 $A_3 = \{1,\ (123),\ (132)\}$이다. ■

유제 2.1.9 각 군의 원소들을 열거하라.

(1) A_2　　(2) A_4

예제 2.1.10 각 군의 위수는 무엇인가?

(1) A_3　　(2) A_5

[풀이] (1) $|A_3| = \frac{1}{2}|S_3| = \frac{1}{2}3! = 3$

(2) $|A_5| = \frac{1}{2}|S_5| = \frac{1}{2}5! = 60$ ■

유제 2.1.10 각 군의 위수는 무엇인가?

(1) A_4　　(2) A_{10}

2.1 연습문제

1. S_3에서 각 치환의 역을 구하라.

2. $f \circ f \circ f = 1$인 S_3의 모든 원소 f를 구하라.

3. 보기 2.1.5를 참고하여 다음 각 군의 원소들을 열거하라 : $\mathbb{Z}_4^*$, $\mathbb{Z}_6^*$, $\mathbb{Z}_{10}^*$, $\mathbb{Z}_{20}^*$, $\mathbb{Z}_{30}^*$

4. $G = \left\{ \begin{pmatrix} a & b \\ -b & a \end{pmatrix} : a,\ b \in \mathbb{R},\ a \neq 0,\ b \neq 0 \right\}$는 행렬곱에 대하여 아벨군임을 보여라.

5. n은 양의 정수고 z는 복소수 $\cos(2\pi/n)+i\sin(2\pi/n)$라 하자.
$G=\{1, z, z^2, \cdots, z^{n-1}\}$는 $\mathbb{C}$에서 곱셈에 대하여 군임을 증명하라.
[도움말 : 드무아브르(DeMoivre)의 정리에 의하여, $z^n=1$.]

6. (1) 위수 12, 16, 30과 48인 비아벨군을 찾아라. [도움말 : 정리 2.1.8]
(2) 항등원이 아닌 모든 원소가 $x*x=e$를 만족하는 위수 4의 아벨군의 보기를 들어라.

7. 복소수성분을 갖는 다음의 행렬들의 집합이, 이것의 행렬곱셈표를 만듦으로써, 이 곱셈에 대하여(**사원수군**(the quaternion group)이라 부르는) 군을 이룸을 증명하라 :

$$\begin{pmatrix} 0 & 1 \\ -1 & 0 \end{pmatrix}, \begin{pmatrix} -1 & 0 \\ 0 & -1 \end{pmatrix}, \begin{pmatrix} 0 & -1 \\ 1 & 0 \end{pmatrix}, \begin{pmatrix} 0 & i \\ i & 0 \end{pmatrix},$$
$$\begin{pmatrix} 0 & -i \\ -i & 0 \end{pmatrix}, \begin{pmatrix} i & 0 \\ 0 & -i \end{pmatrix}, \begin{pmatrix} -i & 0 \\ 0 & i \end{pmatrix}, \begin{pmatrix} 1 & 0 \\ 0 & 1 \end{pmatrix}$$

8. G가 주어진 연산에 대하여 군이면 증명하고 아니면, 반례를 들어라.
$G=\{r\in\mathbb{Q} : r\neq 0\}$, $a*b=ab/3$

9. S_n은 위수 $n!$을 가짐을 증명하라. [도움말 : 1에 대하여 n가지의 가능한 상이 있고 ; 하나의 상이 선택된 후에, 2에 대하여 $n-1$가지의 가능한 상이 있다 ; 계속한다.]

10. 정이면체군 D_5의 원소들을 열거하라. [도움말 : 이 군은 위수 10을 갖는다.]

11. $SL(2, \mathbb{R})$은 $a, b, c, d\in\mathbb{R}$이고 $ad-bc=1$인 모든 2×2 행렬 $\begin{pmatrix} a & b \\ c & d \end{pmatrix}$들의 집합이라 하자. 그러면 $SL(2, \mathbb{R})$은 행렬곱에 대하여 군이다. 이를 증명하라. 이 군 $SL(2, \mathbb{R})$을 **특수선형군**(special linear group)이라 한다.

12. 영이 아닌 실수들의 집합은 다음과 같이 정의하는 연산에 대하여 군임을 증명하라 :

$$a*b=\begin{cases} ab & (a>0) \\ a/b & (a<0) \end{cases}$$

13. $\mathbb{R}^*\times\mathbb{R}$는 $(a, b)*(c, d)=(ac, bc+d)$로 정의되는 연산 $*$에 대하여 군임을 증명하라.

14. 정리 2.1.8를 증명하라.

15. 군 G에서 $a*b=a*c$이면, $b=c$임을 증명하라.

16. 유한군 G의 각 원소는 연산표의 각 가로에 꼭 한번 그리고 각 세로에 꼭 한번씩 만 나타남을 증명하라.

17. $f \in S_n$이면, 어떤 양의 정수 k에 대하여 $f^k = e$임을 증명하라. 여기서 f^k는 $f \circ f \circ f \circ \cdots \circ f$ (k번)을 의미하고, e는 항등치환이다.

18. $G = \{0,\ 1,\ 2,\ 3,\ 4,\ 5,\ 6,\ 7\}$라 하고 G는 다음 성질을 갖는 연산 $*$에 대하여 군이라 하자 :

(i) 모든 $a,\ b \in G$에 대하여 $a * b \leq a + b$이다.

(ii) 모든 $a \in G$에 대하여 $a * a = 0$이다.

G에 대한 연산표를 만들어라.

19. 각 군의 위수는 무엇인가?

(1) A_3　　(2) A_4　　(3) A_5　　(4) A_{10}

20. $\sigma = (a_1 a_2 a_3 a_4 a_5 a_6)$라 하자. $i = 1,\ 2,\ \cdots,\ 6$에 대하여 σ^i를 구하라.

21. 군 S_n에서 k-순환은 위수 k를 가짐을 증명하라.

22. S_n에서 $(a_1 a_2 \cdots a_k)$의 역은 $(a_1 a_k a_{k-1} \cdots a_3 a_2)$임을 보여라.

23. 순환 $(a_1 a_2 \cdots a_k)$이 짝수치환일 필요충분조건은 k가 홀수인 것임을 증명하라.

24. $\sigma = (a_1 a_2 \cdots a_k)$와 $\tau = (b_1 b_2 \cdots b_r)$는 S_n에서 서로소인 순환이라 하자. $\sigma\tau = \tau\sigma$임을 증명하라. [도움말 : $\sigma\tau$와 $\tau\sigma$가 $\{1,\ 2,\ \cdots,\ n\}$의 각 원소 i에 대한 함수로써 일치함을 보여야만 한다. 세 가지 경우를 생각하라 : i는 a들 중의 하나 ; i는 b들 중의 하나 ; i는 어느 것도 아니다.]

25. $\tau \in S_n$이면, τ의 위수는 곱이 τ인 서로소인 순환들의 길이들의 최소 공배수임을 증명하라.

26. k가 홀수일 때 σ가 k-순환이면, $\tau^2 = \sigma$인 순환 τ가 존재함을 증명하라.

27. σ는 S_n에서 k-순환이라 하자.

(1) σ^2가 k-순환일 필요충분조건은 k가 홀수인 것이다.

(2) $k = 2t$이면, $\sigma^2 = \tau\beta$인 t-순환 τ와 β가 존재함을 증명하라.

2.1 유제풀이

유제 2.1.1 다음 각 군의 위수는?

(1) S_4　　　(2) S_5

[풀이] $|S_4| = 4! = 24$　$|S_5| = 5! = 120$

유제 2.1.2 덧셈군 $\mathbb{Z}_2$와 복소수의 곱셈군 $G = \{\pm 1, \pm i\}$에 대하여 군 $\mathbb{Z}_2 \times G$의 연산표를 만들어라.

[풀이]

$\cdot$	$(0, 1)$	$(0, -1)$	$(0, i)$	$(0, -i)$	$(1, 1)$	$(1, -1)$	$(1, i)$	$(1, -i)$
$(0, 1)$	$(0, 1)$	$(0, -1)$	$(0, i)$	$(0, -i)$	$(1, 1)$	$(1, -1)$	$(1, i)$	$(1, -i)$
$(0, -1)$	$(0, -1)$	$(0, 1)$	$(0, -i)$	$(0, i)$	$(1, -1)$	$(1, 1)$	$(1, -i)$	$(1, i)$
$(0, i)$	$(0, i)$	$(0, -i)$	$(0, -1)$	$(0, 1)$	$(1, i)$	$(1, -i)$	$(1, -1)$	$(1, 1)$
$(0, -i)$	$(0, -i)$	$(0, i)$	$(0, 1)$	$(0, -1)$	$(1, -i)$	$(1, i)$	$(1, 1)$	$(1, -1)$
$(1, 1)$	$(1, 1)$	$(1, -1)$	$(1, i)$	$(1, -i)$	$(0, 1)$	$(0, -1)$	$(0, i)$	$(0, -i)$
$(1, -1)$	$(1, -1)$	$(1, 1)$	$(1, -i)$	$(1, i)$	$(0, -1)$	$(0, 1)$	$(0, -i)$	$(0, i)$
$(1, i)$	$(1, i)$	$(1, -i)$	$(1, -1)$	$(1, 1)$	$(0, i)$	$(0, -i)$	$(0, -1)$	$(0, 1)$
$(1, -i)$	$(1, -i)$	$(1, i)$	$(1, 1)$	$(1, -1)$	$(0, -i)$	$(0, i)$	$(0, 1)$	$(0, -1)$

유제 2.1.3-1 집합 $G = \{r \in \mathbb{Q} : r \neq -1\}$에 주어진 연산 $a * b = a + b + ab$에 대하여 G가 군이면 증명하고, 아니면 반례를 들어라.

[풀이] 연산의 결과가 $r \neq -1$인 유리수여야 하므로

$$a * x = a + x + ax \neq -1$$
$$\Rightarrow a + 1 + x(1 + a) \neq 0$$
$$\Rightarrow (1 + a)(1 + x) \neq 0$$

이므로 집합 G는 연산에 대하여 닫혀 있다. 또한 유리수는 결합법칙과 교환 법칙이 성립하므로 G에서도 성립한다. 임의의 $a \in G$에 대하여 $a \neq -1$ 이므로

$$a * x = a + x + ax = a$$
$$\Rightarrow (1 + a)x = 0$$
$$\Rightarrow x = 0$$

이다. 따라서 항등원은 0이다. 임의의 $a \in G$에 대하여

$$
\begin{aligned}
& a * x = a + x + ax = 0 \\
& \Rightarrow x(1+a) = -a \\
& \Rightarrow x = \frac{-a}{1+a},\ a \neq -1
\end{aligned}
$$

이다. 따라서 $a \in G$의 역원은 $x = \dfrac{-a}{1+a}$이다.

유제 2.1.3-2 G를 연산 $*$를 갖는 군이라 하자. G 위에서 새로운 연산 $\#$을 $a \# b = b * a$로 정의한다. G는 $\#$에 대하여 군임을 증명하라.

[풀이] $a,\ b \in G$에 대하여 $a \# b = b * a \in G$이므로 연산에 대해 닫혀 있다.

$a,\ b,\ c \in G$에 대하여

$$
\begin{aligned}
a \# (b \# c) &= a \# (c * b) = (c * b) * a \\
(a \# b) \# c &= (b * a) \# c = c * (b * a)
\end{aligned}
$$

이고 G는 연산 $*$에 대하여 군이므로 결합법칙이 성립하므로 위 두 식은 같다. 따라서 $\#$에 대하여 결합법칙이 성립한다. 임의의 $a \in G$에 대하여 $a \# x = x * a = a$이고 $x \# a = a * x = a$ 이므로 연산 $*$에 대한 항등원을 $\#$에 대한 항등원으로 갖는다. 임의의 $a \in G$에 대하여 $a \# x = x * a = e_*$ 이고 $x \# a = a * x = e_*$ 이므로 연산 $*$에 대한 역원을 $\#$에 대한 역원으로 갖는다. 따라서 G는 $\#$에 대하여 군이다.

유제 2.1.3-3 $a,\ b,\ c \in G$이면, $axb = c$인 유일한 원소 $x \in G$가 존재함을 증명하라.

[풀이] $x = a^{-1}cb^{-1}$라 하자. 그러면 $axb = aa^{-1}cb^{-1}b = c$이다. $axb = c$인 또 다른 원소 $y \in G$가 존재한다 하자. 즉, $ayb = c$이다. $x = a^{-1}cb^{-1} = a^{-1}aybb^{-1} = y$이므로 유일하다.

유제 2.1.4-1 T는 적어도 세 개의 원소를 갖는 집합이라 하자. 치환군 $A(T)$ [예제 2.1.4]는 비아벨군임을 보여라.

[풀이] T의 세 개의 원소를 1, 2, 3이라 하자. σ는 1를 2로, 2를 1로 보내고 나머지 원소는 고정시킨다고 하고, τ는 1를 3으로 3을 1로 보내고 나머지 원소는 고정시킨다고 하자. 그러면 $\sigma \cdot \tau$는 $1 \to 3,\ 2 \to 1,\ 3 \to 2$로 보내고 나

머지는 고정시킨다. 반대로 $\tau \cdot \sigma$는 $1 \to 2$, $2 \to 3$, $3 \to 1$로 보내고 나머지는 고정시키므로 $\sigma \cdot \tau \neq \tau \cdot \sigma$이다. 따라서 $A(T)$는 아벨군이 아니다.

유제 2.1.4-2 T는 무한집합이고 $A(T)$는 T의 치환군이라 하자. $M = \{f \in A(T)$: 유한 개의 $t \in T$에 대해서만 $f(t) \neq t\}$이라 할 때, M은 군임을 증명하라.

[풀이] σ, $\tau \in A(T)$이라 하자. $\sigma \circ \tau$도 역시 유한개만 바꾸고 나머지 T의 원소는 고정시키므로 M의 원소이다. 따라서 연산에 닫혀 있다. $A(T)$는 군이고 결합법칙이 성립하므로 M에서도 결합법칙이 성립한다. 항등원은 $A(T)$의 항등사상 1이다. 왜냐하면 1은 0개의 원소(유한개)를 변하게 하고 나머지는 고정시키므로 M의 원소이다. 임의의 치환 σ의 역원도 $A(T)$에서의 역원 σ^{-1}이다. 왜냐하면 σ^{-1}도 역시 유한개만 바꾸고 나머지는 고정시키기 때문이다. 따라서 M은 군이다.

유제 2.1.5-1 $H = \{T_{1,\,b} : b \in \mathbb{R}\}$ (예제 2.1.5에서 같은 표시법)라 하자. H는 함수들의 합성에 대하여 아벨군임을 증명하라.

[풀이] $T_{a,\,b}(x) = ax + b$이다. 임의로 $T_{1,\,b}$, $T_{1,\,d} \in G$를 택하자. 그러면 $T_{a,\,b} \circ T_{c,\,d}(x) = T_{ac,\,ad+b}(x)$이므로

$$T_{1,\,b} \circ T_{1,\,d}(x) = x + (b+d) = T_{1,\,d} \circ T_{1,\,b}(x)$$

이다. 따라서 $(H, \circ)$은 아벨군이다.

유제 2.1.5-2 $K = \{r \in \mathbb{R} : r \neq 0,\ r \neq 1\}$이고 G는 K에서 K로의 다음의 6개의 함수로 이루어진다고 하자.

$$f(x) = \frac{1}{1-x} \qquad g(x) = \frac{x-1}{x} \qquad h(x) = \frac{1}{x}$$

$$i(x) = x \qquad j(x) = 1-x \qquad k(x) = \frac{x}{x-1}$$

G는 합성함수의 연산에 대하여 군인가?

[풀이] 일반적으로 함수의 합성은 결합법칙이 성립한다. 아래 표에서 보다시피 합성에 대하여 닫혀있고 항등원 $i(x) = x$를 갖고 각각의 역원도 존재한다. 따라서 군이다.

$\circ$	$i(x)=x$	$f(x)=\frac{1}{1-x}$	$g(x)=\frac{x-1}{x}$	$h(x)=\frac{1}{x}$	$j(x)=1-x$	$k(x)=\frac{x}{x-1}$
$i(x)=x$	$i(x)=x$	$f(x)=\frac{1}{1-x}$	$g(x)=\frac{x-1}{x}$	$h(x)=\frac{1}{x}$	$j(x)=1-x$	$k(x)=\frac{x}{x-1}$
$f(x)=\frac{1}{1-x}$	$f(x)=\frac{1}{1-x}$	$g(x)=\frac{x-1}{x}$	$i(x)=x$	$k(x)=\frac{x}{x-1}$	$h(x)=\frac{1}{x}$	$j(x)=1-x$
$g(x)=\frac{x-1}{x}$	$g(x)=\frac{x-1}{x}$	$i(x)=x$	$f(x)=\frac{1}{1-x}$	$j(x)=1-x$	$k(x)=\frac{x}{x-1}$	$h(x)=\frac{1}{x}$
$h(x)=\frac{1}{x}$	$h(x)=\frac{1}{x}$	$j(x)=1-x$	$k(x)=\frac{x}{x-1}$	$i(x)=x$	$f(x)=\frac{1}{1-x}$	$g(x)=\frac{x-1}{x}$
$j(x)=1-x$	$j(x)=1-x$	$k(x)=\frac{x}{x-1}$	$h(x)=\frac{1}{x}$	$g(x)=\frac{x-1}{x}$	$i(x)=x$	$f(x)=\frac{1}{1-x}$
$k(x)=\frac{x}{x-1}$	$k(x)=\frac{x}{x-1}$	$h(x)=\frac{1}{x}$	$j(x)=1-x$	$f(x)=\frac{1}{1-x}$	$g(x)=\frac{x-1}{x}$	$i(x)=x$

유제 2.1.6 각 치환을 순환표시법으로 써라.

(1) $\begin{pmatrix} 1 & 2 & 3 & 4 & 5 & 6 & 7 & 8 & 9 \\ 4 & 8 & 1 & 7 & 5 & 2 & 6 & 3 & 9 \end{pmatrix}$ (2) $\begin{pmatrix} 1 & 2 & 3 & 4 & 5 & 6 & 7 & 8 & 9 \\ 1 & 2 & 5 & 4 & 7 & 6 & 9 & 3 & 8 \end{pmatrix}$

[풀이] (1) $\begin{pmatrix} 1 & 2 & 3 & 4 & 5 & 6 & 7 & 8 & 9 \\ 4 & 8 & 1 & 7 & 5 & 2 & 6 & 3 & 9 \end{pmatrix} = (1476283)$

(2) $\begin{pmatrix} 1 & 2 & 3 & 4 & 5 & 6 & 7 & 8 & 9 \\ 1 & 2 & 5 & 4 & 7 & 6 & 9 & 3 & 8 \end{pmatrix} = (35798)$

유제 2.1.7 각 곱을 계산하라.

(1) $(23)(53214)(12)$ (2) $(2345)(1234)$

[풀이] (1) $(23)(53214)(12) = (23)(2453) = (245)$

(2) $(2345)(1234) = (13524)$

유제 2.1.8-1 서로소인 순환들의 곱으로 나타내라.

(1) $\begin{pmatrix} 1 & 2 & 3 & 4 & 5 & 6 & 7 & 8 & 9 \\ 3 & 5 & 1 & 2 & 4 & 9 & 8 & 7 & 6 \end{pmatrix}$ (2) $(1472)(34)(523)(27)(14)$

[풀이] (1) $\begin{pmatrix} 1 & 2 & 3 & 4 & 5 & 6 & 7 & 8 & 9 \\ 3 & 5 & 1 & 2 & 4 & 9 & 8 & 7 & 6 \end{pmatrix} = (13)(254)(69)(78)$

(2) $(1472)(34)(523)(27)(14) = (135)$

유제 2.1.8-2 유제 2.1.8-1에 있는 각 치환을 호환들의 곱으로 써라.

[풀이] (1) $\begin{pmatrix} 1 & 2 & 3 & 4 & 5 & 6 & 7 & 8 & 9 \\ 3 & 5 & 1 & 2 & 4 & 9 & 8 & 7 & 6 \end{pmatrix} = (13)(254)(69)(78) = (13)(24)(25)(69)(78)$

(2) $(1472)(34)(523)(27)(14) = (135) = (15)(13)$

유제 2.1.9 각 군의 원소들을 열거하라.

(1) A_2 (2) A_4

[풀이] (1) $A_2 = \{1\}$

(2) $A_4 = \{1,\ (123),\ (132),\ (124),\ (142),\ (134),\ (143),$
$(234),\ (243),\ (12)(34),\ (13)(24),\ (14)(23)\}$

유제 2.1.10 각 군의 위수는 무엇인가?

(1) A_4 (2) A_{10}

[풀이] (1) $|A_4| = \frac{1}{2}|S_4| = \frac{1}{2}4! = 12$ (2) $|A_{10}| = \frac{1}{2}|S_{10}| = \frac{1}{2}10! = 1814400$

2.2 군의 기본성질

군론의 더 깊은 개념들을 공부하기 전에, 몇 가지 중요한 용어를 익히고, 기본 사실들을 알아야 한다. 표시법에 대한 설명부터 시작한다. 임의의 군에서 연산을 2.1절에서 $*$로 표시하였다. 혼동할 염려가 없는 이상, $a * b$ 대신에 ab로 쓸 것이다. 그러나 연산이($\mathbb{Z}$와 같은) 덧셈인 군은 여전히 덧셈으로 쓸 것이다. 다음의 정리는 군을 다룰 때 아주 유용하고 기초적인 것이다.

정리 2.2.1

G는 군이고 $a,\ b,\ c \in G$라 하자. 그러면

(1) G는 유일한 항등원을 갖는다.

(2) G에서 소거법칙이 성립한다 :

$ab = ac$이면 $b = c$이고, $ba = ca$이면 $b = c$이다.

(3) G의 각 원소는 유일한 역원을 갖는다.

(4) 임의의 $a, b \in G$에 대하여 방정식 $ax = b$와 $ya = b$는 각각 유일한 해 $x = a^{-1}b$, $y = ba^{-1}$를 갖는다. 특히, $ax = e$ 및 $xa = e$의 해는 $x = a^{-1}$이다.

[증명] (1) 군의 정의에 의하여, 군 G는 적어도 하나의 항등원을 갖는다. e와 e'이 모두 G의 항등원이라 가정하자. 그러면 모든 $a \in G$에 대하여 $ea = a = ae$이고 $e'a = a = ae'$이다. 특히, 첫 번째 방정식에서 $a = e'$이라 하면,

$$ee' = e'$$

이다. 또한 두 번째 방정식에서 $a = e$이면 $ee' = e$이므로 $e = e'$이다. 따라서 군 G에는 하나의 항등원이 존재한다.

(2) 군의 정의에 의하여, 임의의 원소 a는 $da = e = ad$인 적어도 하나의 역원 d를 갖는다. $ab = ac$라 가정하자. 그러면 $d(ab) = d(ac)$이다. 결합법칙, 역과 항등원의 성질에 의하여,

$$\begin{aligned}(da)b &= (da)c \\ eb &= ec \\ b &= c\end{aligned}$$

이다. 두 번째 명제 역시 비슷하게 증명된다.

(3) d와 d'이 둘 다 $a \in G$의 역원이라 하자. 그러면 $ad = e = ad'$이다. (2)에 의하여, $d = d'$이다. 따라서 a는 꼭 하나의 역을 갖는다.

(4) $a(a^{-1}b) = (aa^{-1})b = eb = b$가 성립하므로 $x = a^{-1}b$는 방정식 $ax = b$의 해이다. 만약 $x = b'$이 $ax = b$의 또 다른 해라 하면 $ab' = b = a(a^{-1}b)$이므로 (2)에 의해 $b' = a^{-1}b$이다. 따라서 해는 유일하다. 마찬가지로 $ya = b$는 $y = ba^{-1}$를 유일한 해로 갖는다. ■

군의 원소 a의 역, a^{-1}의 유일성은

$$ay = e = ya\text{이면 } y = a^{-1}$$

를 의미한다.

따름정리 2.2.2

G는 군이고 $a, b \in G$라 하자. 그러면,

(1) $(ab)^{-1} = b^{-1}a^{-1}$　　(2) $(a^{-1})^{-1} = a$

[증명] (1) $(ab)(b^{-1}a^{-1}) = a(bb^{-1})a^{-1} = aea^{-1} = aa^{-1} = e$이다. 비슷하게 $(b^{-1}a^{-1})(ab) = e$이다. 정리 2.2.1에 의하여, ab의 역원은 유일하므로 $(ab)^{-1} = b^{-1}a^{-1}$이다.

(2) 정의에 의하여, $a^{-1}a = e$이고 $(a^{-1})(a^{-1})^{-1} = e$이다. 즉, $a^{-1}a = (a^{-1})(a^{-1})^{-1}$이다. 따라서 정리 2.2.1(2)에 의하여, $a = (a^{-1})^{-1}$이다. ■

따름정리 2.2.2에서 원소들의 순서에 유의하자. 비아벨군에서 ab의 역을 $a^{-1}b^{-1}$로 쓰는 것은 성립하지 않을 수 있다. G는 군이고 $a \in G$라 하자. $a^2 = aa$, $a^3 = aaa$, 그리고 임의 양의 정수 n에 대하여,

$$a^n = aaa \cdots a \ (n\text{인수})$$

로 정의한다. 역시 $a^0 = e$와 $a^{-n} = a^{-1}a^{-1}a^{-1} \cdots a^{-1}$ (n인수)로 정의한다. 이 정의들은 분명히 실수 $\mathbb{R}$에서의 보통의 **지수표기법**(exponent notation)과 동일하다. 그러나 $(ab)^n$이 $a^n b^n$과 같지 않을 수 있는 비아벨군인 경우에 주의하자.

정리 2.2.3

G는 군이고 $a \in G$라 하자. 그러면 임의의 $m, n \in \mathbb{Z}$에 대하여,

$$a^m a^n = a^{m+n}\text{이고 } (a^m)^n = a^{mn}$$

이다.

실수들의 덧셈군에서와 같이 곱셈군과 구별하기 위해, 어떤 군에서는 연산을 덧셈으로 써야만 한다. 군 연산이 덧셈으로 쓰일 때, 항등원은 e 대신에 0으로 그리고 a의 역은 a^{-1} 대신에 $-a$로 표시된다. 따라서 지수표시법과 정리 2.2.3는 다소 다른 꼴을 취한다. $aaa \cdots a$ (n 인수)와 비슷한 덧셈꼴은 $a + a + \cdots + a$ (n 합)이고 $a^n = aa \cdots a$ 대신에 $na = a + a + \cdots + a$로 쓴다. 비슷하게, a^{-n}에 대한 덧셈표시법은 $(-n)a$이고 정리 2.2.3의 결과는 다음과 같이 쓴다 :

$$ma + na = (m+n)a\text{이고 } n(ma) = (mn)a$$

이제 추상군에 대한 곱셈표시법으로 돌아간다.

정의 2.2.4

군의 원소 a가 **유한 위수(finite order)**를 갖는다는 뜻은 어떤 양의 정수 k에 대하여 $a^k = e$임을 의미한다. 이 경우에, 원소 a의 **위수(the order of the element a)**는 $a^n = e$를 만족하는 가장 작은 양의 정수 n을 말하고 $|a|$로 표시한다. 원소 a가 **무한위수(infinite order)**를 갖는다는 뜻은 임의의 양의 정수 k에 대하여 $a^k \neq e$임을 의미한다.

| 보기 2.2.1 | 영이 아닌 실수들의 곱셈군에서, 2는 무한위수를 갖는다. 왜냐하면 임의의 $k \geq 1$에 대하여 $2^k \neq 1$이기 때문이다. 복소수들의 곱셈을 갖는 $G = \{\pm 1, \pm i\}$에서, $|i| = 4$다. 왜냐하면 $i^2 = -1$, $i^3 = -i$이고 $i^4 = 1$이기 때문이다. 비슷하게, $|-i| = 4$이다. S_3의 원소 (132)에 대하여, $|(132)| = 3$이다. 왜냐하면

$$(132)^2 = (123)\text{이고 } (132)^3 = 1$$

이다. 군에서 항등원은 위수 1을 갖는다. ■

| 보기 2.2.2 | 덧셈군 $\mathbb{Z}_{12}$에서, 8의 위수를 구하라.

[풀이] $8+8=4$이고 $8+8+8=0$이다. 따라서 $|8|=3$이다. ■

영이 아닌 실수들의 곱셈군에서, 2는 무한위수를 갖고 2의 모든 거듭 제곱 (2^{-3}, 2^0, 2^5 등)은 서로 다르다. 한편, 곱셈군 $G = \{\pm 1, \pm i\}$에서, 원소 i는 위수 4를 갖고 i의 거듭제곱들이 서로 다르지 않다. 예를 들면

$$i^4 = 1 = i^0\text{이고 } i^{10} = (i^4)^2 i^2 = i^2$$

이다. $i^{10} = i^2$에서 $10 \equiv 2 \pmod 4$임을 주의하자. 이 보기들로부터 다음의 결과를 예상할 수 있다.

정리 2.2.5

G는 군이고 $a \in G$라 하자.

(1) a가 무한위수를 가지면, G의 원소

$$\cdots, a^{-2}, a^{-1}, e, a, a^2, \cdots$$

는 모두 서로 다르다.

(2) a가 유한 위수 n을 가지면

$$a^k = e \Leftrightarrow n|k\text{이고, } a^i = a^j \Leftrightarrow i \equiv j \pmod n$$

이다.

(3) a가 위수 n을 갖고 $d > 0$에 대하여 $n = td$이면, a^t는 위수 d이다.

(4) a의 위수가 n이고 $d = (m,\ n)$일 때, $|a^m|$는 n/d이다.

[증명] (1) 대우법을 사용하여 증명할 것이다. a^k들이 모두 다르지 않다고 가정하자. 그러면 $i,\ j \in \mathbb{Z}(i > j)$가 존재하여 $a^i = a^j$이라 하자. $a^i = a^j$의 양변에 a^{-j}를 곱하면 $a^{i-j} = a^{j-j} = a^0 = e$이다. 그런데 $i - j > 0$이므로 정의에 의하여, a는 유한 위수를 갖는다. 따라서 증명이 완료된다.

(2) $\Leftarrow$] $n|k$라 가정하자. 그러면 $t \in \mathbb{Z}$가 존재하여 $k = nt$를 만족한다. 따라서 $a^k = a^{nt} = (a^n)^t = e^t = e$이다.

$\Rightarrow$] $a^k = e$라 가정하자. 그러면 나눗셈 알고리즘에 의하여, $q,\ r \in \mathbb{Z}$가 존재하여 $k = nq + r$이고 $0 \le r < n$를 만족한다. 따라서

$$e = a^k = a^{nq+r} = a^{nq}a^r = (a^n)^q a^r = e^q a^r = ea^r = a^r$$

이다. 위수의 정의에 의하여, n은 $a^n = e$인 가장 작은 양의 정수다.
$r < n$이므로, $a^r = e$는 $r = 0$일 때만 가능하다. 그러므로 $k = nq + 0$이고 $n|k$이다. 마지막으로, $a^i = a^j \Leftrightarrow a^{i-j} = a^0 = e$이다. 그러므로 방금 증명한 결과에 의하여

$$a^{i-j} = e \Leftrightarrow n|(i-j) \Leftrightarrow i \equiv j \pmod n$$

이다.

(3) $|a| = n$이므로, $(a^t)^d = a^{td} = a^n = e$이다. d가 이 성질을 갖는 가장 작은 양의 정수임을 보여야만 한다. k는 $(a^t)^k = e$인 양의 정수라 하자. 그러면 $a^{tk} = e$이고 (2)에 의하여 $n|tk$이다. 그러므로 $r \in \mathbb{Z}$가 존재하여 $tk = nr$이다. $n = td$이므로 $tk = (td)r$이다. 따라서 $k = dr$이다. k와 d는 양의 정수이고 $d|k$이므로 $d \le k$이다. 따라서 $|a^t| = d$이다.

(4) $d = (m,\ n)$이므로 $n = dn_1$이고 $m = dm_1$, $(n_1,\ m_1) = 1$라 하자. $(a^m)^{n_1} = a^{dm_1n_1} = (a^n)^{m_1} = e$이므로 a^m의 위수는 유한하다. 이제 a^m의 위수를 s라 하

면, 위의 결과에 의해 $s|n_1$이다. 한편, $e=(a^m)^s=a^{ms}$이므로 $n|ms \Leftrightarrow dn_1|dm_1s \Leftrightarrow n_1|m_1s$이다. $(n_1,\ m_1)=1$이므로 $n_1|s$이다. 따라서 $s=n_1=n/d$이다. 즉, $|a^m|$는 n/d이다. ■

a가 유한 위수를 가진다면 $a^i=e$이고 $a^{2i}=e$이므로 a^k들 중 같은 것이 존재하므로 (1)의 역도 성립한다. 정리 2.2.5의 (1)의 대우를 취하면 다음을 얻는다.

따름정리 2.2.6

G가 군이고 $a\in G$라 하자. $i\neq j$에 대하여 $a^i=a^j$면 a는 유한 위수를 갖는다.

$\mathbb{Z}_6$(이 집합은 영이 아닌 원소들이 곱셈에 대하여 군을 이루지 않는다)에서, $2^3=2^1$이지만 모든 양의 정수 k에 대하여 $2^k\neq 1$이다.

따름정리 2.2.7

G가 아벨군이고 G의 모든 원소가 유한 위수를 갖는다 하자. 만약 $c\in G$가 G의 원소 중 가장 큰 위수를 갖는다고 하면, 즉 모든 $a\in G$에 대하여 $|a|\leq|c|$이면 G의 모든 원소의 위수는 $|c|$의 약수이다.

[증명] 모든 $a\in G$에 대하여 $|a|\nmid|c|$라 가정하자. 적당한 양의 정수 k가 존재하여 $p^k\,||a|$이지만 $p^k\nmid|c|$인 소수 p가 존재한다. 유일 인수분해 정리에 의해 적당한 정수 $m,\ n,\ r,\ s$가 존재하여 $|a|=p^rm$이고 $|c|=p^sn,\ \ (p,\ m)=1=(p,\ n),\ r>s$라 할 수 있다. 정리 2.2.5의 (3)에 의해 원소 a^m은 위수가 p^r이고 c^{p^s}은 위수가 n이다. 유제 2.2.8에 의해 $a^mc^{p^s}$는 위수가 p^rn이다. 이것은 $|c|=p^sn$보다 크므로 c의 위수가 가장 크다고 한 가정에 모순이다. ■

예제 | 2.2.1 군에서 $c^2=c$이면, $c=e$임을 보여라.

[풀이] $c^2=c$라 가정하자. 그러면 $c^2=ce$이다. 그러므로 정리 2.2.1(2)에 의하여, $c=e$이다.

[다른 방법] $e = c^{-1}c = c^{-1}(c^2) = (c^{-1}c)c = ec = c$ ■

유제 2.2.1 $a,\ b \in G$이고 $ab = e$이면, $ba = e$임을 증명하라.

예제 2.2.2 $a \in G$이고 $f : G \to G$는 $f(x) = ax$로 주어지는 함수라 하자. f는 전단사 함수임을 증명하라.

[풀이] (i) 임의의 $x,\ y \in G$에 대하여 $f(x) = f(y)$라 가정하자. 그러면 $ax = ay$이다. 정리 2.2.1 (2)에 의하여, $x = y$이므로 f는 단사이다.

(ii) 임의로 $y \in G$를 택하자. G는 군이므로, $a^{-1} \in G$이다. $x = a^{-1}y$이라 하면 $x \in G$이다. 더욱이 $f(x) = ax = a(a^{-1}y) = (aa^{-1})y = ey = y$이다. 그러므로 f는 전사이다. 따라서 f는 전단사 함수이다. ■

유제 2.2.2 $f : G \to G$는 $f(a) = a^{-1}$로 주어지는 함수라 하자. f는 전단사 함수임을 증명하라.

예제 2.2.3 $GL(2,\ \mathbb{R})$에서 $\begin{pmatrix} 0 & -1 \\ 1 & 1 \end{pmatrix}$과 $\begin{pmatrix} -\frac{1}{2} & \frac{1}{2} \\ -\frac{3}{2} & -\frac{1}{2} \end{pmatrix}$의 위수를 구하라.

[풀이] $0 \cdot 1 - (-1) \cdot 1 = 1 \neq 0$이므로 $\begin{pmatrix} 0 & -1 \\ 1 & 1 \end{pmatrix} \in GL(2,\ \mathbb{R})$이다. 따라서

$$\begin{pmatrix} 0 & -1 \\ 1 & 1 \end{pmatrix}^2 = \begin{pmatrix} 0 & -1 \\ 1 & 1 \end{pmatrix}\begin{pmatrix} 0 & -1 \\ 1 & 1 \end{pmatrix} = \begin{pmatrix} -1 & -1 \\ 1 & 0 \end{pmatrix},$$

$$\begin{pmatrix} 0 & -1 \\ 1 & 1 \end{pmatrix}^3 = \begin{pmatrix} 0 & -1 \\ 1 & 1 \end{pmatrix}\begin{pmatrix} -1 & -1 \\ 1 & 0 \end{pmatrix} = \begin{pmatrix} -1 & 0 \\ 0 & -1 \end{pmatrix},$$

$$\begin{pmatrix} 0 & -1 \\ 1 & 1 \end{pmatrix}^4 = \begin{pmatrix} 0 & -1 \\ 1 & 1 \end{pmatrix}\begin{pmatrix} -1 & 0 \\ 0 & -1 \end{pmatrix} = \begin{pmatrix} 0 & 1 \\ -1 & -1 \end{pmatrix},$$

$$\begin{pmatrix} 0 & -1 \\ 1 & 1 \end{pmatrix}^5 = \begin{pmatrix} 0 & -1 \\ 1 & 1 \end{pmatrix}\begin{pmatrix} 0 & 1 \\ -1 & -1 \end{pmatrix} = \begin{pmatrix} 1 & 1 \\ -1 & 0 \end{pmatrix},$$

$$\begin{pmatrix} 0 & -1 \\ 1 & 1 \end{pmatrix}^6 = \begin{pmatrix} 0 & -1 \\ 1 & 1 \end{pmatrix}\begin{pmatrix} 1 & 1 \\ -1 & 0 \end{pmatrix} = \begin{pmatrix} 1 & 0 \\ 0 & 1 \end{pmatrix}$$

이므로 $\left|\begin{pmatrix} 0 & -1 \\ 1 & 1 \end{pmatrix}\right| = 6$이다. $\begin{pmatrix} -\frac{1}{2} & \frac{1}{2} \\ -\frac{3}{2} & -\frac{1}{2} \end{pmatrix}$는 각자 풀어보자. ■

유제 ▮ 2.2.3 $GL(2, \mathbb{R})$에서 $a=\begin{pmatrix} 0 & 1 \\ -1 & -1 \end{pmatrix}$는 위수 3을 그리고 $b=\begin{pmatrix} 0 & -1 \\ 1 & 0 \end{pmatrix}$는 위수 4를 가짐을 보여라.

예제 ▮ 2.2.4 각 군에서 모든 원소의 위수를 구하라.

(1) $\mathbb{Z}_4$ (2) S_3

[풀이] (1) $1 \cdot 0 = 0$, $4 \cdot 1 = 1+1+1+1 = 0$, $2 \cdot 2 = 2+2 = 0$, $4 \cdot 3 = 3+3+3+3 = 0$이다. 그러므로 $|0| = 1$, $|2| = 2$, $|1| = |3| = 4$이다.

(2) $S_3 = \{1, f, g, h, j, k\}$, 여기서

$$1=(1),\ f=(23),\ g=(12),\quad h=(123),\ j=(132),\ k=(13)$$

그러면

$$\begin{aligned} &f^2=(23)(23)=1, \quad g^2=(12)(12)=1, \\ &h^2=(123)(123)=(132), \quad h^3=(123)(132)=1, \\ &j^2=(132)(132)=(123), \quad j^3=(132)(123)=1, \\ &k^2=(13)(13)=1 \end{aligned}$$

이다. 따라서 $|1| = 1$, $|f| = |g| = |k| = 2$, $|h| = |j| = 3$이다. ■

유제 ▮ 2.2.4 각 군에서 모든 원소의 위수를 구하라.

(1) $\mathbb{Z}_5$ (2) D_4 (3) $\mathbb{Z}$

예제 ▮ 2.2.5 군 $\mathbb{Z}_{10}^*$, $\mathbb{Z}_{12}^*$, $\mathbb{Z}_{24}^*$의 원소들의 위수를 구하라.

[풀이] (i) $\mathbb{Z}_{10}^* = \{a \in \mathbb{Z}_{10} : (a, 10) = 1\} = \{1, 3, 7, 9\}$이다. 그러므로 $|\mathbb{Z}_{10}^*| = 4$이고

$1^1 = 1$이므로 1의 위수 1,

$3^2 = 9$, $3^3 = 27 \equiv 7$, $3^4 = 21 \equiv 1 \pmod{10}$이므로 3의 위수는 4,

$7^2 = 49 \equiv 9$, $7^3 \equiv 63 \equiv 3$, $7^4 = 21 \equiv 1 \pmod{10}$이므로 7의 위수는 4,

$9^2 = 81 \equiv 1 \pmod{10}$이므로 9의 위수는 2이다.

(ii) $\mathbb{Z}_{12}^{*} = \{ a \in \mathbb{Z}_{12} : (a, 12) = 1\} = \{1, 5, 7, 11\}$

$1^1 = 1$이므로 1의 위수 1,
$5^2 = 25 \equiv 1 \pmod{12}$이므로 5의 위수는 2,
$7^2 = 49 \equiv 1 \pmod{12}$이므로 7의 위수는 2,
$11^2 = 121 \equiv 1 \pmod{12}$이므로 11의 위수는 2이다.

그러므로 $|\mathbb{Z}_{12}^{*}| = 4$이고 1을 제외한 모든 원소의 위수는 2이다.

(iii) $\mathbb{Z}_{24}^{*} = \{\mathrm{a} \in \mathbb{Z}_{24} : (\mathrm{a}, 24) = 1\}$
$= \{1, 5, 7, 11, 13, 17, 19, 23\}$

$1^1 = 1$이므로 1의 위수 1,
$5^2 = 25 \equiv 1 \pmod{24}$이므로 5의 위수는 2,
$7^2 = 49 \equiv 1 \pmod{24}$이므로 7의 위수는 2,
$11^2 = 121 \equiv 1 \pmod{24}$이므로 11의 위수는 2,
$13^2 = 169 \equiv 1 \pmod{24}$이므로 13의 위수는 2,
$17^2 = 289 \equiv 1 \pmod{24}$이므로 17의 위수는 2,
$19^2 = 361 \equiv 1 \pmod{24}$이므로 19의 위수는 2,
$23^2 = 529 \equiv 1 \pmod{24}$이므로 23의 위수는 2이다.

그러므로 $|\mathbb{Z}_{24}^{*}| = 8$이고 1을 제외한 모든 원소의 위수는 2이다. ■

유제 ▮ 2.2.5 군 $\mathbb{Z}_{20}^{*}$ 의 각 원소의 위수를 열거하라.

예제 ▮ 2.2.6 G가 군이라 하자. 원소 $a, b \in G$ 에 대하여 $|aba^{-1}| = |b|$임을 증명하라.

[풀이]
$$\begin{aligned}(aba^{-1})^2 &= (aba^{-1})(aba^{-1}) \\ &= ab(a^{-1}a)ba^{-1} \\ &= ab^2a^{-1}\end{aligned}$$

이다. 귀납법을 사용하여 다음을 얻는다.

$$\begin{aligned}(aba^{-1})^n &= (aba^{-1})^{n-1}(aba^{-1}) \\ &= ab^{n-1}a^{-1}(aba^{-1}) \\ &= ab^{n-1}(a^{-1}a)ba^{-1}\end{aligned}$$

$$= ab^n a^{-1}$$

따라서 모든 $n \in \mathbb{Z}^+$에 대하여 $(aba^{-1})^n = ab^n a^{-1}$이다. 이제 $|b| = k$라 하자. 그러면 $(aba^{-1})^k = ab^k a^{-1} = aea^{-1} = e$이다. k는 이러한 양의 정수 중 가장 작다. 그렇지 않다면 b의 위수가 k라는 것에 모순이다. 따라서 $|aba^{-1}| = |b|$이다. ■

유제 Ⅰ 2.2.6-1 $a \in G$이면, $|a| = |a^{-1}|$임을 증명하라.

유제 Ⅰ 2.2.6-2 $a, b \in G$이면, $|ab| = |ba|$임을 증명하라.

예제 Ⅰ 2.2.7 G의 항등원이 아닌 원소가 모두 위수 2이면 G는 아벨군임을 증명하라.

[풀이] $e \neq a \in G$를 임의로 택하자. 그러면 가정에 의하여 $|a| = 2 \Leftrightarrow a^2 = e \Leftrightarrow a = a^{-1}$이다. 이제 $a, b \in G$를 임의로 택하면 $ab \in G$이므로 $(ab)^{-1} = ab$이다. 따라서

$$ba = b^{-1}a^{-1} = (ab)^{-1} = ab$$

이므로 $ab = ba$이다. 따라서 G는 아벨군이다. ■

유제 Ⅰ 2.2.7 $|G|$가 짝수이면, G는 위수 2인 원소를 포함함을 증명하라.

예제 Ⅰ 2.2.8 (1) $a, b \in G$이고 $ab = ba$이면, $(ab)^{|a||b|} = e$임을 증명하라.

(2) $ab \neq ba$이면, (1)이 거짓일 수 있음을 증명하라.

[풀이] (1)
$$\begin{aligned}(ab)^{|a||b|} &= a^{|a||b|}b^{|a||b|} \quad (\because\ ab = ba)\\ &= (a^{|a|})^{|b|}(b^{|b|})^{|a|}\\ &= e^{|b|}e^{|a|}\\ &= e\end{aligned}$$

(2) S_3에서 $a = (12)$이고 $b = (23)$라 하자. 그러면 $|a| = 2,\ |b| = 2$이고 $ab = (123)$이다. 한편 $(ab)^4 = ab$이다. 그러므로 (1)이 성립하지 않는다. ■

유제 Ⅰ 2.2.8 $a, b \in G$이고 $ab = ba$라 하자. $|a|$와 $|b|$가 서로소이면, ab는 위수 $|a||b|$를 가짐을 증명하라.

유제 ‖ 2.2.9 군 G의 원소 a, b가 $a^3 = e$, $aba^{-1} = b^2$(e는 G의 항등원)를 만족하면 b가 항등원이 아닐 때, b의 위수를 구하시오.

예제 ‖ 2.2.9 군 G의 원소 a, b가 $b^6 = e$와 $ab = b^4a$를 만족하면 $b^3 = e$이고 $ab = ba$임을 증명하라.

[풀이] $ab = b^4a$이므로,

$$\begin{aligned} & aba^{-1} = b^4 \\ & \Rightarrow (aba^{-1})^3 = (b^4)^3 \\ & \Rightarrow (aba^{-1})(aba^{-1})(aba^{-1}) = b^{12} \\ & \Rightarrow ab^3a^{-1} = e \ (\because\ b^6 = e) \\ & \Rightarrow ab^3 = a \\ & \Rightarrow b^3 = e \end{aligned}$$

한편 $ab = b^4a = b^3ba = eba = ba$이다. 따라서 증명이 완료된다. ■

유제 ‖ 2.2.10 모든 a, $b \in G$에 대하여 $(ab)^3 = a^3b^3$이고 $(ab)^5 = a^5b^5$이면, G는 아벨군임을 보여라.

예제 ‖ 2.2.10 원소들이 a, b, c, d인 군 G에 대한 연산표의 일부가 아래에 주어진다. 이 표의 나머지를 채워라.

·	a	b	c	d
a	a	b	c	d
b	b	a		
c	c		a	
d	d			

[풀이]

·	a	b	c	d
a	a	b	c	d
b	b	a	d	c
c	c	d	a	b
d	d	c	b	a

■

예제 2.2.11 집합 $\mathbb{R}^*$에서 $a * b = |a|b$로 주어지는 연산에 대하여 군을 이루는가? 여기서 $|a|$는 a의 절대값이다.

[풀이] 임의의 $a \in \mathbb{R}^*$에 대하여 e를 항등원이라 하면 $e * a = |e|a = a$이므로 $|e| = 1$이다. 반면 $a * e = |a|e = a$이므로 a가 양수이면 $ae = a$로부터 $e = 1$이고, a가 음수이면 $-ae = a$이므로 $e = -1$이 되어 $e * a = a * e = a$를 만족하는 $e \in \mathbb{R}^*$가 존재하지 않는다. 따라서 $(\mathbb{R}^*, *)$는 군이 아니다. ■

유제 2.2.11 군 $G = \{e, a, b, c, d, f\}$에 대한 부분적인 연산표가 아래에 주어진다. 이 표를 완성하라.

$\cdot$	e	a	b	c	d	f
e	e	a	b	c	d	
a	a	b	e	d		
b	b					
c	c	f				a
d	d					
f	f					

2.2 연습문제

주목 아무런 언급이 없는 한 G는 항등원 e를 갖는 군이다.

1. $a = (132),\ b = (23) \in S_3$라 하자. $(ab)^{-1} \neq a^{-1}b^{-1}$임을 증명하라.

2. $a,\ b,\ c,\ d \in G$이면, $(abcd)^{-1}$는?

3. 방정식 $x^2 = e$이 두 개 이상의 해를 갖는 군의 예를 들어라.

4. S_7에서 (137645)의 위수는?

5. 참 또는 거짓을 말하라 : 위수 n의 군은 위수 n인 원소를 포함한다. 답에 대한 정당성을 서술하라.

6. 유한군의 모든 원소는 유한 위수를 가짐을 증명하라.[역은 거짓이다. 모든 원소가 유한 위수를 갖는 무한군에 대하여 보기 2.6.3을 보라.]

7. (1) $a \in G$이고 $a^{12} = e$일 때, a는 가능한 어떤 위수를 가질 수 있는가?
(2) $e \neq b \in G$이고 어떤 소수 p에 대하여 $b^p = e$이면 $|b|$는 무엇인가?

8. $a,\ b \in G$라 하자. $ax = b$의 해가 $ya = b$의 해와 같지 않을 수 있음을 보기에 의하여 보여라.

9. $G = \{a_1,\ a_2,\ \cdots,\ a_n\}$는 위수 n의 유한 아벨군이고, $x = a_1 a_2 \cdots a_n$라 하자. $x^2 = e$임을 증명하라.

10. $GL(2,\ \mathbb{R})$에서 $a = \begin{pmatrix} 0 & 1 \\ -1 & -1 \end{pmatrix}$는 위수 3을 그리고 $b = \begin{pmatrix} 0 & -1 \\ 1 & 0 \end{pmatrix}$는 위수가 4이다. ab는 무한위수를 가짐을 보여라.

11. G가 아벨군일 필요충분조건은 모든 $a,\ b \in G$에 대하여 $(ab)^{-1} = a^{-1}b^{-1}$인 것이다. 이를 증명하라.

12. 모든 비아벨군 G는 적어도 위수 6을 가짐을 증명하라 : 따라서 위수 2, 3, 4 또는 5인 모든 군은 아벨이다. [도움말 : $a,\ b \in G$이고 $ab \neq ba$이면, 부분집합 $H = \{e,\ a,\ b,\ ab,\ ba\}$의 원소들은 모두 다르다. $a^2 \notin H$ 또는 $a^2 = e$임을 보여라 ; 후자의 경우에, $aba \notin H$임을 증명하라.]

13. $a,\ b,\ c \in G$, $axb = c$인 유일한 원소 $x \in G$가 존재함을 증명하라.

14. 모든 $a,\ b \in G$에 대하여 $(ab)^2 = a^2b^2$이면, G는 아벨임을 증명하라.

15. $a,\ b \in G$, $|a| = 5$, $b \neq e$이고 $aba^{-1} = b^2$일 때, $|b|$를 구하라.

16. σ^{1000}의 위수를 구하라. 여기서 σ는 다음의 치환이다 :

$$\begin{pmatrix} 1 & 2 & 3 & 4 & 5 & 6 & 7 & 8 & 9 \\ 3 & 7 & 8 & 9 & 4 & 5 & 2 & 1 & 6 \end{pmatrix}$$

[2.1절 24번을 이용하라.]

17. 세 개의 연속인 정수 i와 모든 $a,\ b \in G$에 대하여 $(ab)^i = a^ib^i$이면, G는 아벨임을 증명하라.

18. (1) G는 결합법칙과 다음의 성질을 갖는 연산을 갖춘 공집합이 아닌 유한 집합이라

하자 : 모든 a, b, c, $d \in G$에 대하여, $ab = ac$면 $b = c$이고, $bd = cd$이면 $b = c$이다. 이때 G는 군임을 증명하라.

(2) G가 무한이면, (1)은 거짓일 수 있음을 보여라.

19. G는 결합법칙과 다음의 성질을 갖는 연산을 갖춘 공집합이 아닌 집합이라 하자.

(i) 모든 $a \in G$에 대하여 $e \in G$가 존재하여 $ea = a$이다.

(ii) 모든 $a \in G$에 대하여 $d \in G$가 존재하여 $da = e$이다.

G는 군임을 증명하라.

20. G는 결합법칙을 만족하고, 모든 a, $b \in G$에 대하여, 방정식 $ax = b$와 $ya = b$가 해를 갖도록 하는 연산을 갖는 공집합이 아닌 집합이라 하자. G는 군임을 증명하라.

2.2 유제풀이

유제 2.2.1 a, $b \in G$이고 $ab = e$이면, $ba = e$임을 증명하라.

[풀이] $ab = e$의 양변에 a를 곱하면 $aba = a$이고 $a \in G$는 역원 $a^{-1} \in G$을 가지므로 이것을 양변에 곱하면 $a^{-1}aba = a^{-1}a = e$이므로 $ba = e$이다.

유제 2.2.2 $f : G \to G$는 $f(a) = a^{-1}$로 주어지는 함수라 하자. f는 전단사 함수임을 증명하라.

[풀이] 임의의 $b \in G$에 대하여 $b^{-1} \in G$가 존재하여 $f(b^{-1}) = (b^{-1})^{-1} = b$이므로 전사이다. 또한 a, $b \in G$에 대하여 $f(a) = f(b)$이라 하면 $a^{-1} = f(a) = f(b) = b^{-1}$이므로 $a^{-1} = b^{-1}$이고 $a = (a^{-1})^{-1} = (b^{-1})^{-1} = b$이다. 따라서 f는 단사이다.

유제 2.2.3 $GL(2, \mathbb{R})$에서 $a = \begin{pmatrix} 0 & 1 \\ -1 & -1 \end{pmatrix}$는 위수 3을 그리고 $b = \begin{pmatrix} 0 & -1 \\ 1 & 0 \end{pmatrix}$는 위수 4를 가짐을 보여라.

[풀이]

$$a^2 = \begin{pmatrix} 0 & 1 \\ -1 & -1 \end{pmatrix}\begin{pmatrix} 0 & 1 \\ -1 & -1 \end{pmatrix} = \begin{pmatrix} -1 & -1 \\ 1 & 0 \end{pmatrix},\ a^3 = \begin{pmatrix} 0 & 1 \\ -1 & -1 \end{pmatrix}\begin{pmatrix} -1 & -1 \\ 1 & 0 \end{pmatrix} = \begin{pmatrix} 1 & 0 \\ 0 & 1 \end{pmatrix}$$

$$b^2 = \begin{pmatrix} 0 & -1 \\ 1 & 0 \end{pmatrix}\begin{pmatrix} 0 & -1 \\ 1 & 0 \end{pmatrix} = \begin{pmatrix} -1 & 0 \\ 0 & -1 \end{pmatrix},\ b^4 = \begin{pmatrix} -1 & 0 \\ 0 & -1 \end{pmatrix}\begin{pmatrix} -1 & 0 \\ 0 & -1 \end{pmatrix} = \begin{pmatrix} 1 & 0 \\ 0 & 1 \end{pmatrix}$$

유제 2.2.4 각 군에서 모든 원소의 위수를 구하라.

(1) $\mathbb{Z}_5$ (2) D_4 (3) $\mathbb{Z}$

[풀이] (1) $\mathbb{Z}_5$에서 0은 위수가 1, 1의 위수는 $5 \cdot 1 = 5 \equiv 0$이므로 5이다. 2의 위수는 $5 \cdot 2 = 10 \equiv 0$이므로 5이다. 3의 위수는 $5 \cdot 3 = 15 \equiv 0$이므로 5이다. 4의 위수는 $5 \cdot 4 = 20 \equiv 0$이므로 5이다.

(2) $D_4 = \{r_0, r_1, r_2, r_3, h, v, d, t\}$에서 r_1은 $90°$회전이므로 4, r_2는 $180°$회전이므로 2, r_3는 $270°$이므로 4이다. h, v, d, t는 대칭변환이므로 위수가 2이다.

(3) $\mathbb{Z}$의 모든 원소 a는 $na = 0$인 양의 정수 n이 존재하지 않으므로 무한위수를 갖는다.

유제 2.2.5 군 $\mathbb{Z}_{20}^*$의 각 원소의 위수를 열거하라.

[풀이] $\mathbb{Z}_{20}^* = \{1, 3, 7, 9, 11, 13, 17, 19\}$이다. $3^4 = 81 \equiv 1$, $7^4 = 2401 \equiv 1$, $9^2 = 81 \equiv 1$, $11^2 = 121 \equiv 1$, $13^4 = 28561 \equiv 1$, $17^4 = 83521 \equiv 1$, $19^2 = 361 \equiv 1$이므로 다음과 같다.

	1	3	7	9	11	13	17	19
위수	1	4	4	2	2	4	4	2

유제 2.2.6-1 $a \in G$이면, $|a| = |a^{-1}|$임을 증명하라.

[풀이] $|a| = n$이라 하면, $a^n = e$이다. $e = (a^n)^{-1} = a^{-1}a^{-1} \cdots a^{-1} = (a^{-1})^n$이므로 a^{-1}의 위수는 유한이다. 이제 k가 존재하여 $(a^{-1})^k = e$라 하면 $(a^k)^{-1} = (a^{-1})^k = e$이므로 $e = (a^k)(a^k)^{-1} = a^k e = a^k$이 되어 $a^k = e$이다. a의 위수가 n이므로 $n|k$이다. 따라서 a^{-1}의 위수는 n이다.

유제 2.2.6-2 $a, b \in G$이면, $|ab| = |ba|$임을 증명하라.

[풀이] $|ab| = n$이고 $|ba| = m$이라 하자. $(ab)^n = e$이므로 $(ab)^{n-1} = (ab)^{-1}$이다. 따라서 $(ba)^n = \overbrace{baba \cdots ba}^{n\text{번}} = b(ab)^{n-1}a = b(ab)^{-1}a = bb^{-1}a^{-1}a = e$이므로 $m|n$이다. 비슷하게 $(ab)^m = e$임을 보일 수 있다. 따라서 $n|m$이다. 그러므로 $m = n$이다.

유제 2.2.7 $|G|$가 짝수이면, G는 위수 2인 원소를 포함함을 증명하라.

[풀이] $|a|=2$이면 $a^2=e$이고 $a=a^{-1}$이다. 또한 $|a|=k,\ k>2$이면 $a^{k-1}=a^{-1}$이므로 $a^{-1}\neq a$이다. 또한 $|a|=|a^{-1}|$이고 $a=b \Leftrightarrow a^{-1}=b^{-1}$이다. 따라서 G가 위수 2인 원소를 포함하지 않는다고 하면 항등원을 제외한 모든 G의 원소들은 각각 서로 다른 역원을 포함하므로 G의 원소의 개수는 항등원을 포함하여 홀수여야만 한다. 이는 G의 원소가 짝수라는 것에 모순이다.

유제 2.2.8 $a,\ b\in G$이고 $ab=ba$라 하자. $|a|$와 $|b|$가 서로소이면, ab는 위수 $|a||b|$를 가짐을 증명하라.

[풀이] $(ab)^{|a||b|}=e$이므로 ab의 위수는 유한하다. 이제 $(ab)^n=e$라 하자. $ab=ba$이므로 $(ab)^n=a^nb^n=e$이고 $a^n=b^{-n}$이다. 이제 $|a||b|\mid n$을 보여야 한다. $a^{n|b|}=b^{-n|b|}=b^{|b|(-n)}=e$이므로 $|a|\mid n|b|$이고 $|a|$와 $|b|$는 서로소이므로 $|a|\mid n$이다. 또한 $b^{n|a|}=a^{-n|a|}=a^{|a|(-n)}=e$이므로 $|b|\mid n|a|$이고 $|a|$와 $|b|$는 서로소이므로 $|b|\mid n$이다. 따라서 $|a|$와 $|b|$는 서로소이므로 $|a||b|\mid n$이다.

유제 2.2.9 군 G의 원소 $a,\ b$가 $a^3=e,\ aba^{-1}=b^2$(e는 G의 항등원)를 만족하면 b가 항등원이 아닐 때, b의 위수를 구하시오.

[풀이] $aba^{-1}=b^2$의 양변을 제곱하면

$$(aba^{-1})^2=(aba^{-1})(aba^{-1})=ab^2a^{-1}=b^4$$

이다. $b^2=aba^{-1}$을 이 식에 대입하면

$$ab^2a^{-1}=a(aba^{-1})a^{-1}=a^2ba^{-2}=b^4$$

이다. 다시 양변을 제곱하고 $b^2=aba^{-1}$을 대입하면 $a^3=e$이므로

$$a^2b^2a^{-2}=a^2(aba^{-1})a^{-2}=a^3ba^{-3}=ebe^{-1}=b=b^8$$

이다. 따라서 $b^7=e$가 되므로 b의 위수는 유한이다. 또한 m이 b의 위수라 하면 $m|7$이어야 하므로 b가 항등원이 아니므로 $m=7$이어야만 한다.

유제 2.2.10 모든 $a,\ b\in G$에 대하여 $(ab)^3=a^3b^3$이고 $(ab)^5=a^5b^5$이면, G는 아벨군임을 보여라.

[풀이] $(ab)^3=ababab=a(baba)b=aaabbb$이므로 $(ba)^2=a^2b^2$이다. $\cdots(1)$

$(ab)^5 = a^5b^5$이면 $(ab)^5 = ababababab = a(ba)^4b = a^5b^5$이므로 $(ba)^4 = a^4b^4$이다. $a^4b^4 = (ba)^4 = (ba)^2(ba)^2 = a^2b^2a^2b^2$이므로 $a^2b^2 = b^2a^2$이다. $\cdots(2)$
(1)과 (2)에 의해 $(ba)^2 = a^2b^2 = b^2a^2$이므로 $baba = bbaa$가 되어 $ab = ba$가 성립한다. 따라서 G는 아벨군이다.

유제 2.2.11 군 $G = \{e,\ a,\ b,\ c,\ d,\ f\}$에 대한 부분적인 연산표가 아래에 주어진다. 이 표를 완성하라.

$\cdot$	e	a	b	c	d	f
e	e	a	b	c	d	
a	a	b	e	d		
b	b					
c	c	f				a
d	d					
f	f					

[풀이]

$\cdot$	e	a	b	c	d	f
e	e	a	b	c	d	f
a	a	b	e	d	f	c
b	b	d	c	f	a	e
c	c	f	d	b	e	a
d	d	e	f	a	c	b
f	f	c	a	e	b	d

2.3 부분군

정의 2.3.1

군 G의 부분집합 $H(\neq \phi)$ 자신이 G에서의 연산에 관하여 군이면 H를 G의 **부분군** (subgroup)이라 한다. 이때, 기호 $H \leq G$로 쓴다.

모든 군 G는 적어도 두 개의 부분군을 갖는다 : G 자신과 항등원 $\{e\}$이다(**자명한 부분군**, trivial subgroup이라 한다). 이외의 경우, 진부분집합이 부분군을 이룰 때 **진부분군** (proper subgroup)이라 한다.

| 보기 2.3.1 | 영이 아닌 실수들의 집합 $\mathbb{R}^*$는 곱셈에 대하여 군이다. 양의 실수들의 군 $\mathbb{R}^+$는 $\mathbb{R}^*$의 진부분군이다. ■

| 보기 2.3.2 | $H=\{r_0, r_1, r_2, r_3\}$은 D_4의 부분군임을 보여라

[증명] 보기 2.1.9에서 D_4의 연산표로부터, H가 D_4의 부분군임을 쉽게 보일 수 있다. ■

| 보기 2.3.3 | 덧셈군 $\mathbb{Z}_6 \times \mathbb{Z}_4$에서, $H=\{(0, 0), (3, 0), (0, 2), (3, 2)\}$라 하자. 그러면 H은 $\mathbb{Z}_6 \times \mathbb{Z}_4$의 부분군임을 증명하라.

[증명] $\mathbb{Z}_6 \times \mathbb{Z}_4$의 덧셈표를 만들면, H가 $\mathbb{Z}_6 \times \mathbb{Z}_4$의 부분군임을 확인할 수 있다. ■

군 G의 부분집합이 부분군임을 증명할 때, 결합법칙을 증명할 필요는 없다. **결합법칙** (associative law)은 이 군의 모든 원소에 대하여 성립하므로, 원소들이 어떤 부분집합 H에 속할 때, 이 결합법칙은 자동적으로 성립한다. 실제로 다음의 두 조건만을 증명하면 된다.

정리 2.3.2

H는 군 G의 공집합이 아닌 부분집합이고

(i) $a, b \in H$이면 $ab \in H$, (ii) $a \in H$이면 $a^{-1} \in H$

을 만족한다고 하면 $H \leq G$이다.

[증명] 조건 (i)과 (ii)는 부분집합 H가 연산에 닫혀 있고, 각 원소가 역원이 있음을 뜻한다. 결합법칙은 증명할 필요가 없다. 따라서 $e \in H$ 임을 증명하면 된다. $H \neq \varnothing$ 이므로, 한 원소 $c \in H$ 가 존재한다. 조건 (ii)에 의하여, $c^{-1} \in H$이다. 조건 (i)에 의하여 $cc^{-1} = e \in H$이므로 H는 군이다. 따라서 H는 G의 부분군이다. ■

| 보기 2.3.4 | $H = \left\{ \begin{pmatrix} 1 & b \\ 0 & 1 \end{pmatrix} : b \in \mathbb{R} \right\}$라 하자. 그러면 H는 $GL(2,\ \mathbb{R})$의 부분군임을 증명하라.

[증명] 임의의 $b \in \mathbb{R}$에 대하여, $1 \cdot 1 - b \cdot 0 = 1 \neq 0$이므로, H는 $GL(2,\ \mathbb{R})$의 공집합이 아닌 부분집합이다. 임의로 $b,\ c \in \mathbb{R}$를 택한다. 그러면

$$\begin{pmatrix} 1 & b \\ 0 & 1 \end{pmatrix}, \begin{pmatrix} 1 & c \\ 0 & 1 \end{pmatrix} \in H \text{ 이고 } \begin{pmatrix} 1 & b \\ 0 & 1 \end{pmatrix}\begin{pmatrix} 1 & c \\ 0 & 1 \end{pmatrix} = \begin{pmatrix} 1 & b+c \\ 0 & 1 \end{pmatrix}$$

이다. 따라서 $b+c \in \mathbb{R}$이므로, $\begin{pmatrix} 1 & b+c \\ 0 & 1 \end{pmatrix} \in H$ 이다. 그러므로 $\begin{pmatrix} 1 & b \\ 0 & 1 \end{pmatrix}\begin{pmatrix} 1 & c \\ 0 & 1 \end{pmatrix} \in H$ 이 된다. 더욱이, $\begin{pmatrix} 1 & b \\ 0 & 1 \end{pmatrix}$의 역은 $\begin{pmatrix} 1 & -b \\ 0 & 1 \end{pmatrix} \in H$임을 쉽게 확인할 수 있다. 따라서 정리 2.3.2에 의하여, $H \leq GL(2,\ \mathbb{R})$이다. ■

정리 2.3.3
H는 군 G의 공집합이 아닌 유한부분집합이라 하자. H가 G에서의 연산에 대하여 닫혀 있으면 $H \leq G$이다.

[증명] 방법 1) 정리 2.3.2에 의하여, H의 각 원소의 역원이 역시 H의 원소임을 증명하기만 하면 된다. $a \in H$를 임의로 택하자. 그러면 가정에 의하여, 임의의 양의 정수 k에 대하여, $a^k \in H$이다. H는 유한하므로, 이러한 거듭 제곱들이 모두 다를 수는 없다. 따라서 정리 2.2.5에 의하여, a는 유한 위수 n을 갖는다. 즉, $a^n = e$ 이다. $n-1 \equiv -1 \pmod{n}$ 이므로, 정리 2.2.5에 의하여, $a^{n-1} = a^{-1}$ 이다.

경우 1 : $n > 1$이라 가정하자. 그러면 $n-1 > 0$이고 $a^{-1} = a^{n-1} \in H$이다.
경우 2 : $n = 1$이라 가정하자. 그러면 $a = e$이고 $a^{-1} = e = a \in H$이다.

그러므로 어느 경우에나 $a^{-1} \in H$ 이므로 정리 2.3.2에 의해 H는 G의 부분군이다.

방법 2) H는 군 G의 공집합이 아닌 유한부분집합이므로

$$H=\{a_1,\ a_2,\ \cdots,\ a_n\},\ |H|=n\geq 1$$

이라 하자. 임의의 $a\in H$에 대하여 $aH=\{aa_1,\ aa_2,\ \cdots,\ aa_n\}$을 생각하면, H는 연산에 대해 닫혀 있으므로 $aH\subseteq H$이다. 정리 2.2.1 (2)의 소거법칙에 의해 $aa_i=aa_j \Leftrightarrow a_i=a_j$가 성립한다. 따라서 $|aH|=n$이므로 $aH=H$가 된다. $a\in aH=H$이므로 적당한 $a_j\in H$가 존재하여 $a=aa_j$가 됨을 뜻한다. 정리 2.2.1 (4)에 의해 $a_j=a^{-1}a=e$이므로 $a_j=e\in H$이다. $e\in aH$이므로 적당한 $a_i\in H$가 존재하여 $e=aa_i$이다. 따라서 정리 2.2.1(4)에 의해 $a_i=a^{-1}e=a^{-1}$이므로 $a_i=a^{-1}\in H$이다. 따라서 정리 2.3.2에 의하여 H는 G의 부분군이다. ■

정리 2.3.4

$A_n(n\geq 2)$은 S_n의 부분군이다.

[증명] $\alpha\in A_n$는 s개 호환들의 곱이고 $\beta\in A_n$은 t개 호환들의 곱이라 하자. 여기서 s와 t는 짝수다. 그러면 $\alpha\beta$는 $s+t$개 호환들의 곱이다. $s+t$는 짝수이므로, $\alpha\beta\in A_n$이다. 정리 2.3.3에 의하여, A_n은 S_n의 부분군이다. ■

부분군의 중요한 형태는 다음과 같이 만들어질 수 있다 : G는 군이고, $a\in G$일 때, $\langle a\rangle$는 a의 모든 거듭 제곱들의 집합, 즉

$$\langle a\rangle=\{\cdots,\ a^{-3},\ a^{-2},\ a^{-1},\ a^0,\ a^1,\ a^2,\ \cdots\}=\{a^n\ :n\in\mathbb{Z}\}$$

이다. $\langle a\rangle$의 임의의 두 원소의 곱은 역시 $\langle a\rangle$의 원소이다. 왜냐하면, $a^ia^j=a^{i+j}$이기 때문이다. a^k의 역원은 a^{-k}이고 $a^{-k}\in\langle a\rangle$이다. 그러므로 정리 2.3.2에 의하여, $\langle a\rangle$는 G의 부분군이다. 다음의 결과가 증명된 셈이다.

정리 2.3.5

G가 군이고 $a\in G$라 하자. 그러면 $\langle a\rangle=\{a^n : n\in\mathbb{Z}\}$는 G의 부분군이다.

군 $\langle a\rangle$를 a에 의해 **생성된 순환 부분군**(the cyclic subgroup generated by a)이라 한다.

그리고 a를 **생성원**이라 한다. $\langle a \rangle = G$일 때, G를 **순환군**(cyclic group)이라 한다. $a^i a^j = a^{i+j} = a^j a^i$이므로, 모든 순환군은 아벨군이다.

| 보기 2.3.5 | 따름정리 1.6.2에 의하여, $\mathbb{Z}_{15}$에서 단원들의 곱셈군은 $\mathbb{Z}_{15}^* = \{1, 2, 4, 7, 8, 11, 13, 14\}$이다. 7이 만드는 순환 부분군을 결정하기 위하여, 다음을 계산한다.

$$7^1 = 7 \qquad 7^2 = 4 \qquad 7^3 = 13 \qquad 7^4 = 1 = 7^0$$

그러므로 원소 7은 $\mathbb{Z}_{15}^*$에서 위수 4를 갖는다. 7^i는 $\langle 7 \rangle$의 임의의 원소라 하자. 그러면 i는 0, 1, 2 또는 3 중의 하나다. 4를 법으로 합동이어야만 한다. 따라서 정리 2.2.5에 의하여, 7^i는 7^0, 7^1, 7^2 또는 7^3 중의 하나와 같다. 그러므로 순환 부분군 $\langle 7 \rangle = \{7, 4, 13, 1\}$이다. 이 순환 부분군은 이것을 만드는 원소와 같은 위수 4를 갖는다. $13^2 = 4$, $13^3 = 7$이고 $13^4 = 1$이므로, 13이 만드는 순환 부분군 $\langle 13 \rangle$은 순환 부분군 $\langle 7 \rangle$과 같다. 따라서 같은 순환 부분군은 다른 원소들에 의하여 만들어질 수 있다. ■

위의 정리는 원소 a의 **위수**(order)는 a가 만드는 순환 부분군 $\langle a \rangle$의 **위수**(order)와 같다는 것을 설명해준다.

정리 2.3.6

G는 군이고 $a \in G$라 하자.

(1) a가 무한위수를 가지면, $\langle a \rangle$는 서로 다른 원소 a^k, $k \in \mathbb{Z}$들로 이루어지는 무한 순환 부분군이다.

(2) a가 유한 위수 n을 가지면, $\langle a \rangle$는 위수 n의 유한 순환 부분군이고

$$\langle a \rangle = \{e = a^0, a^1, a^2, a^3, \cdots, a^{n-1}\}$$

이다.

[증명] (1) 이것은 정리 2.2.5의 (1)의 직접적인 결과다.

(2) $a^i \in \langle a \rangle$를 임의로 택하자. a가 유한 위수 n을 가지므로, i는 0, 1, 2, $\cdots$, $n-1$들 중의 하나와 n을 법으로 합동이다. 정리 2.2.5의 (2)에 의하여, a^i는 a^0, a^1 a^2, $\cdots$, a^{n-1} 중의 하나와 같아야만 한다. 더욱이 0, 1, 2, $\cdots$, $n-1$들 중의 어

느 두 개도 n을 법으로 합동이 아니므로, 이러한 a의 거듭 제곱들 중의 어느 두 개도 같지 않다. 따라서 $\langle a \rangle = \{a^0, a^1, a^2, \cdots, a^{n-1}\}$ 은 위수 n인 군이다. ■

군의 연산이 덧셈으로 쓰일 때, 원소 a의 "거듭 제곱"은 다음과 같다.

$$a, \quad a+a=2a, \quad a+a+a=3a, \quad \cdots.$$
$$-a, \quad -a-a=-2a, \quad -a-a-a=-3a, \quad \cdots.$$

이고 $0a=0$이다. 따라서 $\langle a \rangle = \{na : n \in \mathbb{Z}\}$이다. 예컨대 짝수 정수들의 집합 E는 덧셈군 $\mathbb{Z}$의 순환 부분군이다. 왜냐하면, $E = \{n2 : n \in \mathbb{Z}\} = \langle 2 \rangle$이기 때문이다.

| 보기 2.3.6 | 덧셈군 $\mathbb{Z}$와 $\mathbb{Z}_n$은 순환군이다.

[증명] $\mathbb{Z} = \{n1 : n \in \mathbb{Z}\} = \langle 1 \rangle$이고 $\mathbb{Z}_n = \{i1 : i \in \mathbb{Z}_n\} = \langle 1 \rangle$이다. 따라서 $\mathbb{Z}$와 $\mathbb{Z}_n$은 각각 생성원 1을 갖는 순환군이다. ■

체를 아직 배우지 않았지만 아래 정리를 미리 제시하겠다. 나중에 체를 배운 후 참고하기 바란다(정리 2.8.11 또는 따름정리 5.2.12와 동일한 정리).

정리 2.3.7

G를 체 F의 영이 아닌 원소들의 곱셈군 F^*의 유한 부분군이라 하자. 그러면 G는 순환군이다.

정리 2.3.8

순환군의 모든 부분군은 자기 자신이 순환군이다.

[증명] G는 순환군이라 가정하고 H는 G의 임의의 부분군이라 하자. 그러면 $G = \langle a \rangle$가 되는 $a \in G$가 존재한다.

경우 1 : $H = \{e\}$라 가정하자. 그러면 분명히 H는 (e의 모든 거듭 제곱 e뿐인) e가 만드는 순환 부분군이다. 즉, $H = \langle e \rangle$. 따라서 H는 순환군이다.

경우 2 : $H \neq \{e\}$라 가정하자. 그러면 $G = \langle a \rangle$이고 H는 G의 부분군이므로 $a^i \in H$가 되는 $i \in \mathbb{Z}(i \neq 0)$가 존재하고 $a^{-i} \in H$도 만족한다. 그런데 i 또는 $-i$ 중의 하나는 양이다. 따라서 H는 a의 양의 거듭 제곱을 포함한

다. 이제 k는 $a^k \in H$인 최소의 양의 정수라 하자. $H = \langle a^k \rangle$임을 주장하고자 한다. 임의로 $h \in H$를 택하자. 그러면 $h \in G$이다. $G = \langle a \rangle$이므로 $h = a^m$가 성립하는 $m \in \mathbb{Z}$가 존재한다. k가 최소이므로 $m \geq k$이다. 나눗셈 알고리즘에 의하여, 유일한 정수 q, r가 존재하여

$$m = kq + r,\ 0 \leq r < k$$

이다. 따라서

$$r = m - kq \text{이고 } a^r = a^{m-kq} = a^m a^{-kq} = a^m (a^k)^{-q}$$

a^m, $a^k \in H$ 이므로, $(a^k)^{-q} \in H$ 이고 $a^r \in H$ 이다. 그런데 $r < k$이고 a^k는 H에 속하는 가장 작은 a의 양의 n거듭 제곱이므로, $r = 0$ 이다. 그러므로 $m = kq$이고 $h = a^m = a^{kq} = (a^k)^q \in \langle a^k \rangle$이므로 $H = \langle a^k \rangle$ 이다. ■

순환군과 그 부분군의 구조에 대한 추가 정보는 예제 2.3.10, 유제 2.3.10-1과 2.3.10-2를 보라.

G는 군이고 $a \in G$라 가정하자. 순환 부분군 $\langle a \rangle$를 다음과 같은 방법으로 한 개 원소의 집합 $S = \{a\}$로부터 만들어지는 것으로 생각하자. 가능한 모든 순서로 a와 a^{-1}의 모든 가능한 곱을 만든다. 물론, 이와 같은 각각의 곱은 a^n 꼴의 하나의 원소로 변형된다. 두 개 이상의 원소를 포함할 수 있는 집합 S에서 시작함으로써 이 과정을 일반화한다.

정리 2.3.9

S는 군 G의 공집합이 아닌 부분집합이고 $\langle S \rangle$는 S의 원소들과 이들의 역원들의 모든 가능한 순서의 곱들의 집합이라 하자. 그러면

(1) $\langle S \rangle$는 S를 포함하는 G의 부분군이다.

(2) H가 S를 포함하는 G의 부분군이면, $\langle S \rangle \subset H$이다.

이때, 군 $\langle S \rangle$를 S에 의해 **생성된 부분군**(the subgroup generated by S)이라 한다.

[증명] (1) $S \neq \varnothing$ 이고 S의 모든 원소는 $\langle S \rangle$의 원소이므로, $\langle S \rangle \neq \varnothing$ 이다. a, $b \in \langle S \rangle$라 하면 $\langle S \rangle$의 정의에 의하여, $a = a_1 a_2 \cdots a_k$, $k \geq 1$, $b = b_1 b_2 \cdots b_t$, $t \geq 1$, 여기서 a_i와 b_i는 S의 원소이거나 S의 어느 한 원소의 역원이다, 따라서 $ab = a_1 a_2 \cdots a_k b_1 b_2 \cdots b_t$는 S의 원소 또는 S의 어떤 원소의 역원의 곱으로 이루어진다. 그러므로 $ab \in \langle S \rangle$ 이다. 따라서 $\langle S \rangle$는 연산에 대해 닫혀 있다. 따름

정리 2.2.2에 의하여, $\langle S\rangle$의 원소 $a=a_1a_2\cdots a_k$의 역은 $a^{-1}=a_k^{-1}\cdots a_2^{-1}a_1^{-1}$이다. 각 a_i는 S의 원소 또는 S의 어떤 원소의 역원이므로, a_i^{-1}도 역시 S의 원소 또는 S의 어떤 원소의 역원이다. 그러므로 $a^{-1}\in\langle S\rangle$이다. 따라서 정리 2.3.2에 의하여, $\langle S\rangle$는 G의 부분군이다.

(2) H는 $S\subset H$인 임의의 부분군이라 하자. 그러면 $S^{-1}\subset H$이다. 여기서 $S^{-1}=\{a^{-1}: a\in S\}$이다. H는 연산에 닫혀있으므로, H는 역시 S의 원소들과 S^{-1}의 원소들의 모든 순서로 된 가능한 모든 곱들을 포함하여야만 한다. 따라서 $\langle S\rangle\subset H$이다. ■

이 정리는 $\langle S\rangle$가 집합 S를 포함하는 G의 가장 작은 부분군임을 보여준다. $S=\{a\}$인 특별한 경우에, 군 $\langle S\rangle$은 바로 a를 포함하는 G의 가장 작은 부분군인 순환 부분군 $\langle a\rangle$이다. $\langle S\rangle=G$일 때, S가 G를 **생성한다**(generate)고 말하고 S의 원소들을 G의 **생성원**(generator)이라 한다.

| 보기 2.3.7 | 군 $\mathbb{Z}_{15}^*=\{1, 2, 4, 7, 8, 11, 13, 14\}$는 집합 $S=\{7, 11\}$로 만들어짐을 보여라.

[증명] $7^1=7$ $\quad 7^2=4$ $\quad 7^3=13$ $\quad 7^4=1$

$11^1=11$ $\quad 7\cdot 11=2$ $\quad 7^2\cdot 11=14$ $\quad 7^3\cdot 11=8$

따라서 $\mathbb{Z}_{15}^*=\langle\{7, 11\}\rangle$이다. $\mathbb{Z}_{15}^*$의 원소들의 다른 집합이 같은 군을 만들 수 있다. 예컨대 손쉽게 $\mathbb{Z}_{15}^*=\langle\{2, 13\}\rangle$임을 확인할 수 있다(예제 2.3.4). ■

| 보기 2.3.8 | $D_4=\langle\{r_1, h\}\rangle$임을 보여라.

[증명] $(r_1)^1=r_1$ $\quad (r_1)^2=r_2$ $\quad (r_1)^3=r_3$ $\quad (r_1)^4=r_0$

$h^1=h$ $\quad r_1\circ h=t$ $\quad (r_1)^2\circ h=v$ $\quad (r_1)^3\circ h=d$

따라서 $D_4=\langle\{r_1, h\}\rangle$이다. 생성원들에 의한 군의 원소들의 표시는 유일하지 않다. 예컨대 $(r_1)^3\circ h=d$이고 $r_1\circ h\circ (r_1)^2=d$이다. ■

예제 | 2.3.1 H는 군 G의 부분군이라 하자. e_G는 G의 항등원이고 는 H의 항등원이면, $e_G=e_H$임을 증명하라.

[풀이] e_H는 H의 항등원이므로, $e_He_H=e_H$이다. e_G는 G의 항등원이고 $e_H\in G$

이므로 $e_H e_G = e_H$이다. 따라서 좌소거법칙에 의해 $e_H e_H = e_H e_G \Rightarrow e_H = e_G$이다. ■

유제 2.3.1 S_3와 $D_4 e_H$의 모든 부분군을 찾아라.

예제 2.3.2 (1) H와 K는 군 G의 부분군이라 하자. $H \cap K \leq G$임을 증명하라.

(2) $\{H_i\}$는 G의 임의의 부분군들의 모임이라 하자. $\cap H_i \leq G$ 임을 증명하라.

[풀이] (1) 분명히 $H \cap K \subset G$이다. 임의로 $a, b \in H \cap K$를 택한다. 그러면 $a, b \in H$이고 $a, b \in K$이다. $H \leq G$이고 $K \leq G$이므로, 정리 2.3.2에 의하여, $ab \in H$, $ab \in K$이고 $a^{-1} \in H$, $a^{-1} \in K$이다. 따라서 $ab \in H \cap K$이고 $a^{-1} \in H \cap K$이다. 따라서 $H \cap K \leq G$이다.

(2) 임의로 $a, b \in \cap H_i$를 택하자. 그러면 모든 i에 대하여 $a, b \in H_i$이다. 따라서 정리 2.3.2에 의하여, 모든 i에 대하여 $ab \in H_i$이고 $a^{-1} \in H_i$이다. 그러므로 $ab \in \cap H_i$이고 $a^{-1} \in \cap H_i$이다. 따라서 $\cap H_i \leq G$이다.

■

유제 2.3.2 H와 K는 군 G의 부분군이라 하자.

(1) $H \cup K$가 G의 부분군일 필요가 없음을 반례를 들어라.

(2) $H \cup K \leq G \Leftrightarrow H \subseteq K$ 또는 $K \subseteq H$이다. 이를 증명하라.

예제 2.3.3 $\mathbb{Z}_{15}^*$ 의 모든 순환 부분군을 열거하라.

[풀이] $\mathbb{Z}_{15}^* = \{(a, 15) = 1 : a \in \mathbb{Z}_{15}\}$

$= \{1, 2, 4, 7, 8, 11, 13, 14\}$

그러므로

$$\langle 1 \rangle = \{1\},\ \langle 2 \rangle = \langle 8 \rangle = \{1, 2, 4, 8\},$$
$$\langle 4 \rangle = \{1, 4\},\ \langle 7 \rangle = \langle 13 \rangle = \{1, 4, 7, 13\}$$
$$\langle 11 \rangle = \{1, 11\},\ \langle 14 \rangle = \{1, 14\}\text{이다.}$$ ■

유제 2.3.3-1 $\mathbb{Z}_{30}^*$ 의 모든 순환 부분군을 열거하라.

유제 2.3.3-2 S_7에서 $a=(13746)$일 때 부분군 $\langle a\rangle$의 원소들을 열거하라.

예제 2.3.4 $\mathbb{Z}_{15}^*$는 집합 $\{2,\ 13\}$에 의하여 만들어짐을 보여라.

[풀이] $\mathbb{Z}_{15}^* = \{(a,\ 15)=1\ :\ a\in\mathbb{Z}_{15}\}$

$= \{1,\ 2,\ 4,\ 7,\ 8,\ 11,\ 13,\ 14\}$

이다.

$$2^1=2,\quad 2^2=4,\quad 2^3=8,\quad 2^4=1,$$
$$13^1=13,\ 2\cdot 13=11,\ 2^2\cdot 13=7,\ 2^3\cdot 13=14$$

이므로 $\mathbb{Z}_{15}^* = \langle 2,\ 13\rangle$이다. ■

유제 2.3.4 (1, 0)과 (0, 2)는 덧셈군 $\mathbb{Z}\times\mathbb{Z}_7$를 생성함을 보여라.

예제 2.3.5 군 G의 공집합이 아닌 부분집합 H가 G의 부분군일 필요충분조건은 $a,\ b\in H$이면, $ab^{-1}\in H$이다. 이를 증명하라.

[풀이] ⇒] $H\le G$라 가정하자. 그러면 정리 2.3.2에 의하여, 모든 $a,\ b\in H$에 대하여 $b^{-1}\in H$이고 또한 $ab^{-1}\in H$이다.

⇐] 필요조건이 성립한다고 가정하자. H가 군 G의 공집합이 아닌 부분집합이므로 H에서도 결합법칙은 성립한다. $H\neq\varnothing$이므로 $a\in H$라 가정하자. 가정에 의해 $aa^{-1}=e\in H$이다(항등원). 또한 임의의 $b\in H$에 대하여 $e\in H$이므로 가정에 의하여, $eb^{-1}=b^{-1}\in H$이다(역원). 따라서 $ab=a(b^{-1})^{-1}\in H$가 된다(닫혀 있다). 따라서 $H\le G$이다. ■

유제 2.3.5 G는 아벨군이고 n은 고정된 양의 정수라 하자.

(1) $H=\{a\in G : a^n=e\}$는 G의 부분군임을 증명하라.

(2) G가 비아벨군이면, (1)는 거짓일 수 있음을 보기를 들어 보여라.

예제 2.3.6 군 G의 중심(center)은 집합

$$Z(G)=\{a\in G\ :\ \text{모든 } g\in G \text{에 대하여 } ag=ga\}$$

이다. 즉, G의 모든 원소들과 가역적인 원소만을 모아놓은 것이다. $Z(G)$는 G의 부분군임을 증명하라.

[풀이] e는 모든 원소와 가역적이므로 $e \in Z(G)$이다. 따라서 $\varnothing \neq Z(G) \subset G$이다. 임의로 $a, b \in Z(G)$라 하자. 정의에 의해 임의의 $g \in G$에 대하여 $ag = ga$이고 $bg = gb$이다. 결합법칙에 의해

$$(ab)g = a(bg) = a(gb) = (ag)b = (ga)b = g(ab)$$

가 되어 $ab \in Z(G)$이다. 모든 $g \in G$에 대하여 $ag = ga$이므로, 양변에 a^{-1}를 곱하면 다음을 얻는다. $a^{-1}ag = a^{-1}ga \Rightarrow ga^{-1} = a^{-1}gaa^{-1} = a^{-1}g$이다. 따라서 $a^{-1} \in Z(G)$이다. 그러므로 $Z(G) \leq G$이다. ■

유제 ‖ 2.3.6 $\{r_0, r_2\}$는 D_4의 중심임을 보여라.

예제 ‖ 2.3.7 G는 군이고 $a \in G$라 하자. a의 **중심화(Centralizer)**는 집합 $C(a) = \{g \in G : ga = ag\}$이다. 즉, $C(a)$는 a와 가환적인 원소들의 집합이다. $C(a) \leq G$ 임을 증명하라. $C(a)$를 a의 **중심화부분군(Centralizer subgroup)**이라 한다.

[풀이] $e \in C(a)$이므로, $\varnothing \neq C(a) \subset G$이다. 임의로 $g, h \in C(a)$를 택한다. 그러면 $ag = ga$이고 $ah = ha$이다. 따라서 결합법칙에 의해

$$a(gh) = (ag)h = (ga)h = g(ah) = g(ha) = (gh)a$$

이다. 그러므로 $gh \in C(a)$이다. 한편 모든 원소 $g \in C(a)$에 대하여 $ag = ga$이므로 $g^{-1}a = ag^{-1}$이다. $g^{-1} \in C(a)$이므로 $C(a) \leq G$이다. ■

유제 ‖ 2.3.7-1 G가 군이면, $Z(G) = \bigcap_{a \in G} C(a)$ 임을 증명하라.

유제 ‖ 2.3.7-2 원소 $a \in Z(G)$일 필요충분조건은 $C(a) = G$이다. 이를 증명하라.

예제 ‖ 2.3.8 (1) H와 K는 아벨군 G의 부분군이고 $HK = \{ab : a \in H, b \in K\}$라 하자. $HK \leq G$임을 증명하라.

(2) G가 아벨이 아니면, (1)은 거짓일 수 있음을 증명하라.

[풀이] (1) $g, h \in HK$를 임의로 택한다. 그러면 $a, b \in H$, $c, d \in K$가 존재하여 $g = ac$, $h = bd$가 된다. G가 아벨군이고 $H \leq G$이고 $K \leq G$이므로

$$gh = (ac)(bd) = a(cb)d = a(bc)d = (ab)(cd) \in HK$$

이고

$$g^{-1}=(ac)^{-1}=c^{-1}a^{-1}=a^{-1}c^{-1}\in HK$$

이다. 따라서 $HK\le G$이다.

(2) S_3에서 $a=(23)$, $b=(12)$일 때, $H=\{e,\ a\}$, $K=\{e,\ b\}$라 하자. $H\le S_3$이고 $K\le S_3$이다. $c=ab=(23)(12)=(132)$이므로 $HK=\{e,\ a,\ b,\ c\}$이다. 그런데

$$bc=(12)(132)=(13)\notin HK$$

이므로 $HK\not\le S_3$이다. ■

유제 Ⅰ 2.3.8 H는 군 G의 부분군이고 $x\in G$에 대하여, $x^{-1}Hx$는 집합 $\{x^{-1}ax : a\in H\}$를 나타낸다. $x^{-1}Hx\le G$ 임을 증명하라.

예제 Ⅰ 2.3.9 H는 군 G의 부분군이고, 임의의 $x\in G$에 대하여 $x^{-1}Hx\subset H$라 가정하자. 각 $x\in G$에 대하여 $x^{-1}Hx=H$임을 증명하라.

[풀이] 임의의 $x\in G$에 대하여 $H\subset x^{-1}Hx$임을 보이면 된다. 임의로 $x\in G$에 대하여 $x^{-1}\in G$이므로 $x^{-1}Hx\subset H$에서 x에 x^{-1}를 대입하면 $(x^{-1})^{-1}Hx^{-1}=xHx^{-1}\subset H$이므로, $xHx^{-1}\subset H$이다. 임의의 $h\in H$에 대하여 $xhx^{-1}\in H$이다. 따라서

$$h=x^{-1}(xhx^{-1})x\in x^{-1}Hx,$$

즉 $H\subset x^{-1}Hx$이다. 따라서 모든 $x\in G$에 대하여 $x^{-1}Hx=H$이다. ■

유제 Ⅰ 2.3.9 H가 군 G의 부분군일 때, H의 **정규화집합**은 $N_H=\{x\in G : x^{-1}Hx=H\}$이다. N_H는 H를 포함하는 G의 부분군임을 증명하라. N_H를 **정규화부분군**이라 한다.

예제 Ⅰ 2.3.10 $G=\langle a\rangle$는 위수 n인 순환군이라 하자.
$d=(m,\ n)$일 때, a^m이 만드는 순환 부분군은 a^d가 만드는 순환 부분군과 같음을 증명하라.

[풀이] 임의로 $x\in\langle a^m\rangle$를 택하자. 그러면 적당한 $q\in\mathbb{Z}$가 존재하여 $x=(a^m)^q$가 성립한다. $d=(m,\ n)$이므로, $r\in\mathbb{Z}$가 존재하여 $m=dr$가 성립한다. 따라서

$$x=(a^m)^q=a^{mq}=a^{(dr)q}=a^{d(qr)}=(a^d)^{qr}$$

이고 $qr\in\mathbb{Z}$이므로, $x\in\langle a^d\rangle$이다. 즉 $\langle a^m\rangle\subset\langle a^d\rangle$이다. 이제 임의로 $y\in\langle a^d\rangle$를 택하자. 그러면 $s\in\mathbb{Z}$가 존재하여 $y=(a^d)^s=a^{ds}$를 만족한다. $d=(m,\ n)$이므로, 정리 1.2.3에 의하여, $u,\ v\in\mathbb{Z}$가 존재하여 $d=mu+nv$가 성립한다. 따라서

$$\begin{aligned} y=a^{ds}&=a^{(mu+nv)s}=(a^m)^{us}\cdot(a^n)^{vs}\\ &=(a^m)^{us}e^{vs}=(a^m)^{us}\quad(\because\ |a|=n)\end{aligned}$$

이다. $us\in\mathbb{Z}$ 이므로 $y\in\langle a^m\rangle$이다. 즉, $\langle a^d\rangle\subset\langle a^m\rangle$이다. 따라서 $\langle a^m\rangle=\langle a^d\rangle$이다. ■

| 보기 2.3.9 | 예제 2.3.10에 의해 $\mathbb{Z}_n$은 덧셈군인 순환군이므로 $\mathbb{Z}_n$의 원소 m이 생성원일 필요충분조건은 $(m,\ n)=1$이다. 예제 2.3.10(3)의 덧셈군 버전이다.

유제 | 2.3.10-1 $G=\langle a\rangle$는 위수 n인 순환군이라 하자. $H\leq G$ 이면, $|H|$는 n의 약수임을 보여라.

유제 | 2.3.10-2 $G=\langle a\rangle$는 위수 n인 순환군이라 하자. k가 n의 양의 약수면, G는 위수 k인 부분군은 유일함을 보여라.

유제 | 2.3.10-3 G는 위수 mn의 아벨군이라 하자. 여기서 $(m,\ n)=1$이다. G가 위수 m인 원소 a와 위수 n인 원소 b를 포함한다고 가정하자. G는 생성원 ab를 갖는 순환군임을 증명하라.

예제 | 2.3.11 $H=\left\{\begin{pmatrix}a&b\\0&1\end{pmatrix}:a=1\text{ 또는 }-1,\ b\in\mathbb{Z}\right\}$는 $GL(2,\ \mathbb{Q})$의 부분군임을 증명하라.

[풀이] 분명히 $H\subset GL(2,\ \mathbb{Q})$이다. 임의로 $a,\ b,\ a',\ b'\in\mathbb{Z}$을 택하자. 여기서 $a=\pm1,\ a'=\pm1$이다. 그러면 $\begin{pmatrix}a&b\\0&1\end{pmatrix},\ \begin{pmatrix}a'&b'\\0&1\end{pmatrix}\in H$이다. 더욱이, $\begin{pmatrix}a&b\\0&1\end{pmatrix}\begin{pmatrix}a'&b'\\0&1\end{pmatrix}=\begin{pmatrix}aa'&ab'+b\\0&1\end{pmatrix}$이다. 여기서 $aa'=\pm1$이고 $ab'+b\in\mathbb{Z}$이다.

따라서 $\begin{pmatrix}a&b\\0&1\end{pmatrix}\begin{pmatrix}a'&b'\\0&1\end{pmatrix}\in H$이다. 한편, $\begin{pmatrix}a&b\\0&1\end{pmatrix}^{-1}=\begin{pmatrix}\dfrac{1}{a}&-\dfrac{b}{a}\\0&1\end{pmatrix}\in H$이므로 정리 2.3.2에 의하여, $H\leq GL(2,\ \mathbb{Q})$이다. ■

유제 2.3.11 $\left\{\begin{pmatrix}1 & n\\0 & 1\end{pmatrix} : n\in\mathbb{Z}\right\}$는 $GL(2,\ \mathbb{R})$의 순환 부분군임을 증명하라.

2.3 연습문제

1. G_1은 군 G의 부분군이고 H_1은 군 H의 부분군이라 하자. $G_1\times H_1 \le G\times H$임을 증명하라.

2. G는 아벨군이고 T는 유한 위수를 갖는 G의 원소들의 집합이라 하자. T는 G의 부분군임을 증명하라. 이때, T를 **비꼬임부분군**(torsion subgroup)이라 한다(G가 비아벨이면, 이 결과는 성립하지 않을 수 있다).

3. G는 군이고 $a\in G$라 하자. $\langle a\rangle=\langle a^{-1}\rangle$임을 증명하라.

4. 덧셈 순환군 $\mathbb{Z}$의 생성원은 1과 -1뿐임을 보여라.

5. (1) 덧셈군 $\mathbb{Z}_2\times\mathbb{Z}_3$은 순환군임을 보여라.
(2) 덧셈군 $\mathbb{Z}_2\times\mathbb{Z}_4$은 순환군은 아니지만, 두 원소에 의하여 만들어짐을 보여라.

6. $(3,\ 1)$, $(-2,\ -1)$과 $(4,\ 3)$은 덧셈군 $\mathbb{Z}\times\mathbb{Z}$을 만들게 됨을 보여라.

7. $A(T)$는 집합 T의 치환들의 군이고 T_1은 T의 공집합이 아닌 부분집합이라 하자. $H=\{f\in A(T) : f(t)=t,\ t\in T_1\}$는 $A(T)$의 부분군임을 증명하라.

8. T와 T_1은 연습문제 2.3.7에서와 같다고 하자. $K=\{f\in A(T) : f(T_1)=T_1\}$는 연습문제 2.3.7의 부분군 H를 포함하는 $A(T)$의 부분군임을 증명하라. T_1이 두 개 이상의 원소를 포함하면, $K\neq H$임을 확인하라.

9. G는 아벨군이고 n은 고정된 양의 정수라 하자. $H=\{a^n : a\in G\}$은 G의 부분군임을 증명하라.

10. k는 양의 정수 n의 양의 약수라 하자. $H_k=\{a\in\mathbb{Z}_n^* : a\equiv 1 \pmod{k}\}$는 $\mathbb{Z}_n^*$의 부분군임을 증명하라.

11. $\mathbb{Z}_{12}$의 모든 부분군을 열거하라. $\mathbb{Z}_{20}$에 대하여 같은 것을 하라.

12. 영이 아닌 실수들의 곱셈군 $\mathbb{R}^*$는 순환하지 않음을 보여라.

13. 덧셈군 $\mathbb{Q}$는 순환하지 않음을 보여라.

14. G와 H는 군이라 하자. $G\times H$가 순환군이면, G와 H는 둘 다 순환군임을 증명하라(연습문제 2.3.5 (2)에서 알 수 있듯이 이 명제의 역은 거짓이다).

15. $\mathbb{Z}_m\times\mathbb{Z}_n$이 순환군일 필요충분조건은 $(m, n)=1$인 것이다. 이를 증명하라.

16. $G\neq\langle e\rangle$는 진부분군을 갖지 않는 군이면, G는 소수 위수의 순환군임을 증명하라.

17. 덧셈군 $G=\{a+b\sqrt{2} : a, b\in\mathbb{Z}\}$는 순환하는가?

18. (1) $\mathbb{Z}_{18}$의 단원들의 군 $\mathbb{Z}_{18}^*$은 순환함을 보여라.

(2) $\mathbb{Z}_{20}$의 단원들의 군 $\mathbb{Z}_{20}^*$은 순환하지 않음을 보여라.

19. S는 군 G의 공집합이 아닌 부분집합이면, $\langle S\rangle$는 $S\subset H$인 모든 부분군 H들의 교집합임을 보여라. 즉, $\langle S\rangle=\bigcap_{S\subseteq H}H$이다.

20. 원소 $\sigma=(1432)$와 $\tau=(24)$가 만드는 S_4의 부분군은 D_4와 동형임을 보여라.

21. $S_n(n>2)$의 중심은 자명한 부분군임을 증명하라.

22. H, K는 군 G의 부분군이라 하자. HK가 G의 부분군일 필요충분조건은 $HK=KH$인 것임을 증명하라.

2.3 유제풀이

유제 2.3.1 S_3와 D_4의 모든 부분군을 찾아라.

[풀이] S_3의 부분군은 S_3, $\{1\}$, $\{1, (12)\}$, $\{1, (13)\}$, $\{1, (23)\}$, $\{1, (123), (132)\}$이다. D_4의 부분군은 D_4, $\{1=r_0\}$, $\{r_0, v\}$, $\{r_0, h\}$, $\{r_0, r_2\}$, $\{r_0, t\}$, $\{r_0, d\}$, $\{1=r_0, r_1, r_2, r_3\}$, $\{r_0, r_2, t, d\}$, $\{r_0, r_2, h, v\}$이다.

유제 2.3.2 H와 K는 군 G의 부분군이라 하자.

(1) $H \cup K$가 G의 부분군일 필요가 없음을 반례를 들어라.

(2) $H \cup K \leq G \Leftrightarrow H \subseteq K$ 또는 $K \subseteq H$이다. 이를 증명하라.

[풀이] (1) S_3에서 $H = \{1, (12)\}$와 $K = \{1, (13)\}$는 부분군이지만 $H \cup K = \{1, (12), (13)\}$은 부분군이 아니다.

(2) ⇒] $H \subseteq K$이라 하면 증명이 끝난다. $H \not\subseteq K$라 하자. 그러면 $x \in H \setminus K$인 원소가 존재한다. 임의의 $y \in K$에 대하여 $H \cup K \leq G$이므로 $xy \in H \cup K$이다. $xy \in K$이면 $y^{-1} \in K$이므로 $xyy^{-1} = x \in K$가 되어 모순이다. 따라서 $xy \in H$이고 $x^{-1} \in H$이므로 $x^{-1}xy = y \in H$이다. 그러므로 $K \subseteq H$이다.

⇐] $H \subseteq K$이라 하면 $H \cup K = K$이므로 $H \cup K \leq G$이다. 비슷하게 $K \subseteq H$이면 $H \cup K \leq G$임을 보일 수 있다.

유제 2.3.3-1 $\mathbb{Z}_{30}^*$의 모든 순환 부분군을 열거하라.

[풀이] $\mathbb{Z}_{30}^* = \{1, 7, 11, 13, 17, 19, 23, 29\}$이다. 30을 법으로 $7^2 \equiv 49 \equiv 19$, $7^3 \equiv 133 \equiv 13$, $7^4 \equiv 91 \equiv 1$이므로 $\langle 7 \rangle = \{1, 7, 13, 19\} = \langle 13 \rangle$, $11^2 \equiv 121 \equiv 1$이므로 $\langle 11 \rangle = \{1, 11\}$, $17^2 \equiv 289 \equiv 19$, $17^3 \equiv 323 \equiv 23$, $17^4 \equiv 391 \equiv 1$이므로 $\langle 17 \rangle = \{1, 17, 19, 23\} = \langle 23 \rangle$, $19^2 \equiv 361 \equiv 1$이므로 $\langle 19 \rangle = \{1, 19\}$, $29^2 \equiv 841 \equiv 1$이므로 $\langle 29 \rangle = \{1, 29\}$이다.

유제 2.3.3-2 S_7에서 $a = (13746)$일 때 부분군 $\langle a \rangle$의 원소들을 열거하라.

[풀이] $a^2 = (13746)(13746) = (17634)$, $a^3 = (13746)(17634) = (14367)$
$a^4 = (13746)(14367) = (16473)$, $a^5 = (13746)(16473) = 1$이므로
$\{1, a, a^2, a^3, a^4\}$이다.

유제 2.3.4 $(1, 0)$과 $(0, 2)$는 덧셈군 $\mathbb{Z} \times \mathbb{Z}_7$를 생성함을 보여라.

[풀이] $(1, 0) + (1, 0) = (2, 0)$, $(1, 0) + (2, 0) = (3, 0)$, $\cdots$
$(0, 2) + (0, 2) = (0, 4)$, $(0, 4) + (0, 2) = (0, 6)$,
$(0, 6) + (0, 2) = (0, 1)$, $(0, 1) + (0, 2) = (0, 3)$,
$(0, 3) + (0, 2) = (0, 5)$, $(0, 5) + (0, 2) = (0, 0)$

이므로 $(1, 0)$은 $\mathbb{Z} \times \{0\}$의 생성원이고 $(0, 2)$은 $\{0\} \times \mathbb{Z}_7$의 생성원이다. 따라서 임의의 $(a, b) \in \mathbb{Z} \times \mathbb{Z}_7$은 $(a, b) = a(1, 0) + k(0, 2)$, $2k \equiv b$

(mod 7) 이 되므로 $\langle(1,\ 0),\ (0,\ 2)\rangle = \mathbb{Z}\times\mathbb{Z}_7$이다.

유제 2.3.5 G는 아벨군이고 n은 고정된 양의 정수라 하자.

(1) $H=\{a\in G : a^n = e\}$는 G의 부분군임을 증명하라.

(2) G가 비아벨군이면, (1)은 거짓일 수 있음을 보기를 들어 보여라.

[풀이] (1) $a,\ b\in H$에 대하여 G가 아벨군이므로

$$(ab^{-1})^n = a^n(b^{-1})^n = e(b^n)^{-1} = e(e)^{-1} = e$$

이 되어 $ab^{-1}\in H$이므로 H는 G의 부분군이다.

(2) $\{1,\ (12),\ (13),\ (23)\}$는 S_3의 원소 중 위수가 2인 원소와 항등원을 포함한 집합이지만 S_3의 부분군은 아니다.

유제 2.3.6 $\{r_0,\ r_2\}$는 D_4의 중심임을 보여라.

[풀이] D_4의 연산표를 보면 밑줄친 행과 열이 일치한다. 따라서 r_2는 모든 다른 원소와 가환적이다. r_0는 항등원이므로 당연히 가환적이다. 따라서 $\{r_0,\ r_2\}$는 D_4의 중심이다.

$\circ$	r_0	r_1	r_2	r_3	d	h	t	v
r_0	r_0	r_1	$\underline{r_2}$	r_3	d	h	t	v
r_1	r_1	r_2	$\underline{r_3}$	r_0	h	t	v	d
r_2	$\underline{r_2}$	$\underline{r_3}$	$\underline{r_0}$	$\underline{r_1}$	$\underline{t}$	$\underline{v}$	$\underline{d}$	$\underline{h}$
r_3	r_3	r_0	$\underline{r_1}$	r_2	v	d	h	t
d	d	v	$\underline{t}$	h	r_0	r_3	r_2	r_1
h	h	d	$\underline{v}$	t	r_1	r_0	r_3	r_2
t	t	h	$\underline{d}$	v	r_2	r_1	r_0	r_3
v	v	t	$\underline{h}$	d	r_3	r_2	r_1	r_0

유제 2.3.7-1 G가 군이면, $Z(G) = \bigcap_{a\in G} C(a)$ 임을 증명하라.

[풀이] $g\in Z(G)$일 필요충분조건은 모든 $a\in G$에 대하여 $ga = ag$이다. 이것은 또한 g는 모든 $a\in G$와 가환적이다와 필요충분조건이고 g는 모든 $a\in G$에 대하여 $g\in C(a)$이다와 필요충분조건이다. 따라서 $g\in \bigcap_{a\in G} C(a)$ 와도 필요충분조건이다.

유제 2.3.7-2 원소 $a \in Z(G)$일 필요충분조건은 $C(a) = G$이다. 이를 증명하라.

[풀이] $a \in Z(G)$이면 a는 G의 모든 원소들과 가환적이다. $C(a)$는 a와 가환적인 원소들의 집합이므로 $G = C(a)$이다.

유제 2.3.8 H는 군 G의 부분군이고 $x \in G$에 대하여, $x^{-1}Hx$는 집합 $\{x^{-1}ax : a \in H\}$를 나타낸다. $x^{-1}Hx \leq G$ 임을 증명하라.

[풀이] $a,\ b \in x^{-1}Hx$라 하면 적당한 $s,\ t \in H$가 존재하여 $a = x^{-1}sx,\ b = x^{-1}tx$이다. 따라서

$$ab^{-1} = (x^{-1}sx)(x^{-1}tx)^{-1} = (x^{-1}sx)(x^{-1}t^{-1}x) = x^{-1}st^{-1}x$$

이다. $st^{-1} \in H$이므로 $ab^{-1} \in x^{-1}Hx$이다. 따라서 $x^{-1}Hx \leq G$이다.

유제 2.3.9 H가 군 G의 부분군일 때, H의 정규화집합은 $N_H = \{x \in G : x^{-1}Hx = H\}$이다. N_H는 H를 포함하는 G의 부분군임을 증명하라. N_H를 정규화부분군이라 한다.

[풀이] H는 부분군이므로 모든 $x \in H$에 대하여 $x^{-1}Hx \subseteq H$이다. 그러므로 예제 2.3.9에 의해, 모든 $x \in H$에 $x^{-1}Hx = H$이다. 따라서 $H \subseteq N_H$이다. 이제 $a,\ b \in N_H$라 하면 $a^{-1}Ha = H,\ b^{-1}Hb = H$이다. 따라서

$$(ab)^{-1}H(ab) = b^{-1}a^{-1}Hab = b^{-1}Hb = H$$

이다. 그러므로 $ab \in N_H$이다. 또한 $b \in N_H$에 대하여 $b^{-1}Hb = H$이므로 양변에 b와 b^{-1}를 곱하면 $H = bHb^{-1}$이다. 따라서 $(b^{-1})^{-1}Hb^{-1} = bHb^{-1} = H$이므로 $b^{-1} \in N_H$이다. 따라서 $N_H \leq G$이다.

유제 2.3.10-1 $G = \langle a \rangle$는 위수 n인 순환군이라 하자. $H \leq G$이면, $|H|$는 n의 약수임을 보여라.

[풀이] 정리 2.3.8에 의해 $H \leq G$이면 H도 순환군이다. 즉, 적당한 $b \in G$가 존재하여 $H = \langle b \rangle$이다. 그런데 $b \in G = \langle a \rangle$이므로 적당한 k가 존재하여 $b = a^k$이다. 만약 $(k,\ n) = 1$이면 예제 2.3.10에 의해 a^k는 G의 생성원이다. 따라서 $|H| = |b| = |a^k| = n$이므로 $|H|$는 n의 약수이다. 만약 $d = (k,\ n)$이면 $|a^k| = |a^d|$이므로 $|b| = |a^d|$이다. 따라서 d가 n의 약수이므로 $n = dm$이면 $|a^d| = m$이므로 $|H|$는 n의 약수이다.

유제 2.3.10-2 $G=\langle a\rangle$는 위수 n인 순환군이라 하자. k가 n의 양의 약수면, G는 위수 k인 부분군은 유일함을 보여라.

[풀이] k가 n의 양의 약수이므로 적당한 정수 d가 존재하여 $n=kd$이다. a^d는 위수는 정리 2.2.5 (4)에 의해 k이다. 따라서 $\langle a^d\rangle$는 위수가 k인 군이다. 이제, 어떤 m에 대하여 $\langle a^m\rangle$이 위수가 $k=n/d$라고 하자. 따라서 $(a^m)^k = a^{mk}=e$이다. 따라서 $n|mk$이다. $n=kd$이므로 $d|m$이다. 따라서 $m=dm_1$이라 할 수 있다. $a^m=(a^d)^{m_1}$이므로 $a^m\in\langle a^d\rangle$이다. 즉, $\langle a^m\rangle\subseteq\langle a^d\rangle$이다. 두 군이 모두 위수가 k이므로 $\langle a^m\rangle=\langle a^d\rangle$이다. 따라서 위수 k인 부분군은 유일하다.

유제 2.3.10-3 G는 위수 mn의 아벨군이라 하자. 여기서 $(m, n)=1$이다. G가 위수 m인 원소 a와 위수 n인 원소 b를 포함한다고 가정하자. G는 생성원 ab를 갖는 순환군임을 증명하라.

[풀이] $G=\langle ab\rangle$임을 보이면 되므로 ab의 위수가 mn임을 보이면 된다. ab의 위수를 t라 하자. 즉, $(ab)^t=e$이다. 이제 G가 아벨군이므로

$$(ab)^{mn}=a^{mn}b^{mn}=(a^m)^n(b^n)^m=e$$

이다. 따라서 $t|mn$이다. 이제

$$e=((ab)^t)^n=(ab)^{nt}=a^{nt}b^{nt}=a^{nt}\text{이고}$$
$$e=((ab)^t)^m=(ab)^{mt}=a^{mt}b^{mt}=b^{mt}$$

이므로 $m|nt$이고 $n|mt$이다. 하지만 $(m, n)=1$이므로 $m|t$이고 $n|t$이다. 따라서 $mn|t$이다. 곧, $mn=t$이다.

유제 2.3.11 $\left\{\begin{pmatrix}1 & n\\0 & 1\end{pmatrix} : n\in\mathbb{Z}\right\}$는 $GL(2, \mathbb{R})$의 순환 부분군임을 증명하라.

[풀이] $\begin{pmatrix}1 & 1\\0 & 1\end{pmatrix}^2=\begin{pmatrix}1 & 1\\0 & 1\end{pmatrix}\begin{pmatrix}1 & 1\\0 & 1\end{pmatrix}=\begin{pmatrix}1 & 2\\0 & 1\end{pmatrix}$, $\begin{pmatrix}1 & 1\\0 & 1\end{pmatrix}^3=\begin{pmatrix}1 & 2\\0 & 1\end{pmatrix}\begin{pmatrix}1 & 1\\0 & 1\end{pmatrix}=\begin{pmatrix}1 & 3\\0 & 1\end{pmatrix}$, $\cdots$이므로 $\begin{pmatrix}1 & 1\\0 & 1\end{pmatrix}^n=\begin{pmatrix}1 & n\\0 & 1\end{pmatrix}$이고 $\det\begin{pmatrix}1 & n\\0 & 1\end{pmatrix}=1$이므로 $\begin{pmatrix}1 & 1\\0 & 1\end{pmatrix}^n\in GL(2, \mathbb{R})$이다. 따라서 $\left\langle\begin{pmatrix}1 & 1\\0 & 1\end{pmatrix}\right\rangle=\left\{\begin{pmatrix}1 & n\\0 & 1\end{pmatrix} : n\in\mathbb{Z}\right\}$이다.

2.4 동형 사상

$\mathbb{Z}_{10}$의 부분집합 $G=\{0,\ 2,\ 4,\ 6,\ 8\}$을 생각하자. $\mathbb{Z}_{10}$의 덧셈표로부터 알 수 있듯이 G는 가환군이다.

+	0	6	2	8	4
0	0	6	2	8	4
6	6	2	8	4	0
2	2	8	4	0	6
8	8	4	0	6	2
4	4	0	6	2	8

G가 이 원소들의 표현을 제외하고 군 $\mathbb{Z}_5$와 "본질적으로 같다"는 것을 알 수 있다. $\mathbb{Z}_5$에 대한 덧셈표를 보자. G의 원소들과 가능한 혼돈을 피하기 위하여, $\mathbb{Z}_5$의 원소들을 $\overline{0},\ \overline{1},\ \overline{2},\ \overline{3},\ \overline{4}$로 나타내자. $\mathbb{Z}_5$의 원소들에 다음과 같이 다시 이름을 붙인다 :

$\overline{0}$은 0으로, $\overline{1}$은 6으로, $\overline{2}$는 2로, $\overline{3}$은 8로, $\overline{4}$는 4로 붙인다.

+	0 $\overline{0}$	6 $\overline{1}$	2 $\overline{2}$	8 $\overline{3}$	4 $\overline{4}$
0 $\overline{0}$	0 $\overline{0}$	6 $\overline{1}$	2 $\overline{2}$	8 $\overline{3}$	4 $\overline{4}$
6 $\overline{1}$	6 $\overline{1}$	2 $\overline{2}$	8 $\overline{3}$	4 $\overline{4}$	0 $\overline{0}$
2 $\overline{2}$	2 $\overline{2}$	8 $\overline{3}$	4 $\overline{4}$	0 $\overline{0}$	6 $\overline{1}$
8 $\overline{3}$	8 $\overline{3}$	4 $\overline{4}$	0 $\overline{0}$	6 $\overline{1}$	2 $\overline{2}$
4 $\overline{4}$	4 $\overline{4}$	0 $\overline{0}$	6 $\overline{1}$	2 $\overline{2}$	8 $\overline{3}$

"G과 H가 동형이다"는 다음과 같이 생각할 수 있다. 각 $r\in G$에 대하여 새로 붙여진 이름 $f(r)\in H$을 할당하는 함수 $f:G\to H$가 존재한다는 것이다. 위의 보기에서, 다음과 같은 함수 $f:\mathbb{Z}_5\to G$를 사용하였다 :

$$f(\overline{0})=0,\ \ f(\overline{1})=6,\ \ f(\overline{2})=2,\ \ f(\overline{3})=8,\ \ f(\overline{4})=4$$

이와 같은 함수 $f: G \to H$는 다음의 특별한 성질들을 가져야만 한다.

(i) G의 서로 다른 원소들은 서로 다른 새로운 이름을 얻어야만 한다.

$$G\text{에서 } r \neq r'\text{이면, } H\text{에서 } f(r) \neq f(r')$$

(ii) H의 각 원소는 G의 어떤 원소의 새로운 이름이어야만 한다.

$$\text{모든 } h \in H\text{에 대하여 } g \in G\text{가 존재하여 } f(g) = h\text{를 만족한다.}$$

명제 (i)과 (ii)는 간단히 함수 f가 **단사**(injective)이고 동시에 **전사**(surjective)임을 말한다. 즉 f는 **전단사 함수**(bijection)이다. 그러나 전단사 함수 f는, G의 연산표에 f가 적용될 때 H의 연산표가 되지 않는 한, **동형 사상**(isomorphism)이 아닐 것이다. G에서 $a+b=c$면, G과 H의 표에서 다음이 성립하여야 한다 :

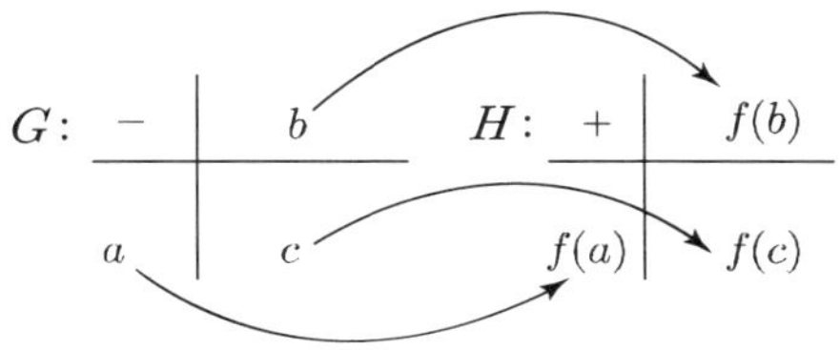

표는 $f(a)+f(b)=f(c)$임을 보여준다. 그러나 $a+b$와 c는 G의 같은 원소이다. 따라서 $f(a+b)=f(c)$이 된다. 그러므로

$$f(a+b) = f(a) + f(b)$$

이다. 이것은 f가 G의 덧셈표를 H의 덧셈표로 바꾸기 위하여 만족해야만 하는 조건이다.

원소들에 붙여진 이름만 다르고 이들이 같은 구조를 가지면 이 두 군을 **동형**(isomorphic)이라 한다. 유한군의 경우에, 이것은 어떤 군의 연산표가 다른 군의 연산표로부터 적당히 원소들의 이름을 다시 붙여줌으로써 얻어질 수 있다. 이와 같이 다시 이름을 붙이는 방법은 전단사 함수와 논리적으로 같다. 그러므로 다음의 정의를 유추할 수 있다.

정의 2.4.1

G와 H는 각각 $\odot$, $*$로 표시되는 군 연산을 갖는 군이라 하자. 적당한 함수 $f: G \to H$가 존재하여

(i) f는 단사,

(ii) f는 전사,

(iii) 모든 $a,\ b \in G$에 대하여 $f(a \odot b) = f(a) * f(b)$를 만족하면 G가 H와 동형이라고

한다. 이때, 기호 $G \cong H$로 쓰고, 함수 f를 **동형 사상**(isomorphism)이라 한다. 조건 (iii)을 만족하지만 단사 또는 전사일 필요가 없는 함수를 **준동형 사상**(homomor- phism)이라 한다.

동형 사상의 정의는 대칭이다. $f: G \to H$가 동형 사상이면, f는 집합들의 전단사 함수이므로, 역함수 $g: H \to G$가 존재하여 $f \circ g = id_H$이고 $g \circ f = id_G$이다. 임의의 $c,\ d \in H$에 대하여 $g(c * d) = g(c) \odot g(d)$임을 보이면 g가 역시 동형 사상이다. 따라서 $G \cong H \Leftrightarrow H \cong G$ 이다.

G가 덧셈군이고 H가 곱셈군일 때, 정의 2.4.1의 조건 (iii)은 $f(a+b) = f(a)f(b)$로 쓴다. G가 곱셈군이고 H가 덧셈군일 때, 조건 (iii)은 $f(ab) = f(a) + f(b)$가 된다.

| 보기 2.4.1 | $\mathbb{Z}_8$의 단원들의 곱셈군 $\mathbb{Z}_8^* = \{1,\ 3,\ 5,\ 7\}$은 덧셈군 $\mathbb{Z}_2 \times \mathbb{Z}_2$와 동형이다. 이를 증명하라.

[증명] $f: \mathbb{Z}_8^* \to \mathbb{Z}_2 \times \mathbb{Z}_2$를 다음과 같이 정의한다 :

$$f(1) = (0,\ 0),\ f(3) = (1,\ 0),\ f(5) = (0,\ 1),\ f(7) = (1,\ 1)$$

그러면 분명히 f는 전단사이다. 임의의 $a,\ b \in \mathbb{Z}_8^*$에 대하여 $f(ab) = f(a) + f(b)$를 보여주는 것은 $\mathbb{Z}_2 \times \mathbb{Z}_2$에 대한 연산표가 단순히 각 $a \in \mathbb{Z}_8^*$를 $f(a) \in \mathbb{Z}_2 \times \mathbb{Z}_2$로 바꾸어줌으로써 얻어질 수 있음을 보여주는 것과 논리적으로 같다. 이것이 성립함을 확인하기 위하여 아래의 두 연산표를 사용하라 :

$\mathbb{Z}_8^*$

$\cdot$	1	3	5	7
1	1	3	5	7
3	3	1	7	5
5	5	7	1	3
7	7	5	3	1

$\mathbb{Z}_2 \times \mathbb{Z}_2$

$+$	(0, 0)	(1, 0)	(0, 1)	(1, 1)
(0, 0)	(0, 0)	(1, 0)	(0, 1)	(1, 1)
(1, 0)	(1, 0)	(0, 0)	(1, 1)	(0, 1)
(0, 1)	(0, 1)	(1, 1)	(0, 0)	(1, 0)
(1, 1)	(1, 1)	(0, 1)	(1, 0)	(0, 0)

따라서 $\mathbb{Z}_8^* \cong \mathbb{Z}_2 \times \mathbb{Z}_2$ 이다. ■

두 군이 동형임을 보이기 위해서는 위의 보기에서와 같이 함수 $f: \mathbb{Z}_8^* \to \mathbb{Z}_2 \times \mathbb{Z}_2$를 찾아야 한다. 즉, $f(1) = (0,\ 0),\ f(3) = (1,\ 0),\ f(5) = (0,\ 1),\ f(7) = (1,\ 1)$와 같은 대응관계를 찾아야 하는데 어떻게 이런 관계를 알아낼 수 있을까? 가장 흔히 쓰는 방법은 양쪽

군에서 위수가 같은 원소를 서로 대응시켜 적당한 대응을 찾는 것이다.

| 보기 2.4.2 | 실수들의 덧셈군 $\mathbb{R}$은 양의 실수들의 곱셈군 $\mathbb{R}^+$와 동형임을 증명하라.

[증명] $f:\mathbb{R}\to\mathbb{R}^+$를 $f(r)=10^r$로 정의하자. 임의의 $r,\ s\in\mathbb{R}$에 대하여 $f(r)=f(s)$라 가정하자. 그러면 $10^r=10^s$이고 따라서 $r=\log 10^r=\log 10^s=s$ 이다. 그러므로 f는 단사이다. 임의로 $k\in\mathbb{R}^+$를 택하자. 그러면 $r=\log k$는 잘 정의되는 실수이고 $k=10^{\log k}=10^r=f(r)$이다. 따라서 f는 전사이다. 더욱이, $f(r+s)=10^{r+s}=10^r10^s=f(r)f(s)$이므로 f는 동형 사상이다. 따라서 $\mathbb{R}\cong\mathbb{R}^+$이다. ■

| 보기 2.4.3 | E는 짝수 정수들의 덧셈군이라 하자. E는 정수와 동형임을 보여라.

[증명] $f:\mathbb{Z}\to E$는 $f(a)=2a$로 정의되는 함수라 하자. 쉽게 f가 전단사 함수임을 확인할 수 있다. 더욱이, 임의의 $a,\ b\in\mathbb{Z}$에 대하여, $f(a+b)=2(a+b)=2a+2b=f(a)+f(b)$이다. 따라서 f는 덧셈군들의 동형 사상이다. ■

| 보기 2.4.4 | 군 S_3와 $\mathbb{Z}_6$은 모두 위수 6을 갖지만, 이들은 동형이 아니다. 어떠한 아벨군도 S_3와 같은 비아벨군과 동형이 될 수 없다. ■

| 보기 2.4.5 | 동형 사상 $f:G\to G$는 군 G의 **자기 동형사상**(automorphism)이라 한다. G의 자기 동형사상을 만드는 한 가지 방법을 소개한다. c는 G의 고정된 원소이고 $f:G\to G$는 $f(a)=c^{-1}ac$로 정의하자. 그러면, 임의의 $a,\ b\in G$에 대하여,

$$f(a)f(b)=(c^{-1}ac)(c^{-1}bc)=c^{-1}a(cc^{-1})bc=c^{-1}(ab)c=f(ab)$$

이다. 따라서 f는 준동형 사상이다. 임의로 $g\in G$를 택하고 $d=cgc^{-1}$라 하자. 그러면 분명히 $d\in G$이고

$$f(d)=c^{-1}dc=c^{-1}(cgc^{-1})c=(c^{-1}c)g(c^{-1}c)=g$$

이다. 따라서 f는 전사이다. 마지막으로 임의의 $a,\ b\in G$에 대하여 $f(a)=f(b)$라 가정하자. 그러면 $c^{-1}ac=c^{-1}bc$이다. 따라서 정리 2.2.1에 의하여, $a=b$이므로 f는 단사이다. 따라서 f는 동형 사상이다. 이와 같은 동형 사상을 c가 만드는 G의 **내부 자기 동형사상**(the inner automorphism of G induced by c)이라 한다. G의 내부 자기 동형사상 전체의 집합은 $\mathrm{Inn}\,G$라고 쓴다. ■

다음의 결과는 동형인 군들을 같은 군이라고 간주하였을 때(up to isomorphic) 모든 순환군을 완전히 특성화한다.

정리 2.4.2

모든 무한 순환군은 $\mathbb{Z}$와 동형이며 위수 n인 모든 유한 순환군은 $\mathbb{Z}_n$과 동형이다.

[증명] $G = \langle a \rangle$는 임의의 무한 순환군이고 함수 $f : \mathbb{Z} \to G$를 $f(i) = a^i$로 정의한다. 그러면 순환군의 정의에 의하여, f는 전사이고 정리 2.3.6에 의하여, f는 단사다. 이제 임의로 i, $j \in \mathbb{Z}$를 택하자. 그러면

$$f(i+j) = a^{i+j} = a^i a^j = f(i)f(j)$$

따라서 f는 준동형 사상이다. 그러므로 f는 동형 사상이다. 따라서 $\mathbb{Z} \cong G$이다. 이제 $G = \langle b \rangle$이고 b는 위수 n을 갖는다고 하자. 그러면, 정리 2.3.5에 의하여,

$$G = \{b^0,\ b^1,\ b^2,\ \cdots,\ b^{n-1}\}$$

이다. 한편, $\mathbb{Z}_n = \{0,\ 1,\ 2,\ \cdots,\ n-1\}$이다. 따라서 $f(i) = b^i$로 주어지는 함수 $f : \mathbb{Z}_n \to G$는 전단사 함수다. 임의로 i, $j \in \mathbb{Z}_n$을 택하고 $i + j \equiv k \pmod n$이라 하자($0 \le k \le n-1$). 정리 2.2.5에 의하여, $b^{i+j} = b^k \in G$이 된다. 따라서

$$f(i+j) = f(k) = b^k = b^{i+j} = b^i b^j = f(i)f(j)$$

이므로 f는 동형 사상이다. 따라서 $\mathbb{Z}_n \cong G$이다. ■

이 정리의 예로서 D_4의 위수 4인 순환 부분군 $\langle r_1 \rangle$과 동형인 덧셈군 $\mathbb{Z}_4$를 들 수 있다. 또한 영이 아닌 실수들의 곱셈군 $\mathbb{R}^*$의 무한 순환 부분군 $\langle 2 \rangle$는 덧셈군 $\mathbb{Z}$와 동형이다. 함수 $f : G \to H$의 **상**(image) 또는 **치역**(range),

$$\operatorname{im} f = \operatorname{ran} f = \{h \in H : \text{적당한 } a \in G\text{가 존재하여 } h = f(a)\text{이다}\}$$

는 H의 부분집합이다. 함수 f는 G에서 $\operatorname{im} f$로의 전사함수로 생각될 수 있다.

정리 2.4.3

G와 H는 각각 항등원 e_G와 e_H를 갖는 군이라 하자. $f : G \to H$가 준동형 사상이면,

(1) $f(e_G) = e_H$이다.

(2) 모든 $a \in G$에 대하여 $f(a^{-1}) = f(a)^{-1}$이다.

(3) $G' \leq G$이면 $f(G') \leq H$이다.

(4) f가 단사이면, $G \cong \text{im } f$이다.

[증명] (1) f는 준동형 사상이므로, $f(e_G)f(e_G) = f(e_G e_G) = f(e_G) = e_H f(e_G)$이다. 따라서 정리 2.2.1 (2)에 의하여, $f(e_G) = e_H$이다.

(2) 임의로 $a \in G$를 택하자. 그러면 $f(a^{-1})f(a) = f(a^{-1}a) = f(e_G) = e_H = f(a)^{-1}f(a)$이다. 따라서 정리 2.2.1에 의하여, $f(a^{-1}) = f(a)^{-1}$이다.

(3) (1)에 의하여, $e_H \in f(G')$이고 $f(G') \neq \varnothing$이다. $x, y \in f(G')$를 임의로 택하자. 적당한 $a, b \in G'$가 존재하여 $x = f(a)$와 $y = f(b)$이다. 따라서 $xy = f(a)f(b) = f(ab)$이고 $ab \in G'$이다. 그러므로 $xy \in f(G')$이다. 더욱이 (2)에 의하여, $x^{-1} = f(a)^{-1} = f(a^{-1})$이고 $a^{-1} \in G'$이다. 따라서 $x^{-1} \in f(G')$이다. 따라서 정리 2.3.2에 의하여, $f(G')$는 H의 부분군이다. 특히, $\text{im } f \leq H$이다.

(4) 이 정리의 앞에서 언급했듯이 f는 G에서 $\text{im } f$로의 전사함수로 생각될 수 있다. f는 단사이므로, $f : G \to \text{im } f$는 동형 사상이다. 따라서 $G \cong \text{im } f$이다. ■

아래 정리는 치환군은 동형인 군들을 같은 군이라고 간주하였을 때 유일한 군임을 말한다. 특히, 대칭군 $S_n (n \geq 1)$의 부분군들은 동형인 군들을 같은 군이라고 간주하였을 때 가능한 모든 유한군들이다.

정리 2.4.4 케일리 정리(Cayley's Theorem)

모든 군 G는 치환군의 한 부분군과 동형이다.

집합 G의 모든 치환들의 군 $A(G)$를 생각하자. $A(G)$는 합성을 군 연산으로 갖는 G에서 G로의 모든 전단사 함수들로 이루어져 있다. 이러한 함수들은 준동형 사상들일 필요는 없다. 이 정리를 증명하기 위하여, G와 동형이 되는 $A(G)$의 부분군을 구한다. 이렇게 하기 위하여, 군들의 단사 준동형 사상 $f : G \to A(G)$를 만듦으로써, 정리 2.4.3에 의하여, G는 $A(G)$의 부분군 $\text{im } f$와 동형이 됨을 보인다.

[증명] 임의로 $a \in G$를 택하고 함수 $\varphi_a : G \to G$를 $\varphi_a(x) = ax$로 정의하다. φ_a가 전단사 함수임을 보이자. 임의로 $b \in G$를 택하고 $c = a^{-1}b$라 하자. 그러면 $c \in G$이고 $\varphi_a(c) = ac = a(a^{-1}b) = b$이다. 따라서 φ_a는 전사이다. 이제 임의의 $b,\ c \in G$에 대하여 $\varphi_a(b) = \varphi_a(c)$라 가정하자. 그러면 $ab = ac$이므로 정리 2.2.1에 의하여 $b = c$가 성립한다. 그러므로 φ_a는 단사이다. 따라서 φ_a는 전단사 함수이므로 $\varphi_a \in A(G)$이다.

이제 함수 $f : G \to A(G)$를 $f(a) = \varphi_a$로 정의한다. 임의로 $a,\ b \in G$를 택하자. 그러면 $f(ab) = \varphi_{ab}$는 $\varphi_{ab}(x) = abx$로 정의되는 G에서 G로의 함수다. 한편, $f(a) \circ f(b) = \varphi_a \circ \varphi_b$는 다음과 같이 주어지는 G에서 G로의 함수다 :

$$(\varphi_a \circ \varphi_b)(x) = \varphi_a(\varphi_b(x)) = \varphi_a(bx) = abx$$

따라서 $f(ab) = f(a) \circ f(b)$이므로 f는 군들의 준동형 사상이다. 마지막으로 임의의 $a,\ c \in G$에 대하여, $f(a) = f(c)$라 가정하자. 그러면 모든 $x \in G$에 대하여 $\varphi_a(x) = \varphi_c(x)$이다. 특히, $x = e$일 때 $a = ae = \varphi_a(e) = \varphi_c(e) = ce = c$이 성립하므로 f는 단사함수이다. 따라서 정리 2.4.3에 의하여, $G \cong \operatorname{im} f$이다. ■

따름정리 2.4.5

위수 n인 모든 유한군 G는 대칭군 S_n의 부분군과 동형이다.

[증명] 정리 2.4.4에 의하여, $A(G)$의 부분군 H가 존재하여 $G \cong H$가 성립한다. $|G| = n$이므로, 연습문제 2.4.2에 의하여, $A(G) \cong S_n$이다. 예제 2.4.8에 의하여 S_n의 부분군 K가 존재하여 $H \cong K$이다. 따라서 예제 2.4.5에 의하여 $G \cong K$이다. ■

예제 I 2.4.1 $G = \{1,\ a,\ a^2\}$이라 하자. G와 동형인 대칭군 S_3의 부분군을 찾아라.

[풀이] $|G| = 3$이므로 G는 S_3의 한 부분군 H와 동형이다. 정리 2.4.4의 증명을 따라가자. H는 위수가 3인

$$S_3 = \{1,\ (123),\ (132),\ (12),\ (13),\ (23)\}$$

의 부분군이다. 먼저 함수 $\varphi_a : G \to G$가 $\varphi_a(x) = ax$라고 정의하자. 그러면

$$\varphi_1(1) = 1,\ \varphi_1(a) = a,\ \varphi_1(a^2) = a^2$$
$$\varphi_a(1) = a,\ \varphi_a(a) = a^2,\ \varphi_a(a^2) = a^3 = 1$$

$$\varphi_{a^2}(1)=a^2,\ \varphi_{a^2}(a)=a^3=1,\ \varphi_{a^2}(a^2)=a^4=a$$

이다. 즉,

입력	1	a	a^2
φ_1	1	a	a^2
φ_a	a	a^2	1
φ_{a^2}	a^2	1	a

이므로 $\varphi_1=1,\ \varphi_a=(123),\ \varphi_{a^2}=(132)$이다. 따라서 $f: G\rightarrow S_3$을 $f(a)=\varphi_a$라 하면

$$f(1)=\varphi_1=1,\ f(a)=\varphi_a=(123),\ f(a^2)=\varphi_{a^2}=(132)$$

이 되어 $\mathrm{im}\, f=\{1,\ (123),\ (132)\}$가 된다. 따라서

$$H=\mathrm{im}\, f=\{1,\ (123),\ (132)\}$$

이다. ■

군 G에서 치환들의 군으로의 준동형 사상을 **군의 표현**(representation of G)이라 하고 G가 치환들의 군으로 표시된다(to be represented by a group of permutation)고 말한다. 정리 2.4.4의 증명에서 준동형 사상 $f: G\rightarrow A(G)$를 G의 **왼쪽 정칙표현**(left regular representation of G)이라 한다. 이와 같은 표현들의 사용하면, 군론은 치환군들의 연구로 바뀔 수 있다. 이와 같은 접근은 때때로 매우 편리하다. 왜냐하면 치환들은 쉽사리 눈에 보이게 되는 구체적인 대상들이기 때문이다. 또한 치환들의 계산은 수월하다.

예제 | 2.4.2 $f(x)=3x$로 주어지는 함수 $f: \mathbb{R}\rightarrow\mathbb{R}$는 덧셈군들의 동형 사상인가?

[풀이] 임의로 $a,\ b\in\mathbb{R}$를 택하자. 그러면 $f(a+b)=3(a+b)=3a+3b=f(a)+f(b)$이다. 따라서 f는 준동형 사상이다. 이제 임의로 $t\in\mathbb{R}$를 택하고 $a=\dfrac{t}{3}$라 하자. 그러면 $a\in\mathbb{R}$이고 $f(a)=3a=3\left(\dfrac{t}{3}\right)=t$가 되므로 f는 전사이다. 마지막으로 $f(a)=f(b)$라 가정하자. 그러면 $3a=3b$이 되어 $a=b$가 성립하므로 f는 단사이다. 따라서 f는 동형 사상이다. ■

유제 | 2.4.1 $g(x)=\sqrt{x}$로 주어지는 함수 $g: \mathbb{R}^+\rightarrow\mathbb{R}^+$는 곱셈군들의 동형 사상임을 보여라.

예제 I 2.4.3 군 $GL(2,\ \mathbb{Z}_2)$의 원소들을 열거하라.

[풀이] $GL(2,\ \mathbb{Z}_2)=\left\{\begin{pmatrix} a & b \\ c & d\end{pmatrix} : a,\ b,\ c,\ d\in\mathbb{Z}_2\text{이고 } ad-bc\neq 0\right\}$이므로

$$GL(2,\ \mathbb{Z}_2)=\left\{\begin{pmatrix} 1 & 0 \\ 0 & 1\end{pmatrix},\ \begin{pmatrix} 1 & 1 \\ 0 & 1\end{pmatrix},\ \begin{pmatrix} 0 & 1 \\ 1 & 0\end{pmatrix},\ \begin{pmatrix} 0 & 1 \\ 1 & 1\end{pmatrix},\ \begin{pmatrix} 1 & 1 \\ 1 & 0\end{pmatrix},\ \begin{pmatrix} 1 & 0 \\ 1 & 1\end{pmatrix}\right\}$$

이다. ■

유제 I 2.4.2 각 군의 연산표를 만듦으로써 $GL(2,\ \mathbb{Z}_2)$가 S_3와 동형임을 보여라.

예제 I 2.4.4 $\mathbb{Z}_5^*$는 덧셈군 $\mathbb{Z}_4$와 동형임을 보여라.

[풀이] $\mathbb{Z}_5^*=\{a\in\mathbb{Z}_5 : (a,\ 5)=1\}=\{1,\ 2,\ 3,\ 4\}$이므로 $\mathbb{Z}_5^*$와 덧셈군 $\mathbb{Z}_4$의 연산표는 각각 아래와 같다.

$\cdot$	1	2	3	4
1	1	2	3	4
2	2	4	1	3
3	3	1	4	2
4	4	3	2	1

$+$	0	1	3	2
0	0	1	3	2
1	1	2	0	3
3	3	0	2	1
2	2	3	1	0

이제 함수 $f:\mathbb{Z}_5^* \to \mathbb{Z}_4$를 아래와 같이 정의한다.

$$f(1)=0,\ f(2)=1,\ f(3)=3,\ f(4)=2$$

그러면 f는 전단사이고 준동형 사상임을 알 수 있다. 따라서 $\mathbb{Z}_5^*\cong\mathbb{Z}_4$가 된다. ■

유제 I 2.4.3 $\mathbb{Z}_{14}^*$는 덧셈군 $\mathbb{Z}_6$과 동형인가?

유제 I 2.4.4 $\mathbb{Z}_5^*$는 곱셈군 $\mathbb{Z}_{10}^*$와 동형임을 보여라.

예제 I 2.4.5 $f : G\to H$와 $g : H\to K$는 군들의 동형 사상이라 하자. 합성함수 $g\circ f : G\to K$는 역시 동형 사상임을 증명하라.

[풀이] f와 g가 동형 사상이므로, f와 g는 각각 전단사이다. 따라서 $g\circ f$는 전단사이다. 이제 임의로 $a,\ b\in G$를 택하자. 그러면

$$
\begin{aligned}
(g \circ f)(ab) &= g(f(ab)) \\
&= g(f(a)f(b)) \quad (\because\ f\text{는 준동형}) \\
&= g(f(a))g(f(b)) \quad (\because\ g\text{는 준동형}) \\
&= (g \circ f)(a)(g \circ f)(b)
\end{aligned}
$$

이므로 $g \circ f$는 동형 사상이다. ■

유제 | 2.4.5-1 G, H, G_1, H_1은 $G \cong G_1$이고 $H \cong H_1$인 군들이라 하자. $G \times H \cong G_1 \times H_1$임을 증명하라.

유제 | 2.4.5-2 $f : G \to H$는 군들의 동형 사상이고 $g : H \to G$는 f의 역함수라 하자. g는 역시 군들의 동형 사상임을 증명하라.

예제 | 2.4.6 $f : G \to H$는 군들의 전사 준동형 사상이고 G는 아벨군이면, H도 아벨군임을 증명하라.

[풀이] 임의로 a, $b \in H$를 택한다. 그러면 f는 전사함수이므로, a', $b' \in G$가 존재하여 $a = f(a')$이고 $b = f(b')$이다. 따라서

$$
\begin{aligned}
ab &= f(a')f(b') \\
&= f(a'b') && (\because\ f\text{는 준동형 사상}) \\
&= f(b'a') && (\because\ G\text{는 아벨군}) \\
&= f(b')f(a') && (\because\ f\text{는 준동형 사상}) \\
&= ba
\end{aligned}
$$

이므로 H는 아벨군이다. ■

유제 | 2.4.6-1 $G = \langle a \rangle$는 순환군이고 $f : G \to G$는 자기 동형사상이면 $G = \langle f(a) \rangle$임을 보여라.

유제 | 2.4.6-2 $f : G \to H$는 군들의 준동형 사상이고 K는 H의 부분군이라 하자. 집합 $\{a \in G : f(a) \in K\}$는 G의 부분군임을 증명하라.

예제 | 2.4.7 $f : G \to H$는 군들의 준동형 사상이라 하자. 각 $a \in G$와 각 정수 n에 대하여, $f(a^n) = f(a)^n$ 임을 증명하라.

[풀이] 임의로 $n \in \mathbb{Z}$에 대하여, $n=0$, $n>0$, $n<0$인 경우로 나누어 생각한다.

경우 1 : $n=0$인 경우. $f(a^0)=f(e_G)=e_H=f(a)^0$이다.

경우 2 : $n>0$인 경우.

(i) $n=1$이면, $f(a^1)=f(a)=f(a)^1$.

(ii) $n=k$일 때, $f(a^k)=f(a)^k$라 가정한다. 그러면

$$f(a^{k+1})=f(a^k a)=f(a^k)f(a)=f(a)^k f(a)=f(a)^{k+1}$$

이므로 모든 $n>0$에 대하여 $f(a^n)=f(a)^n$이다.

경우 3 : $n<0$인 경우.

$n=-m$이라 하자. 그러면 $m=-n$이고 $m>0$이므로

$$\begin{aligned} f(a^n) &= f(a^{-m}) = f((a^m)^{-1}) \\ &= f(a^m)^{-1} = (f(a)^m)^{-1} = f(a)^{-m} = f(a)^n \end{aligned}$$

이다. 그러므로 모든 $n<0$에 대하여 $f(a^n)=f(a)^n$이다. 따라서 모든 $n \in \mathbb{Z}$과 $a \in G$에 대하여 $f(a^n)=f(a)^n$이다. ■

유제 | 2.4.7 $f : G \to H$는 군들의 단사 준동형 사상이고 $a \in G$이면, $|f(a)| = |a|$임을 증명하라.

예제 | 2.4.8 $f : G \to H$는 군들의 동형 사상이고 T는 G의 부분군이면, T는 부분군 $f(T)=\{f(a) : a \in T\}$와 동형임을 증명하라.

[풀이] $T \le G$이므로, $T \neq \varnothing$이다. 따라서 $f(T) \neq \varnothing$이다. 임의로 $a, b \in f(T)$를 택한다. 그러면 적당한 $a', b' \in T$가 존재하여 $a=f(a')$이고 $b=f(b')$이다. 따라서

$$ab = f(a')f(b') = f(a'b') \quad (\because f\text{는 준동형 사상})$$

이다. $T \le G$이므로, $a'b' \in T$이다. 그러므로 $ab \in f(T)$이다. $T \le G$이므로, $a'^{-1} \in T$이다. 따라서

$$\begin{aligned} f(a'^{-1}) &= f(a')^{-1} \quad (\because f\text{는 준동형 사상}) \\ &= a^{-1} \end{aligned}$$

이므로 $a^{-1} \in f(T)$이다. 따라서 $f(T) \le H$이다. 이제 $\overline{f}: T \to f(T)$를 다

음과 같이 정의한다. 모든 $a \in T$에 대하여 $\overline{f}(a) = f(a)$이다. f가 동형 사상이므로, $\overline{f}$가 동형 사상임을 쉽게 증명할 수 있다. 따라서 $T \cong f(T)$가 성립한다. ■

유제 ‖ 2.4.8 (1) H는 군 G의 부분군이고 $a \in G$라 하자. $a^{-1}Ha = \{a^{-1}ha : h \in H\}$는 H와 동형인 G의 부분군임을 증명하라.

(2) H가 유한하면, $|H| = |a^{-1}Ha|$임을 증명하라.

예제 ‖ 2.4.9 군 G가 아벨군일 필요충분조건은 $f(x) = x^{-1}$로 주어지는 함수 $f : G \to G$가 군들의 준동형 사상인 것이다. 이를 증명하라. 이 경우에, f는 동형 사상임을 보여라.

[풀이] ⇒] G가 아벨이라 가정하고 임의로 a, $b \in G$를 택한다. 그러면

$$\begin{aligned} f(ab) &= (ab)^{-1} = b^{-1}a^{-1} \\ &= a^{-1}b^{-1} \quad (\because G\text{가 아벨}) \\ &= f(a)f(b) \end{aligned}$$

이다. 그러므로 f는 준동형 사상이다. 더욱이, 유제 2.2.2에 의하여 f는 전단사이다. 따라서 f는 동형 사상이다.

⇐] f는 준동형 사상이라 가정하고 임의로 a, $b \in G$를 택한다. 그러면 a^{-1}, $b^{-1} \in G$이고

$$\begin{aligned} ba &= (a^{-1}b^{-1})^{-1} = f(a^{-1}b^{-1}) = f(a^{-1})f(b^{-1}) \\ &= (a^{-1})^{-1}(b^{-1})^{-1} = ab \end{aligned}$$

이므로 G는 아벨이다. ■

유제 ‖ 2.4.9 a와 b는 둘 다 순환군 G의 생성원, 즉 $G = \langle a \rangle$이고 $G = \langle b \rangle$라 가정한다. $f(a^i) = b^i$로 주어지는 함수 G가 자기 동형사상임을 증명하라.

예제 ‖ 2.4.10 G는 곱셈군이고 $c \in G$라고 하자. H는 G와 같은 집합이고, H 위에 연산 $*$를 $a * b = acb$라고 새로 정의하자.

(1) H는 군임을 증명하라.

(2) $f(x) = c^{-1}x$로 주어지는 함수 $f : G \to H$는 동형 사상임을 증명하라.

[풀이] (1) $*$ 의 정의에 의하여, H는 $*$ 에 관하여 닫힌다. 임의로 $a,\ b,\ d\in H$를 택한다. 그러면

$$\begin{aligned} a*(b*d) &= a*(bcd) && (\because\ * \text{ 의 정의}) \\ &= ac(bcd) && (\because\ * \text{ 의 정의}) \\ &= (acb)cd \\ &= (a*b)cd \\ &= (a*b)*d \end{aligned}$$

이므로 결합법칙이 성립한다. $e_H=c^{-1}\in H$는 $*$ 에 관한 H의 항등원이다. 왜냐하면 임의로 $a\in H$를 택할 때 $e_H*a=e_Hca=c^{-1}ca=a$이고 $a*e_H=ace_H=acc^{-1}=a$이기 때문이다. 임의의 $a\in H$에 대하여, $a^{-1}=c^{-1}a^{-1}c^{-1}\in H$는 a의 역원이다. 왜냐하면 $a^{-1}*a=a^{-1}ca=(c^{-1}a^{-1}c^{-1})ca=c^{-1}=e_H$이고 $a*a^{-1}=aca^{-1}=ac(c^{-1}a^{-1}c^{-1})=c^{-1}=e_H$이다. 따라서 $(H,\ *)$는 군이다.

(2) 임의로 $x,\ y\in G$를 택한다. 그러면

$$\begin{aligned} f(xy) &= c^{-1}(xy)=(c^{-1}x)c(c^{-1}y) \\ &= f(x)cf(y) \\ &= f(x)*f(y) \end{aligned}$$

이므로 f는 준동형 사상이다. 임의의 $x,\ y\in G$에 대하여 $f(x)=f(y)$라 가정하자. 그러면 $c^{-1}x=c^{-1}y$이 성립하므로 $x=y$이다. 그러므로 f는 단사이다. 이제 임의의 $y\in H$에 대하여, $x=cy$라 하자. 그러면 $x\in G$이고 $f(x)=c^{-1}x=c^{-1}(cy)=y$이다. 그러므로 f는 전사이다. 따라서 f는 동형 사상이다. ■

유제 2.4.10 G는 곱셈군이고 G^{op}는 $a*b=ba$로 정의되는 새로운 연산 $*$ 를 갖춘 집합 G라 하자.

(1) G^{op}는 군임을 증명하라.

(2) $G\cong G^{op}$임을 증명하라.

유제 2.4.11 무한 순환군 G에 대하여 $\sigma: G\to G$를 $\sigma(g)=g^{-1}$라 정의할 때 G에서 G로의 동형 사상은 항등사상과 σ뿐임을 증명하시오.

유제 2.4.12 정이면체군 $D_3 = \langle a,\ b \mid a^2 = b^3 = 1,\ a^{-1}ba = b^{-1} \rangle$과 대칭군 $S_3 = \langle (12),\ (123) \rangle$이 동형임을 보이시오.

2.4 연습문제

1. $\mathbb{R}^+$는 양의 실수들의 곱셈군이라 하자. $f(x) = 3x$로 주어지는 $f : \mathbb{R}^+ \to \mathbb{R}^+$는 군들의 준동형 사상이 아님을 보여라.

2. T는 n개 원소들의 집합이고 $A(T)$는 T의 치환들의 군이라 하자. $A(T) \cong S_n$임을 증명하라. [도움말 : 어떤 순서에서 T의 원소들이 1, 2, $\cdots$, n으로 다시 이름이 붙여진다. T의 모든 치환은 1, 2, $\cdots$, n의 치환이 된다.]

3. G는 군이고 Aut G는 G의 모든 자기 동형사상들의 집합이라 하자. G는 함수들의 합성연산에 대하여 군임을 증명하라.

4. G는 군, G는 연습문제 2.4.3에서와 같고, Inn G는 G의 모든 내부 자기 동형사상(즉, 보기 2.4.5에서처럼, 어떤 $c \in G$에 대하여 $f(a) = c^{-1}ac$ 꼴로 정의되는 동형 사상)들의 집합이다. Inn $G \le$ Aut G임을 증명하라. [G의 두 개의 다른 원소가 같은 내부 자기 동형사상을 만들 수 있다. 즉, 모든 $a \in G$에 대하여 $c^{-1}ac = d^{-1}ad$를 가질 수 있다. 따라서 $|\text{Inn } G| \le |G|$이다.]

5. (1) $D_3 \cong S_3$임을 증명하라. [도움말 : D_3에서 각 이동은 꼭지점들을 치환한다. 이것을 사용하여 D_3에서 S_3으로의 함수를 정의한다.]

(2) D_4는 S_4의 부분군과 동형임을 보여라. [도움말 : (1)에 대한 도움말을 보라. 이 동형 사상은, 위수 $4! = 24$인 치환군의 부분군으로서 위수 8인 군인 D_4를 나타낸다. 반면에, 정리 2.4.4의 왼쪽 정칙 표현은 G를 위수 $8! = 40,\ 320$인 군인 S_8의 부분군으로 나타낸다.]

6. 덧셈군 $\mathbb{Z}$와 $\mathbb{Q}$는 동형이 아님을 보여라.

7. 두 군이 왜 동형이 아닌지를 설명하라 :

(1) $\mathbb{Z}_6$과 $\mathbb{Z}_3$ (2) $\mathbb{Z}_4 \times \mathbb{Z}_2$와 D_4

(3) $\mathbb{Z}_4 \times \mathbb{Z}_2$와 $\mathbb{Z}_2 \times \mathbb{Z}_2 \times \mathbb{Z}_2$ (4) $\mathbb{Z}$와 $\mathbb{R}$

8. (1) $\mathbb{Z}_8^*$은 $\mathbb{Z}_{10}^*$과 동형이 아님을 보여라.

(2) $\mathbb{Z}_{10}^*$은 $\mathbb{Z}_{12}^*$와 동형이 아님을 보여라.

(3) $\mathbb{Z}_8^*$은 $\mathbb{Z}_{12}^*$와 동형인가?

9. 모든 실수들의 덧셈군 $\mathbb{R}$은 영 아닌 실수들의 곱셈군 $\mathbb{R}^*$와 동형이 아님을 증명하라.

10. D_4는 연습문제 2.1.7의 사원수군과 동형이 아님을 보여라.

11. 비록 $\mathbb{R}$과 $\mathbb{R}^+$가 동형일지라도, 덧셈군 $\mathbb{Q}$는 양의 유리수들의 곱셈군 $\mathbb{Q}^+$와 동형이 아님을 보여라.

12. G는 군이고 $A(G)$는 집합 G의 치환들의 군이라 하자. G에서 $A(G)$로의 함수 g를 각 $d \in G$에 대하여 d^{-1}가 만드는 내부 자기 동형사상으로 대응시킴으로써 정의한다. g는 군들의 준동형 사상임을 증명하라.

13. (1) G는 군이고 $c \in G$라 하자. $\theta_c(x) = xc^{-1}$로 주어지는 함수 $\theta_c : G \to G$는 $A(G)$의 원소임을 증명하라.

(2) $h(c) = \theta_c$로 주어지는 $h : G \to A(G)$는 군들의 단사 준동형 사상임을 증명하라. 그러므로 G는 $A(G)$의 부분군 $\mathrm{Im}\ h$와 동형이다. 이 함수 h를 G의 **오른쪽 정칙 표현**(the right regular representation)이라한다.

14. 각 군의 왼쪽 정칙 표현을 구하라(즉, 각 군을 정리 2.4.4의 증명에서처럼 치환군으로 나타내라) :

(1) $\mathbb{Z}_3$ (2) $\mathbb{Z}_4$ (3) S_3

15. (1) $H = \left\{ \begin{pmatrix} 1-n & -n \\ n & 1+n \end{pmatrix} \middle| \, n \in \mathbb{Z} \right\}$는 행렬곱에 대하여 군임을 증명하라.

(2) $H \cong \mathbb{Z}$임을 증명하라.

16. (1) $K = \left\{ \begin{pmatrix} 1-2n & n \\ -4n & 1+2n \end{pmatrix} \middle| \, n \in \mathbb{Z} \right\}$는 행렬곱에 대하여 군임을 증명하라.

(2) K는 $\mathbb{Z}$와 동형인가?

17. G가 아벨군일 필요충분조건은 $\mathrm{Inn}\, G$가 하나의 원소만 갖는 것임을 증명하라.

18. (1) 군 D_4은 위수 4를 가짐을 증명하라.

(2) $\text{Inn}\, D_4 \cong \mathbb{Z}_2 \times \mathbb{Z}_2$ 임을 증명하라.

19. $\text{Aut}\,\mathbb{Z} \cong \mathbb{Z}_2$ 임을 증명하라.

20. $\text{Aut}\,\mathbb{Z}_n \cong \mathbb{Z}_n^*$임을 증명하라.

21. $\text{Aut}(\mathbb{Z}_2 \times \mathbb{Z}_2) \cong S_3$ 임을 증명하라.

22. $G = \left\langle \left\{ \begin{bmatrix} 0 & 1 \\ -1 & 0 \end{bmatrix}, \begin{bmatrix} 0 & 1 \\ 1 & 0 \end{bmatrix} \right\} \right\rangle \le GL(2, \mathbb{R})$이라 하자. $G \cong D_4$임을 증명하라.

23. $Q_8 = \left\langle \left\{ \begin{bmatrix} 0 & 1 \\ -1 & 0 \end{bmatrix}, \begin{bmatrix} 0 & i \\ i & 0 \end{bmatrix} \right\} \right\rangle \le GL(2, \mathbb{C})$이라 하자. $|Q_8| = 8 = |D_4|$ 임을 증명하라.

2.4 유제풀이

유제 2.4.1 $g(x) = \sqrt{x}$ 로 주어지는 함수 $g : \mathbb{R}^+ \to \mathbb{R}^+$ 는 곱셈군들의 동형 사상임을 보여라.

[풀이] $g'(x) = \dfrac{1}{2\sqrt{x}}$ 이므로 모든 $x > 0$인 실수에 대하여 $g'(x) > 0$, $g'(x) \neq 0$ 이므로 순증가함수(strictly increasing)이다. 따라서 $g(x)$는 전단사 함수이다. 이제 임의의 $x, y \in \mathbb{R}^+$에 대하여 $g(xy) = \sqrt{xy} = \sqrt{x}\sqrt{y} = g(x)g(y)$이므로 준동형 사상이다. 따라서 동형 사상이다.

유제 2.4.2 각 군의 연산표를 만듦으로써 $GL(2, \mathbb{Z}_2)$가 S_3와 동형임을 보여라.

[풀이] $GL(2, \mathbb{Z}_2)$는 2×2 행렬이고 성분들이 $\mathbb{Z}_2$의 원소인 행렬 중 역행렬을 갖는 행렬들의 집합이므로

$$GL(2, \mathbb{Z}_2) = \left\{ \begin{pmatrix} 1 & 0 \\ 0 & 1 \end{pmatrix}, \begin{pmatrix} 1 & 1 \\ 0 & 1 \end{pmatrix}, \begin{pmatrix} 1 & 0 \\ 1 & 1 \end{pmatrix}, \begin{pmatrix} 0 & 1 \\ 1 & 0 \end{pmatrix}, \begin{pmatrix} 1 & 1 \\ 1 & 0 \end{pmatrix}, \begin{pmatrix} 0 & 1 \\ 1 & 1 \end{pmatrix} \right\}$$

이다. 또한 $S_3 = \{1, (123), (132), (12), (13), (23)\}$이다. $GL(2, \mathbb{Z}_2)$의 연산표는 다음과 같다.

곱셈	$\begin{pmatrix}1&0\\0&1\end{pmatrix}$	$\begin{pmatrix}1&1\\0&1\end{pmatrix}$	$\begin{pmatrix}0&1\\1&0\end{pmatrix}$	$\begin{pmatrix}1&0\\1&1\end{pmatrix}$	$\begin{pmatrix}1&1\\1&0\end{pmatrix}$	$\begin{pmatrix}0&1\\1&1\end{pmatrix}$
$\begin{pmatrix}1&0\\0&1\end{pmatrix}$	$\begin{pmatrix}1&0\\0&1\end{pmatrix}$	$\begin{pmatrix}1&1\\0&1\end{pmatrix}$	$\begin{pmatrix}0&1\\1&0\end{pmatrix}$	$\begin{pmatrix}1&0\\1&1\end{pmatrix}$	$\begin{pmatrix}1&1\\1&0\end{pmatrix}$	$\begin{pmatrix}0&1\\1&1\end{pmatrix}$
$\begin{pmatrix}1&1\\0&1\end{pmatrix}$	$\begin{pmatrix}1&1\\0&1\end{pmatrix}$	$\begin{pmatrix}1&0\\0&1\end{pmatrix}$	$\begin{pmatrix}1&1\\1&0\end{pmatrix}$	$\begin{pmatrix}0&1\\1&1\end{pmatrix}$	$\begin{pmatrix}0&1\\1&0\end{pmatrix}$	$\begin{pmatrix}1&0\\1&1\end{pmatrix}$
$\begin{pmatrix}0&1\\1&0\end{pmatrix}$	$\begin{pmatrix}0&1\\1&0\end{pmatrix}$	$\begin{pmatrix}0&1\\1&1\end{pmatrix}$	$\begin{pmatrix}1&0\\0&1\end{pmatrix}$	$\begin{pmatrix}1&1\\1&0\end{pmatrix}$	$\begin{pmatrix}1&0\\1&1\end{pmatrix}$	$\begin{pmatrix}1&1\\0&1\end{pmatrix}$
$\begin{pmatrix}1&0\\1&1\end{pmatrix}$	$\begin{pmatrix}1&0\\1&1\end{pmatrix}$	$\begin{pmatrix}1&1\\1&0\end{pmatrix}$	$\begin{pmatrix}0&1\\1&1\end{pmatrix}$	$\begin{pmatrix}1&0\\0&1\end{pmatrix}$	$\begin{pmatrix}1&1\\0&1\end{pmatrix}$	$\begin{pmatrix}0&1\\1&0\end{pmatrix}$
$\begin{pmatrix}1&1\\1&0\end{pmatrix}$	$\begin{pmatrix}1&1\\1&0\end{pmatrix}$	$\begin{pmatrix}1&0\\1&1\end{pmatrix}$	$\begin{pmatrix}1&1\\0&1\end{pmatrix}$	$\begin{pmatrix}0&1\\1&0\end{pmatrix}$	$\begin{pmatrix}0&1\\1&1\end{pmatrix}$	$\begin{pmatrix}1&0\\0&1\end{pmatrix}$
$\begin{pmatrix}0&1\\1&1\end{pmatrix}$	$\begin{pmatrix}0&1\\1&1\end{pmatrix}$	$\begin{pmatrix}0&1\\1&0\end{pmatrix}$	$\begin{pmatrix}1&0\\1&1\end{pmatrix}$	$\begin{pmatrix}1&1\\0&1\end{pmatrix}$	$\begin{pmatrix}1&0\\0&1\end{pmatrix}$	$\begin{pmatrix}1&1\\1&0\end{pmatrix}$

S_3의 연산표는 다음과 같다.

곱셈	1	(12)	(13)	(23)	(132)	(123)
1	1	(12)	(13)	(23)	(132)	(123)
(12)	(12)	1	(132)	(123)	(13)	(23)
(13)	(13)	(123)	1	(132)	(23)	(12)
(23)	(23)	(132)	(123)	1	(12)	(13)
(132)	(132)	(23)	(12)	(13)	(123)	1
(123)	(123)	(13)	(23)	(12)	1	(132)

따라서 $f\begin{pmatrix}1&0\\0&1\end{pmatrix}=1$, $f\begin{pmatrix}1&1\\0&1\end{pmatrix}=(12)$, $f\begin{pmatrix}0&1\\1&0\end{pmatrix}=(13)$, $f\begin{pmatrix}1&0\\1&1\end{pmatrix}=(23)$, $f\begin{pmatrix}1&1\\1&0\end{pmatrix}=(132)$, $f\begin{pmatrix}0&1\\1&1\end{pmatrix}=(123)$라고 f를 정의하면 f는 동형 사상이다.

유제 ‖ 2.4.3 $\mathbb{Z}_{14}^*$는 덧셈군 $\mathbb{Z}_6$과 동형인가?

[풀이] $\mathbb{Z}_6=\{0,\ 1,\ 2,\ 3,\ 4,\ 5\}$에서 1은 위수가 6, 2의 위수는 3, 3의 위수는 2, 4의 위수는 3, 5의 위수는 $5\times 6=30$이므로 6이다. $\mathbb{Z}_{14}^*=\{1,\ 3,\ 5,\ 9,\ 11,\ 13\}$이므로 $3^2\equiv 9$, $3^3\equiv 27\equiv 13$, $3^4\equiv 39\equiv 11$, $3^5\equiv 33\equiv 5$, $3^6\equiv 15\equiv 1$이므로 3의 위수는 6이다. $5^2\equiv 25\equiv 11$, $5^3\equiv 55\equiv 13$, $5^4\equiv 65\equiv 9$, $5^5\equiv 45\equiv 3$, $5^6\equiv 15\equiv 1$이므로 5의 위수는 6이다. $9^2\equiv 81\equiv 11$, $9^3\equiv 99\equiv 1$이므로 9의 위수는 3이다. $11^2\equiv 121\equiv 9$, $11^3\equiv 99\equiv 1$이므로

11의 위수는 3이다. $13^2 \equiv 169 \equiv 1$이므로 13의 위수는 2이다. 따라서 $f : \mathbb{Z}_6 \to \mathbb{Z}_{14}^*$을 $f(0)=1$, $f(1)=3$, $f(2)=9$, $f(3)=13$, $f(4)=11$, $f(5)=5$으로 정의하면 f는 동형 사상이다.

유제 2.4.4 $\mathbb{Z}_5^*$는 곱셈군 $\mathbb{Z}_{10}^*$와 동형임을 보여라.

[풀이] $\mathbb{Z}_5^* = \{1, 2, 3, 4\}$이고 $\mathbb{Z}_{10}^* = \{1, 3, 7, 9\}$이다. $\mathbb{Z}_5^*$에서 $2^2 \equiv 4$, $2^3 \equiv 8 \equiv 3$, $2^4 \equiv 1$이므로 $\mathbb{Z}_5^*$는 순환군이다. $\mathbb{Z}_{10}^*$에서 $3^2 \equiv 9$, $3^3 \equiv 27 \equiv 7$, $3^4 \equiv 21 \equiv 1$이므로 $\mathbb{Z}_{10}^*$도 순환군이다. 따라서 $f : \mathbb{Z}_5^* \to \mathbb{Z}_{10}^*$을 $f(1)=1$, $f(2)=3$, $f(3)=7$, $f(4)=9$로 정의하면 f는 동형 사상이다.

유제 2.4.5-1 G, H, G_1, H_1은 $G \cong G_1$이고 $H \cong H_1$인 군들이라 하자. $G \times H \cong G_1 \times H_1$임을 증명하라.

[풀이] f를 G에서 G_1으로의 동형 사상이라 하고 g를 H에서 H_1으로의 동형 사상이라 하면 임의의 $(a, b) \in G \times H$에 대하여 $h(a, b) = (f(a), g(b))$로 정의된 함수 $h = (f, g)$는 분명히 $G \times H$에서 $G_1 \times H_1$으로의 동형 사상이다.

유제 2.4.5-2 $f : G \to H$는 군들의 동형 사상이고 $g : H \to G$는 f의 역함수라 하자. g는 역시 군들의 동형 사상임을 증명하라.

[풀이] f가 전단사 함수이므로 g도 당연히 전단사 함수이다. f가 전사이므로 $a, b \in H$에 대하여 적당한 $c, d \in G$가 존재하여 $f(c)=a$, $f(d)=b$이다. 즉, $f^{-1}(a)=c$, $f^{-1}(b)=d$이고 $f(cd)=f(c)f(d)=ab$이므로 $f^{-1}(ab)=cd$이다. 따라서 $g(ab)=f^{-1}(ab)=cd=f^{-1}(a)f^{-1}(b)=g(a)g(b)$이므로 준동형 사상이다. 따라서 g는 동형 사상이다.

유제 2.4.6-1 $G = \langle a \rangle$는 순환군이고 $f : G \to G$는 자기 동형사상이면 $G = \langle f(a) \rangle$임을 보여라.

[풀이] $f(a)$가 G의 생성원임을 보이면 된다. 즉, $f(a)$의 위수와 a의 위수가 같음을 보이면 된다. a의 위수를 n이라 하자. 그러면 f가 준동형 사상이므로 $f(a)^n = f(a^n) = f(e) = e$이다. 따라서 $f(a)$의 위수는 n을 나눈다. 이제 $f(a)$의 위수를 m이라 하면 $f(a^m) = f(a)^m = e = f(e)$이고 f는 단사함수이므로 $a^m = e$이 되어 $n|m$이 되어 $n=m$이다.

유제 2.4.6-2 $f : G \to H$는 군들의 준동형 사상이고 K는 H의 부분군이라 하자. 집합 $\{a \in G : f(a) \in K\}$는 G의 부분군임을 증명하라.

[풀이] $x, y \in \{a \in G : f(a) \in K\}$라 하자. f는 준동형이고 K가 부분군이므로 정리 2.4.3에 의해 $f(xy^{-1}) = f(x)f(y^{-1}) = f(x)f(y)^{-1} \in K$ 이다. 따라서 $\{a \in G : f(a) \in K\}$는 G의 부분군이다.

유제 2.4.7 $f : G \to H$ 는 군들의 단사 준동형 사상이고 $a \in G$이면, $|f(a)| = |a|$ 임을 증명하라.

[풀이] $f(a)$의 위수를 m이라 하고 a의 위수를 n이라 하자. f가 준동형 사상이므로 $f(a)^n = f(a^n) = f(e) = e$ 이다. 따라서 $m|n$이다. 이제 $f(a^m) = f(a)^m = e = f(e)$이고 f가 단사이므로 $a^m = e$이 되어 $n|m$이 되어 $n = m$이다.

유제 2.4.8 (1) H는 군 G의 부분군이고 $a \in G$라 하자. $a^{-1}Ha = \{a^{-1}ha : h \in H\}$는 H와 동형인 G의 부분군임을 증명하라.

(2) H가 유한하면, $|H| = |a^{-1}Ha|$ 임을 증명하라.

[풀이] (1) $x, y \in a^{-1}Ha$라 하면 적당한 $h, k \in H$가 존재하여 $x = a^{-1}ha$, $y = a^{-1}ka$이다. 따라서 $xy^{-1} = a^{-1}ha(a^{-1}ka)^{-1} = a^{-1}haa^{-1}k^{-1}a = a^{-1}hk^{-1}a \in a^{-1}Ha$이므로 $a^{-1}Ha$는 G의 부분군이다. 이제 $f : H \to a^{-1}Ha$, $f(h) = a^{-1}ha$ 라고 정의하면 $f(hk) = a^{-1}hka = a^{-1}haa^{-1}ka = f(h)f(k)$이므로 준동형 사상이다. $f(x) = f(y)$라 하자. $f(x) = a^{-1}xa = a^{-1}ya = f(y)$이므로 $x = y$이다. 따라서 f는 단사함수이다. $x \in a^{-1}Ha$ 이라 하자. 적당한 $h \in H$가 존재하여 $x = a^{-1}ha$이다. 따라서 $axa^{-1} = h \in H$이고 $f(axa^{-1}) = a^{-1}axa^{-1}a = x$이므로 f는 전사이다.

(2) (1)에 의해 f는 동형 사상이고 H가 유한하므로 $a^{-1}Ha$도 유한하다. 따라서 $|H| = |a^{-1}Ha|$이다.

유제 2.4.9 a와 b는 둘 다 순환군 G의 생성원, 즉 $G = \langle a \rangle$이고 $G = \langle b \rangle$라 가정한다. $f(a^i) = b^i$로 주어지는 함수 G의 자기 동형사상임을 증명하라.

[풀이] $x, y \in G$라 하면 $G = \langle a \rangle$이므로 적당한 정수 i, j가 존재하여 $x = a^i$, $y = a^j$이다. $f(xy) = f(a^ia^j) = f(a^{i+j}) = b^{i+j} = b^ib^j = f(a^i)f(a^j) = f(x)f(y)$

이므로 f는 준동형 사상이다. 이제 $f(x)=f(y)$라 하자. 즉, $f(a^i)=b^i=b^j=f(a^j)$이므로 $i=j$ 이다(G가 유한군이고 위수가 n이면 $i\equiv j\ (\mathrm{mod}\, n)$). 따라서 $x=a^i=a^j=y$이다. 즉 f는 단사이다. 이제 $y\in G$이라 하자. 그러면 적당한 k에 대하여 $b^k=y$이다. 당연히 $f(a^k)=b^k=y$이므로 f는 전사이다.

유제 2.4.10 G는 곱셈군이고 G^{op}는 $a*b=ba$로 정의되는 새로운 연산 $*$를 갖춘 집합 G라 하자.

(1) G^{op}는 군임을 증명하라.

(2) $G\cong G^{op}$임을 증명하라.

[풀이] (1) $a,\ b\in G$에 대하여 $a*b=ba\in G$이므로 연산에 닫혀 있다. 이제 $a,\ b,\ c\in G$라 하면 $a*(b*c)=a*(cb)=(cb)a=c(ba)=(ba)*c=(a*b)*c$이므로 결합법칙이 성립한다. $e\in G$를 G의 항등원이라 하자. 그러면 $a*e=ea=a=ae=e*a$이므로 $e\in G$는 G^{op}의 항등원이다. $a^{-1}\in G$에 대하여 $a^{-1}*a=aa^{-1}=e=a^{-1}a=a*a^{-1}$이므로 $a^{-1}\in G$는 a의 역원이다. 따라서 G^{op}는 군이다.

(2) $f: G\to G^{op}$, $f(a)=a^{-1}$로 정의하자. 그러면 $f(ab)=(ab)^{-1}=b^{-1}a^{-1}=a^{-1}*b^{-1}=f(a)f(b)$이므로 f는 준동형 사상이다. $f(a)=f(b)$이라 하면 $f(a)=a^{-1}=b^{-1}=f(b)$이므로 $a=(a^{-1})^{-1}=(b^{-1})^{-1}=b$이다. 이제 $b\in G^{op}$이라 하자. 그러면 $f(b^{-1})=(b^{-1})^{-1}=b$이므로 f는 전사이다. 따라서 $G\cong G^{op}$이다.

유제 2.4.11 무한 순환군(infinite cyclic group) G에 대하여 $\sigma: G\to G$를 $\sigma(g)=g^{-1}$라 정의할 때 σ는 동형 사상이고 G에서 G로의 동형 사상은 항등사상과 σ뿐임을 증명하시오.

[풀이] 무한 순환군 G는 가환군이다. $\sigma(g)=g^{-1}\in G$이고 $g,\ h\in G$에 대하여 $g=h$이면 $g^{-1}=h^{-1}$이므로 $\sigma(g)=\sigma(h)$이다. 따라서 주어진 사상 $\sigma: G\to G$는 잘 정의된 사상이다. 사상 $\sigma: G\to G$가 일대일 대응사상임을 보이자. $\sigma(g)=\sigma(h)$이면 $g^{-1}=h^{-1}$이고 $g=h$이다. 그러므로 사상 $\sigma: G\to G$는 일대일이다. 사상 $\sigma: G\to G$의 상을 구하면 $\mathrm{im}\,\sigma=\{\sigma(g)\mid g\in G\}=\{g^{-1}\mid g\in G\}=G$이다. 사상 $\sigma: G\to G$가 준동형 사상임을 보이자. 임의의 $g,\ h\in G$에 대하여 $\sigma(gh)=(gh)^{-1}=h^{-1}g^{-1}=\sigma(g)\sigma(h)$

(군 G는 가환군)이므로 사상 $\sigma: G \to G$는 준동형사사상이다. 따라서 사상 $\sigma: G \to G$는 일대일 대응인 준동형 사상이므로 군 G 위에서 동형 사상이다. 이제 $G = \langle a \rangle$라 하자. 임의의 G에서 G로의 동형 사상을 $f(a) = a^n$라 하자. $n = 0$이면 f는 단사함수가 아니므로 동형 사상이 아니다. $|n| \geq 2$이면 $\text{im}\, f = \{a^{kn} \mid k \in \mathbb{Z}\} = \langle a^n \rangle \neq \langle a \rangle = G$이므로 f는 전사가 아니므로 동형 사상이 아니다. $n = 1$이면 $f(a) = a$이므로 f는 항등사상이고 $n = -1$이면 $f(a) = a^{-1}$이므로 $f = \sigma$이다.

유제 2.4.12 정이면체군 $D_3 = \langle a, b \mid a^2 = b^3 = 1, a^{-1}ba = b^{-1} \rangle$과 대칭군 $S_3 = \langle (12), (123) \rangle$이 동형임을 보이시오.

[풀이] $a = (23)$이고 $b = (123)$라 하면 $a^2 = (23)(23) = 1$, $b^2 = (123)(123) = (132)$, $b^3 = 1$이 성립한다. $ba = (123)(23) = (13)$, $b^2a = (132)(23) = (12)$이다. 또한 $a^{-1}ba = (23)(13) = (132) = b^{-1} = b^2$이다. 따라서 $D_3 = \{1, b, b^2, a, ba, b^2a\}$이다.

$$f: D_3 \to S_3,\ f(1) = 1,\ f(b) = (123),\ f(b^2) = (132),$$
$$f(a) = (23),\ f(ba) = (13),\ f(b^2a) = (12)$$

라 정의하면 f는 동형 사상이므로 $D_3 \cong S_3$이다.

2.5 정규부분군

덧셈표시법	곱셈표시법
$a+b$	ab
0	e
$-c$	c^{-1}
$a-b$	ab^{-1}

정의 2.5.1

K는 군 G의 부분군이고 $a, b \in G$라 하자. $ab^{-1} \in K$이면 a가 K를 법으로 b와 **합동**이다(*a* is congruent to *b* modulo *K*)라고 한다. 이 경우에, 기호 $a \equiv b \pmod{K}$로 쓴다.

| 보기 2.5.1 | $K = \{r_0, r_1, r_2, r_3\}$는 D_4의 부분군이다. 이때, $h \equiv d \pmod{K}$임을 보여라.

[증명] 보기 2.1.9의 D_4의 곱셈표에 의하여, $d^{-1} = d$이고 $h \circ d^{-1} = h \circ d = r_1 \in K$이다. 따라서 $h \equiv d \pmod{K}$가 성립한다. ■

정리 2.5.2

K는 군 G의 부분군이라 하자. 그러면 K를 법으로 하는 합동관계는

(1) 반사율 : 모든 $a \in G$에 대하여 $a \equiv a \pmod{K}$이다.

(2) 대칭률 : $a \equiv b \pmod{K}$이면, $b \equiv a \pmod{K}$이다.

(3) 추이율 : $a \equiv b \pmod{K}$이고 $b \equiv c \pmod{K}$이면, $a \equiv c \pmod{K}$이다.

[증명] (1) $aa^{-1} = e \in K$이므로 $a \equiv a \pmod{K}$이다.

(2) $a \equiv b \pmod{K}$이면 $ab^{-1} \in K$이고 K는 부분군이므로 $(ab^{-1})^{-1} = ba^{-1} \in K$이므로 $b \equiv a \pmod{K}$이다.

(3) $a \equiv b \pmod{K}$이고 $b \equiv c \pmod{K}$이면 $ab^{-1} \in K$이고 $bc^{-1} \in K$이다. K는 부분군이므로 $ab^{-1}bc^{-1} = ac^{-1} \in K$이므로 $a \equiv c \pmod{K}$이다. ■

K가 군 G의 부분군이고 $a \in G$이면, K를 법으로 한 a의 **합동류**(the congruence class of *a* modulo *K*)는 K를 법으로 a와 합동인 G의 모든 원소들의 집합이다. 즉 합동류는

$$\begin{aligned}\{b \in G : b \equiv a \pmod{K}\} &= \{b \in G : ba^{-1} \in K\} \\ &= \{b \in G : ba^{-1} = k,\ k \in K\} \\ &= \{b \in G : b = ka,\ k \in K\} \\ &= \{ka : k \in K\}\end{aligned}$$

이다. 따라서 K를 법으로 한 a의 합동류는 Ka로 나타낸다. 집합 Ka를 G에서 K의 **오른쪽 나머지류**(right coset of *K*)라 한다. 즉,

$$Ka = \{b \in G : b \equiv a \pmod{K}\} = \{ka : k \in K\}$$

G에서 K의 모든 오른쪽 나머지류들의 집합, 즉 K를 법으로 하는 모든 합동류들의 집합을 G/K로 나타낸다. 즉,

$$G/K = \bigcup_{a \in G} Ka = \{Ka : a \in G\}$$

군 G에서 연산이 덧셈일 때, 오른쪽 나머지류는 덧셈으로 $K+a$로 쓰게 된다.

다음과 같이 왼쪽 나머지류도 정의할 수 있다. K는 군 G의 부분군이고 $a,\ b \in G$라 하자. $a^{-1}b \in K$이면 a가 K를 법으로 b와 합동이다(a is congruent to b modulo K)라고 정의하고 기호 $a \equiv b \pmod{K}$로 쓴다. 이 경우 K를 법으로 a와 합동인 G의 모든 원소들의 집합, 즉 합동류(congruence class of a moduleo K)는

$$\begin{aligned}\{b \in G : a \equiv b \pmod{K}\} &= \{b \in G : a^{-1}b \in K\} \\ &= \{b \in G : a^{-1}b = k,\ k \in K\} \\ &= \{b \in G : b = ak,\ k \in K\} \\ &= \{ak : k \in K\}\end{aligned}$$

이다. 따라서 K를 법으로 한 a의 합동류는 aK로 나타낼 수 있다. 집합 aK를 G에서 K의 **왼쪽 나머지류**(left coset of K)라 한다. G가 아벨군이면, 모든 $k \in K$에 대하여 $aK = Ka$이다. G가 비아벨군일 때, **오른쪽 나머지류**(right coset) Ka가 왼쪽 나머지류 aK와 같지 않을 수 있다.

| 보기 2.5.2 | $K = \{r_0,\ v\}$는 D_4의 부분군이다. 오른쪽 나머지류 Kd와 왼쪽 나머지류 dK를 구하라.

[증명] 보기 2.1.9에 있는 D_4의 연산표에 의하여, $Kd = \{r_0 \circ d,\ v \circ d\} = \{d,\ r_3\}$이고 $dK = \{d \circ r_0,\ d \circ v\} = \{d,\ r_1\}$이므로 $Kd \neq dK$가 된다. ■

정리 2.5.3

K는 군 G의 부분군이고 $a,\ c \in G$라 하자. 그러면

$$a \equiv c \pmod{K} \Leftrightarrow Ka = Kc$$

[증명] ⇒] $b \in Ka$이라 하면 합동류의 정의에 의해 $b \equiv a \pmod{K}$이다. 또한 $a \equiv c \pmod{K}$이므로 추이율에 의해 $b \equiv c \pmod{K}$이다. 즉, $b \in Kc$이다. 그러므로 $Ka \subseteq Kc$이다. $Ka \supseteq Kc$도 비슷하게 보일 수 있다.

$\Leftarrow$] $Ka = Kc$ 이라 하자. $a \equiv a \pmod{K}$ 이므로 $a \in Ka = Kc$ 이다.

즉, $a \equiv c \pmod{K}$ 이다. ■

따름정리 2.5.4

K는 군 G의 부분군이라 하자. K의 두 오른쪽 나머지류는 서로소이거나 일치한다.

[증명] 임의의 원소 $a, b \in G$에 대하여 $Ka \cap Kb \neq \varnothing$ 라 하자. 적당한 원소 c가 존재하여 $c \in Ka$이고 $c \in Kb$이다. 따라서 $c \equiv a \pmod{K}$ 이고 $c \equiv b \pmod{K}$ 이 되어 대칭률과 추이율에 의해 $a \equiv b \pmod{K}$ 이다. 따라서 정리 2.5.3에 의해 $Ka = Kb$이다. ■

군 G의 부분군 K에 대하여,

$$a \equiv b \pmod{K} \text{ 이고 } c \equiv d \pmod{K} \text{ 이면, } ac \equiv bd \pmod{K} \tag{2.5.1}$$

라는 명제를 보자. G가 아벨군이면 이 명제는 참이다. 그러나 비아벨군에 대하여 이 명제는 거짓일 수 있다.

| 보기 2.5.3 | $K = \{r_0, v\}$는 D_4의 부분군이다. 그러면, 보기 2.1.9에 있는 D_4의 연산표에 의하여,

$$r_1 \circ t^{-1} = r_1 \circ t = v \in K$$

이므로 $r_1 \equiv t \pmod{K}$ 이다. 비슷하게, $r_2 \equiv h \pmod{K}$ 이다. 그러나 $r_1 \circ r_2 \not\equiv t \circ h \pmod{K}$ 임을 확인할 수 있다. ■

| 보기 2.5.4 | $K = \{r_0, r_1, r_2, r_3\}$는 D_4의 부분군이라 하자. 그러면

$$Kv = \{r_0 \circ v, r_1 \circ v, r_2 \circ v, r_3 \circ v\} = \{v, d, h, t\}$$

이고

$$vK = \{v \circ r_0, v \circ r_1, v \circ r_2, v \circ r_3\} = \{v, t, h, d\}$$

이다. 더욱이, 비슷한 계산에 의하여, 모든 $a \in D_4$에 대하여 $Ka = aK$ 임을 알 수 있다. ■

모든 $a \in G$에 대하여 성질 $Ka = aK$를 갖는 부분군 K에 대하여 위의 식 (2.5.1)이 성립한다는 사실을 증명할 수 있을지도 모른다. 조건 $Ka = aK$가 모든 $k \in K$에 대하여 $ka = ak$를 의미하는 것은 아니다. 조건 $Ka = aK$는 $ka \in Ka$이면 ka 역시 집합 aK의 원소가 된다. 따라서 어떤 $t \in K$에 대하여 $ka = at \in aK$임을 말하는 것이다. 보기 2.5.4에서, 예컨대 $r_1 \circ v = d = v \circ r_3$이고 $r_1, r_3 \in K$이다. 따라서 조건 $Ka = aK$는 원소들의 교환법칙보다 더 약하지만, 교환법칙에 관련된다.

정의 2.5.5

군 G의 부분군 N이 모든 $a \in G$에 대하여 $Na = aN$을 만족하면 N을 군 G의 **정규부분군**(normal subgroup)이라 한다. 이때, 기호 $N \lhd G$로 나타낸다.

| 보기 2.5.5 | 보기 2.5.4는 D_4의 부분군 K가 정규부분군임을 보여준다. 그러나 $K = \{r_0, v\}$는 D_4의 정규부분군이 아니다. 왜냐하면 $Kd \neq dK$이기 때문이다. ■

| 보기 2.5.6 | 아벨군 G의 모든 부분군 N은 정규부분군임을 보여라.

[증명] 임의의 $a \in G$와 $n \in N$에 대하여, $an = na$이다. 따라서 모든 $a \in G$에 대하여 $Na = aN$이다. 따라서 $N \lhd G$가 성립한다. ■

정리 2.5.6

N은 군 G의 정규부분군이라 하자. $a \equiv b \pmod N$이고 $c \equiv d \pmod N$이면 $ac \equiv bd \pmod N$이다.

[증명] $c \equiv d \pmod N$이므로 합동의 정의에 의하여, $n \in N$이 존재하여 $cd^{-1} = n$을 만족한다. 따름정리 2.2.2에 의하여,

$$(ac)(bd)^{-1} = acd^{-1}b^{-1} = anb^{-1}$$

이다. 그런데 $an \in aN$이고 N은 정규부분군이므로, $aN = Na$이다. 따라서 $an \in Na$이므로 적당한 $n_1 \in N$이 존재하여 $an = n_1 a$이다. 또한 $a \equiv b \pmod N$이므로 $m \in N$이 존재하여 $ab^{-1} = m$이다. 위의 식에 대입하면

$$(ac)(bd)^{-1} = anb^{-1} = n_1 ab^{-1} = n_1 m \in N$$

이므로 $ac \equiv bd \pmod{N}$ 이다. ■

명제 $a^{-1}Na = N$은 각 $n \in N$에 대하여 $a^{-1}na = n$임을 의미하지 않고, 어떤 $n_1 \in N$가 존재하여 $a^{-1}na = n_1$임을 의미한다.

정리 2.5.7

군 G의 부분군 N에 대한 다음의 조건들은 논리적으로 같다 :

(1) $N \lhd G$

(2) 모든 $a \in G$에 대하여, $a^{-1}Na \subseteq N$이다.

(3) 모든 $a \in G$에 대하여, $a^{-1}Na = N$이다.

[증명] (1) ⇒ (2) : $N \lhd G$ 라 가정하고 임의의 $a \in G$에 대하여 $x \in a^{-1}Na$라 하자. 적당한 $n \in N$ 이 존재하여 $x = a^{-1}na$ 이다. $na \in Na$ 이고, $Na = aN$이므로 $na \in aN$ 이다. 따라서 적당한 $n_1 \in N$ 이 존재하여 $na = an_1$ 이다.

$$x = a^{-1}na = a^{-1}an_1 = en_1 = n_1 \in N$$

이므로 $a^{-1}Na \subset N$ 이다.

(2) ⇒ (3) : 임의로 $a \in G$에 대하여 $a^{-1}Na \subseteq N$이므로 a에 a^{-1}를 대입하면 $(a^{-1})^{-1}Na^{-1} \subseteq N$ 이고 $(a^{-1})^{-1} = a$이므로

$$aNa^{-1} \subset N \tag{2.5.1}$$

이다. 임의의 $n \in N$, $ana^{-1} \in aNa^{-1} \subset N$이므로, 적당한 $n_2 \in N$가 존재하여 $ana^{-1} = n_2$이다. 즉, $n = a^{-1}n_2a$이다. $n = a^{-1}n_2a \in a^{-1}Na$이므로 $N \subset a^{-1}Na$이다. 따라서 $N = a^{-1}Na$이다.

(3) ⇒ (1) : 조건 (3)이 성립한다고 가정하고 임의의 $a \in G$ 에 대하여 $x \in Na$를 택하자. 그러면 적당한 $n \in N$이 존재하여 $x = na$이다. $a^{-1}na \in a^{-1}Na = N$이므로 적당한 $n_3 \in N$이 존재하여 $a^{-1}na = n_3$이다. $x = na = an_3 \in aN$이므로 $Na \subset aN$이다. 가정에 의하여, $N = (a^{-1})^{-1}Na^{-1} = aNa^{-1}$이다. 여기서

$$aNa^{-1} = \{ana^{-1} : n \in N\} \tag{2.5.2}$$

이제 임의로 $y \in aN$를 택하자. 그러면 적당한 $n \in N$이 존재하여 $y = an$이다.

식 (2.5.2)에 의하여, $ana^{-1} \in aNa^{-1} = N$이므로 적당한 $n_4 \in N$이 존재하여 $ana^{-1} = n_4$이다. 그러므로 $y = an = n_4 a \in Na$, 즉 $aN \subset Na$이다. $Na = aN$이 되어 $N \lhd G$이다. ■

위의 증명에서 (3) ⇒ (1)은 $a^{-1}Na = N$에서 $a(a^{-1}Na) = aN$ 이므로 $Na = aN$로 간단히 증명될 수도 있다. 또한, 정리 2.5.7의 (1), (2), (3)과

(4) 모든 $a \in G$ 에 대하여, $aNa^{-1} \subseteq N$이다.

(5) 모든 $a \in G$ 에 대하여, $aNa^{-1} = N$이다.

는 모두 동치이다.

정리 2.5.8

$A_n (n \geq 2)$은 S_n의 정규부분군이다.

[증명] 임의로 $\tau \in S_n$를 택하자. 그러면, 따름정리 2.1.4에 의하여, $\tau = \tau_1 \tau_2 \cdots \tau_r$, 여기서 각 τ_i는 호환이다. 모든 호환은 자기 자신의 역이므로, 따름정리 2.2.2에 의하여 $\tau^{-1} = \tau_r^{-1} \cdots \tau_2^{-1} \tau_1^{-1} = \tau_r \cdots \tau_2 \tau_1$이다. 이제 $\sigma \in A_n$은 k개의 짝수 호환들의 곱이라 하자. 그러면 $\tau^{-1}\sigma\tau$는 $r + k + r = k + 2r$개 호환들의 곱이다. $k + 2r$은 짝수이므로, $\tau^{-1}\sigma\tau \in A_n$이므로 정리 2.5.7에 의하여 A_n은 S_n의 정규부분군이다. ■

예제 Ⅰ 2.5.1 K는 군 G의 부분군이고 $a \in G$라 하자. $f(x) = xa$로 주어지는 함수 $f : K \to Ka$는 전단사 함수임을 증명하라.

[풀이] 임의의 $x, y \in K$에 대하여, $f(x) = f(y)$라 가정하자. 그러면 $xa = ya$이므로 우소거법칙에 의해 $x = y$이다. 그러므로 f는 단사이다. 이제 임의로 $b \in Ka$를 택하자. Ka의 정의에 의하여, 적당한 $x \in K$이 존재하여 $b = xa$이다. 따라서 $b = f(x)$이므로 f는 전사이다. 따라서 f는 전단사 함수이다. ■

유제 Ⅰ 2.5.1 K가 군 G의 유한 부분군이라 할 때, K의 임의의 두 오른쪽 나머지류들은 같은 원소의 개수, $|K|$를 갖는다. 이를 보여라.

예제 Ⅰ 2.5.2 모든 왼쪽과 오른쪽 나머지류들을 열거함으로써

$$\{1,\ (123),\ (132)\}$$

는 S_3의 정규부분군임을 증명하라.

[풀이] $S_3 = \{1,\ (123),\ (132),\ (12),\ (13),\ (23)\}$이다. $K = \{1,\ (123),\ (132)\}$라 하자.

K의 오른쪽 나머지류 :

$$K1 = K,\quad K(13) = \{(13),\ (23),\ (12)\},$$
$$K(12) = \{(12),\ (13),\ (23)\},\quad K(23) = \{(23),\ (12),\ (13)\},$$
$$K(123) = \{(123),\ 1,\ (132)\},\quad K(132) = \{(132),\ 1,\ (123)\},$$

K의 왼쪽 나머지류 :

$$1K = K,\ (13)K = \{(13),\ (12),\ (23)\},\quad (12)K = \{(12),\ (23),\ (13)\},$$
$$(23)K = \{(23),\ (13),\ (12)\},\quad (123)K = \{(123),\ (132),\ 1\},$$
$$(132)K = \{(132),\ 1,\ (123)\}$$

위의 결과로부터 모든 오른쪽과 왼쪽 나머지류는 같다. 따라서 $K \lhd S_3$이다. ■

유제 2.5.2 $\{1,\ (12)\}$는 S_3의 부분군이지만 정규부분군이 아님을 증명하라.

예제 2.5.3 군 G의 중심(center) $Z(G)$는 부분집합

$$\{a \in G : \text{모든 } x \in G\text{에 대하여 } ax = xa\}$$

이다. $Z(G)$는 정규부분군임을 증명하라.

[풀이] 임의의 $g \in G$에 대하여, $g^{-1}Z(G)g \subset Z(G)$를 보이자. 임의의 $a \in g^{-1}Z(G)g$에 대하여 적당한 $b \in Z(G)$이 존재하여 $a = g^{-1}bg$이다. $b \in Z(G)$이므로, $a = g^{-1}bg = g^{-1}(gb) = (g^{-1}g)b = b$이다. 따라서 $a = b$이다. 그러므로 $a \in Z(G)$이다. 즉 모든 $g \in G$에 대하여 $g^{-1}Z(G)g \subset Z(G)$이다. 따라서 정리 2.5.7에 의하여, $Z(G) \lhd G$이다. ■

유제 2.5.3-1 G와 H는 군이라 하자. $G^{\#} = \{(a,\ e) : a \in G\}$는 $G \times H$의 정규부분군임을 증명하라.

유제 2.5.3-2 $\{r_0,\ r_2\}$는 D_4의 정규부분군임을 증명하라.

예제 Ⅰ 2.5.4 군 G의 부분군 N이 고유하다(characteristic)라는 말은 G의 모든 자기 동형사상 f에 대하여 $f(N)\subseteq N$인 것이다. 모든 고유한 부분군은 정규부분군임을 증명하라.

[풀이] $f : G \to G$를 자기 동형사상이라 하자. 그러면 $f(N) \subseteq N \leq G$이다. 특히, f가 내부 자기 동형사상(보기 2.4.5를 보라)이면 $a^{-1}Na = f(N) \subseteq N \leq G$이다. 따라서 $N \lhd G$이다. ■

유제 Ⅰ 2.5.4-1 N은 군 G의 부분군이라 하자. N이 정규부분군일 필요충분조건은 G의 모든 내부 자기 동형사상 f에 대하여 $f(N)= N$이다. 이를 증명하라.

유제 Ⅰ 2.5.4-2 임의의 군 G에 대하여 중심 $Z(G)$는 고유한 부분군임을 증명하라.

예제 Ⅰ 2.5.5 $f : G \to H$는 군들의 준동형 사상이고 $K = \{a \in G : f(a) = e_H\}$라 하자. K는 G의 정규부분군임을 증명하라. 이 K를 f의 핵(kernel)이라 한다.

[풀이] f는 준동형 사상이므로, $e_G \in K$이다. 따라서 $K \neq \phi$이다. 임의로 $a,\ b \in K$를 택하자. 그러면 f는 준동형 사상이므로,

$$\begin{aligned} f(ab) &= f(a)f(b) = e_H e_H \ (\because\ K\text{의 정의}) \\ &= e_H \end{aligned}$$

이고

$$f(a^{-1}) = f(a)^{-1} = {e_H}^{-1} = e_H$$

이다. 따라서 $ab \in K$이고 $a^{-1} \in K$이다. 그러므로 $K \leq G$이다.

이제 임의의 $a \in G$와 $b \in a^{-1}Ka$를 택한다. 그러면 적당한 $k \in K$가 존재하여 $b = a^{-1}ka$이다. 따라서

$$\begin{aligned} f(b) &= f(a^{-1}ka) = f(a^{-1})f(k)f(a) && (\because f\text{는 준동형 사상}) \\ &= f(a^{-1})e_H f(a) && (\because K\text{의 정의}) \\ &= f(a)^{-1}f(a) && (\because f\text{는 준동형 사상}) \\ &= e_H \end{aligned}$$

이다. 그러므로 $b \in K$, 즉 $a^{-1}Ka \subset K$이다. 따라서 $K \lhd G$이다. ■

유제 2.5.5 $f : G \to H$는 군들의 전사 준동형 사상이고 N은 G의 정규부분군이면, $f(N) \lhd H$임을 증명하라.

예제 2.5.6 K와 N이 군 G의 정규부분군이면, $K \cap N$은 G의 정규부분군임을 증명하라.

[풀이] $K \leq G$이고 $N \leq G$이므로, $K \cap N \leq G$이다. 임의로 $a \in G$와 $b \in a^{-1}(K \cap N)a$를 택한다. 그러면 적당한 $c \in K \cap N$이 존재하여 $b = a^{-1}ca$이다. $K \lhd G$이고 $N \lhd G$이므로 $b \in a^{-1}Ka = K$, $b \in a^{-1}Na = N$이다. 따라서 $b = a^{-1}ca \in K \cap N$이다. 그러므로 $a^{-1}(K \cap N)a \subset K \cap N$가 되어 $K \cap N \lhd G$이다. ■

유제 2.5.6 N과 K는 군 G의 부분군이라 하자. $N \lhd G$이면, $N \cap K \lhd K$임을 증명하라.

예제 2.5.7 (1) N과 K는 군 G의 부분군이라 하자. $N \lhd G$이면 $NK = \{nk : n \in N, k \in K\}$는 G의 부분군임을 증명하라.

(2) N과 K가 모두 G의 정규부분군이면, $NK \lhd G$임을 증명하라.

[풀이] (1) 임의로 $a, b \in NK$를 택한다. 그러면 $n, n' \in N$과 $k, k' \in K$가 존재하여 $a = nk$이고 $b = n'k'$를 만족한다. 따라서 $ab = (nk)(n'k') = n(kn')k'$이다. $N \lhd G$이고 $k \in G$이므로, $kn' \in kN = Nk$이다. 따라서 적당한 $n'' \in N$이 존재하여 $kn' = n''k$이고 $ab = n(n''k)k' = (nn'')(kk')$이다. $N \leq G$이고 $K \leq G$이므로, $nn'' \in N$이고 $kk' \in K$이다. 그러므로 $ab \in NK$이다. 한편 $a^{-1} = (nk)^{-1} = k^{-1}n^{-1}$일 때, $N \lhd G$이고 $k^{-1} \in G$이므로, $k^{-1}n^{-1} \in k^{-1}N = Nk^{-1}$이다. 따라서 적당한 $m \in N$이 존재하여 $k^{-1}n^{-1} = mk^{-1}$이다. 즉, $a^{-1} = mk^{-1} \in NK$이므로 $NK \leq G$이다.

(2) 임의로 $g \in G$와 $a \in g^{-1}NKg$를 택한다. 그러면 $n \in N$과 $k \in K$가 존재하여 $a = g^{-1}nkg$이다. 따라서 $a = (g^{-1}ng)(g^{-1}kg)$이다. $N \lhd G$이고 $K \lhd G$이므로, $g^{-1}ng \in N$이고 $g^{-1}kg \in K$가 되어 $a \in NK$이다. 따라서 $NK \lhd G$이다. ■

유제 2.5.7-1 K와 N이 군 G의 정규부분군이고 $K \cap N = \langle e \rangle$이라 하면, 모든 $n \in N$, $k \in K$에 대하여 $nk = kn$이다. 이를 증명하라.

유제 2.5.7-2 A와 B가 군 G의 정규부분군이고, $A \cap B = \langle e \rangle$, $AB = G$이라 하자. $A \times B \cong G$임을 증명하라.

[도움말 : $f : A \times B \rightarrow G$를 $f(a, b) = ab$로 할 것.]

예제 2.5.8 $f\begin{pmatrix} a & b \\ c & d \end{pmatrix} = ad - bc$로 주어지는 함수 $f : GL(2, \mathbb{R}) \rightarrow \mathbb{R}^*$은 곱셈군들의 준동형 사상임을 증명하라.

[풀이] 분명히 $GL(2, \mathbb{R})$은 행렬곱에 대하여 군이다. 임의로 $A = \begin{pmatrix} a & b \\ c & d \end{pmatrix}$, $B = \begin{pmatrix} e & f \\ g & h \end{pmatrix} \in GL(2, \mathbb{R})$을 택한다. 그러면 $AB = \begin{pmatrix} ae+bg & af+bh \\ ce+dg & cf+dh \end{pmatrix}$이 되어

$$\begin{aligned} f(AB) &= (ae+bg)(cf+dh) - (af+bh)(ce+dg) \\ &= (ad-bc)(eh-fg) \\ &= f(A)f(B) \end{aligned}$$

이다. 따라서 f는 준동형 사상이다. ■

유제 2.5.8 $SL(2, \mathbb{R})$은 $GL(2, \mathbb{R})$의 정규부분군임을 증명하라.

예제 2.5.9 K는 군 G의 부분군이고 $a, b \in G$라 하자. $a^{-1}b \in K$이면 K를 법으로 a가 b와 왼쪽 합동이다(a is left congruent to b modulo K)라고 정의한다. 이때, 기호 $a \sim b$로 쓴다.

(1) 정리 2.5.2가 $\equiv$ 대신 $\sim$에 대하여도 성립함을 증명하라.

(2) a의 왼쪽 합동류는 $b \sim a$인 $b \in G$들의 집합으로 정의된다. 이 집합은 왼쪽 나머지류 aK임을 보여라.

(3) $a \sim b \Leftrightarrow aK = bK$임을 증명하라.

(4) 왼쪽 나머지류에 대하여 따름정리 2.5.4를 증명하라.

[풀이] (1) (i) $\sim$은 반사율이 성립한다 : 임의의 $a \in G$에 대하여 $K \leq G$이므로, $a^{-1}a = e \in K$이다. 그러므로 $a \sim a$이다.

(ii) $\sim$은 대칭률이 성립한다 : 임의의 $a, b \in G$에 대하여, $a \sim b$라 가정한다. 그러면 $a^{-1}b \in K$이다. $K \leq G$이므로, $b^{-1}a = (a^{-1}b)^{-1} \in K$이다. 그러므로 $b \sim a$이다.

(iii) $\sim$은 추이율이 성립한다 : 임의의 $a, b, c \in G$에 대하여, $a \sim b$이고 $b \sim c$라 가정한다. 그러면 $a^{-1}b \in K$, $b^{-1}c \in K$이고, $K \leq G$이므로,

$$a^{-1}c=(a^{-1}b)(b^{-1}c)\in K$$

이다. 그러므로 $a\sim c$ 이다.

(2) $\{b\in G : b\sim a\}$

$=\{b\in G : b^{-1}a\in K\}$

$=\{b\in G :$ 적당한 $k^{-1}\in K$이 존재하여 $b^{-1}a=k^{-1}\}$

$=\{b\in G :$ 적당한 $k\in K$이 존재하여 $b=ak\}$

$=\{ak : k\in K\}=aK$

이므로 a의 왼쪽 합동류는 aK이다.

(3) ⇒] $c\in aK$이라 하면 합동류의 정의에 의해 $c\sim a$ 이다. 또한 $a\sim b$ 이므로 추이율에 의해 $c\sim b$ 이다. 즉, $c\in bK$ 이다. 그러므로 $aK\subseteq bK$ 이다. $aK\supseteq bK$ 도 비슷하게 보일 수 있다.

⇐] $aK=bK$ 이라 하자. $a\sim a$이므로 $a\in aK=bK$ 이다.

즉 $a\sim b$이다.

(4) 임의의 $a,\ b\in G$에 대하여, $aK\cap bK=\phi$ 또는 $aK=bK$임을 보이자. $aK\cap bK\neq\phi$라 가정한다. 그러면 $c\in aK\cap bK$이 존재한다. 따라서 $c\in aK$이고 $c\in bK$이다. 즉 $c\sim a$이고 $c\sim b$이다. 임의로 $d\in aK$를 택하자. 그러면 $d\sim a$이다. $\sim$의 대칭성과 추이성에 의하여, $d\sim b$이다. 따라서 $d\in bK$이므로 $aK\subset bK$이다. 비슷하게 $bK\subset aK$임을 쉽게 보여줄 수 있다. 따라서 $aK=bK$이다. ■

예제 Ⅰ 2.5.10 군 G의 부분군 N이 정규부분군이라 하자. 그러면 $a\equiv c \pmod N \Leftrightarrow aN=cN$이다. 이를 증명하라.

[풀이] ⇒] $a\equiv c \pmod N$ 이라 가정하자. 그러면 $ac^{-1}\in N$이다. 즉, 적당한 $n\in N$이 존재하여 $ac^{-1}=n$, 즉 $a=nc$이다. 임의로 $b\in aN$를 택하자. 그러면 적당한 $n'\in N$ 이 존재하여 $b=an'$이다. 따라서 $b=(nc)n'$이다. $N\lhd G$이므로, $nc\in Nc=cN$이다. 그러므로 적당한 $n''\in N$ 이 존재하여 $nc=cn''$이다. 즉, $b=(nc)n'=(cn'')n'=c(n''n')$이 되고 $n''n'\in N$이므로, $b\in cN$이다. 즉 $aN\subset cN$이다. 비슷하게 $cN\subset aN$임을 보일 수 있다. 따라서 $aN=cN$이다.

⇐] $aN=cN$이라 가정하자. 그러면 적당한 $n,\ n'\in N$ 이 존재하여 $an=cn'$이고 $a=cn'n^{-1}\in cN$ 이다. $N\lhd G$이므로 $cN=Nc$ 이고 따라서 적당한 n''가 존재하여 $a=cn'n^{-1}=n''c$이다. 따라서 $ac^{-1}=n''\in N$ 이

므로 $a \equiv c \pmod{N}$ 이다.

(별해) $a \equiv c \pmod{N}$ 일 필요충분조건은 $Na = Nc$ 이다. 또한 N이 정규부분군이므로 $Na = aN$, $cN = Nc$ 이므로 $Na = Nc$ 는 $Na = aN = cN = Nc$ 과 동치이다. ■

유제 | 2.5.9-1 군 G의 부분군 N이 정규부분군이라 하자. 그러면 모든 $a, b \in G$에 대하여 $ab \in N \Leftrightarrow ba \in N$이다. 이를 증명하라.

유제 | 2.5.9-2 군 G의 순환 부분군 $\langle a \rangle$가 정규부분군일 필요충분조건은 모든 $g \in G$에 대하여 적당한 $k \in K$가 존재하여 $ga = a^k g$를 만족하는 것이다. 이를 증명하라.

예제 | 2.5.11 D_4의 모든 정규부분군과 부분군을 구하라.

[풀이] D_4의 부분군은 D_4, $\{1 = r_0\}$, $\{1 = r_0, r_1, r_2, r_3\}$, $\{r_0, r_2, h, v\}$, $\{r_0, r_2, t, d\}$, $\{r_0, v\}$, $\{r_0, h\}$, $Z(D_4) = \{r_0, r_2\}$, $\{r_0, t\}$, $\{r_0, d\}$이다. 이 중 정규부분군은 D_4, $\{1 = r_0\}$, $\{1 = r_0, r_1, r_2, r_3\}$, $\{r_0, r_2, h, v\}$, $\{r_0, r_2, t, d\}$, $Z(D_4) = \{r_0, r_2\}$이다.

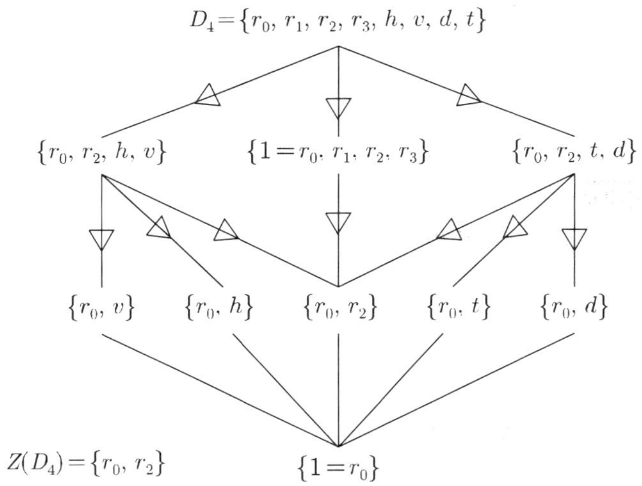

유제 | 2.5.10 S_4의 모든 정규부분군과 부분군을 구하라.

유제 | 2.5.11 군 G가 유한군이고 H와 K가 G의 부분군일 때, 다음 명제가 참이면 증명하고 거짓이면 이유를 설명하라.

(1) G와 H의 부분군의 개수가 같으면 $G=H$이다.

(2) G가 아벨군(가환군)이면 HK는 G의 정규부분군이다.

(3) G가 순환군이면 H와 K는 모두 아벨군이다.

(4) $H^{-1}=\{a^{-1}|a\in H\}$는 G의 부분군이다. (단, a^{-1}는 a의 역원이다.)

유제 2.5.12 군 G와 H가 유한군이고 G와 H의 부분군의 개수가 같으면 $G\cong H$이다. 참이면 증명하고 거짓이면 이유를 설명하라.

2.5 연습문제

1. K는 군 G의 부분군이고 $a\in G$라 하자. $Ka=K \Leftrightarrow a\in K$이다. 이를 증명하라.

2. G는 부분군이 모두 정규부분군이라 하자. $a,\ b\in G$이면, 적당한 정수 k가 존재하여 $ab=ba^k$를 만족한다. 이를 증명하라.

3. (1) $G=\left\{\begin{pmatrix} a & b \\ 0 & d \end{pmatrix} : a,\ b,\ d\in\mathbb{R},\ ad\neq 0\right\}$는 행렬곱에 대하여 군이고

$N=\left\{\begin{pmatrix} 1 & b \\ 0 & 1 \end{pmatrix} : b\in\mathbb{R}\right\}$은 G의 부분군임을 증명하라.

(2) 정리 2.5.7을 사용하여 N이 G의 정규부분군임을 증명하라.

4. $\{(1),\ (12)(34),\ (13)(24),\ (14)(23)\}$은 A_4의 정규부분군임을 증명하라.

5. M은 N의 정규부분군이고 N은 G의 정규부분군이면, M은 G의 정규부분군일 필요가 없음을 보기에 의하여 보여라. [도움말 : D_4에서 $M=\{v,\ r_0\}$과 $N=\{h,\ v,\ r_2,\ r_0\}$을 생각하라.]

6. N은 군 G의 부분군이고 두 개의 오른쪽 나머지류(왼쪽도 마찬가지)를 갖는다 하자. N이 G의 정규부분군임을 증명하라. [도움말 : 하나의 나머지류는 $N=Ne$이어야만 한다. Na가 다른 것이면, $N\cup Na=G,\ aN\cap N=\varnothing$임을 보여라.]

7. H는 군 G에서 위수 n인 부분군이라 하자. H가 위수 n인 유일한 부분군이면, H는 정규부분군임을 증명하라.

8. G는 유한군, N은 G의 순환정규부분군이고, H는 N의 임의의 부분군이라 하자. $H \lhd G$임을 증명하라.

9. A와 B는 $A \cap B = \langle e \rangle$이고 $AB = G$인 군 G의 정규부분군이라 하자. $A \times B \cong G$임을 증명하라. [도움말 : $f : A \times B \to G$를 $f(a, b) = ab$로 정의하라.]

10. H는 군 G의 부분군이고 N_H는 H의 정규화부분군이라 하자. 다음을 증명하라 :

(1) $H \lhd N_H$이다.

(2) H가 G의 부분군 K에서 정규적이면, $K \subset N_H$이다.

11. $\mathrm{Inn}\, G$는 $\mathrm{Aut}\, G$의 정규부분군임을 증명하라.

12. T는 3개 이상의 원소를 갖는 집합이고 $A(T)$는 T의 모든 치환들의 군이라 하자. $a \in T$일 때, $H_a = \{f \in A(T) : f(a) = a\}$라 하자. 정규적이 아닌 $A(T)$의 부분군임을 증명하라.

13. N이 군 G에서 위수 2인 정규부분군이면, $N \subset Z(G)$임을 증명하라.

14. H는 군 G의 부분군이고 $N = \bigcap_{a \in G} a^{-1}Ha$라 하자. $N \lhd G$임을 증명하라.

15. G는 적어도 하나의 위수 n인 부분군을 포함하는 군이고 $N = \cap K$라 하자. 여기서 "$\cap$"는 위수 n인 모든 부분군 K들 위에서 취해진다. $N \lhd G$임을 증명하라. [도움말 : 각 $a \in G$에 대하여, $a^{-1}Na = \cap a^{-1}Ka$임을 증명하라. 여기서 "$\cap$"는 위수 n인 모든 부분군 K들 위에서 취해진다.]

16. M은 N의 고유한 부분군이고 N은 군 G의 정규부분군이면, M은 G의 정규부분군임을 증명하라.

17. $Q_8 = \left\langle \left\{ \begin{bmatrix} 0 & 1 \\ -1 & 0 \end{bmatrix}, \begin{bmatrix} 0 & i \\ i & 0 \end{bmatrix} \right\} \right\rangle \leq GL(2, \mathbb{C})$이라 하자. Q_8의 모든부분군이 정규부분군인 비아벨군임을 증명하라.

18. $\mathrm{Aut}\,(\mathbb{Z}_n) \cong \mathbb{Z}_n^*$을 증명하라.

2.5 유제풀이

유제 2.5.1 K가 군 G의 유한 부분군이라 할 때, K의 임의의 두 오른쪽 나머지류들은 같은 원소의 개수, $|K|$를 갖는다. 이를 보여라.

[풀이] 함수 $f: K \to Ka$, $f(k) = ka$로 정의하자. 임의의 $h \in Ka$는 $h = k_1 a$, $k_1 \in K$이다. 즉, $f(k_1) = k_1 a$이므로 f는 전사함수이다. 이제 $f(h) = f(k)$라 하자. 따라서 $ha = ka$이고 우소거법칙에 의해 $h = k$이다. 따라서 f는 단사이다. 그러므로 $|H| = |Ha|$이다.

유제 2.5.2 $\{1, (12)\}$는 S_3의 부분군이지만 정규부분군이 아님을 증명하라.

[풀이] $\{1, (12)\}$에서 (12)는 $(12)(12) = 1$이므로 $\{1, (12)\}$는 S_3의 부분군이다. 하지만

$$\begin{aligned}(132)^{-1}\{1, (12)\}(132) &= (123)\{1, (12)\}(132) \\ &= \{(123), (123)(12)\}(132) \\ &= \{(123)(132), (13)(132)\} \\ &= \{1, (23)\} \neq \{1, (12)\}\end{aligned}$$

이므로 정규부분군이 아니다.

유제 2.5.3-1 G와 H는 군이라 하자. $G^{\#} = \{(a, e) : a \in G\}$는 $G \times H$의 정규부분군임을 증명하라.

[풀이] 임의의 $(g, h) \in G \times H$, $(a, e) \in G^{\#}$에 대하여

$$\begin{aligned}(g, h)^{-1}(a, e)(g, h) &= (g^{-1}, h^{-1})(a, e)(g, h) \\ &= (g^{-1}ag, h^{-1}eh) \\ &= (g^{-1}ag, e) \in G^{\#}\end{aligned}$$

이므로 $G^{\#}$은 $G \times H$의 정규부분군이다.

유제 2.5.3-2 $\{r_0, r_2\}$는 D_4의 정규부분군임을 증명하라.

[풀이] $r_1^{-1}\{r_0, r_2\}r_1 = \{r_3 r_0 r_1, r_3 r_2 r_1\} = \{r_0, r_2\}$,

$r_3^{-1}\{r_0, r_2\}r_3 = \{r_0, r_1 r_2 r_3\} = \{r_0, r_2\}$,

$h^{-1}\{r_0, r_2\}h = \{r_0, hr_2h\} = \{r_0, r_2\}$,

$v^{-1}\{r_0, r_2\}v = \{r_0, vr_2v\} = \{r_0, r_2\}$,

$d^{-1}\{r_0, r_2\}d = \{r_0, dr_2d\} = \{r_0, r_2\}$,

$t^{-1}\{r_0, r_2\}t = \{r_0, tr_2t\} = \{r_0, r_2\}$

이므로 $\{r_0, r_2\}$는 D_4의 정규부분군이다.

유제 2.5.4-1 N은 군 G의 부분군이라 하자. N이 정규부분군일 필요충분조건은 G의 모든 내부 자기 동형사상 f에 대하여 $f(N) = N$이다. 이를 증명하라.

[풀이] $\Rightarrow$] 임의의 $c \in G$에 대하여, $f : G \to G$를 모든 $x \in G$에 대하여 $f(x) = c^{-1}xc$라 하자. N이 정규부분군이므로 $f(N) = c^{-1}Nc = N$이므로 $f(N) = N$이다.

$\Leftarrow$] 모든 내부 자기 동형사상 f에 대하여 $f(N) = N$이라 하자. 즉, $f(N) = c^{-1}Nc = N$이므로 N이 정규부분군이다.

유제 2.5.4-2 임의의 군 G에 대하여 중심 $Z(G)$는 고유한 부분군임을 증명하라.

[풀이] 자기 동형사상 f에 대하여 $f(Z(G)) \subseteq Z(G)$임을 보이자. $x \in f(Z(G))$이라 하자. 따라서 $y \in Z(G)$이 존재하여 $f(y) = x$이다. 또한, 임의의 $g \in G$에 대하여 f가 동형 사상이므로 적당한 $h \in G$가 존재하여 $f(h) = g$이다. $y \in Z(G)$이므로 $h^{-1}yh = y$이다. 따라서 $x = f(y) = f(h^{-1}yh) = f(h^{-1})f(y)f(h) = f(h)^{-1}xf(h) = g^{-1}xg$이므로 $x = g^{-1}xg$이다. 즉, $x \in Z(G)$이다. 따라서 $f(Z(G)) \subseteq Z(G)$이다.

유제 2.5.5 $f : G \to H$는 군들의 전사 준동형 사상이고 N은 G의 정규부분군이면, $f(N) \lhd H$임을 증명하라.

[풀이] $a, b \in f(N)$이라 하자. f가 전사이므로 적당한 $x, y \in N$가 존재하여 $f(x) = a$, $f(y) = b$이다. 그러면 $xy^{-1} \in N$이므로 $f(xy^{-1}) = f(x)f(y)^{-1} = ab^{-1} \in f(N)$이다. 따라서 $f(N)$은 H의 부분군이다. 임의의 $h \in H$에 대하여, $z \in h^{-1}f(N)h$라 하자. 적당한 $c \in f(N)$가 존재하여 $z = h^{-1}ch$이다. f가 전사이므로 적당한 $x \in N$이 존재하여 $f(x) = c$이고, $g \in G$가 존재하여 $f(g) = h$이다. $N \lhd G$ 이므로 $g^{-1}xg \in N$이고 $f(g^{-1}xg) = f(g^{-1})f(x)f(g) = f(g)^{-1}cf(g) = h^{-1}ch = z \in f(N)$이다. 따라서 $f(N) \lhd H$ 이다.

유제 2.5.6 N과 K는 군 G의 부분군이라 하자. $N \lhd G$이면, $N \cap K \lhd K$임을 증명하라.

[풀이] 분명히 $N \cap K \le K$이다. 임의의 $k \in K$와 $x \in N \cap K$에 대하여, $x \in K$이고 K는 부분군이므로 $k^{-1}xk \in K$이다. 또한 $x \in N$이고 $N \lhd G$이므로 $k^{-1}xk \in N$이다. 즉, $k^{-1}xk \in N \cap K$이다. 따라서 $N \cap K \lhd K$이다.

유제 2.5.7-1 K와 N이 군 G의 정규부분군이고 $K \cap N = \langle e \rangle$이라 하면, 모든 $n \in N$, $k \in K$에 대하여 $nk = kn$이다. 이를 증명하라.

[풀이] $K \lhd G$이므로 $(nkn^{-1})k^{-1} \in K$이고 $N \lhd G$이므로 $n(kn^{-1}k^{-1}) \in N$이므로 $n(kn^{-1}k^{-1}) \in K \cap N = \langle e \rangle$이다. $nkn^{-1}k^{-1} = e$이므로 $nk = kn$이다.

유제 2.5.7-2 A와 B가 군 G의 정규부분군이고, $A \cap B = \langle e \rangle$, $AB = G$이라 하자. $A \times B \cong G$임을 증명하라.

[도움말 : $f : A \times B \to G$를 $f(a, b) = ab$로 할 것.]

[풀이] $f : A \times B \to G$를 $f(a, b) = ab$라 하자. 유제 2.5.7-1에 의하여 $f((a, b)(c, d)) = f(ac, bd) = (ac)(bd) = (ab)(cd) = f(a, b)f(c, d)$이므로 f는 준동형 사상이다. $g \in G$라 하면 $AB = G$이므로 적당한 $a \in A$, $b \in B$가 존재하여 $g = ab$이다. 따라서 $f(a, b) = ab = g$이므로 f는 전사이다. $f(a, b) = f(c, d)$라 하자. 그러면 $ab = cd \in G$이다. $c^{-1}ab = c^{-1}cd = d \Rightarrow c^{-1}abb^{-1} = db^{-1}$이므로 $c^{-1}a = db^{-1}$이다. 여기서 $c^{-1}a \in A$, $db^{-1} \in B$이므로 $c^{-1}a \in A \cap B$, $db^{-1} \in A \cap B$이다. 그런데 $A \cap B = \langle e \rangle$이므로 $c^{-1}a = e$, $db^{-1} = e$이다. 따라서 $a = c$, $b = d$이므로 $(a, b) = (c, d)$가 되어 f는 단사이다.

유제 2.5.8 $SL(2, \mathbb{R})$은 $GL(2, \mathbb{R})$의 정규부분군임을 증명하라.

[풀이] $SL(2, \mathbb{R}) = \left\{ \begin{pmatrix} a & b \\ c & d \end{pmatrix} : ad - bc = 1 \right\}$이므로 임의의 $A \in GL(2, \mathbb{R})$, $B \in SL(2, \mathbb{R})$에 대하여

$$\det(A^{-1}BA) = \det(A^{-1})\det(B)\det(A) = \det(A)^{-1}\det(A) = 1$$

이므로 $A^{-1}BA \in SL(2, \mathbb{R})$이다.

유제 2.5.9-1 군 G의 부분군 N이 정규부분군이라 하자. 그러면 모든 $a, b \in G$에 대하여 $ab \in N \Leftrightarrow ba \in N$이다. 이를 증명하라.

[풀이] $ab \in N$이면 $n \in N$이 존재하여 $ab = n$이다. N이 군 G의 정규부분군이므

로 $ba=a^{-1}na\in N$이다. 또한 $ba\in N$이면 $n_1\in N$이 존재하여 $ba=n_1$이므로 $ab=b^{-1}n_1b\in N$이다.

유제 2.5.9-2 군 G의 순환 부분군 $\langle a\rangle$가 정규부분군일 필요충분조건은 모든 $g\in G$에 대하여 적당한 $k\in K$가 존재하여 $ga=a^kg$를 만족하는 것이다. 이를 증명하라.

[풀이] ⇒] $\langle a\rangle$가 정규부분군이므로 임의의 $g\in G$에 대하여 $gag^{-1}\in\langle a\rangle$이다. 따라서 적당한 $k\in K$가 존재하여 $gag^{-1}=a^k$이므로 $ga=a^kg$이다.

⇐] 모든 $g\in G$에 대하여 적당한 $k\in K$가 존재하여 $ga=a^kg$이라 하자. $gag^{-1}=a^k\in\langle a\rangle$이므로 $\langle a\rangle$가 G의 정규부분군이다.

유제 2.5.10 S_4의 모든 정규부분군과 부분군을 구하라.

[풀이] $S_4=\{1,\ (12),\ (13),\ (14),\ (23),\ (24),\ (34),\ (123),\ (132),\ (124),\ (142),\ (134),\ (143),\ (234),\ (243),\ (12)(34),\ (13)(24),\ (14)(23),\ (1234),\ (1243),\ (1324),\ (1342),\ (1423),\ (1432)\}$

이다.

S_4의 부분군은 위수 1의 부분군 : $\{1\}$, 위수 2의 부분군 :

$\{1,\ (12)\},\ \{1,\ (13)\},\ \{1,\ (14)\},\ \{1,\ (23)\},\ \{1,\ (24)\},\ \{1,\ (34)\},$
$\{1,\ (12)(34)\},\ \{1,\ (13)(24)\},\ \{1,\ (14)(23)\},$

위수 3의 부분군 :

$\{1,\ (123),\ (132)\},\ \{1,\ (124),\ (142)\},$
$\{1,\ (134),\ (143)\},\ \{1,\ (234),\ (243)\},$

위수 4의 부분군 :

$\{1,\ (12)(34),\ (13)(24),\ (14)(23)\},\ \{1,\ (1324),\ (12)(34),\ (1423)\},$
$\{1,\ (1243),\ (14)(23),\ (1342)\},\ \{1,\ (1234),\ (13)(24),\ (1432)\},$
$\{1,\ (12),\ (34),\ (12)(34)\},\ \{1,\ (13),\ (24),\ (13)(24)\},$
$\{1,\ (14),\ (23),\ (14)(23)\},$

위수 6의 부분군 :

$$\{1,\ (12),\ (13),\ (23),\ (123),\ (132)\},$$
$$\{1,\ (12),\ (14),\ (24),\ (124),\ (142)\},$$
$$\{1,\ (13),\ (14),\ (34),\ (134),\ (143)\},$$
$$\{1,\ (23),\ (34),\ (24),\ (234),\ (243)\}$$

위수 8의 부분군 :

$$\{1,\ (12),\ (34),\ (12)(34),\ (13)(24),\ (1324),\ (1423),\ (14)(23)\},$$
$$\{1,\ (13),\ (24),\ (12)(34),\ (13)(24),\ (1432),\ (1234),\ (14)(23)\},$$
$$\{1,\ (23),\ (14),\ (12)(34),\ (13)(24),\ (1342),\ (1243),\ (14)(23)\},$$

위수 12의 부분군 :

$$A_4=\{1,\ (123),\ (132),\ (124),\ (142),\ (134),\ (143),\ (234),\ (243),\ (12)(34),\ (13)(24),\ (14)(23)\}$$

이 중 S_4의 정규부분군은 S_4,

$$A_4=\{1,\ (123),\ (132),\ (124),\ (142),\ (134),\ (143),\ (234),\ (243),\ (12)(34),\ (13)(24),\ (14)(23)\}$$

$\{1,\ (12)(34),\ (13)(24),\ (14)(23)\}$, $\{1\}$뿐이다(각자 확인할 것).

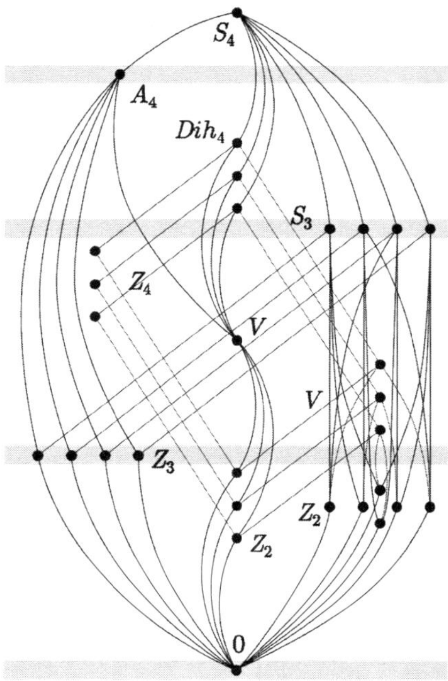

(S_4의 부분군 : 위키피디아에서 인용)

유제 2.5.11 군 G가 유한군이고 H와 K가 G의 부분군일 때, 다음 명제가 참이면 증명하고 거짓이면 이유를 설명하라.

(1) G와 H의 부분군의 개수가 같으면 $G=H$이다.

(2) G가 아벨군(가환군)이면 HK는 G의 정규부분군이다.

(3) G가 순환군이면 H와 K는 모두 아벨군이다.

(4) $H^{-1}=\{a^{-1}\ a\in H\}$는 G의 부분군이다. (단, a^{-1}는 a의 역원이다.)

[풀이] (1) 참. $H \le G$이고 G와 H의 부분군의 개수가 같으므로 $G=H$이다.

(2) 참. 예제 2.5.7에 의해 성립한다.

(3) 참. 순환군의 부분군은 모두 순환군이고 또한 아벨군이다.

(4) 참. $H \le G$이므로 모든 $a\in H$의 역원은 H에 속하므로 $H^{-1} \subseteq H$이고, 또한 같은 논리로 $H \subseteq H^{-1}$이다. 따라서 $H=H^{-1}$이다.

유제 2.5.12 군 G와 H가 유한군이고 G와 H의 부분군의 개수가 같으면 $G \cong H$이다. 참이면 증명하고 거짓이면 이유를 설명하라.

[풀이] 거짓. 연습문제 2.1.7의 사원수군

$$H=\left\{\begin{pmatrix} 0 & 1 \\ -1 & 0 \end{pmatrix}, \begin{pmatrix} -1 & 0 \\ 0 & -1 \end{pmatrix}, \begin{pmatrix} 0 & -1 \\ 1 & 0 \end{pmatrix}, \begin{pmatrix} 0 & i \\ i & 0 \end{pmatrix}, \right.$$
$$\left. \begin{pmatrix} 0 & -i \\ -i & 0 \end{pmatrix}, \begin{pmatrix} i & 0 \\ 0 & -i \end{pmatrix}, \begin{pmatrix} -i & 0 \\ 0 & i \end{pmatrix}, \begin{pmatrix} 1 & 0 \\ 0 & 1 \end{pmatrix}\right\}$$

는 6개의 부분군을 갖고(각자 구해볼 것) 위수가 8이다. 클라인의 사원군 (Klein four group)의 $V=\{1,\ a,\ b,\ c\}(a^2=b^2=c^2=1,\ ab=ba=c)$도 부분군을 6개 갖지만(각자 구해볼 것) 위수가 4이어서 $G \not\cong H$이다.

2.6 몫군

N이 군 G의 정규부분군이라 하자. G에서 N의 모든 오른쪽 나머지류(N을 법으로 하는 합동류)들의 집합을 G/N으로 표시하게 된다. 즉, $G/N=\{Na \mid a\in G\}$이다. 첫째 목표는

G/N이 군이 되도록 G/N 위에서 연산을 정의하는 것이다.

(a의 합동류인)나머지류 Na와
(b의 합동류인)나머지류 Nb의 곱은
(ab의 합동류인)나머지류 Nab이다.

기호로, 이 정의는

$$(Na)(Nb) = Nab$$

로 나타낸다.

군 G와 G/N을 이해하기 쉽게 비유하여 설명해보자. G는 아직 조각을 내지 않은 피자 한 판이라고 할 수 있고 G/N은 정확히 크기가 N인 조각으로 피자 G를 잘라 똑같은 크기의 피자 조각으로 나눈 것이다. 이제 집합 G/N의 원소는 Na와 위수가 같은 합동류들이 된다(G가 유한군일 때).

정리 2.6.1

N은 군 G의 정규부분군이라 하자. G/N에서 $Na=Nc$이고 $Nb=Nd$이면, $Nab=Ncd$이다.

[증명] $Na=Nc$이고 $Nb=Nd$라 가정하자. 그러면, 정리 2.5.3에 의하여,

$$a \equiv c \pmod{N} \text{ 이고 } b \equiv d \pmod{N}$$

이므로 정리 2.5.6에 의하여 $ab \equiv cd \pmod{N}$이다. 따라서 정리 2.5.3에 의하여, $Nab=Ncd$가 된다. ■

정리 2.6.2

N이 군 G의 정규부분군이면, G/N은 $(Na)(Nb)=Nab$로 정의되는 연산에 대하여 군이다. G가 아벨군이면, G/N 역시 아벨군이다.

[증명] 정리 2.6.1에 의하여, G/N에서 연산은 잘 정의된다. 임의로 $Na \in G/N$을 택하자. 그러면

$$(Na)(Ne) = Nae = Na \text{이고 } (Ne)(Na) = Nea = Na$$

이므로 나머지류 $N = Ne$ 는 G/N 의 항등원이다. 더욱이

$$(Na)(Na^{-1}) = Naa^{-1} = Ne$$

이고

$$(Na^{-1})(Na) = Na^{-1}a = Ne$$

이므로 나머지류 Na^{-1}는 Na의 역이다. G/N 에서 결합법칙은 G 에서의 결합법칙의 결과이다 :

$$\begin{aligned}[(Na)(Nb)](Nc) &= (Nab)(Nc) = N(ab)c = Na(bc) \\ &= (Na)(Nbc) = (Na)[(Nb)(Nc)]\end{aligned}$$

따라서 G/N 은 군이다. 마지막 명제의 증명은 연습문제 2.6.3을 보라. ■

군 G/N을 N에 의한 G의 **몫군(상군, 잉여군, the quotient group)** 또는 **인수군(the factor group)**이라 한다.

| 보기 2.6.1 | 보기 2.5.4에서, $N = \{r_0, r_1, r_2, r_3\}$은 D_4의 정규부분군임을 알았다. 보기 2.1.9에 있는 D_4에 대한 연산표에 의하여

$$Nr_0 = \{r_0 \circ r_0, r_1 \circ r_0, r_2 \circ r_0, r_3 \circ r_0\} = \{r_0, r_1, r_2, r_3\}$$
$$Nv = \{r_0 \circ v, r_1 \circ v, r_2 \circ v, r_3 \circ v\} = \{v, d, h, t\}$$

임을 보여준다. D_4의 모든 원소는 Nr_0 또는 Nv의 원소이고 N의 임의의 두 나머지류는 서로소이거나 일치(따름정리 2.5.4)하므로, N의 모든 나머지류는 Nr_0 또는 Nv와 같아야만 한다. 다른 말로 하면, $D_4/N = \{Nr_0, Nv\}$이다. 또한, $r_0 \circ v = v = v \circ r_0$이고 $v \circ v = r_0$이므로 몫군 D_4/N에 대한 연산표는 다음과 같다 :

$\circ$	Nr_0	Nv
Nr_0	Nr_0	Nv
Nv	Nv	Nr_0

D_4/N이 덧셈군 $\mathbb{Z}_2$와 동형임을 보이는 것은 쉽다(Nr_0를 0에 그리고 Nv

를 1에 대응시키고 두 연산표들을 비교하라). ■

| 보기 2.6.2 | 유제 2.5.3-2에서, $M=\{r_0,\ r_2\}$가 D_4의 정규부분군임을 알았다. D_4에 대한 연산표를 사용하여, D_4/M이 다음의 4개의 나머지류로 이루어짐을 알 수 있다 :

$$Mr_0=\{r_0,\ r_2\}=Mr_2,\ Mr_1=\{r_1,\ r_3\}=Mr_3$$
$$Mh=\{h,\ v\}=Mv,\ Md=\{d,\ t\}=Mt$$

각 나머지류에 포함되어 있는 원소 중 하나를 선택하여 D_4/M의 원소들을 Mr_0, Mr_1, Mh와 Md로 나타낼 수 있다. D_4/M에서 곱들을 계산할 때, 이 4개의 나머지류의 계산은 다음과 같이 할 수 있다. 예컨대 $d\circ r_1=v\in D_4$이므로, $(Md)(Mr_1)=M(d\circ r_1)=Mv$이다. 그런데 $Mv=Mh$이므로 $(Md)(Mr_1)=Mh$로 쓴다. 이렇게 다음의 연산표를 만들 수 있다. 연산표를 완성해 보자.

$\circ$	Mr_0	Mr_1	Mh	Md
Mr_0	Mr_0	Mr_1	Mh	Md
Mr_1	Mr_1	Mr_0		
Mh	Mh		Mr_0	
Md	Md	Mh		

완성된 표에 의하여 D_4/M이 항등원이 아닌 모든 원소가 위수 2를 갖는 아벨군임을 알 수 있다. 표들을 비교함으로써 D_4/M이 $\mathbb{Z}_2\times\mathbb{Z}_2$와 동형임을 알 수 있다. ■

덧셈군에서의 표시법을 알아보자. N이 덧셈군 G의 부분군이고 $a,\ b\in G$라 하자. a가 N을 법으로 b와 합동이면 $a\equiv b\ (\text{mod}\,N)$이고 $a-b\in N$임을 의미한다. 따라서 **a의 합동류**는 다음과 같은 N을 법으로 하는 a와 합동인 G의 모든 원소들의 집합이다.

$$\begin{aligned}\{b\in G\ :\ b\equiv a\ (\text{mod}\ N)\}&=\{b\in G\ :\ b-a\in N\}\\&=\{b\in G\ :\ n\in N\text{이 존재하여 } b-a=n\text{이다.}\}\\&=\{b\in G\ :\ n\in N\text{이 존재하여 } b=n+a=a+n\text{이다.}\}\\&=\{n+a\ :\ n\in N\}=\{a+n\ :\ n\in N\}\end{aligned}$$

따라서 기호 $N+a$ 또는 $a+N$으로 나타낼 것이고 합동류 $N+a(=a+N)$을 보통 G에서 N의 잉여류 또는 나머지류라고 한다.

| 보기 2.6.3 | 덧셈에서 정수들의 군 $\mathbb{Z}$는 유리수들의 아벨군 $\mathbb{Q}$의 정규부분군이다. 따라서 몫군 $\mathbb{Q}/\mathbb{Z}$는 덧셈의 아벨군이다. $\mathbb{Z}+a,\ \mathbb{Z}+b \in \mathbb{Q}/\mathbb{Z}$이면, $\mathbb{Z}$를 법으로 하는 합동의 정의와 정리 2.5.3에 의하여

$$\mathbb{Z}+a=\mathbb{Z}+c \Leftrightarrow a-c \in \mathbb{Z}$$

이다. 그러므로 $0<c<a<1(a,\ c\in\mathbb{Q})$이면, $\mathbb{Z}+a$와 $\mathbb{Z}+c$는 $\mathbb{Q}/\mathbb{Z}$의 다른 원소이다($0<a-c<1$이므로, $a-c \notin \mathbb{Z}$). 0과 1 사이에 무한히 많은 유리수들이 존재하므로, $\mathbb{Q}/\mathbb{Z}$는 무한군이다. 그럼에도 불구하고, $\mathbb{Q}/\mathbb{Z}$의 모든 원소는 유한 위수를 갖는다(예제 2.6.4). ■

정리 2.6.3

N은 군 G의 정규부분군이라 하자. G/N이 아벨군일 필요충분조건은 모든 $a, b \in G$에 대하여 $aba^{-1}b^{-1} \in N$이 성립하는 것이다.

[증명] G/N이 아벨군이면 정의에 의해 모든 $a,\ b\in G$에 대하여

$$Nab=NaNb=NbNa=Nba$$

이 성립하는 것이다. 그런데 정리 2.5.3에 의하여

$$Nab=Nba \ \Leftrightarrow\ (ab)(ba)^{-1} \in N$$

이다. 정의 2.5.1과 따름정리 2.2.2에 의하여, $(ab)(ba)^{-1}=aba^{-1}b^{-1}$이므로 G/N이 아벨군일 필요충분조건은 모든 $a,\ b\in G$에 대하여 $aba^{-1}b^{-1}\in N$이다. ■

군 G의 **중심**(center) $Z(G)$는 부분집합

$$\{a\in G : \text{모든 } x\in G\text{에 대하여 } ax=xa\}$$

이다. 예제 2.5.3에 의하여, $Z(G)$는 G의 정규부분군이다.

정리 2.6.4

G는 군이고 몫군 $G/Z(G)$가 순환군이면, G는 아벨군이다.

[증명] $G/Z(G)$는 순환군이므로 생성원 $Z(G)d \in G/Z(G)$가 존재하여 $G/Z(G) = \langle Z(G)d \rangle$이다. 그러면 $G/Z(G)$에서 임의의 나머지류는 어떤 정수 k에 대하여, $(Z(G)d)^k = Z(G)d^k$ 꼴이다. 이제 $a, b \in G$를 임의로 택하자. $a = ea \in Z(G)a$이고 어떤 i에 대하여 $Z(G)a = Z(G)d^i$이므로, $a \in Z(G)d^i$이다. 따라서 적당한 $c_1 \in Z(G)$이 존재하여 $a = c_1 d^i$이라 할 수 있다. 비슷하게, 적당한 $c_2 \in Z(G)$와 정수 j가 존재하여 $b = c_2 d^j$라 할 수 있다. 한편, $d^i d^j = d^{i+j} = d^{j+i} = d^j d^i$이다. 더욱이, c_1과 c_2는 중심의 정의에 의하여 G의 모든 원소와 가환적이다. 따라서

$$ab = (c_1 d^i)(c_2 d^j) = c_1 c_2 d^i d^j = c_2 c_1 d^j d^i = (c_2 d^j)(c_1 d^i) = ba$$

이다. 따라서 G는 아벨군이다. ■

예제 2.6.1 $N = \{1, (123), (132)\}$은 S_3의 정규부분군임을 증명하라. $S_3/N \cong \mathbb{Z}_2$임을 보여라.

[풀이] 예제 2.5.2에 의하여, $N \lhd S_3$이다. $a = 1$, (123) 또는 (132)이고 $b = (13)$, (12) 또는 (23)일 때 $S_3/N = \{Na, Nb\}$이다. 더욱이 정리 2.6.2에 의하여, S_3/N는 군이고 S_3/N의 연산표는 아래와 같다.

S_3/N

$\cdot$	Na	Nb
Na	Na	Nb
Nb	Nb	Na

$\mathbb{Z}_2$

$+$	0	1
0	0	1
1	1	0

함수 $f : S_3/N \to \mathbb{Z}_2$를 다음과 같이 정의한다. $f(Na) = 0$, $f(Nb) = 1$이면 f는 준동형 사상이다. 따라서 $S_3/N \cong \mathbb{Z}_2$이다. ■

유제 2.6.1-1 $\mathbb{Z}_6/N \cong \mathbb{Z}_3$임을 보여라. 여기서 N은 부분군 $\{0, 3\}$이다.

유제 2.6.1-2 $\mathbb{Z}_{32}^*/N \cong \mathbb{Z}_{16}^*$임을 보여라. 여기서 N은 부분군 $\{1, 17\}$이다.

예제 ‖ 2.6.2 $\mathbb{Z}_{18}/M \cong \mathbb{Z}_6$임을 보여라. 여기서 M은 순환 부분군 $\langle 6 \rangle$이다.

[풀이] $M = \langle 6 \rangle = \{0,\ 6,\ 12\} \le \mathbb{Z}_{18}$이므로,

$$\begin{aligned}
0+M &= \{0,\ 6,\ 12\} = 6+M = 12+M, \\
1+M &= \{1,\ 7,\ 13\} = 7+M = 13+M, \\
2+M &= \{2,\ 8,\ 14\} = 8+M = 14+M, \\
3+M &= \{3,\ 9,\ 15\} = 9+M = 15+M, \\
4+M &= \{4,\ 10,\ 16\} = 10+M = 16+M, \\
5+M &= \{5,\ 11,\ 17\} = 11+M = 17+M
\end{aligned}$$

이다. 따라서

$$\begin{aligned}
\mathbb{Z}_{18}/M &= \{0+M,\ 1+M,\ 2+M,\ 3+M,\ 4+M,\ 5+M\} \\
&= \langle 1+M \rangle
\end{aligned}$$

함수 $f : \mathbb{Z}_{18}/M \to \mathbb{Z}_6$, $f(i+M) = i$이라 정의하면 f는 동형 사상이다. 따라서 $\mathbb{Z}_{18}/M \cong \mathbb{Z}_6$이다. ■

유제 ‖ 2.6.2-1 $G = \mathbb{Z}_4 \times \mathbb{Z}_4$이고 N은 $(3,\ 2)$가 만드는 순환 부분군이라 하자. $G/N \cong \mathbb{Z}_4$임을 보여라.

유제 ‖ 2.6.2-2 $G = \mathbb{Z}_6 \times \mathbb{Z}_2$이고 N은 순환 부분군 $\langle (1,\ 1) \rangle$이라 하자. 몫군 G/N을 설명하라.

예제 ‖ 2.6.3 $\mathbb{R}^*$는 영이 아닌 실수들의 곱셈군이고 N은 부분군 $\{1,\ -1\}$이라 하자. $\mathbb{R}^*/N$은 양의 실수들의 곱셈군 $\mathbb{R}^+$와 동형임을 증명하라.

[풀이] 분명히 $N \lhd \mathbb{R}^*$이고 $\mathbb{R}^*$는 아벨군이므로, $\mathbb{R}^*/N$도 아벨군이다. 함수 $f : \mathbb{R}^*/N \to \mathbb{R}^+$, $f(Na) = |a|$라 정의하자. 임의로 $a,\ b \in \mathbb{R}^*$를 택한다. 그러면

$$\begin{aligned}
f(NaNb) &= f(Nab) && (\because \text{ 몫군 } \mathbb{R}^*/N\text{에서 연산의 정의}) \\
&= |ab| && (\because\ f\text{의 정의}) \\
&= |a||b| \\
&= f(Na)f(Nb) && (\because\ f\text{의 정의})
\end{aligned}$$

따라서 f는 준동형 사상이다. 임의의 $a,\ b \in \mathbb{R}^*$에 대하여, $f(Na) = f(Nb)$

라 가정하자. 그러면 $|a| = |b|$이다. 즉 $b = \pm a$이므로 $Na = Nb$이다. 그러므로 f는 단사이다. f가 전사임은 분명하다. 따라서 $\mathbb{R}^*/N \cong \mathbb{R}^+$이다. ■

유제 2.6.3-1 몫군 $\mathbb{R}^*/\mathbb{R}^+$을 설명하라. 여기서 $\mathbb{R}^*$와 $\mathbb{R}^+$는 위의 예제와 같다.

유제 2.6.3-2 G는 덧셈군 $\mathbb{R}\times\mathbb{R}$라 하자.

(1) $N = \{(x, y) : y = -x\}$는 G의 부분군임을 보여라.

(2) 몫군 G/N을 설명하라.

예제 2.6.4 $\mathbb{Q}/\mathbb{Z}$의 모든 원소는 유한 위수를 가짐을 증명하라.

[풀이] $\mathbb{Q}/\mathbb{Z} = \{q+\mathbb{Z} : q\in\mathbb{Q}\}$이다. 덧셈군 $\mathbb{Q}/\mathbb{Z}$의 항등원은 $0+\mathbb{Z}$이다. 임의로 $q\in\mathbb{Q}$를 택한다. 그러면 적당한 $m, n\in\mathbb{Z}$이 존재하여

$$m > 0,\ (m, n) = 1\text{이고 } q = \frac{n}{m}\text{이다.}$$

따라서

$$\begin{aligned} m(q+\mathbb{Z}) &= m\left(\frac{n}{m}+\mathbb{Z}\right) \\ &= n+\mathbb{Z} \\ &= 0+\mathbb{Z} \end{aligned}$$

이므로 $|q+\mathbb{Z}| = m$이다. ■

유제 2.6.4 군 $\mathbb{R}/\mathbb{Z}$에서 유한 위수의 원소들의 집합은 부분군 $\mathbb{Q}/\mathbb{Z}$임을 증명하라.

예제 2.6.5 G를 군이라 하고

$$S = \{aba^{-1}b^{-1} \mid a,\ b\in G\}$$

라 하자. 집합 S로부터 생성된 부분군 G'을 G의 **교환자부분군**(commutator subgroup)이라 한다. 다음을 증명하라.

(1) G'는 G의 정규부분군이다.

(2) G/G'는 아벨군이다.

[풀이] (1) $f : G \to G$를 자기 동형사상이라 하자. 그러면

$$f(aba^{-1}b^{-1}) = f(a)f(b)f(a)^{-1}f(b)^{-1}\in G'$$

이므로 $f(G') \leq G'$이다. 특히, f가 내부 자기 동형사상이면 $a^{-1}G'a = f(G') \leq G'$이다. 따라서 $G' \lhd G$이다.

(2) 정리 2.6.3에 의하여, G/G'은 아벨군이다. ■

유제 2.6.5 N은 군 G의 정규부분군이고 G'은 예제 2.6.5에서 정의된 교환자부분군이라 하자. $N \cap G' = \langle e \rangle$이면, 다음이 성립함을 증명하라.

(1) $N \subseteq Z(G)$, 여기서 $Z(G)$는 G의 중심이다.

(2) $Z(G)/N$는 G/N의 중심이다.

유제 2.6.6 덧셈군 $G = \mathbb{Z}_{12} \times \mathbb{Z}_7$에 대하여 다음 명제가 참이면 증명하고 거짓이면 이유를 설명하라.

(1) G의 모든 부분군은 정규부분군이다.

(2) G의 원소 $(3, 1)$의 위수는 28이다.

(3) G는 순환군이다.

2.6 연습문제

1. M과 N은 $M \cong N$인 군 G의 정규부분군이라 가정하자. G/M이 G/N과 동형일 필요가 없음을 보여라. [도움말 : $\mathbb{Z}_2 \times \mathbb{Z}_4$에서 부분군 $\langle (1, 0) \rangle$과 $\langle (0, 2) \rangle$을 생각하라.

2. N은 군 G의 정규부분군이고 모든 $x \in G$에 대하여 $x^2 \in N$이면, 몫군 G/N의 항등원이 아닌 모든 원소는 위수가 2임을 증명하라.

3. N이 아벨군 G의 부분군이면, G/N은 아벨임을 증명하라.

4. (1) G/C가 아벨군인 중심 C를 갖는 군 G를 찾아라.

(2) G/C가 아벨군이 아닌 중심 C를 갖는 군 G를 찾아라.

5. (1) $V = \left\{ \begin{pmatrix} 1&2&3&4 \\ 1&2&3&4 \end{pmatrix}, \begin{pmatrix} 1&2&3&4 \\ 2&1&4&3 \end{pmatrix}, \begin{pmatrix} 1&2&3&4 \\ 3&4&1&2 \end{pmatrix}, \begin{pmatrix} 1&2&3&4 \\ 4&3&2&1 \end{pmatrix} \right\}$는 S_4의 정규부분군임을 보여라.

(2) 군 S_4/V에 대한 연산표를 만들어라.

6. G가 순환군이면, G/N은 순환군임을 증명하라. 여기서 N은 G의 임의의 군이다.

7. G와 H는 군이고 G^*는 모든 $(a,\ e)$로 이루어진 $G\times H$의 부분집합이라 하자. 여기서 $a\in G$이다.
   (1) $G^* \cong G$임을 보여라.
   (2) $G^* \lhd G\times H$임을 보여라.
   (3) $(G\times H)/G^* \cong H$임을 보여라.

8. N은 군 G의 정규부분군이고 N과 G/N의 모든 원소가 유한 위수를 가지면, G의 모든 원소는 유한 위수를 가짐을 증명하라.

9. 군 H가 유한하게 만들어진다(finitely generated)는 뜻은 H의 유한부분집합 S가 존재하여 $H=\langle S\rangle$인 것이다. N은 군 G의 정규부분군이고 군 N과 G/N이 유한하게 만들어졌다면 G는 유한하게 만들어짐을 증명하라.

10. $G/Z(G)$는 G의 모든 내부 자기 동형사상들의 군 $\mathrm{Inn}\,G$과 동형임을 증명하라.

11. $A,\ B,\ N$은 $N\subseteq A,\ N\subseteq B$인 군 G의 정규부분군이라 하자. $G=AB$이고 $A\cap B=N$이면, $G/N\cong A/N\times B/N$임을 증명하라.

12. 잉여군에 관련된 다음 명제 중 옳은 것은 증명하고 거짓인 것은 반례를 들어라.
   (1) 군 $G=Z_2\times Z_2$의 잉여군의 집합 $X=\{G/N \mid N$은 G의 정규부분군$\}$에 속하는 서로 동형이 아닌 잉여군은 모두 4개이다.
   (2) 정수의 집합에서 정의된 덧셈군 $\mathbb{Z}$의 부분군 $6\mathbb{Z}$에 의한 잉여군 $\mathbb{Z}/6\mathbb{Z}$는 모두 3개의 부분군을 갖는다.

2.6 유제풀이

유제 2.6.1-1 $\mathbb{Z}_6/N\cong\mathbb{Z}_3$임을 보여라. 여기서 N은 부분군 $\{0,\ 3\}$이다.

[풀이] $\mathbb{Z}_6$가 아벨군이므로 $N\lhd\mathbb{Z}_6$이다.

$N+1=\{1,\ 4\}$, $N+2=\{2,\ 5\}$, $N+3=\{0,\ 3\}=N$이므로 $\mathbb{Z}_6/N=\{N,\ N+1,\ N+2\}$이다. $f:\mathbb{Z}_6/N\to\mathbb{Z}_3$를 $f(N)=0,\ f(N+1)=1,\ f(N+2)$

$= 2$로 정의하면 f는 동형 사상이다. 분명히 연산표가 $\mathbb{Z}_3$와 동일하다. 따라서 $\mathbb{Z}_6/N \cong \mathbb{Z}_3$이다.

	N	$N+1$	$N+2$
N	N	$N+1$	$N+2$
$N+1$	$N+1$	$N+2$	N
$N+2$	$N+2$	N	$N+1$

유제 2.6.1-2 $\mathbb{Z}_{32}^*/N \cong \mathbb{Z}_{16}^*$임을 보여라. 여기서 N은 부분군 $\{1,\ 17\}$이다.

[풀이] $\mathbb{Z}_{32}^*$가 아벨군이므로 $N \lhd \mathbb{Z}_{32}^*$이다.

$\mathbb{Z}_{32}^* = \{1,\ 3,\ 5,\ 7,\ 9,\ 11,\ 13,\ 15,\ 17,\ 19,\ 21,\ 23,\ 25,\ 27,\ 29,\ 31\}$이고 $N = \{1,\ 17\}$이므로

$$N = N17,\ N3 = \{3,\ 19\} = N19,\ N5 = \{5,\ 21\} = N21,$$
$$N7 = \{7,\ 23\} = N23,\ N9 = \{9,\ 25\} = N25,\ N11 = \{11,\ 27\} = N27,$$
$$N13 = \{13,\ 29\} = N29,\ N15 = \{15,\ 31\} = N31$$

이다. 따라서 $f : \mathbb{Z}_{32}^*/N \to \mathbb{Z}_{16}^*$를

$$f(N) = 1,\ f(N3) = 3,\ f(N5) = 5,\ f(N7) = 7,$$
$$f(N9) = 9,\ f(N11) = 11,\ f(N13) = 13,\ f(N15) = 15$$

로 정의하면 f는 동형 사상이다(연산표 생략).

유제 2.6.2-1 $G = \mathbb{Z}_4 \times \mathbb{Z}_4$이고 N은 $(3,\ 2)$가 만드는 순환 부분군이라 하자. $G/N \cong \mathbb{Z}_4$임을 보여라.

[풀이] $\mathbb{Z}_4 \times \mathbb{Z}_4$가 아벨군이므로 $N \lhd \mathbb{Z}_4 \times \mathbb{Z}_4$이다.

$N = \langle(3,\ 2)\rangle = \{(3,\ 2),\ (2,\ 0),\ (1,\ 2),\ (0,\ 0)\}$이다. 따라서

$$N = N+(0,\ 0) = N+(2,\ 0) = N+(1,\ 2) = N+(3,\ 2),$$
$$N+(0,\ 1) = \{(3,\ 3),\ (2,\ 1),\ (1,\ 3),\ (0,\ 1)\}$$
$$= N+(3,\ 3) = N+(2,\ 1) = N+(1,\ 3),$$
$$N+(0,\ 2) = \{(0,\ 2),\ (3,\ 0),\ (2,\ 2),\ (1,\ 0)\}$$
$$= N+(1,\ 0) = N+(3,\ 0) = N+(2,\ 2),$$
$$N+(0,\ 3) = \{(0,\ 3),\ (3,\ 1),\ (2,\ 3),\ (1,\ 1)\}$$

$$= N+(1,\ 1) = N+(3,\ 1) = N+(2,\ 3)$$

이다. $N+(0,\ 2)+N+(0,\ 2) = N+(0,\ 0) = N$이고 $N+(0,\ 1)+N+(0,\ 3) = N+(0,\ 0) = N$이므로 $f: G/N \to \mathbb{Z}_4$를 $f(N)=0$, $f(N+(0,\ 1))=1$, $f(N+(0,\ 2))=2$, $f(N+(0,\ 3))=3$로 정의하면 f는 동형 사상이다(연산표 생략).

유제 ‖ 2.6.2-2 $G=\mathbb{Z}_6\times\mathbb{Z}_2$이고 N은 순환 부분군 $\langle(1,\ 1)\rangle$이라 하자. 몫군 G/N을 설명하라.

[풀이] $\mathbb{Z}_6\times\mathbb{Z}_2$가 아벨군이므로 $N \triangleleft \mathbb{Z}_6\times\mathbb{Z}_2$이다.

$N=\langle(1,\ 1)\rangle=\{(1,\ 1),\ (2,\ 0),\ (3,\ 1),\ (4,\ 0),\ (5,\ 1),\ (0,\ 0)\}$이므로

$$N= N+(1,\ 1) = N+(2,\ 0) = N+(3,\ 1) = N+(4,\ 0) = N+(5,\ 1)$$
$$N+(2,\ 1) = \{(3,\ 0),\ (4,\ 1),\ (5,\ 0),\ (0,\ 1),\ (1,\ 0),\ (2,\ 1)\}$$

이므로 $f: G/N \to \mathbb{Z}_2$를 $f(N)=0$, $f(N+(2,\ 1))=1$로 정의하면 f는 동형 사상이다. 따라서 $G/N \cong \mathbb{Z}_2$이다.

유제 ‖ 2.6.3-1 몫군 $\mathbb{R}^*/\mathbb{R}^+$을 설명하라. 여기서 $\mathbb{R}^*$와 $\mathbb{R}^+$는 위의 예제와 같다.

[풀이] $\mathbb{R}^+$는 $\mathbb{R}^*$의 정규부분군이다. $\mathbb{R}^+(-1)$은 모든 음의 실수이고 $\mathbb{R}^+(1)$은 양의 실수들이다. 따라서 $f: \mathbb{R}^*/\mathbb{R}^+ \to \mathbb{Z}_2$를 $f(\mathbb{R}^+)=0$, $f(\mathbb{R}^+(-1))=1$로 정의하면 분명히 동형 사상이다.

유제 ‖ 2.6.3-2 G는 덧셈군 $\mathbb{R}\times\mathbb{R}$라 하자.

(1) $N=\{(x,\ y)\,|\,y=-x\}$는 G의 부분군임을 보여라.

(2) 몫군 G/N을 설명하라.

[풀이] (1) $(a,\ b)$, $(x,\ y)\in N$이라 하자. $b=-a$, $y=-x$이므로 $b-y=-(a-x)$이다. 따라서 $(a,\ b)-(x,\ y)=(a-x,\ b-y)\in N$이므로 N은 G의 부분군이다.

(2) $N+(a,\ b)$, $(a,\ b)\in\mathbb{R}\times\mathbb{R}$이므로 $N+(a,\ b)$ 위의 점들은 $(x,\ y)+(a,\ b)=(x+a,\ y+b)$이므로 $y=-x$를 x축으로 a만큼, y축으로 b만큼 평행이동한 점이다. 따라서 G/N은 $y=-x$와 평행한 모든 선들의 집합이다. 즉, $N+(a,\ b)=\{(x,\ y)\,|\,y=-x+(a+b)\}$이다.

유제 2.6.4 군 $\mathbb{R}/\mathbb{Z}$에서 유한 위수의 원소들의 집합은 부분군 $\mathbb{Q}/\mathbb{Z}$임을 증명하라.

[풀이] $x+\mathbb{Z}\in\mathbb{R}/\mathbb{Z}$이고 $x+\mathbb{Z}$가 유한 위수를 가진다고 하자. 즉, 양의 정수 n이 존재하여 $n(x+\mathbb{Z})=0+\mathbb{Z}$이다. $nx+\mathbb{Z}=0+\mathbb{Z}$이므로 $nx\in\mathbb{Z}$이다. 따라서 적당한 $m\in\mathbb{Z}$가 존재하여 $nx=m$이다. 즉, $x=\dfrac{m}{n}$, n, $m\in\mathbb{Z}$이므로 $x\in\mathbb{Q}$이다.

유제 2.6.5 N은 군 G의 정규부분군이고 G'은 예제 2.6.5에서 정의된 교환자부분군이라 하자. $N\cap G'=\langle e\rangle$이면, 다음이 성립함을 증명하라.

(1) $N\subseteq Z(G)$, 여기서 $Z(G)$는 G의 중심이다.

(2) $Z(G)/N$는 G/N의 중심이다.

[풀이] (1) $n\in N$이라 하자. 임의의 $g\in G$에 대하여 $N\lhd G$이므로 $gng^{-1}\in N$이고 $n^{-1}\in N$이다. 따라서 $gng^{-1}n^{-1}\in N$이다. 그러나 $N\cap G'=\langle e\rangle$이므로 $gng^{-1}n^{-1}=e$이다. 따라서 $gn=ng$가 되어 $N\subseteq Z(G)$이다.

(2) 임의의 $x\in Z(G)$에 대하여 $Nx\in Z(G)/N$이다. 또한, 임의의 $g\in G$에 대하여 $Ng\in G/N$이다. $x\in Z(G)$이므로 $xg=gx$이다. 따라서

$$(Ng)^{-1}Nx(Ng)=Ng^{-1}NxNg=N(g^{-1}xg)=Nx$$

가 되어 $Z(G)/N$는 G/N의 중심이다.

유제 2.6.6 덧셈군 $G=\mathbb{Z}_{12}\times\mathbb{Z}_7$에 대하여 다음 명제가 참이면 증명하고 거짓이면 반례를 들어라.

(1) G의 모든 부분군은 정규부분군이다.

(2) G의 원소 $(3,\ 1)$의 위수는 28이다.

(3) G는 순환군이다.

[풀이] (1) G가 덧셈군이므로 참이다.

(2) 12와 7의 최소 공배수가 84이므로 $\mathbb{Z}_{12}\times\mathbb{Z}_7\cong\mathbb{Z}_{84}$이다. 따라서 $|(3,\ 1)|$은 각각 $\mathbb{Z}_{12}$, $\mathbb{Z}_7$에서의 3의 위수와 1의 위수의 최소 공배수이다. 따라서 28이다.

(3) $\mathbb{Z}_{12}\times\mathbb{Z}_7\cong\mathbb{Z}_{84}$이므로 참이다(정리 5.2.9 참조).

2.7 동형정리

정의 2.7.1

$f : G \to H$는 군들의 준동형 사상이라 하자. 그러면 f의 핵(the kernel)은 집합 $\{a \in G : f(a) = e_H\}$이다. 이때, 기호 $\ker f$ 로 쓴다.

다음 정리는 군 G의 어느 부분군 K가 G의 정규부분군임을 증명하는 한 방법을 제시한다.

정리 2.7.2

$f : G \to H$는 핵 K를 갖는 군들의 준동형 사상이라 하자. 그러면 $K \triangleleft G$이다.

[증명] 임의로 $c,\ d \in K$를 택하자. 그러면, 핵의 정의에 의하여,

$$f(c) = e_H \text{이고 } f(d) = e_H$$

이다. f는 준동형 사상이므로

$$f(cd) = f(c)f(d) = e_H e_H = e_H$$

이다. 그러므로 $cd \in K$ 이다. 더욱이, 정리 2.4.3에 의하여,

$$f(c^{-1}) = f(c)^{-1} = (e_H)^{-1} = e_H$$

이므로 $c^{-1} \in K$이다. 그러므로 정리 2.3.2에 의하여, K는 G의 부분군이다. 이제 임의로 $a \in G$와 $c \in K$를 택하자. 그러면

$$f(a^{-1}ca) = f(a^{-1})f(c)f(a) = f(a)^{-1}e_H f(a) = f(a)^{-1}f(a) = e_H$$

이므로 $a^{-1}ca \in K$이다. 따라서 $a^{-1}Ka \subseteq K$이고, 정리 2.5.7에 의하여, K는 G의 정규부분군이다. ■

다음 정리로부터 군 준동형 사상의 핵과 단사함수 사이의 관계를 알 수 있다.

정리 2.7.3

$f: G \to H$는 핵 K를 갖는 군들의 준동형 사상이라 하자. f가 단사함수일 필요충분조건은 $K = \langle e_G \rangle$이다.

[증명] $\Rightarrow$] f가 단사함수라 가정하자. $a \in K$라 하면 $f(a) = e_H = f(e_G)$이므로 $a = e_G$이다. 따라서 $K = \langle e_G \rangle$이다.

$\Leftarrow$] $K = \langle e_G \rangle$이라 가정하자. $f(a) = f(b)$이면

$$e_H = f(a)f(b)^{-1} = f(a)f(b^{-1}) = f(ab^{-1})$$

이므로 $ab^{-1} \in K = \langle e_G \rangle$이고 따라서 $ab^{-1} = e_G$, 즉 $a = b$이다. ■

따름정리 2.7.4

$f: G \to H$는 핵 K를 갖는 군들의 준동형 사상이라 하자. 다음이 성립한다.

$$f(a) = f(b) \;\Leftrightarrow\; Ka = Kb \;\Leftrightarrow\; a \in Kb$$

특히, $\{a \in G \mid f(a) = f(b)\} = Kb$이다.

[증명] $a \in Kb \Leftrightarrow Ka = Kb$

$\Leftrightarrow a \equiv b \pmod{K}$

$\Leftrightarrow ab^{-1} \in K$

$\Leftrightarrow f(a)f(b)^{-1} = f(a)f(b^{-1}) = f(ab^{-1}) = e_H$

$\Leftrightarrow f(a) = f(b)$ ■

정리 2.7.2는 모든 핵이 정규부분군임을 말한다. 역으로, 모든 정규부분군은 어떤 준동형 사상의 핵이 될 수 있다.

정리 2.7.5

N이 군 G의 정규부분군이면, $\pi(a) = Na$로 주어지는 함수 $\pi: G \to G/N$는 N을 핵으로 갖는 전사 준동형 사상이다.

[증명] 임의의 $Na \in G/N$에 대하여 분명히 $\pi(a) = Na$이므로 π는 전사이다. 또한 임의의

$a, b \in G$에 대하여 $\pi(ab) = Nab = NaNb = \pi(a)\pi(b)$이므로 준동형 사상이다. π의 핵은 $\pi(a) = Ne$가 되는 모든 a이다. 그런데 $\pi(a) = Na = Ne$일 필요충분조건은 $a \equiv e \pmod{N}$이고 이 또한 $a \in N$이 되기 위한 필요충분조건이다. 따라서 N은 핵이다. ■

전사 준동형 사상 $\pi : G \to G/N$를 **표준준동형**(canonical Homomorphism)이라 부른다.

정리 2.7.6 군에 대한 제 1 동형정리(The First Isomorphism Theorem)
$f : G \to H$는 핵 K를 갖는 군들의 전사 준동형 사상이라 하자. 그러면 몫군 G/K는 H와 동형이다.

[증명] $\varphi : G/K \to H$ 를 $\varphi(Ka) = f(a)$로 정의한다. 임의의 $a, b \in G$에 대하여 $Ka = Kb$라 하자. 따름정리 2.7.4에 의해 $f(a) = f(b)$이다. 따라서 φ는 잘 정의되었다. f가 준동형 사상이므로

$$\varphi(KaKb) = f(ab) = f(a)f(b) = \varphi(Ka)\varphi(Kb)$$

이다. 따라서 φ는 준동형 사상이다. $\varphi(Ka) = \varphi(Kb)$이라 하면

$$\begin{aligned} f(a) = f(b) &\Leftrightarrow ab^{-1} \in K \\ &\Leftrightarrow Ka = Kb \end{aligned}$$

이므로 φ는 단사함수이다. 임의의 $h \in H$이라 하면 f가 전사함수이므로 적당한 $a \in G$가 존재하여 $f(a) = h$이다. $h = f(a) = \varphi(Ka)$이므로 φ는 전사함수이다. ■

| 보기 2.7.1 | G와 H가 군이라 하자. 그러면 **직접곱**(direct product) $G \times H$는 다음을 만족하는 정규부분군 G^*를 포함한다. i) $G^* \cong G$이고 ii) 몫군 $(G \times H)/G^*$가 H와 동형이다. 이를 증명하라.

[증명] $f : G \times H \to H$는 $f(a, b) = b$로 주어지는 함수라 하자. 그러면 예제 2.7.2(뒤에 나옴)에 의하여, f는 전사 준동형 사상이다. G^*는 f의 핵이라 하자. 그러면

$$\begin{aligned} G^* &= \{(a, b) : f(a, b) = e_H\} \\ &= \{(a, b) : b = e_H\} = \{(a, e_H) : a \in G\} \end{aligned}$$

이다. 따라서 정리 2.7.6에 의하여, $(G \times H)/G^* \cong H$이다. 더욱이, $G \cong G^*$임을 보이는 것은 쉽다. ■

| 보기 2.7.2 | $\mathbb{C}^*$는 영이 아닌 복소수들의 곱셈군이고 N은 절대값이 1인 모든 복소수들의 집합, 즉 $N=\{a+bi \mid a^2+b^2=1\}$이라 하자. 그러면 N은 $\mathbb{C}^*$의 정규부분군이고 몫군 $\mathbb{C}^*/N$은 양의 실수들의 곱셈군 $\mathbb{R}^+$와 동형이다.

[증명] $f : \mathbb{C}^* \to \mathbb{R}^+$를 $f(a+bi)=a^2+b^2$으로 정의하자. 그러면 유제 2.7.2에 의하여, f는 곱셈군들의 전사 준동형 사상이다. 1이 $\mathbb{R}^+$의 항등원이므로, f의 핵은 절대값이 1인 복소수들의 집합, 즉 N이다. 따라서 정리 2.7.2에 의하여, $N \lhd \mathbb{C}^*$이고 $\mathbb{C}^*/N \cong \mathbb{R}^+$이다. ■

정리 2.7.7

N은 군 G의 정규부분군이고 K는 N을 포함하는 G의 임의의 부분군이라 하자. 그러면

(1) $K/N \leq G/N$

(2) T가 G/N의 임의의 부분군이면, G의 부분군 H가 존재하여 $N \subset H$이고 $T=H/N$이다.

[증명] (1) N이 군 G의 정규부분군이라 하고 K는 N을 포함하는 G의 부분군이라 하자. 그러면 N은 확실히 K의 부분군이다. 모든 $a \in G$에 대하여 $Na=aN$이고, 특히 모든 $a \in K$에 대하여도 $Na=aN$이므로, N이 군 K의 정규부분군이다. 정리 2.6.2에 의하여, K/N은 군이다. K/N의 원소들은 $a \in K$인 나머지류 Na들이다. 분명히, 이와 같은 모든 나머지류는 역시 $G/N=\{Nc : c \in G\}$에 속하는 나머지류이다. 그러므로 K/N은 G/N의 부분군이다.

(2) $H=\{a \in G : Na \in T\}$라 하고 $a, b \in H$를 임의로 택하자. 그러면 $Na, Nb \in T$이다. T는 G/N의 부분군이므로, $Nab=(Na)(Nb) \in T$이다. 따라서 $ab \in H$이다. 그러므로 H는 연산에 대해 닫혀 있다. 임의로 $a \in H$를 택하자. 그러면 $Na \in T$이다. T는 G/N의 부분군이므로, $Na^{-1}=(Na)^{-1} \in T$이다. 따라서 $a^{-1} \in H$이다. 그러므로 정리 2.3.2에 의하여, H는 G의 부분군이다. 이제 $a \in N$를 임의로 택하자. 그러면 $a \equiv e \pmod{N}$이다. 정리 2.5.3에 의하여, $Na=Ne$이 성립한다. 그러므로 $Na=Ne \in T$이다. 즉, $a \in H$이다. 따라서 $N \subset H$이다. 한편, $H/N=\{Na \mid a \in H\}$이므로 H의 정의에 의하여, $Na \in H/N$일 필요충분조건은 $Na \in T$이다. 따라서 $H/N=T$이다.

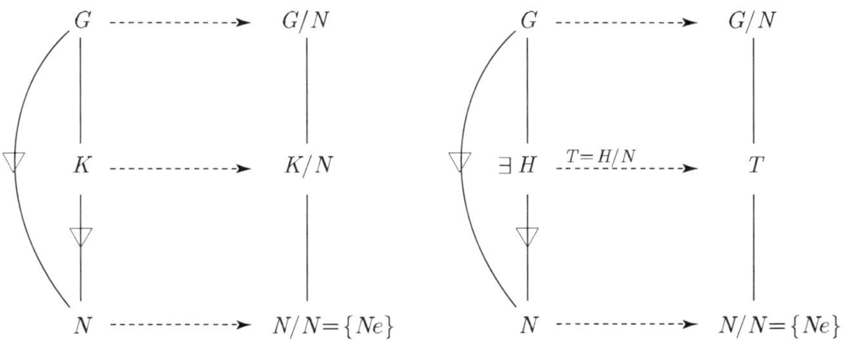

■

제2동형정리는 연습문제 2.7.14를 보시오.

정리 2.7.8 군에 대한 제 3 동형정리(The Third Isomorphism Theorem)
K와 N은 $N \subset K \subset G$인 군 G의 정규부분군이라 하자. 그러면 $K/N \lhd G/N$이고 몫군 $(G/N)/(K/N)$은 G/K와 동형이다.

[증명] G/N에서 $Na = Nc$면, 정의 2.5.1과 정리 2.5.3에 의하여, $ac^{-1} \in N$이다. $N \subset K$이므로 $ac^{-1} \in K$이다. 따라서 다시 정리 2.5.3에 의하여, G/K에서 $Ka = Kc$이다. 그러므로 $f(Na) = Ka$로 주어지는 함수 $f : G/N \rightarrow G/K$는 잘 정의되는 함수이다. 임의로 $Ka \in G/K$를 택하자. 그러면, f의 정의에 의하여, $Na \in G/N$이 존재하여 $f(Na) = Ka$을 만족한다. 따라서 f는 전사다. 이제 $Na, Nb \in G/N$을 임의로 택하자. 그러면

$$f(NaNb) = f(Nab) = Kab = KaKb = f(Na)f(Nb)$$

이므로 f는 준동형 사상이다. Ke는 G/K의 항등원이므로, 나머지류 Na가 $\ker f$의 원소라 하자. 그러면 $f(Na) = Ke$, 즉, $Ka = Ke$이다. 한편 정리 2.5.3에 의하여, $Ka = Ke \Leftrightarrow a \in K$이다. 따라서 $\ker f$는 $a \in K$인 모든 나머지류 Na들로 이루어진다 ; 바꾸어 말하면 K/N는 f의 핵이다. 그러므로 정리 2.7.2에 의하여, K/N은 G/N의 정규부분군이다. 따라서 정리 2.7.6에 의하여,

$$(G/N)/(K/N) = (G/N)/(\ker f) \cong G/K$$

이다.

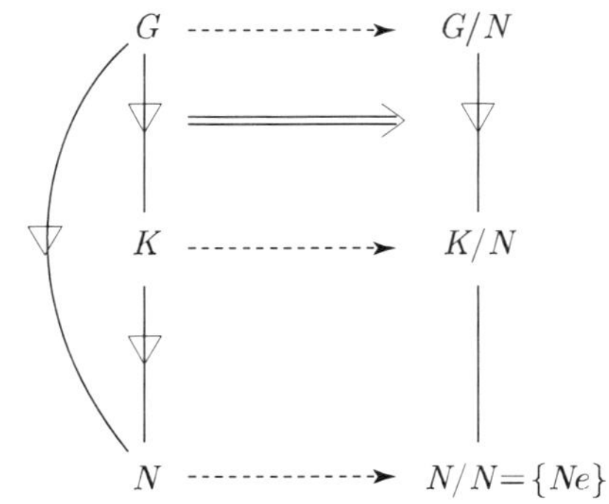

■

정리 2.7.9 대응정리(The Correspondence Theorem)

$f: G \to H$는 핵 K를 갖는 군들의 전사 준동형 사상이라 하자.

(1) $H' \le H$ 이면 $f^{-1}(H') = \{a \in G | f(a) \in H'\}$는 G의 부분군이고 $K \subseteq f^{-1}(H')$ 이고 $f(f^{-1}(H')) = H'$이다. 특히, $H' \lhd H$ 이면 $f^{-1}(H') \lhd G$ 이다.

(2) $G' \le G$ 이면 $f(G')$는 H의 부분군이고 $f^{-1}(f(G')) = G'K = KG'$이다. 특히, $G' \lhd G$ 이면 $f(G') \lhd H$ 이다.

(3) 핵 K를 포함하는 군 G의 부분군[정규부분군] 전체의 집합 $S(G)$와 군 H의 부분군 [정규부분군] 전체의 집합 $S(H)$는 대응

$$G' \leftrightarrow f(G'), \quad f^{-1}(H') \leftrightarrow H'$$

에 의하여 일대일 대응한다.

[증명] (1) $H' \le H$이므로 $a, b \in f^{-1}(H')$이면 $f(a), f(b) \in H'$이므로 $f(ab^{-1}) = f(a)f(b)^{-1} \in H'$, 즉 $ab^{-1} \in f^{-1}(H')$이다. 따라서 $f^{-1}(H')$는 G의 부분군이다. $f(e_G) = e_H \in H'$이므로 $K = \{x | f(x) = e_H\} \subseteq f^{-1}(H')$이고 f가 전사이므로(일반적으로 $f(f^{-1}(H')) = f(G) \cap H' \subseteq H'$이다.)

$$f(f^{-1}(H')) = f(G) \cap H' = H \cap H' = H'$$

이다. 특히, $H' \lhd H$ 이면, 임의의 $g \in G$와 $a \in f^{-1}(H')$에 대하여

$$f(g^{-1}ag) = f(g^{-1})f(a)f(g) \in H', \text{ 즉 } g^{-1}ag \subseteq f^{-1}(H')$$

이므로 $f^{-1}(H') \lhd G$ 이다.

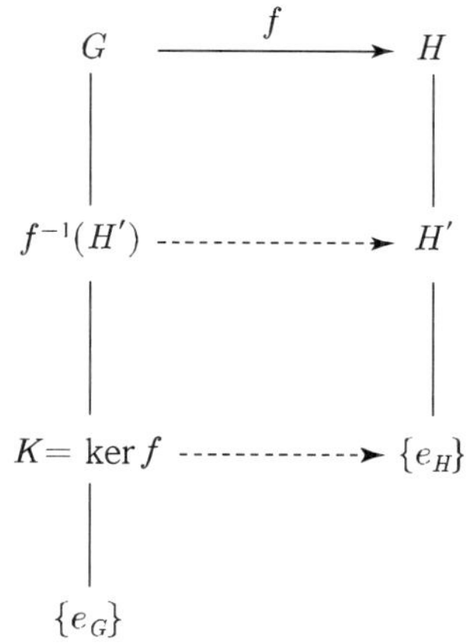

(2) 정리 2.4.3 (3)에 의해 $f(G')$는 H의 부분군이다.

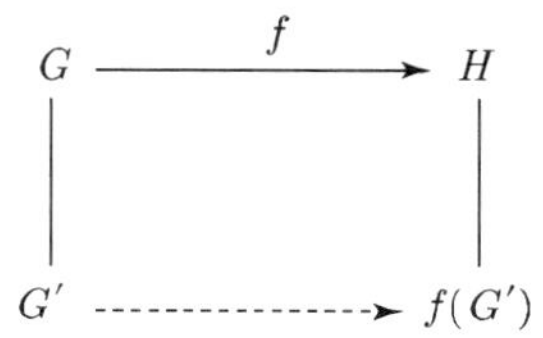

특히, $G' \lhd G$ 이면 임의의 $h \in H$ 에 대하여 f가 전사함수이므로 $g \in G$가 존재하여 $f(g)=h$이다.

$$\begin{aligned} h^{-1}f(G')h &= f(g)^{-1}f(G')f(g) \\ &= f(g^{-1})f(G')f(g) = f(g^{-1}G'g) = f(G') \end{aligned}$$

이므로 $f(G') \lhd H$ 이다. 이제 $f^{-1}(f(G')) = KG'$ 임을 증명하면 된다. (일반적으로 $G' \subseteq f^{-1}(f(G'))$이다.) $L = f^{-1}(f(G'))$라 하자. $f(G')$가 H의 부분군이므로 (1)에 의해 L도 G의 부분군이다. 이제 $a \in L$이라 하면 $f(a) \in f(G')$이므로 $g \in G'$이 존재하여 $f(a) = f(g)$이어야 한다. 따름정리 2.7.4에 의해 $a \in Ka = Kg \subseteq KG'$ 이다. 즉, $L \subseteq KG'$이다. 모든 $kg \in KG'$에 대하여

$$f(kg) = f(k)f(g) = e_H f(g) = f(g) \in f(G')$$

이므로 $kg \in f^{-1}(f(G')) = L$, 즉 $KG' \subseteq L$이다.

(3) 위의 (1), (2)에 의하여 부분군 G'이 핵 K를 포함할 때, $f^{-1}(f(G')) = G'K = G'$가 되고 특히 $G' \lhd G$ 이면 $f(G') \lhd H$ 이다. 또한 H의 임의의 부분군 H'에 대하여 $f(f^{-1}(H')) = H'$이고 $H' \lhd H$ 이면 $f^{-1}(H') \lhd G$ 이다. 따라서 함수 $\Phi : S(G) \to S(H)$, $G' \mapsto f(G')$와 함수 $\Psi : S(H) \to S(G)$, $H' \mapsto f^{-1}(H')$는 서로 다른 것의 역함수이다. 따라서 $S(G)$와 $S(H)$는 $G' \mapsto f(G')$에 의하여

일대일 대응한다.

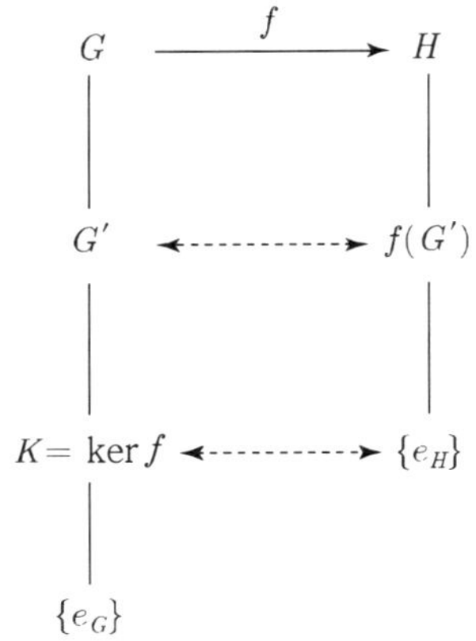

■

따름정리 2.7.10

N은 군 G의 정규부분군이고 K는 N을 포함하는 G의 임의의 부분군[정규부분군]이라 하자. G/N의 모든 부분군[정규부분군]은 K/N 꼴이다.

[증명] 정리 2.7.5에 의해 N이 군 G의 정규부분군이면, $\pi(a) = Na$로 주어지는 함수 $\pi : G \rightarrow G/N$는 N을 핵으로 갖는 전사 준동형 사상이다. 정리 2.7.9의 (3)을 이 함수에 적용하면 G/N의 모든 부분군은 N을 포함하는 G의 모든 부분군 K에 대하여 $\pi(K)$ 형태이다. 그런데

$$\pi(K) = \{\pi(k) \in G/N \mid k \in K\} = \{Nk \mid k \in K\} = K/N$$

이다. 또한, G/N의 모든 정규부분군은 N을 포함하는 G의 모든 정규부분군 K에 대하여 $\pi(K) = K/N$ 형태이다. ■

따름정리 2.7.11

N은 군 G의 정규부분군이고 K는 N을 포함하는 G의 임의의 부분군이라 하자. 그러면 $K/N \triangleleft G/N$일 필요충분조건은 $K \triangleleft G$이다.

[증명] $\Leftarrow$] 정리 2.7.8에서 증명되었다.

$\Rightarrow$] 정리 2.7.9의 (1)을 $\pi : G \rightarrow G/N$에 적용하면 $K/N \triangleleft G/N$이므로 $\pi^{-1}(K/N) \triangleleft G$이다. 그런데 $\pi^{-1}(K/N) = K$이다. 즉,

$$\pi^{-1}(K/N) = \{a \mid \pi(a) \in K/N\}$$

$$= \{a \mid Na \in K/N\}$$
$$= K$$

이다.

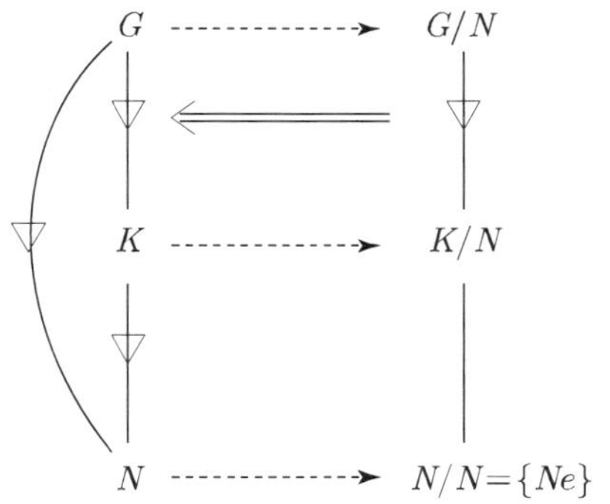

■

예제 2.7.1 각 함수가 군 준동형 사상임을 증명하고 그것의 핵을 구하라.

(1) $f : \mathbb{Z}_{12} \to \mathbb{Z}_{12}$, 여기서 $f(x) = 3x$이다.

(2) $f : \mathbb{Z} \to \mathbb{Z}_2 \times \mathbb{Z}_4$, 여기서 $[k]_n$은 $\mathbb{Z}_n$에서 k의 합동류를 나타내고 $f(k) = ([k]_2, [k]_4)$이다.

[풀이] (1) 임의로 $a, b \in \mathbb{Z}_{12}$를 택한다. 그러면

$$\begin{aligned} f(a+b) &= 3(a+b) && (\because f\text{의 정의}) \\ &= 3a+3b \\ &= f(a)+f(b) \end{aligned}$$

이므로 f는 준동형 사상이다. 한편

$$\begin{aligned} \ker f &= \{a \in \mathbb{Z}_{12} \mid f(a) = 0\} \\ &= \{a \in \mathbb{Z}_{12} \mid 3a \equiv 0 \pmod{12}\} \\ &= \{0, 4, 8\} \end{aligned}$$

이다.

(2) 임의로 $a, b \in \mathbb{Z}$를 택한다. 그러면

$$\begin{aligned} f(a+b) &= ([a+b]_2, [a+b]_4) && (\because f\text{의 정의}) \\ &= ([a]_2+[b]_2, [a]_4+[b]_4) && (\because \mathbb{Z}_n\text{에서의 정의}) \\ &= ([a]_2, [a]_4)+([b]_2, [b]_4) && (\because \mathbb{Z}_2\times\mathbb{Z}_4\text{에서의 정의}) \\ &= f(a)+f(b) \end{aligned}$$

이므로 f는 준동형 사상이다. 한편 $(0,\ 0)$은 $\mathbb{Z}_2 \times \mathbb{Z}_4$에서 항등원이다. 따라서

$$\begin{aligned}\ker f &= \{a \in \mathbb{Z} \mid f(a) = ([a]_2,\ [a]_4) = (0,\ 0)\} \\ &= \{a \in \mathbb{Z} \mid [a]_2 = 0\text{이고 } [a]_4 = 0\} \\ &= \{a \in \mathbb{Z} \mid a \equiv 0 \pmod 2\text{ 이고 } a \equiv 0 \pmod 4\} \\ &= \{a \in \mathbb{Z} \mid a \in 4\mathbb{Z}\}\end{aligned}$$

이다. ■

유제 2.7.1 각 함수가 군 준동형 사상임을 증명하고 그것의 핵을 구하라.

(1) $f : \mathbb{Z}_8 \to \mathbb{Z}_2$, 여기서 $f([k]_8) = [k]_2$이다.

(2) $f : \mathbb{Z}_{18} \to \mathbb{Z}_3$, 여기서 $f([x]_{18}) = [2x]_3$이다.

예제 2.7.2 G와 H는 군이고 $f : G \times H \to H$는 $f(a,\ b) = b$로 주어진다고 하자. f는 전사 준동형 사상임을 보여라.

[풀이] 임의로 $(a,\ b)$와 $(c,\ d) \in G \times H$를 택한다. 그러면

$$\begin{aligned}f((a,\ b)(c,\ d)) &= f((ac,\ bd)) && (\because\ G \times H\text{에서의 연산의 정의}) \\ &= bd && (\because\ f\text{의 정의}) \\ &= f(a,\ b)f(c,\ d)\end{aligned}$$

이므로 f는 준동형 사상이다. f가 전사함수임은 분명하다. 따라서 f는 전사 준동형 사상이다. ■

유제 2.7.2 $f(a+bi) = a^2 + b^2$으로 주어지는 함수 $f : \mathbb{C}^* \to \mathbb{R}^+$는 군들의 전사 준동형 사상임을 증명하라. 여기서 $\mathbb{C}^*$는 영이 아닌 복소수의 곱셈군이고 $\mathbb{R}^+$는 양의 실수의 곱셈군이다.

예제 2.7.3 $\mathbb{Z}_{12}/H$의 모든 부분군을 열거하라. 여기서 $H = \{0,\ 6\}$이다.

[풀이] $T \le \mathbb{Z}_{12}/H$라 하자. 그러면 정리 2.7.7의 (2)에 의하여, $N \le \mathbb{Z}_{12}$이 존재하여 $H \subset N$이고 $T = N/H$이다. H를 포함하는 $\mathbb{Z}_{12}$의 부분군은 H, $N = \{0,\ 3,\ 6,\ 9\}$, $\{0,\ 2,\ 4,\ 6,\ 8,\ 10\}$, $\mathbb{Z}_{12}$이므로 $\mathbb{Z}_{12}/H$의 부분군은 H/H, $\{0,\ 3,\ 6,\ 9\}/H$, $\{0,\ 2,\ 4,\ 6,\ 8,\ 10\}/H$, $\mathbb{Z}_{12}/H$이다. ■

유제 ▮ 2.7.3 $K=\{0,\ 4,\ 8,\ 12,\ 16\}$일 때, $\mathbb{Z}_{20}/K$의 모든 부분군을 열거하라.

예제 ▮ 2.7.4 $k\,|\,n$이고 $f:\mathbb{Z}_n^*\to\mathbb{Z}_k^*$는 $f([x]_n)=[x]_k$로 주어지는 함수이면, f는 준동형 사상임을 보이고 f의 핵을 구하라(표시법은 예제 2.7.1과 같다).

[풀이] $\mathbb{Z}_n^*=\{a\in\mathbb{Z}_n\,|\,(a,\ n)=1\}$이고 $k\,|\,n$이므로 $f:\mathbb{Z}_n^*\to\mathbb{Z}_k^*$는 잘 정의된다. 임의로 $[a]_n,\ [b]_n\in\mathbb{Z}_n^*$을 택한다. 그러면

$$\begin{aligned} f([a]_n[b]_n) &= f([ab]_n) && (\because\ \mathbb{Z}_n\text{에서의 연산의 정의}) \\ &= [ab]_k && (\because f\text{의 정의}) \\ &= [a]_k[b]_k \\ &= f([a]_n)f([b]_n) \end{aligned}$$

이므로 f는 준동형 사상이다. 한편

$$\begin{aligned} \ker f &= \{[a]_n\in\mathbb{Z}_n^*\,|\,f([a]_n)=[a]_k=[1]_k\} \\ &= \left\{[a]_n\in\mathbb{Z}_n^*\,|\,a\equiv 1\pmod k\right\} \end{aligned}$$

이다. ■

유제 ▮ 2.7.4 $\varphi:\mathbb{Z}[x]\to\mathbb{Z}$는 $\varphi(f(x))=f(3)$로 정의되는 함수라 하자. φ는 준동형 사상임을 보이고 φ의 핵을 구하라. 여기서 $\mathbb{Z}[x]$는 정수 계수 다항식들의 덧셈군이다.

예제 ▮ 2.7.5 제 1 동형사상정리를 사용하여 $\mathbb{R}^*/\langle 1,\ -1\rangle\cong\mathbb{R}^+$임을 증명하라.

[풀이] 함수 $f:\mathbb{R}^*\to\mathbb{R}^+,\ f(a)=|a|,\ a\in\mathbb{R}^*$라 정의한다.

그러면 f는 전사함수임은 분명하다. 임의로 $a,\ b\in\mathbb{R}^*$를 택한다. 그러면

$$f(ab)=|ab|=|a||b|=f(a)f(b)$$

이므로 f는 준동형 사상이다. 그러므로 f는 전사 준동형 사상이다. 한편

$$\begin{aligned} \ker f &= \{a\in\mathbb{R}^*\,|\,f(a)=|a|=1\} \\ &= \{-1,\ 1\} \end{aligned}$$

이므로 제 1 동형사상정리에 의하여, $\mathbb{R}^*/\langle -1,\ 1\rangle\cong\mathbb{R}^+$이다. ■

유제 2.7.5-1 G를 예제 2.1.5의 군이라 하고 H를 유제 2.1.5-1의 군이라 하자. 제 1 동형사상정리를 사용하여 H는 G의 정규부분군이고 $G/H \cong \mathbb{R}^*$ 임을 증명하라. [도움말 : $f(T_{a,\,b}) = a$로 주어지는 함수 $f:G \to \mathbb{R}^*$를 생각하라.]

유제 2.7.5-2 M은 군 G의 정규부분군이고 N은 군 H의 정규부분군이라 하자. 제 1 동형사상정리를 사용하여 $M \times N \lhd G \times H$ 이고 $(G \times H)/(M \times N) \cong G/M \times H/N$임을 증명하라.

유제 2.7.5-3 $SL(2,\ \mathbb{R})$은 $GL(2,\ \mathbb{R})$의 정규부분군(유제 2.5.8)이다. $GL(2,\ \mathbb{R})/SL(2,\ \mathbb{R}) \cong \mathbb{R}^*$ 임을 증명하라.

예제 2.7.6 $f:G \to H$는 핵 K를 갖는 군들의 전사 준동형 사상이고 M은 H의 부분군이라 하자.

(1) $K \subset N \subset G$이고 $N/K \cong M$인 G의 부분군 N이 존재함을 증명하라.

(2) $M \lhd H$이면, $N \lhd G$이고 $G/N \cong H/M$임을 증명하라.

[풀이] (1) 임의로 $a \in \ker f = K$를 택한다. 그러면 $M \le H$이므로 $f(a) = e_H \in M$이다. 따라서 $a \in f^{-1}(M)$이다. 그러므로 $K \subset f^{-1}(M) \subset G$이다. $N = f^{-1}(M)$라 하고 임의로 $a,\ b \in N$을 택한다. 그러면

$$\begin{aligned} f(ab) &= f(a)f(b) && (\because\ f\text{는 준동형 사상}) \\ &\in M && (\because\ M \le H) \end{aligned}$$

이고

$$f(a^{-1}) = f(a)^{-1} \in M \qquad (\because\ M \le H)$$

이므로 $ab \in N$이고 $a^{-1} \in N$이다. 그러므로 $N \le G$이다. $K \lhd N$임은 쉽게 증명된다. 이제 함수 $g:N \to M,\ g(n) = f(n),\ n \in N$를 정의하자. 그러면 f가 전사 준동형 사상이므로, g 역시 전사 준동형 사상이다. 더욱이 $\ker g = K$ 이고 $N/K \cong M$ 이다.

(2) (i) 임의로 $g \in G$와 $n \in N$을 택한다.

$$\begin{aligned} f(g^{-1}ng) &= f(g)^{-1}f(n)f(g) && (\because\ f\text{는 준동형 사상}) \\ &\in M && (\because\ f(n) \in M\text{이고 } M \lhd H) \end{aligned}$$

이므로 $g^{-1}ng \in N$이다. 따라서 $N \lhd G$이다.

(ii) $h: G/N \to H/M$, $h(Ng) = Mf(g)$, $g \in G$라 정의하자. 임의로 $g, g' \in G$를 택한다. 그러면

$$\begin{aligned} h(NgNg') &= h(Ngg') & (\because G/N\text{에서의 연산}) \\ &= Mf(gg') & (\because h\text{의 정의}) \\ &= Mf(g)f(g') & (\because f\text{는 준동형 사상}) \\ &= (Mf(g))(Mf(g')) & (\because H/M\text{에서의 연산}) \\ &= h(Ng)h(Ng') \end{aligned}$$

따라서 h는 준동형 사상이다. 한편

$$\begin{aligned} \ker h &= \{Ng \in G/N : h(Ng) = Me_H\} \\ &= \{Ng \in G/N : Mf(g) = Me_H\} \\ &= \{Ng \in G/N : f(g){e_H}^{-1} = f(g) \in M\} \\ &= \{Ng \in G/N : g \in N = f^{-1}(M)\} \\ &= \langle Ne_G \rangle \end{aligned}$$

이므로 h는 단사이다. f가 전사함수이므로, h는 전사이다. 그러므로 h는 동형 사상이다. 따라서 $G/N \cong H/M$ 이다. ■

유제 2.7.6 체 $\mathbb{Z}_3$ 위의 행렬에 대하여 연산이 행렬의 곱셈인 군

$$G = \left\{ \begin{pmatrix} a & b \\ 0 & c \end{pmatrix} \,\middle|\, a,\ b,\ c \in \mathbb{Z}_3,\ ac \neq 0 \right\}$$

이 있다. 군 G에서 곱셈군 $\mathbb{Z}_3^* = \mathbb{Z}_3 - \{0\}$으로의 군 준동형 사상

$$\phi : G \to \mathbb{Z}_3^*,\quad \phi\left(\begin{pmatrix} a & b \\ 0 & c \end{pmatrix}\right) = ac$$

의 핵 $\ker \phi$와 동형인 군은?

2.7 연습문제

1. 다음 함수가 군 준동형 사상임을 증명하고 그것의 핵을 구하라 :
$\varphi : S_n \to S_{n+1}$, 여기서 각 $f \in S_n$에 대하여 $\varphi(f) \in S_{n+1}$은 다음과 같이 주어진다 :

$$\varphi(f)(k) = \begin{cases} f(k) & (1 < k \le n) \\ n+1 & (k = n+1) \end{cases}$$

2. G와 H는 군, $G^* = \{(a, e_H) \mid a \in G\}$이고 $H^* = \{(e_G, b) \mid b \in H\}$라 하자.

(1) G^*와 H^*는 $G \times H$의 정규부분군임을 보여라.

(2) $G \cong G^*$이고 $H \cong H^*$임을 보여라.

(3) $(G \times H)/G^* \cong H$이고 $(G \times H)/H^* \cong G$임을 보여라.

3. (1) $\mathbb{Z}_{12}$의(동형 사상에 이르기까지) 가능한 모든 준동형상들을 열거하라.

(2) $\mathbb{Z}_{20}$에 관하여 (1)과 같은 것을 해결하라.

4. 군 G가 G 자신과 $\langle e_G \rangle$ 이외의 정규부분군을 전혀 갖지 않을 때 단순군(simple group)이라 한다. $f : G \to H$는 군들의 전사 준동형 사상이고 G는 단순군이라 가정하자. 그러면 f는 동형 사상이거나 또는 $H = \langle e_H \rangle$임을 증명하라.

5. G는 가환군이라 하자.

(1) $K = \{a \in G \mid |a| \le 2\}$는 G의 부분군임을 보여라.

(2) $H = \{x^2 \mid x \in G\}$는 G의 부분군임을 보여라.

(3) $G/K \cong H$임을 증명하라. [도움말 : 핵 K를 갖는 G에서 H로의 전사 준동형 사상을 정의하라.]

6. N은 군 G의 정규부분군이고 K는 N을 포함하는 G의 임의의 부분군이라 하자. 그러면, 정리 2.7.7(1)에 의하여, K/N은 G/N의 부분군이다. K/N이 G/N의 정규부분군이면, K가 G의 정규부분군임을 증명하라.

7. R은 환이고 $r \in R$라 하자. $f : R \to R$은 $f(x) = rx$로 정의되는 함수라 하자.

(1) f는 덧셈군들의 준동형 사상임을 보여라.

(2) f는 환 준동형 사상일 필요가 없음을 보기를 주어서 보여라.

(3) f가 환 준동형 사상이 되기 위한 R 또는 r에 대한 조건을 찾아라.

8. G는 다음과 같은 모든 꼴의 행렬들의 집합이라 하자 :

$$\begin{pmatrix} 1 & a & b \\ 0 & 1 & c \\ 0 & 0 & 1 \end{pmatrix}$$

여기서 $a,\ b,\ c \in \mathbb{Q}$이다.

(1) G는 행렬곱에 대하여 군임을 보여라.

(2) G의 중심 C를 구하고 C는 덧셈군 $\mathbb{Q}$와 동형임을 보여라.

(3) G/C는 덧셈군 $\mathbb{Q}\times\mathbb{Q}$와 동형임을 보여라.

9. $f : G \to H$는 핵 K를 갖는 군들의 전사 준동형 사상이라 하자. H의 모든 부분군들의 집합과 K를 포함하는 G의 모든 부분군들 사이에 전단사 함수가 존재함을 증명하라.

10. N은 군 G의 정규부분군이고 $f : G \to H$는 N에 대한 f의 제한이 동형 사상 $N \cong H$인 군들의 준동형 사상이라 하자. $G \cong N \times K$임을 증명하라. 여기서 K는 f의 핵이다.

11. 군 G가 다음을 만족하는 부분군 N을 가지면 **메타아벨군**(metaabelian group)이라 한다 : N은 아벨, G의 정규부분군이고, G/N은 아벨이다.

(1) S_3는 메타아벨군임을 보여라.

(2) 메타아벨군의 모든 준동형상은 메타아벨군임을 증명하라.

(3) 메타아벨군의 모든 부분군은 메타아벨군임을 증명하라.

12. N은 군 G의 정규부분군이라 하자. G/N이 단순군일 필요충분조건은 $N \subset H \subset G$인 정규부분군 H가 존재하지 않는 것이다. 이를 증명하라.

13. 덧셈군 $\mathbb{Z}[x]$는 정규부분군으로(상수 다항식들의 집합) $\mathbb{Z}$를 포함한다. $\mathbb{Z}[x]/\mathbb{Z} \cong \mathbb{Z}$임을 보여라. 이 보기는 $G/N \cong G$가 $N = \langle e \rangle$임을 만족할 필요가 없음을 보여준다. [도움말 : $T(f(x)) = \mathbb{Z} + xf(x)$로 정의되는 함수 $T : \mathbb{Z}[x] \to \mathbb{Z}[x]/\mathbb{Z}$를 생각하라.]

14. **제 2 동형정리**(The Second Isomorphims Theorem) K와 N은 군 G의 부분군이라 하자. 여기서 N은 G의 정규부분군이다. 그러면 $NK = \{nk \mid n \in N,\ k \in K\}$은 예제 2.5.7에 의하여 K와 N을 모두 포함하는 G의 부분군이다.

(1) N은 NK의 정규부분군임을 보여라.

(2) $f(k) = Nk$로 주어지는 $f : K \to NK/N$는 핵 $K \cap N$을 갖는 전사 준동형 사상임을 증명하라.

(3) $K/(N\cap K)\cong NK/N$임을 보여라.

15. 케일리(Cayley)의 정리 2.4.4는 군 G의 치환군 $A(G)$의 부분군으로 표시한다. G를 치환군으로 표시하는 더 효과적인 방법은 다음과 같이 일반화된 케일리의 정리로부터 생긴다. K는 G의 부분군이고 T는 K의 모든 다른 오른쪽 나머지류들의 집합이라 하자.

(1) $a\in G$면, $f_a(Kb)=Kba$로 주어지는 함수 $f_a : T\rightarrow T$는 집합 T의 치환임을 보여라.

(2) $\varphi(a)=f_{a^{-1}}$로 주어지는 함수 $\varphi : G\rightarrow A(T)$는 핵이 K에 포함 되는 준동형 사상임을 증명하라.

(3) $K \lhd G$이면, $K=\ker\varphi$ 임을 증명하라.

(4) $K=\langle e\rangle$와 함께 (2)와 (3)을 적용함으로써 케일리의 정리를 증명하라.

2.7 유제풀이

유제 2.7.1 각 함수가 군 준동형 사상임을 증명하고 그것의 핵을 구하라.

(1) $f : \mathbb{Z}_8\rightarrow\mathbb{Z}_2$, 여기서 $f([k]_8)=[k]_2$이다.

(2) $f : \mathbb{Z}_{18}\rightarrow\mathbb{Z}_3$, 여기서 $f([x]_{18})=[2x]_3$이다.

[풀이] (1) 임의로 $a,\ b\in\mathbb{Z}_8$를 택한다. 그러면

$$f(a+b)=[a+b]_2=[a]_2+[b]_2=f(a)+f(b)$$

그러므로 f는 준동형 사상이다. 한편

$$\begin{aligned}\ker f&=\{a\in\mathbb{Z}_8 : f(a)=0\}=\{a\in\mathbb{Z}_8 : [a]_2=0\}\\&=\{a\in\mathbb{Z}_8 : a\equiv 0 \pmod 2\}=\{0,\ 2,\ 4,\ 6\}\end{aligned}$$

이다.

(2) 임의로 $a,\ b\in\mathbb{Z}_{18}$를 택한다. 그러면

$$f(a+b)=[2(a+b)]_3=[2a]_3+[2b]_3=f(a)+f(b)$$

그러므로 f는 준동형 사상이다. 한편

$$\begin{aligned}\ker f &= \{a\in\mathbb{Z}_{18} : f(a)=0\} = \{a\in\mathbb{Z}_{18} : [2a]_3 = 0\}\\ &= \{a\in\mathbb{Z}_{18} : 2a\equiv 0 \pmod 3\} = \{0,\ 3,\ 6,\ 9,\ 12,\ 15\}\end{aligned}$$

이다.

유제 2.7.2 $f(a+bi)=a^2+b^2$으로 주어지는 함수 $f:\mathbb{C}^* \to \mathbb{R}^+$는 군들의 전사 준동형 사상임을 증명하라. 여기서 $\mathbb{C}^*$는 영이 아닌 복소수의 곱셈군이고 $\mathbb{R}^+$는 양의 실수의 곱셈군이다.

[풀이]
$$\begin{aligned}f((a+bi)(c+di)) &= f((ac-bd)+(ad+bc)i) = (ac-bd)^2+(ad+bc)^2\\ &= a^2c^2-2abcd+b^2d^2+a^2d^2+2abcd+b^2c^2\\ &= a^2(c^2+d^2)+b^2(c^2+d^2)\\ &= (a^2+b^2)(c^2+d^2) = f(a+bi)f(c+di)\end{aligned}$$

이므로 f는 준동형 사상이다. 또한 임의의 $x\in\mathbb{R}^+$에 대하여, $\sqrt{\frac{x}{2}}+\sqrt{\frac{x}{2}}\,i \in\mathbb{C}^*$라 하면 $f\left(\sqrt{\frac{x}{2}}+\sqrt{\frac{x}{2}}\,i\right)=\left(\sqrt{\frac{x}{2}}\right)^2+\left(\sqrt{\frac{x}{2}}\right)^2=x$이므로 f는 전사 함수이다.

유제 2.7.3 $K=\{0,\ 4,\ 8,\ 12,\ 16\}$일 때, $\mathbb{Z}_{20}/K$의 모든 부분군을 열거하라.

[풀이] $\mathbb{Z}_{20}$는 아벨군이므로 K는 정규부분군이다.

$$\begin{aligned}&K+0=K+4=K+8=K+12=K+16\\ &K+1=K+5=K+9=K+13=K+17\\ &K+2=K+6=K+10=K+14=K+18\\ &K+3=K+7=K+11=K+15=K+19\end{aligned}$$

이므로 $\mathbb{Z}_{20}/K=\{K+0,\ K+1,\ K+2,\ K+3\}$이다. 따라서 $\mathbb{Z}_{20}/K\cong\mathbb{Z}_4$가 분명하다. 따라서 $\mathbb{Z}_{20}/K$의 부분군은 $\mathbb{Z}_{20}/K$, $\{K+0\}$, $\{K+0,\ K+2\}$이다.

유제 2.7.4 $\varphi:\mathbb{Z}[x]\to\mathbb{Z}$는 $\varphi(f(x))=f(3)$로 정의되는 함수라 하자. φ는 준동형 사상임을 보이고 φ의 핵을 구하라. 여기서 $\mathbb{Z}[x]$는 정수 계수 다항식들의 덧셈군이다.

[풀이] $f(x),\ g(x)\in\mathbb{Z}[x]$일 때, $f(x)=a_0+a_1x+\cdots+a_nx^n$,

$g(x) = b_0 + b_1 x + \cdots + b_m x^m$이고 $n \le m$이라 하자. 그러면

$$\begin{aligned}\varphi(f(x)+g(x)) &= \varphi((a_0+a_1x+\cdots+a_nx^n)+(b_0+b_1x+\cdots+b_mx^m)) \\ &= \varphi((a_0+b_0)+(a_1+b_1)x+\cdots+(a_n+b_n)x^n+\cdots+b_mx^m) \\ &= (a_0+b_0)+(a_1+b_1)3\cdots+(a_n+b_n)3^n+\cdots+b_m3^m \\ &= (a_0+a_13+\cdots+a_n3^n)+(b_0+b_13+\cdots+b_m3^m) \\ &= f(3)+g(3) = \varphi(f(x))+\varphi(g(x))\end{aligned}$$

이므로 φ는 준동형 사상이다. 또한 $\ker\varphi = \{f(x) : f(3)=0\}$ 이므로 3을 근으로 갖는 모든 함수이다.

유제 2.7.5-1 G를 예제 2.1.5의 군이라 하고 H를 유제 2.1.5-1의 군이라 하자. 제 1 동형정리를 사용하여 H는 G의 정규부분군이고 $G/H \cong \mathbb{R}^*$ 임을 증명하라.

[풀이] 정의에 따라 $a, b \in \mathbb{R}$, $a \ne 0$이고 $T_{a,b} : \mathbb{R} \to \mathbb{R}$는 $T_{a,b}(x) = ax+b$로 주어지는 함수라 할 때 $G = \{T_{a,b} : a, b \in \mathbb{R}\}$이고 $H = \{T_{1,b} : b \in \mathbb{R}\}$이다. $f : G \to \mathbb{R}^*$, $f(T_{a,b}) = a$라 하자. $T_{a,b}$, $T_{c,d} \in G$라 하자. 예제 2.1.6에서 $T_{a,b} \circ T_{c,d}(x) = T_{a,b}(cx+d) = T_{ac,ad+b}(x)$이므로 $f(T_{a,b} \circ T_{c,d}) = f(T_{ac,ad+b}) = f(acx+(ad+b)) = ac = f(T_{a,b})f(T_{c,d})$이다. 따라서 f는 준동형 사상이다. 또한 임의의 $a \in \mathbb{R}^*$에 대하여 $f(T_{a,b}) = a$이므로 분명히 전사함수이다. 따라서 f는 전사 동형 사상이고 $\ker f = \{T_{a,b} : f(T_{a,b}) = 1\} = \{T_{1,b} : b \in \mathbb{R}\} = H$이므로 제 1 동형정리에 의해 $G/H \cong \mathbb{R}^*$ 이다.

유제 2.7.5-2 M은 군 G의 정규부분군이고 N은 군 H의 정규부분군이라 하자. 제 1 동형정리를 사용하여 $M \times N \lhd G \times H$ 이고 $(G \times H)/(M \times N) \cong G/M \times H/N$임을 증명하라.

[풀이] $f : G \times H \to G/M \times H/N$, $f(a, b) = (Ma, Nb)$라고 하자. 그러면 정의에 의해 분명히 f는 전사함수이다. 또한

$$\begin{aligned}f((a, b)(c, d)) &= f(ac, bd) = (Mac, Nbd) \\ &= (Ma, Nb)(Mc, Nd) = f(a, b)f(c, d)\end{aligned}$$

이므로 f는 준동형 사상이다. 또한

$$\ker f = \{(a, b) : f(a, b) = (Ma, Nb) = (Me_G, Ne_H)\}$$

$$=\{(a,\ b) : a\in M,\ b\in N\} = M\times N$$

이므로 제 1 동형정리에 의해 $(G\times H)/(M\times N)\cong G/M\times H/N$이다.

유제 2.7.5-3 $SL(2,\ \mathbb{R})$은 $GL(2,\ \mathbb{R})$의 정규부분군(유제 2.5.8)이다.
$GL(2,\ \mathbb{R})/SL(2,\ \mathbb{R})\cong\mathbb{R}^*$임을 증명하라.

[풀이] 예제 2.5.8에서 $f\begin{pmatrix}a & b\\ c & d\end{pmatrix}=ad-bc$로 주어지는 함수 $f : GL(2,\ \mathbb{R})\to\mathbb{R}^*$은 곱셈군들의 준동형 사상임을 알았다. 임의의 실수 r에 대하여 $f\begin{pmatrix}r & 0\\ 0 & 1\end{pmatrix}=r$이므로 f는 전사이다. 또한

$$\ker f=\left\{\begin{pmatrix}a & b\\ c & d\end{pmatrix} : f\begin{pmatrix}a & b\\ c & d\end{pmatrix}=1\right\}=\left\{\begin{pmatrix}a & b\\ c & d\end{pmatrix} : ad-bc=1\right\}=SL(2,\ \mathbb{R})$$

이므로 $GL(2,\ \mathbb{R})/SL(2,\ \mathbb{R})\cong\mathbb{R}^*$이다.

유제 2.7.6 체 $\mathbb{Z}_3$ 위의 행렬에 대하여 연산이 행렬의 곱셈인 군

$$G=\left\{\begin{pmatrix}a & b\\ 0 & c\end{pmatrix}\ \middle|\ a,\ b,\ c\in\mathbb{Z}_3,\ ac\neq 0\right\}$$

이 있다. 군 G에서 곱셈군 $\mathbb{Z}_3^*=\mathbb{Z}_3-\{0\}$으로의 군 준동형 사상

$$\phi : G\to\mathbb{Z}_3^*,\quad \phi\left(\begin{pmatrix}a & b\\ 0 & c\end{pmatrix}\right)=ac$$

의 핵 $\ker\phi$와 동형인 군은?

[풀이] $\ker\phi=\left\{\begin{pmatrix}a & b\\ 0 & c\end{pmatrix}\ \middle|\ \phi\begin{pmatrix}a & b\\ 0 & c\end{pmatrix}=ac=1\right\}$ 이므로

$$ac=1\Leftrightarrow a=c=1 \text{ 또는 } a=c=2$$

따라서 $\left\{\begin{pmatrix}1 & 0\\ 0 & 1\end{pmatrix},\begin{pmatrix}1 & 1\\ 0 & 1\end{pmatrix},\begin{pmatrix}1 & 2\\ 0 & 1\end{pmatrix},\begin{pmatrix}2 & 0\\ 0 & 2\end{pmatrix},\begin{pmatrix}2 & 1\\ 0 & 2\end{pmatrix},\begin{pmatrix}2 & 2\\ 0 & 2\end{pmatrix}\right\}=\left\langle\begin{pmatrix}2 & 1\\ 0 & 2\end{pmatrix}\right\rangle\cong\mathbb{Z}_6$이다.

2.8 라그랑지 정리

정리 2.8.1

H는 군 G의 부분군이라 하자. 그러면

(1) G는 H의 오른쪽 나머지류들의 합이다 : $G = \bigcup_{a \in G} Ha$

(2) H의 임의의 두 오른쪽 나머지류는 일치하거나 서로소이다. 즉 $Ha = Hb$ 또는 $Ha \cap Hb = \phi$이다.

(3) 각 $a \in G$에 대하여, 전단사 함수 $f : H \to Ha$가 존재한다. 그러므로 H가 유한하면, H의 임의의 두 오른쪽 나머지류의 원소의 개수는 모두 같다.

[증명] (1) 모든 나머지류는 G의 원소들로 이루어지므로, $\bigcup_{a \in G} Ha \subset G$이다. 임의로 $b \in G$를 택하자. 그러면 $b = eb \in Hb$이므로 $b \in \bigcup_{a \in G} Ha$이다. 따라서 $G \subset \bigcup_{a \in G} Ha$가 되어 $G = \bigcup_{a \in G} Ha$이 성립한다.

(2) 따름정리 2.5.4에 의하여 분명하다.

(3) $f : H \to Ha$를 $f(x) = xa$로 정의한다. 그러면, Ha의 정의에 의하여 f는 전사다. 임의의 $x,\ y \in H$에 대하여, $f(x) = f(y)$라 가정하자. 그러면 $xa = ya$이므로 정리 2.2.1에 의하여 $x = y$이다. 그러므로 f는 단사다. 따라서 f는 전단사 함수다. 더욱이 H가 유한하면 모든 나머지류 Ha는 H와 같은 원소의 개수, $|H|$를 갖는다. ■

H가 군 G의 부분군이면, G에서 서로 다른 H의 오른쪽 나머지류들의 개수를 G에서 H의 지표(the index of H in G)라 하고 $[G : H]$로 나타낸다. G가 유한군이면, 다른 H의 오른쪽 나머지류들은 유한개만 존재할 수 있다. 그러므로 $[G : H]$는 유한하다. G가 무한군이면, 지표는 유한하거나 또는 무한하다.

| 보기 2.8.1 | $\mathbb{Z}$는 덧셈군 $\mathbb{Q}$의 부분군이다. 그러면 $[\mathbb{Q} : \mathbb{Z}]$는 무한하다.

[증명] 보기 2.6.3에 의하여, $\mathbb{Q}$에서 $\mathbb{Z}$의 다른 나머지류들은 무한히 존재한다. 그러므로 $[\mathbb{Q} : \mathbb{Z}]$는 무한하다. ■

| 보기 2.8.2 | H는 덧셈군 $\mathbb{Z}$의 순환 부분군 $\langle 3 \rangle$이라 하자. 그러면 $[\mathbb{Z} : H] = 3$이다.

[증명] 분명히 H는 3의 배수들로 이루어진다. 따라서 H의 나머지류는 바로 3을 법으로 하는 합동류다. 예컨대

$$H + 2 = \{h + 2 \mid h \in H\} = \{3z + 2 \mid z \in \mathbb{Z}\} = [2]$$

이다. 그런데 3을 법으로 하는 서로 다른 합동류들(H의 나머지류)는 꼭 3개 있다. 따라서 $[\mathbb{Z} : H] = 3$ 이다. ■

| 보기 2.8.3 | M은 D_4의 부분군 $\{r_0, r_2\}$라 하자. 그러면, 보기 2.6.2에 의하여, M은 4개의 다른 나머지류들이 있다.

$$Mr_0 = \{r_0, r_2\},\ Mr_1 = \{r_1, r_3\},\ Mh = \{h, v\},\ Md = \{d, t\}$$

그러므로 $[D_4 : M] = 4$ 이고 더욱이 $|D_4| = 2 \cdot 4 = |M|[D_4 : M]$ 이다. ■

정리 2.8.2 라그랑지 정리(Lagrange's Theorem)

H가 유한군 G의 부분군이면, H의 위수는 G의 위수를 나눈다. 특히,

$$|G| = |H|[G : H]$$

이다.

[증명] A가 유한집합이면, $|A|$는 A에 속하는 원소들의 개수를 나타낸다. A와 B가 서로소인 유한집합이면, $|A \cup B| = |A| + |B|$ 이다. 이제 $[G : H] = n$이라 가정하고 G 에서 H 의 n개의 다른 나머지류를 $Hc_1, Hc_2, \cdots, Hc_n$으로 나타내자. 이 나머지류들은 모두 다르므로 정리 2.8.1 (2)에 의하여, 이 나머지류들은 어느 두 개도 서로소이다. $G = \bigcup_{a \in G} Ha$이므로

$$|G| = |Hc_1| + |Hc_2| + \cdots + |Hc_n|$$

이다. 그런데 정리 2.8.1에 의하여, 각 c_i에 대하여 $|Hc_i| = |H|$ 이므로

$$|G| = \underbrace{|H| + |H| + \cdots + |H|}_{n\text{개 합}} = |H|n = |H|[G : H]$$

이다. ■

라그랑지 정리는 주어진 군이 부분군에 대하여 위수가 제한될 가능성이 있음을 보여준다. 예컨대 위수 12인 군의 부분군은 (12의 약수들뿐인) 위수 1, 2, 3, 4, 6 또는 12 중의 하나를 가져야만 한다. 그러나 라그랑지 정리는 군 G가 $|G|$를 나누는 모든 k에 대하여 위수 k인 부분군을 가져야만 한다고 말하지는 않는다.

따름정리 2.8.3

G는 유한군이라 하자.

(1) $a \in G$이면 a의 위수는 G의 위수를 나눈다.

(2) $|G| = k$이면 모든 $a \in G$에 대하여 $a^k = e$이다.

[증명] (1) $a \in G$가 위수 n을 갖는다고 하자. 그러면 정리 2.3.6에 의하여, G의 순환 부분군 $\langle a \rangle$는 위수 n을 갖는다. 따라서 라그랑지 정리에 의하여, $n \,\big|\, |G|$이다.

(2) $a \in G$가 위수 n을 갖고 $|G| = k$라 가정하자. 그러면 (1)에 의하여, $n|k$이므로 양의 정수 t가 존재하여 $k = nt$이다. 따라서 $a^k = a^{nt} = (a^n)^t = e^t = e$이다. ■

정리 2.8.4

N이 $[G : N] = 2$인 군 G의 부분군이면, $N \lhd G$이다.

[증명] 임의의 $g \in G$에 대하여 $g \in N$이면 $Ng = N = gN$이다. 한편 $g \in G - N$이면 $N \cap Ng = \phi = N \cap gN$이므로 조건 $[G : N] = 2$에 의하여 $G = N \cup Ng = N \cup gN$이 된다. 그러므로 $Ng = gN$이므로 $N \lhd G$이다. ■

정리 2.8.5

p는 양의 소수라 하자. 위수 p인 모든 군은 순환군이고 $\mathbb{Z}_p$와 동형이다.

[증명] G는 위수 p인 임의의 군이고 $a \in G$는 임의의 항등원이 아닌 원소라 하자, 그러면 $|\langle a \rangle| > 1$이고 라그랑지 정리에 의하여, $|\langle a \rangle| \,\big|\, p$가 되어야 한다. p는 소수이므로, $\langle a \rangle$는 위수 p인 군이어야만 한다. 따라서 $\langle a \rangle = G$, 즉 G는 위수 p인 순환군이다. 더욱이, 정리 2.4.2에 의하여, $G \cong \mathbb{Z}_p$이다. ■

정리 2.8.5에 의하여, 위수 2, 3, 5 또는 7인 군은 순환군이다.

정리 2.8.6

위수 4인 모든 군은 $\mathbb{Z}_4$ 또는 $\mathbb{Z}_2 \times \mathbb{Z}_2$와 동형이다.

[증명] G는 위수 4인 군이라 하자. 그러면 G는 위수 4인 원소를 포함하거나 그렇지 않다.

경우 1 : G가 위수 4인 원소를 포함한다고 가정하자. 그러면 정리 2.3.6에 의하여 이 원소가 만드는 순환 부분군은 위수 4인 순환군이다. 따라서 정리 2.4.2에 의하여, $G \cong \mathbb{Z}_4$이다.

경우 2 : G가 위수 4인 원소를 포함하지 않는다고 가정하자. e, a, b, c는 G의 서로 다른 원소들이고 e는 항등원이라 하자. 따름정리 2.8.3에 의하여, G의 모든 원소는 4의 약수인 위수를 가져야만 한다. e는 위수 1인 유일한 원소이므로, a, b와 c 각각은 위수 2를 가져야만 한다. 따라서 G의 연산표는 아래와 같다 :

	e	a	b	c
e	e	a	b	c
a	a	e		
b	b		e	
c	c			e

빈칸을 채우기 위하여, 먼저 곱 ab를 생각한다. $ab = e$라 가정하자. 그러면 소거에 의하여 $b = a$이다. 이것은 모순이다. 그러므로 $ab \neq e$이다. $ab = a$라 가정하자. 그러면 $ab = ae$이고 소거에 의하여 $b = e$이 되어 모순이다. 그러므로 $ab \neq a$이다. 비슷하게 $ab = b$라 가정하면, $a = e$라는 모순을 얻는다. 그러므로 $ab \neq b$이므로 유일한 가능성은 $ab = c$이다. 비슷한 방법으로 다음과 같은 G에 대한 유일하게 가능한 연산표를 얻는다 :

	e	a	b	c
e	e	a	b	c
a	a	e	c	b
b	b	c	e	a
c	c	b	a	e

이제 함수 $f : G \to \mathbb{Z}_2 \times \mathbb{Z}_2$를 아래와 같이 정의한다 :

$$f(e) = (0,\ 0),\ f(a) = (1,\ 0),\ f(b) = (0,\ 1)\text{과 } f(c) = (1,\ 1)$$

(G와 $\mathbb{Z}_2 \times \mathbb{Z}_2$의 항등원을 제외한 모든 원소의 위수가 2이므로 a를 (1, 0), (0, 1), (1, 1) 중에서 선택하여 대응시키면 된다.) 두 군의 연산표를 비교함으로써 f가 동형 사상임을 증명할 수 있다. ■

정리 2.8.7

위수 6인 모든 군은 $\mathbb{Z}_6$ 또는 S_3와 동형이다.

[증명] G가 위수가 6인 원소를 포함한다고 하자. 그러면 G는 위수 6의 순환군이 되어 정리 2.4.2에 의해 $\mathbb{Z}_6$와 동형이다. 이제 G는 위수 6인 원소를 포함하지 않는다고 가정하자. 따름정리 2.8.3에 의하여, G의 항등원이 아닌 모든 원소는 위수 2 또는 3을 갖는다. 예제 2.2.7에 의하여 항등원이 아닌 모든 원소가 위수 2를 갖는 군 G는 아벨군이 된다. 또한 $H = \{e,\ a,\ b,\ ab\}$, $a^2 = e$, $b^2 = e$가 아벨군 G의 부분집합이면 $ab = ba$가 성립하므로 연산에 대해 닫혀 있으므로 G의 부분군이 된다. 이것은 라그라지정리에 모순이다. 따라서 G는 위수가 3인 원소를 적어도 하나 포함한다. a가 위수가 3이라 하자. 순환 부분군 $\langle a \rangle = \{e,\ a,\ a^2\}$을 N이라고 하고 b를 $b \notin N$인 G의 임의의 원소라 하자. 그러면 $b \notin N = Ne$이므로 나머지류 $Ne = \{e,\ a,\ a^2\}$과 $Nb = \{b,\ ab,\ a^2b\}$는 일치하지 않는다. 정리 2.8.1에 의하여, $Ne \cap Nb = \varnothing$가 되므로

$$G = \{e,\ a,\ a^2,\ b,\ ab,\ a^2b\}$$

가 된다. 이제 G에 대하여 가능한 연산표가 꼭 하나뿐임을 보이고자 한다. 먼저 b^2을 보자. b^2이 a, a^2, b, ab 또는 a^2b 중의 어느 것도 될 수 없음을 보이자. 예컨대 $b^2 = a$이면, $b^4 = a^2$이다. b의 위수를 2라 하면 $a^2 = b^4 = b^2b^2 = ee = e$이므로 모순이고, 위수를 3이라 해도 $a^2 = b^4 = b^3b = eb = b$이지만 $b \notin N$이므로 모순이다. 따라서 $b^2 = a$가 될 수 없다. 비슷한 논증에 의하여, 유일한 가능성은 $b^2 = e$이다. 따라서 $|b| = 2$이다. 다음에 ba가 e, a, a^2 또는 b 중의 어느 것도 될 수 없음을 증명하는 것은 쉽다(예컨대 $ba = a$면 $b = e$). 또한 $ba = ab$일 수 없다. 왜냐하면 $ba = ab$면 유제 2.2.8에 의해 ba의 위수는 6이다. 위수 6인 원소가 존재하지 않는다고 하였으므로 모순이다. 그러므로 $ba = a^2b$이어야 한다. 이 두 사실에 의하여,

$$b^2 = e \text{이고 } ba = a^2 b$$

이다. 이제 G에서 모든 곱을 계산할 수 있다. 예를 들면

$$ba^2 = (ba)a = (a^2b)a = a^2(ba) = a^2a^2b = a^4b = ab$$

이다. G에 대한 연산표가 아래와 같음을 확인하라 :

	e	a	a^2	b	ab	a^2b
e	e	a	a^2	b	ab	a^2b
a	a	a^2	e	ab	a^2b	b
a^2	a^2	e	a	a^2b	b	ab
b	b	a^2b	ab	e	a^2	a
ab	ab	b	a^2b	a	e	a^2
a^2b	a^2b	ab	b	a^2	a	e

두 연산표들을 비교함으로써 다음의 대응에 대하여 $G \cong S_3$을 보여라 :

$$\begin{array}{cccccc} e & a & a^2 & b & ab & a^2b \\ \downarrow & \downarrow & \downarrow & \downarrow & \downarrow & \downarrow \\ 1 & (123) & (132) & (12) & (23) & (13) \end{array}$$

이제 (위수)≤ 6인 모든 군들을 분류하였다. 비록 여기에서 증명하지는 않을지라도, 위수 8인 (동형인 군을 같다고 취급할 때) 5개의 다른 군들이 있다. 세 개의 아벨군은 $\mathbb{Z}_8$, $\mathbb{Z}_4 \times \mathbb{Z}_2$와 $\mathbb{Z}_2 \times \mathbb{Z}_2 \times \mathbb{Z}_2$이다. 비아벨군은 D_4와 **사원수군**(the quaternion group)이다. ■

군 G가 **단순군**(simple group)이라는 말은 G의 정규부분군이 $\langle e \rangle$와 G 자신뿐임을 의미한다.

보조정리 2.8.8

G는 군, a는 위수 n인 원소이고 k는 양의 정수라 하자. 그러면 a^k가 위수 n일 필요충분조건은 $(n, k) = 1$이다.

[증명] $\Rightarrow$] $|a^k| = n$이라 하고 $(k, n) = r > 1$라 가정하자. 그러면 적당한 $k', h' \in \mathbb{Z}$가 존재하여 $k = rk'$, $n = rn'$, $n' < n$, $k' < k$이다. $|a| = n$이므로

$$(a^k)^{n'} = a^{rk'n'} = a^{k'n} = (a^n)^{k'} = e^{k'} = e$$

이다. 정리 2.2.5에 의하여, $n|n'$이다. n와 n'이 모두 양이고 $n' < n$이므로, 이 것은 모순이다. 그러므로 $(k,\ n) = 1$ 이다.

$\Leftarrow$] 정리 2.2.5의 (4)에서 $d = 1$인 경우이다. ■

$\mathbb{Z}_n$에서 단원들의 부분집합을 $\mathbb{Z}_n^*$이라 하면 이 집합은 곱셈에 관한 군을 이룬다(보기 2.1.5). 또한 따름정리 1.6.2에 의하여 원소 $m \in \mathbb{Z}_n$이 단원일 필요충분조건은 $(m,\ n) = 1$인 것이다. 다음의 정의는 널리 쓰인다.

정의 2.8.9

집합 $\mathbb{Z}_n^*$의 원소의 개수를 $\varphi(n)$으로 나타내고 **오일러 함수**(Euler function)라 한다. 즉, 함수 $\varphi : \mathbb{N} \to \mathbb{R},\ \varphi(n) = |\mathbb{Z}_n^*|$를 말한다.

정리 2.8.10

$m,\ n$과 p는 양의 정수라 하자. 여기서 p는 소수다. **오일러 함수**는 다음의 성질을 만족한다.

(1) $\varphi(p) = p - 1$

(2) $\varphi(p^n) = p^{n-1}(p-1)$

(3) $(m, n) = 1$ 이면 $\varphi(mn) = \varphi(m)\varphi(n)$

[증명] 증명은 연습문제 2.8.18을 보라. ■

다음 정리는 **체**(field)를 아직 배우지 않았지만 나중에 체를 배우고 나서 증명을 보도록 하자(정리 2.3.7과 동일). 따름정리 5.2.12는 동일한 정리이지만 증명방법이 다르다.

정리 2.8.11

G를 체 F의 영이 아닌 원소들의 곱셈군 F^*의 유한 부분군이라 하자. 그러면 G는 순환군이다.

[증명] $c \in G$를 유한군 G의 원소 중 가장 위수가 크다고 하자. $|c| = m$이라 하자. $a \in G$

이면 따름정리 2.2.7에 의해 $|a| \mid m$이다. 그러므로 $a^m = 1_F$이 성립한다. 그러므로 G의 모든 원소들은 다항식 $x^m - 1_F$의 근이다. 이 다항식의 근은 많아야 m개이므로 $|G| \le m$이다. 그런데 $\langle c \rangle$가 위수 m인 G의 부분군이므로 $\langle c \rangle = G$이어야 한다. 따라서 G는 순환군이다. ■

예제 2.8.1 지표 $[G : H]$을 구하라.

(1) $H = \{r_0, r_2\}$이고 $G = D_4$일 때.

(2) $H = \langle 3 \rangle$이고 $G = \mathbb{Z}_{12}$일 때.

[풀이] (1) $G = D_4$이고 $H = \{r_0, r_2\}$이므로, 보기 2.6.2에 의하여,

$G/H = \{Mr_0, Mr_1, Mh, Md\}$이다. 그러므로 $[G : H] = 4$이다.

[다른 방법] $|G| = |H|[G : H]$이므로, $8 = 2[G : H]$이다. 따라서 $[G : H] = 4$이다.

(2) $H = \langle 3 \rangle \le G = \mathbb{Z}_{12}$이므로, $H = \{0, 3, 6, 9\}$이다. 따라서

$$
\begin{aligned}
&0 + H = H = 3 + H, \\
&1 + H = \{1, 4, 7, 10\} = 4 + H, \\
&2 + H = \{2, 5, 8, 11\} = 5 + H
\end{aligned}
$$

이다. $G/H = \{0 + H, 1 + H, 2 + H\}$이므로 $[G : H] = 3$이다.

[다른 방법] $|G| = |H|[G : H]$ 즉 $12 = 4[G : H]$이므로 $[G : H] = 3$이다. ■

유제 2.8.1 지표 $[G : H]$을 구하라.

(1) $H = \langle 3 \rangle$이고 $G = \mathbb{Z}_{20}$일 때.

(2) H는 12와 20이 만드는 부분군이고 $G = \mathbb{Z}_{40}$일 때.

(3) H는 (1234)이 만드는 부분군이고 $G = S_4$일 때.

예제 2.8.2 $\mathbb{Z}_{24}$의 부분군들의 가능한 위수들은 무엇인가?

[풀이] H는 $H \le \mathbb{Z}_{24}$라 하자. 그러면 $|H| \mid |\mathbb{Z}_{24}| = 24$이다. 그런데 24의 양의 약수는 1, 2, 3, 4, 6, 8, 12, 24이다. 따라서 $\mathbb{Z}_{24}$의 부분군들의 가능한 위수는 1, 2, 3, 4, 6, 8, 12, 24이다. ■

유제 2.8.2 $D_4 \times \mathbb{Z}_{10}$의 부분군들의 가능한 위수는 무엇인가?

예제 2.8.3 군 G는 위수가 100보다 작고 위수 10과 25인 부분군을 갖는다. G의 위수는 무엇인가?

[풀이] H_1과 H_2는 G의 부분군이고 $|H_1| = 10$, $|H_2| = 25$라 하자. 그러면 라그랑지 정리에 의하여, $10 \mid |G|$이고 $25 \mid |G|$이다. 따라서 $k \in \mathbb{Z}$가 존재하여 $|G| = 50k$를 만족한다. 여기서 50은 10과 25의 최소 공배수이다. $|G| < 100$이므로, $50k < 100$이다. 그러므로 $k < 2$, 즉 $k = 1$이므로 $|G| = 50$이다. ■

유제 2.8.3 G는 1에서 12까지의 모든 위수를 갖는 원소들을 갖는다고 하자. $|G|$의 가능한 값 중 가장 작은 수는 무엇인가?

예제 2.8.4 $\mathbb{Z}_7^*$의 생성원을 구하라. (정리 2.8.11에 해당하는 예제임)

[풀이] $\mathbb{Z}_7 = \{0, 1, 2, 3, 4, 5, 6\}$은 체이고 $\mathbb{Z}_7^* = \mathbb{Z}_7 - \{0\}$은 유한한 곱셈군이다. 그러면 $\mathbb{Z}_7^*$는 순환군이다. 따라서 적당한 $a \in \mathbb{Z}_7^*$가 존재하여 $\mathbb{Z}_7^* = \langle a \rangle$을 만족한다. 그런데

$$\langle 2 \rangle = \{1, 2, 4\} = \langle 4 \rangle \neq \mathbb{Z}_7^*,$$
$$\langle 3 \rangle = \{1, 2, 3, 4, 5, 6\} = \langle 5 \rangle = \mathbb{Z}_7^*,$$
$$\langle 6 \rangle = \{1, 6\} \neq \mathbb{Z}_7^*$$

이므로 $\mathbb{Z}_7^*$의 생성원은 3 또는 5이다. ■

유제 2.8.4 정리 2.8.11에 의하여, 다음의 각 곱셈군은 순환군이다. 모든 생성원을 구하라.

(1) $\mathbb{Z}_{11}^*$ (2) $\mathbb{Z}_{19}^*$

예제 2.8.5 a는 군 G에서 위수 30인 원소라 하자. $\langle a \rangle$에서 $\langle a^4 \rangle$의 지표는 무엇인가?

[풀이] $|a| = 30$이므로, $|\langle a \rangle| = 30$이다. 그러면 $\langle a \rangle$의 부분군들의 가능한 위수는 1, 2, 3, 5, 6, 10, 15, 30이다. 따라서 각 위수에 대응하는 $\langle a \rangle$의 부분군은

$$\langle a^0 \rangle = \langle e \rangle,$$
$$\langle a^{15} \rangle = \{e, a^{15}\},$$
$$\langle a^{10} \rangle = \{e, a^{10}, a^{20}\},$$

$\langle a^6 \rangle = \{e, a^6, a^{12}, a^{18}, a^{24}\}$,

$\langle a^5 \rangle = \{e, a^5, a^{10}, a^{15}, a^{20}, a^{25}\}$,

$\langle a^3 \rangle = \{e, a^3, a^6, a^9, a^{12}, a^{15}, a^{18}, a^{21}, a^{24}, a^{27}\}$,

$\langle a^4 \rangle = \{e, a^4, a^8, a^{12}, a^{16}, a^{20}, a^{24}, a^{28}, a^2, a^6, a^{10}, a^{14}, a^{18}, a^{22}, a^{26}\} = < a^2 >$

이다. 그러므로 라그랑지 정리에 의하여, $30 = 15[\langle a \rangle : \langle a^4 \rangle]$이다. 따라서

$$[\langle a \rangle : \langle a^4 \rangle] = 2$$

이다. ■

유제 ‖ 2.8.5 H와 K는 $[G : H] = p$이고 $[G : K] = q$인 유한군 G의 부분군이라 하자. 여기서 p와 q는 다른 소수다. pq는 $[G : H \cap K]$의 약수임을 증명하라.

예제 ‖ 2.8.6 G가 단순 아벨군일 필요충분조건은 G가 어떤 소수 p에 대하여 $\mathbb{Z}_p$와 동형임을 증명하라.

[풀이] $\mathbb{Z}_p$의 원소의 위수는 1과 p밖에 될 수 없으므로 단순군이다. 따라서 $\mathbb{Z}_p$와 동형인 모든 군은 단순군이다. 역으로 G가 단순 아벨군이라 하자. 아벨군의 모든 부분군은 정규부분군이므로 G는 $\langle e \rangle$와 G 이외의 부분군을 갖지 않는다. $e \neq a \in G$라 하면 순환군 $\langle a \rangle$는 G이어야만 한다. 모든 무한 순환군은 $\mathbb{Z}$와 동형이고 $\mathbb{Z}$는 많은 진부분군을 포함하므로 $\langle a \rangle = G$은 위수 n의 유한군이다. n이 소수임을 증명한다. $|G| = |a| = td = n$, $1 < d < n$라 가정한다. 정리 2.2.5에 의하여, $\langle a^t \rangle \leq G$이고 $|\langle a^t \rangle| = d$이다. G는 진부분군이 없으므로 이는 불가능하다. 따라서 $|G|$는 소수이다. ■

유제 ‖ 2.8.6 p와 q가 소수이면, 위수 pq인 군의 모든 진부분군은 순환군임을 보여라.

예제 ‖ 2.8.7 H와 K는 각각이 소수 위수 p인 군 G의 부분군이라 하자. $H \neq K$이면, $H \cap K = \langle e \rangle$임을 증명하라.

[풀이] 분명히 $H \cap K \leq H$이고 $H \cap K \leq K$이다. 그러면 $|H \cap K| \,\big|\, p$이다. p는 소수이므로, $|H \cap K| = 1$ 또는 $|H \cap K| = p$이어야 한다. 따라서 $H \cap K = \langle e \rangle$ 또는 $H = H \cap K = K$이다. $H \neq K$이므로, $H \cap K = \langle e \rangle$이다. ■

유제 ‖ 2.8.7 위수 10인 비아벨군 G는 위수 2인 5개의 원소들을 가짐을 증명하라.

예제 2.8.8 $f: G \to H$는 군들의 준동형 사상이고 $a \in G$가 유한 위수를 가지면 $f(a)$는 H에서 유한 위수를 갖고 $|f(a)| \mid |a|$임을 증명하라.

[풀이] $|a| = n$이라 하자. $|a| = |\langle a \rangle|$이므로 $a^n = e_G$이다. f는 준동형 사상이므로

$$f(a)^n = f(a^n) = f(e_G) = e_H$$

이다. 정리 2.4.3에 의하여, $|f(a)| \mid n$이므로 $|f(a)| \mid |a|$이다. ■

유제 2.8.8-1 $f: G \to H$가 유한군들의 전사 준동형 사상이면 $|H|$는 $|G|$의 약수임을 증명하라.

유제 2.8.8-2 H와 K는 군 G의 부분군이고 $K \subset H$이고 $[G:H]$와 $[H:K]$는 유한하다고 하자. 그러면 $[G:K]$는 유한하고 $[G:K] = [G:H][H:K]$임을 증명하라.

유제 2.8.8-3 N은 군 G의 유한 정규부분군이고 G/N은 위수 n인 원소를 포함하면 G는 위수 n인 원소를 포함함을 증명하라.

유제 2.8.8-4 G는 위수 pq인 군이라 하자. 여기서 p와 q는 소수이다(다를 필요는 없다). G의 중심은 위수 1 또는 pq를 가져야 함을 증명하라.

유제 2.8.8-5 군 G에서 중심 $Z(G)$는 부분군 $\langle e \rangle$가 아니고 $|G| = p^2$이라 하자. 여기서 p는 소수다. G는 아벨군임을 증명하라.

유제 2.8.8-6 위수가 360인 순환군의 생성원의 개수를 구하라.

2.8 연습문제

1. H와 K가 각각 위수가 소수 p, q인 군 G의 부분군이라 하자. $H \cap K = \langle e \rangle$임을 증명하라.

2. 다음의 각 경우에 해당하는 무한군 G와 H를 찾아라. 이 책에 없는 것으로 찾아라.
(1) $[G:H]$는 유한하다. (2) $[G:H]$는 무한하다.

3. S_4의 부분군들의 가능한 위수들은 무엇인가?

4. H와 K는 유한군 G의 부분군이면, $|H \cap K|$은 $|H|$와 $|K|$의 공약수임을 증명하라.

5. F는 체이고 n은 양의 정수가 하자. F에서 $x^n - 1_F$의 근들의 집합은 곱셈에 대하여 순환군임을 증명하라.

6. G가 진부분군을 갖지 않는 군이면, G는 어떤 소수 p에 대하여 $\mathbb{Z}_p$와 동형임을 증명하라.

7. G가 위수 25인 군이면, G는 순환하거나 또는 G의 모든 비항등원이 위수 5를 가짐을 증명하라.

8. (1) p는 소수고 c는 $\mathbb{Z}_p$의 영이 아닌 원소라 하자. $c^{p-1} = 1$임을 보여라.
(2) 페르마의 소정리(Fermat′s Little Theorem)를 증명하라 : p는 소수이고 a는 임의의 정수면, $a^p \equiv a \pmod{p}$이다. 더욱이 $(a,\ p) = 1$이면, $a^{p-1} \equiv 1 \pmod{p}$이다. [도움말 : c는 $\mathbb{Z}_p$에서 a의 합동류라 하고 (1)을 사용하라.]

9. (1) G가 위수 $2n$인 아벨군이면, G는 위수 2인 꼭 하나의 원소를 포함함을 증명하라. 여기서 n은 홀수다.
(2) G가 비아벨이면 (1)이 거짓일 수 있음을 보기를 주어서 보여라.

10. G는 위수 n인 아벨군이고 k는 양의 정수라 하자. $f(a) = a^k$으로 주어지는 함수 $f : G \to G$가 동형 사상일 필요충분조건은 $(k,\ n) = 1$인 것이다. 이를 증명하라.

11. G가 위수 n인 군이고 G가 2^{n-1}개의 부분군을 가지면, $G = \langle e \rangle$ 또는 $G \cong \mathbb{Z}_2$임을 증명하라.

12. a와 b는 $a^5 = e,\ aba^{-1} = b^2$이고 $b \neq e$인 군 G의 원소라 하자. b의 위수는 무엇인가?

13. 위수 33인 군은 위수 3인 원소를 포함함을 증명하라.

14. 소수 p가 유한군 G의 위수를 나누면, G에서 위수 p인 원소들의 개수는 $p-1$의

배수임을 증명하라.

15. n은 다른 양의 소수들의 곱이라 하자. 위수 n인 모든 아벨군은 $\mathbb{Z}_n$과 동형임을 증명하라.

16. G는 유한 아벨군이고 p는 양의 소수라 하자. H가 e와 위수 p인 원소들로 이루어진 집합이면, H는 k에 대하여 위수 p^k인 부분군임을 증명하라.

17. A_4는 위수 6인 부분군을 갖지 않는 위수 12인 군임을 증명하라(라그랑즈 정리의 역은 성립하지 않는다).

18. m, n과 p는 양의 정수라 하자. 여기서 p는 소수다. 오일러 함수는 다음의 성질을 가짐을 증명하라 :

(1) $\varphi(p) = p - 1$

(2) $\varphi(p^n) = p^{n-1}(p-1)$

(3) $(m, n) = 1$이면, $\varphi(mn) = \varphi(m)\varphi(n)$이다.

19. G는 $|a| = 4$, $|b| = 2$이고 $ba = a^3b$인 두 원소 a와 b로 생성되는 군이라 하자. G는 위수 8인 군이고 G는 D_4와 동형임을 보여라.

20. 오일러 정리를 증명하라 : n은 양의 정수고 a는 $(a, n) = 1$인 정수면,

$a^{\varphi(n)} \equiv 1 \pmod{n}$이다.

21. 라그랑지 정리의 역은 아벨군에 대하여 성립함을 증명하라 : G가 유한 아벨군이고 $k \,\big|\, |G|$면, G는 위수 k인 부분군을 갖는다. [도움말 : $|G|$에 대한 귀납법을 사용하라 ; 이 정리가 $|G| = n$이고 $k|n$이고 n보다 작은 위수인 군들에 대하여 성립한다고 가정하고, p는 h의 소수 약수라 하자. 그러면 G는 위수 p는 원소 a를 갖고 (왜?), G/N은 $|G/N| < n$이고 $k/p \,\big|\, |G/N|$인 군이다. 여기서 $N = \langle a \rangle$이다. 귀납법과 정리 2.7.7, 따름정리 2.8.3를 사용하라.]

22. H는 $[G : H]$가 유한인 군 G의 부분군이라 하자. G에는 $[G : N]$가 유한이고 $N \subset H$인 정규부분군이 존재함을 보여라.

2.8 유제풀이

유제 2.8.1 지표 $[G : H]$을 구하라.

(1) $H = \langle 3 \rangle$이고 $G = \mathbb{Z}_{20}$이다.

(2) H는 12와 20이 만드는 부분군이고 $G = \mathbb{Z}_{40}$이다.

(3) H는 (1234)이 만드는 부분군이고 $G = S_4$이다.

[풀이] (1) $H = \langle 3 \rangle = \mathbb{Z}_{20}$이므로 $[G : H] = 1$이다.

(2) $\langle 12 \rangle = \{0, 12, 24, 36, 8, 20, 32, 4, 16, 28\}$, $\langle 20 \rangle = \{0, 20\}$이므로 $\langle 20 \rangle \subseteq \langle 12 \rangle$이다. 따라서 $H = \langle 12, 20 \rangle = \{0, 12, 24, 36, 8, 20, 32, 4, 16, 28\}$이고 $[G : H] = 4$이다.

(3) $H = \langle (1234) \rangle = \{1, (1234), (13)(24), (1432)\}$이고 $|S_4| = 24$이므로 $[G : H] = 6$이다.

유제 2.8.2 $D_4 \times \mathbb{Z}_{10}$의 부분군들의 가능한 위수는 무엇인가?

[풀이] $|D_4 \times \mathbb{Z}_{10}| = 80$이므로 80의 양의 약수는 1, 2, 4, 5, 8, 10, 16, 20, 40, 80이다. 따라서 $D_4 \times \mathbb{Z}_{10}$의 부분군들의 가능한 위수는 1, 2, 4, 5, 8, 10, 16, 20, 40, 80이다.

유제 2.8.3 G는 1에서 12까지의 모든 위수를 갖는 원소들을 갖는다고 하자. $|G|$의 가능한 값 중 가장 작은 수는 무엇인가?

[풀이] G의 위수는 1에서 12까지의 수를 모두 약수로 가져야 하므로 $|G|$의 가능한 값 중 가장 작은 수는 1에서 12까지의 수의 최소 공배수이어야 한다. 따라서 $2 \cdot 3 \cdot 2 \cdot 5 \cdot 7 \cdot 2 \cdot 3 \cdot 11 = 27720$이다.

유제 2.8.4 정리 2.8.9에 의하여, 다음의 각 곱셈군은 순환한다. 모든 생성원을 구하라.

(1) $\mathbb{Z}_{11}^*$ (2) $\mathbb{Z}_{19}^*$

[풀이] (1) $\mathbb{Z}_{11}^* = \{1, 2, 3, 4, 5, 6, 7, 8, 9, 10\}$이다.

$$\langle 2 \rangle = \{1,\ 2,\ 2^2 \equiv 4,\ 2^3 \equiv 8,\ 2^4 \equiv 5,\ 2^5 \equiv 10,\ 2^6 \equiv 9,\ 2^7 \equiv 7,\ 2^8 \equiv 3,\ 2^9 \equiv 6\} = \mathbb{Z}_{11}^*$$

이다. 이 원소들 중 위수가 10인 것은 2^k 꼴의 형태에서 $(k, 10) = 1$인 것이므로 $2^1 \equiv 2$, $2^3 \equiv 8$, $2^7 \equiv 7$, $2^9 \equiv 6$이 생성원이다.

(2) $\mathbb{Z}_{19}^* = \{1, 2, 3, 4, 5, 6, 7, 8, 9, 10, 11, 12, 13, 14, 15, 16, 17, 18\}$이다.

$$\begin{aligned}\langle 2 \rangle = \{&1,\ 2,\ 4,\ 8,\ 2^4 \equiv 16,\ 2^5 \equiv 13,\ 2^6 \equiv 7,\ 2^7 \equiv 14,\\ &2^8 \equiv 9,\ 2^9 \equiv 18,\ 2^{10} \equiv 17,\ 2^{11} \equiv 15,\ 2^{12} \equiv 11,\\ &2^{13} \equiv 3,\ 2^{14} \equiv 6,\ 2^{15} \equiv 12,\ 2^{16} \equiv 5,\ 2^{17} \equiv 10\}\\ = \mathbb{Z}_{19}^*&\end{aligned}$$

이다. 이 원소들 중 위수가 18인 것은 2^k 꼴의 형태에서 $(k, 18) = 1$인 것이므로 $2^1 \equiv 2$, $2^5 \equiv 13$, $2^7 \equiv 14$, $2^{11} \equiv 15$, $2^{13} \equiv 3$, $2^{17} \equiv 10$이 생성원이다.

유제 2.8.5 H와 K는 $[G : H] = p$이고 $[G : K] = q$인 유한군 G의 부분군이라 하자. 여기서 p와 q는 다른 소수다. pq는 $[G : H \cap K]$의 약수임을 증명하라.

[풀이] $\dfrac{|G|}{|H \cap K|} = \dfrac{|G|}{|H|}\dfrac{|H|}{|H \cap K|} = p\dfrac{|H|}{|H \cap K|}$이므로 $p \mid \dfrac{|G|}{|H \cap K|}$이다.

$\dfrac{|G|}{|H \cap K|} = \dfrac{|G|}{|K|}\dfrac{|K|}{|H \cap K|} = q\dfrac{|K|}{|H \cap K|}$이므로 $q \mid \dfrac{|G|}{|H \cap K|}$이다. 그런데 $(p, q) = 1$이므로 $pq \mid \dfrac{|G|}{|H \cap K|}$이다.

유제 2.8.6 p와 q가 소수이면, 위수 pq인 군의 모든 진부분군은 순환군임을 보여라.

[풀이] 위수 pq인 군의 가능한 부분군의 위수는 1, p, q, pq이다. 진부분군의 위수는 1, p 또는 q이다. 위수가 1이면 $\langle e \rangle$이므로 순환군이다. 또한 정리 2.8.5에 의해 위수 p 또는 q인 부분군은 순환군이다.

유제 2.8.7 위수 10인 비아벨군 G는 위수 2인 5개의 원소들을 가짐을 증명하라.

[풀이] 위수 10인 원소가 존재하면 G는 순환군이고 따라서 아벨군이 되므로 위수 10의 원소는 없다. 따름정리 2.8.3에 의해 G의 항등원이 아닌 모든 원소는 위수 2 또는 5를 갖는다. G의 모든 원소가 위수가 2이면 예제 2.2.7에 의해 G는 아벨군이 되므로 모순이다. 따라서 위수가 5인 원소가 적어도 하나 존재한다. 군 G의 위수가 5인 원소를 a라 할 때 $N = \langle a \rangle = \{e, a, a^2, a^3, a^4\}$인 순환군이라 하자. $b \in G$를 $b \not\in N$인 원소라 하자. 그러면 $Ne =$

$\langle a \rangle = \{e,\ a,\ a^2,\ a^3,\ a^4\}$, $Nb = \{b,\ ab,\ a^2b,\ a^3b,\ a^4b\}$이고 $b \notin Ne$이므로 $Ne \neq Nb$이다. 그러므로 $G = \{e,\ a,\ a^2,\ a^3,\ a^4,\ b,\ ab,\ a^2b,\ a^3b,\ a^4b\}$이다. 이제, $b^2 = a$이고 위수가 2라고 하면 $b^2 = a = e$이 되어 모순이다. $b^2 = a$이고 위수가 5이면 $a^3 = b^6 = b^5b = b$이다. $b \in N$이 되어 모순이다. 또한 $b^2 = a^2$이고 위수가 2라고 하면 $b^2 = a^2 = e$이 되어 모순이다. $b^2 = a^2$이고 위수가 5이면 $a = a^6 = b^6 = b^5b = b$이다. $b \in N$이 되어 모순이다. $b^2 = a^3$, $b^2 = a^4$인 경우도 비슷하게 모순이 된다. 이제, $b^2 = ab$이면 $b = a$이 되어 모순이다. $b^2 = a^2b$이면 $b = a^2$이 되어 $b \in N$되므로 모순이다. $b^2 = a^3b$, $b^2 = a^4b$인 경우도 $b \in N$되므로 모순이다. 따라서 $b^2 = e$이어야만 한다.

이제 ba의 값을 알아보자. $ba = e$이면 $b = a^{-1} = a^4 \in N$이므로 모순이다. $ba = a$이면 $b = e$이므로 모순, $ba = a^2$이면 $b = a$이므로 모순, 또한 $ba = a^3$, $ba = a^4$이면 비슷하게 모두 다 모순이다.

$ba = b$이면 $a = e$이므로 모순이므로 $ba = ab$이면 유제 2.2.8에 의해 ba의 위수는 10이다. 위수 10인 원소가 존재하지 않는다고 하였으므로 모순이다. $ba = a^2b$이면 $(ba)^2 = baba = a^2ba^2b = a^2(ba)ab = a^2a^2bab = a^4bab = a^4a^2bb = a^6e = a$이고, 또한 $(ba)^2 = baba = a^2bba = a^2ea = a^3$이 되어 $a = a^3$이므로 모순이다. 또한 $ba = a^3b$이면 $(ba)^2 = baba = a^3ba^3b = a^3(ba)a^2b = a^3a^3ba^2b = aba^2b = aa^3bab = a^4a^3bb = a^2$이고, $(ba)^2 = baba = a^3bba = a^3a = a^4$이 되어 $a^4 = a^2$이므로 모순이다. 따라서 $ba = a^4b$이어야만 한다. 따라서

$$(ab)^2 = abab = aa^4bb = a^5b^2 = ee = e,$$
$$(a^2b)^2 = a^2ba^2b = a^2(ba)ab = a^2a^4bab = a^6bab = abab = aa^4bb = ee = e,$$
$$(a^3b)^2 = a^3ba^3b = a^3a^4ba^2b = a^7baab = a^2ba^2b = a^2a^4bab = abab = e,$$
$$(a^4b)^2 = a^4ba^4b = a^4a^4ba^3b = a^8baa^2b = a^3a^4ba^2b = a^2ba^2b = e$$

이므로 군 G에는 위수 2인 원소가 5개 존재한다.

유제 2.8.8-1 $f : G \to H$가 유한군들의 전사 준동형 사상이면, $|H|$는 $|G|$의 약수임을 증명하라.

[풀이] K를 함수 f의 핵이라 하자. 그러면 제 1 동형정리에 의해 $G/K \cong H$이므로 $|G/K| = |H|$이다. $|G|/|K| = |G/K| = |H|$이므로 $|H|$는 $|G|$의 약수이다.

유제 2.8.8-2 H와 K는 군 G의 부분군이고 $K \subset H$이고 $[G:H]$와 $[H:K]$는 유한하다고 하자. 그러면 $[G:K]$는 유한하고 $[G:K]=[G:H][H:K]$임을 증명하라.

[풀이] 라그랑지 정리에 의해 $|G|=|H|[G:H]$ 이고 K는 H의 부분군이므로 $|H|=|K|[H:K]$ 이다. 따라서 $|G|=|K|[H:K][G:H]$이다. 또한 $|G|=|K|[G:K]$이므로 $|K|[G:K]=|K|[H:K][G:H]$이다. 따라서 $[G:K]=[H:K][G:H]$이다.

별해 : $[G:H]=m$, $[H:K]=n$이라 하자. 정리 2.8.1에 의해 다음과 같이 쓸 수 있다. $G=Ha_1 \cup Ha_2 \cup \cdots \cup Ha_m$, $a_i \in G$, ($Ha_i = Ha_j$ 또는 $Ha_i \cap Ha_j = \phi$)이고, $H=Kb_1 \cup Kb_2 \cup \cdots \cup Kb_n$, $b_i \in H$, ($Kb_i = Kb_j$ 또는 $Kb_i \cap Kb_j = \phi$)이다. $G=\bigcup_{i=1}^{m}\bigcup_{j=1}^{n} Kb_ja_i$이라 하면 $K \subset H$이므로

$$
\begin{aligned}
Kb_ja_i = Kb_ka_i &\Leftrightarrow (b_ja_i)(b_ia_l)^{-1} \in K \\
&\Leftrightarrow b_ja_ia_i^{-1}b_k^{-1} \in K \\
&\Leftrightarrow b_jb_k^{-1} \in K \\
&\Leftrightarrow Kb_j = Kb_k
\end{aligned}
$$

이다. 그러므로 모든 $i(1 \le i \le m)$에 대하여 $Kb_j \cap Kb_k = \phi$일 필요충분조건은 $Kb_ja_i \cap Kb_ka_i = \phi$이다. 또한 $Ha_i = Ha_j$ 또는 $Ha_i \cap Ha_j = \phi$이고 $Ha_i = Kb_1a_i \cup Kb_2a_i \cup \cdots \cup Kb_na_i$이므로 $Kb_ja_i = Kb_ja_k \Leftrightarrow Ha_i = Ha_k$가 되므로 모든 $j(1 \le j \le n)$에 대하여 $Ha_i \cap Ha_k = \phi$일 필요충분조건은 $Kb_ja_i \cap Kb_ja_k = \phi$이다. 따라서 $|G| = [G:H][H:K]|Kb_ja_i| = [G:H][H:K]|K|$이고 $[G:H]$와 $[H:K]$가 유한하므로 $[G:H]$는 유한하고 $[G:K]=[G:H][H:K]$이다.

유제 2.8.8-3 N은 군 G의 유한 정규부분군이고 G/N은 위수 n인 원소를 포함하면, G는 위수 n인 원소를 포함함을 증명하라.

[풀이] Na를 G/N의 원소 중 위수가 n인 원소라 하자. 그러면 $Na^n=(Na)^n=Ne$이므로 $a^n=e$이다. 따라서 a의 위수는 유한이다. 이제 $|a|=m$이라 하자. 그러면 $m|n$이다. 이제 $(Na)^m = Na^m = Ne$이 되므로 $n|m$이어야 한다. 따라서 $n=m$이다.

유제 2.8.8-4 G는 위수 pq인 군이라 하자. 여기서 p와 q는 소수이다(다를 필요는 없다). G의 중심은 위수 1 또는 pq를 가져야 함을 증명하라.

[풀이] 예제 2.5.3에 의하여, $Z(G) \lhd G$이다. 그러면

$$|G| = |Z(G)|[G : Z(G)] \tag{*}$$

이고 $|G| = pq$이므로, $|Z(G)| \mid pq$이다. 따라서 $|Z(G)| = 1,\ p,\ q$ 또는 pq가 된다. $|Z(G)| = p$라 가정한다. 그러면 (*)에 의하여, $[G : Z(G)] = |G/Z(G)| = q$이다. q는 소수이므로, 정리 2.8.5에 의하여, $G/Z(G)$는 순환군이다. 따라서 정리 2.6.4에 의하여, G는 아벨군이다. 그러므로 $G = Z(G)$이 되어 모순이다. 비슷하게 $|Z(G)| = q$일 때도 모순을 유도할 수 있다. 따라서 $|Z(G)| = 1$ 또는 pq가 된다.

유제 2.8.8-5 군 G에서 중심 $Z(G)$는 부분군 $\langle e \rangle$가 아니고 $|G| = p^2$이라 하자. 여기서 p는 소수다. G는 아벨군임을 증명하라.

[풀이] $Z(G)$는 부분군 $\langle e \rangle$가 아니고 $|Z(G)| \mid |G|$이므로 $|Z(G)| = p,\ p^2$이어야 한다. $|Z(G)| = p$이면 $G/Z(G)$는 위수가 p인 순환군이고, $|Z(G)| = p^2$이면 $|G/Z(G)| = 1$이므로 순환군이다. 따라서 정리 2.6.4에 의해 G는 아벨군이다.

유제 2.8.8-6 위수가 360인 순환군의 생성원(generator)의 개수를 구하라.

[풀이] 위수가 360인 순환군의 생성원은 360과 서로소인 원소의 개수이다. 따라서 $\phi(360) = \phi(2^3 \times 3^2 \times 5) = \phi(2^3)\phi(3^2)\phi(5) = 2^3\left(1 - \frac{1}{2}\right)3^2\left(1 - \frac{1}{3}\right)5\left(1 - \frac{1}{5}\right) = 96$이다.

3장

환

수학자는 그가 수학자인 이상, 선입견에 사로 잡히지 않아야 하고 더 나아가 많은 철학자들에 의해 말하여진 어떠한 견해로부터도 자유스러워야 한다는 것이 나의 의견이다.

In my opinion a mathematician, in so far as he is a mathematician, need not preoccupy himself with philosophy-an opinion, moreover, which has been expressed by many philosophers.

- 수학자 앙리 레온 르베크(Henri-Léon Lebesgue)

3.1 환의 정의

정의 3.1.1

환(ring)이란 다음의 공리들을 만족하는(보통 덧셈과 곱셈으로 쓰게 되는) 두 개의 연산을 갖는 공집합이 아닌 집합 R을 말한다.

모든 $a,\ b,\ c \in R$ 에 대하여,

(1) $a \in R$이고 $b \in R$면, $a+b \in R$이다. [덧셈에 대하여 닫힘]

(2) $a+(b+c)=(a+b)+c$ [덧셈의 결합법칙]

(3) $a+b=b+a$ [덧셈의 교환법칙]

(4) 모든 $a \in R$에 대하여 $a+0_R=a=0_R+a$를 만족하는 $0_R \in R$이 존재한다. [덧셈의 항등원 또는 영원]

(5) 모든 $a \in R$에 대하여, 방정식 $a+x=0_R$이 R에서 해를 갖는다.

(6) $a \in R$이고 $b \in R$이면, $ab \in R$이다. [곱셈에 대하여 닫힘]

(7) $a(bc)=(ab)c$ [곱셈의 결합법칙]

(8) $a(b+c)=ab+ac$이고 $(a+b)c=ac+bc$ 이다. [분배법칙]

정의 3.1.2

가환환(commutative ring)은 다음의 공리를 만족하는 환 R이다.

(9) 임의의 $a,\ b \in R$에 대하여 $ab=ba$가 성립한다. [곱셈의 교환법칙]

가환환이 아닌 환을 **비가환환**(noncommutative ring)이라 한다.

정의 3.1.3

항등원이 있는 환(ring with identity)은 다음의 조건을 만족하는 원소 1_R을 포함하는 환 R이다.

(10) 모든 $a \in R$에 대하여 $a1_R=a=1_Ra$가 성립한다. [곱셈의 항등원]

| 보기 3.1.1 | 보통의 덧셈과 곱셈을 갖는 정수들의 집합 $\mathbb{Z}$는 항등원이 있는 가환환이다. ■

| 보기 3.1.2 | 보통의 덧셈과 곱셈을 갖는 동치류들의 집합 $\mathbb{Z}_n$은 정리 1.5.3에 의하여, 항등원이 있는 가환환이다. ■

| 보기 3.1.3 | E는 보통의 덧셈과 곱셈을 갖는 짝수 정수들의 집합이라 하자. 두 짝수 정수들의 합과 곱은 역시 짝수이므로, 닫힘 (공리 (1)과 (6))이 성립한다. 0은 짝수 정수이므로, E는 덧셈의 항등원(공리 (4))을 갖는다. a가 짝수이면, $a+x=0$의 해$(-a)$는 역시 짝수이므로 공리 (5)가 성립한다. 나머지 공리들(결합법칙, 교환법칙, 분배법칙)은 모든 E의 원소들에 대하여 성립한다. 그러므로 E는 가환환이다. 그러나 E는 항등원이 있는 환이 아니다. 왜냐하면, 어떤 짝수인 정수 e도 모든 $a\in E$에 대하여 $ae=a=ea$인 성질을 갖지 않기 때문이다. ■

| 보기 3.1.4 | 보통의 덧셈과 곱셈을 갖는 홀수 정수들의 집합은 환이 아니다. 두 홀수 정수의 합은 홀수가 아니다. 따라서 공리 (1)이 성립하지 않는다. ■

보기 3.1.4는 환의 부분집합이 환이 될 필요가 없음을 보여준다. 환 R의 부분집합 S가 R에서의 덧셈과 곱셈에 대하여 자신이 환일 때 S를 R의 **부분환**(subring)이라 말한다. 공리 (2), (3), (7)과 (8)은 환 R의 모든 원소에 대하여 성립한다. 그러므로 이 공리들은 반드시 임의의 부분집합 S의 원소들에 대하여 성립한다. 따라서 S가 부분환임을 증명하기 위해 다음의 조건만을 증명하면 된다.

(i) S는 덧셈과 곱셈에 대하여 닫혀있고(공리 (1)과 (6)) ;

(ii) $0_R\in S$ (공리 (4)) ;

(iii) $a\in S$일 때, 방정식 $a+x=0_R$이 S에서 해를 갖는다(공리 (5)).

사실 다음이 성립한다.

정리 3.1.4

환 R의 부분집합 S가 R의 부분환일 필요충분조건은
(i) 임의의 $a, b\in S$에 대하여 $a-b\in S$이고
(ii) 임의의 $a, b\in S$에 대하여 $ab\in S$이다.

증명은 예제 2.3.5를 이용하여 쉽게 증명할 수 있다. 각자 해보기로 하자.

| 보기 3.1.5 | 아래의 표로 정의되는 덧셈과 곱셈을 갖는 집합 $T=\{$ㄱ, ㄴ, ㄷ, ㄹ$\}$는 환이다 :

+	ㄱ	ㄴ	ㄷ	ㄹ
ㄱ	ㄱ	ㄴ	ㄷ	ㄹ
ㄴ	ㄴ	ㄱ	ㄹ	ㄷ
ㄷ	ㄷ	ㄹ	ㄱ	ㄴ
ㄹ	ㄹ	ㄷ	ㄴ	ㄱ

·	ㄱ	ㄴ	ㄷ	ㄹ
ㄱ	ㄱ	ㄱ	ㄱ	ㄱ
ㄴ	ㄱ	ㄱ	ㄴ	ㄴ
ㄷ	ㄱ	ㄱ	ㄷ	ㄷ
ㄹ	ㄱ	ㄱ	ㄹ	ㄹ

공리 (2), (7)과 (8)이 성립한다는 것을 알 수 있다. 원소 ㄱ은 공리 (4)에서 0_R로 표시되는 원소인 덧셈의 항등원이다. ㄱ은 $\mathbb{Z}$에서 수 0과 같은 역할을 한다(이것이 표시법 0_R이 공리에서 사용되는 이유다). 그러나 이는 정수 0이 아니다. 실제로 ㄱ은 어떤 종류의 수도 아니다. 그럼에도 불구하고 ㄱ을 환 T의 "영원"이라 부를 것이다. 공리 (5)를 증명하기 위하여, 다음의 각 방정식

$$ㄴ + x = ㄱ,\ ㄹ + x = ㄱ,$$
$$ㄷ + x = ㄱ,\ ㄱ + x = ㄱ$$

이 T에서 해를 가짐을 보여야만 한다. 이것은 덧셈표로부터 쉽게 보여 진다. 예를 들면 $x=$ㄴ은 ㄴ$+x=$ㄱ의 해이다. 왜냐하면 ㄴ$+$ㄴ$=$ㄱ이기 때문이다. T는 가환환이 아니다. 예를 들면 ㄴㄷ$=$ㄴ이고 ㄷㄴ$=$ㄱ이므로, ㄴㄷ$\neq$ㄷㄴ이다. ■

| 보기 3.1.6 | $M(\mathbb{R})$은 각 성분이 실수인 모든 2×2 행렬들의 집합이다. 즉, $M(\mathbb{R})$은 $a,\ b,\ c,\ d\in\mathbb{R}$에 대하여 $\begin{pmatrix} a & b \\ c & d \end{pmatrix}$ 꼴의 행렬들로 이루어졌다.
행렬곱셈에서 행렬들의 순서를 바꾸면 다른 답을 얻을 수 있다.

$$\begin{pmatrix} 1 & -5 \\ 6 & 7 \end{pmatrix}\begin{pmatrix} 2 & 3 \\ 0 & -4 \end{pmatrix}=\begin{pmatrix} 1\cdot2+(-5)0 & 1\cdot3+(-5)(-4) \\ 6\cdot2+7\cdot0 & 6\cdot3+7(-4) \end{pmatrix}$$
$$=\begin{pmatrix} 2 & 23 \\ 12 & -10 \end{pmatrix},$$

$$\begin{pmatrix} 2 & 3 \\ 0 & -4 \end{pmatrix}\begin{pmatrix} 1 & -5 \\ 6 & 7 \end{pmatrix}=\begin{pmatrix} 2\cdot1+3\cdot6 & 2(-5)+3\cdot7 \\ 0\cdot1+(-4)6 & 0(-5)+(-4)7 \end{pmatrix}$$
$$=\begin{pmatrix} 20 & 11 \\ -24 & -28 \end{pmatrix}$$

그러므로 이 곱셈은 가환되지 않는다. 약간의 노력으로, $M(\mathbb{R})$이 항등원이 있는 환임을 입증할 수 있다. 영원은 행렬 $\begin{pmatrix} 0 & 0 \\ 0 & 0 \end{pmatrix}$이고 $X=\begin{pmatrix} -a & -b \\ -c & -d \end{pmatrix}$는

$$\begin{pmatrix} a & b \\ c & d \end{pmatrix}+X=\begin{pmatrix} 0 & 0 \\ 0 & 0 \end{pmatrix}$$

의 해이다. 곱셈의 항등원(공리 (10))은 행렬 $I=\begin{pmatrix} 1 & 0 \\ 0 & 1 \end{pmatrix}$이다. 예컨대

$$\begin{aligned}\begin{pmatrix} a & b \\ c & d \end{pmatrix}\begin{pmatrix} 1 & 0 \\ 0 & 1 \end{pmatrix} &= \begin{pmatrix} a\cdot 1+b\cdot 0 & a\cdot 0+b\cdot 1 \\ c\cdot 1+d\cdot 0 & c\cdot 0+d\cdot 1 \end{pmatrix} \\ &= \begin{pmatrix} a & b \\ c & d \end{pmatrix}\end{aligned}$$

$M(\mathbb{R})$의 영이 아닌 두 원소의 곱이 영원이 될 수 있다. 예를 들면

$$\begin{pmatrix} 4 & 6 \\ 2 & 3 \end{pmatrix}\begin{pmatrix} -3 & -9 \\ 2 & 6 \end{pmatrix}=\begin{pmatrix} 4(-3)+6\cdot 2 & 4(-9)+6\cdot 6 \\ 2(-3)+3\cdot 2 & 2(-9)+3\cdot 6 \end{pmatrix}=\begin{pmatrix} 0 & 0 \\ 0 & 0 \end{pmatrix}$$

이다. ■

| 보기 3.1.7 | $M(\mathbb{Z})$, $M(\mathbb{Q})$, $M(\mathbb{C})$와 $M(\mathbb{Z}_n)$은 각각 정수 $\mathbb{Z}$, 유리수 $\mathbb{Q}$, 복소수 $\mathbb{C}$와 환 $\mathbb{Z}_n$의 성질을 갖고 2×2 행렬들의 집합을 나타낸다고 하자. 보기 3.1.6에서와 같이 정의되는 덧셈과 곱셈과 함께 $M(\mathbb{Z})$, $M(\mathbb{Q})$, $M(\mathbb{C})$와 $M(\mathbb{Z}_n)$ ($n \geq 2$)은 모두 항등원이 있는 비가환환이다. ■

| 보기 3.1.8 | T는 $\mathbb{R}$에서 $\mathbb{R}$로의 모든 연속함수들의 집합이라 하자. 미분적분학에서 처럼, $f+g$와 fg는 각각 다음과 같이 정의된다.

$$(f+g)(x)=f(x)+g(x)\text{이고 } (fg)(x)=f(x)g(x)$$

미분적분학에서 두 연속함수의 합과 곱이 연속이라는 것은 이미 증명되어 있다. 따라서 T는 덧셈과 곱셈에 관하여 닫혀 있다(공리 (1)과 (6)). 쉽사리 T가 항등원이 있는 가환환임을 입증할 수 있다. 영원은 모든 $x\in R$에 대하여 $h(x)=0$으로 주어지는 함수 h이다. 항등원은 모든 $x\in R$에 대하여 $e(x)=1$로 주어지는 함수 e이다. T의 영이 아닌 두 원소의 곱이 영원이 될 수 있다(연습문제 3.1.18을 보라). ■

정의 3.1.5

정역(integral domain)은 다음의 공리를 만족하는 항등원 $1_R(\neq 0_R)$을 갖는 가환환 R이다.

(11) $a,\ b \in R$이고 $ab = 0_R$이면, $a = 0_R$ 또는 $b = 0_R$이다.

조건 $1_R \neq 0_R$은 정역들 중에서 영환을 제외시키기 위해서 필요하다. 공리 (11)은 이것의 대우와 논리적으로 같다.

$$a \neq 0_R\text{이고 } b \neq 0_R\text{이면, } ab \neq 0_R\text{이다.}$$

| 보기 3.1.9 | 정수들의 환 $\mathbb{Z}$는 정역이다. p가 소수이면, 정리 1.6.1에 의하여 $\mathbb{Z}_p$도 역시 정역이다. ■

$a,\ b \in \mathbb{Z}$이고 $b \neq 0$인 모든 분수 $\dfrac{a}{b}$들로 이루어지는 유리수들의 집합 $\mathbb{Q}$를 잘 알고 있을 것이다. 두 분수의 같음, 덧셈과 곱셈은 보통의 규칙에 의하여 주어진다.

$$\frac{a}{b} = \frac{r}{s} \Leftrightarrow as = br,$$

$$\frac{a}{b} + \frac{c}{d} = \frac{ad + bc}{bd},\quad \frac{a}{b} \cdot \frac{c}{d} = \frac{ac}{bd}$$

$\mathbb{Q}$가 정역임을 증명하는 것은 쉽다. 그러나 $\mathbb{Q}$는 $\mathbb{Z}$에서 성립하지 않는 특별한 성질을 갖는다. $ax = 1(a \neq 0)$ 꼴의 모든 방정식은 $\mathbb{Q}$에서 해를 갖는다. 그러므로 $\mathbb{Q}$는 다음 정의의 한 보기다.

정의 3.1.6

나눗셈환(division ring)은 다음의 공리를 만족하는 항등원 $1_R(\neq 0_R)$을 갖는 환 R이다.

(12) 각 $(0 \neq)a \in R$에 대해서, 방정식 $ax = 1_R$과 $xa = 1_R$은 R에서 해를 갖는다.

체(field)는 가환 나눗셈환을 말한다.

| 보기 3.1.10 | 보통의 덧셈과 곱셈을 갖는 실수들의 집합 $\mathbb{R}$은 체다. $\mathbb{R}$의 부분집합인 유리

수들의 집합 $\mathbb{Q}$는 같은 연산을 갖는 체이다. $\mathbb{Q}$를 $\mathbb{R}$의 **부분체**(subfield)라 말한다. ■

다음 정리는 정의 3.2.5 다음에 와야 하지만 먼저 기술한다.

정리 3.1.7

S가 체 F의 임의의 공집합이 아닌 부분집합이라 하자. S가 **부분체**일 필요충분조건은 다음 두 조건이 성립하는 것이다.

(i) $a, b \in S$면, $a-b \in S$, $ab \in S$이다. 즉, S는 F의 부분환이다.

(ii) $a \in S$, $a \neq 0$이면 $a^{-1} \in S$이다.

| 보기 3.1.11 | 복소수들의 집합 $\mathbb{C}$는 $a+bi$ 꼴의 모든 수들로 이루어진다. 여기서 $a, b \in \mathbb{R}$이고 $i^2 = -1$이다. $\mathbb{C}$에서 원소의 상등(같음)은 다음과 같이 정의된다.

$$a+bi = r+si \iff a = r \text{이고 } b = s$$

집합 $\mathbb{C}$는 다음 주어진 덧셈과 곱셈을 갖는 체다.

$$(a+bi)+(c+di) = (a+c)+(b+d)i,$$
$$(a+bi)(c+di) = (ac-bd)+(ad+bc)i$$

이다. 실수들의 체 $\mathbb{R}$은 $\mathbb{C}$의 부분체다. 왜냐하면, $\mathbb{R}$은 $a+0i$ 꼴의 모든 복소수들로 이루어지기 때문이다. $0 \neq a+bi \in \mathbb{C}$이면, 방정식 $(a+bi)x = 1$의 해는 $x = c+di$이다. 여기서 $c = \dfrac{a}{(a^2+b^2)} \in \mathbb{R}$이고 $d = \dfrac{-b}{(a^2+b^2)} \in \mathbb{R}$이다. ■

| 보기 3.1.12 | p가 소수이면, 정리 1.6.1에 의하여 Z_p는 체이다. ■

| 보기 3.1.13 | $a, b \in \mathbb{R}$일 때, K는

$$\begin{pmatrix} a & b \\ -b & a \end{pmatrix}$$

꼴의 모든 2×2 행렬들의 집합이라 하자. 여기서 $a, b \in \mathbb{R}$이다. K가 체임을 보이자. K에 속하는 임의의 두 행렬에 대하여,

$$\begin{pmatrix} a & b \\ -b & a \end{pmatrix} + \begin{pmatrix} c & d \\ -d & c \end{pmatrix} = \begin{pmatrix} a+c & b+d \\ -b-d & a+c \end{pmatrix},$$

$$\begin{pmatrix} a & b \\ -b & a \end{pmatrix} \cdot \begin{pmatrix} c & d \\ -d & c \end{pmatrix} = \begin{pmatrix} ac-bd & ad+bc \\ -ad-bc & ac-bd \end{pmatrix}$$

이다. 각 경우에 오른쪽 변에 있는 행렬은 K에 속한다. 왜냐하면, (오른쪽 위에서 왼쪽 아래까지) 주대각선(main diagonal)을 따라서 있는 성분들은 서로의 음이기 때문이다. 그러므로 K는 덧셈과 곱셈에 관하여 닫혀 있다. K는 가환환이다. 왜냐하면

$$\begin{pmatrix} c & d \\ -d & c \end{pmatrix}\begin{pmatrix} a & b \\ -b & a \end{pmatrix} = \begin{pmatrix} ac-bd & ad+bc \\ -ad-bc & ac-bd \end{pmatrix}$$
$$= \begin{pmatrix} a & b \\ -b & a \end{pmatrix}\begin{pmatrix} c & d \\ -d & c \end{pmatrix}$$

이기 때문이다. 분명히 영행렬과 항등행렬 I는 K에 속한다.

$$A = \begin{pmatrix} a & b \\ -b & a \end{pmatrix}$$

이면, $AX = I$의 해는 다음과 같음을 알 수 있다.

$$X = \begin{pmatrix} a/d & -b/d \\ b/d & a/d \end{pmatrix} \in K,$$

여기서 $d = a^2 + b^2$이다. ■

비가환 나눗셈환의 예

웨더번(Wedderburn, Joseph 1882～1948 스코틀랜드 수학자)은 '모든 유한 나눗셈환은 체이다'임을 증명하였다. 증명은 이 책의 범위를 벗어나므로 생략한다. 따라서 비가환 나눗셈환은 무한집합이다.

| 보기 3.1.14 | 환 $M(\mathbb{C})$에서,

$$\mathbf{1} = \begin{pmatrix} 1 & 0 \\ 0 & 1 \end{pmatrix},\ \mathbf{i} = \begin{pmatrix} i & 0 \\ 0 & -i \end{pmatrix},\ \mathbf{j} = \begin{pmatrix} 0 & 1 \\ -1 & 0 \end{pmatrix},\ \mathbf{k} = \begin{pmatrix} 0 & i \\ i & 0 \end{pmatrix}$$

라 하자. 실수와 행렬의 곱은 다음 규칙으로 주어지는 행렬이다.

$$r\begin{pmatrix} t & u \\ v & w \end{pmatrix} = \begin{pmatrix} rt & ru \\ rv & rw \end{pmatrix}$$

집합 H는 다음과 같은 꼴의 모든 행렬들로 이루어진다고 하자.

$$\begin{aligned} a\mathbf{1}+b\mathbf{i}+c\mathbf{j}+d\mathbf{k} &= a\begin{pmatrix}1&0\\0&1\end{pmatrix}+b\begin{pmatrix}i&0\\0&-i\end{pmatrix}+c\begin{pmatrix}0&1\\-1&0\end{pmatrix}+d\begin{pmatrix}0&i\\i&0\end{pmatrix} \\ &= \begin{pmatrix}a&0\\0&a\end{pmatrix}+\begin{pmatrix}bi&0\\0&-bi\end{pmatrix}+\begin{pmatrix}0&c\\-c&0\end{pmatrix}+\begin{pmatrix}0&di\\di&0\end{pmatrix} \\ &= \begin{pmatrix}a+bi&c+di\\-c+di&a-bi\end{pmatrix} \end{aligned}$$

여기서 $a,\ b,\ c,\ d \in \mathbb{R}$이다. 이때 H를 실사원수들의 집합이라고 한다. 그러면 행렬들의 보통의 덧셈과 곱셈에서, H는 비가환 나눗셈환이다. 상세한 내용에 대하여 연습문제 3.1.22를 보라. ■

정리 3.1.8

R과 S는 환이라 하자. 카테시안곱(Cartesian product) $R\times S$에서 덧셈과 곱셈을 다음과 같이 정의한다.

$$(r,\ s)+(r',\ s')=(r+r',\ s+s'),$$
$$(r,\ s)(r',\ s')=(rr',\ ss')$$

그러면 $R\times S$는 환이다. R과 S가 모두 가환환이면, $R\times S$ 역시 가환환이다. R과 S가 각각 항등원을 가지면, $R\times S$ 역시 항등원을 갖는다.

| 보기 3.1.15 | T를 카테시안곱 $\mathbb{Z}_6\times\mathbb{Z}$라 하자. T에서 덧셈은 다음 규칙으로 정의한다.

$$(a,\ z)+(a',\ z')=(a+a',\ z+z')$$

여기서 "+" 기호는 세 가지 방법으로 사용되고 있다. 등호의 오른쪽 변에 있는 첫째 성분에서 +는 $\mathbb{Z}_6$에서 덧셈을 나타내고, 둘째 성분에서 +는 $\mathbb{Z}$에서 덧셈을 나타내고, 등호의 왼쪽 변에 있는 +는 T에서의 덧셈이다. $\mathbb{Z}_6$는 환이고 $a,\ a'\in\mathbb{Z}_6$이므로, 오른쪽 변의 첫째 성분 $a+a'$는 $\mathbb{Z}_6$에 속한다. 비슷하게 $z+z'\in\mathbb{Z}$이다. 그러므로 T에서 덧셈은 닫혀 있다. 곱셈은 비슷하게 정의된다.

$$(a,\ z)(a',\ z')=(aa',\ zz')$$

예를 들면

$$(3,\ 5)+(4,\ 9)=(3+4,\ 5+9)=(7,\ 14)=(1,\ 14)$$

이고

$$(3,\ 5)(4,\ 9)=(3\cdot 4,\ 5\cdot 9)=(12,\ 45)=(0,\ 45)$$

이다. 손쉽게 T가 항등원이 있는 가환환임을 증명할 수 있다. 영원은 $(0,\ 0)$이고 곱의 항등원은 $(1,\ 1)$이다. 여기에서 다루어진 방법은 임의의 두 환이 주어졌을 때도 똑같이 일반적으로 적용될 수 있다. 다음의 정리를 보자. ■

예제 ‖ 3.1.1 다음의 각 명제가 참인지 거짓인지를 각각 T, F로 나타내라.

(1) 모든 체는 역시 환이다.

(2) 모든 환은 항등원을 갖는다.

(3) 어떤 체의 부분집합은 주어진 체의 두 연산에 대하여 환이지만 체가 아닐 수 있다.

(4) 환에 대한 분배법칙은 그리 중요하지 않다.

[풀이] (1) T (2) F (3) T (4) F ■

유제 ‖ 3.1.1 다음의 각 명제가 참인지 거짓인지를 각각 T, F로 나타내라.

(1) 체에서 곱셈은 가환한다.

(2) 체의 영 아닌 원소들은 그 체에 있는 곱셈에 대하여 군을 이룬다.

(3) 모든 환에서 덧셈은 가환한다.

(4) 환에서 모든 원소는 덧셈에 대한 역을 갖는다.

예제 ‖ 3.1.2 $A=\left\{\begin{pmatrix}0 & r\\ 0 & 0\end{pmatrix} : r\in\mathbb{Q}\right\}$는 $M(\mathbb{R})$의 부분환인가? 항등원을 갖는가?

[풀이] 임의로 $\begin{pmatrix}0 & r\\ 0 & 0\end{pmatrix}$, $\begin{pmatrix}0 & s\\ 0 & 0\end{pmatrix}\in A$를 택하자. 그러면

$$\begin{pmatrix}0 & r\\ 0 & 0\end{pmatrix}+\begin{pmatrix}0 & s\\ 0 & 0\end{pmatrix}=\begin{pmatrix}0 & r+s\\ 0 & 0\end{pmatrix},\ \begin{pmatrix}0 & r\\ 0 & 0\end{pmatrix}\begin{pmatrix}0 & s\\ 0 & 0\end{pmatrix}=\begin{pmatrix}0 & rs\\ 0 & 0\end{pmatrix}$$

이고 $r+s\in\mathbb{Q}$, $rs\in\mathbb{Q}$이다. 따라서 $\begin{pmatrix}0 & r\\ 0 & 0\end{pmatrix}+\begin{pmatrix}0 & s\\ 0 & 0\end{pmatrix}\in A$이고 $\begin{pmatrix}0 & r\\ 0 & 0\end{pmatrix}\begin{pmatrix}0 & s\\ 0 & 0\end{pmatrix}$ $\in A$이다. 더욱이 $\begin{pmatrix}0 & 0\\ 0 & 0\end{pmatrix}\in A$이고 $\begin{pmatrix}0 & 0\\ 0 & 0\end{pmatrix}$은 $M(\mathbb{R})$의 영원이다. 또한 임의의

$\begin{pmatrix}0 & r\\0 & 0\end{pmatrix}\in A$에 대하여 $\begin{pmatrix}0 & -r\\0 & 0\end{pmatrix}\in A$은 $\begin{pmatrix}0 & r\\0 & 0\end{pmatrix}+x=\begin{pmatrix}0 & 0\\0 & 0\end{pmatrix}$의 해이다. 그러므로 A는 $M(\mathbb{R})$의 부분환이다. 여기서 $\begin{pmatrix}1 & 0\\0 & 1\end{pmatrix}\notin A$이므로 A는 항등원이 없다. 따라서 A는 항등원이 없는 $M(\mathbb{R})$의 부분환이다. ■

유제 | 3.1.2 다음의 두 개의 집합들 중 어느 것이 $M(\mathbb{R})$의 부분환인가? 어느 것이 항등원을 갖는가?

(1) $\begin{pmatrix}a & a\\b & b\end{pmatrix}$ 꼴의 모든 행렬들, 여기서 a, $b\in\mathbb{R}$이다.

(2) $\begin{pmatrix}a & 0\\0 & a\end{pmatrix}$ 꼴의 모든 행렬들, 여기서 $a\in\mathbb{R}$이다.

예제 | 3.1.3 R과 S는 환이라 하자. 부분집합 $\overline{R}=\{(r,\ 0_S):r\in R\}$은 $R\times S$의 부분환임을 보여라.

[풀이] 임의로 $(r,\ 0_S)$, $(t,\ 0_S)\in\overline{R}$를 택한다. 그러면

$$(r,\ 0_S)+(t,\ 0_S)=(r+t,\ 0_S)\in\overline{R}$$
$$(r,\ 0_S)\cdot(t,\ 0_S)=(rt,\ 0_S)\in\overline{R}$$

이다. 분명히 $(0_R,\ 0_S)\in\overline{R}$이고 $(0_R,\ 0_S)$는 $R\times S$의 영원이다. 한편 임의의 $(r,\ 0_S)\in\overline{R}$에 대하여, $(-r,\ 0_S)\in\overline{R}$는 $(r,\ 0_S)+x=(0_R,\ 0_S)$의 해이다. 따라서 $\overline{R}$는 $R\times S$의 부분환이다. ■

유제 | 3.1.3-1 부분집합 $\overline{S}=\{(0_R,\ s):s\in S\}$은 $R\times S$의 부분환임을 보여라.

유제 | 3.1.3-2 R은 환이라 하자. $R^*=\{(r,\ r):r\in R\}$은 $R\times R$의 부분환임을 증명하라.

유제 | 3.1.3-3 $\mathbb{Z}[i]$는 집합 $\{a+bi:a,\ b\in\mathbb{Z}\}$를 나타낸다. $\mathbb{Z}[i]$는 $\mathbb{C}$의 부분환임을 증명하라.

예제 | 3.1.4 $S=\{a,\ b,\ c\}$, $P(S)$는 S의 모든 부분집합들의 집합이고 $P(S)$의 원소들을 다음과 같이 나타내자.

$$S=\{a,\ b,\ c\},\ D=\{a,\ b\},\ E=\{a,\ c\},\ F=\{b,\ c\},$$

$$A = \{a\},\ B = \{b\},\ C = \{c\},\ 0 = \varnothing$$

$P(S)$에서 덧셈과 곱셈은 다음과 같이 정의한다.

$$M + N = (M - N) \cup (N - M)\text{이고 } MN = M \cap N,\ M, N \in P(S)$$

$P(S)$에 대한 덧셈과 곱셈표를 만들어라.

[풀이]

+	0	S	A	B	C	D	E	F
0	0	S	A	B	C	D	E	F
S	S	0	F	E	D	C	B	A
A	A	F	0	D	E	B	C	S
B	B	E	D	0	F	A	S	C
C	C	D	E	F	0	S	A	B
D	D	C	B	A	S	0	F	E
E	E	B	C	S	A	F	0	D
F	F	A	S	C	B	E	D	0

·	0	S	A	B	C	D	E	F
0	0	0	0	0	0	0	0	0
S	0	S	A	B	C	D	E	F
A	0	A	A	0	0	A	A	0
B	0	B	0	B	0	B	0	B
C	0	C	0	0	C	0	C	C
D	0	D	A	B	0	D	A	B
E	0	E	A	0	C	A	E	C
F	0	F	0	B	C	B	C	F

■

유제 | 3.1.4 다음 각각에 대한 덧셈과 곱셈표를 만들어라.

(1) $\mathbb{Z}_2 \times \mathbb{Z}_3$ (2) $\mathbb{Z}_3 \times \mathbb{Z}_3$

예제 | 3.1.5 E는 보통의 덧셈을 갖는 짝수 정수들의 집합이라 하자. E에서 새로운 곱셈 $*$를 규칙 "$a * b = \dfrac{ab}{2}$"로 정의한다. 여기서 오른쪽 변의 곱셈은 일반적인 곱셈이다. 이 연산에 대하여 E는 항등원이 있는 가환환임을 증명하라.

[풀이] E는 분명히 환의 조건 (1)~(5)를 만족한다. 임의로 $a,\ b \in E$를 택하자. 그

러면 $a * b = \frac{ab}{2} \in E$ (왜냐하면 $4|ab$이므로 $\frac{ab}{2}$는 짝수)이다. 따라서 곱셈에 대해 닫혀 있다.

$$a * (b * c) = a * \frac{bc}{2} = \frac{abc}{4}$$
$$= \frac{ab}{2} * c = (a * b) * c$$

이므로 E는 "$*$"에 관해서 결합법칙을 만족한다. 한편 임의의 a, $b \in E$에 대하여,

$$a * b = \frac{ab}{2} = \frac{ba}{2} = b * a$$

이므로 E는 "$*$"에 관하여 가환적이다. 이제 임의로 a, b, $c \in E$를 택하자. 그러면

$$a * (b + c) = \frac{a(b+c)}{2} = \frac{ab + ac}{2} = \frac{ab}{2} + \frac{ac}{2}$$
$$= a * b + a * c$$

이므로 E는 분배법칙을 만족한다. 마지막으로 항등원 $e \in E$가 존재한다고 가정하자. 그러면 임의의 $a \in E$에 대하여, $e * a = \frac{ea}{2} = a$이다. 그러므로 $e = 2 \in E$이다. 따라서 $(E, +, *)$는 항등원 2를 갖는 가환환이다. ■

유제 3.1.5-1 $\mathbb{Z}$에서 새로운 덧셈 $\oplus$과 곱셈 $\odot$을 $a \oplus b = a + b - 1$과 $a \odot b = a + b - ab$로 정의한다. 여기서 각 등호의 오른쪽 변에 있는 연산들은 보통의 덧셈, 뺄셈과 곱셈이다. 이 연산들에 대하여 $\mathbb{Z}$는 정역임을 증명하라.

유제 3.1.5-2 $\mathbb{Z}$에서 새로운 덧셈과 곱셈을 $a \oplus b = a + b - 1$과 $a \odot b = ab - (a + b) + 2$로 정의한다. 이 연산들에 대하여 $\mathbb{Z}$는 정역임을 증명하라.

유제 3.1.5-3 $\mathbb{Q}$에서 새로운 덧셈과 곱셈을 $r \oplus s = r + s + 1$이고 $r \odot s = rs + r + s$로 정의한다. 이 연산에 대하여 $\mathbb{Q}$는 항등원이 있는 가환환임을 증명하라. $\mathbb{Q}$는 정역인가?

3.1 연습문제

1. (보통의 덧셈과 곱셈과 함께) $\mathbb{Z}$의 다음의 각 부분집합들은 환에 대한 공리 중의 하나를 제외하고 모두 만족한다. 각 경우에, 어느 공리가 성립하지 않는가?

(1) 모든 홀수 정수들과 0의 집합 S

(2) 음이 아닌 정수들의 집합

2. (1) 3의 모든 배수들의 집합 R은 $\mathbb{Z}$의 부분환임을 증명하라.

(2) k는 고정된 정수라 하자. k의 모든 배수들의 집합은 $\mathbb{Z}$의 부분환임을 증명하라.

3. $\mathbb{Z}$에서 새로운 곱셈을 "모든 a, $b \in \mathbb{Z}$에 대하여 $ab = 0$"으로 정의한다. 보통의 덧셈과 이 새로운 곱셈에 대하여, $\mathbb{Z}$는 가환환임을 증명하라.

4. $\mathbb{Z}$에서 새로운 곱셈은 "모든 a, $b \in \mathbb{Z}$에 대하여 $ab = 1$"로 정의한다. 보통의 덧셈과 이 새로운 곱셈에 대하여, $\mathbb{Z}$는 환인가?

5. $R = \{0, e, b, c\}$는 아래의 표에 의하여 정의되는 덧셈과 곱셈을 갖는다고 하자 : 결합법칙과 분배법칙을 가정하고 R은 항등원이 있는 환임을 증명하라. R은 가환환인가?

+	0	e	b	c
0	0	e	b	c
e	e	0	c	b
b	b	c	0	e
c	c	b	e	0

·	0	e	b	c
0	0	0	0	0
e	0	e	b	c
b	0	b	e	c
c	0	c	c	0

6. $F = \{0, e, a, b\}$는 아래의 표에 의하여 주어지는 연산을 갖는다고 하자 : 결합법칙과 분배법칙을 가정하고 F는 체임을 증명하라.

+	0	e	b	c
0	0	e	b	c
e	e	0	b	a
b	a	b	0	e
c	b	a	e	0

·	0	e	b	c
0	0	0	0	0
e	0	e	a	b
b	0	a	b	e
c	0	b	e	a

7. 다음의 2개의 집합들 중 어느 것이 $M(\mathbb{R})$의 부분환이고 어느 것이 항등원을 갖는가?

(1) $\begin{pmatrix} a & b \\ o & c \end{pmatrix}$ 꼴의 모든 행렬들, 여기서 a, b, $c \in \mathbb{Z}$이다.

(2) $\begin{pmatrix} a & 0 \\ a & 0 \end{pmatrix}$ 꼴의 모든 행렬들, 여기서 $a \in \mathbb{R}$이다.

8. T는 $\mathbb{R}$에서 $\mathbb{R}$로의 모든 연속함수들의 환이고 $S = \{f \in T : f(2) = 0\}$라 하자. S는 T의 부분환인가?

9. $\mathbb{Z}[\sqrt{2}]$는 집합 $\{a + b\sqrt{2} : a,\ b \in \mathbb{Z}\}$를 나타낸다. $\mathbb{Z}[\sqrt{2}]$는 $\mathbb{R}$의 부분환임을 증명하자.

10. 부분집합 $\{1,\ -1,\ i,\ -i\}$는 $\mathbb{C}$의 부분환인가?

11. R은 환, t는 R의 고정된 원소이고 $T = \{rt : r \in R\}$라 하자. T는 R의 부분환임을 증명하라.

12. $\mathbb{Z}_{10}$의 부분집합 $S = \{0,\ 2,\ 4,\ 6,\ 8\}$은 부분환임을 증명하라. S는 항등원을 갖는가?

13. $\mathbb{Z}_{18}$의 부분집합 $R = \{0,\ 3,\ 6,\ 9,\ 12,\ 15\}$은 부분환임을 증명하라. R은 항등원을 갖는가?

14. p는 양의 소수이고 R은 $r/p^i (r,\ i \in \mathbb{Z}$이고 $i \geq 0)$꼴로 쓸 수 있는 모든 유리수들의 집합이라 하자. 각 $n \in \mathbb{Z}$은 n/p^0으로 쓸 수 있기 때문에 $\mathbb{Z} \subset R$이다. R은 $\mathbb{Q}$의 부분환임을 증명하라.

15. 세 개 원소를 가진 환에 대한 덧셈표와 곱셈표의 일부가 주어진다. 분배법칙을 사용하여 곱셈표를 완성하라.

$\cdot$	r	s	t
r	r	r	r
s	r	t	
t	r		

$+$	r	s	t
r	r	s	t
s	s	t	r
t	t	r	s

16. 네 개 원소를 가진 환에 대하여 연습문제 3.1.15와 같이 곱셈표를 완성하라.

$\cdot$	w	x	y	z
w	w	w	w	w
x	w	y		
y	w		w	
z	w		w	y

$+$	w	x	y	z
w	w	x	y	z
x	x	y	z	w
y	y	z	w	x
z	z	w	x	y

17. $M(\mathbb{Z}_2)$(성분들이 $\mathbb{Z}_2$의 원소인 모든 2×2 행렬들의 집합)는 16개 원소로 된 항등원이 있는 비가환환임을 증명하라.

18. T는 $\mathbb{R}$에서 $\mathbb{R}$로의 연속함수들의 환이고 f와 g는 각각 아래와 같이 주어진다고 하자 :

$$f(x)=\begin{cases}0 & (x\le 2)\\ x-2 & (2<x)\end{cases},\ g(x)=\begin{cases}2-x & (x\le 2)\\ 0 & (2<x)\end{cases}.$$

$f,\ g\in T$이고 $fg=0_T$임을 보여라. 그러므로 T는 정역이 아니다.

19. $\mathbb{Q}(\sqrt{2})=\{r+s\sqrt{2}\ :\ r,\ s\in\mathbb{Q}\}$라 하자. $\mathbb{Q}(\sqrt{2})$는 $\mathbb{R}$의 부분체임을 증명하라. [도움말 : $(r+s\sqrt{2})x=1$의 해가 실제로 $\mathbb{Q}(\sqrt{2})$에 속함을 보이기 위하여, $1/(r+s\sqrt{2})$에 $(r-s\sqrt{2})/(r-s\sqrt{2})$을 곱하라.]

20. d는 완전제곱이 아닌 정수라 하자. $\mathbb{Q}(\sqrt{d})=\{a+b\sqrt{d}\ :a,\ b\in\mathbb{Q}\}$는 $\mathbb{C}$의 부분체임을 증명하라.

21. $S=\{a+b\sqrt[3]{2}+c\sqrt[3]{2}\ :\ a,\ b,\ c\in\mathbb{Q}\}$라 하자.

(1) S는 $\mathbb{R}$의 부분환임을 보여라.

(2) S는 $\mathbb{R}$의 부분체임을 보여라.

22. H는 실사원수들의 집합이고 1, i, j, k 는 보기 3.1.14에서 정의된 행렬들이라 하자.

(1) 다음을 각각 증명하라.

$$\mathrm{i}^2=\mathrm{j}^2=\mathrm{k}^2=-1,\ \mathrm{ij}=-\mathrm{ji}=\mathrm{k},$$
$$\mathrm{jk}=-\mathrm{kj}=\mathrm{i},\ \mathrm{ki}=-\mathrm{ik}=\mathrm{j}\quad.$$

(2) H는 항등원이 있는 비가환환임을 증명하라.

(3) H는 나눗셈환임을 증명하라. [도움말 : $M=\mathrm{a1}+\mathrm{bi}+\mathrm{cj}+\mathrm{dk}$, 방정식 $Mx=1$의 해는 행렬 $ta1-tbi-tcj-tdk$임을 보여라. 여기서 $t=1/(a^2+b^2+c^2+d^2)$.]

(4) 방정식 $x^2=-1$은 H에서 무한히 많은 해를 가짐을 보여라.
[도움말 : $a1+\mathrm{bi}+\mathrm{cj}+\mathrm{dk}$ 꼴의 사원수를 생각하자. 여기서 $b^2+c^2+d^2=1$.]

23. 정리 3.1.8을 증명하라.

24. 증명하거나 또는 거짓임을 보여라.

(1) R과 S가 정역이면, $R\times S$는 정역이다.

(2) R과 S가 체이면, $R\times S$는 체이다.

25. $J=\{0,\ 2\}\subset \mathbb{Z}_4$이고 $K=\{0,\ 3,\ 6,\ 9\}\subset \mathbb{Z}_{12}$라 하자. $J\times K$는 $\mathbb{Z}_4\times\mathbb{Z}_{12}$의 부분환임을 보여라.

26. 집합 $\mathbb{Z}\times\mathbb{Z}$는 정리 3.1.8에서와 같은 덧셈을 갖고 새로운 곱셈은 다음의 규칙으로 주어진다고 하자 :

$$(a,\ b)(c,\ d)=(ac+2bd,\ ad+bc)$$

이 연산들에서 $\mathbb{Z}\times\mathbb{Z}$는 항등원이 있는 가환환임을 증명하라.

27. $\mathbb{R}\times\mathbb{R}$은 정리 3.1.8에서와 같은 덧셈을 갖고 새로운 곱셈은

$$(a,\ b)(c,\ d)=(ac-bd,\ ad+bc)$$

로 주어진다. 이 연산들에서 $\mathbb{R}\times\mathbb{R}$은 체임을 증명하라.

28. (1) 모든 $B\in M(\mathbb{R})$에 대하여 성질 $AB=BA$를 갖는 모든 $A\in M(\mathbb{R})$를 구하라.
(2) (1)에서 구해진 행렬들의 집합은 $M(\mathbb{R})$의 부분환임을 보여라. 이것을 $M(\mathbb{R})$의 중심(center)이라 한다.

29. r과 s는 어떤 k에 대하여 r이 $ks+1$을 나누는 양의 정수라 하자. 여기서 $1\le k<r$이다. $\mathbb{Z}_{rs}$의 부분집합 $\{r,\ 2r,\ 3r,\ \cdots,\ (s-1)r\}$은 $\mathbb{Z}_{rs}$에서 보통의 덧셈과 곱셈에서 항등원 $ks+1$을 갖는 환임을 증명하라.

3.1 유제풀이

유제 3.1.1 다음의 각 명제가 참인지 거짓인지를 각각 T, F로 나타내라.
(1) 체에서 곱셈에 대한 교환법칙이 성립한다.
(2) 체의 영이 아닌 원소들은 그 체에 있는 곱셈에 대하여 군을 이룬다.
(3) 모든 환에서 덧셈에 대한 교환법칙이 성립한다.
(4) 환에서 모든 원소는 덧셈에 대한 역을 갖는다.

[풀이] (1) T (2) T (3) T (4) T

유제 3.1.2 다음의 두 개의 집합들 중 어느 것이 $M(\mathbb{R})$의 부분환인가? 어느 것이 항등원을 갖는가?

(1) $\begin{pmatrix} a & a \\ b & b \end{pmatrix}$ 꼴의 모든 행렬들, 여기서 $a,\ b \in \mathbb{R}$이다.

(2) $\begin{pmatrix} a & 0 \\ 0 & a \end{pmatrix}$ 꼴의 모든 행렬들, 여기서 $a \in \mathbb{R}$이다.

[풀이] (1) $s = \left\{ \begin{pmatrix} a & a \\ b & b \end{pmatrix} \in M(\mathbb{R}) : a,\ b \in \mathbb{R} \right\}$이라 하고 임의로 $x = \begin{pmatrix} a & a \\ b & b \end{pmatrix}$, $y = \begin{pmatrix} c & c \\ d & d \end{pmatrix} \in S$를 택하자. 그러면

$$x - y = \begin{pmatrix} a & a \\ b & b \end{pmatrix} + \begin{pmatrix} -c & -c \\ -d & -d \end{pmatrix} = \begin{pmatrix} a-c & a-c \\ b-d & b-d \end{pmatrix} \in S,$$

$$xy = \begin{pmatrix} a & a \\ b & b \end{pmatrix}\begin{pmatrix} c & c \\ d & d \end{pmatrix} = \begin{pmatrix} ac+ad & ac+ad \\ bc+bd & bc+bd \end{pmatrix} \in S$$

이므로 S는 $M(\mathbb{R})$의 부분환이다. 하지만 항등원 $\begin{pmatrix} 1 & 0 \\ 0 & 1 \end{pmatrix} \not\in S$ 이다.

(2) $R = \left\{ \begin{pmatrix} a & 0 \\ 0 & a \end{pmatrix} : a \in \mathbb{R} \right\}$라 하고 임의로 $x = \begin{pmatrix} a & 0 \\ 0 & a \end{pmatrix}$, $y = \begin{pmatrix} b & 0 \\ 0 & b \end{pmatrix} \in S$를 택하자. 그러면

$$x - y = \begin{pmatrix} a & 0 \\ 0 & a \end{pmatrix} + \begin{pmatrix} -b & 0 \\ 0 & -b \end{pmatrix} = \begin{pmatrix} a-b & 0 \\ 0 & a-b \end{pmatrix} \in R,$$

$$xy = \begin{pmatrix} a & 0 \\ 0 & a \end{pmatrix}\begin{pmatrix} b & 0 \\ 0 & b \end{pmatrix} = \begin{pmatrix} ab & 0 \\ 0 & ab \end{pmatrix} \in R$$

이다. 따라서 R은 $M(\mathbb{R})$의 부분환이다. $\begin{pmatrix} 1 & 0 \\ 0 & 1 \end{pmatrix} \in S$이다.

유제 3.1.3-1 부분집합 $\overline{S} = \{(0_R,\ s) : s \in S\}$은 $R \times S$의 부분환임을 보여라.

[풀이] 분명히 $\overline{S} \subset R \times S$이다. 임의로 $x = (0_R,\ r)$, $y = (0_R,\ s) \in \overline{S}$를 택하자. 그러면

$$x - y = (0_R,\ r) + (0_R,\ -s) = (0_R,\ r-s) \in \overline{S},$$

$$xy = (0_R,\ r)(0_R,\ s) = (0_R,\ rs) \in \overline{S}$$

이다. 따라서 $\overline{S}$는 $R \times S$의 부분환이다.

유제 3.1.3-2 R은 환이라 하자. $R^* = \{(r,\ r) : r \in R\}$은 $R \times R$의 부분환임을 증명하라.

[풀이] 분명히 $R^* \subset R \times R$이다. 임의로 $x=(r,\ r),\ y=(s,\ s) \in R^*$를 택하자. 그러면

$$x-y=(r,\ r)-(s,\ s)=(r-s,\ r-s) \in R^*,$$
$$xy=(r,\ r)(s,\ s)=(rs,\ rs) \in R^*$$

이다. 따라서 R^*는 $R \times R$의 부분환이다.

유제 3.1.3-3 $\mathbb{Z}[i]$는 집합 $\{a+bi : a,\ b \in \mathbb{Z}\}$를 나타내자. $\mathbb{Z}[i]$는 $\mathbb{C}$의 부분환임을 증명하라.

[풀이] 분명히 $\mathbb{Z}[i] \subset \mathbb{C}$ $x=a+bi,\ y=c+di \in \mathbb{Z}[i]$를 택하자. 그러면 $x-y=(a-c)+(b-d)i$이고 $xy=(ac-bd)+(ad+bc)i$이다. $a,\ b,\ c,\ d \in \mathbb{Z}$이므로 $a-c,\ b-d,\ ac-bd,\ ad+bc \in \mathbb{Z}$이다. 따라서 $x-y,\ xy \in \mathbb{Z}[i]$이다. 따라서 $\mathbb{Z}[i]$는 $\mathbb{C}$의 부분환이다.

유제 3.1.4 다음 각각에 대한 덧셈과 곱셈표를 만들어라.

(1) $\mathbb{Z}_2 \times \mathbb{Z}_3$ (2) $\mathbb{Z}_3 \times \mathbb{Z}_3$

[풀이] (1)

+	(0, 0)	(1, 1)	(0, 2)	(1, 0)	(0, 1)	(1, 2)
(0, 0)	(0, 0)	(1, 1)	(0, 2)	(1, 0)	(0, 1)	(1, 2)
(1, 1)	(1, 1)	(0, 2)	(1, 0)	(0, 1)	(1, 2)	(0, 0)
(0, 2)	(0, 2)	(1, 0)	(0, 1)	(1, 2)	(0, 0)	(1, 1)
(1, 0)	(1, 0)	(0, 1)	(1, 2)	(0, 0)	(1, 1)	(0, 2)
(0, 1)	(0, 1)	(1, 2)	(0, 0)	(1, 1)	(0, 2)	(1, 0)
(1, 2)	(1, 2)	(0, 0)	(1, 1)	(0, 2)	(1, 0)	(0, 1)

·	(0, 0)	(1, 1)	(0, 2)	(1, 0)	(0, 1)	(1, 2)
(0, 0)	(0, 0)	(0, 0)	(0, 0)	(0, 0)	(0, 0)	(0, 0)
(1, 1)	(0, 0)	(1, 1)	(0, 2)	(1, 0)	(0, 1)	(1, 2)
(0, 2)	(0, 0)	(0, 2)	(0, 1)	(0, 0)	(0, 2)	(0, 1)
(1, 0)	(0, 0)	(1, 0)	(0, 0)	(1, 0)	(0, 0)	(1, 0)
(0, 1)	(0, 0)	(0, 1)	(0, 2)	(0, 0)	(0, 1)	(0, 2)
(1, 2)	(0, 0)	(1, 2)	(0, 1)	(1, 0)	(0, 2)	(1, 1)

(2)

$+$	(0, 0)	(0, 1)	(0, 2)	(1, 0)	(1, 1)	(1, 2)	(2, 0)	(2, 1)	(2, 2)
(0, 0)	(0, 0)	(0, 1)	(0, 2)	(1, 0)	(1, 1)	(1, 2)	(2, 0)	(2, 1)	(2, 2)
(0, 1)	(0, 1)	(0, 2)	(0, 0)	(1, 1)	(1, 2)	(1, 0)	(2, 1)	(2, 2)	(2, 0)
(0, 2)	(0, 2)	(0, 0)	(0, 1)	(1, 2)	(1, 0)	(1, 1)	(2, 2)	(2, 0)	(2, 1)
(1, 0)	(1, 0)	(1, 1)	(1, 2)	(2, 0)	(2, 1)	(2, 2)	(0, 0)	(0, 1)	(0, 2)
(1, 1)	(1, 1)	(1, 2)	(1, 0)	(2, 1)	(2, 2)	(2, 0)	(0, 1)	(0, 2)	(0, 0)
(1, 2)	(1, 2)	(1, 0)	(1, 1)	(2, 2)	(2, 0)	(2, 1)	(0, 2)	(0, 0)	(0, 1)
(2, 0)	(2, 0)	(2, 1)	(2, 2)	(0, 0)	(0, 1)	(0, 2)	(1, 0)	(1, 1)	(1, 2)
(2, 1)	(2, 1)	(2, 2)	(2, 0)	(0, 1)	(0, 2)	(0, 0)	(1, 1)	(1, 2)	(1, 0)
(2, 2)	(2, 2)	(2, 0)	(2, 1)	(0, 2)	(0, 0)	(0, 1)	(1, 2)	(1, 0)	(1, 1)

$\cdot$	(0, 0)	(0, 1)	(0, 2)	(1, 0)	(1, 1)	(1, 2)	(2, 0)	(2, 1)	(2, 2)
(0, 0)	(0, 0)	(0, 0)	(0, 0)	(0, 0)	(0, 0)	(0, 0)	(0, 0)	(0, 0)	(0, 0)
(0, 1)	(0, 0)	(0, 1)	(0, 2)	(0, 0)	(0, 1)	(0, 2)	(0, 0)	(0, 1)	(0, 2)
(0, 2)	(0, 0)	(0, 2)	(0, 1)	(0, 0)	(0, 2)	(0, 1)	(0, 0)	(0, 2)	(0, 1)
(1, 0)	(0, 0)	(0, 0)	(0, 0)	(1, 0)	(1, 0)	(1, 0)	(2, 0)	(2, 0)	(2, 0)
(1, 1)	(0, 0)	(0, 1)	(0, 2)	(1, 0)	(1, 1)	(1, 2)	(2, 0)	(2, 1)	(2, 2)
(1, 2)	(0, 0)	(0, 2)	(0, 1)	(1, 0)	(1, 2)	(1, 1)	(2, 0)	(2, 2)	(2, 1)
(2, 0)	(0, 0)	(0, 0)	(0, 0)	(2, 0)	(2, 0)	(2, 0)	(1, 0)	(1, 0)	(1, 0)
(2, 1)	(0, 0)	(0, 1)	(0, 2)	(2, 0)	(2, 1)	(2, 2)	(1, 0)	(1, 1)	(1, 2)
(2, 2)	(0, 0)	(0, 2)	(0, 1)	(2, 0)	(2, 2)	(2, 1)	(1, 0)	(1, 2)	(1, 1)

유제 3.1.5-1 $\mathbb{Z}$에서 새로운 덧셈 $\oplus$과 곱셈 $\odot$을 $a \oplus b = a + b - 1$과 $a \odot b = a + b - ab$로 정의한다. 여기서 각 등호의 오른쪽 변에 있는 연산들은 보통의 덧셈, 뺄셈과 곱셈이다. 이 연산들에서 $\mathbb{Z}$는 정역임을 증명하라.

[풀이] 정의에 의하여, 모든 $a, b \in \mathbb{Z}$에 대하여 $a \oplus b \in \mathbb{Z}$, $a \odot b \in \mathbb{Z}$이다.

(i) 임의의 $a, b \in \mathbb{Z}$에 대하여,

$$a \oplus b = a + b - 1 = b + a - 1 = b \oplus a,$$
$$a \odot b = a + b - ab = b + a - ba = b \odot a$$

(ii) 임의의 $a, b, c \in \mathbb{Z}$에 대하여,

$$\begin{aligned}(a \oplus b) \oplus c &= (a + b - 1) \oplus c = (a + b - 1) + c - 1 \\ &= a + (b + c - 1) - 1 = a + (b \oplus c) - 1 \\ &= a \oplus (b \oplus c),\end{aligned}$$

$$(a \odot b) \odot c = (a + b - ab) \odot c$$

$$\begin{aligned}
&= (a+b-ab)+c-(a+b-ab)c \\
&= (a+b-ab)+c-(ac+bc-abc) \\
&= a+(b+c-bc)-a(b+c-bc) \\
&= a+(b\odot c)-a(b\odot c) \\
&= a\odot(b\odot c)
\end{aligned}$$

(iii) 분배법칙 역시 쉽게 증명된다.

(iv) $1\in\mathbb{Z}$은 $\oplus$에 관한 항등원이다.
따라서 모든 $a\in\mathbb{Z}$에 대하여 $1\oplus a=1+a-1=a$이다.

(v) $0\in\mathbb{Z}$은 $\odot$에 관한 항등원이다.
따라서 모든 $a\in\mathbb{Z}$에 대하여 $0\odot a=0+a-0a=a$이다.

(vi) 임의의 a, $b\in\mathbb{Z}$에 대하여, $a\odot b=1$라 가정하자. 그러면 $a+b-ab=1$ 또는 $(1-a)(1-b)=0$이고 $1-a=0$ 또는 $1-b=0$이므로 $a=1$ 또는 $b=1$이다. 따라서 $(\mathbb{Z}, \oplus, \odot)$은 정역이다.

유제 3.1.5-2 $\mathbb{Z}$에서 새로운 덧셈과 곱셈을 $a\oplus b=a+b-1$과 $a\odot b=ab-(a+b)+2$로 정의한다. 이 연산들에서 $\mathbb{Z}$는 정역임을 증명하라.

[풀이] $1\in\mathbb{Z}$은 $\oplus$에 대한 항등원이고 $2\in\mathbb{Z}$는 $\odot$에 관한 항등원이다. 더욱이 $(\mathbb{Z}, \oplus, \odot)$은 항등원 2를 갖는 가환환이다(자세히 각자 해볼 것). 이제 임의의 a, $b\in\mathbb{Z}$에 대하여 $a\odot b=1$라 가정하자. 그러면 $ab-(a+b)+2=1$ 또는 $(a-1)(b-1)=0$이므로 $a-1=0$ 또는 $b-1=0$, 즉 $a=1$ 또는 $b=1$이다. 따라서 $(\mathbb{Z}, \oplus, \odot)$은 정역이다.

유제 3.1.5-3 $\mathbb{Q}$에서 새로운 덧셈과 곱셈을 $r\oplus s=r+s+1$이고 $r\odot s=rs+r+s$로 정의한다. 이 연산들에서 $\mathbb{Q}$는 항등원이 있는 가환환임을 증명하라. $\mathbb{Q}$는 정역인가?

[풀이] $-1\in\mathbb{Q}$는 $\oplus$에 관한 항등원이고 $0\in\mathbb{Q}$은 $\odot$에 관한 항등원이다. $\oplus$과 $\odot$의 오른쪽 변의 "+"과 "·"은 $\mathbb{Q}$에서 보통 덧셈과 곱셈이므로, 환의 나머지 조건을 모두 만족한다(자세히 각자 해볼 것). 따라서 $(\mathbb{Q}, \oplus, \odot)$은 항등원 0을 갖는 가환환이다. 이제 임의의 a, $b\in\mathbb{Q}$에 대하여 $a\odot b=-1$라 가정하자. 그러면 $ab+a+b=-1$이므로 $(a+1)(b+1)=0$이다. 따라서 $a=-1$ 또는 $b=-1$이 되어 $(\mathbb{Q}, \oplus, \odot)$은 정역이다.

3.2 환의 기본성질

정리 3.2.1

환 R의 임의의 원소 a에 대하여, 방정식 $a+x=0_R$은 유일한 해를 갖는다.

[증명] 공리 (5)에 의하여, 방정식 $a+x=0_R$은 적어도 하나의 해 u를 갖는다. v가 역시 하나의 해라 가정하자. 그러면 $a+u=0_R$이고 $a+v=0_R$이다. 따라서

$$v=0_R+v=(a+u)+v=(u+a)+v=u+(a+v)=u+0_R=u$$

가 성립한다. 따라서 u는 꼭 하나의 해다. ■

$-a$는 $a+(-a)=0_R=(-a)+a$인 R의 꼭 하나의 해이다. 환에서 이 정의는 한 원소의 음(negative)의 개념과 일치한다. 이것은 임의의 환에서 "음"에 대한 의미를 제공한다.

| 보기 3.2.1 | 환 $\mathbb{Z}_6$에서 방정식 $2+x=0$의 해는 4이다. 따라서 이 환에서 $-2=4$이다. 비슷하게, $\mathbb{Z}_{14}$에서 $-9=5$이다. 왜냐하면, 5는 $9+x=0$의 해이기 때문이다. ■

이제 환에서 뺄셈은 다음의 규칙으로 정의된다.

$$b-a=b+(-a)$$

| 보기 3.2.2 | $\mathbb{Z}_6$에서 $1-2=1+(-2)=1+4=5$이다. ■

정리 3.2.2

환 R에서 $a+b=a+c$이면, $b=c$이다.

[증명] $a+b=a+c$의 양변에 $-a$를 더한다. 그러면

$$-a+(a+b)=-a+(a+c)$$

$$(-a+a)+b=(-a+a)+c \qquad \text{[덧셈의 결합법칙]}$$

$$0_R + b = 0_R + c \qquad\qquad [음의\ 정의]$$

이므로 항등원의 정의에 의하여 $b = c$이다. ■

정리 3.2.3

a와 b는 환 R의 임의의 원소라 하자.

(1) $a \cdot 0_R = 0_R = 0_R \cdot a$

(2) $a(-b) = -(ab) = (-a)b$

(3) $-(-a) = a$

(4) $-(a+b) = (-a) + (-b)$

(5) $-(a-b) = -a + b$

(6) $(-a)(-b) = ab$

R이 항등원을 가지면,

(7) $(-1_R)a = -a$

[증명] (1) $0_R + 0_R = 0_R$이므로 분배법칙에 의하여,

$$a \cdot 0_R + a \cdot 0_R = a(0_R + 0_R) = a \cdot 0_R = a \cdot 0_R + 0_R$$

이다. 이 방정식의 첫 번째와 마지막 부분에 정리 3.2.2를 적용하면, $a \cdot 0_R = 0_R$을 얻는다. $0_R \cdot a = 0_R$의 증명도 비슷하다.

(2) 정의에 의하여, $-(ab)$는 방정식 $ab + x = 0_R$의 유일한 해다. 따라서 이 방정식의 임의의 다른 해는 $-(ab)$와 같아야 한다. 그런데 $x = a(-b)$는 해다. 왜냐하면, 분배법칙에 의하여,

$$ab + a(-b) = a[b + (-b)] = a(0_R) = 0_R$$

이다. 그러므로 $a(-b) = -(ab)$이다. 다른 부분도 비슷하게 증명된다.

(3) 정의에 의하여, $-(-a)$는 $(-a) + x = 0_R$의 유일한 해이다. $(-a) + a = 0_R$이므로, a는 이 방정식의 해다. 유일성에 의하여, $-(-a) = a$이다.

(4) 정의에 의하여, $-(a+b)$는 $(a+b) + x = 0_R$의 유일한 해이다. 한편,

$$\begin{aligned}(a+b) + [(-a) + (-b)] &= b + [a + (-a)] + (-b) \\ &= (b + 0_R) + (-b) \\ &= b + (-b) = 0_R\end{aligned}$$

이므로 $(-a)+(-b)$는 역시 이 방정식의 해이다. 유일성에 의하여, $-(a+b)=(-a)+(-b)$이다.

(5) 뺄셈의 정의와 (3), (4)에 의하여,

$$-(a-b)=-(a+(-b))=-a+(-(-b))=-a+b$$

이다.

(6) (2)와 (3)에 의하여,

$$(-a)(-b)=-[a(-b)]=-[-(ab)]=ab$$

이다.

(7) (2)에 의하여, $(-1_R)(a)=-(1_Ra)=-(a)=-a$이다. ■

보통 계산을 할 때, **지수표기법**(exponent notation)은, 이와 비슷한 덧셈의 지수표기법(예컨대 $a+a+a=3a$)처럼 편리하다. 이제 임의의 환에 대하여 이러한 개념들을 수행한다.

R은 환, $a\in R$이고 n은 양의 정수라 하자. a^n을 다음과 같이 정의한다.

$$a^n = aaa\cdots a \ \ [n\text{번 곱한다}]$$

그러면 임의의 $a\in R$와 양의 정수 m과 n에 대하여,

$$a^m a^n = a^{m+n}\text{이고 } (a^m)^n = a^{mn}$$

임을 증명하는 것은 쉽다. R이 항등원을 갖고 $a\neq 0_R$라 하자. a^0을 원소 1_R이 되도록 정의한다. 이 경우에 위의 지수법칙은 모든 $m,\ n\geq 0$에 대하여 성립한다.

R은 환, $a\in R$이고 n은 양의 정수라 하자. 그러면 다음을 정의할 수 있다.

$$na=a+a+a+\cdots+a \ \ [n\text{번 더한다}],$$
$$-na=(-a)+(-a)+(-a)+\cdots+(-a) \ \ [n\text{번 더한다}]$$

마지막으로 $0a=0_R$로 정의한다. 잘 알고 있는 환에서 이것은 전혀 새로운 것이 아니지

만, 다른 환에서 이것은 정수 n과 환의 원소 a의 '곱'에 의미를 준다.

| 보기 3.2.3 | R은 환이고 $a, b \in R$라 하자. 그러면

$$
\begin{aligned}
(a+b)^2 &= (a+b)(a+b) \\
&= a(a+b)+b(a+b) \\
&= aa+ab+ba+bb \\
&= a^2+ab+ba+b^2
\end{aligned}
$$

이다. $ab \neq ba$이면, 가운데 항들을 결합할 수 없다. 그러나 R이 가환환이면 $ab = ba$ 이다. 따라서

$$
\begin{aligned}
(a+b)^2 &= a^2+ab+ba+b^2 \\
&= a^2+ab+ab+b^2 \\
&= a^2+2ab+b^2
\end{aligned}
$$

이다. 가환환에서 $n > 2$인 $(a+b)^n$의 계산은 이항정리(Binomial Theorem)를 사용한다. ■

정리 3.2.4

R은 환이고 $a, b \in R$라 하자. 그러면 방정식 $a+x=b$는 꼭 하나의 해 $x=b-a$를 갖는다.

[증명] $a+[b-a] = a+[b+(-a)] = a+[-a+b] = [a+(-a)]+b = 0_R+b = b$이다. 그러면 $x=b-a$는 주어진 방정식의 해이다. 이제 w가 임의의 다른 해라 하자. 그러면 $a+w=b=a+(b-a)$이다. 따라서 정리 3.2.2에 의하여, $w=b-a$이다. 따라서 $x=b-a$는 유일한 해다. ■

환에서 곱셈의 방정식(multiplicative equation) $ax=b$는 해를 갖지 않을 수 있다. 예컨대 $4x=11$은 $\mathbb{Z}$에서 해를 갖지 않는다. a가 나눗셈환(division ring) R의 영이 아닌 원소이면, 공리 (12)에 의하여 방정식 $ax=1_R$은 해 u를 갖고 방정식 $xa=1_R$는 해 v를 갖는다. $au=1_R$이고 $va=1_R$인 사실을 사용하여, $u = 1_R u = (va)u = v(au) = v1_R = v$임을 알게 된다. 따라서 나눗셈환의 각 영이 아닌 원소 a에 대하여, $au=1_R=ua$인 원소 u가 존재한다. 이러한 상태를 설명하기 위하여 몇 가지 용어가 필요하다.

정의 3.2.5

항등원이 있는 환 R의 원소 a가 **단원**(unit)일 필요충분조건은 $u \in R$가 존재하여 $au = 1_R = ua$이다. 이 경우에 원소 u를 a의 (곱셈의) **역원**(inverse)이라 하고 a^{-1}로 쓰게 된다.

단원의 역원에 대한 표기법은 실수에서 일반적 지수표기법의 모양으로 나타내진다. 실수에서는 $a^{-1} = 1/a$다. 위에서 알게 되었듯이 나눗셈환의 모든 영이 아닌 원소는 단원이다. 더욱이 다른 환에서도 단원들이 존재한다.

| 보기 3.2.4 | $\mathbb{Z}_{10}$에서 원소 7은 단원이다. 왜냐하면, $7 \cdot 3 = 1 = 3 \cdot 7$이기 때문이다. 이 경우에 $7^{-1} = 3$이고 $3^{-1} = 7$이다. 일반적으로, 정의 3.2.5와 따름정리 1.6.2에 의하여, a가 $\mathbb{Z}_n$에서 단원일 필요충분조건은 $\mathbb{Z}$에서 $(a,\ n) = 1$이다. ■

| 보기 3.2.5 | $\mathbb{Z}$에서 단원은 1과 -1뿐이다(왜?). 그러나 비가환환 $M(\mathbb{R})$에는 많은 단원이 있다. 예컨대

$$\begin{pmatrix} 3 & 2 \\ 7 & 5 \end{pmatrix}\begin{pmatrix} 5 & -2 \\ -7 & 3 \end{pmatrix} = \begin{pmatrix} 1 & 0 \\ 0 & 1 \end{pmatrix} = \begin{pmatrix} 5 & -2 \\ -7 & 3 \end{pmatrix}\begin{pmatrix} 3 & 2 \\ 7 & 5 \end{pmatrix}$$

이므로 $\begin{pmatrix} 3 & 2 \\ 7 & 5 \end{pmatrix}$는 단원이다. 행렬 환에서 단원을 **가역행렬**(invertible matrix)이라 한다. ■

정리 3.2.6

R은 항등원이 있는 환이고, $a,\ b \in R$라 하자. a가 단원이면, 각 방정식 $ax = b$와 $ya = b$는 R에서 꼭 하나의 해를 갖는다.

[증명] a는 단원이므로, $a^{-1} \in R$이고 $a\,a^{-1} = 1_R = a^{-1}\,a$이다. 그러면

$$a(a^{-1}\,b) = (a\,a^{-1})b = 1_R b = b$$

가 성립한다. 따라서 $x = a^{-1}\,b$는 $ax = b$의 해이다. $x = c$가 이 방정식의 다른 해라 하자. 그러면 $ac = b$이고

$$c = 1_R\,c = (a^{-1}a)c = a^{-1}(a\,c) = a^{-1}\,b$$

이므로 $x = a^{-1}b$는 유일한 해이다. 비슷한 방법으로, $y = ba^{-1}$가 $ya = b$의 꼭 하나의 해임을 보일 수 있다. ■

각 방정식은 꼭 하나의 해를 갖는다. 그러나 비가환환에서 $ax = b$의 해가 $ya = b$의 해와 같지 않을 수 있다.

가끔 $\mathbb{Z}$에서 계산을 할 때 **소거법칙**($a \neq 0$이고 $ab = ac$면 $b = c$이다)을 사용한다. 그러나 소거가 모든 환에서 허용되지는 않는다. 예컨대 $\mathbb{Z}_{12}$에서 $2 \cdot 4 = 2 \cdot 10$이지만 $4 \neq 10$이다. $\mathbb{Z}$는 정역이고 $\mathbb{Z}_{12}$는 정역이 아닌 것의 차이점이다.

정리 3.2.7

R은 항등원이 있는 가환환이라 하자. 그러면 R이 정역일 필요충분조건은 R에서 $ab = ac$일 때 $a \neq 0_R$이면 $b = c$이다.

[증명] ⇒] R이 정역이고 $a \neq 0_R$인 원소에 대하여 R에서 $ab = ac$라 가정하자. 그러면 $ab - ac = 0_R$이고 $a(b-c) = 0_R$이 성립한다. $a \neq 0_R$이고 R은 정역이므로, 공리 (11)에 의하여 $b - c = 0_R$, 즉 $b = c$이다.

⇐] 소거 성질이 R에서 성립한다고 가정하자. R이 정역임을 증명하기 위하여, 공리 (11)이 성립하는 것을 증명할 필요가 있다. $ab = 0_R$라 가정하자. $a = 0_R$이면 증명이 끝난다. 그러므로 $a \neq 0_R$이라 하면 $ab = 0_R = a0_R$이므로 소거법칙에 의해 $b = 0_R$이다. 따라서 $a = 0_R$ 또는 $b = 0_R$이다. 따라서 R은 정역이다. ■

따름정리 3.2.8

모든 체 R은 정역이다.

[증명] 모든 체는 항등원이 있는 가환환이다. 임의의 $a, b, c \in R$에 대하여 $ab = ac$이고 $a \neq 0_R$라 가정하자. a는 단원이므로 $a^{-1} \in R$이 존재하여 $a^{-1}a = 1_R = aa^{-1}$이 성립한다. $ab = ac$의 양변에 a^{-1}를 곱하면, $b = c$이다. 따라서 정리 3.2.7에 의하여, R은 정역이다. ■

일반적으로, 따름정리 3.2.8의 역은 성립하지 않는다($\mathbb{Z}$는 정역이지만 체가 아니다). 그러나 유한인 경우에는 성립한다.

정리 3.2.9

모든 유한 정역 R은 체이다.

[증명] R은 항등원이 있는 가환환이므로 각 $0_R \neq a \in R$에 대하여, 방정식 $ax = 1_R$이 해를 가짐을 보이면 된다. $a_1,\ a_2,\ \cdots,\ a_n$은 R의 서로 다른 원소라 하고 $a_t \neq 0_R$라 가정하자. $a_t x = 1_R$이 해를 가짐을 보이기 위하여 $a_t a_1,\ a_t a_2,\ a_t a_3,\ \cdots,\ a_t a_n$을 생각한다. $a_i \neq a_j$이면, $a_t a_i \neq a_t a_j$(왜냐하면 $a_t a_i = a_t a_j$라면, 소거 성질에 의하여, $a_i = a_j$이기 때문이다). 따라서 $a_t a_1,\ a_t a_2,\ a_t a_3,\ \cdots,\ a_t a_n$은 R의 n개의 서로 다른 원소이다. 그러나 R은 모두 꼭 n개의 원소를 갖으므로 $1 \in \{a_t a_1,\ a_t a_2,\ a_t a_3,\ \cdots,\ a_t a_n\}$이다. 따라서 $a_t a_j = 1_R$를 만족하는 적당한 j가 존재한다. 그러므로 방정식 $a_t x = 1_R$은 해를 갖는다. 따라서 R은 체이다. ■

정의 3.2.10

가환환 R의 영이 아닌 원소 a가 있다 하자. 영이 아닌 원소 $b \in R$가 존재하여 $ab = 0_R$이면 a를 **영인자**(zero divisor)라 한다.

예를 들면 3은 $\mathbb{Z}_6$에서 영인자이다. 왜냐하면, $3 \cdot 2 = 0$이기 때문이다. 0_R은 영인자가 아님에 주의하라. 정역은 영인자를 소유하지 않는 영환이 아닌, 항등원이 있는 가환환이다. 어떠한 단원도 영인자가 아니다(예제 3.2.3). 그러나 영인자가 아닌 원소가 단원일 필요는 없다(예컨대 2는 $\mathbb{Z}$에서 영인자도 단원도 아니다). 그림 3.2.1은 환들 사이의 관계를 나타낸다.

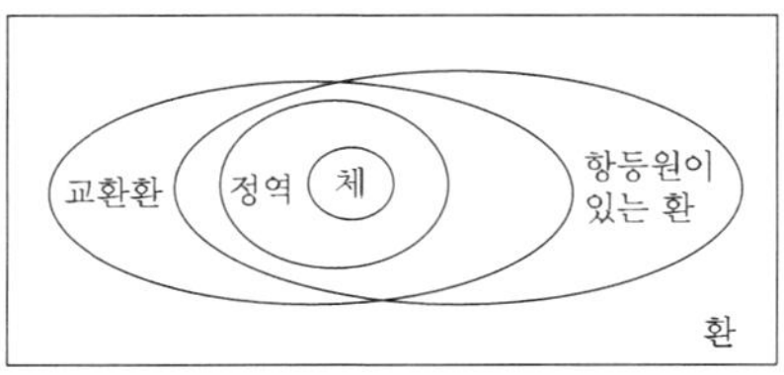

그림 3.2.1

정의 3.2.11

항등원을 갖는 환 R에서 $n1_R=0$을 만족시키는 가장 작은 양의 정수 n이 존재하면 n을 환 R의 **표수**(characteristic)라 하고 $\mathrm{char}\,R=n$ 라 쓴다. 이러한 n이 존재하지 않으면 환 R의 표수를 0이라 하고 $\mathrm{char}\,R=0$이라 쓴다.

(i) 임의의 $n\in\mathbb{Z}^+$에 대하여, $n1\neq 0$이므로 $\mathbb{Z}$의 표수는 0이다.

(ii) 분명히 $\mathbb{Z}_n$에서 n은 $n1=0$인 최소의 양의 정수이다. 그러므로 $\mathbb{Z}_n$의 표수는 n이다.

(iii) $\mathbb{Z}_4\times\mathbb{Z}_6$의 표수가 n이라 하자. 그러면

$$n(1,\ 1)=(n1,\ n1)=(0,\ 0) \tag{*}$$

이다. 그런데 (ii)에 의하여, $\mathbb{Z}_4$와 $\mathbb{Z}_6$의 표수는 각각 4와 6이다. 그러므로, (*)가 성립하려면, n은 4와 6의 최소 공배수이다. 따라서 $n=12$는 $\mathbb{Z}_4\times\mathbb{Z}_6$의 표수이다.

예제 3.2.1 환 R의 원소 a가 $a^2=a$을 만족하면 **멱등원**(idempotent element)이라 한다.
(1) 환 $M(\mathbb{R})$에 속하는 멱등원 4개만 구하라(4개 이상 있다).
(2) $\mathbb{Z}_{12}$에 속하는 모든 멱등원을 구하라.

[풀이] (1) $\begin{pmatrix} a & b \\ c & d \end{pmatrix}\in M(\mathbb{R})$이 멱등원이라 하자. 그러면

$$\begin{pmatrix} a & b \\ c & d \end{pmatrix}\begin{pmatrix} a & b \\ c & d \end{pmatrix}=\begin{pmatrix} a^2+bc & ab+bd \\ ac+cd & bc+d^2 \end{pmatrix}=\begin{pmatrix} a & b \\ c & d \end{pmatrix}$$

이다. 따라서

$$a^2+bc=a \ \cdots \ ①$$
$$ab+bd=b \ \cdots \ ②$$
$$ac+cd=c \ \cdots \ ③$$
$$bc+d^2=d \ \cdots \ ④$$

이다. 식 ①, ②, ③, ④를 연립하여 $a,\ b,\ c,\ d$를 구하면,

$$(a,\ b,\ c,\ d)=(0,\ 0,\ 0,\ 0),\ (1,\ 0,\ 0,\ 1),\ (0,\ 1,\ 0,\ 1),\ \ (0,\ 0,\ 0,\ 1)$$

이다. 따라서 $M(\mathbb{R})$의 4개의 멱등원은

$$\begin{pmatrix} 0 & 0 \\ 0 & 0 \end{pmatrix},\ \begin{pmatrix} 1 & 0 \\ 0 & 1 \end{pmatrix},\ \begin{pmatrix} 0 & 1 \\ 0 & 1 \end{pmatrix},\ \begin{pmatrix} 0 & 0 \\ 0 & 1 \end{pmatrix}$$

이다.

(2) $a^2 = a$가 되는 $a \in \mathbb{Z}_{12}$를 구하면 $a = 0, 1, 4, 9$이다. 따라서 $\mathbb{Z}_{12}$의 멱등원은 0, 1, 4, 9이다. ■

유제 3.2.1-1 G는 곱의 항등원 e_G를 갖는 환이고 H는 곱의 항등원 e_H를 갖는 G의 부분환이면, e_H는 e_G와 같지 않을 수 있음을 보여라.
[도움말 : 부분환 $\mathbb{Z} \times \mathbb{Z}$에서 $\{(n, 0) : n \in \mathbb{Z}\}$을 생각하라.]

유제 3.2.1-2 $\mathbb{R}$을 실수들의 집합이라고 하고 $R = \{ f | f : [0, 1] \to \mathbb{R},\ f$는 연속함수$\}$일 때, $f, g \in R$에서 모든 실수 x에 대해서 $(f+g)(x) = f(x) + g(x)$, $(f \cdot g)(x) = f(x)g(x)$로 덧셈과 곱셈을 정의한다.
(1) $(R, +, \cdot)$은 환이 됨을 보여라
(2) R에서 모든 멱등원을 구하여라.

예제 3.2.2 정역 R에 속하는 멱등원은 0_R과 1_R뿐임을 증명하라.

[풀이] e는 0_R이 아닌 정역 R의 멱등원이라 하자. 그러면 $e^2 = e = e \cdot 1_R$이므로 $e = 1_R$이다. 따라서 멱등원은 0_R과 1_R뿐이다. ■

유제 3.2.2-1 a는 환 R의 멱등원이고 $x \in R$라 하자. $(xa - axa)^2 = 0_R$임을 증명하라.

유제 3.2.2-2 R은 1을 갖는 환이고, r을 멱등원이라 하자.
(1) $1 - r$도 멱등원이다.
(2) $r \neq 0,\ r \neq 1$일 때, r과 $1 - r$은 영인자이다.

예제 3.2.3 항등원을 갖는 환의 단원은 영인자가 될 수 없음을 증명하라.

[풀이] $u \in R$를 임의의 단원이라 하자. u가 영인자라 가정하자. 그러면 $0_R \neq b \in R$가 존재하여 $ub = 0_R$이다. u는 단원이므로 $v \in R$이 존재하여 $uv = 1_R = vu$이다. 따라서 $v(ub) = v0_R = 0_R$이다. 그런데 $v(ub) = (vu)b = 1_R b = b$이므로 $b = 0_R$이 된다. 이것은 $b \neq 0_R$라는 사실에 모순이다. 따라서 u는 영인자가 아니다. ■

유제 3.2.3-1 R은 항등원이 있는 가환환이고 $a \in R$라 하자. $a^2 = 1_R$이고 $a \neq \pm 1_R$이면, $a + 1_R$과 $a - 1_R$은 영인자임을 증명하라.

유제 3.2.3-2 R은 가환환이고 $a \in R$라 하자. $a \neq 0_R$이고 a는 영인자가 아니라 가정하자. R에서 $ab = ac$이면, $b = c$임을 증명하라.

예제 3.2.4 환의 원소 a가 적당한 양의 정수 n이 존재하여 $a^n = 0_R$을 만족하면 **멱영원** (nilpotent element)이라 한다. 방정식 $x^2 = 0_R$의 0_R이 아닌 해가 존재할 필요충분조건은 0_R이 아닌 멱영원이 환 R에 존재하는 것이다. 이를 증명하라.

[풀이] $\Rightarrow$] 방정식 $x^2 = 0_R$의 영이 아닌 해가 존재하므로 $a \in R$를 그 해라 하자. 즉, $n = 2$일 때 $a^2 = 0_R$의 영이므로 a는 멱영원이다.

$\Leftarrow$] 필요조건이 성립하고 충분조건이 성립하지 않는다고 가정하자. 0_R이 아닌 한 원소 $a \in R$가 멱영원이라 하자. 즉, 적당한 양의 정수 n가 존재하여 $a^n = 0$이다. 자연수 k를 $a^k = 0$을 만족하는 가장 작은 자연수라 하자. 만약 $k = 2$이면 $a^2 = 0_R$이고 이 말은 a가 $x^2 = 0_R$의 근이라는 뜻이므로 $x^2 = 0_R$이 영이 아닌 해가 존재하므로 모순이다. 그러므로 $k > 2$이다.

(i) k가 짝수일 때, $a^k = (a^{k/2})^2 = 0_R$이 되므로 $x = a^{k/2}$는 $x^2 = 0_R$의 영이 아닌 해이다. (자연수 k는 $a^k = 0$을 만족하는 가장 작은 자연수이므로 $x = a^{k/2}$는 영이 아니다.) 따라서 $x^2 = 0_R$이 영이 아닌 해가 존재하므로 모순이다.

(ii) k가 홀수일 때, $0_R = 0_R \cdot a = a^k \cdot a = a^{k+1} = (a^{(k+1)/2})^2$ 이 되므로 $x = a^{(k+1)/2}$는 $x^2 = 0_R$의 영이 아닌 해이다. (자연수 k는 $a^k = 0$을 만족하는 가장 작은 자연수이므로 $x = a^{(k+1)/2}$는 영이 아니다.) 따라서 $x^2 = 0_R$이 영이 아닌 해가 존재하므로 모순이다. ■

유제 3.2.4-1 R은 1을 갖는 가환환이고 $x \in R$은 멱영원이라 하자. 다음을 증명하여라.

(1) $1 + x$은 단원이다.

(2) a가 멱영원, u가 단원이면 $a + u$도 단원이다.

유제 3.2.4-2 $\mathbb{Z}_4 \times \mathbb{Z}_6$에서 단원, 영인자, 멱등원, 멱영원을 모두 구하여라.

예제 3.2.5 R은 항등원이 있는 환이고 $a \in R$라 하자. $a^2 = 0_R$이면, $a + 1_R$과 $a - 1_R$은

단원임을 증명하라.

[풀이] $a^2 = 0_R$이므로 $-1 = 0_R - 1 = a^2 - 1 = (a+1)(a-1) = (a-1)(a+1)$이다.

$1 = -(a+1)(a-1) = -(a-1)(a+1)$이므로 $a + 1_R$과 $a - 1_R$은 단원이다. ■

유제 ‖ 3.2.5 R은 표수 $n > 0$의 항등원이 있는 환이라 한다.

(1) 모든 $a \in R$에 대하여 $na = 0_R$임을 증명하라.

(2) R이 정역이면 n은 소수임을 증명하라.

예제 ‖ 3.2.6 다음 각 명제가 참 또는 거짓인지를 말하라.

(1) 항등원이 있는 환은 적어도 두 개의 단원을 갖는다.

(2) n이 소수가 아니면, $\mathbb{Z}_n$는 영인자를 갖는다.

(3) 모든 체는 정역이다.

[풀이] (1) F (2) T (3) T ■

유제 ‖ 3.2.6 $R = \{a + b\sqrt{2} \mid a,\ b \in \mathbb{Z}\}$라고 하자.

(1) $(R,\ +,\ \cdot\ )$는 환이 됨을 보여라.

(2) $N(a + b\sqrt{2}) = a^2 - 2b^2$라고 하면 $x,\ y \in R$일 때 $N(xy) = N(x)N(y)$임을 보여라.

(3) x가 단원일 필요충분조건은 $N(x) = \pm 1$임을 보여라.

(4) R에는 단원이 무한개임을 보여라.

유제 ‖ 3.2.7 다음 각 명제가 참 또는 거짓인지를 말하라.

(1) 항등원이 있는 모든 환은 많아야 두 개의 단원을 갖는다.

(2) 두 정역의 직곱(Cartesian product)은 다시 정역이다.

(3) $n\mathbb{Z}$는 $\mathbb{Z}$의 부분 정역이다.

(4) $\mathbb{Z}$는 $\mathbb{Q}$의 부분체이다.

3.2 연습문제

1. R은 환이고 $a,\ b\in R$라 하자.

(1) $(a+b)(a-b)$을 계산하라.

(2) $(a+b)^3$을 계산하라.

(3) R이 가환환이면, (1)과 (2)에서 답은 각각 무엇인가?

2. 환 $M(\mathbb{R})$에서,

$$A=\begin{pmatrix}1 & 2\\ 0 & 1\end{pmatrix}\ \ B=\begin{pmatrix}4 & 1\\ 1 & -1\end{pmatrix}\ \ C=\begin{pmatrix}2 & 3\\ 1 & -1\end{pmatrix}\ \ D=\begin{pmatrix}4 & -7\\ 1 & -3\end{pmatrix}$$

라 하자. 방정식 $AX=B$와 $XA=B$는 다른 해를 가짐을 증명하라.
[도움말 : C 또는 D가 어느 방정식의 해인지를 알기 위해 확인한다.]

3. 증명하거나 또는 거짓임을 증명하라 : 항등원이 있는 환 R의 단원들의 집합은 R의 부분환이다.

4. (1) a와 b가 항등원이 있는 환 R의 단원이면, ab는 단원이고 $(a\,b)^{-1}=b^{-1}\ a^{-1}$임을 증명하라.

(2) a와 b가 단원이면, $(a\,b)^{-1}$가 $a^{-1}\ b^{-1}$와 같지 않을 수 있음을 보이기 위하여 보기를 주라. [도움말 : 사원수환 H 에서 두 행렬 $\mathbf{i}$와 $\mathbf{k}$를 생각하라.]

5. 가환환의 단원은 영인수가 될 수 없음을 증명하라.

6. 환 $\mathbb{Z}_6\times R$의 모든 단원과 영인수를 구하라. 여기서 R은 연습문제 3.1.5의 환이다.

7. R과 S를 영아닌 가환환이라 하자. $R\times S$는 언제나 영인수를 가짐을 보여라.

8. (1) ab가 가환환 R의 영인수이면, a또는 b가 영인수임을 증명하라.

(2) a또는 b가 R의 영인수고 $ab\neq 0_R$이면, ab는 영인수임을 증명하라.

9. R은 환, $a,\ b\in R$이고 m과 n은 양의 정수라 하자.

(1) $a^m a^n=a^{m+n}$이고 $(a^m)^n=a^{mn}$임을 보여라.

(2) 어떤 조건에서, $(a\,b)^n=a^n\,b^n$이 참인가?

10. S는 환 R의 공아닌 부분집합이라 하자. 그러면 S가 R의 부분환일 필요충분조건은 임의의 $a,\ b\in S$에 대하여 $a-b,\ ab\in S$인 것임을 증명하라.

11. (1) S가 환 R의 부분환이면, $0_S = 0_R$임을 증명하라. [도움말 : $a \in S$에 대하여, 방정식 $a + x = a$를 생각하라.]

(2) S는 환 R의 부분환이라 하자. R과 S가 항등원을 갖는다면 1_S가 1_R과 같지 않을 수 있음을 보이기 위하여 보기를 주라.

(3) S가 체 R의 부분체면, $1_S = 1_R$임을 증명하라.

12. R은 공리 (1), (2)와 (4)-(10)을 만족하는 덧셈과 곱셈을 갖춘 집합이라 하자. R은 환임을 증명하라. [도움말 : $a + b = b + a$임을 보이기 위하여, $(a + b)(1_R + 1_R)$을 두 가지 방법으로 전개하라.]

13. (1) R은 환, $a,\ b \in R$이고 m과 n은 음이 아닌 정수라 하자.
다음이 성립함을 증명하라 :

(i) $(m + n)a = ma + na$

(ii) $m(a + b) = ma + mb$

(iii) $m(ab) = (ma)b = a(mb)$

(iv) $(ma)(nb) = mn(ab)$

(2) m과 n이 임의의 정수일 때 (1)부분을 해결하라.

14. **불린환**(Boolean ring)은 모든 $x \in R$에 대하여 $x^2 = x$인 항등원이 있는 환 R을 말한다. R이 불린환이면, 다음이 성립함을 증명하라.

(1) 모든 $a \in R$에 대하여, $a + a = 0_R$. [도움말 : $(a + a)^2$을 전개하라.]

(2) R은 가환환이다. [도움말 : $(a + b)^2$을 전개하라.]

15. R은 항등원이 있는 가환환, $t \in R$이고 T는 t의 모든 배수들의 환이라 하자. u가 R의 단원이고 $u \in T$면, $T = R$임을 증명하라.

16. $R = \{0_R,\ 1_R,\ a,\ b\}$는 환이고 a와 b는 단원이라 가정하자. R의 곱셈표를 만들어라.

17. R과 S는 항등원이 있는 환이라 하자. 환 $R \times S$의 단원은 무엇인가?

18. (1) $\mathbb{Z}_n$의 영이 아닌 원소가 영인수다 $\Leftrightarrow$ 이 원소가 단원이 아니다. 이를 증명하라.

(2) (1)이 성립하지 않는 환의 보기를 주라.

19. R은 환, $a \in R$이고 $S = \{r \in R : ra = 0_R\}$라 하자. 그러면 S는 R의 부분환임을 증명하라.

20. $\begin{pmatrix} a & b \\ c & d \end{pmatrix}$가 $M(R)$에서 단원일 필요충분조건은 $ad-bc \neq 0$이다. 이를 증명하라. 이 경우에, $\begin{pmatrix} a & b \\ c & d \end{pmatrix}$의 역은 $\begin{pmatrix} -d/t & -b/t \\ -c/t & a/t \end{pmatrix}$임을 증명하라. 여기서 $t=ad-bc$이다.

21. R은 항등원이 없는 환이고 T는 집합 $R \times \mathbb{Z}$라 하자. T에서 덧셈과 곱셈은 다음의 규칙으로 정의한다 :

$$(r,\ m)+(s,\ n)=(r+s,\ n+m),$$
$$(r,\ m)(s,\ n)=(rs+ms+nr,\ mn)$$

(1) T는 항등원이 있는 환임을 증명하라.

(2) $R^* = \{(r,\ 0) \in T : r \in R\}$라 하자. 그러면 R^*는 T의 부분환임을 증명하라.

22. (1) a와 b는 가환환 R의 멱영원이라 하자. $a+b$와 ab 역시 멱영원임을 증명하라.

(2) N은 R의 모든 멱영원들의 집합이라 하자. N은 R의 부분환임을 증명하라.

23. R은 모든 $x \in R$에 대하여 $x^3 = x$인 환이라 하자. R은 가환환임을 증명하라.

24. R은 영인수가 없는 영환이 아닌 유한 가환환이라 하자. R은 체임을 증명하라.

3.2 유제풀이

유제 3.2.1-1 G는 곱의 항등원 e_G를 갖는 환이고 H는 곱의 항등원 e_H를 갖는 부분환이면, e_H는 e_G와 같지 않을 수 있음을 보여라.

[도움말 : 부분환 $\mathbb{Z} \times \mathbb{Z}$에서 $\{(n,\ 0)\ :\ n \in \mathbb{Z}\}$을 생각하라.]

[풀이] 부분환 $\mathbb{Z} \times \mathbb{Z}$에서 $H=\{(n,\ 0)\ :\ n \in \mathbb{Z}\}$라 하면 $e_G=(1,\ 1)$이고 $e_H=(1,\ 0)$이다. 따라서 $e_G \neq e_H$이다.

유제 3.2.1-2 $\mathbb{R}$을 실수들의 집합이라고 하고

$$R=\{f \mid f\ :\ [0,\ 1] \to \mathbb{R},\ f\text{는 연속함수}\}$$

일 때, $f,\ g \in R$에서 모든 실수 x에 대해서 $(f+g)(x)=f(x)+g(x)$, $(f \cdot g)(x)=f(x)g(x)$로 덧셈과 곱셈을 정의한다.

(1) $(R,\ +,\ \cdot\ )$은 환이 됨을 보여라

(2) R에서 모든 멱등원을 구하여라.

[풀이] (1) 두 연산의 정의에 의하여 임의의 $f,\ g \in R$에 대하여 $f+g \in R$이고 $f \cdot g \in R$이다.

(i) $(f+g)+h = f+(g+h)$

(ii) 모든 $x \in [0,\ 1]$에 대해서 $\underline{0}\,(x) = 0$이라고 하자. 그러면 $(f+\underline{0}\,)(x) = f(x)+\underline{0}\,(x) = f(x)$이고 $\underline{0} \in R$이다. 그러므로 $\underline{0}$은 R의 영원이다. $\underline{0}$을 영함수라고 부른다.

(iii) 임의의 $f \in R$에 대하여, $(-f)(x) = -f(x)$라고 하자. 그러면 $-f$는 f의 역원이 됨을 쉽게 알 수 있다.

(iv) $f+g = g+f$

(v) $(f \cdot g) \cdot h = f \cdot (g \cdot h)$

(vi) $f \cdot (g+h) = f \cdot g + f \cdot h,\ (f+g) \cdot h = f \cdot h + g \cdot h$

따라서 R은 환이 된다.

(2) 임의의 $f \in R$에 대하여 $f^2 = f \cdot f = f$이다. 따라서 모든 $x \in \mathbb{R}$에 대해서, $f(x)(f(x)-1) = 0$이므로 $f(x) = 0$ 또는 $f(x) = 1$이다. 따라서 $f(\mathbb{R}) = \{0,\ 1\}$인 함수, 즉 치역이 $\{0,\ 1\}$인 함수는 멱등원이 된다.

유제 3.2.2-1 a는 환 R의 멱등원이고 $x \in R$라 하자. $(xa-axa)^2 = 0_R$임을 증명하라.

[풀이]
$$\begin{aligned}(xa-axa)^2 &= (xa-axa)(xa-axa)\\ &= (xa)(xa)-(xa)(axa)-(axa)(xa)+(axa)(axa)\\ &= (xa)^2 - x(a^2)(xa)-(ax)^2a+ax(a^2)(xa)\\ &= (xa)^2-(xa)^2-(ax)^2a+(ax)^2a = 0_R\end{aligned}$$

유제 3.2.2-2 R은 1을 갖는 환이고, r을 멱등원이라 하자.

(1) $1-r$도 멱등원이다.

(2) $r \neq 0,\ r \neq 1$일 때, r과 $1-r$은 영인자이다.

[풀이] (1) $r^2 = r$이므로 $(1-r)^2 = 1-2r+r^2 = 1-2r+r = 1-r$이다. 따라서 $1-r$은 멱등원이다.

(2) $r^2 = r$이므로 $r(1-r) = r-r^2 = 0$이다. $r \neq 0$이므로 r과 $1-r$은 영인자이다.

유제 3.2.3-1 R은 항등원이 있는 가환환이고 $a \in R$라 하자. $a^2 = 1_R$이고 $a \neq \pm 1_R$이면,

$a+1_R$과 $a-1_R$은 영인자임을 증명하라.

[풀이] $a^2=1_R$이므로, $(a-1_R)(a+1_R)=0_R$이다. 또한 $a\neq\pm1_R$이므로, $a-1_R \neq 0_R$이고 $a+1_R\neq 0_R$. 따라서 $a-1_R$과 $a+1_R$은 영인자다.

유제 3.2.3-2 R은 가환환이고 $a\in R$라 하자. $a\neq 0_R$이고 a는 영인자가 아니라 가정하자. R에서 $ab=ac$이면, $b=c$임을 증명하라.

[풀이] $ab=ac$이므로 $a(b-c)=0_R$이다. 가정에서 $a\neq 0_R$이고 a는 영인자가 아니므로 $b-c=0_R$이다. 따라서 $b=c$이다.

유제 3.2.4-1 R은 1을 갖는 가환환이고 $x\in R$은 **멱영원**이라 하자. 다음을 증명하여라.

(1) $1+x$은 단원이다.

(2) a가 멱영원, u가 단원이면 $a+u$도 단원이다.

[풀이] (1) $x\in R$은 멱영원이므로, $n\in\mathbb{Z}^+$이 존재하여 $x^n=0_R$이다. 또한 $(-x)^n=(-1)^n x^n=0_R$이다. 한편, $1-x^n=(1-x)(1+x+x^2+\cdots+x^{n-1})=1$에 x 대신 $-x$를 대입하면 $1-(-x)^n=(1+x)(1-x+x^2+\cdots+(-x)^{n-1})=1$이다. 따라서 $1+x$는 단원이다.

(2) 가정에 의하여 $n\in\mathbb{Z}^+$이 존재하여 $a^n=0_R$이고 $v\in R$이 존재하여 $uv=1$을 만족한다. R이 가환환이므로 $(av)^n=a^n v^n=0_R$이다. 즉, av는 멱영원이 되므로 (1)에 의하여 $1+av$는 단원이다. 그러므로, $t\in R$가 존재하여 $(1+av)t=1$을 만족한다. 따라서 $(1+av)ut=u$이다. 한편, $uv=1$이므로 $u=(1+av)tu=(1+av)ut=(u+avu)t=(u+a)t$이다. 따라서 $(u+a)t=u$이고 v를 양변에 곱하면 $(u+a)tv=uv=1$이다. 따라서 $u+a$는 단원이다.

유제 3.2.4-2 $\mathbb{Z}_4\times\mathbb{Z}_6$에서 단원, 영인자, 멱등원, 멱영원을 모두 구하여라.

[풀이] $\mathbb{Z}_4$와 $\mathbb{Z}_6$에서 각각 구해보면 아래와 같다.

	단원	영원과 영인자	멱등원	멱영원
$\mathbb{Z}_4$	$\overline{1}, \overline{3}$	$\overline{0}, \overline{2}$	$\overline{0}, \overline{1}$	$\overline{0}, \overline{2}$
$\mathbb{Z}_6$	$\overline{1}, \overline{5}$	$\overline{0}, \overline{2}, \overline{3}, \overline{4}$	$\overline{0}, \overline{1}, \overline{3}, \overline{4}$	$\overline{0}$

이것들을 서로 조합하면 $\mathbb{Z}_4\times\mathbb{Z}_6$의 단원은 $(1, 1)$, $(1, 5)$, $(3, 1)$, $(3, 5)$,

영인자는 (0, 2), (0, 3), (0, 4), (2, 0), (2, 2), (2, 3), (2, 4), 멱등원은 (0, 0), (0, 1), (0, 3), (0, 4), (1, 0), (1, 1), (1, 3), (1, 4), 멱영원은 (0, 0), (2, 0)이다.

유제 3.2.5 R은 $\mathrm{chap}\,R = n > 0$의 항등원이 있는 환이라 하자.

(1) 모든 $a \in R$에 대하여 $na = 0_R$임을 증명하라.

(2) R이 정역이면 n은 소수임을 증명하라.

[풀이] (1) $na = n(1_R a) = (n1_R)a = 0_R a = 0_R$.

(2) n이 소수가 아니고 $n = p_1 p_2$라 하자. 여기서 $p_1 < p_2$는 소수다. 그러면 n은 R의 표수이므로, $n1_R = (p_1 p_2)1_R = p_1(p_2 1_R) = 0_R$이다. R은 정역이므로, $p_2 1_R = 0_R$이다. 따라서 p_2는 R의 표수이다. $p_2 < n$이므로, 이것은 n이 $m1_R = 0$인 최소의 양의 정수라는 사실에 모순이다. 따라서 n은 소수이다.

유제 3.2.6 $R = \{a + b\sqrt{2} : a, b \in \mathbb{Z}\}$라고 하자.

(1) $(R, +, \cdot)$는 환이 됨을 보여라.

(2) $N(a + b\sqrt{2}) = a^2 - 2b^2$라고 하면 $x, y \in R$일 때 $N(xy) = N(x)N(y)$임을 보여라.

(3) x가 단원일 필요충분조건은 $N(x) = \pm 1$임을 보여라.

(4) R에는 단원이 무한개임을 보여라.

[풀이] (1) 생략

(2) $x = a + b\sqrt{2}$, $y = c + d\sqrt{2} \in R$라 하자. 그러면 $xy = (ac + 2bd) + (ad + bc)\sqrt{2}$. 따라서

$$\begin{aligned} N(xy) &= (ac + 2bd)^2 - 2(ad + bc)^2 \\ &= a^2c^2 + 4abcd + 4b^2d^2 - 2a^2d^2 - 4abcd - 2b^2c^2 \\ &= a^2(c^2 - 2d^2) - 2b^2(c^2 - 2d^2) \\ &= (a^2 - 2b^2)(c^2 - 2d^2) \\ &= N(x)N(y) \end{aligned}$$

(3) $\Rightarrow$] x가 단원이라 가정하자. 그러면 $y \in R$가 존재하여 $xy = 1$이다. 따라서 $1 = N(xy) = N(x)N(y)$이므로 $N(x) = 1$, $N(y) = 1$ 또는 $N(x) = -1$, $N(y) = -1$이다. 따라서 $N(x) = \pm 1$이다.

$\Leftarrow$] $x=a+b\sqrt{2}$ 이고 $N(x)=\pm 1$라 가정하자. 그러면 $a^2-2b^2=\pm 1$ 이고 $(a+\sqrt{2}b)(a-\sqrt{2}b)=\pm 1$이다. 따라서 x는 단원이다.

(4) $u=3+2\sqrt{2}$ 라고 하면 $N(u)=1$이므로 단원이다. 또, $N(u^2)=N(u)N(u)=1$이므로 u^2도 단원이다. 이와 같이 하면 $\{u, u^2, u^3, \cdots\}$ 은 모두 단원이 됨을 알 수 있다. 이외에도 단원은 얼마든지 있다.

유제 3.2.7 다음 각 명제가 참 또는 거짓인지를 말하라.

(1) 항등원이 있는 모든 환은 많아야 두 개의 단원을 갖는다.

(2) 두 정역의 직곱(Cartesian product)은 다시 정역이다.

(3) $n\mathbb{Z}$는 $\mathbb{Z}$의 부분 정역이다.

(4) $\mathbb{Z}$는 $\mathbb{Q}$의 부분체이다.

[풀이] (1) F (2) F (3) F (4) F

3.3 동형 사상

보기 3.3.1 $\mathbb{Z}_{10}$의 부분집합 $S=\{0, 2, 4, 6, 8\}$을 생각하자. $\mathbb{Z}_{10}$의 덧셈과 곱셈표로부터 알 수 있듯이 S는 가환환이다 :

+	0	6	2	8	4
0	0	6	2	8	4
6	6	2	8	4	0
2	2	8	4	0	6
8	8	4	0	6	2
4	4	0	6	2	8

·	0	6	2	8	4
0	0	0	0	0	0
6	0	6	2	8	4
2	0	2	4	6	8
8	0	8	6	4	2
4	0	4	8	2	6

이 표들을 신중하게 보면, S는 5개의 원소를 갖는 체이고 곱셈의 항등원은 6임을 알게 된다. ■

S가 이 원소들의 표현을 제외하고 환 $\mathbb{Z}_5$와 "본질적으로 같다"는 것을 알 수 있다. $\mathbb{Z}_5$에

대한 덧셈과 곱셈표를 만들어라. S의 원소들과 어떠한 가능한 혼돈도 피하기 위하여, $\mathbb{Z}_5$의 원소들을 $\overline{0}$, $\overline{1}$, $\overline{2}$, $\overline{3}$, $\overline{4}$로 나타낸다. $\mathbb{Z}_5$의 원소들에 다음과 같이 다시 이름을 붙인다 :

$\overline{0}$은 0으로, $\overline{1}$은 6으로, $\overline{2}$는 2로, $\overline{3}$은 8로, $\overline{4}$는 4로 붙인다.

+	0 $\overline{0}$	6 $\overline{1}$	2 $\overline{2}$	8 $\overline{3}$	4 $\overline{4}$
0 $\overline{0}$	0 $\overline{0}$	6 $\overline{1}$	2 $\overline{2}$	8 $\overline{3}$	4 $\overline{4}$
6 $\overline{1}$	6 $\overline{1}$	2 $\overline{2}$	8 $\overline{3}$	4 $\overline{4}$	0 $\overline{0}$
2 $\overline{2}$	2 $\overline{2}$	8 $\overline{3}$	4 $\overline{4}$	0 $\overline{0}$	6 $\overline{1}$
8 $\overline{3}$	8 $\overline{3}$	4 $\overline{4}$	0 $\overline{0}$	6 $\overline{1}$	2 $\overline{2}$
4 $\overline{4}$	4 $\overline{4}$	0 $\overline{0}$	6 $\overline{1}$	2 $\overline{2}$	8 $\overline{3}$

·	0 $\overline{0}$	6 $\overline{1}$	2 $\overline{2}$	8 $\overline{3}$	4 $\overline{4}$
0 $\overline{0}$	0 $\overline{0}$	0 $\overline{0}$	0 $\overline{0}$	0 $\overline{0}$	0 $\overline{0}$
6 $\overline{1}$	0 $\overline{0}$	6 $\overline{1}$	2 $\overline{2}$	8 $\overline{3}$	4 $\overline{4}$
2 $\overline{2}$	0 $\overline{0}$	2 $\overline{2}$	4 $\overline{4}$	6 $\overline{1}$	8 $\overline{3}$
8 $\overline{3}$	0 $\overline{0}$	8 $\overline{3}$	6 $\overline{1}$	4 $\overline{4}$	2 $\overline{2}$
4 $\overline{4}$	0 $\overline{0}$	4 $\overline{4}$	8 $\overline{3}$	2 $\overline{2}$	6 $\overline{1}$

"R과 S가 동형이다" 는 다음과 같이 생각할 수 있다. R의 모든 원소들이 S의 꼭 하나의 원소와 짝지어짐을 의미한다. 즉, 각 $r \in R$에 이것의 새로 붙여진 이름 $f(r) \in S$을 할당하는 함수 $f : R \to S$가 존재한다. 위의 보기에서, 다음과 같이 주어지는 이름을 다시 붙이는 함수 $f : \mathbb{Z}_5 \to S$를 사용하였다.

$$f(\overline{0}) = 0,\ f(\overline{1}) = 6,\ f(\overline{2}) = 2,\ f(\overline{3}) = 8,\ f(\overline{4}) = 4$$

이와 같은 함수는 다음의 특별한 성질들을 가져야만 한다.

(i) R의 서로 다른 원소들은 서로 다른 새로운 이름을 얻어야만 한다.
R에서 $r \neq r'$이면, S에서 $f(r) \neq f(r')$이다.

(ii) S의 각 원소는 R의 어떤 원소의 새로운 이름이어야만 한다.
모든 $s \in S$에 대하여 $r \in R$이 존재하여 $f(r) = s$를 만족한다.

명제 (i)과 (ii)는 간단히 함수 f가 **단사**(injective)이고 동시에 **전사**(surjective)이어야만 한다. 즉 f는 **전단사 함수**(bijection)이어야만 한다. 그러나 전단사 함수 f는 R의 연산표에 f가 적용될 때 S의 연산표가 되지 않는 한, **동형 사상**(isomorphism)이 아닐 것이다. R에서 $a+b=c$면, R과 S의 표들은 다음과 같이 보여야만 한다 :

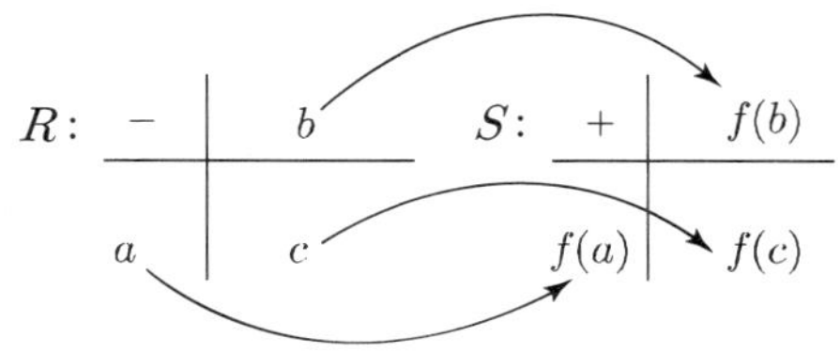

표는 $f(a)+f(b)=f(c)$임을 보여준다. 그러나 $a+b$와 c는 R의 같은 원소이다. 따라서 $f(a+b)=f(c)$이 된다. 그러므로

$$f(a+b)=f(a)+f(b)$$

이다. 이것은 f가 R의 덧셈표를 S의 덧셈표로 바꾸기 위하여 만족해야만 하는 조건이다. 곱셈표들에 대하여 f에 대한 비슷한 조건은 $f(ab)=f(a)f(b)$이다. 이제 동형 사상에 대한 공식적인 정의를 말할 수 있다.

정의 3.3.1

집합 R과 S가 환이라 하자. 함수 $f: R \to S$가 존재하여 다음을 만족하면 환 R이 환 S와 동형이라고 하고 $R \cong S$로 쓴다.

(i) f는 단사
(ii) f는 전사
(iii) 모든 $a,\ b \in R$에 대하여 $f(a+b)=f(a)+f(b)$이고 $f(ab)=f(a)f(b)$이다.

이 경우에, 함수 f를 **동형 사상**(isomorphism)이라 한다. 조건 (iii)을 만족하지만 단사 또는 전사일 필요가 없는 함수를 **준동형 사상**(homomorphism)이라 한다.

주목 동형 사상이기 위하여, 함수는 정의 3.3.1에 있는 세 가지 모든 조건을 만족해야만 한다. 함수가 세 조건들 중의 임의의 두 조건을 만족하지만, 나머지를 만족하지 않을 수 있다.

주목 정의 3.3.1에서 조건 (iii)은 중요하다. $f(x)=x+2$로 주어진 함수 $f: R \to R$는 준동형 사상이 아니다. f는 조건 (3)을 만족하지 않는다. 왜냐하면

$$f(3+4)=f(7)=9\text{이지만 } f(3)+f(4)=5+6=11\text{이고,}$$
$$f(3\cdot 4)=f(12)=14\text{이지만 } f(3)f(4)=5\cdot 6=30\text{이다.}$$

| 보기 3.3.2 | 보기 3.1.13의 $\begin{pmatrix} a & b \\ -b & a \end{pmatrix}$ 꼴의 모든 2×2 행렬들의 체 K를 생각하자. 여기서 $a,\ b\in\mathbb{R}$이다. K가 복소수들의 체 $\mathbb{C}$와 동형임을 주장한다. 이것을 증명하기 위하여, 함수 $f: K\to\mathbb{C}$를 규칙 $f\begin{pmatrix} a & b \\ -b & a \end{pmatrix}=a+bi$로 정의한다. f가 단사임을 보이기 위하여 $f\begin{pmatrix} a & b \\ -b & a \end{pmatrix}=f\begin{pmatrix} r & s \\ -s & r \end{pmatrix}$이라 가정하자. 그러면 f의 정의에 의하여, $\mathbb{C}$에서 $a+bi=r+si$이다. $\mathbb{C}$에서 같음의 법칙에 의하여, $a=r$이고 $b=s$이다. 따라서 K에서

$$\begin{pmatrix} a & b \\ -b & a \end{pmatrix}=\begin{pmatrix} r & s \\ -s & r \end{pmatrix}$$

이므로 f는 단사이다. 분명히, 임의의 복소수 $a+bi$에 대하여

$$\begin{pmatrix} a & b \\ -b & a \end{pmatrix}\in K\text{이고 } f\begin{pmatrix} a & b \\ -b & a \end{pmatrix}=a+bi$$

이므로 f는 전사이다. 마지막으로, 임의의 $A,\ B\in K$에 대하여 $f(A+B)=f(A)+f(B)$이고 $f(AB)=f(A)f(B)$임을 보여야만 한다.

$$\begin{aligned} f\left[\begin{pmatrix} a & b \\ -b & a \end{pmatrix}+\begin{pmatrix} c & d \\ -d & c \end{pmatrix}\right] &= f\begin{pmatrix} a+c & b+d \\ -b-d & a+c \end{pmatrix} \\ &= (a+c)+(b+d)i \\ &= (a+bi)+(c+di) \\ &= f\begin{pmatrix} a & b \\ -b & a \end{pmatrix}+f\begin{pmatrix} c & d \\ -d & c \end{pmatrix} \end{aligned}$$

이고

$$\begin{aligned} f\left[\begin{pmatrix} a & b \\ -b & a \end{pmatrix}\begin{pmatrix} c & d \\ -d & c \end{pmatrix}\right] &= f\begin{pmatrix} ac-bd & ad+bc \\ -ad-bc & ac-bd \end{pmatrix} \\ &= (ac-bd)+(ad+bc)i \\ &= (a+bi)(c+di) \\ &= f\begin{pmatrix} a & b \\ -b & a \end{pmatrix}f\begin{pmatrix} c & d \\ -d & c \end{pmatrix} \end{aligned}$$

이므로 f는 동형 사상이다. 따라서 $K\cong\mathbb{C}$이다. ■

| 보기 3.3.3 | $f:\mathbb{C}\to\mathbb{C}$는 $f(a+bi)=a-bi$로 주어지는 복소수의 켤레사상(conjugation mapping)이라 하자. 그러면

$$\begin{aligned} f[(a+bi)+(c+di)] &= f[(a+c)+(b+d)i] \\ &= (a+c)-(b+d)i \\ &= (a-bi)+(c-di) \\ &= f(a+bi)+f(c+di), \end{aligned}$$

$$\begin{aligned} f[(a+bi)(c+di)] &= f[(ac-bd)+(ad+bc)i] \\ &= (ac-bd)-(ad+bc)i \\ &= (a-bi)(c-di) \\ &= f(a+bi)f(c+di) \end{aligned}$$

이므로 f는 준동형 사상이다. 쉽게 f가 전단사임을 보여줄 수 있다(연습문제 3.3.8). 따라서 f는 동형 사상이다. ■

정리 3.3.2

$f: R \to S$는 환들의 준동형 사상이라 하자. 그러면

(1) $f(0_R) = 0_S$

(2) 모든 $a \in R$에 대하여 $f(-a) = -f(a)$이다.

R과 S가 항등원을 갖고 f가 전사함수이면,

(3) $f(1_R) = 1_S$이다.

[증명] (1) f는 준동형 사상이고 R에서 $0_R + 0_R = 0_R$이므로, S에서

$$f(0_R) + f(0_R) = f(0_R + 0_R) = f(0_R) + 0_S$$

이다. 양쪽 끝에서 $f(0_R)$을 빼면, $f(0_R) = 0_S$이다.

(2) $f(a) + f(-a) = f(a + (-a)) = f(0_R) = 0_S$이므로 $f(-a)$는 $f(a) + x = 0_S$의 해이다. 정리 3.2.1에 의하여, 이 방정식의 유일한 해는 $-f(a)$이다. 따라서 유일성에 의하여, $f(-a) = -f(a)$이다.

(3) f는 전사이므로 $r \in R$이 존재하여 $1_S = f(r)$이다. 따라서

$$f(1_R) = f(1_R) \cdot 1_S = f(1_R)f(r) = f(1_R r) = f(r) = 1_S$$

이다. ■

| 보기 3.3.4 | $\mathbb{Z}_{12}$에서 환 $\mathbb{Z}_3 \times \mathbb{Z}_4$로의 동형 사상 f가 존재한다고 가정하자. 그러면 정리 3.3.2에 의하여, $f(1) = (1, 1)$이고 f는 준동형 사상이므로, f는 다음을 만

족 해야만 한다.

$$f(2)=f(1+1)=f(1)+f(1)=(1,\ 1)+(1,\ 1)=(2,\ 2),$$
$$f(3)=f(2+1)=f(2)+f(1)=(2,\ 2)+(1,\ 1)=(0,\ 3),$$
$$f(4)=f(3+1)=f(3)+f(1)=(0,\ 3)+(1,\ 1)=(1,\ 0)$$

이 방법을 계속하는 것은 f가 동형 사상이면, f는 다음과 같은 전단사 함수임을 보여준다.

$$f(1)=(1,\ 1),\ f(4)=(1,\ 0),\ f(7)=(1,\ 3),\ f(10)=(1,\ 2),$$
$$f(2)=(2,\ 2),\ f(5)=(2,\ 1),\ f(8)=(2,\ 0),\ f(11)=(2,\ 3),$$
$$f(3)=(0,\ 3),\ f(6)=(0,\ 2),\ f(9)=(0,\ 1),\ f(0)=(0,\ 0)$$

여기까지 보여주었던 것은 이 전단사 함수 f가 유일하게 가능한 동형 사상이다. 이 f가 실제로 동형 사상임을 보이기 위하여, 이것이 준동형 사상임을 보여야 한다. 이것은 (지루한) 덧셈과 곱셈표를 만들거나 또는 f의 규칙이 다음의 방법

$$f([a]_{12})=([a]_3,\ [a]_4)$$

으로 설명될 수 있음을 관찰함으로써 입증될 수 있다. 여기서 $[a]_{12}$는 $\mathbb{Z}_{12}$에 속하는 정수 a의 합동류를 나타내고, $[a]_3$은 $\mathbb{Z}_3$에 속하는 a의 합동류 그리고 $[a]_4$는 $\mathbb{Z}_4$에 속하는 a의 합동류를 나타낸다.

$$\begin{aligned}
f([a]_{12}+[b]_{12}) &= f([a+b]_{12}) && [\mathbb{Z}_{12}\text{에서 덧셈의 정의}]\\
&= ([a+b]_3,\ [a+b]_4) && [f\text{의 정의}]\\
&= ([a]_3+[b]_3,\ [a]_4+[b]_4) && [\mathbb{Z}_3\text{과 }\mathbb{Z}_4\text{에서 덧셈의 정의}]\\
&= ([a]_3,\ [a]_4)+([b]_3,\ [b]_4) && [\mathbb{Z}_3\times\mathbb{Z}_4\text{에서 덧셈의 정리}]\\
&= f([a]_{12})+f([b]_{12}) && [f\text{의 정의}]
\end{aligned}$$

덧셈 대신에 곱셈을 사용하면 비슷하게 $f([a]_{12}[b]_{12})=f([a]_{12})f([b]_{12})$임을 보여줄 수 있다. 따라서 f는 동형 사상이고 $\mathbb{Z}_{12}\cong\mathbb{Z}_3\times\mathbb{Z}_4$이다. ■

| 보기 3.3.5 | $\mathbb{Z}_6$는 $\mathbb{Z}_{12}$ 또는 $\mathbb{Z}$와 동형이 아니다. 왜냐하면 6개 원소로 된 집합 $\mathbb{Z}_6$에서 더 큰 집합 $\mathbb{Z}_{12}$ 또는 $\mathbb{Z}$로의 전사함수(또는 더 큰 집합 $\mathbb{Z}_{12}$ 또는 $\mathbb{Z}$에서 $\mathbb{Z}_6$으로의 단사함수)를 가질 수 없기 때문이다. ■

두 무한환 또는 같은 원소의 개수를 갖는 두 유한환이 동형이 아님을 보이기 위하여, 간접증명방법을 사용하는 것이 보통 가장 좋다.

| 보기 3.3.6 | 두 환 $\mathbb{Z}_4$와 $\mathbb{Z}_2 \times \mathbb{Z}_2$는 동형이 아님을 보여라.

[풀이] 이것을 보이기 위하여, 동형 사상 $f : \mathbb{Z}_4 \to \mathbb{Z}_2 \times \mathbb{Z}_2$가 존재한다고 가정하자. 그러면 정리 3.3.2에 의하여,

$$f(0) = (0,\ 0)\text{이고 } f(1) = (1,\ 1)$$

이다. 더욱이,

$$f(2) = f(1+1) = f(1) + f(1) = (1,\ 1) + (1,\ 1) = (0,\ 0)$$

이므로, f는 단사이고 $f(2) = f(0)$이므로, 이것은 모순이다. 따라서 동형 사상은 존재할 수 없다. ■

같은 크기의 두 환이 동형이 아님을 증명하는 대부분의 공통의 방법은 동형 사상에 의하여 보존되는 성질을 생각하는 것이다. R이 하나의 성질을 갖고 R이 S와 동형이면, S는 반드시 R과 같은 성질을 갖는다. 하나의 환이 이와 같은 성질을 갖고 다른 환이 이 성질을 갖지 않으면, 두 환은 동형이 아니다.

| 보기 3.3.7 | 가환환은 비가환환과 동형이 아니다. 왜냐하면, 가환성질은 동형 사상에 의하여 보존되기 때문이다. 이제 이 사실을 입증한다. R은 가환환이고 S는 비가환환이라 하고 동형 사상 $f : R \to S$가 존재한다고 가정하자. $c,\ d \in S$를 임의로 택하자. 그러면 f는 전사이므로, $a,\ b \in R$이 존재하여 $f(a) = c$이고 $f(b) = d$가 성립한다. R에서 $ab = ba$이고 f는 준동형 사상이므로,

$$cd = f(a)f(b) = f(ab) = f(ba) = f(b)f(a) = dc$$

이다. 따라서 S는 가환환이다. 이것은 모순이다. 따라서 R과 S는 동형이 아니다. ■

| 보기 3.3.8 | $f : R \to S$는 항등원이 있는 환들의 전사 준동형 사상이라 하자. a가 R의 단원이면, $u \in R$가 존재하여 $au = 1_R = ua$이다. 정리 3.3.2에 의하여 $f(a)f(u) = f(au) = f(1_R) = 1_S$ 이고 비슷하게 $f(u)f(a) = 1_S$ 이다. 그러므로 $f(a)$는 S의 단원이며 $f(a)^{-1} = f(u)$이다. 또한 $a^{-1} = u$이므로

$f(a^{-1})=f(a)^{-1}$이다. 따라서 단원이라는 성질은 전사 준동형 사상에 의해 보존되므로 동형 사상에 의하여 보존된다. 환 $\mathbb{Z}_8$은 4개의 단원(따름정리 1.6.2에 의하여, 1, 3, 5, 7)을 갖는다. 따라서 $\mathbb{Z}_8$에서 다른 환으로의 임의의 동형 사상은 이 4개의 단원들을 다른 환의 단원들로 대응시킬 것이다. $\mathbb{Z}_8$는 $\mathbb{Z}_4\times\mathbb{Z}_2$와 동형이 아니다. 왜냐하면, $\mathbb{Z}_4\times\mathbb{Z}_2$는 두 개의 단원 $(1,\ 1)$과 $(3,\ 1)$만을 갖기 때문이다. 쉽사리 이 사실을 증명할 수 있다. 비슷하게, $\mathbb{Z}$는 $\mathbb{Q}$, $\mathbb{R}$, $\mathbb{C}$와 동형이 아니다. 왜냐하면, $\mathbb{Z}$는 꼭 두 개의 단원(1과 -1)을 갖고, 반면에 체 $\mathbb{Q}$, $\mathbb{R}$과 $\mathbb{C}$의 모든 영이 아닌 원소는 단원이기 때문이다.

■

| 보기 3.3.9 | 모든 환들의 동형 사상 $f: R\to S$는 덧셈아벨군의 동형 사상이다. 이를 증명하라.

[증명] $f: R\to S$는 임의의 환들의 동형 사상이라 하자. 그러면 f는 덧셈군의 동형 사상이다. ■

정리 3.3.3

함수 $f: R\to S$가 환 준동형 사상이라면 f의 상, $\mathrm{im} f$는 S의 부분환이다.

[증명] 정리 3.3.2에 의하여 $f(0_R)=0_S$이므로 $\mathrm{im} f\neq\phi$이다. $f(a),\ f(b)\in\mathrm{im} f$이면 $f(a)f(b)=f(ab)\in\mathrm{im} f$이므로 곱셈에 대해 닫혀 있다. 또한, 정리 3.3.2에 의하여 $f(a)-f(b)=f(a)+f(-b)=f(a+(-b))=f(a-b)\in\mathrm{im} f$이므로 뺄셈에 대하여도 닫혀 있다. 그러므로 정리 3.1.7 (i)에 의하여 $\mathrm{im} f$는 S의 부분환이다. ■

예제 | 3.3.1 R은 환이고 $R^{\#}$는 $(a,\ a)$ 꼴의 모든 원소들로 이루어지는 $R\times R$의 부분환이라 하자. $f(a)=(a,\ a)$로 주어지는 함수 $f: R\to R^{\#}$는 동형 사상임을 증명하라.

[풀이] (1) 임의의 $a,\ b\in R$에 대하여 $f(a)=f(b)$라 가정하자. 그러면 $(a,\ a)=(b,\ b)$이다. 따라서 $a=b$이 된다. 그러므로 f는 단사이다.

(2) f가 전사임은 분명하다.

(3) 임의의 $a,\ b\in R$에 대하여,

$$f(a+b)=(a+b,\ a+b)=(a,\ a)+(b,\ b)=f(a)+f(b),$$
$$f(ab)=(ab,\ ab)=(a,\ a)(b,\ b)=f(a)f(b)$$

이다. 따라서 f는 준동형 사상이다. 따라서 f는 동형 사상이다. ■

유제 3.3.1-1 R과 S는 환이고 $\overline{R}$는 $(a,\ 0_S)$ 꼴의 원소들로 이루어진 $R\times S$의 부분환이라 하자. $f(a)=(a,\ 0_S)$로 주어지는 함수 $f:R\to\overline{R}$는 동형 사상임을 보여라.

유제 3.3.1-2 실수들의 체 $\mathbb{R}$은 $\begin{pmatrix}0 & 0\\ 0 & a\end{pmatrix}$ 꼴의 모든 2×2 행렬들의 환과 동형임을 증명하라. 여기서 $a\in\mathbb{R}$이다.

[도움말 : $f(a)=\begin{pmatrix}0 & 0\\ 0 & a\end{pmatrix}$로 주어지는 함수 f를 생각하라.]

유제 3.3.1-3 $\mathbb{Q}(\sqrt{2})=\{r+s\sqrt{2}\ ;r,\ s\in\mathbb{Q}\}$라 하자. $f(a+b\sqrt{2})=a-b\sqrt{2}$로 주어지는 함수 $f:\mathbb{Q}(\sqrt{2})\to\mathbb{Q}(\sqrt{2})$는 동형 사상임을 증명하라.

예제 3.3.2 $\mathbb{Z}^{\#}$는 유제 3.1.5-1에서 정의된 $\oplus$과 $\odot$ 연산을 갖는 정수들의 환이라 하자. $\mathbb{Z}\cong\mathbb{Z}^{\#}$임을 증명하라.

[풀이] $\mathbb{Z}^{\#}$에서 (곱셈)항등원은 분명히 0이다. 동형 사상 $f:\mathbb{Z}\to\mathbb{Z}^{\#}$가 존재한다고 가정하자. 그러면 $f(1)=0(\because\ 1\in\mathbb{Z}$은 항등원)이다.

따라서

$$\begin{aligned}
f(2)&=f(1+1)=f(1)\oplus f(1)=0\oplus 0=0+0-1=-1,\\
f(3)&=f(2+1)=f(2)\oplus f(1)=-1\oplus 0=-1+0-1=-2,\\
f(4)&=f(3+1)=f(3)\oplus f(1)=-2\oplus 0=-2+0-1=-3,\\
&\vdots
\end{aligned}$$

이제 함수 $f:\mathbb{Z}\to\mathbb{Z}^{\#}$를 다음과 같이 정의한다.

모든 $n\in\mathbb{Z}$에 대하여 $f(n)=-n+1$이다.

(1) 임의의 $n,\ m\in\mathbb{Z}$에 대하여, $f(n)=f(m)$라 가정하자. 그러면 $-n+1=-m+1$이므로 $n=m$이다. 그러므로 f는 단사이다.

(2) 임의로 $n\in\mathbb{Z}^{\#}$을 택하고 $m=-n+1$이라 하자. 그러면 $m\in\mathbb{Z}$이고

$$f(m)=-m+1=-(-n+1)+1=n$$

이다. 따라서 f는 전사이다.

(3) 임의로 $n,\ m\in\mathbb{Z}$을 택하자. 그러면

$$
\begin{aligned}
f(n+m) &= -(n+m)+1 \\
&= (-n+1)+(-m+1)-1 \\
&= (-n+1)\oplus(-m+1) \\
&= f(n)\oplus f(m),
\end{aligned}
$$

$$
\begin{aligned}
f(nm) &= -nm+1 \\
&= (-n+1)+(-m+1)-(nm-n-m+1) \\
&= (-n+1)+(-m+1)-(-n+1)(-m+1) \\
&= (-n+1)\odot(-m+1) \\
&= f(n)\odot f(m)
\end{aligned}
$$

이다. 그러므로 f는 준동형 사상이다. 따라서 $\mathbb{Z} \cong \mathbb{Z}^{\#}$이다. ■

유제 ‖ 3.3.2-1 $\overline{\mathbb{Z}}$는 유제 3.1.5-2에서 정의된 $\oplus$과 $\odot$ 연산을 갖는 정수들의 환이라 하자. $\overline{\mathbb{Z}} \cong \mathbb{Z}$임을 증명하라.

유제 ‖ 3.3.2-2 $\mathbb{R}\times\mathbb{R}$을 연습문제 3.1.27번의 체라 하자. $\mathbb{R}\times\mathbb{R} \cong \mathbb{C}$임을 보여라. 여기서 $\mathbb{C}$은 복소수들의 체이다.

예제 ‖ 3.3.3 (1) $f : R\to S$와 $g : S\to T$가 환 준동형 사상이면, $g\circ f : R\to T$는 환 준동형 사상임을 보여라.

(2) f와 g가 환 동형 사상이면, $g\circ f$도 역시 환 동형 사상임을 보여라.

[풀이] (1) 임의로 $a,\ b\in R$을 택하자. 그러면

$$
\begin{aligned}
(g\circ f)(a+b) &= g(f(a+b)) && \text{(합성함수의 정의)} \\
&= g(f(a)+f(b)) && (\because\ f\text{가 준동형 사상}) \\
&= g(f(a))+g(f(b)) && (\because\ g\text{가 준동형 사상}) \\
&= (g\circ f)(a)+(g\circ f)(b),
\end{aligned}
$$

$$
\begin{aligned}
(g\circ f)(ab) &= g(f(ab)) \\
&= g(f(a)f(b)) \\
&= g(f(a))g(f(b)) \\
&= (g\circ f)(a)\,(g\circ f)(b)
\end{aligned}
$$

이다. 따라서 $g\circ f$는 준동형 사상이다.

(2) (1)에 의하여 $g\circ f$는 준동형 사상이다. 또한 f와 g가 전단사이므로,

$g \circ f$는 전단사이다. 따라서 동형 사상이다. ■

유제 3.3.3 $f : R \to S$는 환들의 동형 사상이고 $g : S \to R$는 f의 역함수라 하자. 그러면 g 역시 동형 사상임을 보여라.

[도움말 : $g(a+b) = g(a) + g(b)$임을 보이기 위하여, f의 왼쪽 변과 오른쪽 변의 상을 생각하고 f가 준동형 사상이고 $g \circ f$는 항등함수라는 사실을 사용하라.]

예제 3.3.4 동형 사상에 의하여 보존되는 성질들을 사용하여 첫 번째 환과 두 번째 환이 동형이 아님을 보여라.

(1) E와 $\mathbb{Z}$, 여기서 E는 짝수정수의 집합.

(2) $\mathbb{Z}_4 \times \mathbb{Z}_{14}$와 $\mathbb{Z}_{16}$

(3) $\mathbb{Z} \times \mathbb{Z}_2$와 $\mathbb{Z}$

[풀이] (1) $\mathbb{Z}$는 항등원 1을 갖지만 E는 항등원을 갖지 않는다.

(2) 두 환이 다른 원소의 개수를 갖는다. 그러므로 $\mathbb{Z}_4 \times \mathbb{Z}_{14}$에서 방정식 $\mathbb{Z}_{16}$으로의 단사함수가 존재할 수 없다.

(3) $f : \mathbb{Z} \times \mathbb{Z}_2 \to \mathbb{Z}$를 동형 사상이라 하자. 그러면 정리 3.3.2에 의하여 $f((0,\ 0)) = 0$이다. 또한

$$0 = f(0,\ 0) = f((0,\ 1) + (0,\ 1)) = f(0,\ 1) + f(0,\ 1) = 2f(0,\ 1)$$

이므로 $f(0,\ 1) = 0$이므로 f가 단사라는 것에 모순이다. 따라서 이러한 동형 사상은 존재하는 것이 불가능하다. ■

유제 3.3.4 동형 사상에 의하여 보존되는 성질들을 사용하여 첫 번째 환과 두 번째 환이 동형이 아님을 보여라.

(1) $\mathbb{R} \times \mathbb{R} \times \mathbb{R} \times \mathbb{R}$과 $M(\mathbb{R})$

(2) $\mathbb{Q}$와 $\mathbb{R}$

(3) $\mathbb{Z}_4 \times \mathbb{Z}_4$와 $\mathbb{Z}_{16}$

예제 3.3.5 T는 $\mathbb{R}$에서 $\mathbb{R}$로의 연속함수들의 환이라 하자. $f \in T$이고 $f^2 = f$이면, f는 상수함수 $f(x) = 0$ 또는 상수함수 $f(x) = 1$임을 보여라.

[풀이] 임의로 $a \in \mathbb{R}$를 택하자. 그러면 $f^2(a) = f(a)f(a) = f(a)$이다. 따라서

$$f(a)(f(a) - 1) = 0$$

이므로

$$f(a)=0 \text{ 또는 } f(a)=1$$

이다. 따라서 f는 상수함수 $f=\underline{0}$ 또는 $f=\underline{1}$이다. ■

유제 ▮ 3.3.5 예제 3.3.5의 환 T는 $\mathbb{R}\times\mathbb{R}$과 동형이 아님을 증명하라.

[도움말 : $\mathbb{R}\times\mathbb{R}$에서 $x^2=x$의 4개의 해를 구하고 예제 3.3.5를 사용하라.]

예제 ▮ 3.3.6 $m,\ n\in\mathbb{Z}$, $(m,\ n)=1$이고 $f\ :\ \mathbb{Z}_{mn}\rightarrow\mathbb{Z}_m\times\mathbb{Z}_n$은 $f([a]_{mn})=([a]_m,\ [a]_n)$으로 주어지는 함수라 하자(표시법은 보기 3.3.4에서와 같음).

(1) 함수 f는 잘 정의(well-defined)된다. 즉, $\mathbb{Z}_{mn}$에서 $[a]_{mn}=[b]_{mn}$이면, $\mathbb{Z}_m$에서 $[a]_m=[b]_m$이고 $\mathbb{Z}_n$에서 $[a]_n=[b]_n$임을 보여라.

(2) f는 동형 사상임을 증명하라.

[도움말 : 보기 3.3.4의 증명을 각색하고, f가 전단사 함수임을 증명하는 것이 여기에서 추가로 처리할 차이점이다.]

[풀이] (1) $[a]_{mn}=[b]_{mn}$라 가정하자. 그러면 $a\equiv b\ (\text{mod}\ mn)$ 이므로 $a\equiv b\ (\text{mod}\ m)$ 이고 $a\equiv b\ (\text{mod}\ n)$ 이다. 따라서 $[a]_m=[b]_m$ 이고 $[a]_n=[b]_n$ 이므로 f는 잘 정의된다.

(2) (i) 임의로 $[a]_{mn},\ [b]_{mn}\in\mathbb{Z}_{mn}$을 택하자.

$$\begin{aligned} f([a]_{mn}[b]_{mn}) &= f([ab]_{mn}) \\ &= ([ab]_m,\ [ab]_n) \\ &= ([a]_m[b]_m,\ [a]_n[b]_n) \\ &= ([a]_m,\ [a]_n)([b]_m,\ [b]_n) \\ &= f([a]_{mn})f([b]_{mn}), \end{aligned}$$

$$\begin{aligned} f([a]_{mn}+[b]_{mn}) &= f([a+b]_{mn}) \\ &= ([a+b]_m,\ [a+b]_n) \\ &= ([a]_m+[b]_m,\ [a]_n+[b]_n) \\ &= ([a]_m,\ [a]_n)+([b]_m,\ [b]_n) \\ &= f([a]_{mn})+f([b]_{mn}) \end{aligned}$$

따라서 f는 준동형 사상이다.

(ii) 임의의 $[a]_{mn}$, $[b]_{mn} \in \mathbb{Z}_{mn}$에 대하여 $f([a]_{mn}) = f([b]_{mn})$라 가정하자. 그러면

$$([a]_m, [a]_n) = ([b]_m, [b]_n)$$

이므로

$$[a]_m = [b]_m, \quad [a]_n = [b]_n$$

이다. $(m, n) = 1$이므로, $[a]_{mn} = [b]_{mn}$이다. 그러므로 f는 단사함수이다.

(iii) 임의로 $([a]_m, [a]_n) \in \mathbb{Z}_m \times \mathbb{Z}_n$을 택하자. 그러면 분명히 $[a]_{mn} \in \mathbb{Z}_{mn}$이다. 더욱이 $f([a]_{mn}) = ([a]_m, [b]_n)$이므로 f는 전사함수이다. 따라서 f는 동형 사상이다. ■

유제 3.3.6 $(m, n) \neq 1$이면, $\mathbb{Z}_{mn}$는 $\mathbb{Z}_m \times \mathbb{Z}_n$과 동형이 아님을 보여라.

예제 3.3.7 $\mathbb{Z}[i] = \{a + bi : a, b \in \mathbb{Z}, i^2 = -1\}$이라면 $\mathbb{Z}[i]$는 $\mathbb{C}$의 부분환이다.

(1) $(\mathbb{Z}[i], +, \cdot)$는 1을 갖는 가환환이 됨을 보여라(이 환을 가우스 정수환이라고 부른다).

(2) $N(a + bi) = a^2 + b^2$이라고 하면 $x, y \in \mathbb{Z}[i]$일 때 $N(xy) = N(x)N(y)$임을 보여라.

(3) $x = a + bi$가 단원일 필요충분조건은 $N(x) = 1$임을 보여라.

(4) $\mathbb{Z}[i]$의 모든 단원을 구하여라.

(5) $\mathbb{Z}[i]$의 단원들의 군은 무엇과 같은가?

[풀이] (1) $0 = 0 + 0i \in \mathbb{Z}[i]$는 영원이고 $1 = 1 + 0i \in \mathbb{Z}[i]$은 항등원임을 쉽게 알 수 있다. $\mathbb{Z}[i]$가 가환환일 나머지 조건은 독자 스스로 해결해보라.

(2) $x = a + bi$, $y = c + di \in \mathbb{Z}[i]$라 하자.

$$xy = (ac - bd) + (ad + bc)i$$

이므로

$$\begin{aligned} N(xy) &= (ac - bd)^2 + (ad + bc)^2 \\ &= a^2c^2 - 2abcd + b^2d^2 + a^2d^2 + 2abcd + b^2c^2 \\ &= a^2c^2 + a^2d^2 + b^2d^2 + b^2c^2 \end{aligned}$$

$$= a^2(c^2+d^2)+b^2(c^2+d^2)$$
$$= (a^2+b^2)(c^2+d^2)$$
$$= N(a+bi)N(c+di)$$
$$= N(x)N(y)$$

이다.

(3) ⇒] x가 단원이라 가정하자. 그러면 $y \in \mathbb{Z}[i]$가 존재하여 $yx = xy = 1$이다. 따라서 (2)에 의해서, $1 = N(xy) = N(x)N(y)$이다. $N(x)$와 $N(y)$는 양수이므로 $N(x)=1$, $N(y)=1$이다.

⇐] $N(x)=1$라 가정하자. $x = a+bi$이므로 $a^2+b^2=1$이다. a와 b는 정수이므로 $a=\pm 1$, $b=0$ 또는 $a=0$, $b=\pm 1$이다. 따라서 $x=\pm 1$ 또는 $x=\pm i$이므로 어느 경우나 x는 단원이다.

(4) (3)에 의하여, $\mathbb{Z}[i]$의 모든 단원은 ± 1, $\pm i$이다.

(5) $\{1, -1, i, -i\}$는 곱에 관하여 군이 된다. 또 이것은 $x^4=1$의 근이 된다. $\mathbb{Z}_4$와 동형이 됨을 알 수 있다. i는 생성원이다. ■

3.3 연습문제

1. $\mathbb{Z}_6$와 $\mathbb{Z}_2 \times \mathbb{Z}_3$에 대한 덧셈과 곱셈표를 만들어라.

2. $S = \{0, 2, 4, 6, 8\}$는 $\mathbb{Z}_{10}$의 부분환이고 $\mathbb{Z}_5 = \{\overline{0}, \overline{1}, \overline{2}, \overline{3}, \overline{4}\}$라 하자. 표들을 사용하여 $\mathbb{Z}_5$에서 S로의 다음의 전단사 함수는 동형 사상이 아님을 보여라 :
$\overline{0} \to 0$, $\overline{1} \to 2$, $\overline{2} \to 4$, $\overline{3} \to 6$, $\overline{4} \to 8$.

3. $\mathbb{R}$은 $\begin{pmatrix} a & 0 \\ 0 & a \end{pmatrix}$꼴의 모든 2×2 행렬들의 환과 동형임을 증명하라. 여기서 $a \in \mathbb{R}$이다.

4. $f : \mathbb{Z} \to \mathbb{Z}$가 동형 사상이면, f는 항등함수임을 증명하라.
[도움말 : $f(1)$, $f(1+1)$, $\cdots$은 무엇인가?]

5. $f(a) = [a]$로 주어지는 함수 $f : \mathbb{Z} \to \mathbb{Z}_n$는 전사인 준동형 사상이지만 동형 사상이 아님을 보여라.

6. R과 S는 환이고 $f : R \to S$는 준동형 사상이라 하자. 그러면 $f(R) = \{f(0) \in S : a \in R\}$은 S의 부분환이다. 이를 증명하라.

7. T, R과 F는 각각 덧셈과 곱셈표가 보기 3.1.5, 연습문제 3.1.5와 3.1.6에서 각각 주어진 4개의 원소를 갖는 환이라 하자. 이들 환 중의 어느 두 개도 동형이 아님을 보여라.

8. $P(S)$는 집합 $S = \{a, b, c\}$의 모든 부분집합들의 환이라 하자. 덧셈과 곱셈표를 사용하여 $P(S)$가 환 $\mathbb{Z}_2 \times \mathbb{Z}_2 \times \mathbb{Z}_2$와 동형임을 보여라.

9. 복소수 켤레 사상 $f : \mathbb{C} \to \mathbb{C}$는 전단사 함수임을 보여라(보기 3.3.3을 보라).

10. $\mathbb{Z}_5$와 보기 3.3.1에 있는 S의 동형 사상은 $f([x]_5) = [6x]_{10}$인 규칙으로 주어짐을 보여라. 여기서 $[u]_n$은 $\mathbb{Z}_n$에 속하는 정수 u의 합동류를 나타낸다. 이 함수가 준동형 사상임을 (표를 사용하지 않고)직접 증명하라.

11. $S = \{0, 4, 8, 12, 16, 20, 24\}$는 $\mathbb{Z}_{28}$의 부분환임을 보여라. 다음에 $f([x]_7) = [8x]_{28}$로 주어지는 함수 $f : \mathbb{Z}_7 \to S$가 동형 사상임을 증명하라.

12. E는 예제 3.1.5에서 정의된 $*$ 곱셈을 갖는 짝수 정수들의 환이라 하자. $f(x) = x/2$로 주어지는 함수 $f : E \to \mathbb{Z}$는 동형 사상임을 보여라.

13. (1) $\mathbb{R} \times \mathbb{R}$은 정리 3.1.8에서 정의된 덧셈과 규칙 $(a, b)(c, d) = (ac, bd)$로 주어지는 곱셈에 관하여 환임을 보여라.

(2) (1)에서 환 $\mathbb{R} \times \mathbb{R}$이 $\begin{pmatrix} a & 0 \\ b & 0 \end{pmatrix}$꼴의 $M(\mathbb{R})$에 속하는 모든 행렬들의 환과 동형임을 보여라.

14. L은 $\begin{pmatrix} a & 0 \\ b & c \end{pmatrix}$꼴의 $M(\mathbb{Z})$에 속하는 모든 행렬들의 환이라 하자. $f\begin{pmatrix} a & 0 \\ b & c \end{pmatrix} = a$로 주어지는 함수 $f : L \to \mathbb{Z}$는 전사인 준동형 사상이지만 동형 사상이 아님을 보여라.

15. $n \equiv 1 \pmod{m}$라 가정하자. $f([x]_m) = [nx]_{mn}$으로 주어지는 함수 $f : \mathbb{Z}_m \to \mathbb{Z}_{mn}$는, $n \geq 2$일 때, 단사인 준동형 사상이지만 동형 사상이 아님을 보여라.

16. R은 항등원이 있는 환이고 $f : R \to S$는 환들의 전사 준동형 사상이라 하자. S는 항등원을 갖고 $f(1_R) = 1_S$이다(정리 3.3.2). f가 전사함수가 아니면, (1)의 결론이 거짓일 수 있음을 보이기 위하여 보기를 들어라.

17. $f: R \to S$는 환들의 동형 사상이라 하자. 다음의 성질들 중에서 어느 것이 이 동형 사상에 의하여 보존되는가?

(1) $a \in R$는 영인수다.

(2) R은 정역이다.

(3) R은 $\mathbb{Z}$의 부분환이다.

(4) $a \in R$는 $x^2 = x$의 해다.

18. $f: R \to S$가 항등원이 있는 환들의 준동형 사상이면, R과 S는 같은 표수를 갖는다는 것은 참인가? [유제 3.2.5를 보시오.]

19. 각 양의 정수 k에 대하여, $k\mathbb{Z}$는 k의 모든 정수 배수들의 환이라 하자. $m \neq n$이면, $m\mathbb{Z}$는 $n\mathbb{Z}$와 동형이 아님을 증명하라.

20. 실수 $\alpha = \dfrac{1+\sqrt{5}}{2}$일 때 환 $\mathbb{Z}[a] = \{a + b\alpha \quad a, b \in \mathbb{Z}\}$와 행렬환 $M_2(\mathbb{Z}_3)$에 대하여 환 준동형 사상 $\varphi : \mathbb{Z}[\alpha] \to M_2(\mathbb{Z}_3)$을 다음과 같이 정의하자.

$$\varphi(a + b\alpha) = \begin{pmatrix} [a+b]_3 & [b]_3 \\ [b]_3 & [a]_3 \end{pmatrix}$$

(단, $[k]_3$은 $\mathbb{Z}$에서 법 3에 대한 k의 합동류이다.) φ의 핵 $\ker\varphi$와 φ의 상 $\operatorname{im}\varphi$을 구하라.

3.3 유제풀이

유제 3.3.1-1 R과 S는 환이고 $\overline{R}$는 $(a, 0_S)$ 꼴의 원소들로 이루어진 $R \times S$의 부분환이라 하자. $f(a) = (a, 0_S)$로 주어지는 함수 $f: R \to \overline{R}$는 동형 사상임을 보여라.

[풀이] (i) 임의의 $a, b \in R$에 대하여 $f(a) = f(b)$라 가정하자. 그러면 $(a, 0_s) = (b, 0_s)$이므로 $a = b$이다. 그러므로 f는 단사이다.

(ii) f가 전사임은 분명하다.

(iii) 임의의 $a, b \in R$에 대하여,

$$f(a+b) = (a+b,\ 0_s) = (a+b,\ 0_s + 0_s) = (a,\ 0_s) + (b,\ 0_s)$$

$$= f(a) + f(b),$$

$$f(ab) = (ab,\ 0_s) = (ab,\ 0_s 0_s) = (a,\ 0_s)(b,\ 0_s) = f(a)f(b)$$

이므로 f는 준동형 사상이다. 따라서 f는 동형 사상이다.

유제 3.3.1-2 실수들의 체 $\mathbb{R}$은 $\begin{pmatrix} 0 & 0 \\ 0 & a \end{pmatrix}$ 꼴의 모든 2×2 행렬들의 환과 동형임을 증명하라. 여기서 $a \in \mathbb{R}$이다.

[도움말 : $f(a) = \begin{pmatrix} 0 & 0 \\ 0 & a \end{pmatrix}$로 주어지는 함수 f를 생각하라.]

[풀이] $R = \left\{ \begin{pmatrix} 0 & 0 \\ 0 & a \end{pmatrix} : a \in \mathbb{R} \right\}$라 하자. 그러면 분명히 R은 $M(\mathbb{R})$의 부분환이다. 이제 함수 $f : \mathbb{R} \to R$을 다음과 같이 정의한다 : 임의의 $a \in \mathbb{R}$에 대하여 $f(a) = \begin{pmatrix} 0 & 0 \\ 0 & a \end{pmatrix}$이다. 쉽게 f가 전단사임을 보일수 있다. 임의의 $a,\ b \in \mathbb{R}$를 택하자. 그러면 $f(a+b) = \begin{pmatrix} 0 & 0 \\ 0 & a+b \end{pmatrix} = \begin{pmatrix} 0 & 0 \\ 0 & a \end{pmatrix} + \begin{pmatrix} 0 & 0 \\ 0 & b \end{pmatrix} = f(a) + f(b)$, $f(ab) = \begin{pmatrix} 0 & 0 \\ 0 & ab \end{pmatrix} = \begin{pmatrix} 0 & 0 \\ 0 & a \end{pmatrix}\begin{pmatrix} 0 & 0 \\ 0 & b \end{pmatrix} = f(a)f(b)$이므로 f는 동형 사상이다. 따라서 $\mathbb{R} \cong R$이다.

유제 3.3.1-3 $\mathbb{Q}(\sqrt{2}) = \{r + s\sqrt{2} : r,\ s \in \mathbb{Q}\}$라 하자. $f(a + b\sqrt{2}) = a - b\sqrt{2}$로 주어지는 함수 $f : \mathbb{Q}(\sqrt{2}) \to \mathbb{Q}(\sqrt{2})$는 동형 사상임을 증명하라.

[풀이] f가 전단사 함수임은 쉽게 증명된다. 이제 임의로 $x = r + s\sqrt{2}$, $y = r' + s'\sqrt{2}, \in \mathbb{Q}(\sqrt{2})$를 택하자. 그러면

$$\begin{aligned} f(x+y) &= f((r+r') + (s+s')\sqrt{2}) \\ &= (r+r') - (s+s')\sqrt{2} \\ &= (r - s\sqrt{2}) + (r' - s'\sqrt{2}) \\ &= f(x) + f(y), \end{aligned}$$

$$\begin{aligned} f(xy) &= f((rr' + 2ss') + (rs' + r's)\sqrt{2}) \\ &= (rr' + 2ss') - (rr' + r's)\sqrt{2} \\ &= (r - s\sqrt{2})(r' - s'\sqrt{2}) \\ &= f(x)f(y) \end{aligned}$$

이므로 f는 동형 사상이다.

유제 ‖ 3.3.2-1 $\overline{\mathbb{Z}}$는 유제 3.1.5.-2에서 정의된 $\oplus$과 $\odot$ 연산을 갖는 정수들의 환이라 하자. $\overline{\mathbb{Z}} \cong \mathbb{Z}$임을 증명하라.

[풀이] 동형 사상 $f: \mathbb{Z} \to \overline{\mathbb{Z}}$가 있다고 가정하자, 그러면 $f(1)=2$이다. (왜냐하면 $1 \in \mathbb{Z}$은 항등원이고 $2 \in \overline{\mathbb{Z}}$가 항등원) 따라서

$$
\begin{aligned}
&f(2)=f(1+1)=f(1)\oplus f(1)=2\oplus 2=2+2-1=3,\\
&f(3)=f(2+1)=f(2)\oplus f(1)=3\oplus 2=3+2-1=4,\\
&f(4)=f(3+1)=f(3)\oplus f(1)=4\oplus 2=4+2-1=5,\\
&\cdots \quad \cdots \quad \cdots
\end{aligned}
$$

이제 함수 $f: \mathbb{Z} \to \overline{\mathbb{Z}}$를 다음과 같이 정의한다 :
임의의 $n \in \mathbb{Z}$에 대하여 $f(n)=n+1$이다.

(i) 임의의 $n,\ m \in \mathbb{Z}$에 대하여, $f(m)=f(n)$라 가정하자. 그러면 $m+1 = n+1$이므로 $m=n$이다. 따라서 f는 단사이다.

(ii) 임의로 $n \in \overline{\mathbb{Z}}$을 택하고 $m=n-1$이라 하자. 그러면 $m \in \mathbb{Z}$이고 $f(m)=m+1=(n-1)+1=n$이다. 따라서 f는 전사이다.

(iii) 임의로 $m,\ n \in \mathbb{Z}$을 택하자. 그러면

$$
\begin{aligned}
f(m+n) &= (m+n)+1\\
&= (m+1)+(n+1)-1\\
&= f(m)+f(n)-1\\
&= f(m)\oplus f(n),\\
f(mn) &= mn+1\\
&= (m+1)(n+1)-((m+1)+(n+1))+2\\
&= f(m)f(n)-(f(m)+f(n))+2\\
&= f(m)\odot f(n)
\end{aligned}
$$

이므로 f는 동형 사상이다. 따라서 $\mathbb{Z} \cong \overline{\mathbb{Z}}$이다.

유제 ‖ 3.3.2-2 $\mathbb{R}\times\mathbb{R}$은 연습문제 3.1.27의 체라 하자. $\mathbb{R}\times\mathbb{R} \cong \mathbb{C}$임을 보여라. 여기서 $\mathbb{C}$은 복소수들의 체이다.

[풀이] 함수 $f: \mathbb{R}\times\mathbb{R} \to \mathbb{C}$를 다음과 같이 정의한다 :
임의의 $(a,\ b) \in \mathbb{R}\times\mathbb{R}$에 대하여 $f(a,\ b)=a+bi$ 이다.

(i) f가 전단사 함수임은 쉽게 증명된다.

(ii) 임의로 $(a,\ b),\ (c,\ d) \in \mathbb{R}\times\mathbb{R}$를 택하자. 그러면

$$
\begin{aligned}
f((a,\ b)+(c,\ d)) &= f(a+c,\ b+d)\\
&= (a+c)+(b+d)i\\
&= (a+bi)+(c+di)\\
&= f(a,\ b)+f(c,\ d),\\
f((a,\ b)(c,\ d)) &= f(ac-bd,\ ad+bc)\\
&= (ac-bd)+(ad+bc)i\\
&= (a+bi)(c+di)\\
&= f(a,\ b)f(c,\ d)
\end{aligned}
$$

이므로 f는 준동형 사상이다. 그러므로 f는 동형 사상이다. 따라서 $\mathbb{R}\times\mathbb{R}\cong\mathbb{C}$이다.

유제 3.3.3 $f: R\to S$는 환들의 동형 사상이고 $g: S\to R$는 f의 역함수라 하자. 그러면 g 역시 동형 사상임을 보여라.

[도움말 : $g(a+b)=g(a)+g(b)$임을 보이기 위하여, f의 왼쪽 변과 오른쪽 변의 상을 생각하고 f가 준동형 사상이고 $g\circ f$는 항등함수라는 사실을 사용하라.]

[풀이] g는 f의 역함수이므로, $g\circ f=id_R$. 더욱이 g는 전단사 함수이다. 이제 임의로 $a,\ b\in S$를 택하자. 그러면 $a',\ b'\in R$ 이 존재하여 $a=f(a')$이고 $b=f(b')$을 만족한다. 따라서

$$
\begin{aligned}
g(a+b) &= g(f(a')+f(b'))\\
&= g(f(a'+b')) && (\because\ f\text{는 준동형 사상})\\
&= (g\circ f)(a'+b')\\
&= id_R(a'+b') && (\because\ g\circ f=id_R)\\
&= a'+b'\\
&= g(a)+g(b),\\
g(ab) &= g(f(a')f(b'))\\
&= g(f(a'b'))\\
&= (g\circ f)(a'b')\\
&= a'b'\\
&= g(a)g(b)
\end{aligned}
$$

이다. 따라서 g는 동형 사상이다.

유제 3.3.4 동형 사상에 의하여 보존되는 성질들을 사용하여 첫 번째 환과 두 번째 환이 동형이 아님을 보여라.

(1) $\mathbb{R}\times\mathbb{R}\times\mathbb{R}\times\mathbb{R}$과 $M(\mathbb{R})$ (2) $\mathbb{Q}$와 $\mathbb{R}$ (3) $\mathbb{Z}_4\times\mathbb{Z}_4$와 $\mathbb{Z}_{16}$

[풀이] (1) $\mathbb{R}\times\mathbb{R}\times\mathbb{R}\times\mathbb{R}$은 가환환이지만 $M(\mathbb{R})$은 가환환이 아니다. 따라서 동형이 아니다.

(2) $|\mathbb{Q}|<|\mathbb{R}|$이므로 $\mathbb{Q}$와 $\mathbb{R}$ 사이에 전단사 함수를 정의할 수 없다.

(3) 동형 사상 $f:\mathbb{Z}_6\to\mathbb{Z}_4\times\mathbb{Z}_4$가 있다고 가정하자. 그러면 $f(1)=(1,\ 1)$이므로

$$f(2)=(1+1)=f(1)+f(1)=(1,\ 1)+(1,\ 1)=(2,\ 2),$$
$$f(3)=(2+1)=f(2)+f(1)=(2,\ 2)+(1,\ 1)=(3,\ 3),$$
$$f(4)=(3+1)=f(3)+f(1)=(3,\ 3)+(1,\ 1)=(0,\ 0)$$

이다. 그런데 $f(0)=(0,\ 0)$이고 $4\neq 0$이지만 $f(0)=f(4)$이다. 즉 f는 단사함수가 아니다. 따라서 $\mathbb{Z}_{16}\not\cong\mathbb{Z}_4\times\mathbb{Z}_4$이다.

유제 3.3.5 예제 3.3.5의 환 T는 $\mathbb{R}\times\mathbb{R}$과 동형이 아님을 증명하라.

[도움말 : $\mathbb{R}\times\mathbb{R}$에서 $x^2=x$의 4개의 해를 구하고 예제 3.3.5를 사용하라.]

[풀이] $(a,\ b)\in\mathbb{R}\times\mathbb{R}$가 $x^2=x$의 해라 가정하자. 그러면 $(a,\ b)^2=(a^2,\ b^2)=(a,\ b)$이므로 $a^2=a$이고 $b^2=b$이다. 그러므로 $a=0$ 또는 $a=1$이고 $b=0$ 또는 $b=1$이다. 따라서 $\mathbb{R}\times\mathbb{R}$에서 $x^2=x$의 해집합은 $\{(0,\ 0),\ (0,\ 1),\ (1,\ 0),\ (1,\ 1)\}$이다. 한편 T에서 $x^2=x$의 해는, 예제 3.3.5에 의해서 $\{\underline{0},\ \underline{1}\}$이다. 그러므로 $T\not\cong\mathbb{R}\times\mathbb{R}$이다.

유제 3.3.6 $(m,\ n)\neq 1$이면, $\mathbb{Z}_{mn}$는 $\mathbb{Z}_m\times\mathbb{Z}_n$과 동형이 아님을 보여라.

[풀이] 유제 3.3.4의 (3)을 참고한다.

3.4 다항식의 계산

R은 임의의 환이라 하자. R의 원소를 계수로 갖는 다항식(polynomial with coefficients in R)은

$$a_0 + a_1x + a_2x^2 + a_3x^3 + \cdots + a_nx^n$$

꼴의 식(expression)이다. 여기서 x는 무엇인가? x는 R의 원소인가? 그렇지 않다면 x를 R의 원소와 곱한다는 것은 어떤 의미인가? x와 a_i들이 환 R보다 더 큰 어떤 환의 원소라면 $a_0 + a_1x + a_2x^2 + \cdots + a_nx^n$꼴의 식은 의미가 있다. 예를 들어 $\pi \not\in \mathbb{Z}$이지만 $a_i \in \mathbb{Z}$에 대하여 $a_0 + a_1\pi + a_2\pi^2 + a_3\pi^3$은 $\mathbb{R}$에서 의미가 있다. 사실 $a_0 + a_1\pi + \cdots + a_n\pi^n$, $a_i \in \mathbb{Z}$ 형태의 원소들로 이루어진 집합은 $\mathbb{Z}$와 π를 포함하는 $\mathbb{R}$의 부분환임을 쉽게 증명할 수 있다. 주어진 환 R에 대하여, 부분환으로 R을 포함하고 다음의 성질을 만족하면서 특별한 원소 x를 포함하는 더 큰 환이 존재함을 알 수 있다.

정리 3.4.1

R이 환일 때, R에 속하지 않는 원소 x를 포함하면서 다음을 만족하는 환 P가 존재한다.

(i) R은 P의 부분환이다.

(ii) 모든 $a \in R$에 대하여 $xa = ax$이다.

(iii) P의 모든 원소는

$$a_0 + a_1x + a_2x^2 + \cdots + a_nx^n$$

꼴로 쓰여질 수 있다. 여기서 $n \geq 0$이고 $a_i \in R$이다.

(iv) (iii)에서와 같은 P의 원소들의 표시는 다음의 의미에서 유일하다 : $n \leq m$이고

$$a_0 + a_1x + a_2x^2 + \cdots a_nx^n = b_0 + b_1x + b_2x^2 + \cdots + b_mx^m$$

이면,

$$i \leq n\text{에 대하여 } a_i = b_i\text{이고}$$
$$i > n\text{에 대하여 } b_i = 0_R\text{이다.}$$

(v) $a_0 + a_1x + a_2x^2 + \cdots + a_nx^n = 0_R$일 필요충분조건은 모든 i에 대하여 $a_i = 0_R$이다.

P의 원소들을 R의 원소를 **계수**(coefficient)로 갖는 다항식이라 하고 x를 **부정원**(indeterminate)이라 한다. R의 원소를 계수로 갖는 **다항식환** P를 $R[x]$라고 쓸 것이다.

| 보기 3.4.1 | $f(x) = 1 + 5x - x^2 + 4x^3 + 2x^4$과 $g(x) = 4 + 2x + 3x^2 + x^3$이 $\mathbb{Z}_7[x]$의 원소이면, 다음의 결과는 교환, 결합, 분배법칙에 의해 구할 수 있다 :

$$\begin{aligned} f(x) + g(x) &= (1 + 5x - x^2 + 4x^3 + 2x^4) + (4 + 2x + 3x^2 + x^3 + 0x^4) \\ &= (1+4) + (5+2)x + (-1+3)x^2 + (4+1)x^3 + (2+0)x^4 \\ &= 5 + 0x + 2x^2 + 5x^3 + 2x^4 = 5 + 2x^2 + 5x^3 + 2x^4 \end{aligned}$$ ■

| 보기 3.4.2 | $\mathbb{Q}[x]$에서 $1 - 7x + x^2$과 $2 + 3x$의 곱은 분배법칙을 반복하여 사용함으로써 구할 수 있다 :

$$\begin{aligned} (1 - 7x + x^2)(2 + 3x) &= 1(2 + 3x) - 7x(2 + 3x) + x^2(2 + 3x) \\ &= 1(2) + 1(3x) - 7x(2) - 7x(3x) + x^2(2) + x^2(3x) \\ &= 2 + 3x - 14x - 21x^2 + 2x^2 + 3x^3 \\ &= 2 - 11x - 19x^2 + 3x^3 \end{aligned}$$ ■

다항식 덧셈(polynomial addition)

$$\begin{aligned} &(a_0 + a_1x + a_2x^2 + \cdots + a_nx^n) + (b_0 + b_1x + b_2x^2 + \cdots + b_mx^m),\ m \le n \\ &= (a_0 + b_0) + (a_1 + b_1)x + (a_2 + b_2)x^2 + \cdots + (a_n + b_n)x^n,\ b_i = 0,\ m < i \end{aligned}$$

다항식 곱셈(polynomial multiplication)

$$\begin{aligned} &(a_0 + a_1x + a_2x^2 + \cdots + a_nx^n)(b_0 + b_1x + b_2x^2 + \cdots + b_mx^m) \\ &= a_0b_0 + (a_0b_1 + a_1b_0)x + (a_0b_2 + a_1b_1 + a_2b_0)x^2 + \cdots + a_nb_mx^{n+m} \end{aligned}$$

위 식에서 각 $k \ge 0$에 대하여, x^k의 계수는

$$a_0b_k + a_1b_{k-1} + a_2b_{k-2} + \cdots + a_{k-2}b_2 + a_{k-1}b_1 + a_kb_0 = \sum_{i=0}^{k} a_ib_{k-i}$$

이다. 여기서 $i > n$이면 $a_i = 0_R$이고 $j > m$이면 $b_j = 0_R$ 이다.

$R[x]$에서 곱셈에 대한 이 설명으로부터, R이 가환환이면 $R[x]$ 역시 가환환이 된다는 것

을 알 수 있다(예제 3.4.1). R이 곱의 항등원 1_R을 가지면, 1_R은 역시 $R[x]$의 곱의 항등원이다(유제 3.4.1).

정의 3.4.2

$f(x) = a_0 + a_1x + a_2x^2 + \cdots + a_nx^n$은 $a_n \neq 0_R$인 $R[x]$에서 다항식이라 하자. 그러면 a_n을 $f(x)$의 **최고차 계수**(leading coefficient)라 한다. 이때, 정수 n을 $f(x)$의 **차수**(degree)라 하고, "$\deg f(x)$"로 나타낸다. 다른 말로 하면, $\deg f(x)$는 영이 아닌 계수와 함께 나타나는 x의 가장 큰 지수이고, 이 계수는 최고차 계수다.

| 보기 3.4.3 | $3 - x + 4x^2 - 7x^3 \in \mathbb{R}[x]$의 차수는 3이고, 이것의 최고차 계수는 -7이다. $\deg(3 + 5x) = 1$ 이고 $\deg(x^{12}) = 12$ 이다. $2 + x + 4x^2 - 0x^3 + 0x^5$의 차수는 2(영 아닌 계수를 갖는 x의 가장 큰 지수)이고 이것의 최고차 계수는 4이다. ■

환 R은 다항식 환 $R[x]$의 부분환이다. R의 원소를 $R[x]$의 **상수 다항식**(constant polynomial)이라 한다. $R[x]$에서 차수 0인 다항식은 정확하게 영이 아닌 상수 다항식들이다.

상수 다항식 0_R은 차수를 갖지 않는다

는 사실에 유의하자. (x의 어떠한 거듭 제곱도 영이 아닌 계수와 함께 나타나지 않기 때문이다).

정리 3.4.3

R은 정역이고 $f(x)$와 $g(x)$는 $R[x]$의 영이 아닌 다항식이라 하면 다음이 성립한다.

$$\deg[f(x)g(x)] = \deg f(x) + \deg g(x)$$

[증명] $f(x) = a_0 + a_1x + a_2x^2 + \cdots + a_nx^n$이고 $g(x) = b_0 + b_1x + b_2x^2 + \cdots + b_mx^m$이라 하자. 여기서 $a_n \neq 0_R$이고 $b_m \neq 0_R$이다. 그러면 $\deg f(x) = n$ 이고 $\deg g(x) = m$ 이고

$$f(x)g(x) = a_0b_0 + (a_0b_1 + a_1b_0)x + (a_2b_0 + a_1b_1 + a_2b_0)x^2 + \cdots + a_nb_mx^{n+m}$$

이다. 여기서 영이 아닌 계수를 가질 수 있는 x의 가장 큰 차수는 $n+m$이다. 그런

데 R은 정역이고 $a_n \neq 0_R$, $b_m \neq 0_R$이므로, $a_n b_m \neq 0_R$이다. 따라서 $f(x)g(x)$는 영이 아닌 다항식이고 $\deg[f(x)g(x)] = n + m = \deg f(x) + \deg g(x)$ 이다. ■

따름정리 3.4.4

R이 정역이면, $R[x]$도 역시 정역이다.

[증명] R은 항등원이 있는 가환환이므로, $R[x]$도 역시 항등원이 있는 가환환이다(예제 3.4.1과 유제 3.4.1). 정리 3.4.3에 의해 $f(x) \neq 0$, $\deg f(x) = n$ 이고 $g(x) \neq 0$, $\deg g(x) = m$이면 $\deg[f(x)g(x)] = \deg f(x) + \deg g(x)$이므로 $\deg[f(x)g(x)] = m + n$ 이다. 즉, $f(x)g(x) \neq 0$이다. 따라서 $R[x]$는 정역이다. ■

정리 3.4.3의 증명에서 R이 정역이 아닌 임의의 환 R일 때 $f(x)$, $g(x)$, $f(x)g(x)$가 영이 아닌 다항식이면

$$\deg[f(x)g(x)] \leq \deg f(x) + \deg g(x)$$

임을 알 수 있다. 또한 환이 영인자를 가지면

$$\deg[f(x)g(x)] < \deg f(x) + \deg g(x)$$

도 가능하다. 예컨대 $\mathbb{Z}_6[x]$에서, $2x^4$은 차수 4를 갖고 $1 + 3x^2$은 차수 2를 갖는다. 그러나 이들의 곱은 차수 $4 + 2 = 6$을 갖지 않는다 :

$$2x^4(1 + 3x^2) = 2x^4 + 2 \cdot 3x^6 = 2x^4 + 0x^6 = 2x^4$$

이다.

이 장에서 주된 관심은 ($\mathbb{Q}$, $\mathbb{R}$ 또는 $\mathbb{Z}_5$와 같은) 체 F에서 계수를 갖는 다항식들일 것이다. 정역 $F[x]$는 정수들의 정역 $\mathbb{Z}$와 많은 성질을 공유한다.

정리 3.4.5 $F[x]$ 에서 나눗셈 알고리즘

F는 체이고 $f(x)$, $g(x) \in F[x]$라 하자. 여기서 $g(x) \neq 0_F$이다. 그러면 각각 유일한 다항식 $q(x)$와 $r(x)$가 존재하여 $f(x) = g(x)q(x) + r(x)$이고 $r(x) = 0_F$ 또는 $\deg r(x) < \deg g(x)$ 을 만족한다.

이 정리와 $\mathbb{Z}$에서 나눗셈 알고리즘 (정리 1.1.1) '임의의 정수 a와 $b \neq 0$에 대하여, 꼭하나의 정수 q와 r이 존재하여 $a = bq + r$, $0 \leq r < |b|$이다'와 비교하라. 여기에서 유일한 변화는 $\mathbb{Z}$에서 "$r < |b|$"와 같은 명제를 $F[x]$에서 차수를 포함하는 명제로 바꾼 것이다. 쉽게 $f(x) = g(x)q(x) + r(x)$임을 증명할 수 있다.

예제 3.4.1 R이 가환환이면, $R[x]$도 역시 가환환임을 증명하라.

[풀이] $f(x) = a_0 + a_1x + \cdots + a_nx^n \in R[x]$와 $g(x) = b_0 + b_1x + \cdots + b_mx^m \in R[x]$을 임의로 택한다. 그러면 각 $k \geq 0$에 대하여, $f(x)g(x)$에서 x^k의 계수는 $a_0b_k + a_1b_{k-1} + \cdots + a_{k-1}b_1 + a_kb_0$이고 R이 가환환이므로 $\sum_{i=0}^{k} a_ib_{k-i} = \sum_{i=0}^{k} b_{k-i}a_i$이다. 즉, $g(x)f(x)$에서 x^k의 계수와 같다. $R[x]$는 가환환이다. ■

유제 3.4.1 R이 항등원 1_R을 가지면, 1_R은 역시 $R[x]$의 항등원임을 보여라.

예제 3.4.2 $\mathbb{Z}_2[x]$에 속하는 모든 삼차 다항식을 열거하라.

[풀이] x^3, $x^3 + x^2$, $x^3 + x$, $x^3 + x^2 + x$, $x^3 + 1$, $x^3 + x^2 + 1$, $x^3 + x + 1$, $x^3 + x^2 + x + 1$이다. ■

유제 3.4.2 $\mathbb{Z}_3[x]$에 속하는 3보다 더 작은 차수를 갖는 영 다항식을 포함한 모든 다항식을 열거하라.

예제 3.4.3 $\mathbb{Q}[x]$에서 $f(x) = 3x^4 - 2x^3 + 6x^2 - x + 2$와 $g(x) = x^2 + x + 1$라 하자. $f(x) = g(x)q(x) + r(x)$이고, $r(x) = 0$ 또는 $\deg r(x) < \deg g(x)$ 인 다항식 $q(x)$와 $r(x)$을 구하라.

[풀이] $q(x) = 3x^2 - 5x + 8$, $r(x) = -4x - 6$이다. ■

유제 3.4.3-1 $f(x) = g(x)q(x) + r(x)$이고, $r(x) = 0$ 또는 $\deg r(x) < \deg g(x)$ 인 다항식 $q(x)$와 $r(x)$를 구하라. $\mathbb{Z}_5[x]$에서 $f(x) = 2x^4 + x^2 - x + 1$과 $g(x) = 2x - 1$이다.

유제 3.4.3-2 $f(x) = x^6 + 3x^5 + 4x^2 - 3x + 2$이고, $g(x) = x^2 + 2x - 3 \in Z_7[x]$이다. $f(x)/g(x)$의 몫과 나머지를 구하여라.

예제 3.4.4 $\varphi : R[x] \to R$은 $R[x]$의 각 다항식을 이 다항식의 상수항(R의 원소)으로 대응하는 함수라 하자. φ는 환들의 전사 준동형 사상임을 증명하라.

[풀이] 임의로 $R[x]$의 원소 $f(x) = a_0 + a_1x + \cdots + a_nx^n$과 $g(x) = b_0 + b_1x + \cdots + b_mx^m$을 택한다. 여기서 $n \leq m$이라 가정하여도 일반성을 잃지 않는다. 그러면 $f(x)+g(x)$의 상수항은 $a_0 + b_0$이고 $f(x)g(x)$의 상수항은 a_0b_0이다. 따라서

$$\varphi(f(x)+g(x)) = a_0 + b_0 = \varphi(f(x)) + \varphi(g(x)),$$
$$\varphi(f(x)g(x)) = a_0b_0 = \varphi(f(x))\varphi(g(x))$$

이다. 그러므로 φ는 준동형 사상이다. φ가 전사함수임은 분명하다. 따라서 φ는 전사 준동형 사상이다. ■

유제 3.4.4 $\varphi : \mathbb{Z}[x] \to \mathbb{Z}_n[x]$는 $\mathbb{Z}[x]$의 다항식 $a_0 + a_1x + \cdots + a_kx^k$를 다항식 $[a_0] + [a_1]x + \cdots + [a_k]x^k$으로 대응하는 함수라 하자. 여기서 $[a]$는 $\mathbb{Z}_n$에 속하는 정수 a의 합동류를 나타낸다. φ는 환들의 전사 준동형 사상임을 증명하라.

예제 3.4.5 다음의 각 명제가 참인지 거짓인지를 말하라.

(1) 다항식 $(a_0 + a_1x + \cdots + a_nx^n) \in R[x]$가 0_R이다.
$\Leftrightarrow$ 각 $i = 0, 1, \cdots, n$에 대하여 $a_i = 0_R$이다.

(2) R이 가환환이면, $R[x]$도 역시 가환환이다.

(3) R이 환이고 $f(x), g(x) \in R[x]$의 차수가 각각 3과 4이면, $f(x)g(x)$는 $R[x]$에서 8차일 수 있다.

(4) R이 환이면, x는 $R[x]$에서 영인자가 아니다.

[풀이] (1) T (2) T (3) F (4) T ■

유제 3.4.5 다음 각 명제가 참인지 아닌지를 말하라.

(1) D가 정역이면, $D[x]$도 역시 정역이다.

(2) R이 영인자를 포함하는 환이면, $R[x]$도 역시 영인자를 갖는다.

(3) R이 임의의 환이고 $f(x), g(x) \in R[x]$의 차수가 각각 3과 4이면, $f(x)g(x)$의 차수는 언제나 7이다.

(4) F가 체이면, $F[x]$에 단원은 정확히 F에서 단원이다.

(5) R이 환이면, $R[x]$에서 영인자는 정확히 R에서 영인자이다.

3.4 연습문제

주의 R은 환을, F는 체를 나타낸다.

1. 지적된 연산을 실행하고 답을 간단히 하라 :

(1) $\mathbb{Z}_5[x]$에서 $(3x^4+2x^3-4x^2+x+4)+(4x^3+x^2+4x+3)$

(2) $\mathbb{Z}_3[x]$에서 $(x+1)^3$

(3) $\mathbb{Z}_5[x]$에서 $(x-1)^5$

(4) $\mathbb{Z}_7[x]$에서 $(x^2-3x+2)(2x^3-4x+1)$

2. $R[x]$의 다음의 부분집합들 중에서 어느 것이 $R[x]$의 부분환인가? 이유를 설명하라.

(1) 상수항 0_R을 갖는 모든 다항식.

(2) 차수 2인 모든 다항식.

(3) 차수$\leq k$인 모든 다항식. 여기서 k는 고정된 양의 정수다.

(4) x의 홀수거듭 제곱이 영인 계수를 갖는 모든 다항식.

(5) x의 짝수거듭 제곱이 영인 계수를 갖는 모든 다항식.

3. (1) 차수가 5이고 최고차 계수가 1인 $\mathbb{Z}_5[x]$에 속하는 다항식은 몇 개인가?

(2) 차수가 k인 $\mathbb{Z}_n[x]$에 속하는 다항식은 몇 개인가? 여기서 k는 고정된 양의 정수다.

4. $f(x)=g(x)q(x)+r(x)$이고, $r(x)=0$ 또는 $\deg r(x)<\deg g(x)$ 인 다항식 $q(x)$와 $r(x)$를 구하라 :

(1) $\mathbb{Q}[x]$에서 $f(x)=3x^4-2x^3+6x^2-x+2$와 $g(x)=x^2+x+1$

(2) $\mathbb{Q}[x]$에서 $f(x)=x^4-7x+1$과 $g(x)=2x^2+1$

(3) $\mathbb{Z}_7[x]$에서 $f(x)=4x^4+2x^3+6x^2+4x+5$와 $g(x)=3x^2+2$

5. 각 경우에, 주어진 조건을 만족하는 다항식 $f(x)$, $g(x)\in\mathbb{Q}[x]$의 보기를 들어라.

(1) $\deg[f(x)+g(x)]<\max\{\deg f(x),\ \deg g(x)\}$

(2) $\deg[f(x)+g(x)]=\max\{\deg f(x),\ \deg g(x)\}$

6. $c\in R$가 가환환 R의 영인자면, c는 역시 $R[x]$의 영인자인가?

7. $f(x),\ \ g(x) \in R[x]$이고 $f(x)+g(x) \neq 0_R$이면, 다음이 성립함을 증명하라 :

$$\deg[f(x)+g(x)] \leq \max\{\deg f(x),\ \deg g(x)\}$$

8. F가 체이지만, $F[x]$는 체가 아님을 보여라. [도움말 : x가 $F[x]$의 단원인가?]

9. F가 체이고, $f(x)$는 $F[x]$의 영 아닌 다항식이라 하자. 그러면 $f(x)$가 $F[x]$의 단원일 필요충분조건은 $\deg f(x)=0$ 이다. 이를 증명하라.

10. R은 가환환이라 하자. $a_n \neq 0_R$이고 $a_0+a_1x+a_2x^2+\cdots+a_nx^n$이 $R[x]$의 영인자면, a_n은 R의 영인자임을 보여라.

11. (1) R은 정역이고 $f(x),\ \ g(x) \in R[x]$라 하자. $g(x)$의 최고차 계수는 R의 단원이라 가정한다. 나눗셈 알고리즘이 나뉨식으로 $f(x)$와 나눗식으로 $g(x)$에 대하여 성립함을 증명하라.
(2) $g(x)$의 최고차 계수가 단원이 아니면 (1)이 성립하지 않음을 $\mathbb{Z}[x]$에서 보기를 들어라.

12. R은 정역이라 하자. 나눗셈 알고리즘이 $R[x]$에서 언제나 성립한다고 가정한다. R은 체임을 증명하라.

13. $D : \mathbb{R}[x] \to \mathbb{R}[x]$는 다음과 같이 정의되는 도함수라 하자 :

$$D(a_0+a_1x+a_2x^2+\cdots+a_nx^n)=a_1+2a_2x+3a_3x^2+\cdots+na_nx^{n-1}$$

D는 환들의 준동형 사상인가? 동형 사상인가?

14. $h : R \to S$는 환들의 준동형 사상이고 함수 $\overline{h} : F[x] \to S[x]$는 다음의 규칙으로 정의되는 함수라 하자 :

$$\overline{h}(a_0+a_1x+\cdots+a_nx^n)=h(a_0)+h(a_1)x+h(a_2)x^2+\cdots+h(a_n)x^n$$

다음의 각각을 증명하라.
(1) $\overline{h}$는 환들의 준동형 사상이다.
(2) $\overline{h}$가 단사다 $\Leftrightarrow$ h가 단사다.
(3) $\overline{h}$가 전사다 $\Leftrightarrow$ h가 전사다.
(4) $R \cong S$이면, $R[x] \cong S[x]$이다.

15. R은 가환환이고 $k(x)$는 $R[x]$의 고정된 다항식이라 하자. 그러면 유일한 준동형 사

상 $\varphi : R[x] \to R[x]$가 존재하여 모든 $r \in R$에 대하여 $\varphi(r) = r$, $\varphi(x) = k(x)$이다. 이를 증명하라.

3.4 유제풀이

유제 3.4.1 R이 항등원 1_R을 가지면, 1_R은 역시 $R[x]$의 항등원임을 보여라.

[풀이] 임의로 $f(x) = a_0 + a_1x + \cdots + a_nx^n \in R[x]$을 택한다.

$$\begin{aligned} 1_R \cdot f(x) &= 1_R(a_0 + a_1x + \cdots + a_nx^n) \\ &= 1_Ra_0 + 1_Ra_1x + \cdots + 1_Ra_nx^n \\ &= a_0 + a_1x + \cdots + a_nx^n \\ &= f(x) \end{aligned}$$

이므로 1_R은 $R[x]$에서 항등원이다.

유제 3.4.2 $\mathbb{Z}_3[x]$에 속하는 3보다 더 작은 차수를 갖는 영 다항식을 포함한 모든 다항식을 열거하라.

[풀이] 상수 다항식 : $0,\ 1,\ 2,$

일차 다항식 : $x,\ x+1,\ x+2,\ 2x,\ 2x+1,\ 2x+2,$

이차 다항식 : $x^2,\ x^2+1,\ x^2+2,\ 2x^2,\ 2x^2+1,\ 2x^2+2,$

$x^2+x,\ x^2+x+1,\ x^2+x+2,\ x^2+2x,$

$x^2+2x+1,\ x^2+2x+2,\ 2x^2+x,$

$2x^2+x+1,\ 2x^2+x+2,\ 2x^2+2x,$

$2x^2+2x+1,\ 2x^2+2x+2$

유제 3.4.3-1 $\mathbb{Z}_5[x]$에서 $f(x) = 2x^4 + x^2 - x + 1$, $g(x) = 2x - 1$일 때 $f(x) = g(x)q(x) + r(x)$이고, $r(x) = 0$ 또는 $\deg r(x) < \deg g(x)$ 인 다항식 $q(x)$와 $r(x)$을 구하라.

[풀이] $q(x) = x^3 + 3x^2 + 2x + 3, \quad r(x) = 4$

유제 ‖ 3.4.3-2 $\mathbb{Z}_7[x]$에서 $f(x)=x^6+3x^5+4x^2-3x+2$이고 $g(x)=x^2+2x-3$일 때, $f(x)/g(x)$의 몫과 나머지를 구하여라.

[풀이] 나눗셈을 하여 구한다. 몫 : $x^4+x^3+x^2+x-2 \in Z_7[x]$,

나머지 : $4x-4=4x+3 \in Z_7[x]$

유제 ‖ 3.4.4 $\varphi : \mathbb{Z}[x] \to \mathbb{Z}_n[x]$는 $\mathbb{Z}[x]$의 다항식 $a_0+a_1x+\cdots+a_kx^k$를 다항식 $[a_0]+[a_1]x+\cdots+[a_k]x^k$으로 대응하는 함수라 하자. 여기서 $[a]$는 $\mathbb{Z}_n$에 속하는 정수 a의 합동류를 나타낸다. φ는 환들의 전사 준동형 사상임을 증명하라.

[풀이] 임의로 $\mathbb{Z}[x]$의 원소 $f(x)=a_0+a_1x+ \cdots +a_nx^n$과 $g(x)=b_0+b_1x+\cdots+b_mx^m$을 택한다. 여기서 $n \le m$이라 가정하여도 일반성을 잃지 않는다. 그러면

$$f(x)+g(x)=(a_0+b_0)+(a_1+b_1)x+\cdots+(a_n+b_n)x^n+b_{n+1}x^{n+1} + \cdots +b_mx^m,$$

$$f(x)g(x)=a_0b_0+(a_0b_1+a_1b_0)x+ \cdots +a_nb_mx^{m+n}$$

이므로

$$\begin{aligned}\varphi(f(x)+g(x)) &= [a_0+b_0]+[a_1+b_1]x+ \cdots+[a_n+b_n]x^n+ \cdots+[b_m]x^m \\ &= ([a_0]+[a_1]x+\cdots [a_n]x^n)+[b_0]+[b_1]x+\cdots+[b_m]x^m \\ &= \varphi(f(x))+\varphi(g(x)), \\ \varphi(f(x)g(x)) &= [a_0b_0]+[a_0b_1+a_1b_0]x+\cdots+[a_nb_m]x^{n+m} \\ &= ([a_0]+[a_1]x+ \cdots+[a_n]x^n)([b_0]+[b_1]x+ \cdots +[b_m]x^m)\end{aligned}$$

이다. 그러므로 φ는 준동형 사상이 된다. 더욱이 φ가 전사함수임은 분명하다. 따라서 φ는 전사 준동형 사상이다.

유제 ‖ 3.4.5 다음 각 명제가 참인지 아닌지를 말하라.

(1) D가 정역이면, $D[x]$도 역시 정역이다.

(2) R이 영인자를 포함하는 환이면, $R[x]$도 역시 영인자를 갖는다.

(3) R이 임의의 환이고 $f(x)$, $g(x) \in R[x]$의 차수가 각각 3과 4이면, $f(x)g(x)$의 차수는 언제나 7이다.

(4) F가 체이면, $F[x]$에 단원은 정확히 F에서 단원이다.

(5) R이 환이면, $R[x]$에서 영인자는 정확히 R에서 영인자이다.

[풀이] (1) T (2) T (3) F, $\mathbb{Z}_6$를 생각하자.

(4) T (5) F, $\mathbb{Z}_6$를 생각하자.

3.5 다항식의 약수와 배수

F는 언제나 체를 나타낸다.

정의 3.5.1

F는 체, $f(x)$, $g(x) \in F[x]$이고 $f(x) \neq 0_F$라 하자. 적당한 다항식 $h(x) \in F[x]$가 존재하여 $g(x) = f(x)h(x)$이면 $f(x)$가 $g(x)$를 **나눈다**[또는 $f(x)$는 $g(x)$의 **인수(factor)**다]라고 한다. 이 경우에, 기호 $f(x) \mid g(x)$로 쓴다.

보기 3.5.1 $\mathbb{Q}[x]$에서 $(2x+1) \mid (6x^2 - x - 2)$이다. 왜냐하면 $6x^2 - x - 2 = (2x+1)(3x-2)$이기 때문이다. 더욱이, $2x+1$의 모든 상수 배수는 역시 $6x^2 - x - 2$를 나눈다. 예컨대 $5(2x+1) = 10x+5$는 $6x^2 - x - 2$를 나눈다. 왜냐하면 $6x^2 - x - 2 = 5(2x+1)\frac{1}{5}(3x-2)$이기 때문이다. 일반적인 경우에 다음이 성립한다 :

$f(x) \mid g(x)$면 모든 $(0_F \neq) c \in F$에 대해 $cf(x) \mid g(x)$이다. ■

보기 3.5.1은 영이 아닌 다항식은 무한히 많은 약수를 가질 수 있음을 보여준다. 대조적으로, 영이 아닌 정수는 유한개의 약수만을 갖는다. 이 보기는 역시 다음의 사실을 설명한다 : $g(x) \neq 0_F$면, $g(x)$의 모든 약수는 $\deg g(x)$ 보다 작거나 같은 차수를 갖는다. 이것을 증명하기 위하여, $f(x) \mid g(x)$라 가정하자. 그러면 적당한 다항식 $h(x) \in F[x]$가 존재하여 $g(x) = f(x)h(x)$를 만족한다. 따라서 정리 3.4.3에 의하여,

$$\deg g(x) = \deg f(x) + \deg h(x)$$

이므로 $0 \leq \deg f(x) \leq \deg g(x)$이다.

두 다항식 $f(x)$, $g(x) \in F[x]$의 최대공약수는 이 두 다항식을 모두 나누는 최고차수의 다항식이어야만 한다. 그러나 이와 같은 최대공약수는 유일하지 않다. 왜냐하면 이 최대공약수의 각 상수 배수는 같은 차수를 갖고 역시 $f(x)$와 $g(x)$를 모두 나누게 되기 때문이다.

꼭 하나의 최대공약수를 보장하기 위하여, 새로운 개념을 소개함으로써 이 정의를 약간 변경한다. $F[x]$에서 다항식이 **모닉 다항식**(monic polynomial)이다라는 뜻은 이 다항식의 최고차 계수가 1_F임을 의미한다. 예컨대 $x^3 + x + 2$는 $\mathbb{Q}[x]$에서 모닉이지만 $2x+1$은 모닉이 아니다. 또한 상수 다항식이 모닉이라는 뜻은 1_F라는 뜻이다.

정의 3.5.2

F는 체, $f(x)$, $g(x) \in F[x]$이고 $f(x) \neq 0_F$, $g(x) \neq 0_F$이라 하자. 다항식 $d(x)$가 $f(x)$와 $g(x)$를 동시에 나누는 최고차의 모닉 다항식이면 $d(x)$를 $f(x)$와 $g(x)$의 **최대공약수**(the greatest common divisor)라고 한다. 다른 말로 하면, $d(x)$가 $f(x)$와 $g(x)$의 최대공약수일 필요충분조건은 $d(x)$가 모닉이고

(i) $d(x) | f(x)$이고 $d(x) | g(x)$,

(ii) $c(x) | f(x)$이고 $c(x) | g(x)$면, $\deg c(x) \leq \deg d(x)$를 만족하는 것이다.

이때, $d(x)$를 보통 $\gcd(f(x), g(x))$로 표시한다.

| 보기 3.5.2 | $\mathbb{Q}[x]$에서 $3x^2 + x + 6$과 0의 최대공약수를 구해보자. 최고차수의 공약수들은 바로 차수 2인 $3x^2 + x + 6$의 공약수들이다. 이 공약수들은 $3x^2 + x + 6$ 자신과 이 다항식의 모든 영이 아닌 상수 배수들 — 특히, 모닉 다항식 $\frac{1}{3}(3x^2 + x + 6) = x^2 + \frac{1}{3}x + 2$를 포함한다. 따라서 $x^2 + \frac{1}{3}x + 2$가 $3x^2 + x + 6$과 0의 최대공약수다. ■

| 보기 3.5.3 | $\mathbb{Q}[x]$에서 다음의 인수분해를 할 수 있다 :

$$f(x) = 2x^4 + 5x^3 - 5x - 2 = (2x+1)(x+2)(x+1)(x-1),$$
$$g(x) = 2x^3 - 3x^2 - 2x = (2x+1)(x-2)x$$

$2x+1$은 $f(x)$와 $g(x)$의 최고차수의 공약수이다. 이 경우에, $\frac{1}{2}(2x+1)$

$= x + \frac{1}{2}$는 최고차수의 모닉공약수다. 실제로 $x + \frac{1}{2}$이 최대공약수라는 증명은 보기 3.5.4에 있다. 정수에서와 같이 이 최대공약수가 $f(x)u(x) + g(x)v(x)$꼴로 쓰여질 수 있음을 알 수 있다.

$$x + \frac{1}{2} = (2x^4 + 5x^3 - 5x - 2)\left(\frac{7}{48}x - \frac{1}{4}\right)$$
$$+ (2x^3 - 3x^2 - 2x)\left(-\frac{7}{48}x^2 - \frac{1}{3}x - \frac{1}{48}\right)$$ ■

정리 3.5.3

F는 체, $f(x)$, $g(x) \in F[x]$이고 $f(x) \neq 0_F$, $g(x) \neq 0_F$이라 하자. 그러면 $f(x)$와 $g(x)$의 유일한 최대공약수 $d(x)$가 존재한다. 더욱이, (꼭 하나일 필요가 없는)다항식 $u(x)$와 $v(x)$가 존재하여

$$d(x) = f(x)u(x) + g(x)v(x)$$

을 만족한다.

[증명] 연습문제 3.5.9를 보라. ■

따름정리 3.5.4

F는 체, $f(x)$, $g(x) \in F[x]$이고 $f(x) \neq 0_F$, $g(x) \neq 0_F$이라 하자. 모닉 다항식 $d(x) \in F[x]$가 $f(x)$와 $g(x)$의 최대공약수일 필요충분조건은 $d(x)$가 다음의 조건을 만족하는 것이다 :

(i) $d(x) | f(x)$이고 $d(x) | g(x)$,

(ii) $c(x) | f(x)$이고 $c(x) | g(x)$ 이면 $c(x) | d(x)$이다.

[증명] 연습문제 3.5.10을 보라. ■

| 보기 3.5.4 | $\mathbb{Q}[x]$에서 $f(x) = 2x^4 + 5x^3 - 5x - 2$와 $g(x) = 2x^3 - 3x^2 - 2x$의 최대공약수를 구하기 위하여, 나머지가 영이 될 때까지 나눗셈 알고리즘을 반복하여 사용한다. 각 단계에서 나눗식과 나머지는 다음 단계에서 나뉨식과 나눗식이 된다 :

$$2x^4 + 5x^3 - 5x - 2 = (2x^3 - 3x^2 - 2x)(x + 4) + (14x^2 + 3x - 2),$$

$$2x^3-3x^2-2x=(14x^2+3x-2)\left(\frac{1}{7}x-\frac{12}{49}\right)+\left(-\frac{48}{49}x-\frac{24}{49}\right),$$

$$14x^2+3x-2=\left(-\frac{48}{49}x-\frac{24}{49}\right)\left(-\frac{343}{24}x+\frac{49}{12}\right)+0$$

따라서 마지막 영이 아닌 나머지, $-\frac{48}{49}x-\frac{24}{49}$는 최고차수의 공약수다. 따라서 최대공약수는 모닉 다항식

$$\left(-\frac{49}{48}\right)\left(-\frac{48}{49}x-\frac{24}{49}\right)=x+\frac{1}{2}$$

이다. ■

정의 3.5.5

$F[x]$에서 다항식 $f(x)$와 $g(x)$가 **서로소(relatively prime)**라는 말은 $f(x)$와 $g(x)$의 최대공약수가 1_F인 것이다.

모든 상수는 모든 다항식의 약수이다(예제 3.5.1). 따라서 두 다항식은 모든 상수 다항식을 공약수로 갖는다. 그 공약수 중 상수 다항식 이외에 다른 공약수가 없을 때, 최대 공약수는 모닉 다항식이어야 하므로 1_F라는 뜻이다.

따름정리 3.5.6

F는 체, $f(x),\ g(x)\in F[x]$이고 $f(x)\neq 0_F,\ g(x)\neq 0_F$이라 하자. $f(x)$와 $g(x)$가 서로소일 필요충분조건은 다항식 $u(x)$와 $v(x)$가 존재하여

$$1_F=f(x)u(x)+g(x)v(x)$$

인 것이다.

[증명] 연습문제 3.5.11을 보라. ■

정리 3.5.7

F는 체라 하고 $f(x),\ g(x),\ h(x)\in F[x]$라 하자. $f(x)|g(x)h(x)$이고 $f(x)$와 $g(x)$가 서로소이면 $f(x)|h(x)$이다.

[증명] $f(x)$와 $g(x)$가 서로소이면 따름정리 3.5.6에 의해 다항식 $u(x)$와 $v(x)$가 존재하여 $1_F = f(x)u(x) + g(x)v(x)$을 만족한다. 양변에 $h(x)$를 곱하면 $f(x)u(x)h(x) + g(x)v(x)h(x) = h(x)$이다. $f(x)|g(x)h(x)$이므로 좌변을 나누므로 우변도 나누어야 하므로 $f(x)|h(x)$ 이다. ■

예제 3.5.1 $f(x) \in F[x]$에 대하여 모든 영이 아닌 상수 다항식은 $f(x)$의 인수임을 증명하라.

[풀이] $0_F \neq c \in F$를 임의로 택한다. F는 체이므로 $c^{-1} \in F$이 존재하여 $cc^{-1} = 1_F$를 만족한다. 따라서 $f(x) = c(c^{-1}f(x))$가 되므로 $c|f(x)$이다. ■

예제 3.5.2 (1) 상수 다항식 $f(x) = 6 \in F[x]$과 $g(x) = 8 \in F[x]$의 최대공약수를 구하라.

(2) $f(x) = x - 1 \in F[x]$와 $g(x) = x - 2 \in F[x]$의 최대공약수를 구하라.

[풀이] (1) F가 체이므로 예제 3.5.1에 의해 모든 상수 다항식은 $f(x)$와 $g(x)$의 공약수이다. 하지만 그중 모닉은 1_F 이므로 $f(x)$와 $g(x)$의 최대공약수는 1_F 이다.

(2) 마찬가지로 $f(x) = x - 1 \in F[x]$와 $g(x) = x - 2 \in F[x]$의 최대공약수는 1_F 이다. ■

유제 3.5.1 $f(x) = c_n x^n + \cdots + c_0 \in F[x]$이고 $c_n \neq 0_F$라 하자. 그러면 $f(x)$와 0_F의 최대공약수는 무엇인가?

예제 3.5.3 유클리드 알고리즘을 사용하여 다음 다항식의 최대공약수를 구하라 : $\mathbb{Q}[x]$에서

$$x^4 - x^3 - x^2 + 1\text{과 } x^3 - 1$$

[풀이] $x - 1$ ■

유제 3.5.2 유클리드 알고리즘을 사용하여 다음 다항식의 최대공약수를 구하라.

(1) $\mathbb{Z}_5[x]$에서 $x^4 + 3x^3 + 2x + 4$와 $x^2 - 1$

(2) $\mathbb{C}[x]$에서 $x^3 - ix^2 + 4x - 4i$와 $x^2 + 1$

예제 3.5.4 $f(x)$, $g(x)$, $h(x) \in F[x]$이고 $f(x)$와 $g(x)$는 서로소라 하자. $h(x)|f(x)$

이면, $h(x)$와 $g(x)$는 서로소다. 이를 증명하라.

[풀이] $h(x)$와 $g(x)$가 서로소가 아니라 가정한다. 그러면 모닉 다항식 $k(x) \in F[x]$, $\deg k(x) \geq 1$ 가 존재하여 $k(x) \mid h(x)$이고 $k(x) \mid g(x)$이다. 가정에 의해 $h(x) \mid f(x)$이므로, $k(x) \mid f(x)$이다. 따라서 $k(x)$는 $f(x)$와 $g(x)$의 공약수이다. 이것은 $f(x)$와 $g(x)$가 서로소라는 사실에 모순이다. 따라서 $h(x)$와 $g(x)$는 서로소이다. ■

유제 3.5.3-1 $f(x)$, $g(x)$, $h(x) \in F[x]$이고 $f(x)$와 $g(x)$는 서로소라 하자. $f(x) \mid h(x)$이고 $g(x) \mid h(x)$이면, $f(x)g(x) \mid h(x)$이다. 이를 증명하라.

유제 3.5.3-2 $f(x)$, $g(x)$, $h(x) \in F[x]$이고 $f(x)$와 $g(x)$는 서로소라 하자. 그러면 $f(x)h(x)$와 $g(x)$의 최대공약수는 $h(x)$와 $g(x)$의 최대공약수와 같다. 이를 증명하라.

3.5 연습문제

주목 F는 체를 나타낸다.

1. $a, b \in F$이고 $a \neq b$라 하자. $x+a$와 $x+b$는 $F[x]$에서 서로소임을 보여라.

2. (1) $f(x)$, $g(x) \in F[x]$라 하자. $f(x) \mid g(x)$면, $g(x) \mid f(x)$이면, $c \in F$가 존재하여 $f(x) = cg(x)$이다. 이를 증명하라.

(2) (1)에서 $f(x)$와 $g(x)$가 모닉이면, $f(x) = g(x)$이다. 이를 증명하라.

3. 유클리드 알고리즘을 사용하여 주어진 다항식의 최대공약수를 구하라 :

(1) $\mathbb{Q}[x]$에서 $x^4 - x^3 - x^2 + 1$과 $x^3 - 1$

(2) $\mathbb{Q}[x]$에서 $x^5 + x^4 + 2x^3 - x^2 - x - 2$와 $x^4 + 2x^3 + 5x^2 + 4x + 4$

(3) $\mathbb{Z}_7[x]$에서 $4x^4 + 2x^3 + 6x^2 + 4x + 5$와 $3x^3 + 5x^2 + 6x$

(4) $\mathbb{Z}_2[x]$에서 $x^4 + x + 1$과 $x^2 + x + 1$

4. 연습문제 3.5.3에서 각 최대공약수를 두 다항식의 일차결합으로 표시하라.

5. $f(x) \in F[x]$라 하고 모든 상수가 아닌 다항식 $g(x) \in F[x]$에 대하여 $f(x) | g(x)$라 가정하자. $f(x)$는 상수 다항식임을 증명하라.

6. $0_F \neq f(x)$, $0_F \neq g(x) \in F[x]$이고 $d(x)$는 이들의 최대공약수라 하자. $h(x)$가 가능한 최고차수의 $f(x)$와 $g(x)$의 공약수이면, $0_F \neq c \in F$가 존재하여 $h(x) = cd(x)$이다. 이를 증명하라.

7. $f(x)$가 0_F과 서로소이면, $f(x)$에 대하여 무엇을 말할 수 있는가?

8. $\mathbb{Q}[x]$에서 $x+a+b$와 $x^3 - 3abx + a^3 + b^3$의 최대공약수를 구하라.

9. 정리 3.5.3을 증명하라.

10. 정리 3.5.4를 증명하라.

11. 따름정리 3.5.6을 증명하라.

12. 나눗셈 알고리듬을 사용하여 다음의 주어진 함수에 대하여 $f(x) = g(x)q(x) + r(x)$, $r(x) = 0$ 또는 $\deg r(x) < \deg g(x)$ 이 되는 $q(x)$와 $r(x)$를 찾아라.

(1) $\mathbb{Z}_5[x]$에서 $f(x) = x^6 + 3x^5 + 4x^2 - 3x + 2$, $g(x) = x^2 + 2x - 3$

(2) $\mathbb{Z}_5[x]$에서 $f(x) = x^4 + 3x^3 + x^2 - 2x + 2$, $g(x) = x - 1$

(3) $\mathbb{Z}_7[x]$에서 $f(x) = x^5 - 2x^3 - 4x + 2$, $g(x) = x^2 - 1$

3.5 유제풀이

유제 3.5.1 $f(x) = c_n x^n + \cdots + c_0 \in F[x]$이고 $c_n \neq 0_F$라 하자. 그러면 $f(x)$와 0_F의 최대공약수는 무엇인가?

[풀이] 모든 다항식은 0_F의 약수이므로, $f(x) | 0_F$이다. 또한 $f(x) | f(x)$이다. 따라서 $f(x)$는 $f(x)$와 0_F의 공약수이다. 한편, $c_n \neq 0_F$이므로, c_n^{-1}이 존재하여 $c_n c_n^{-1} = 1_F$이다. 그러므로 $c_n^{-1} f(x)$는 모닉 다항식이다. 따라서 $f(x)$와 0_F의 최대공약수는 $c_n^{-1} f(x)$이다.

유제 | 3.5.2 유클리드 알고리즘을 사용하여 다음 다항식의 최대공약수를 구하라 :

(1) $\mathbb{Z}_5[x]$에서 x^4+3x^3+2x+4와 x^2-1

(2) $\mathbb{C}[x]$에서 $x^3-ix^2+4x-4i$와 x^2+1

[풀이] (1) x^2-1 (2) $x-i$

유제 | 3.5.3-1 $f(x)$, $g(x)$, $h(x)\in F[x]$이고 $f(x)$와 $g(x)$는 서로소라 하자. $f(x)|h(x)$이고 $g(x)|h(x)$이면, $f(x)g(x)|h(x)$이다. 이를 증명하라.

[풀이] $f(x)|h(x)$이므로 적당한 함수 $k_1(x)$이 존재하여 $h(x)=f(x)k_1(x)$이다. 그런데 $f(x)$와 $g(x)$는 서로소이고 $g(x)|h(x)$이므로 $g(x)|k_1(x)$이다. 따라서 함수 $k_2(x)$이 존재하여 $k_1(x)=g(x)k_2(x)$이다. 그러므로 $h(x)=f(x)g(x)k_2(x)$가 되어 $f(x)g(x)|h(x)$이다.

유제 | 3.5.3-2 $f(x)$, $g(x)$, $h(x)\in F[x]$이고 $f(x)$와 $g(x)$는 서로소라 하자. 그러면 $f(x)h(x)$와 $g(x)$의 최대공약수는 $h(x)$와 $g(x)$의 최대공약수와 같다. 이를 증명하라.

[풀이] $D(fh,\ g)$을 $f(x)h(x)$와 $g(x)$의 공약수의 집합이라 하고 $D(h,\ g)$을 $h(x)$와 $g(x)$의 공약수의 집합이라 하자. $k(x)\in D(fh,\ g)$이라 하자. 즉, $k(x)|f(x)h(x)$, $k(x)|g(x)$이다. $f(x)$와 $g(x)$는 서로소이므로 $k(x)|h(x)$이어야만 한다. 따라서 $k(x)\in D(h,\ g)$이다. 즉, $D(fh,\ g)\subseteq D(h,\ g)$이다. 비슷하게 $D(fh,\ g)\supseteq D(h,\ g)$이므로 $D(fh,\ g)=D(h,\ g)$이다. 따라서 $\gcd(fh,\ g)=\gcd(h,\ g)$ 이다.

3.6 기약성과 유일 인수분해

정리 3.6.1

F가 체라고 하자. $f(x)$가 $F[x]$의 단원일 필요충분조건은 $f(x)$가 영이 아닌 상수 다항식인 것이다.

[증명] ⇒] $f(x)$는 $F[x]$의 단원이라 가정하자. 그러면 $f(x)g(x)=1_F$을 만족하는 $g(x)\in F[x]$이 존재한다. 정리 3.4.3에 의하여

$$\deg f(x)+\deg g(x)=\deg[f(x)g(x)]=\deg[1_F]=0$$

이다. 모든 차수는 음이 아닌 정수이므로, $\deg f(x)=0$ 이고 $\deg g(x)=0$ 이다. 그러므로 $f(x)$와 $g(x)$는 영이 아닌 상수 다항식이다.

⇐] $f(x)$는 영이 아닌 상수 다항식이라 가정하자. 그러면 $(0_F\neq)b\in F$에 대하여 $f(x)=b$라 놓을 수 있다. F가 체이므로 $b^{-1}\in F$이다. $g(x)=b^{-1}$라 하면 $F[x]$에서 상수 다항식이고 $f(x)g(x)=1_F$이다. 따라서 $f(x)$는 $F[x]$의 단원이다. ■

정리 3.6.1은 $\mathbb{Q}[x]$, $\mathbb{R}[x]$와 $\mathbb{C}[x]$가 무한히 많은 단원을 가짐을 보여준다. F가 체가 아니면, 이 정리는 거짓일 수 있다. 예를 들면 상수 다항식 $f(x)=2$는 $\mathbb{Z}[x]$의 단원이 아니다. 왜냐하면 $f(x)$의 역, $\frac{1}{2}$은 $\mathbb{Z}$에 속하지 않기 때문이다. 다항식 $3x+1$은 $\mathbb{Z}_9[x]$의 단원이다. 왜냐하면 $(3x+1)(6x+1)=1$이기 때문이다.

따름정리 3.6.2

R을 정역이라 하자. $f(x)$가 $R[x]$의 단원일 필요충분조건은 $f(x)$가 R에서 단원인 상수 다항식인 것이다.

[증명] 증명은 정리 3.6.1과 거의 동일하다. 증명에서 $f(x)g(x)=1_F$이므로 단원이라는 점만 강조하면 된다. ■

"다항식 $f(x)\in F[x]$가 $g(x)\in F[x]$의 **동반원**(associate)이다"라는 뜻은 어떤 $0_F\neq c\in F$에 대하여 $f(x)=cg(x)$임을 의미한다. 예를 들면 $\mathbb{Q}[x]$에서 x^2+1의 동반원 $5(x^2+1)$과 $\frac{1}{7}(x^2+1)$은 바로 $g(x)=x^2+1$과 $\mathbb{Q}[x]$의 단원의 곱이다. $f(x)$가 $g(x)$의 동반원, 즉 $f(x)=cg(x)$면, $c^{-1}f(x)=c^{-1}(cg(x))=g(x)$이다. 따라서

$$f(x)\text{가 } g(x)\text{의 동반원이다.} \Leftrightarrow g(x)\text{가 } f(x)\text{의 동반원이다.}$$

정의 3.6.3

F가 체라 하자. $p(x)\in F[x]$가 상수가 아닌(또는, 영원도 아니고 단원도 아닌) 다항식이라 하자. $p(x)$의 약수들이 $p(x)$의 동반원과 영이 아닌 상수 다항식(단원)들 뿐이면 $p(x)$을 **기약 다항식**(irreducible polynomial)이라고 한다. 기약이 아닌 비상수 다항식을 **가약**(reducible)이라 한다.

즉, $p(x)\in F[x]$가 기약이라는 것은 $p(x)$가 F의 원소가 아니고(즉, 상수(단원)가 아니고) $p(x)=f(x)g(x)$이면 $f(x)$, $g(x)$ 둘 중 하나는 상수(단원)라는 뜻이다. 그러나 F가 체가 아닌 경우, 예를 들어 정수에서 이 문장은 $p(x)$가 ± 1이 아니고 $p(x)=f(x)g(x)$이면 $f(x)=\pm 1$ 또는 $g(x)=\pm 1$라는 뜻이다. $\mathbb{Z}[x]$에서 $2x+4=2(x+2)$이여서 상수와 동반원의 곱이므로 $2x+4$는 기약 다항식이 아니다.

| 보기 3.6.1 | 다항식 $x+2$는 $\mathbb{Q}[x]$에서 기약이다. 왜냐하면 정리 3.4.3에 의하여, 이 다항식의 모든 약수는 차수 0 또는 1을 가져야만 한다. 차수 0의 약수는 영이 아닌 상수다. $f(x)|(x+2)$라 가정하자. 그러면 $g(x)\in\mathbb{Q}[x]$이 존재하여 $x+2=f(x)g(x)$을 만족한다. $\deg f(x)=1$ 이면, $\deg g(x)=0$ 이므로 $g(x)=c$, $c\in\mathbb{Q}$라 할 수 있다. 그러므로 $f(x)=c^{-1}(x+2)$이고 $f(x)$는 $x+2$의 동반원이다. 일반적인 경우에 비슷한 논거에 의하여, 다음의 결과가 얻어진다 : $F[x]$에서 차수 1인 모든 다항식은 $F[x]$에서 기약이다. ■

기약성의 개념이 절대적인 개념이 아니다. 예컨대 x^2+1은 $\mathbb{C}[x]$에서 가약이다. 왜냐하면 $\mathbb{C}[x]$에서

$$x^2+1=(x+i)(x-i)$$

이고, 어떤 인수도 상수가 아니고 x^2+1의 동반원도 아니기 때문이다. 그러나 x^2+1은 $\mathbb{Q}[x]$에서 기약이다(예제 3.6.5).

다음의 결과는 $F[x]$에서 기약 다항식이 본질적으로 $\mathbb{Z}$에서 소수가 갖는 성질과 같은 나누어 떨어짐 성질을 가짐을 보여준다. 조건 (3)은 종종 다항식이 기약임을 증명하기 위하여 사용되고, 많은 책에서 (3)은 "기약"의 정의로 주어진다.

정리 3.6.4

F는 체이고 $p(x) \in F[x]$는 비상수 다항식이라 하자. 그러면 다음의 조건들은 논리적으로 동치이다 :

(1) $p(x)$는 기약이다.

(2) $b(x)$와 $c(x)$가 $p(x) | b(x)c(x)$인 임의의 다항식이면, $p(x) | b(x)$ 또는 $p(x) | c(x)$이다.

(3) $r(x)$와 $s(x)$가 $p(x) = r(x)s(x)$인 임의의 다항식이면, $r(x)$ 또는 $s(x)$는 영이 아닌 상수 다항식이다.(둘 중 하나)

[증명] (1)$\Rightarrow$(2) : $b(x)$와 $c(x)$가 $p(x) | b(x)c(x)$인 임의의 다항식이라 하자. $p(x) \nmid b(x)$라 가정하자. 그러면 $p(x)$와 $b(x)$가 서로소이므로 정리 3.5.6에 의하면 $p(x) | c(x)$이다.

(2)$\Rightarrow$(3) : 조건 (2)가 성립하고 $p(x) = r(x)s(x)$라 가정하자. 그러면, 조건 (2)에 대하여, $p(x) | r(x)$ 또는 $p(x) | s(x)$이다.

경우 1 : $p(x) | r(x)$라 가정하자. 그러면 $v(x) \in F[x]$가 존재하여 $r(x) = p(x)v(x)$를 만족한다. 따라서 $p(x) = r(x)s(x) = p(x)v(x)s(x)$이 된다. $F[x]$는 정역이므로, 정리 3.2.7에 의하여, $1_F = v(x)s(x)$이므로 $s(x)$는 단원이다. 그러므로 정리 3.6.1에 의하여, $s(x)$는 영이 아닌 상수다.

경우 2 : $p(x) | s(x)$라 가정하자. 경우 1과 비슷한 주장에 의하여, $r(x)$는 영이 아닌 상수다.

(3)$\Rightarrow$(1) : 조건 (3)이 성립한다고 가정하고 $c(x)$는 $p(x)$의 임의의 약수라 하자. 그러면 $d(x) \in F[x]$가 존재하여 $p(x) = c(x)d(x)$을 만족한다. (3)에 의하여, $c(x)$ 또는 $d(x)$는 영이 아닌 상수이다. $d(x) = d \neq 0_F$라 가정하자. 그러면 $p(x) = c(x)d(x) = dc(x)$이고 양변에 d^{-1}을 곱하면 $c(x) = d^{-1}p(x)$가 된다. 따라서 $c(x)$는 $p(x)$의 동반원이다. 그러므로 $p(x)$의 약수는 동반원이거나 영이 아닌 상수뿐이다. 따라서 $p(x)$는 기약이다. ■

따름정리 3.6.5

F가 체이고 $p(x)$는 $F[x]$에서 기약 다항식이라 하자. $p(x) | a_1(x)a_2(x) \cdots a_n(x)$면, $p(x)$는 $a_i(x)$들 중에서 적어도 하나의 약수이다.

[증명] 연습문제 3.6.14를 보라. ■

정리 3.6.6

F가 체라 하자. $F[x]$의 모든 비상수 다항식은 $F[x]$에서 기약 다항식들의 곱이다. 이 인수분해는 다음의 의미에서 유일하다 :

$$f(x)=p_1(x)p_2(x)\cdots p_r(x)\text{이고, } f(x)=q_1(x)q_2(x)\cdots q_s(x)$$

이고 각 $p_i(x)$와 $q_j(x)$가 기약이면, $r=s$(즉, 기약인수들의 개수는 같다)이다. 필요하다면, $q_j(x)$의 순서를 다시 정하고 새롭게 표시하면 $p_i(x)$는 $q_i(x)$의 동반원이다 $(i=1,\ 2,\ 3,\ \cdots,\ r)$.

[증명] 연습문제 3.6.17을 보라. ■

예제 3.6.1 $\mathbb{Q}[x]$에서 $3x^3+2x^2+x+5$의 모닉 동반원을 구하라.

[풀이] $x^3+\frac{2}{3}x^2+\frac{1}{3}x+\frac{5}{3}$ ■

유제 3.6.1 $\mathbb{C}[x]$에서 ix^3+x-1의 모닉 동반원을 구하라.

예제 3.6.2 $\mathbb{Z}_5[x]$에서 x^2+x+1의 모든 동반원을 열거하라.

[풀이] $x^2+x+1\in\mathbb{Z}_5[x]$의 동반원은 x^2+x+1, $2x^2+2x+2$, $3x^2+3x+3$, $4x^2+4x+4$이다. ■

유제 3.6.2 $\mathbb{Z}_7[x]$에서 $3x+2$의 모든 동반원을 열거하라.

예제 3.6.3 $f(x)$와 $g(x)$가 $F[x]$에서 동반원일 필요충분조건은 $f(x)|g(x)$이고 $g(x)|f(x)$인 것이다. 이를 증명하라.

[풀이] $\Rightarrow$] $f(x)$와 $g(x)$가 $F[x]$에서 동반원이라 가정하자. 그러면, $0_F\neq c\in F$가 존재하여 $f(x)=cg(x)$를 만족한다. 따라서 $g(x)|f(x)$이다. 한편, F는 체이고 $c\neq 0_F$이므로, $c^{-1}\in F$가 존재하여 $cc^{-1}=1_F$이다. 그러므로 $g(x)=c^{-1}f(x)$, 즉, $f(x)|g(x)$이다.

$\Leftarrow$] $f(x)|g(x)$이고 $g(x)|f(x)$라 가정하자. 그러면 $k_1(x),\ k_2(x)\in F[x]$가 존재하여 $g(x)=f(x)k_1(x)$이고 $f(x)=g(x)k_2(x)$이다. 따라서 $g(x)=g(x)k_1(x)k_2(x)$가 된다. $F[x]$는 정역이므로, $k_1(x)k_2(x)=1_F$이고

$\deg k_1(x)k_2(x)=0$ 이다. 따라서

$$\deg [k_1(x)k_2(x)] = \deg k_1(x) + \deg k_2(x) = 0$$

이다. 그러므로 $\deg k_1(x) = \deg k_2(x) = 0$이고 $k_1(x)$와 $k_2(x)$는 영이 아닌 상수 다항식이다. 따라서 $f(x)$와 $g(x)$는 동반원이다. ■

유제 3.6.3 $f(x)$가 $F[x]$에서 기약일 필요충분조건은 $f(x)$의 각 동반원이 기약이다. 이를 증명하라.

예제 3.6.4 $\mathbb{Z}_2[x]$에서 이차의 모든 기약 다항식을 구하라.

[풀이] x^2+x+1 ■

유제 3.6.4 $\mathbb{Z}_3[x]$에서 2차의 모든 기약 다항식을 구하라.

예제 3.6.5 x^2+1은 $\mathbb{Q}[x]$에서 기약임을 보여라.

[풀이] x^2+1이 가약이라 가정하면 $x^2+1=(ax+b)(cx+d)$, $a, b, c, d \in \mathbb{Q}$이다. 그러므로 $ac=1$, $bd=1$, $ad+bc=0$이다. $a=\frac{1}{c}$, $b=\frac{1}{d}$를 $ad+bc=0$에 대입하여 정리하면 $\frac{c^2+d^2}{cd}=0$인데 $c^2+d^2=0$이므로 $c=0$, $d=0$이어야 한다. 하지만 $cd=0$이 되어 모순이 되므로 성립할 수 없다. ■

유제 3.6.5-1 (1) 각 $a \in \mathbb{Z}_3$에 대하여 x^3+a는 $\mathbb{Z}_3[x]$에서 가약임을 보여라.

(2) 각 $a \in \mathbb{Z}_5$에 대하여 x^5+a는 $\mathbb{Z}_5[x]$에서 가약임을 보여라.

유제 3.6.5-2 (1) x^2+2는 $\mathbb{Z}_5[x]$에서 기약임을 보여라.

(2) x^4-4를 $\mathbb{Z}_5[x]$에서 기약 다항식들의 곱으로 인수분해하라.

3.6 연습문제

주목 F는 체이고 p는 양의 소수를 나타낸다.

1. $\mathbb{Z}_5[x]$에서 $3x^5-4x^2+1$의 모닉 동반원을 구하라.

2. 모든 영이 아닌 $f(x)\in F[x]$는 $F[x]$에서 유일한 모닉 동반원을 가짐을 증명하라.

3. $\mathbb{Z}_p[x]$에서 모든 영이 아닌 다항식은 꼭 $p-1$개의 동반원을 가짐을 보여라.

4. 영이 아닌 다항식 $f(x)$가 $F[x]$에서 기약일 필요충분조건은 $f(x)$가 $\deg f(x)$ 보다 더 작은 차수를 갖는 두 다항식의 곱이 아니다. 이를 증명하라.

5. $\mathbb{Z}_2$에서 차수가 3인 모든 기약 다항식을 구하라.

6. 주어진 다항식은 기약인가?

(1) $\mathbb{Q}[x]$에서, $\mathbb{R}[x]$에서 x^2-3

(2) $\mathbb{Z}_3[x]$에서, $\mathbb{Z}_7[x]$에서 x^2+x-2

7. x^3-3은 $\mathbb{Z}_7[x]$에서 기약임을 보여라.

8. x^4-4를 $\mathbb{Q}[x]$, $\mathbb{R}[x]$와 $\mathbb{C}[x]$에서 기약 다항식들의 곱으로 나타내라.

9. 유일 인수분해를 사용하여 $\mathbb{C}[x]$에서 다음의 최대공약수를 구하라 :

$$(x-3)^3(x-4)^4(x-i)^2\text{과 } (x-1)(x-3)(x-4)^3.$$

10. $\mathbb{R}[x]$에서 x^4-1의 모든 기약 인수는 $x+1$, $x-1$, 또는 x^2+1의 동반원임을 보여라.

11. R은 정역이라 하자. 그러면 $f(x)$가 $R[x]$의 단원일 필요충분조건은 $f(x)=c$이고 c는 R의 단원이다. 이를 증명하라.

12. $p(x)$가 $F[x]$에서 기약일 필요충분조건은 모든 $g(x)\in F[x]$에 대하여, $p(x)\mid g(x)$ 또는 $p(x)$와 $g(x)$가 서로소이다. 이를 증명하라.

13. 정리 3.6.4에서, 명제 (2)를 사용하지 않고, 명제 (1)과 명제 (3)이 논리적으로 같음을 직접 증명하라.

14. 따름정리 3.6.5을 증명하라.

15. $p(x)$와 $g(x)$는 $F[x]$에서 비동반 기약이면, $p(x)$와 $g(x)$는 서로소이다. 이를 증명하라.

16. (1) $(x+a)(x+b)$ 꼴의 곱을 계산함으로써, $\mathbb{Z}_p[x]$에서 기약이 아닌 차수 2인 모닉 다항식이 꼭 $(p^2+p)/2$개 존재함을 보여라.

(2) $\mathbb{Z}_p[x]$에서 차수 2인 모닉 기약 다항식의 개수가 꼭 $(p^p-p)/2$개 존재함을 증명하라.

17. 정리 3.6.6를 증명하라.

18. 모든 비상수 $f(x) \in F[x]$는 $cp_1(x)p_2(x)\cdots p_n(x)$ 꼴로 써질 수 있음을 증명하라. 여기서 $c \in F$이고 각 $p_i(x)$는 $F[x]$에서 모닉 기약 다항식이다. 더욱이, $f(x) = dq_1(x)q_2(x)\cdots q_m(x)$, $d \in F$이고, 각 $q_j(x)$가 $F[x]$에서 모닉 기약 다항식이면, $m=n$, $c=d$이고 필요하면 순서를 다시 정하고 새롭게 표시한 후에, 각 i에 대하여 $p_i(x) = q_i(x)$. 이를 증명하라.

19. $\mathbb{C}[x]$에서 차수 2인 기약 다항식은 존재하지 않음을 증명하라.

3.6 유제풀이

유제 3.6.1 $\mathbb{C}[x]$에서 ix^3+x-1의 모닉 동반원을 구하라.

[풀이] $i(ix^3+x-1) = -x^3+ix-i$이므로 x^3-ix+i이다.

유제 3.6.2 $\mathbb{Z}_7[x]$에서 $3x+2$의 모든 동반원을 열거하라.

[풀이] $3x+2 \in \mathbb{Z}_7[x]$의 동반원은 $c(3x+2)$이다. 여기서 $0 \neq c \in \mathbb{Z}_7$, 즉, $3x+2$, $6x+4$, $2x+6$, $5x+1$, $x+3$, $4x+5$이다.

유제 3.6.3 $f(x)$가 $F[x]$에서 기약일 필요충분조건은 $f(x)$의 각 동반원이 기약이다. 이를 증명하라.

[풀이] $\Rightarrow$] $f(x)$가 $F[x]$에서 기약이라 가정하고 $g(x)$가 $f(x)$의 임의의 동반원이라 가정하자. 그러면 $0_F \neq c \in F$이 존재하여 $cg(x) = f(x)$이다. $0_F \neq c \in F$이므로 $0_F \neq c^{-1} \in F$가 존재하여 $g(x) = c^{-1}f(x)$이다. 따라서 $g(x)$는 기약이다.

$\Leftarrow$] $g(x)$가 $f(x)$의 임의의 동반원이라 하자. 그러면 $0_F \neq c \in F$이 존재하여 $cg(x) = f(x)$이다. 그런데 $g(x)$가 기약이므로 $f(x)$도 기약이다.

유제 3.6.4 $\mathbb{Z}_3[x]$에서 이차의 모든 기약 다항식을 구하라.

[풀이] 이차의 모든 기약 다항식은 x^2+1, x^2+x+2, x^2+2x+2, $2x^2+2$, $2x^2+x+1$, $2x^2+2x+1$이다.

유제 3.6.5-1 (1) 각 $a \in \mathbb{Z}_3$에 대하여 x^3+a는 $\mathbb{Z}_3[x]$에서 가약임을 보여라.

(2) 각 $a \in \mathbb{Z}_5$에 대하여 x^5+a는 $\mathbb{Z}_5[x]$에서 가약임을 보여라.

[풀이] p가 2가 아닌 소수일 때, 모든 정수 a에 대하여 $a^p \equiv a \pmod p$ 이다(페르마의 소정리). $(-a)^p \equiv -a \pmod p$ 이므로 $(-a)^p + a \equiv -a + a \equiv 0 \pmod p$ 이다. 따라서 $x^p + a$는 $x = -a$를 근으로 갖는다. 따라서 p가 2가 아닌 소수일 때 $x^p + a$는 가약이다. 따라서 (1), (2)가 성립한다.

유제 3.6.5-2 (1) x^2+2는 $\mathbb{Z}_5[x]$에서 기약임을 보여라.

(2) x^4-4를 $\mathbb{Z}_5[x]$에서 기약 다항식들의 곱으로 인수분해하라.

[풀이] (1) 모든 $a \in \mathbb{Z}_5[x]$에 대하여 $a^2+2 \not\equiv 0 \pmod 5$ 이므로 x^2+2는 기약이다.

(2) $x^4-4 = (x^2+2)(x^2-2) = (x^2+2)(x^2+3)$.

3.7 다항함수의 근과 가약성

R은 가환환이다. $R[x]$의 각 다항식 $a_nx^n + \cdots + a_2x^2 + a_1x + a_0$과 결합되는 함수 $f: R \to R$는 다음과 같다 :

$$\text{모든 } r \in R \text{에 대하여 } f(r) = a_nr^n + \cdots + a_2r^2 + a_1r + a_0$$

이다. 이와 같은 방법으로 어떤 다항식에 의하여 만들어지는 함수 f를 **다항함수**(polynomial function)라 한다.

| 보기 3.7.1 | 다항식 $x^2+5x+3 \in \mathbb{R}[x]$는 다음의 규칙으로 주어지는 함수 $f: \mathbb{R} \to \mathbb{R}$을 만든다. 모든 $r \in \mathbb{R}$에 대하여 $f(r) = r^2+5r+3$이다. ■

| 보기 3.7.2 | 다항식 $x^4+x+1 \in \mathbb{Z}_3[x]$는 규칙이 $f(r) = r^4+r+1$인 함수 $f: \mathbb{Z}_3 \to \mathbb{Z}_3$를 만든다. 그러면

$$f(0) = 0^4+0+1 = 1, \quad f(1) = 1^4+1+1 = 0, \quad f(2) = 2^4+2+1 = 1$$

이다. 다항식 $x^3+x^2+1 \in \mathbb{Z}_3[x]$는 아래와 같이 주어지는 함수 $g: \mathbb{Z}_3 \to \mathbb{Z}_3$을 만든다 :

$$g(0) = 0^3+0^2+1 = 1, \quad g(1) = 1^3+1^2+1 = 0, \quad g(2) = 2^3+2^2+1 = 1$$

이다. 그러므로 비록 f와 g가 $\mathbb{Z}_3[x]$에 속하는 다른 다항식에 의해서 만들어졌을 지라도, f와 g는 $\mathbb{Z}_3$에서 같은 함수다. ■

비록 다항식과 이 다항식이 만드는 다항함수 사이에 차이가 분명할 지라도, 관습상의 표시법은 아주 분명하지 않다. $f(x) = x^2-3x+2$일 때, $f(x)$는 다항식 $x^2-3x+2 \in \mathbb{R}[x]$이거나 다항식 x^2-3x+2가 만드는 함수 $f: \mathbb{R} \to \mathbb{R}$의 규칙을 말하는 것이다. 또한, 기호 x도 두 가지 다른 방법으로 사용되고 있다. 다항식 x^2-3x+2에서는 x는 환 $\mathbb{R}[x]$의 부정원(indeterminate, 초월원)이고 다항함수 $f: \mathbb{R} \to \mathbb{R}$에서, 기호 x는 이 함수의 규칙을 설명하기 위한 변수로 사용된다.

어떤 명제의 참 또는 거짓은 x가 부정원 또는 변수로 취급되는지 아닌지에 달려있다. 다항식 x가 부정원(이환의 특별한 원)인 환 $R[x]$에서 명제 $x^2-3x+2=0$은 거짓이다. 왜냐하면 다항식이 영이기 위한 필요충분조건은 이 다항식의 모든 계수가 0이기 때문이다. 반면, 다항함수 $f(x) = x^2-3x+2$에서 변수 x의 어느 값이 $x^2-3x+2=0$을 참이 되게 하는 가를 묻는 것은 자연스럽다. 변수 x에 관한 명제가 환 R에서 발생하고 부정원 x에 관한 명제는 다항식 환 $R[x]$에서 생기는 것이다.

정의 3.7.1

R은 가환환이고 $f(x) \in R[x]$라 하자. $a \in R$가 $f(a) = 0_R$를 만족하면 $a \in R$를 다항식 $f(x)$의 근(root)이라 한다. 즉, 다항식 $f(x)$가 만드는 함수 $f: R \to R$가 a를 0_R에 대응시킨다.

| 보기 3.7.3 | 다항식 $f(x)=x^2-3x+2\in\mathbb{R}[x]$의 근들은 $f(x)=0$인 변수 x의 값들, 즉, 방정식 $x^2-3x+2=0$의 해(solution)들이다. 1과 2는 이 방정식의 근임을 알 수 있다. ■

| 보기 3.7.4 | 다항식 $x^2+1\in\mathbb{R}[x]$는 $\mathbb{R}$에서 근을 갖지 않는다. 왜냐하면 방정식 $x^2+1=0$의 실수해가 존재하지 않기 때문이다. 그러나 x^2+1을 $\mathbb{C}[x]$에서 다항식으로 생각하면, x^2+1은 근으로 i와 $-i$를 갖는다. 왜냐하면 이 두 값은 $\mathbb{C}$에서 $x^2+1=0$의 해들이기 때문이다. ■

$F[x]$에서 가약성에 관련된 문제들에 집중한다. 여기서 F는 체다.

정리 3.7.2 나머지 정리(The Remainder Theorem)

F는 체, $f(x)\in F[x]$이고 $a\in F$라 하자. 그러면 $f(a)$는 $f(x)$를 다항식 $x-a$로 나눌 때의 나머지다.

[증명] 나눗셈 알고리즘에 의하여, $q(x)$, $r(x)\in F[x]$가 존재하여 $f(x)=(x-a)q(x)+r(x)$, $r(x)=0_F$ 또는 $\deg r(x)<\deg(x-a)$ 를 만족한다. $\deg(x-a)=1$ 이므로, $\deg r(x)=0$ 또는 $r(x)=0_F$이므로, 어느 경우에나 적당한 상수 $c\in F$가 존재하여 $r(x)=c$를 만족한다. 그러므로 $f(x)=(x-a)q(x)+c$이다. 따라서 $f(a)=(a-a)q(a)+c=0_F+c=c$이다. ■

정리 3.7.3 인수 정리(The Factor Theorem)

F는 체, $f(x)\in F[x]$이고 $a\in F$라 하자. 그러면 a가 다항식 $f(x)$의 근이 될 필요충분조건은 $x-a$가 $F[x]$에서 $f(x)$의 인수인 것이다.

| 보기 3.7.5 | $x^7-x^5+2x^4-3x^2-x+2$가 $\mathbb{Q}[x]$에서 가약임을 보이기 위하여, 1이 이 다항식의 근이 됨을 보이면 된다. 그러므로 $x-1$은 인수다. ■

따름정리 3.7.4

F는 체이고 $f(x)$는 $F[x]$에서 차수 n의 영이 아닌 다항식이라 하자. 그러면 $f(x)$는 F에서 많아야 n개의 근을 갖는다.

[증명] 이 증명은 차수 n에 대한 귀납법으로 증명한다. $n=0$이면, $f(x)$는 영이 아닌 상수 다항식이다. 따라서 $f(x)$는 근을 갖지 않는다. 그러므로 이 정리는 $n=0$에 대하여 성립한다. 차수 $k-1$인 모든 다항식에 대하여 이 따름정리가 성립한다고 가정하고 $\deg f(x)=k$ 라 가정하자. $f(x)$가 F에서 근을 갖지 않으면, 이 정리는 성립한다. $f(x)$가 근 $a\in F$를 갖는다고 하자. 그러면, 인수정리에 의하여 적당한 $g(x)\in F[x]$가 존재하여 $f(x)=(x-a)g(x)$이다. $c\in F$가 a 이외의 $f(x)$의 임의의 근이라면, $0_F=f(c)=(c-a)g(c)$이다. $c-a\neq 0_F$이고 $F[x]$는 정역이므로 $g(c)=0_F$이다. 그러므로 F에서 $f(x)$의 유일한 근들은 a와 $g(x)$의 근들이다. 정리 3.4.3에 의하여, $k=\deg f(x)=\deg\ (x-a)+\deg g(x)=1+\deg g(x)$ 이다. 따라서 $\deg g(x)=k-1$이다. 귀납가정에 의하여, $g(x)$는 F에서 많아야 $k-1$개의 근을 갖는다. 따라서 $f(x)$는 F에서 많아야 $1+(k-1)=k$개의 근을 갖는다. 그러므로 이 따름정리는 $n=k$에 대하여 성립한다. 따라서 이 따름정리는 모든 n에 대하여 성립한다.

■

따름정리 3.7.5

F는 체, $f(x)\in F[x]$이고 $\deg f(x)\geq 2$ 라 하자. $f(x)$가 $F[x]$에서 기약이면, $f(x)$는 F에서 근을 갖지 않는다.

[증명] $f(x)$는 $F[x]$에서 기약이라 가정하자. $f(x)$는 $F[x]$에서 $x-a$꼴의 인수를 갖지 않는다. 인수정리에 의하여 $f(x)$는 F에서 근을 갖지 않는다. ■

따름정리 3.7.6

F는 체, $f(x)\in F[x]$이고 $f(x)$가 차수 2 또는 3을 갖는다고 하자. $f(x)$가 $F[x]$에서 기약일 필요충분조건은 $f(x)$가 F에서 근을 갖지 않는 것이다.

[증명] $\Rightarrow$] 따름정리 3.7.5에 의해 성립한다.

$\Leftarrow$] $\deg f(x)=2$ 또는 3이고 F에서 근을 갖지 않는다고 가정하자. $F[x]$에서 모든 일차 다항식 $cx+d$는 F에서 근 $-c^{-1}d$를 갖기 때문에 $f(x)$는 $F[x]$에서 어떠한 일차 인수도 갖지 않는다. $f(x)=r(x)s(x)$라고 가정하면 $r(x)$와 $s(x)$는 일차가 아니다. 정리 3.4.3에 의해 $\deg f(x)=2$ 또는 3이므로 $\deg r(x)=0$ 이거나 $\deg s(x)=0$ 이어야만 한다. 즉, $r(x)$ 또는 $s(x)$는 영이 아닌 상수 다항식이다. 따라서 정리 3.6.4에 의하여, $f(x)$는 기약이다. ■

이 따름정리는 차수≥ 4에 대하여 거짓이다. 예를 들면 $x^4+2x^2+1=(x^2+1)(x^2+1)$은 $\mathbb{Q}[x]$에서 가약이지만 $\mathbb{Q}$에서 근을 갖지 않는다.

| 보기 3.7.6 | x^3+x+1이 $\mathbb{Z}_5[x]$에서 기약임을 보이기 위하여, $0, 1, 2, 3, 4 \in \mathbb{Z}_5$ 중의 어느 것도 근이 아님을 보이면 된다. ■

보기 3.7.2는 $F[x]$에서 두 다른 다항식이 F에서 F로의 같은 함수를 만든다는 것을 보여준다. F가 무한하면 이러한 일이 생길 수 없다는 것을 다음 정리에서 알 수 있다.

따름정리 3.7.7

F는 무한체이고 $f(x),\ g(x) \in F[x]$라 하자. $f(x)$와 $g(x)$가 F에서 F로의 같은 함수를 만들 필요충분조건은 $F[x]$에서 $f(x)=g(x)$인 것이다.

[증명] $\Rightarrow$] $f(x)$와 $g(x)$가 F에서 F로의 같은 함수를 만든다고 가정하자. 그러면 $a \in F$에 대하여 $f(a)=g(a)$이다. 그러므로 $a \in F$에 대하여 $f(a)-g(a)=0_F$이다. 이것은 F의 모든 원소가 다항식 $f(x)-g(x)$의 근임을 의미한다. F는 무한하므로, 따름정리 3.7.4에 의하여, 이것은 불가능하다. 따라서 $f(x)-g(x)$는 영다항식, 즉 $f(x)=g(x)$이다.

$\Leftarrow$] 이 증명은 분명하다. ■

예제 | 3.7.1 $h(x)$가 $f(x)$의 인수인지를 결정하라 :

$$\mathbb{R}[x]\text{에서 } h(x)=x+2\text{와 } f(x)=x^3-3x^2-4x-12$$

[풀이] $f(-2)=(-2)^3-3(-2)^2-4(-2)-12=-24 \neq 0$이다. 따라서 $h(x)$는 $f(x)$의 인수가 아니다. ■

유제 | 3.7.1 $h(x)$가 $f(x)$의 인수인지를 결정하라.

$$\mathbb{Z}_5[x]\text{에서 } h(x)=x+2\text{와 } f(x)=3x^5+4x^4+2x^3-x^2+2x+1$$

예제 | 3.7.2 다음 각 명제가 참인지 거짓인지를 말하라.

(1) $x-2$는 $\mathbb{Q}$ 위에서 기약이다.

(2) x^2-3은 $\mathbb{Q}$ 위에서 기약이다.

(3) F가 체이면, $F[x]$의 단원들은 정확히 F의 영이 아닌 원소들이다.

(4) 체 F의 계수를 갖는 n차 다항식은 기껏해야 F에서 n개의 영을 가질 수 있다.

(5) $F[x]$에서 모든 일차 다항식은 체 F에서 적어도 하나의 영을 갖는다.

[풀이] (1) T (2) T (3) T (4) T (5) T ■

유제 ▮ 3.7.2 다음의 각 명제가 참인지 거짓인지를 말하라.

(1) $3x-6$은 $\mathbb{Q}$ 위에서 기약이다.

(2) x^2+3은 $\mathbb{Z}_7$ 위에서 기약이다.

(3) $F[x]$에서 각 다항식은 체 F에서 기껏해야 유한개의 영들을 가질 수 있다.

예제 ▮ 3.7.3 '$a \in F$가 $f(x) \in F[x]$의 **중근**(multiple root)이다'라는 뜻은 어떤 $k \geq 2$에 대하여 $(x-a)^k$이 $f(x)$의 인수임을 의미한다. $a \in \mathbb{R}$가 $f(x) \in \mathbb{R}[x]$의 중근일 필요충분조건은 a가 $f(x)$와 $f'(x)$의 근인 것이다. 여기서 $f'(x)$는 $f(x)$의 도함수이다. 이를 증명하라.

[풀이] $\Rightarrow$] $a \in \mathbb{R}$가 $f(x) \in \mathbb{R}[x]$의 중근이라 가정하자. 그러면 적당한 $k \geq 2$가 존재하여 $(x-a)^k$가 $f(x)$의 인수가 된다. 따라서 $g(x) \in \mathbb{R}[x]$가 존재하여 $f(x)=(x-a)^k g(x)$, $g(a) \neq 0$을 만족한다. 그러므로 $f(a)=0$이다. 한편 $f'(x)=k(x-a)^{k-1}g(x)+(x-a)^k g'(x)$이므로 $f'(a)=k(a-a)^{k-1}g(a)+(a-a)^k g'(a)=0$이다. 따라서 a는 $f(x)$와 $f'(x)$의 근이다.

$\Leftarrow$] a가 $f(x)$와 $f'(x)$의 근이라 가정하자. 그러면 $f(a)=0$이고 $f'(a)=0$이다. 따라서 $(x-a)\mid f(x)$이고 $(x-a)\mid f'(x)$이다. 따라서 적당한 다항식 $g(x) \in F[x]$가 존재하여 $f(x)=(x-a)g(x)$이다. 이를 미분하면 $f'(x)=g(x)+(x-a)g'(x)$가 된다. $(x-a)\mid f'(x)$이므로 오른편 항을 모두 나누어야 하므로 $(x-a)\mid g(x)$이게 된다. 즉, 적당한 다항식 $h(x) \in F[x]$가 존재하여 $g(x)=(x-a)h(x)$가 된다. 따라서 $f(x)=(x-a)g(x)=(x-a)^2 h(x)$가 된다. 그러므로 적당한 $k \geq 2$가 존재하여 $(x-a)^k \mid f(x)$이다. 따라서 증명이 완료된다. ■

유제 ▮ 3.7.3 $f(x) \in \mathbb{R}[x]$이고 $f(x)$가 $f'(x)$와 서로소이면, $f(x)$는 $\mathbb{R}$에서 중근을 갖지 않음을 증명하라.

예제 | 3.7.4 T는 체 F에서 체 F로의 모든 다항함수들의 집합이고 T에서 덧셈과 곱셈을 다음과 같이 정의한다. 각 $r\in F$에 대하여, $(f+g)(r)=f(r)+g(r)$이고 $(fg)(r)=f(r)g(r)$이다. 그러면 T는 항등원이 있는 가환환이다. 이를 증명하라.

[풀이] 임의의 다항함수 $f(r)=a_n r^n+\cdots+a_2r^2+a_1r+a_0$와 $g(r)=b_m r^m+\cdots+b_2r^2+b_1r+b_0$, $m<n$가 주어졌을 때 다항함수의 덧셈은 다음과 같다.

$$\begin{aligned}&(a_0+a_1r+a_2r^2+\cdots+a_nr^n)+(b_0+b_1r+b_2r^2+\cdots+b_mr^m)\\&=(a_0+b_0)+(a_1+b_1)r+(a_2+b_2)r^2+\cdots+(a_n+b_n)r^n\in F,\end{aligned}$$

여기서 $b_i=0$, $m<i$이다. 다항함수의 곱셈은

$$\begin{aligned}&(a_0+a_1r+a_2r^2+\cdots+a_nr^n)(b_0+b_1r+b_2r^2+\cdots+b_mr^m)\\&=a_0b_0+(a_0b_1+a_1b_0)r+(a_0b_2+a_1b_1+a_2b_0)r^2+\cdots+a_nb_mr^{n+m}\in F\end{aligned}$$

여기서 각 $k\ge 0$에 대하여, 이 곱에서 x^k의 계수는

$$a_0b_k+a_1b_{k-1}+a_2b_{k-2}+\cdots+a_{k-2}b_2+a_{k-1}b_1+a_kb_0=\sum_{i=0}^{k}a_ib_{k-i},$$

여기서 $i>n$이면 $a_i=0_R$이고 $j>m$이면 $b_j=0_R$이다. 따라서 임의의 $f,\ g\in T$에 대하여 $f+g\in T$이고 $fg\in T$이다. "+"에 대한 교환 및 결합법칙과, "·"에 대한 결합 및 분배법칙은 $(F,\ +,\ \cdot)$의 성질에 의하여 분명하다. $0_F\in T$와 $1_F\in T$는 각각 다음과 같이 되는 다항함수라 하자. 임의의 $f\in T$에 대하여 $(-f)(r)=-f(r)$, $r\in F$이라 하자. 그러면 분명히 $-f$는 $f+x=0_F$의 T에서의 해이다. 모든 $r\in F$에 대하여 $0_F(r)=0_F$이고 $1_F(r)=1_F$이다. 그러면 모든 $f\in F$에 대하여 $0_F+f=f$이고 $1_F\cdot f=f$이다. 그러므로 0_F와 1_F는 각각 "+"와 "·"에 관한 항등원이다. 따라서 $(T,\ +,\ \cdot)$은 항등원이 있는 환이다. 또한 각 $k\ge 0$에 대하여, $f(r)g(r)$에서 r^k의 계수는 $a_0b_k+a_1b_{k-1}+\ \cdots\ +a_{k-1}b_1+a_kb_0$이고 F가 체이므로 $\sum_{i=0}^{k}a_ib_{k-i}=\sum_{i=0}^{k}b_{k-i}a_i$이다. 즉 $g(r)f(r)$에서 r^k의 계수와 같다. 따라서 T는 가환환이다. ■

유제 3.7.4 F는 무한체이고 T는 F에서 F로의 모든 다항함수들의 환(예제 3.7.4)이라 하자. 그러면 $F[x] \cong T$이다. 이를 증명하라.

[도움말 : 함수 $\varphi : F[x] \to T$를 각 다항식 $f(x) \in F(x)$에 $f(x)$가 만드는 T에서 함수로 대응시킴으로써 정의한다. 그러면 따름정리 3.7.7에 의하여 φ은 단사이다.]

3.7 연습문제

주목 F는 체를 나타낸다.

1. (1) $\mathbb{Z}_2$ 위에서 영함수를 만드는 $\mathbb{Z}_2[x]$에서 영이 아닌 다항식을 구하라.

(2) $\mathbb{Z}_3[x]$에 대하여 (1)을 해결하라.

2. $f(x)$를 $g(x)$로 나눌 때 나머지를 구하라 :

(1) $\mathbb{Q}[x]$에서 $f(x) = x^{10} + x^8$과 $g(x) = x - 1$

(2) $\mathbb{Q}[x]$에서 $f(x) = 2x^5 - 3x^4 + x^3 - 2x^2 + x - 8$과 $g(x) = x - 10$

(3) $\mathbb{Q}[x]$에서 $f(x) = 10x^{75} - 8x^{65} + 6x^{45} + 4x^{37} - 2x^{15} + 5$와 $g(x) = x + 1$

(4) $\mathbb{Z}_5[x]$에서 $f(x) = 2x^5 - 3x^4 + x^3 + 2x + 3$과 $g(x) = x - 3$

3. $h(x)$가 $f(x)$의 인수인지를 결정하라 :

(1) $\mathbb{Q}[x]$에서 $h(x) = x - \dfrac{1}{2}$와 $f(x) = 2x^4 + x^3 + x - \dfrac{3}{4}$

(2) $\mathbb{Z}_7[x]$에서 $h(x) = x - 3$과 $f(x) = x^6 - x^3 + x - 5$

4. (1) $\mathbb{Q}[x]$에서, k의 어떤 값에 대하여 $x - 2$가 $x^4 - 5x^3 + 5x^2 + 3x + k$의 인수인가?

(2) $\mathbb{Z}_5[x]$에서, k의 어떤 값에 대하여 $x + 1$이 $x^4 + 2x^3 - 3x^2 + kx + 1$의 인수인가?

5. $F[x]$에서 $x - 1_F$가 $a_nx^n + \cdots + a_2x^2 + a_1x + a_0$의 약수일 필요충분조건은 $a_0 + a_1 + \cdots + a_n = 0_F$이다. 이를 증명하라.

6. (1) $\mathbb{Z}_3$의 모든 원소는 $x^3 - x \in \mathbb{Z}_3[x]$의 근임을 보여라.

(2) $\mathbb{Z}_5$의 모든 원소는 $x^5 - x \in \mathbb{Z}_5[x]$의 근임을 보여라.

(3) $x^p - x \in \mathbb{Z}_p[x]$의 근을 구하라($p$는 소수).

7. 인수정리를 사용하여 $\mathbb{Z}_7[x]$에서 $x^7 - x$가 $x(x-1)(x-2)(x-3)(x-4)(x-5)(x-6)$으로 인수분해됨을 보여라. 단, 다항식의 곱셈을 이용하지 말라.

8. 주어진 다항식이 기약인지를 결정하라 :

(1) $\mathbb{R}[x]$에서 $x^2 - 7$

(2) $\mathbb{Q}[x]$에서 $x^2 - 7$

(3) $\mathbb{C}[x]$에서 $x^2 + 7$

(4) $\mathbb{Z}_5[x]$에서 $2x^3 + x^2 + 2x + 2$

(5) $\mathbb{Z}_{11}[x]$에서 $x^3 - 9$

(6) $\mathbb{Z}_3[x]$에서 $x^4 + x^2 + 1$

9. $\mathbb{Z}_3[x]$에서 차수 2인 모든 모닉 기약 다항식을 열거하라. 역시 $\mathbb{Z}_5[x]$에서 같은 일을 하라.

10. $\mathbb{Z}_3$에서 $\mathbb{Z}_3$로의 모든 가능한 함수를 열거하라(27개가 있다). 이들 중 몇 개가 전사함수인가?

11. $\mathbb{Z}_p[x]$에서 $x - 2$가 $x^4 + x^3 + 3x^2 + x + 1$의 약수가 되는 홀수 소수 p를 구하라.

12. $a \in F$가 $c_n x^n + c_{n-1}x^{n-1} + \cdots + c_1 x + c_0 \in F[x]$의 영이 아닌 근이면, a^{-1}는 $c_0 x^n + x_1 x^{n-1} + \cdots + c_{n-1}x + c_n$의 근이다. 이를 증명하라.

13. (1) $f(x)$와 $g(x)$가 $F[x]$에서 동반원이면, 이들은 F에서 같은 근을 가짐을 보여라.

(2) $f(x)$, $g(x) \in F[x]$가 F에서 같은 근을 가지면, 이들은 $F[x]$에서 동반원인가?

14. (1) r, $s \in F$가 $ax^2 + bx + c \in F[x]$ $(a \neq 0_F)$의 근이라 가정하자. 인수정리를 사용하여 $r + s = -a^{-1}b$이고 $rs = a^{-1}c$임을 보여라.

(2) r, s, $t \in F$가 $ax^3 + bx^2 + cx + d \in F[x]$ $(a \neq 0_F)$의 근이라 가정하자. $r + s + t \in -a^{-1}b$, $rs + st + rt \in a^{-1}c$이고 $rst = -a^{-1}d$임을 보여라.

15. $x^2 + 1$가 $\mathbb{Z}_p[x]$에서 가약일 필요충분조건은 $a, b \in \mathbb{Z}$가 존재하여 $p = a + b$이고 $ab \equiv 1 \pmod{p}$이다. 이를 증명하라.

16. $f(x)$, $g(x) \in F[x]$가 차수가 n보다 작거나 같고 c_0, c_1, $\cdots$, c_n는 F의 다른 원소라 하자. $i = 0, 1, \cdots, n$에 대하여 $f(c_i) = g(c_i)$면, $F[x]$에서 $f(x) = g(x)$임을 증명하라.

17. $\mathbb{Z}_6$에서 4개의 근을 갖는 $\mathbb{Z}_6[x]$의 차수 2인 다항식을 구하라. 이것은 따름정리 3.7.4을 모순되게 하는가?

18. $\varphi : \mathbb{C} \to \mathbb{C}$는 각 $a \in \mathbb{Q}$에 대하여 $\varphi(a) = a$인 환들의 동형 사상이라 하자. $r \in \mathbb{C}$이 $f(x) \in \mathbb{Q}[x]$의 근이면, $\varphi(r)$ 역시 $f(x)$의 근임을 증명하라.

19. R이 정역이고 $f(x)$가 $R[x]$에서 차수 n인 영아닌 다항식이라 하면, $f(x)$는 R에서 많아야 n개 근을 가짐을 증명하라.

20. $f(x)$, $g(x)$, $h(x) \in F[x]$이고 $a \in F$라 하자.

(1) $F[x]$에서 $f(x) = g(x) + h(x)$이면, F에서 $f(a) = g(a) + h(a)$임을 보여라.

(2) $F[x]$에서 $f(x) = g(x)h(x)$이면, F에서 $f(a) = g(a)h(a)$임을 보여라. 이 사실들이 이 절의 어디에서 사용되었는가?

21. a는 F의 고정된 원소이고 함수 $\varphi_a : F[x] \to F$는 $\varphi[f(x)] = f(a)$로 정의된다고 하자. 그러면 φ_a는 환들의 전사 준동형 사상이다. 이를 증명하라. 함수 φ_a를 **대입 준동형 사상**(evaluation homomorphism)이라 한다.

22. T는 $\mathbb{Z}_3$에서 $\mathbb{Z}_3$으로의 모든 다항함수들의 환이라 하자.

(1) T는 영인자를 갖는 유한환임을 보여라.

(2) T는 $\mathbb{Z}_3[x]$와 동형일 수 없음을 보여라.

23. $\varphi : F[x] \to F[x]$는 각 $a \in F$에 대하여 $\varphi(a) = a$인 동형 사상이라 하자. 그러면 $f(x)$가 $F[x]$에서 기약일 필요충분조건은 $\varphi(f(x))$도 역시 기약인 것이다. 이를 증명하라.

24. (1) $\varphi(f(x)) = f(x + 1_F)$로 주어지는 함수 $\varphi : F[x] \to F[x]$는 각 $a \in F$에 대하여 $\varphi(a) = a$인 동형 사상임을 보여라.

(2) $f(x)$가 $F[x]$에서 기약일 필요충분조건은 $f(x + 1_F)$도 역시 기약인 것이다. 연습문제 3.7.23을 사용하여 이를 증명하라.

25. 다항식환 $\mathbb{Z}_{2014}[x]$에서 $f(x) = x^2 - 14$를 두 일차식의 곱 $f(x) = (ax + b)(cx + d)$으로 나타낼 수 없음을 증명하시오.

3.7 유제풀이

유제 3.7.1 $h(x)$가 $f(x)$의 인수인지를 결정하라 :

$\mathbb{Z}_5[x]$에서 $h(x)=x+2$와 $f(x)=3x^5+4x^4+2x^3-x^2+2x+1$

[풀이] $h(x)=x+2$라 하자. 그러면, $\mathbb{Z}_5$에서, $x=-2=3$이므로

$$\begin{aligned} f(3) &= 3\cdot 3^5+4\cdot 3^4+2\cdot 3^3-3^2+2\cdot 3+1 \\ &= 4+4+4+1+1+1 \\ &= 0 \end{aligned}$$

따라서 $\mathbb{Z}_5[x]$에서 $h(x)$는 $f(x)$의 인수이다.

유제 3.7.2 다음의 각 명제가 참인지 거짓인지를 말하라.

(1) $3x-6$은 $\mathbb{Q}$ 위에서 기약이다.

(2) x^2+3은 $\mathbb{Z}_7$ 위에서 기약이다.

(3) $F[x]$의 모든 다항식은 체 F에서 기껏해야 유한개의 영들을 가질 수 있다.

[풀이] (1) T

(2) F(왜냐하면 $\mathbb{Z}_7$에서 $2^2+3=0$이므로 $x-2$는 $\mathbb{Z}_7[x]$의 x^2+3 인수이다.)

(3) T

유제 3.7.3 $a\in F$가 $f(x)\in F[x]$의 중근(multiple root)이다라는 뜻은 어떤 $k\geq 2$에 대하여 $(x-a)^k$이 $f(x)$의 인수임을 의미한다. $f(x)\in\mathbb{R}[x]$이고 $f(x)$가 $f'(x)$와 서로소이면, $f(x)$는 $\mathbb{R}$에서 중근을 갖지 않는다. 이를 증명하라.

[풀이] $a\in\mathbb{R}$가 $f(x)$의 중근이라 하자. 2보다 큰 정수 k와 다항식 $g(x)$이 존재하여 $f(x)=(x-a)^k g(x)$이고 $f'(x)=k(x-a)^{k-1}g(x)+(x-a)^k g'(x)$이므로 $(x-a)\mid f(x)$이고 $(x-a)\mid f'(x)$이다. 따라서 $(x-a)$는 $f(x)$와 $f'(x)$의 공약수이다. 이것은 $f(x)$와 $f'(x)$가 서로소라는 사실에 모순이다. 따라서 $f(x)$는 $\mathbb{R}$에서 어떠한 중근도 갖지 않는다.

유제 3.7.4 F가 무한체이고 T는 F에서 F로의 모든 다항함수들의 환(예제 3.7.4)이라 하자. 그러면 $F[x]\cong T$이다. 이를 증명하라.

[도움말 : 함수 $\varphi : F[x]\to T$를 각 다항식 $f(x)\in F(x)$에 $f(x)$가 만드는 T에

서 함수로 대응시킴으로써 정의한다. 그러면 따름정리 3.7.7에 의하여 φ은 단사다.]

[풀이] 함수 $\varphi : F[x] \to T$, $\varphi(f(x)) = f(r)$, $r \in F$라 정의하자. 임의로 $f(x)$, $g(x) \in F[x]$라 하자. 그러면

$$\begin{aligned}\varphi(f(x)+g(x)) &= f(r)+g(r) \quad (r \in F)\\ &= \varphi(f(x))+\varphi(g(x)),\\ \varphi(f(x)g(x)) &= f(r)g(r) = \varphi(f(x))\varphi(g(x))\end{aligned}$$

이다. 따라서 φ는 준동형 사상이다. 이제 $\varphi(f(x)) = \varphi(g(x))$라 가정하자. 그러면 $f(r) = g(r)$이다. 따라서 따름정리 3.7.7에 의하여, $f(x) = g(x)$이다. 그러므로 f는 단사이다. φ가 전사함수임 분명하다. 따라서 $F[x] \cong T$이다.

3.8 $\mathbb{Q}[x]$에서 기약성

이 절의 중심적인 주제는 $\mathbb{Q}[x]$에서의 인수분해를 $\mathbb{Z}[x]$에서의 인수분해로 고려할 수 있도록 하는 것이다.

$$f(x) \in \mathbb{Q}[x]\text{면, } 0 \neq c \in \mathbb{Z}\text{가 존재하여 } cf(x) \in \mathbb{Z}[x]\text{를 만족한다.}$$

예를 들면 $\mathbb{Q}[x]$에서 다항식

$$f(x) = x^5 + \frac{2}{3}x^4 + \frac{3}{4}x^3 - \frac{1}{6}$$

을 생각하자. 그러면 $f(x)$의 계수의 최소의 공통분모(the least common denominator)는 12다. 따라서 $12f(x)$는 정수 계수를 갖는 다항식이다.

$$12f(x) = 12[x^5 + \frac{2}{3}x^4 + \frac{3}{4}x^3 - \frac{1}{6}] = 12x^5 + 8x^4 + 9x^3 - 2$$

따라서

$$f(x)=\frac{1}{12}12f(x)=\frac{1}{12}12\left[x^5+\frac{2}{3}x^4+\frac{3}{4}x^3-\frac{1}{6}\right]=\frac{1}{12}\left[12x^5+8x^4+9x^3-2\right]$$

이 되고 양의 유리수 $r=\frac{1}{12}$과 정수 계수 다항식 $f_1(x)=12x^5+8x^4+9x^3-2\in\mathbb{Z}[x]$의 곱

$$f(x)=r\cdot f_1(x)$$

으로 나타내어진다.

인수정리에 따라서 다항식 $g(x)\in\mathbb{Q}[x]$의 일차 인수를 구하는 것은 $\mathbb{Q}$에서 $g(x)$의 근을 구하는 것과 논리적으로 같다. 또한 $a\in\mathbb{Q}$에 대하여 $g(a)=0$이면 $cg(a)=0$, $c\neq 0$이므로 (역도 성립), $g(x)$는 임의의 영이 아닌 상수 c에 대하여 $cg(x)$와 같은 근을 갖는다. 따라서 $g(x)\in\mathbb{Q}[x]$에 영이 아닌 상수 c를 곱하여 정수 계수를 갖는 다항식 $cg(x)$를 만들어, 다음 정리를 이용하여 $cg(x)$의 근을 구하여 $g(x)$의 근을 찾을 수 있다.

정리 3.8.1 유리근 판정법(Rational Root Test)
$f(x)=a_nx^n+a_{n-1}x^{n-1}+\cdots+a_1x+a_0\in\mathbb{Z}[x]$라 하자. $r\neq 0$이고 $(r,\ s)=1$인 유리수 $\frac{r}{s}$이 $f(x)$의 근이면, $r\mid a_0$이고 $s\mid a_n$이다.

[증명] r/s가 $f(x)$의 근이면

$$a_n\frac{r^n}{s^n}+a_{n-1}\frac{r^{n-1}}{s^{n-1}}+\cdots+a_1\frac{r}{s}+a_0=0$$

이다. 양변에 s^n을 곱하고 공통인수를 정리하면

$$\begin{aligned}
&a_nr^n+a_{n-1}sr^{n-1}+\cdots+a_1s^{n-1}r+a_0s^n=0\\
&a_0s^n=-a_nr^n-a_{n-1}sr^{n-1}-\cdots-a_1s^{n-1}r\\
&a_0s^n=r[-a_nr^{n-1}-a_{n-1}sr^{n-2}-\cdots-a_1s^{n-1}]
\end{aligned}$$

이므로 $r\mid a_0s^n$이다. 그러나 $(r,\ s)=1$이므로 $(r,\ s^n)=1$이다. 따라서 $r\mid a_0$이다. 또한

$$\begin{aligned}
&a_nr^n=-a_{n-1}sr^{n-1}-a_{n-2}s^2r^{n-2}-\cdots-a_0s^n\\
&a_nr^n=s[-a_{n-1}r^{n-1}-a_{n-1}sr^{n-2}-\cdots-a_0s^{n-1}]
\end{aligned}$$

이므로 비슷하게 $s\mid a_n$임을 보일수 있다. ■

| 보기 3.8.1 | $f(x)=2x^4+x^3-21x^2-14x+12 \in \mathbb{Z}[x]$의 $\mathbb{Q}$에서 가능한 해는 r/s 꼴이다. 여기서 r은 ± 1, ± 2, ± 3, ± 4, ± 6 ± 12(상수항 12의 약수들)중의 하나고, s는 ± 1 또는 ± 2(최고차 계수 2의 약수들)중의 하나다. 따라서 유리근 판정법에 의하여, $f(x)$의 근이 될 수 있는 가능한 값들은 다음과 같다 :

$$1,\ -1,\ 2,\ -2,\ 3,\ -3,\ 4,\ -4,\ 6,\ -6$$
$$12,\ -12,\ \frac{1}{2},\ -\frac{1}{2},\ \frac{3}{2},\ -\frac{3}{2}$$

-3과 $1/2$이 $\mathbb{Q}$에서 $f(x)$의 유일한 근임을 알아내기 위하여 $f(x)$에 이 값들을 대입하면 된다. 인수정리에 의하여, $x-(-3)=x+3$과 $x-\frac{1}{2}$은 $f(x)$의 인수다. 따라서 $f(x)=(x+3)\left(x-\frac{1}{2}\right)(2x^2-4x-8)$이다. 한편, 이차방정식의 근의 공식에 의하여, $2x^2-4x-8$의 근은 $1\pm\sqrt{5}$이다. 이 근 중 어느 것도 $\mathbb{Q}$에 속하지 않는다. 그러므로, 따름정리 3.7.6에 의하여, $2x^2-4x-8$은 $\mathbb{Q}[x]$에서 기약이다. 따라서 $f(x)$를 $\mathbb{Q}[x]$에서 기약 다항식들의 곱으로 인수분해한 것이 된다. ■

| 보기 3.8.2 | 유리근 판정법에 의해 $\mathbb{Q}$에서 $g(x)=x^3+4x^2+x-1$의 가능한 근은 1과 -1뿐이다. 1도 -1도 $g(x)$의 근이 아님을 확인할 수 있다. 따라서 따름정리 3.7.6에 의하여, $g(x)$는 $\mathbb{Q}[x]$에서 기약이다. ■

$\mathbb{Q}[x]$에서의 인수분해 문제를 $\mathbb{Z}[x]$에서의 인수분해 문제로 생각할 수 있다면 편할 것이다. 왜냐하면 정수론을 써서 정수 계수 다항식의 가약성 문제를 쉽게 풀 수 있기 때문이다. 먼저, $f(x)\in\mathbb{Q}[x]$이면 어떤 영이 아닌 정수 c에 대하여 $cf(x)$는 정수 계수를 갖는다. 즉, $cf(x)\in\mathbb{Z}[x]$이다. $\mathbb{Z}[x]$에서 $cf(x)$의 어떠한 인수분해도 $\mathbb{Q}[x]$에서 $f(x)$의 인수분해가 된다($\mathbb{Z}[x]\subset\mathbb{Q}[x]$이므로). 그러므로 $\mathbb{Q}[x]$에서 기약성에 대한 판정법은 정수 계수를 갖는 다항식이 $\mathbb{Q}[x]$에서 인수분해가 되면 $\mathbb{Z}[x]$에서도 인수분해가 된다는 것을 증명하면 된다. 예를 들면 $f(x)\in\mathbb{Z}[x]$인 $f(x)$가 $\mathbb{Q}[x]$에서 인수분해가 다음과 같다고 하자.

$$f(x)=g_1(x)h_1(x),\quad g_1(x),\ h_1(x)\in\mathbb{Q}[x]$$

이 경우 $f(x)$가 $\mathbb{Z}[x]$에서도 인수분해되고 근본적으로 같다는 것을 보여야 한다. 이제부터 이 작업을 시작하자.

보조정리 3.8.2

$f(x)$, $g(x)$, $h(x) \in \mathbb{Z}[x]$이고 $f(x)=g(x)h(x)$라 하자. p가 $f(x)$의 모든 계수를 나누는 소수이면, p는 $g(x)$의 모든 계수를 나누거나 또는 $h(x)$의 모든 계수를 나눈다(둘중 하나).

[증명] $f(x)=a_0+a_1x+\cdots+a_kx^k$, $g(x)=b_0+b_1x+\cdots+b_mx^m$이고 $h(x)=c_0+c_1x+\cdots+c_nx^n$라 하자. 이 결론이 거짓이라 가정하자. 그러면 p는 $g(x)$의 어떤 계수와 $h(x)$의 어떤 계수를 나누지 못한다. b_r은 p로 나누어질 수 없는 $g(x)$의 최초의 계수고 c_t도 p로 나누어질 수 없는 $h(x)$의 최초의 계수라 하자. 따라서 $i<r$에 대하여 $p|b_i$이고 $j<t$에 대하여 $p|c_j$이다. $f(x)$의 계수 a_{r+t}를 생각한다. $f(x)=g(x)h(x)$이므로,

$$a_{r+t}=b_0c_{r+t}+\cdots+b_{r-1}c_{t+1}+b_rc_t+b_{r+1}c_{t-1}+\cdots+b_{r+t}c_0$$

이다. 그러므로,

$$b_rc_t=a_{r+t}-[b_0c_{r+t}+\cdots+b_{r-1}c_{t+1}]-[b_{r+1}c_{t-1}+\cdots+b_{r+t}c_0] \quad (3.8.1)$$

이다. 가정에 의하여, $p|a_{r+t}$이다. 한편, 각 $i<r$에 대하여 $p|b_i$이고 각 $j<t$에 대하여 $p|c_j$이므로, 방정식 (3.8.1)의 각 대괄호에 있는 각 항들은 p로 나누어진다. 따라서 p는 방정식 (3.8.1)의 오른쪽 변의 약수다. 그러므로 $p|b_rc_t$이다. 정리 1.3.2에 의하여, $p|b_r$ 또는 $p|c_t$이다. 이것은 $p\nmid b_r$이고 $p\nmid c_t$라는 사실에 모순이다. 따라서 보조정리는 성립한다. ■

| 보기 3.8.3 | $f(x)=x^3-2x^2+6x-12 \in \mathbb{Z}[x]$이고 $\mathbb{Q}[x]$에서 $f(x)=\left(\frac{2}{3}x^2+4\right)\left(\frac{3}{2}x-3\right)$와 같이 인수분해 된다. 양변에 $2 \cdot 3=6$을 곱하면

$$\begin{aligned} 6f(x) &= 3\left(\frac{2}{3}x^2+4\right)2\left(\frac{3}{2}x-3\right) \\ &= (2x^2+12)(3x-6) \end{aligned}$$

이고 양변에서 2를 소거하면

$$3f(x)=(x^2+6)(3x-6)$$

또 양변에서 3를 소거하면

$$f(x)=(x^2+6)(x-2)$$

가 되어 $\mathbb{Z}[x]$에서의 인수분해를 얻는다. ■

정리 3.8.3

$f(x)\in\mathbb{Z}[x]$라 하자. 그러면 다음은 동치이다.

(1) $f(x)$가 $\mathbb{Q}[x]$에서 차수 m과 n인 다항식들의 곱으로 인수분해 된다.

(2) $f(x)$가 $\mathbb{Z}[x]$에서 차수 m과 n인 다항식들의 곱으로 인수분해 된다.

[증명] 분명히, $f(x)$가 $\mathbb{Z}[x]$에서 인수분해가 되면 같은 다항식으로 $\mathbb{Q}[x]$에서 인수분해 된다. 반대로, $f(x)\in\mathbb{Z}[x]$에 대하여 $\mathbb{Q}[x]$에서 $f(x)=g(x)h(x)$이라 하자. c, d를 $cg(x)$와 $dh(x)$가 정수 계수를 갖게 하는 영이 아닌 정수라고 하자. 그러면 $\mathbb{Z}[x]$에서

$$\deg cg(x)=\deg g(x) \text{ 와 } \deg dh(x)=\deg h(x)$$

를 만족하며 $cdf(x)=[cg(x)][dh(x)]$이다. p를 cd의 소수인 약수라고 하자. 즉, $cd=pt$라고 하면 p는 다항식 $cdf(x)$의 모든 계수들을 나눈다. 그러면 p는 $cg(x)$의 모든 계수를 나누거나 $dh(x)$의 모든 계수를 나누게 된다. $cg(x)$의 모든 계수를 나눈다 하자. 그러면

$$cg(x)=pk(x),\ k(x)\in\mathbb{Z}[x]$$

이고 $\deg k(x)=\deg g(x)$ 이다. 그러므로

$$ptf(x)=cdf(x)=[cg(x)][dh(x)]=[pk(x)][dh(x)]$$

이고 p를 양변에서 소거하면 $\mathbb{Z}[x]$에서

$$tf(x)=k(x)[dh(x)]$$

이다. 이런 방식으로 계속 cd의 모든 소인수를 양변에서 제거하면 왼쪽 항에는 $\pm f(x)$가 남고 오른쪽 항에는 $g(x)$와 같은 차수의 정수 다항식 하나와 $h(x)$와 같은 차수의 정수다항식 하나가 남을 것이다. ■

| 보기 3.8.4 | $f(x)=x^4-5x^2+1$은 $\mathbb{Q}[x]$에서 기약임을 증명하라.

[풀이] 이 증명은 모순법에 의한다. $f(x)$가 가약이라 가정하자. 그러면 $f(x)$는 $\mathbb{Q}[x]$에서 두 개의 비상수 다항식의 곱으로 인수분해 된다고 하자. 이 인수들 중에서 어느 하나가 차수 1을 가지면, $f(x)$는 $\mathbb{Q}$에서 근을 갖는다. 유리근 판정법에 의하여, $f(x)$는 $\mathbb{Q}$에서 근을 갖지 않는다(가능성은 ± 1뿐이고 어느 것도 근이 아니다). 따라서 $f(x)$가 가약이므로, 정리 3.4.3에 의하여, 유일하게 가능한 인수분해는 두 이차식의 곱이다. 이 경우에 정리 3.8.3은 $\mathbb{Z}[x]$에서 이와 같은 인수분해가 존재한다는 것을 보여준다. 또한 $f(x)$가 모닉이므로 $\mathbb{Z}[x]$에서 모닉 이차식의 곱으로 인수분해된다. 따라서

$$(x^2+ax+b)(x^2+cx+d)=x^4-5x^2+1 \tag{3.8.2}$$

라 하자. 여기서 $a,\ b,\ c,\ d\in\mathbb{Z}$라 하자. 방정식 (3.8.2)의 왼쪽 변을 전개하면,

$$\begin{aligned}&x^4+(a+c)x^3+(ac+b+d)x^2+(bc+ad)x+bd\\&=x^4+0x^3-5x^2+0x+1\end{aligned}$$

이다. 같은 다항식은 같은 계수를 가지므로

$$a+c=0,\ \ ac+b+d=-5,\ \ bc+ad=0,\ \ bd=1$$

이다. $a+c=0$이므로 $a=-c$이다. 그러므로

$$-5=ac+b+d=-c^2+b+d,$$

또는

$$5=c^2-b-d \tag{3.8.3}$$

이다. 한편, $bd=1\in\mathbb{Z}$이므로, $b=d=1$ 또는 $b=d=-1$. 따라서 방정식 (3.8.3)으로부터,

$$\begin{aligned}&5=c^2-1-1 \text{ 또는 } 5=c^2+1+1\\&7=c^2 \text{ 또는 } 3=c^2\end{aligned}$$

이다. 그런데 제곱이 3 또는 7이 되는 정수는 존재하지 않는다. 그러므로 $\mathbb{Z}[x]$에서 2차식의 곱으로 $f(x)$를 인수분해할 수 없다. 따라서 $\mathbb{Q}[x]$에서 $f(x)$는 기약이다. ■

정리 3.8.4 아이젠스타인의 판정법(Eisenstein's Criterion)

$f(x) = a_n x^n + \cdots + a_1 x + a_0$는 정수 계수를 갖는 비상수 다항식이라 하자. 만약 소수 p가 존재하여 $p|a_0$, $p|a_1$, $\cdots$ $p|a_{n-1}$, $p \nmid a_n$이고 $p^2 \nmid a_0$을 만족하면 $f(x)$는 $\mathbb{Q}[x]$에서 기약이다.

[증명] $f(x)$가 $\mathbb{Q}[x]$에서 가약이라 가정하자. 그러면, 정리 3.8.3에 의하여, $f(x)$는 $\mathbb{Z}[x]$에서 인수분해될 수 있다. 즉,

$$f(x) = (b_0 + b_1 x \ldots + b_r x^r)(c_0 + c_1 + \ldots + c_s x^s)$$

라 하자. 여기서 각 $b_i, c_j \in \mathbb{Z}$, $r \geq 1$이고 $s \geq 1$이다. $a_0 = b_0 c_0$임에 주목하라. 가정에 의하여, $p|a_0$이다. 정리 1.3.2에 의하여, $p|b_0$ 또는 $p|c_0$이다, $p|b_0$이라 하자. 가정에 의하여, $p^2 \nmid a_0$ 이므로, $p \nmid c_0$이다. $a_n = b_r c_s$이고 $p \nmid a_n$이므로, $p \nmid b_r$ ($p|b_r$라 가정하면, $p|a_n$이다. 이것은 우리의 가정에 모순이다)이다. 게다가 p로 나누어질 수 없는 다른 b_i가 존재할 수 있다. b_k는 p로 나누어질 수 없는 b_i들 중의 첫 번째라 하자. 그러면 $0 < k \leq r < n$, $i < k$, 에 대하여 $p_i | b_i$이고 $p \nmid b_k$이다. 다항식의 곱셈의 규칙에 의하여

$$a_k = b_0 c_k + b_1 c_{k-1} + \cdots + b_{k-1} c_1 + b_k c_0$$

이므로

$$b_k c_0 = a_k - b_0 c_k - b_1 c_{k-1} - \cdots - b_{k-1} c_1 \tag{3.8.4}$$

이다. $p|a_k$이고 $i < k$에 대하여 $p|b_i$이므로, p는 식 (3.8.4)의 오른쪽 변에 있는 모든 항을 나눈다. 그러므로 $p | b_k c_0$이다. 정리 1.3.2에 의하여, $p | b_k$ 또는 $p|c_0$이다. 이것은 b_k도 c_0도 p로 나누어질 수 없다는 사실에 모순이다. 따라서 $f(x)$는 $\mathbb{Q}[x]$에서 기약이다. ■

| 보기 3.8.5 | 아이젠스타인의 판정법에 의하면, 다항식 $x^{17} + 6x^{13} - 15x^4 + 3x^2 - 9x + 12$는 $p = 3$일 때 $\mathbb{Q}[x]$에서 기약이다. ■

| 보기 3.8.6 | 아이젠스타인의 판정법에 의하면, 다항식 $x^9 + 5$는 $p = 5$일 때, $\mathbb{Q}[x]$에서 기약이다. 비슷하게, 각 $n \geq 1$에 대하여 $x^n + 5$는 $\mathbb{Q}[x]$에서 기약이다. 그러므로 $\mathbb{Q}[x]$에서 모든 차수의 기약 다항식이 존재한다. ■

비록 아이젠스타인의 판정법이 매우 효과적일지라도, 이것이 적용될 수 없는 많은 다항

식이 있다. 이와 같은 경우에 다른 기술이 필요하다. 다른 방법은, p를 법으로 변형시키는 것을 포함한다. p는 양의 소수이고, 각 정수 a에 대하여, $[a]$는 $\mathbb{Z}_p$에 속하는 a의 합동류를 나타낸다고 하자. $f(x) = a_h x^h + \cdots + a_1 x + a_0 \in \mathbb{Z}[x]$일 때,

$$\overline{f}(x) = [a_h]x^h + \cdots + [a_1]x + [a_0] \in \mathbb{Z}_p[x]$$

를 나타낸다고 하자. 예를 들면 $f(x) = 2x^4 - 3x^2 + 5x + 7 \in \mathbb{Z}[x]$면, $\mathbb{Z}_3[x]$에서,

$$\begin{aligned}\overline{f}(x) &= [2]x^4 - [3]x^2 + [5]x + [7] \\ &= [2]x^4 - [0]x^2 + [2]x + [1] = [2]x^4 + [2]x + [1]\end{aligned}$$

이므로 $f(x)$와 $\overline{f}(x)$는 같은 차수를 가진다. 이것은 언제나 $f(x)$의 최고차 계수가 p로 나누어 질 수 없는 경우(그러므로 $\overline{f}(x)$의 최고차 계수는 $\mathbb{Z}_p[x]$에 속하는 영류가 되지 못할 것이다)이어야 한다.

정리 3.8.5

$f(x) = a_k x^k + \cdots + a_1 x + a_0 \in \mathbb{Z}[x]$이고 p는 $p \nmid a_k$인 양의 소수라 하자. $\overline{f}(x)$가 $\mathbb{Z}_p[x]$에서 기약이면, $f(x)$는 $\mathbb{Q}[x]$에서 기약이다.

[증명] $f(x)$가 $\mathbb{Q}[x]$에서 가약이라 가정하자. 그러면 정리 3.8.3에 의하여, 비상수 다항식 $g(x),\ h(x) \in \mathbb{Z}[x]$가 존재하여 $f(x) = g(x)h(x)$이다. $p \nmid a_k$이므로, p는 (곱이 a_k인) $g(x)$ 또는 $h(x)$의 최고차 계수를 나눌 수 없다. 따라서 $\deg \overline{g}(x) = \deg g(x)$이고 $\deg \overline{h}(x) = \deg h(x)$ 이다. 특히, $\overline{g}(x)$도 $\overline{h}(x)$도 $\mathbb{Z}_p[x]$에서 상수 다항식이 아니다. 더욱이, $\mathbb{Z}_p[x]$에서 $\overline{f}(x) = \overline{g}(x)\overline{h}(x)$이다(연습문제 3.8.16). 이것은 $\mathbb{Z}_p[x]$에서 $\overline{f}(x)$의 기약성에 모순이다. 따라서 $f(x)$는 $\mathbb{Q}[x]$에서 기약이어야만 한다. ■

정리 3.8.5의 유용성은 다음 사실에 의한다 : 각 음이 아닌 정수 k에 대하여, $\mathbb{Z}_p[x]$에서 $f(x)$ 차수 k인 다항식이 유한개만 있다($\mathbb{Z}_n[x]$에는 차수가 k인 다항식이 $n^{k+1} - n^k$개 존재한다). 그러므로 이론적으로, $\mathbb{Z}_p[x]$에 속하는 주어진 다항식이 일차 인수를 갖는지 결정하는 것은 유한개의 가능한 인수를 확인함으로써 언제나 가능하다.

| 보기 3.8.7 | $f(x) = x^5 + 8x^4 + 3x^2 + 4x + 7$이 $\mathbb{Q}[x]$에서 기약임을 보여라.

[풀이] $f(x)$를 법으로 변형시킨다. $\mathbb{Z}_2[x]$에서, $\overline{f}(x) = x^5 + x^2 + 1$이다. $\overline{f}(x)$가

$\mathbb{Z}_2$에서 근을 갖지 않음을 보이기는 쉽다. 따라서 $\overline{f}(x)$는 $\mathbb{Z}_2[x]$에서 일차 인수를 갖지 않는다. $\mathbb{Z}_2[x]$에서 이차 인수는 x^2, x^2+x, x^2+1과 x^2+x+1뿐이다. 긴 나눗셈을 사용하여 이들 중 어느 것도 $\overline{f}(x)$의 인수가 아님을 보여줄 수 있다. (사실 x^2+x+1만 해보면 됨 더욱이, $\overline{f}(x)$는 차수 3 또는 4인 인수를 가질 수 없다(가진다면, 다른 인수는 차수 2 또는 1을 갖는다. 이것은 불가능하다). 그러므로 $\overline{f}(x)$는 $\mathbb{Z}_2[x]$에서 기약이다. 따라서 $f(x)$는 $\mathbb{Q}[x]$에서 기약이다. ■

정의 3.8.6

정수를 계수로 가지는 다항식

$$f(x)=a_nx^n+\cdots+a_1x+a_0\in\mathbb{Z}[x],\ a_n\neq 0,\ n\geq 1$$

에서 a_0, a_1, $\cdots$, a_n의 최대 공약수를 $f(x)$의 **내용(content)**이라 하고 이것을 $c(f)$로 나타낸다. 그리고 $c(f)=1$일 때, $f(x)$를 **원시 다항식(primitive polynomial)**이라고 한다. 특히, $a_n=1$이면, $f(x)$는 원시 다항식이다.

유리수체 $\mathbb{Q}$ 위의 n차의 다항식

$$f(x)=a_nx^n+\cdots+a_1x+a_0\in\mathbb{Q}[x],\ a_n\neq 0,\ n\geq 1$$

는 양의 유리수 r와 원시 다항식 $f_1(x)\in\mathbb{Z}[x]$의 곱

$$f(x)=r\cdot f_1(x)$$

으로 나타내어지고 이러한 양의 유리수 r과 $f_1(x)$는 유일하다는 것이 알려져 있다(연습문제 3.8.19). 양의 유리수 r을 $f(x)$의 **내용**이라 하고 이것을 $c(f)$로 나타낸다.

유리 계수를 계수로 가지는 다항식 $f(x)=\frac{2}{3}x^2-\frac{6}{5}x+\frac{7}{6}$는 다음과 같이 나타낼 수 있다.

$$f(x)=\frac{1}{30}(20x^2-36x+35)=\frac{1}{30}f_1(x)$$

여기서, $f_1(x)=20x^2-36x+35$는 원시 다항식이고 $c(f)=\frac{1}{30}$이다.

주목 $\mathbb{Z}[x]$에서 다항식이 $\mathbb{Z}_p[x]$에서 가약인 다항식으로 p를 법으로 변형되면, 정리 3.8.5로부터, 어떤 결론도 끌어낼 수 없다. 불행하게도, $f(x)$가 실제로 $\mathbb{Q}[x]$에서 기약일

때 조차도, $f(x)$의 변형이 $\mathbb{Z}_p[x]$에서 가약이 되는 많은 p가 존재할 수 있다. 그러므로, 정리 3.8.5를 적용하기 위하여, 외견상 보다 더 많은 횟수의 시도가 필요할 수 있다.

예제 Ⅰ 3.8.1 다음을 기약 다항식의 곱으로 써라.

(1) $2x^3+x^2+2\in\mathbb{Z}_3[x]$

(2) $x^3+3x^2+x+4\in\mathbb{Z}_5[x]$

[풀이] (1) 0, 1, 2를 각각 대입한다. 그러면 $f(0)\neq 0$, $f(1)\neq 0$, $f(2)\neq 0$이다. 따라서 $2x^3+x^2+2\in\mathbb{Z}_3[x]$는 기약이다.

(2) $f(0)$, $f(1)$, $f(2)$, $f(3)\neq 0$, $f(-1)=f(4)=0$이므로 $(x^3+3x^2+x+4)=(x+1)(x^2+2x-1)\in\mathbb{Z}_5[x]$이다. ■

유제 Ⅰ 3.8.1 다음을 기약 다항식의 곱으로 써라.

(1) $x^2+5\in\mathbb{Z}_7[x]$

(2) $x^4+x^3+2x^2+x+2\in\mathbb{Z}_3[x]$

(3) $x^5+x^2+x-1\in\mathbb{Z}_2[x]$

(4) $x^4+4\in\mathbb{Z}_5[x]$

예제 Ⅰ 3.8.2 유리근 판정법을 사용하여 $-x^4+x^3+x^2+x+2$를 $\mathbb{Q}[x]$에서 기약 다항식들의 곱으로 써라.

[풀이] $-(x+1)(x-2)(x^2+1)$ ■

유제 Ⅰ 3.8.2 유리근 판정법을 사용하여 각 다항식을 $\mathbb{Q}[x]$에서 기약 다항식들의 곱으로 써라.

(1) $3x^5+2x^4-7x^3+2x^2$

(2) $2x^4+7x^3+5x^2+7x+3$

예제 Ⅰ 3.8.3 아이젠스타인의 판정법을 사용하여 $x^5-4x+22$이 $\mathbb{Q}[x]$에서 기약임을 보여라.

[풀이] $p=2$라 하자. 그러면 $p\mid 22$, $p\mid(-4)$이지만 $p\nmid 1$이고 $p^2\nmid 22$이다. 따라서 $x^5-4x+22$는 $\mathbb{Q}[x]$에서 기약이다. ■

유제 3.8.3 아이젠스타인의 판정법을 사용하여 $5x^{11}-6x^4+12x^3+36x-6$이 $\mathbb{Q}[x]$에서 기약임을 보여라.

예제 3.8.4 $f(x)$가 $\mathbb{Z}_p[x]$에서 기약이 되는 소수 p를 구함으로써 $7x^3+6x^2+4x+6$가 $\mathbb{Q}[x]$에서 기약임을 보여라 :

[풀이] $p=5$라 하자. 그러면 $\mathbb{Z}_5[x]$에서 $\overline{f}(x)=2x^3+x^2+4x+1$이다. 따라서 $\overline{f}(0)=1\neq 0,\ \overline{f}(1)=3\neq 0,\ \overline{f}(2)=4\neq 0,\ \overline{f}(3)=1\neq 0,\ \overline{f}(4)=1\neq 0$ 이므로 $\overline{f}(x)$는 $\mathbb{Z}_5$에서 해를 갖지 않는다. 따름정리 3.7.6에 의해서 $\overline{f}(x)$는 $\mathbb{Z}_5[x]$에서 기약이다. 그런데 $p=5$는 소수이고 $p\nmid 7$이다. 따라서 정리 3.8.5에 의하여, $f(x)$는 $\mathbb{Q}[x]$에서 기약이다. ■

유제 3.8.4 $f(x)$가 $\mathbb{Z}_p[x]$에서 기약이 되는 소수 p를 구함으로써 $9x^4+4x^3-3x+7$가 $\mathbb{Q}[x]$에서 기약임을 보여라.

예제 3.8.5 F는 체이고 $f(x)\in F[x]$라 하자. $c\in F$이고 $f(x+c)$가 $F[x]$에서 기약이면, $f(x)$는 $F[x]$에서 기약이다. 이를 증명하라.

[도움말 : 모순법을 사용하라.]

[풀이] $f(x)=g(x)h(x)$라 가정하자. 그러면 $f(x+c)=g(x+c)h(x+c)$이다. 가정에서 $f(x+c)$가 $F[x]$에서 기약이므로, $g(x+c)$ 또는 $h(x+c)$는 영이 아닌 상수 다항식이다. 따라서 $g(x)$ 또는 $h(x)$는 영이 아닌 상수 다항식이다. 따라서 $f(x)$는 기약이다. ■

유제 3.8.5 $f(x+1)$이 기약임을 보이기 위하여 아이젠스타인의 판정법을 사용하고 예제 3.8.5를 적용함으로써 $f(x)=x^4+4x+1$이 $\mathbb{Q}[x]$에서 기약임을 증명하라.

3.8 연습문제

1. 유리근 판정법을 사용하여 각 다항식을 $\mathbb{Q}[x]$에서 기약 다항식들의 곱으로 써라.

(1) $x^5 + 4x^4 + x^3 - x^2$ (2) $2x^4 - 5x^3 + 3x^2 + 4x - 6$

(3) $6x^4 + 31x^3 + 25x^2 + 33x + 7$

2. 모든 양의 소수 p에 대하여 $\sqrt{p}$는 무리수임을 보여라.

3. 정수 계수를 갖는 모닉 다항식이 $\mathbb{Q}$에서 근을 가지면, 이 근은 정수이어야만 함을 보여라.

4. 보기 3.8.4에서 처럼, 각 다항식이 $\mathbb{Q}[x]$에서 기약임을 보여라.

(1) $x^4 + 2x^3 + x + 1$ (2) $x^4 - 2x^2 + 8x + 1$

5. 아이젠스타인의 판정법을 사용하여 각 다항식이 $\mathbb{Q}[x]$에서 기약임을 보여라.

(1) $x^5 - 4x + 22$ (2) $10 - 15x + 25x^2 - 7x^4$

6. $x^9 + 12x^5 - 21x + k$가 $\mathbb{Q}[x]$에서 기약이 되는 무한히 많은 정수 k가 존재함을 보여라.

7. $f(x)$는 $\mathbb{Q}[x]$에서 가약이지만 $\overline{f}(x)$가 $\mathbb{Z}_p[x]$에서 기약인 다항식 $f(x) \in \mathbb{Z}[x]$와 소수 p의 보기를 들어라. 이것은 정리 3.8.5를 모순되게 하는가?

8. $\mathbb{Q}[x]$에서 기약이지만 2, 3, 4와 5를 법으로 변형될 때 인수분해되는 $\mathbb{Z}[x]$에 속하는 다항식의 보기를 들어라.

9. 정수 계수를 갖는 모닉 다항식이 $\mathbb{Z}[x]$에서 차수 m과 n인 다항식들의 곱으로 인수분해 되면, 이 다항식은 $\mathbb{Z}[x]$에서 차수 m과 n인 모닉 다항식들의 곱으로 인수분해 될 수 있음을 증명하라.

10. $30x^n - 91$는 $\mathbb{Q}$에서 근을 갖지 않음을 증명하라. 여기서 $n \in \mathbb{Z}$이고 $n > 1$이다.

11. $f(x) = x^4 + x^3 + x^2 + x + 1$이 $\mathbb{Q}[x]$에서 기약임을 증명하라.

12. $f(x) = a_n x^n + a_{n-1} x^{n-1} + \cdots + a_1(x) + a_0 \in \mathbb{Z}[x]$라 하자. p가 $p \mid a_1, \cdots;\ p \mid a_n$ $p \nmid a_0$이고 $p^2 \nmid a_n$인 소수면, $f(x)$는 $\mathbb{Q}[x]$에서 기약이다. 이를 증명하라.
[도움말 : $y = 1/x$라 놓는다. 그러면 이 결과는, 정리 3.8.4에 의하여 기약이다.]

13. $f(x)\in\mathbb{Z}[x]$ 이고 정리 3.8.4의 가정을 만족하는 소수 p가 존재하지 않으면, $f(x)$는 $\mathbb{Q}[x]$ 에서 가약이다. 이 명제가 거짓임을 보이기 위하여 보기를 들어라.

14. $\mathbb{Z}_n[x]$ 에서 차수 k인 다항식 $n^{k+1}-n^k$가 존재함을 보여라.

15. 다음의 다항식들 중에서 어느 것이 $\mathbb{Q}[x]$ 에서 기약인가?

(1) x^4-x^2+1 (2) x^4+x+1

(3) $x^5+4x^4+2x^3+3x^2-x+5$ (4) x^5+5x^2+4x+7

16. $f(x)=a_nx^n+\cdots+a_1x+a_0$, $g(x)=b_rx^r+\cdots+b_1x+b_0$와 $h(x)=c_sx^s+\cdots+c_1x+c_0$는 $f(x)=g(x)h(x)$인 $\mathbb{Z}[x]$ 에서 다항식이면, $\mathbb{Z}_n[x]$에서, $\overline{f}(x)=\overline{g}(x)\overline{h}(x)$이다. 이를 증명하라.

17. 소수 p에 대하여, $f(x)=x^{p-1}+x^{p-2}+\cdots+x^2+x+1$는 $\mathbb{Q}[x]$에서 기약임을 증명하라.

18. 원시 다항식을 사용하여 정리 3.8.3을 증명하라.

19. 유리수체 $\mathbb{Q}$ 위의 n차의 다항식

$$f(x)=a_nx^n+\cdots\ +a_1x+a_0\in\mathbb{Q}[x],\ a_n\neq 0,\ n\geq 1$$

는 양의 유리수 r과 원시 다항식 $f_1(x)\in\mathbb{Z}[x]$의 곱

$$f(x)=r\cdot f_1(x)$$

으로 나타내어지고 이러한 양의 유리수 r과 $f_1(x)$는 유일함을 증명하시오.

3.8 유제풀이

유제 3.8.1 다음을 기약 다항식의 곱으로 써라.

(1) $x^2+5\in\mathbb{Z}_7[x]$

(2) $x^4+x^3+2x^2+x+2\in\mathbb{Z}_3[x]$

(3) $x^5+x^2+x-1\in\mathbb{Z}_2[x]$

(4) $x^4+4\in\mathbb{Z}_5[x]$

[풀이] (1) $f(1),\ f(2),\ f(5),\ f(6) \neq 0,\ f(3) = f(4) = 0$이므로

$x^2 + 5 = (x-3)(x-4) = (x+4)(x+3) \in \mathbb{Z}_7[x]$이다.

(2) $f(1) \neq 0,\ f(2) = 0$이므로

$x^4 + x^3 + 2x^2 + x + 2 = (x-2)(x^3 + 2x + 2) \in \mathbb{Z}_3[x]$이다.

(3) $f(1) = 0$이므로

$$\begin{aligned} x^5 + x^2 + x - 1 &= (x-1)(x^4 + x^3 + x^2 + 1) \\ &= (x-1)(x-1)(x^3 + x + 1) \\ &= (x-1)^2(x^3 + x + 1) \in \mathbb{Z}_2[x] \end{aligned}$$ 이다.

(4) $$\begin{aligned} x^4 + 4 = x^4 - 1 &= (x^2-1)(x^2+1) \\ &= (x-1)(x+1)(x^2+1) \\ &= (x-1)(x+1)(x^2-4) \\ &= (x-1)(x+1)(x+2)(x-2) \in \mathbb{Z}_5[x] \end{aligned}$$

유제 3.8.2 유리근 판정법을 사용하여 각 다항식을 $\mathbb{Q}[x]$에서 기약 다항식들의 곱으로 써라.

(1) $3x^5 + 2x^4 - 7x^3 + 2x^2$ (2) $2x^4 + 7x^3 + 5x^2 + 7x + 3$

[풀이] (1) $x^2(x+2)(x-1)(3x-1)$

(2) $(x+3)(2x+1)(x^2+1)$

유제 3.8.3 아이젠스타인의 판정법을 사용하여 $5x^{11} - 6x^4 + 12x^3 + 36x - 6$이 $\mathbb{Q}[x]$에서 기약임을 보여라.

[풀이] $p = 2$ 또는 3이라 하자. 그러면 $p \mid (-6),\ p \mid 36,\ p \mid 12,\ p \mid (-6)$이지만 $p \nmid 5$이고 $p^2 \nmid (-6)$이다. 따라서 $5x^{11} - 6x^4 + 12x^3 + 36x - 6$은 $\mathbb{Q}[x]$에서 기약이다.

유제 3.8.4 $f(x)$가 $\mathbb{Z}_p[x]$에서 기약이 되는 소수 p를 구함으로써 $9x^4 + 4x^3 - 3x + 7$가 $\mathbb{Q}[x]$에서 기약임을 보여라.

[풀이] $p = 2$라 하자. 그러면, $\mathbb{Z}_2[x]$에서, $\overline{f}(x) = x^4 + x + 1$이다. $\overline{f}(0) = 1 \neq 0$, $\overline{f}(1) = 1 \neq 0$이므로 $\overline{f}(x)$는 $\mathbb{Z}_2[x]$에서 일차 인수를 갖지 않는다. 그런데 $\mathbb{Z}_2[x]$에서 이차 인수들은 $x^2,\ x^2 + x,\ x^2 + 1,\ x^2 + x + 1$뿐이다. $x^2,\ x^2 + x$, $x^2 + 1$는 기약이 아니므로 $x^2 + x + 1$만 긴 나눗셈에 의하여 $\overline{f}(x)$의 인수가

아님을 알 수 있다. 그러므로 $\overline{f}(x)$는 $\mathbb{Z}_2[x]$에서 기약이다. 한편, $p=2 \nmid 9$이다. 따라서 정리 3.8.5에 의하여, $f(x)$는 $\mathbb{Q}[x]$에서 기약이다.

유제 3.8.5 $f(x+1)$이 기약임을 보이기 위하여 아이젠스타인의 판정법을 사용하고 예제 3.8.5를 적용함으로써 $f(x) = x^4 + 4x + 1$이 $\mathbb{Q}[x]$에서 기약임을 증명하라.

[풀이] $f(x+1) = (x+1)^4 + 4(x+1) + 1 = x^4 + 4x^3 + 6x^2 + 8x + 6$이다. 이제 $p=2$라 하자. 그러면 $p|6$, $p|8$, $p|6$, $p|4$, $p \nmid 1$, $p^2 \nmid 6$이다. 따라서 $f(x+1)$은 $\mathbb{Q}[x]$에서 기약이다. 따라서 예제 3.8.5에 의하여, $f(x)$는 $\mathbb{Q}[x]$에서 기약이다.

3.9 $\mathbb{R}[x]$와 $\mathbb{C}[x]$에서 기약성

$\mathbb{Q}[x]$에서의 경우와는 달리 $\mathbb{R}[x]$와 $\mathbb{C}[x]$에서 유리근 판정법이나 아이젠스타인의 판정법이 없이 다항식이 기약인지 아닌지를 곧바로 알 수 있다. 이러한 사실들은 1799년에 가우스(Gauss)가 처음에 증명했던 다음 정리의 결과다.

정리 3.9.1 대수학의 기본정리(The Fundamental Theorem of Algebra)
$\mathbb{C}[x]$의 모든 비상수 다항식은 $\mathbb{C}$에서 근을 갖는다.

이 정리에 의해 때때로 체 $\mathbb{C}$가 **대수적으로 닫혀 있다**(algebraically closed)고 한다. 이 정리에 대하여 알려진 모든 증명은 해석학(analysis) 및 복소변수(complex variable)함수론의 정리들에 상당히 의존한다. 이 이유 때문에, $\mathbb{C}[x]$와 $\mathbb{R}[x]$에서 기약성에 대한 기본정리와 밀접한 몇 가지 관계만을 생각할 것이다.

따름정리 3.9.2
다항식이 $\mathbb{C}[x]$에서 기약일 필요충분조건은 이 다항식의 차수가 1인 것이다.

따름정리 3.9.3

$\mathbb{C}[x]$에서 차수 n인 모든 비상수 다항식 $f(x)$는 어떤 $c, a_1, a_2, \cdots, a_n \in \mathbb{C}$이 존재하여 $c(x-a_1)(x-a_2)\cdots(x-a_n)$ 꼴로 써질 수 있다. 이 인수분해는 인수의 순서를 무시할 때 유일하게 정해진다.

$\mathbb{R}[x]$에서 모든 기약 다항식의 특성을 알기 위하여 다음의 결과가 필요하다.

보조정리 3.9.4

$f(x) \in \mathbb{R}[x]$이고 $a+bi$가 $\mathbb{C}$에서 $f(x)$의 근이면 $a-bi$도 역시 $f(x)$의 근이다.

정리 3.9.5

다항식 $f(x)$가 $\mathbb{R}[x]$에서 기약일 필요충분조건은 $f(x)$가 일차 다항식이거나, 또는 $b^2-4ac<0$인 $f(x)=ax^2+bx+c$이다.

[증명] $\Leftarrow$] 분명히 성립한다.

$\Rightarrow$] 다항식 $f(x)$가 $\mathbb{R}[x]$에서 기약이고 $\deg f(x) \geq 2$ 라 가정하자. 즉, $\mathbb{R}$에서 근을 갖지 않는다. 그러면 정리 3.9.1에 의하여, $f(x)$는 $\mathbb{C}$에서의 근 w을 갖는다. 보조정리 3.9.4에 의하여, $\overline{w}$도 역시 $f(x)$의 근이다. 더욱이 $w \neq \overline{w}$ ($w=\overline{w}$가 가정하면 w는 $f(x)$의 실근이다. 그러면 이것은 $f(x)$의 기약성에 모순이다)이다. 따라서 인수정리에 의하여, $x-w$와 $x-\overline{w}$는 $\mathbb{C}[x]$에서 $f(x)$의 인수다. 그러므로 $h(x) \in \mathbb{C}[x]$가 존재하여 $f(x)=(x-w)(x-\overline{w})h(x)$이다. $g(x)=(x-w)(x-\overline{w})$라 하자. 그러면 $f(x)=g(x)h(x) \in \mathbb{C}[x]$이다. 더욱이 $w=r+si$ $(r, s \in \mathbb{R})$면,

$$\begin{aligned} g(x) &= (x-w)(x-\overline{w}) \\ &= (x-(r+si))(x-(r-si)) \\ &= x^2-2rx+(r^2+s^2) \end{aligned}$$

이다. 따라서 $g(x)$의 계수는 실수다. 이제 $h(x)$ 역시 실수 계수를 가짐을 보이고자 한다. $\mathbb{R}[x]$에서 나눗셈 알고리즘에 의하여, 다항식 $q(x)$, $r(x) \in \mathbb{R}[x]$가 존재하여

$$f(x) = g(x)q(x) + r(x)$$

이다. 여기서 $r(x) = 0$ 또는 $\deg r(x) < \deg g(x)$ 이다. 그러나 $\mathbb{C}[x]$에서, $f(x) = g(x)h(x) + 0$이다. $q(x)$와 $r(x)$는 $\mathbb{C}[x]$에서의 다항식으로 생각될 수 있으므로 $\mathbb{C}[x]$에서 나눗셈 알고리즘의 유일성에 의하여, $q(x) = h(x)$이고 $r(x) = 0$이다. 따라서 $h(x) = q(x) \in \mathbb{R}[x]$이다. $f(x) = g(x)h(x)$, $f(x)$는 $\mathbb{R}[x]$에서 기약이고 $\deg g(x) = 2$ 이므로, $h(x)$는 상수 $d \in \mathbb{R}$이어야만 한다. 그러므로 $f(x) = dg(x)$는 $\mathbb{R}[x]$에서 이차 다항식이다. 즉, $f(x) = ax^2 + bx + c$ 꼴이다. 여기서 $a,\ b,\ c \in \mathbb{R}$이다. $f(x)$는 $\mathbb{R}$에서 근을 갖지 않으므로, $b^2 - 4ac < 0$이다. ■

따름정리 3.9.6

$\mathbb{R}[x]$에서 홀수차수의 모든 다항식은 $\mathbb{R}$에서 근을 갖는다.

[증명] 정리 3.6.6에 의하여, $f(x) = p_1(x)p_2(x) \ldots p_k(x)$이고 각 $p_i(x)$는 $\mathbb{R}[x]$에서 기약이다. 그러면, 정리 3.9.5에 의하여, 각 $p_i(x)$는 차수 1 또는 2를 갖는다. 따라서 정리 3.4.3에 의하여,

$$\deg f(x) = \deg p_1(x) + \deg p_2(x) + \cdots + \deg p_k(x)$$

이다. $f(x)$는 홀수차수를 가지므로, $p_i(x)$들 중의 적어도 하나는 차수 1을 가져야만 한다. 그러므로 $f(x)$는 $\mathbb{R}[x]$에서 일차 인수를 갖는다. 따라서 $f(x)$는 $\mathbb{R}$에서 근을 갖는다. ■

예제 3.9.1 다항식 $x^4 - 3x^3 + x^2 + 7x - 30$의 $\mathbb{C}$에서 모든 근을 구하라(하나의 근은 $1-2i$이다).

[풀이] $1-2i,\ 1+2i,\ 3,\ -2$ ■

유제 3.9.1 다항식 $x^4 - 4x^3 + 3x^2 + 14x + 26$의 $\mathbb{C}$에서 모든 근을 구하라(하나의 근은 $3+2i$이다).

예제 3.9.2 다항식 $x^4 - 2$를 $\mathbb{Q}[x]$, $\mathbb{R}[x]$와 $\mathbb{C}[x]$에서 기약 다항식들의 곱으로 인수분해하라.

[풀이] $\mathbb{Q}[x]$에서, $x^4 - 2$이다.

$\mathbb{R}[x]$에서, $(x^2+\sqrt{2})(x+\sqrt[4]{2})(x-\sqrt[4]{2})$이다.

$\mathbb{C}[x]$에서, $(x-\sqrt[4]{2}\,i)(x+\sqrt[4]{2}\,i)(x+\sqrt[4]{2})(x-\sqrt[4]{2})$이다. ■

유제 3.9.2 다항식 x^3-x^2-5x+5를 $\mathbb{Q}[x]$, $\mathbb{R}[x]$와 $\mathbb{C}[x]$에서 기약 다항식들의 곱으로 인수분해하라.

예제 3.9.3 $f(x)=ax^2+bx+c\in\mathbb{R}[x]$이고 $a\neq 0$라 하자. $\mathbb{C}$에서 $f(x)$의 근이 $(-b+\sqrt{b^2-4ac})/2a$와 $(-b-\sqrt{b^2-4ac})/2a$임을 증명하라.

[도움말 : $a^2+bx+c=0 \Leftrightarrow x^2+(b/c)x = -c/a$임을 보이고 왼쪽 변을 완전제곱하여 x를 구하라.]

[풀이] $ax^2+bx+c \Leftrightarrow x^2+\frac{b}{a}x=-\frac{c}{a}$

$$\Leftrightarrow (x+\frac{b}{2a})^2=\frac{b^2}{4a^2}-\frac{c}{a}=\frac{b^2-4ac}{4a^2}$$

$$\Leftrightarrow x+\frac{b}{2a}=\pm\sqrt{\frac{b^2-4ac}{4a^2}}=\pm\frac{\sqrt{b^2-4ac}}{2a}$$

따라서 $\mathbb{C}$에서 $f(x)$의 근은

$$\frac{-b+\sqrt{b^2-4ac}}{2a} \text{와 } \frac{-b-\sqrt{b^2-4ac}}{2a}$$

이다. ■

3.9 연습문제

1. 다항식 $x^4-2x^3-x^2+6x-6$; 근 $1+i$에 대하여 $\mathbb{C}$에서 모든 근을 구하라(하나는 이미 주어짐).

2. 주어진 조건을 만족하는 $\mathbb{R}[x]$에서 다항식을 구하라.

(1) 근으로 2와 $3+i$를 갖는 차수 3인 모닉 다항식

(2) 근으로 $1-i$와 $2i$를 갖는 가능한 최저차수의 모닉 다항식

(3) 근으로 3과 $4i-1$를 갖는 가능한 최저차수의 모닉 다항식

3. 다항식 x^3+1을 $\mathbb{Q}[x]$, $\mathbb{R}[x]$와 $\mathbb{C}[x]$에서 기약 다항식들의 곱으로 인수분해하라.

4. $x^2+x+1+i$를 $\mathbb{C}[x]$에서 인수분해하라.

5. 중복근이 없는 $\mathbb{R}[x]$에서 홀수차수의 다항식은 홀수개의 실근을 가짐을 증명하라.

6. $a+bi$가 $x^3-3x^2+2ix+i-1\in\mathbb{C}[x]$의 근이면 $a-bi$ 역시 근이라는 것은 참인가?

3.9 유제풀이

유제 3.9.1 다항식 $x^4-4x^3+3x^2+14x+26$의 $\mathbb{C}$에서 모든 근을 구하라(근 중 하나는 $3+2i$이다).

[풀이] 계산을 하면 $3+2i$, $3-2i$, $-1+i$, $-1-i$이다.

유제 3.9.2 다항식 x^3-x^2-5x+5를 $\mathbb{Q}[x]$, $\mathbb{R}[x]$와 $\mathbb{C}[x]$에서 기약 다항식들의 곱으로 인수분해하라.

[풀이] $\mathbb{Q}[x]$에서, $(x-1)(x^2-5)$이고, $\mathbb{R}[x]$와 $\mathbb{C}[x]$에서 $(x-1)(x+\sqrt{5})(x-\sqrt{5})$이다.

3.10 $F[x]$에서 합동

정수의 합동개념은 나뉘어 떨어짐에 대한 기초적인 사실에 의존한다. F가 체이면 다항식 환 $F[x]$는 본질적으로 $\mathbb{Z}$가 갖는 것과 같은 나뉘어 떨어짐의 성질을 갖는다. 따라서 $\mathbb{Z}$에서 합동개념과 이 개념의 기초적인 성질(1.4절)이 $F[x]$에서 그대로 성립하게 된다.

정의 3.10.1

F는 체, $f(x)$, $g(x)$, $p(x) \in F[x]$이고, $p(x) \neq 0_F$라 하자. 만약 $p(x) \mid [f(x) - g(x)]$ 이면 $f(x)$가 $p(x)$를 법으로 $g(x)$와 합동이다($f(x)$ is congruence to $g(x)$ modulo $p(x)$)라고 하고 $f(x) \equiv g(x) \pmod{p(x)}$ 라 쓴다.

| 보기 3.10.1 | $\mathbb{Q}[x]$에서 $x^2 + x + 1 \equiv x + 2 \pmod{x+1}$ 이다. 왜냐하면,

$$(x^2 + x + 1) - (x + 2) = x^2 - 1 = (x+1)(x-1)$$ ■

| 보기 3.10.2 | $\mathbb{R}[x]$에서

$$3x^4 + 4x^2 + 2x + 2 \equiv x^3 + 3x^2 + 3x + 4 \pmod{x^2+1}$$

이다. 나눗셈에 의하여,

$$\begin{aligned}(3x^4 + 4x^2 + 2x + 2) - (x^3 + 3x^2 + 3x + 4) &= 3x^4 - x^3 + x^2 - x - 2 \\ &= (x^2+1)(3x^2 - x - 2)\end{aligned}$$

이다. ■

정리 3.10.2

F는 체이고 $p(x)$는 $F[x]$에서 영이 아닌 다항식이라 하자. 그러면 $p(x)$를 법으로 하는 합동의 관계는 동치 관계이다. 즉

(1) 반사율 : 모든 $f(x) \in F[x]$에 대하여 $f(x) \equiv f(x) \pmod{p(x)}$ 이다.

(2) 대칭율 : $f(x) \equiv g(x) \pmod{p(x)}$ 이면, $g(x) \equiv f(x) \pmod{p(x)}$ 이다.

(3) 추이율 : $f(x) \equiv g(x) \pmod{p(x)}$ 이고, $g(x) \equiv h(x) \pmod{p(x)}$ 이면 $f(x) \equiv h(x) \pmod{p(x)}$ 이다.

[증명] (1) $f(x) - f(x) = 0$이고 $p(x) \mid 0$이므로 $f(x) \equiv f(x) \pmod{p(x)}$ 이다.

(2) $f(x) \equiv g(x) \pmod{p(x)}$ 라 가정하자. 그러면 $p(x) \mid [f(x) - g(x)]$이므로 $k(x) \in F[x]$가 존재하여 $f(x) - g(x) = p(x)k(x)$이다. 그러므로

$$g(x) - f(x) = -(f(x) - g(x)) = -p(x)k(x) = p(x)(-k(x))$$

이고 $-k(x) \in F[x]$이다. 따라서 $p(x) \mid (g(x) - f(x))$이므로 $g(x) \equiv f(x) \pmod{p(x)}$ 이다.

(3) $f(x) \equiv g(x) \pmod{p(x)}$ 이고 $g(x) \equiv h(x) \pmod{p(x)}$ 이라 가정하자. 그러면 $k(x),\ t(x) \in F[x]$ 가 존재하여 $f(x)-g(x)=p(x)k(x)$ 이고 $g(x)-h(x)=p(x)t(x)$ 이다. 따라서

$$\begin{aligned} f(x)-h(x) &= (f(x)-g(x))+(g(x)-h(x)) \\ &= p(x)k(x)+p(x)t(x) \\ &= p(x)(k(x)+t(x)) \end{aligned}$$

이고 $k(x)+t(x) \in F[x]$ 이므로, $p(x) \mid (f(x)-h(x))$ 이다. 따라서 $f(x) \equiv h(x) \pmod{p(x)}$ 이다. ■

정리 3.10.3

F는 체이고 $p(x)$는 $F[x]$에서 영이 아닌 다항식이라 하자. $f(x) \equiv g(x) \pmod{p(x)}$ 이고 $h(x) \equiv k(x) \pmod{p(x)}$ 이면,

(1) $f(x)+h(x) \equiv g(x)+k(x) \pmod{p(x)}$,

(2) $f(x)h(x) \equiv g(x)k(x) \pmod{p(x)}$ 이다.

[증명] (1) 합동의 정의에 의하여, $k(x),\ t(x) \in F[x]$ 가 존재하여 $f(x)-g(x)=p(x)k(x)$ 이고 $h(x)-k(x)=p(x)t(x)$ 이다.

$$\begin{aligned} f(x)+h(x)-(g(x)+k(x)) &= (f(x)-g(x))+(h(x)-k(x)) \\ &= p(x)k(x)+p(x)t(x) \\ &= p(x)(k(x)+t(x)) \end{aligned}$$

이고 $k(x)+t(x) \in F[x]$ 이므로 $p(x) \mid [(f(x)+h(x))-(g(x)+k(x))]$ 이다. 따라서 $f(x)+h(x) \equiv g(x)+k(x) \pmod{p(x)}$ 이다.

(2)
$$\begin{aligned} f(x)h(x)-g(x)k(x) &= f(x)h(x)-g(x)h(x)+g(x)h(x)-g(x)k(x) \\ &= h(x)(f(x)-g(x))+g(x)(h(x)-k(x)) \\ &= h(x)p(x)k(x)+g(x)p(x)t(x) \\ &= p(x)(h(x)k(x)+g(x)t(x)) \end{aligned}$$

이므로 $p(x) \mid (f(x)h(x)-g(x)k(x))$ 이고 $f(x)h(x) \equiv g(x)k(x) \pmod{p(x)}$ 이다. ■

정의 3.10.4

F는 체, $f(x)$, $p(x) \in F[x]$이고 $p(x) \neq 0_F$라 하자. $p(x)$를 법으로 $f(x)$의 **합동류**(congruence class) 또는 나머지류(residue class)는 $p(x)$를 법으로 $f(x)$와 합동인 $F[x]$의 모든 다항식으로 이루어지고 이를 $[f(x)]$로 쓴다. 따라서 다음이 성립한다.

$$[f(x)] = \{g(x) : g(x) \in F[x] \text{이고} \quad g(x) \equiv f(x) \pmod{p(x)}\}$$

$g(x) \equiv f(x) \pmod{p(x)}$는 어떤 $k(x) \in F[x]$에 대하여 $g(x) - f(x) = k(x)p(x)$ 또는 $g(x) = f(x) + k(x)p(x)$를 의미하므로,

$$\begin{aligned}[f(x)] &= \{ g(x) : g(x) \equiv f(x) \pmod{p(x)}\} \\ &= \{f(x) + k(x)p(x) \mid k(x) \in F[x]\}\end{aligned}$$

이다.

| 보기 3.10.3 | $\mathbb{R}[x]$에서 $x^2 + 1$을 법으로 하는 합동을 생각하자. 그러면

$$[2x+1] = \{ (2x+1) + k(x)(x^2+1) \ : \ k(x) \in \mathbb{R}[x]\}$$

이다. 나눗셈 알고리즘에 의하여, 이 집합의 원소들은 x^2+1로 나누었을 때 나머지가 $2x+1$인 $\mathbb{R}[x]$에 속하는 다항식들이다. ■

| 보기 3.10.4 | $\mathbb{Z}_2[x]$에서 $x^2 + x + 1$을 법으로 하는 합동을 생각하자. $x+1 \in [x^2]$임을 보여라.

[증명] $x^2 \equiv x+1 \pmod{x^2+x+1}$이다. 왜냐하면 $x^2 - (x+1) = x^2 - x - 1 = (x^2+x+1)$($\mathbb{Z}_2[x]$에서 $1+1=0$이므로 $1 = -1$임을 기억하라)이기 때문이다. 그러므로 $x+1 \in [x^2]$이다. 다음의 정리는 $[x+1] = [x^2]$임을 보여준다. ■

정리 3.10.5

$f(x) \equiv g(x) \pmod{p(x)}$와 $[f(x)] = [g(x)]$는 동치이다.

[증명] $\Rightarrow$] $a(x) \in [f(x)]$라 하자. 그러면 $k(x) \in F[x]$가 존재하여 $a(x) = f(x) + k(x)p(x)$이다. $f(x) \equiv g(x) \pmod{p(x)}$이므로 $t(x) \in F[x]$가 존재하여 $p(x)t(x) = f(x) - g(x)$이다. 따라서

$$
\begin{aligned}
a(x) &= p(x)t(x) + g(x) + k(x)p(x) \\
&= g(x) + (k(x) + t(x))p(x)
\end{aligned}
$$

이고 $k(x)+t(x) \in F[x]$이므로 $a(x) \in [g(x)]$이다. 따라서 $[f(x)] \subseteq [g(x)]$이다. 비슷하게 $[f(x)] \supseteq [g(x)]$임을 보일 수 있다.

$\Leftarrow$] $[f(x)] = [g(x)]$이므로 $f(x) \in [g(x)]$이다. $k(x) \in F[x]$가 존재하여 $f(x) = g(x) + k(x)p(x)$이다. $f(x) - g(x) = k(x)p(x)$이고 $k(x) \in F[x]$이므로 $f(x) \equiv g(x) \pmod{p(x)}$ 이다. ■

따름정리 3.10.6

$p(x)$를 법으로 두 합동류는 서로소이거나 또는 일치한다.

[증명] $[f(x)] \cap [g(x)] = \varnothing$ 이면 증명할 필요가 없으므로 $[f(x)] \cap [g(x)] \neq \varnothing$ 라 하자. 그러면 $k(x) \in F[x]$가 존재하여 $k(x) \in [f(x)]$이고 $k(x) \in [g(x)]$이다. 합동류의 정의에 의하여 $k(x) \equiv f(x) \pmod{p(x)}$ 이고 $k(x) \equiv g(x) \pmod{p(x)}$ 이므로 $f(x) \equiv g(x) \pmod{p(x)}$ 이므로 $[f(x)] = [g(x)]$이다. ■

$\mathbb{Z}$에서 n을 법으로 하는 합동에서, 꼭 n개의 다른 합동류가 존재한다(따름정리 1.4.7). 이러한 합동류들은 $[0]$, $[1]$, $\cdots$, $[n-1]$이다. $F[x]$에서 차수 n인 다항식에 의한 나눗셈에서 가능한 나머지는 n보다 작은 (물론 0도 포함) 차수의 모든 다항식들이다. 따라서 따름정리 1.4.7과 비슷한 결과를 얻는다.

따름정리 3.10.7

F는 체, $p(x)$는 $F[x]$에서 차수 n인 다항식이고

$$S = \{0_F\} \cup \{g(x) \in F[x] : \deg g(x) < n$$

이라 하자. 그러면 $p(x)$를 법으로 하는 모든 합동류는 S에 속하는 어떤 다항식의 합동류이고, S의 서로 다른 다항식들의 합동류들은 각각 다르다.

[증명] S에 속하는 서로 다른 두 다항식은 $p(x)$를 법으로 합동일 수 없다. 왜냐하면, 이 두 다항식의 차는 n보다 더 작은 차수를 갖고, 그러므로 $p(x)$로 나누어질 수 없기 때

문이다. 따라서 정리 3.10.5에 의하여, S에 속하는 서로 다른 다항식은 다른 합동류에 속해야만 한다. 따름정리 1.4.7의 증명의 마지막 부분에서처럼, 나눗셈 알고리즘을 사용하여 $F[x]$에서 모든 다항식이 $p(x)$를 법으로 S에 속하는 한 다항식과 합동임을 보여준다. 따라서 정리 3.10.5에 의하여, 모든 합동류는 S에 속하는 어떤 다항식의 합동류와 같다. ■

$p(x)$를 법으로 하는 모든 합동류들의 집합을 $F[x]/(p(x))$로 나타낸다. 이것은 $\mathbb{Z}_n = \mathbb{Z}/n\mathbb{Z}$의 표시법과 비슷하다.

| 보기 3.10.5 | $\mathbb{R}[x]$에서 x^2+1을 법으로 하는 합동을 생각하자. x^2+1로 나누었을 때 나오는 가능한 나머지들에 대한 합동류들이다. 이제 가능한 각 나머지는 $rx+s$ $(r,\ s \in \mathbb{R})$ 꼴의 다항식들이다. $r,\ s$ 중의 하나 또는 둘 다 0일 수 있다. 따라서 $\mathbb{R}[x]/(x^2+1)$은

$$[0],\ [x],\ [x+1],\ \ [5x+3],\ \left[\frac{7}{9}x+2\right],\ [x-7],\ \cdots$$

을 포함하여 무한히 많은 다른 합동류들로 이루어진다. 따름정리 3.10.7에 의하여,

$$[rx+s] = [cx+d] \Leftrightarrow rx+s = cx+d$$

이다. 다항식의 같음의 정의에 의하여, $rx+s = cx+d \Leftrightarrow r=c$이고 $s=d$이다. 따라서 $\mathbb{R}[x]/(x^2+1)$의 모든 원소는 $[rx+s]$ 꼴로 유일하게 쓰일 수 있다. ■

| 보기 3.10.6 | $\mathbb{Z}_2[x]$에서 x^2+x+1을 법으로 하는 합동을 생각하자. 그러면 x^2+x+1에 의한 나눗셈에서 가능한 나머지는 $ax+b(a,\ b \in \mathbb{Z}_2)$ 꼴의 다항식이다. 따라서 4가지 가능한 나머지들만 있다. $0,\ 1,\ x$와 $x+1$이다. 따라서

$$\mathbb{Z}_2[x]/(x^2+x+1) = \{[0],\ [1],\ [x],\ [x+1]\}$$

이다. ■

| 보기 3.10.7 | 보기 3.10.6의 결과는 일반적인 경우에 도움이 된다. $p(x) \in \mathbb{Z}_n[x]$가 차수 k를 가지면 $p(x)$에 의한 나눗셈에서 가능한 나머지는 $a_0 + a_1x + \cdots +$

$a_{k-1}x^{k-1}$ 꼴이다. 여기서 $a_i \in \mathbb{Z}_n$이다. k개의 계수 $a_0, \cdots, a_{k-1}$의 각각에 대하여 n개가 가능하고, 이와 같은 꼴의 n^k개의 서로 다른 다항식이 있다. 따라서 따름정리 3.10.7에 의하여, $\mathbb{Z}_n[x]/(p(x))$에 꼭 n^k개의 서로 다른 합동류가 존재한다. ■

예제 Ⅰ 3.10.1 $f(x) \equiv g(x) \pmod{p(x)}$일 필요충분조건은 $f(x)$와 $g(x)$가 $p(x)$로 나누어질 때 같은 나머지를 갖는 것이다. 이를 증명하라.

[풀이] ⇒] 나눗셈 알고리즘에 의하여, 다항식 $q(x)$, $r(x) \in F[x]$가 존재하여 $f(x) = p(x)q(x) + r(x)$, $r(x) = 0_F$ 또는 $\deg r(x) < \deg p(x)$ 를 만족한다. 그리고 $q'(x)$, $r'(x) \in F[x]$가 존재하여 $g(x) = p(x)q'(x) + r'(x)$, $r'(x) = 0_F$ 또는 $\deg r'(x) < \deg p(x)$ 를 만족한다. 그러면

$$r(x) - r'(x) = f(x) - g(x) + p(x)[q'(x) - q(x)] \tag{3.10.1}$$

이다. $f(x) \equiv g(x) \pmod{p(x)}$이므로 다항식 $h(x) \in F[x]$가 존재하여

$$f(x) - g(x) = p(x)h(x) \tag{3.10.2}$$

이다. 식 (3.10.1)와 식 (3.10.2)에 의하여, $r(x) - r'(x) = p(x)[h(x) + q'(x) - q(x)]$이다. 여기서 $h(x) + q'(x) - q(x) \in F[x]$이다. 따라서 $p(x) \mid [r(x) - r'(x)]$이다. 그런데 $\deg r(x) < \deg p(x)$이고 $\deg r'(x) < \deg p(x)$이므로 $\deg(r(x) - r'(x)) < \deg p(x)$이다. 따라서 $r(x) - r'(x) = 0_F$이므로 $r(x) = r'(x)$이다.

⇐] 이것은 합동의 정의에 의하여 분명하다. ■

유제 Ⅰ 3.10.1 $p(x)$가 $F[x]$에서 영이 아닌 상수 다항식이면, $F[x]$에 속하는 임의의 두 다항식은 $p(x)$를 법으로 합동이다. 이를 증명하라.

예제 Ⅰ 3.10.2 $p(x)$가 $k(x)$와 서로소이고 $f(x)k(x) \equiv g(x)k(x) \pmod{p(x)}$이면, $f(x) \equiv g(x) \pmod{p(x)}$임을 증명하라.

[풀이] $f(x)k(x) \equiv g(x)k(x) \pmod{p(x)}$이므로 $p(x) \mid (f(x) - g(x))k(x)$이다. $p(x)$와 $k(x)$가 서로소이므로 정리 3.5.6에 의하여, $p(x) \mid (f(x) - g(x))$이다. 따라서 $f(x) \equiv g(x) \pmod{p(x)}$이다. ■

유제 Ⅰ 3.10.2 $f(x)$가 $p(x)$와 서로소이면, 다항식 $g(x) \in F[x]$가 존재하여

$f(x)g(x) \equiv 1_F \pmod{p(x)}$ 을 만족한다. 이를 증명하라.

예제 3.10.3 $p(x)$는 $F[x]$에서 기약이고 $f(x)g(x) \equiv 0_F \pmod{p(x)}$ 이면 $f(x) \equiv 0_F \pmod{p(x)}$ 또는 $g(x) \equiv 0_F \pmod{p(x)}$ 임을 증명하라.

[풀이] $f(x)g(x) \equiv 0_F \pmod{p(x)}$ 이므로, $p(x) | f(x)g(x)$이다. $p(x)$는 기약 다항식이므로 정리 3.6.4에 의하여, $p(x) | f(x)$ 또는 $p(x) | g(x)$이다. 따라서 $f(x) \equiv 0_F \pmod{p(x)}$ 또는 $g(x) \equiv 0_F \pmod{p(x)}$ 이다. ■

유제 3.10.3 $p(x)$가 $F[x]$에서 기약이 아니면, $f(x)$, $g(x) \in F[x]$가 존재하여 $f(x) \not\equiv 0_F \pmod{p(x)}$ 이고, $g(x) \not\equiv 0_F \pmod{p(x)}$일 때 $f(x)g(x) \equiv 0_F \pmod{p(x)}$ 이다. 이를 증명하라.

예제 3.10.4 $\mathbb{Z}_3[x]$에서 x^3+2x+1을 법으로 하는 합동에서 꼭 27개의 다른 합동류가 존재함을 보여라.

[풀이] $\mathbb{Z}_3[x]/(x^3+2x+1) = \{[ax^2+bx+c] : a,\ b,\ c \in \mathbb{Z}_3\}$이다. 이때 a, b, c 각각이 취할 수 있는 값은 3가지이다. 따라서

$$|\mathbb{Z}_3[x]/(x^3+2x+1)| = 3^3 = 27$$

이다. ■

유제 3.10.4 $\mathbb{Z}_2[x]$에서 x^3+x+1을 법으로 하여 몇 개의 다른 합동류가 존재하는가? 이 합동류를 열거하라.

3.10 연습문제

1. $f(x)$, $g(x) \in \mathbb{R}[x]$이고, $f(x) \equiv g(x) \pmod{x}$라 가정하자. $y = f(x)$와 $y = g(x)$의 그래프에 대하여 무엇을 말할 수 있는가?

2. $p(x)$가 $\mathbb{Z}_n[x]$에서 차수 k를 가지면, $p(x)$를 법으로 하여 몇 개의 다른 합동류가 있는가?

3. $\mathbb{Q}[x]$에서 x^2-2를 법으로 무한히 많은 다른 합동류가 존재함을 보여라. 이 합동류들을 설명하라.

4. $a\in F$라 하자. 다항식 $x-a$를 법으로 $F[x]$에서 합동류들을 설명하라.

3.10 유제풀이

유제 3.10.1 $p(x)$가 $F[x]$에서 영이 아닌 상수 다항식이면, $F[x]$에 속하는 임의의 두 다항식은 $p(x)$를 법으로 합동이다. 이를 증명하라.

[풀이] $p(x)\in F[x]$는 영이 아닌 상수 다항식이므로, $p(x)=c\in F$라 하자. 여기서 $c\neq 0_F$이다. 임의로 $f(x)$, $g(x)\in F[x]$를 택하자.

$$\begin{aligned} f(x)-g(x) &= 1_F(f(x)-g(x)) = cc^{-1}(f(x)-g(x)) \\ &= c(c^{-1}f(x)-c^{-1}g(x)) \end{aligned}$$

여기서 $c^{-1}f(x)-c^{-1}g(x)\in F[x]$이다. 따라서 $c|(f(x)-g(x))$이므로 $f(x)\equiv g(x) \pmod{p(x)}$이다.

유제 3.10.2 $f(x)$가 $p(x)$와 서로소이면, 다항식 $g(x)\in F[x]$가 존재하여 $f(x)g(x)\equiv 1_F \pmod{p(x)}$이다. 이를 증명하라.

[풀이] $f(x)$와 $p(x)$가 서로소이므로 정리 3.5.3에 의하여, $g(x)$, $h(x)\in F[x]$이 존재하여 $f(x)g(x)+p(x)h(x)=1_F$이다. $f(x)g(x)-1_F=p(x)(-h(x))$이므로 $-h(x)\in F[x]$이 되어 $p(x)|(f(x)g(x)-1_F)$이다. 따라서 $f(x)g(x)\equiv 1_F \pmod{p(x)}$이다.

유제 3.10.3 비상수 다항식 $p(x)$가 $F[x]$에서 기약이 아니면, $f(x)$, $g(x)\in F[x]$가 존재하여 $f(x)\not\equiv 0_F \pmod{p(x)}$이고, $g(x)\not\equiv 0_F \pmod{p(x)}$이지만 $f(x)g(x)\equiv 0_F \pmod{p(x)}$이다. 이를 증명하라.

[풀이] $p(x)\in F[x]$는 기약이 아니므로 $f(x)$, $g(x)\in F[x]$가 존재하여 $p(x)=f(x)g(x)$이고 $0<\deg f(x)<\deg p(x)$, $0<\deg g(x)<\deg p(x)$ 이

다. 따라서 $p(x) \nmid f(x)$, $p(x) \nmid g(x)$이고 $p(x) | f(x)g(x)$이다. 그러므로 $f(x) \not\equiv 0_F \pmod{p(x)}$, $g(x) \not\equiv 0_F \pmod{p(x)}$ 이지만 $f(x)g(x) \equiv 0_F \pmod{p(x)}$ 이다.

유제 3.10.4 $\mathbb{Z}_2[x]$에서 x^3+x+1을 법으로 하여 몇 개의 다른 합동류가 존재하는가? 이 합동류를 열거하라.

[풀이] $\mathbb{Z}_2[x]/(x^3+x+1) = \{[ax^2+bx+c] : a,\ b,\ c \in \mathbb{Z}_2\}$이므로 $|\mathbb{Z}_2[x]/(x^3+x+1)| = 2^3 = 8$이다. 더욱이

$$\mathbb{Z}_2[x]/(x^3+x+1) = \{0,\ 1,\ [x],\ [x+1],\ [x^2],\ [x^2+1],\ [x^2+x],\ [x^2+x+1]\}$$

이다.

3.11 합동류의 계산

정수들의 합동류들의 집합은 환 $\mathbb{Z}_n$이 된다. 비슷하게, $F[x]$에서 합동은 역시 새로운 환과 체를 만든다. 이들은 결국 환 $\mathbb{Z}_n$보다 구조가 더 복잡하다.

정리 3.11.1

F는 체이고, $p(x)$는 $F[x]$에서 비상수 다항식이라 하자. $F[x]/(p(x))$에서 $[f(x)] = [g(x)]$이고 $[h(x)] = [k(x)]$이면, $[f(x)+h(x)] = [g(x)+k(x)]$이고 $[f(x)h(x)] = [g(x)k(x)]$이다.

[증명] $f(x) \equiv g(x) \pmod{p(x)}$ 이고 $h(x) \equiv k(x) \pmod{p(x)}$ 이므로 $f(x)+h(x) \equiv g(x)+k(x) \pmod{p(x)}$ 이고 $f(x)h(x) \equiv g(x)k(x) \pmod{p(x)}$ 이다. 정리 3.10.5에 의해서 $[f(x)+h(x)] = [g(x)+k(x)]$이고 $[f(x)h(x)] = [g(x)k(x)]$이다. ■

정리 3.11.1에 의하여 정수에서 처럼 합동류들의 덧셈과 곱셈을 정의할 수 있고, 이 연산들은 각 합동류에서 대표원들의 선택에 무관하다.

정의 3.11.2

F는 체이고 $p(x)$는 $F[x]$에서 비상수 다항식이라 하자. $F[x]/(p(x))$에서 덧셈과 곱셈을 다음과 같이 정의한다.

$$[f(x)]+[g(x)]=[f(x)+g(x)],\quad [f(x)][g(x)]=[f(x)g(x)]$$

| 보기 3.11.1 | $\mathbb{R}[x]$에서 x^2+1를 법으로 하는 합동을 생각하자. 그러면 합동류 $[2x+1]$과 $[3x+5]$의 합과 곱은 각각 다음과 같다.

$$[2x+1][3x+5]=[(2x+1)(3x+5)]=[6x^2+13x+5],$$
$$[(2x+1)+(3x+5)]=[5x+6]$$

보기 3.10.5에서 보았듯이, $\mathbb{R}[x]/(x^2+1)$에 속하는 모든 합동류는 $[ax+b]$ 꼴로 쓰여질 수 있다. $[6x^2+13x+5]$를 이 꼴로 나타내기 위하여, $6x^2+13x+5$를 x^2+1로 나눈다. 그러면

$$6x^2+13x+5=6(x^2+1)+(13x-1)$$

이다. 따라서

$$6x^2+13x+5\equiv 13x-1 \pmod{x^2+1}$$

이므로 $[6x^2+13x+5]=[13x-1]$이다. ■

| 보기 3.11.2 | 보기 3.10.6에서, $\mathbb{Z}_2[x]/(x^2+x+1)=\{[0],\ [1],\ [x],\ [x+1]\}$임을 알았다. 합동류들의 덧셈의 정의를 사용하여, $[x+1]+[1]=[x+1+1]=[x]$ ($\mathbb{Z}_2$에서 $1+1=0$)임을 알 수 있다. 비슷한 계산에 의하여, $\mathbb{Z}_2[x]/(x^2+x+1)$에 대한 다음의 덧셈표를 얻는다. $\mathbb{Z}_2[x]/(x^2+x+1)$에 대한 대부분의 곱셈표 역시 정의로부터 쉽게 얻어진다.

$+$	$[0]$	$[1]$	$[x]$	$[x+1]$
$[0]$	$[0]$	$[1]$	$[x]$	$[x+1]$
$[1]$	$[1]$	$[0]$	$[x+1]$	$[x]$
$[x]$	$[x]$	$[x+1]$	$[0]$	$[1]$
$[x+1]$	$[x+1]$	$[x]$	$[1]$	$[0]$

$\cdot$	$[0]$	$[1]$	$[x]$	$[x+1]$
$[0]$	$[0]$	$[0]$	$[0]$	$[0]$
$[1]$	$[0]$	$[1]$	$[x]$	$[x+1]$
$[x]$	$[0]$	$[x]$		
$[x+1]$	$[0]$	$[x+1]$		

이 표의 나머지를 채워 넣기 위한 예를 들면

$$[x]\cdot[x+1]=[x(x+1)]=[x^2+x]$$

이다. 이제 $\mathbb{Z}_2[x]$에서 긴 나눗셈 또는 간단한 덧셈은 $x^2+x=(x^2+x+1)+1$임을 보여준다. 따라서

$$x^2+x\equiv 1(\text{mod } x^2+x+1)$$

이므로 $[x^2+x]=[1]$이다. 비슷한 계산에 의하여, $[x]\cdot[x]=[x^2]=[x+1]$(왜냐하면 $\mathbb{Z}_2[x]$에서 $x^2=(x^2+x+1)+(x+1)$이기 때문이다)이다. ■

보기 3.11.2에 있는 표들을 보면, $\mathbb{Z}_2[x]/(x^2+x+1)$은 항등원이 있는 가환환(사실은 체이다)임을 알게 될 것이다. 두 표의 왼쪽 위 모퉁이([0]과 [1]의 합과 곱)의 부분집합 $F^*=\{[0],\ [1]\}$은 $\mathbb{Z}_2$와 동형이다(이 두 체계에 대한 표들은 F^*에 있는 대괄호들을 제외하고 일치한다). 이러한 사실들은 다음의 결과를 설명한다.

정리 3.11.3

F는 체이고 $p(x)$는 $F[x]$에서 비상수 다항식이라 하자. 그러면 $F[x]/(p(x))$는 항등원이 있는 가환환이다. 더욱이, $F[x]/(p(x))$는 F와 동형인 부분환 F^*를 포함한다.

[증명] $F[x]/(p(x))$가 항등원이 있는 가환환임을 증명하자(연습문제 3.11.9).

$$F^*=\{[a]\ :\ a\in F\}$$

즉, F^*는 모든 상수 다항식들의 합동류들로 이루어진 $F[x]/(p(x))$의 부분집합이라 하자. F^*는 $F[x]/(p(x))$의 부분환이다. 함수 $\varphi: F \to F^*$를 $\varphi(a) = [a]$로 정의한다. 그러면 분명히 φ는 전사함수이다. $F[x]/(p(x))$의 덧셈과 곱셈의 정의에 의하여,

$$\varphi(a+b) = [a+b] = [a]+[b] = \varphi(a)+\varphi(b),$$
$$\varphi(ab) = [ab] = [a]\cdot[b] = \varphi(a)\cdot\varphi(b)$$

이다. 따라서 φ는 준동형 사상이다. 이제 φ가 단사함수임을 증명하자. 임의의 a, $b \in F$에 의하여 $\varphi(a) = \varphi(b)$라 가정하자. 그러면 $[a] = [b]$이므로 $a \equiv b \pmod{p(x)}$이다. 따라서 $p(x) | (a-b)$이다. 그런데 $\deg p(x) \geq 1$ 이고 $a-b \in F$이므로 $a-b=0$, 즉 $a=b$이다. 그러므로 φ는 단사함수이다. 따라서 $\varphi: F \to F^*$는 동형 사상이다. ■

| 보기 3.11.3 | 보기 3.11.2에서, $\mathbb{Z}_2$와 동형인 부분집합 $F^* = \{[0], [1]\}$을 포함하는 환 $\mathbb{Z}_2[x]/(x^2+x+1)$을 만들기 위하여 $\mathbb{Z}_2[x]$에서 다항식 x^2+x+1을 사용하였다. $\mathbb{Z}_2$를 $\mathbb{Z}_2[x]/(x^2+x+1)$의 내부에 $\mathbb{Z}_2$의 동형의 복사본 F^*와 일치시킨다고 가정하고 F^*의 원소들이 마치 $\mathbb{Z}_2$의 원소인 것처럼 F^*의 원소들을 쓴다. 그러면 보기 3.11.2에 있는 표들은 다음과 같이 된다.

$+$	0	1	$[x]$	$[x+1]$
0	0	1	$[x]$	$[x+1]$
1	1	0	$[x+1]$	$[x]$
$[x]$	$[x]$	$[x+1]$	0	1
$[x+1]$	$[x+1]$	$[x]$	1	0

$\cdot$	0	1	$[x]$	$[x+1]$
0	0	0	0	0
1	0	1	$[x]$	$[x+1]$
$[x]$	0	$[x]$	$[x+1]$	1
$[x+1]$	0	$[x+1]$	1	$[x]$

따라서 $\mathbb{Z}_2[x]/(x^2+x+1)$는 $\mathbb{Z}_2$를 부분집합으로 갖는 환이라 할 수 있다. 이제 E는 부분집합으로 $\mathbb{Z}_2$를 포함하는 임의의 4개 원소의 집합, 즉 $E = \{0, 1, r, s\}$라 하자. E에서 덧셈과 곱셈은 다음과 같이 정의한다.

$+$	0	1	r	s
0	0	1	r	s
1	1	0	s	r
r	r	s	0	1
s	s	r	1	0

$\cdot$	0	1	r	s
0	0	0	0	0
1	0	1	r	s
r	0	r	s	1
s	0	s	1	r

$\mathbb{Z}_2[x]/(x^2+x+1)$에 대한 표들과 E에 대한 표들을 비교하면, 이 두 환은 동형이다($[x]$를 r로 $[x+1]$을 s로 바꾸는 것은 연산표의 한 집합을 다른 집합으로 변화시킨다). 그러므로 E는 본질적으로 앞에서 얻었던 환과 같다. 또한 당연히 E는 부분집합으로 $\mathbb{Z}_2$를 포함한다. ■

체 F와 $F[x]$에서 다항식 $p(x)$가 주어지면, 부분집합으로 F를 포함하는 환을 만들 수 있다. 이렇게 하는 방법은 F를 $F[x]/(p(x))$의 내부에 F의 동형의 복사본 F^*와 동일시하고 F를 $F[x]/(p(x))$의 부분집합으로 생각하는 것이다. 앞으로 F를 F^*와 일치시킨다. 그러므로 $a, b \in F$일 때 $b[x]$를 $[b][x]$ 대신에 $a+b[x]$를 $[a]+[b][x]=[a+bx]$ 대신에 쓸 것이다. 정리 3.11.3을 다음과 같이 쓸 수 있다.

정리 3.11.4

F는 체이고 $p(x)$는 $F[x]$에서 비상수 다항식이라 하자. 그러면 $F[x]/(p(x))$는 F 자신을 포함하는 항등원이 있는 가환환이다.

예제 Ⅰ 3.11.1 $F=\mathbb{Z}_2$이고 $p(x)=x^3+x+1$일 때, $F[x]/(p(x))$에 대한 덧셈과 곱셈표를 만들어라. $F[x]/(p(x))$는 체인가?

[풀이]

$+$	$[0]$	$[1]$	$[x]$	$[x+1]$	$[x^2]$	$[x^2+1]$	$[x^2+x]$	$[x^2+x+1]$
$[0]$	$[0]$	$[1]$	$[x]$	$[x+1]$	$[x^2]$	$[x^2+1]$	$[x^2+x]$	$[x^2+x+1]$
$[1]$	$[1]$	$[0]$	$[x+1]$	$[x]$	$[x^2+1]$	$[x^2]$	$[x^2+x+1]$	$[x^2+x]$
$[x]$	$[x]$	$[x+1]$	$[0]$	$[1]$	$[x^2+x]$	$[x^2+x+1]$	$[x^2]$	$[x^2+1]$
$[x+1]$	$[x+1]$	$[x]$	$[1]$	$[0]$	$[x^2+x+1]$	$[x^2+x]$	$[x^2+1]$	$[x^2]$
$[x^2]$	$[x^2]$	$[x^2+1]$	$[x^2+x]$	$[x^2+x+1]$	$[0]$	$[1]$	$[x]$	$[x+1]$
$[x^2+1]$	$[x^2+1]$	$[x^2]$	$[x^2+x+1]$	$[x^2+x]$	$[1]$	$[0]$	$[x+1]$	$[x]$
$[x^2+x]$	$[x^2+x]$	$[x^2+x+1]$	$[x^2]$	$[x^2+1]$	$[x]$	$[x+1]$	$[0]$	$[1]$
$[x^2+x+1]$	$[x^2+x+1]$	$[x^2+x]$	$[x^2+1]$	$[x^2]$	$[x+1]$	$[x]$	$[1]$	$[0]$

$\cdot$	$[0]$	$[1]$	$[x]$	$[x+1]$	$[x^2]$	$[x^2+1]$	$[x^2+x]$	$[x^2+x+1]$
$[0]$	$[0]$	$[0]$	$[0]$	$[0]$	$[0]$	$[0]$	$[0]$	$[0]$
$[1]$	$[0]$	$[1]$	$[x]$	$[x+1]$	$[x^2]$	$[x^2+1]$	$[x^2+x]$	$[x^2+x+1]$
$[x]$	$[0]$	$[x]$	$[x^2]$	$[x^2+x]$	$[x+1]$	$[1]$	$[x^2+x+1]$	$[x^2+1]$
$[x+1]$	$[0]$	$[x+1]$	$[x^2+x]$	$[x^2+1]$	$[x^2+x+1]$	$[x^2]$	$[1]$	$[x]$
$[x^2]$	$[0]$	$[x^2]$	$[x+1]$	$[x^2+x+1]$	$[x^2+x]$	$[x]$	$[x^2+1]$	$[1]$
$[x^2+1]$	$[0]$	$[x^2+1]$	$[1]$	$[x^2]$	$[x]$	$[x^2+x+1]$	$[x+1]$	$[x^2+x]$
$[x^2+x]$	$[0]$	$[x^2+x]$	$[x^2+x+1]$	$[1]$	$[x^2+1]$	$[x+1]$	$[x]$	$[x^2]$
$[x^2+x+1]$	$[0]$	$[x^2+x+1]$	$[x^2+1]$	$[x]$	$[1]$	$[x^2+x]$	$[x^2]$	$[x+1]$

곱셈표에서 [0]과 [1]이 아닌 다항식의 곱은 모두 0이 아니므로 정역이다. 유한정역은 체이다. 따라서 $\mathbb{Z}_2[x]/(p(x))$는 체이다. ■

유제 3.11.1 $F=\mathbb{Z}_2$이고 $p(x)=x^2+1$일 때, 환 $F[x]/(p(x))$에 대한 덧셈과 곱셈표를 만들어라. $F[x]/(p(x))$는 체인가?

예제 3.11.2 $\mathbb{R}[x]/(x^2+1)$에서 덧셈과 곱셈에 대한 규칙을 결정하라.

[풀이] $\mathbb{R}[x]/(x^2+1)=\{[ax+b]: a, b\in\mathbb{R}\}$이므로 임의로

$$[ax+b],\ [cx+d]\in\mathbb{R}[x]/(x^2+1)$$

을 택하자.

$$\text{(i)}\ \ [ax+b]+[cx+d]=[(a+c)x+(b+d)]$$
$$\text{(ii)}\ \ [ax+b][cx+d]=[acx^2+(ad+bc)x+bd] \tag{3.11.1}$$

$\mathbb{R}[x]/(x^2+1)$의 모든 원소는 $rx+t$ $(r,\ t\in\mathbb{R})$이므로, $acx^2+(ad+bc)x+bd$를 x^2+1로 나누어 그 나머지 $r(x)$를 구한다. 그러면

$$r(x)=(ad+bc)x+bd-ac$$

이므로 식 (3.11.1)에서 $[ax+b][cx+d]=[(ad+bc)x+bd-ac]$이다. ■

유제 3.11.2 $\mathbb{Q}[x]/(x^2-3)$에서 덧셈과 곱셈에 대한 규칙을 결정하라.

3.11 연습문제

[문제 1-3]에서, 합동류들의 환 $F[x]/(p(x))$에 대한 덧셈과 곱셈표를 만들어라. 각 경우에 $F[x]/(p(x))$는 체인가?

1. $F=\mathbb{Z}_2\,;\,p(x)=x^2+x+1$

2. $F=\mathbb{Z}_3\,;\,p(x)=x^2+1$

3. $F=\mathbb{Z}_5\,;\,p(x)=x^2+1$

[연습문제 4-5]에서, 주어진 합동류 환의 각 원소는 $[ax+b]$ 꼴로 쓰여질 수 있다. 합동류들의 덧셈과 곱셈에 대한 규칙을 결정하라. (바꾸어 말하면, 곱$[ax+b][cx+d]$가 류 $[rx+s]$면, a, b, c와 d로부터 r과 s를 구하는 방법을 설명하고 덧셈에 대하여 비슷한 결과를 말하라.)

4. $\mathbb{Q}[x]/(x^2)$

5. $\mathbb{Q}[x]/(x^2-2)$

6. $\mathbb{Q}[x]/(x^2-2)$에서 $[g(x)][2x-3]=[1]$인 다항식 $g(x)\in\mathbb{Q}[x]$를 구하라.

7. 모든 영이 아닌 합동류 $[ax+b]$가 단원임을 확인함으로써 $\mathbb{R}[x]/(x^2+1)$가 체임을 보여라. [도움말 : $[ax+b]$의 역이 $[cx+d]$임을 보여라. 여기서 $c=-a/(a^2+b^2)$이고, $d=b/(a^2+b^2)$이다.]

8. F는 체이고 $p(x)\in F[x]$라 하자. $F^*=\{[a]:a\in F\}$는 $F[x]/(p(x))$의 부분환임을 증명하라.

9. 정리 3.11.3의 첫 번째 명제를 증명하라.

10. $\mathbb{Z}_2[x]$에 속하는 사차 다항식 중에서 근들이 체 $\mathbb{Z}_2[x]/(x^2+x+1)$의 원소인 사차 다항식을 구하여라. 여기서 $\mathbb{Z}_2[x]/(x^2+x+1)$에 대한 덧셈과 곱셈표는 보기 3.11.3에 있다. [도움말 : 인수정리가 도움이 될 수 있다.]

11. $\mathbb{Q}[x]/(x^2-2)$는 체임을 보여라.

12. F는 체이고 $p(x)$, $f(x)\in F[x]$라 하자. $f(x)$가 $p(x)$와 서로소이면, $f(x)$는 환 $F[x]/(p(x))$의 단원임을 증명하라.

3.11 유제풀이

유제 3.11.1 $F=\mathbb{Z}_2$ 이고, $p(x)=x^2+1$일 때, 환 $F[x]/p(x)$에 대한 덧셈과 곱셈표를 만들어라. $F[x]/p(x)$는 체인가?

[풀이]

$+$	$[0]$	$[1]$	$[x]$	$[x+1]$
$[0]$	$[0]$	$[1]$	$[x]$	$[x+1]$
$[1]$	$[1]$	$[0]$	$[x+1]$	$[x]$
$[x]$	$[x]$	$[x+1]$	$[0]$	$[1]$
$[x+1]$	$[x+1]$	$[x]$	$[1]$	$[0]$

$\cdot$	$[0]$	$[1]$	$[x]$	$[x+1]$
$[0]$	$[0]$	$[0]$	$[0]$	$[0]$
$[1]$	$[0]$	$[1]$	$[x]$	$[x+1]$
$[x]$	$[0]$	$[x]$	$[1]$	$[x+1]$
$[x+1]$	$[0]$	$[x+1]$	$[x+1]$	$[0]$

더욱이 $p(x)=x^2+1\in\mathbb{Z}_2[x]$는 기약이 아니다. 또한 $[x+1]$은 역원을 갖지 않는다. 따라서 $\mathbb{Z}_2[x]/(x^2+1)$은 체가 아니다.

유제 3.11.2 $\mathbb{Q}[x]/(x^2-3)$에서 덧셈과 곱셈에 대한 규칙을 결정하라.

[풀이] $\mathbb{Q}[x]/(x^2-3)=\{[ax+b]:a,\ b\in\mathbb{Q}\}$이다. 임의의 $[ax+b]$, $[cx+d]\in\mathbb{Q}[x]/(x^2-3)$에 대하여,

(i) $[ax+b]+[cx+d]=[(a+c)x+(b+d)]$

(ii) $[ax+b][cx+d]=[acx^2+(ad+bc)x+bd]$ (*)

가 된다. 그런데 $\mathbb{Q}[x]/(x^2-3)$의 모든 원소는 $(rx+s)$ 꼴이므로, $acx^2+(ad+bc)x+bd$를 x^2-3으로 나눈 나머지를 $r(x)$라 하자. 그러면

$$r(x)=(ad+bc)x+(3ad+bd)$$

따라서 (*)에서, $[ax+b][cx+d]=[(ad+bc)x+(3ac+bd)]$이다.

3.12 $F[x]/(p(x))$

p가 소수정수일 때, $\mathbb{Z}_p$는 체이다(물론 정역이다). $F[x]$에 대하여 비슷한 결과를 예측할 수 있다(정리 3.12.1). 이미 $F[x]/(p(x))$가 체 F를 포함한다는 것을 알았다. 이제 $F[x]/(p(x))$가 $p(x)$의 근을 포함한다는 것을 보자.

정리 3.12.1

F는 체이고 $p(x)$는 $F[x]$에서 비상수 다항식이라 하자. 그러면 다음의 명제들은 논리적으로 같다.

(1) $p(x)$는 $F[x]$에서 기약이다.

(2) $F[x]/(p(x))$는 체이다.

(3) $F[x]/(p(x))$는 정역이다.

[증명] (1) $\Rightarrow$ (2) : $p(x)$가 $F[x]$에서 기약이라 가정하고 $F[x]/(p(x))$의 임의의 원소 $[a(x)] \neq [0]$를 택하자. 그러면, 정리 3.10.5에 의하여

$$a(x) \not\equiv 0 \pmod{p(x)} \Leftrightarrow [a(x)] \neq 0$$

이므로 $F[x]$에서 $p(x) \nmid a(x)$이다. 그런데 $p(x)$가 $F[x]$에서 기약이므로 $a(x)$와 $p(x)$의 최대공약수는 1_F이어야만 한다. 정리 3.5.3에 의하여, 다항식 $u(x)$와 $v(x)$가 존재하여 $1 = p(x)u(x) + a(x)v(x)$을 만족한다. 그러면 $a(x)v(x) - 1 = p(x)(-u(x))$이므로 $a(x)v(x) \equiv 1 \pmod{p(x)}$이다. 정리 3.10.5에 의하여, $F[x]/(p(x))$에서 $[a(x)v(x)] = [1]$이고 $[a(x)][v(x)] = [1]$이므로 $x = [v(x)]$는 $[a(x)]x = [1]$의 해이다.

(2) $\Rightarrow$ (3) : $F[x]/(p(x))$가 체라 가정하자. 따름정리 3.2.8에 의해 성립한다.

(3) $\Rightarrow$ (1) : $F[x]/p(x)$가 정역이라 가정하자. $p(x) = a(x)b(x)$이라 하면 $a(x)b(x) \equiv 0 \pmod{p(x)}$이다. 정리 3.10.5에 의하여 $[a(x)][b(x)] = 0$이다. $F[x]/p(x)$가 정역이므로 $[a(x)] = [0]$ 또는 $[b(x)] = 0$이다. $[a(x)] = 0$이라 가정하자. $a(x) \equiv 0 \pmod{p(x)}$이므로 $p(x)|a(x)$이다. 적당한 다항식 $k(x) \in F[x]$가 존재하여 $a(x) = k(x)p(x)$이다. $p(x) = a(x)b(x) = k(x)p(x)b(x)$이므로 $1 = k(x)b(x)$이다. 따라서 $b(x)$는 상수 다항식이므로 $a(x)$는 $p(x)$의 동반원이다. ■

정리 3.12.1을 사용하여 유한체를 만들 수 있다. p가 소수이고 $p(x)$가 차수 k인 $\mathbb{Z}_p[x]$에서 기약이면, 정리 3.12.1에 의하여, $\mathbb{Z}_p[x]/(p(x))$는 체이다. 보기 3.10.7은 이 체가 p^k개의 원소를 가짐을 보여준다. 유한체는 6.6절에서 또 논의된다. 여기서 $\mathbb{Z}_p[x]$에서 모든 양의 차수의 기약 다항식이 있고 따라서 모든 가능한 소수 거듭 제곱 개수의 유한체가 존재함을 보여준다.

F는 체, $p(x)$는 $F[x]$에서 기약 다항식이고 K는 합동류들의 체 $F[x]/(p(x))$를 나타낸다고 하자. 정리 3.11.4와 정리 3.12.1에 의하여, F는 체 K의 부분체이다. 또한 K를 F의 **확대체(extension field)**라 한다. $F[x]$의 다항식들은 더 큰 체 K에서 계수들을 갖는다고 생각할 수 있고, K에서 이와 같은 다항식들의 근에 관하여 질문할 수 있다. 비록 $p(x)$가 $F[x]$에서 기약일지라도, $p(x)$는 확대체 K에서 근을 가질 수 있다.

| 보기 3.12.1 | 다항식 $p(x)=x^2+x+1$은 $\mathbb{Z}_2$에서 근을 갖지 않는다. 따름정리 3.7.6에 의하여 $p(x)$는 $\mathbb{Z}_2[x]$에서 기약이다. 따라서 정리 3.12.1에 의하여, $K=\mathbb{Z}_2[x]/(x^2+x+1)$은 $\mathbb{Z}_2$의 확대체이다. ■

보기 3.11.3에 있는 K에 대한 표들을 사용하면,

$$[x^2]+[x]+1=[x+1]+[x]+1=[2x+1]+1=1+1=0$$

이다. 다른 표시법을 사용하면 이 결과를 이해하는데 약간 더 쉬울 수 있다. $\alpha=[x]$라 하자. 그러면 위의 계산에 의하여, $\alpha^2+\alpha+1=0$, 즉 α는 $p(x)=x^2+x+1$의 K에서 근이다. $x^2+x+1\equiv 0 \pmod{x^2+x+1}$ 이기 때문에 α가 $p(x)$의 근임을 증명하기 위하여 K에 대한 덧셈과 곱셈표를 여기에서 필요로 하지 않는다. 그러므로 $[x^2+x+1]=0\in K$이고 합동류 계산의 정의에 의하여,

$$\alpha^2+\alpha+1=[x]^2+[x]+1=[x^2+x+1]=0$$

이다. 일반적인 경우에 대하여 다음의 결과를 얻는다.

정리 3.12.2

F는 체이고 $p(x)$는 $F[x]$에서 기약 다항식이라 하자. 그러면 $F[x]/(p(x))$은 $p(x)$의 근을 포함하는 F의 확대체이다.

[증명] $K=F[x]/(p(x))$라 하자. 정리 3.11.4와 정리 3.12.1에 의하여, K는 F의 확대체다.

$p(x) = a_n x^n + \cdots + a_1 x + a_0 \in F[x]$라 하자. 그러면 각 $a_i \in F$이고 $a_i \in K$이다. $\alpha = [x] \in K$라 하자. K에서 합동류 계산의 정의에 의하여,

$$\begin{aligned} a_n x^n + \cdots + a_1 x + a_0 &= a_n [x]^n + \cdots + a_1 [x] + a_0 \\ &= [a_n x^n + \cdots + a_1 x + a_0] \\ &= [p(x)] = 0_F \quad [p(x) \equiv 0_F \ (\text{mod } p(x)) \text{ 이므로}] \end{aligned}$$

이다. 따라서 α는 $p(x)$의 근이다. ■

따름정리 3.12.3

F는 체이고 $f(x)$는 $F[x]$에서 비상수 다항식이라 하자. 그러면 $f(x)$의 한 근을 포함하는 F의 확대체 K가 존재한다.

[증명] 정리 3.6.6에 의하여, $f(x)$는 $F[x]$에서 기약인수 $p(x)$를 갖는다. 정리 3.12.2에 의하여, $K = F[x]/(p(x))$는 $p(x)$의 근을 포함하는 F의 확대체이다. $p(x)$의 모든 근은 $f(x)$의 근이다. 따라서 K는 $f(x)$의 근을 포함한다. ■

제곱이 -1이 되는 수에 대하여 질문하는 대신에 다항식 x^2+1의 근과 $\mathbb{R}$을 포함하는 체가 존재하는가라고 질문할 수 있을 것이다. x^2+1은 $\mathbb{R}[x]$에서 기약이므로, 따름정리 3.12.3에 의하여 이러한 체는 존재한다. $K = \mathbb{R}[x]/(x^2+1)$은 x^2+1의 근, $\alpha = [x]$를 포함하는 $\mathbb{R}$의 확대체이다. 체 K에서 α는 제곱이 -1이 되는 원소이다. 보기 3.10.5에서 보았듯이 $K = \mathbb{R}[x]/(x^2+1)$의 모든 원소는 $[a+bx]$ $(a,\ b \in \mathbb{R})$ 꼴로 유일하게 써질 수 있다. 각 원소 $r \in \mathbb{R}$을 K의 원소 $[r]$과 일치시키고 있으므로, K의 모든 원소는

$$[a+bx] = [a] + [b][x] = a + b\alpha$$

꼴로 유일하게 써질 수 있다. K에서 덧셈은 규칙

$$\begin{aligned} (a+b\alpha) + (c+d\alpha) &= [a+bx] + [c+dx] = [(a+bx)+(c+dx)] \\ &= [(a+c)+(b+d)x] = [a+c] + [b+c][x] \end{aligned}$$

로 주어진다. 그러므로

$$(a+b\alpha) + (c+d\alpha) = (a+c) + (b+d)\alpha$$

이다. K에서 곱은 다음의 규칙으로 주어진다 :

$$
\begin{aligned}
(a+b\alpha)(c+d\alpha) &= [a+bx][c+dx] = [(a+bx)(c+dx)] \\
&= [ac+(ad+bc)x+bdx^2] \\
&= ac+(ad+bc)\alpha+bd\alpha^2
\end{aligned}
$$

이다. 그런데 α는 x^2+1의 근이므로, $\alpha^2=-1$이다. 따라서 K에서 곱셈에 대한 규칙은 다음과 같이 된다 :

$$(a+b\alpha)(c+d\alpha)=(ac-bd)+(ad+bc)\alpha$$

기호 α를 기호 i로 바꾸게 되면, 이 두 덧셈과 곱셈의 규칙은 복소수를 더하고 곱하게 되는 보통의 규칙이 된다. 공식적인 표현을 빌면, 체 K는 $f(a+b\alpha)=a+bi$로 주어지는 동형 사상 f와 함께, 체 $\mathbb{C}$와 동형이다.

3.12 연습문제

1. $a\in F$일 때, 체 $F[x]/(x-a)$를 설명하라.

2. (1) $\mathbb{Q}(\sqrt{2})=\{r+s\sqrt{2}: r,\ s\in\mathbb{Q}\}$는 $\mathbb{R}$의 부분체임을 증명하라.
(2) $\mathbb{Q}(\sqrt{2})$는 $\mathbb{Q}[x]/(x^2-2)$와 동형임을 보여라.

3. (1) $\mathbb{Q}(\sqrt{3})=\{r+s\sqrt{3}: r,\ s\in\mathbb{Q}\}$는 $\mathbb{R}$의 부분체임을 증명하라.
(2) $\mathbb{Q}(\sqrt{3})$는 $\mathbb{Q}[x]/(x^2-3)$와 동형임을 보여라.

4. $p(x)$는 $F[x]$에서 기약이라 하자. 정리 3.12.1을 사용하지 않고, $F[x]/(p(x))$에서 $[f(x)][g(x)]=[0_F]$면, $[f(x)]=[0_F]$ 또는 $[g(x)]=[0_F]$임을 증명하라.

5. $p(x)$는 $F[x]$에서 기약이다. $F[x]/(p(x))$에서 $[f(x)]\neq[0_F]$이고 $h(x)\in F[x]$이라 하자. $f[x]/(p(x))$에서 $[f(x)][g(x)]=[h(x)]$를 만족하는 $g(x)\in F[x]$가 존재함을 증명하라.

6. $p(x)$가 $F[x]$에서 기약 이차 다항식이면, $F[x]/(p(x))$는 $p(x)$의 모든 근을 포함함을 증명하라.

7. $f(x)\in F[x]$의 차수가 n이면 F의 확대체 E와 (다를 필요가 없는) $c_i\in E$가 존재하

여 $f(x)=c_0(x-c_1)(x-c_2)\cdots(x-c_n)$이다. 다른 말로 하면, E는 $f(x)$의 모든 근을 포함한다. 이를 증명하라.

8. (1) $\mathbb{Z}_2[x]/(x^3+x+1)$는 체임을 보여라.

(2) $\mathbb{Z}_2[x]/(x^3+x+1)$는 x^3+x+1의 세 개의 근 모두를 포함함을 보여라.

9. $\mathbb{Q}[x]/(x^2-2)$는 $\mathbb{Q}[x]/(x^2-3)$와 동형이 아님을 보여라.

10. $\mathbb{Z}_2[x]$에서 차수 1, 2 또는 4인 모든 다항식은 $\mathbb{Z}_2[x]/(x^4+x+1)$에서 근을 가짐을 보여라.

3.13 이데알

$\mathbb{Z}$에서 n을 법으로 하는 합동류와 $F[x]$에서 $p(x)$를 법으로 하는 합동류를 공부했다. 이제 이들을 포함하는 임의의 환에서 합동의 개념을 정의하고 공부하자. 약간 다른 관점에서 $\mathbb{Z}$와 $F[x]$ 위에서의 합동을 살펴보자.

| 보기 3.13.1 | 환 $\mathbb{Z}$에서, $a\equiv b \pmod 3$은 $3\mid(a-b)$임을 의미한다. I를 3의 모든 배수들의 집합, 즉 $I=\{0,\ \pm3,\ \pm6,\ \cdots\}$라 하자. 그러면 3을 법으로 하는 합동은 다음과 같이 특성화될 수 있다 :

$$a\equiv b \pmod 3 \Leftrightarrow a-b\in I$$

실제로 부분집합 I는 $\mathbb{Z}$의 부분환(3의 배수들의 합과 곱은 역시 3의 배수이다)임을 알 수 있다. 더욱이 임의의 정수와 3의 배수의 곱은 다시 3의 배수다. 따라서 부분환 I는 아래의 성질을 갖는다 :

$$k\in\mathbb{Z}\text{이고 } i\in I\text{이면, } ki\in I\text{이다.}$$ ■

| 보기 3.13.2 | 다항식환 $\mathbb{Q}[x]$에서 표시법 $f(x)\equiv g(x) \pmod{x^2-2}$는 $(x^2-2)\mid[f(x)-$

$g(x)]$ 임을 의미한다. I는 $\mathbb{Q}[x]$에서 x^2-2의 모든 배수들의 집합, 즉

$$I=\{h(x)(x^2-2) : h(x)\in\mathbb{Q}[x]\}$$

라 하자. 그러면 I가 다음의 성질을 갖는 $\mathbb{Q}[x]$의 부분환임을 확인하는 것은 어렵지 않다.

$$k(x)\in\mathbb{Q}[x] \text{ 이고 } t(x)\in I \text{ 이면, } k(x)t(x)\in I \text{ 이다.}$$

(x^2-2의 배수에 어떤 다항식을 곱해도 다시 x^2-2의 배수이다). 그러므로 x^2-2를 법으로 하는 합동은 I에 의하여 아래와 같이 설명될 수 있다 :

$$f(x)\equiv g(x) \pmod{x^2-2} \iff f(x)-g(x)\in I$$ ■

이 두 보기는 환 R에서 합동은 어떤 부분환에 의해서 정의될 수 있음을 암시한다. I가 이와 같은 부분환이면 $a\equiv b \pmod I$는 $a-b\in I$를 의미하는 것으로 정의할 수 있다. 부분환 I는 위의 두 보기에서처럼 어떤 고정된 원소의 모든 배수로 이루어질 수 있다. 그러나 이 경우로 제한할 이유는 없다. 이 두 보기는 이와 같은 부분환 I에 대한 열쇠가 되는 성질이 "곱을 흡수한다" : I의 원소에 환 R의 임의의 원소(I의 원소 또는 I에 속하지 않는 원소)를 곱할 때는 언제나 결과의 곱이 I의 원소임을 알 수 있다. 어떤 고정된 원소의 모든 배수들의 집합은 이 흡수성질(absorption property)을 갖는다. 많은 다른 환들이 이 성질을 가짐을 알 수 있다. 이와 같은 환들은 앞으로 배울 이론에 결정적인 역할을 하기 때문에, 이들 환에 이름을 주고 이들의 기초적인 성질들을 생각해 보자.

정의 3.13.1

환 R의 부분환 I가 있을 때, $r\in R$, $a\in I$에 대하여 $ra\in I$이고 $ar\in I$이면 부분환 I를 이데알(ideal)이라 한다.

$ra\in I$이고 $ar\in I$인 2중의 흡수조건은 비가환환(non-commutative ring)에 대하여 필요하다. R이 가환환일 때, 앞의 두 보기에서처럼 이 조건은 $ra\in I$로 충분하다.

| 보기 3.13.3 | 환 R에서 영이데알(zero ideal)은 하나의 원소 0_R로 이루어진다. 각 $r\in R$에 대하여 $r0_R=0_R=0_Rr$이므로, 모든 곱을 흡수하는 부분환이다. 환 R 자신 역시 이데알이다. ■

| 보기 3.13.4 | 3의 모든 배수들의 집합 I는 $\mathbb{Z}$에서 이데알임을 알았다. 일반적으로, 임의의 환 R이 항등원이 있는 가환환이고 $c \in R$일 때 I를 c의 모든 배수들의 집합, 즉 $I = \{rc : r \in R\}$라 하자. 그러면 I는 R에서 이데알이다(예제 3.13.1). 이때, I를 c가 만드는 주 이데알(the principal ideal generated by c)이라 하고 보통 (c)로 나타낸다. ■

정의 3.13.2
R을 항등원이 있는 가환환이라 하고 $c \in R$일 때 $I = \{rc : r \in R\}$라 하자. 이때, I를 c가 만드는 주 이데알(the principal ideal generated by c)이라 하고 보통 (c)로 나타낸다.

| 보기 3.13.5 | 환 $\mathbb{Z}[x]$에서, I는 상수항들이 짝수 정수인 다항식들의 집합이라 하자. 예를 들면 $x^3 + x + 6 \in I$이지만 $4x^2 + 3 \not\in I$이다. I가 $\mathbb{Z}[x]$에서 이데알이지만 주 이데알이 아님을 보이자. 먼저 임의의 다항식 $f(x) \in \mathbb{Z}[x]$와 $g(x) \in I$에 대하여, $g(x)$의 상수항이 짝수이므로 분명히 $f(x)g(x)$의 상수항도 짝수이다. 따라서 $f(x)g(x) \in I$이므로 I는 이데알이다. 이제 I가 주 이데알이라 가정하자. 그러면 $p(x) \in \mathbb{Z}[x]$가 존재하여

$$I = \{a(x)p(x) : a(x) \in \mathbb{Z}[x]\} = (p(x))$$

이다. 상수 다항식 2는 I에 속하므로 $a(x) \in \mathbb{Z}[x]$이 존재하여 $2 = a(x)p(x)$이다. 정리 3.4.3에 의하여, $\deg p(x) = 0$ 이므로 $p(x)$는 상수 다항식이다. $p(x) = c$라 하자. $p(x) \in I$이므로, c는 짝수 정수이다. $p(x) \mid 2$이므로, $c = \pm 2$이다. 즉, $I = (2)$이다. 한편, x는 짝수 상수항 0을 가지므로, $x \in I = (p(x))$이므로 $2 \mid x$가 된다. 이것은 불가능하다. 그러므로 I는 $p(x)$의 모든 배수들로 이루어지지 않는다. 따라서 I는 주 이데알이 아니다. ■

| 보기 3.13.6 | T를 $\mathbb{R}$에서 $\mathbb{R}$로의 모든 연속함수들의 환이고 $I = \{g(x) \in T : g(2) = 0\}$라 하자. 그러면 I는 T의 부분환이다. f는 T에 속하는 임의의 함수이고 $g \in I$이면

$$(fg)(2) = f(2)g(2) = f(2) \cdot 0 = 0$$

이다. 따라서 $fg \in I$이고 비슷하게 $gf \in I$이다. 따라서 I는 T에서 이데알이다. ■

| 보기 3.13.7 | 부분환 $\mathbb{Z}$는 $\mathbb{Q}$에서 이데알이 아니다. 왜냐하면 $\mathbb{Z}$는 흡수성질을 갖지 않기 때문이다. 예컨대 $\frac{1}{2}\in\mathbb{Q}$이고 $5\in\mathbb{Z}$이지만, 이들의 곱 $\frac{5}{2}\notin\mathbb{Z}$이다. ■

| 보기 3.13.8 | $M(\mathbb{R})$은 $\mathbb{R}$ 위에서 모든 2×2 행렬들의 환이고 I는 $\begin{pmatrix} a & 0 \\ b & 0 \end{pmatrix}$ 꼴의 모든 행렬들의 집합이라 하자. 여기서 $a,\ b\in\mathbb{R}$이다. 그러면 I는 $M(\mathbb{R})$의 부분환이다. I가 왼쪽에서 곱을 흡수한다는 것을 보여주기는 쉽다 :

$$\begin{pmatrix} r & s \\ t & u \end{pmatrix}\begin{pmatrix} a & 0 \\ b & 0 \end{pmatrix}=\begin{pmatrix} ra+sb & 0 \\ ta+ub & 0 \end{pmatrix}$$

그러나 I는 $M(\mathbb{R})$에서 이데알이 아니다. 왜냐하면 I는 오른쪽에서 곱을 흡수할 수 없기 때문이다. 예컨대

$$\begin{pmatrix} 1 & 0 \\ 2 & 0 \end{pmatrix}\begin{pmatrix} 3 & 4 \\ 5 & 6 \end{pmatrix}=\begin{pmatrix} 3 & 4 \\ 6 & 8 \end{pmatrix}$$

이다. 때때로 이 부분환 I를 **왼쪽 이데알(left ideal)**이라 한다. ■

정리 3.13.3

I가 환 R의 임의의 공집합이 아닌 부분집합이라 하자. I가 이데알일 필요충분조건은 I가 다음의 조건을 만족하는 것이다.

(i) $a,\ b\in I$면, $a-b\in I$ 이다.

(ii) $r\in R$이고 $a\in I$면, $ra\in I$이고 $ar\in I$이다.

[증명] $\Rightarrow$] 필요조건이 성립하는 것의 증명은 분명하다(별해: 간단하게 정의 3.1.4에 의하여 곱셈에 닫혀 있음을 보여 증명하면 간단히 할 수 있다).

$\Leftarrow$] I가 조건 (i)과 (ii)를 만족한다고 가정하자. I가 부분환임을 보이기 위해서, I가 덧셈과 곱셈에 관하여 닫혀있고 I의 모든 원소의 덧셈의 역이 I의 원소임을 보일 필요가 있다. 환 공리의 나머지(결합성, 분배성 등)는 자동적으로 I에서 성립한다. 왜냐하면 이들은 R의 모든 원소들에 대하여 성립하기 때문이다. $I\neq\varnothing$이므로, $a\in I$가 존재하고 조건 (i)을 적용하면, $a-a=0_R\in I$이다. 이제 $d\in I$를 임의로 택하자. 그러면, 조건 (i)에 의하여, $0_R-d=-d\in I$이다. 마지막으로 $c,\ d\in I$를 임의로 택하자. 그러면 $-d\in I$이고, 조건에 (i)에 의하여, $c-(-d)=c+d\in I$이다. 그러므로 덧셈에 대하여 닫혀 있다.

조건 (ii)는 I의 원소에 의한 곱셈은 언제나 I의 원소를 만든다는 것을 보여준

다. 특히 임의의 $a,\ b \in I$에 대하여 $ab \in I$이다. 그러므로 I는 곱셈에 관하여 닫힌다. 따라서 I는 이데알이다. ■

이제 이데알을 사용하여 임의의 환에서 합동을 정의할 수 있다.

정의 3.13.4

I가 환 R에서 이데알이고 $a,\ b \in R$라 하자. $a-b \in I$이면 a가 I를 법으로 b와 **합동**이다(a is conguence to b modulo I)라고 하고 $a \equiv b \pmod I$로 쓴다.

보기 3.13.1은 정수에서 3을 법으로 하는 합동이 이데알 I를 법으로 하는 합동과 같은 것임을 보여준다. 여기서 I는 3의 모든 배수들의 주 이데알 (3)이다. 비슷하게, 보기 3.13.2는 $\mathbb{Q}[x]$에서 x^2-2를 법으로 하는 합동이 주 이데알 (x^2-2)를 법으로 하는 합동과 같음을 보여준다. 따라서 이데알을 법으로 하는 합동은 이 책에서 앞에 사용된 $\mathbb{Z}$와 $F[x]$에서 합동의 개념을 일반화한 것이다.

보기 3.13.9 T는 $\mathbb{R}$에서 $\mathbb{R}$로의 모든 연속함수들의 환이고 I는 $g(2)=0$인 모든 함수 g들의 이데알이라 하자. $f(x)=x^2+6$이고 $h(x)=5x \in T$이면, $f \equiv h \pmod I$이다. 이를 증명하라.

[증명] 분명히 $f-h \in T$이다. 한편,

$$(f-h)(2)=f(2)-h(2)=(2^2+6)-(5 \cdot 2)=0$$

이므로 $f \equiv h \pmod I$이다. ■

보기 3.13.9는 T에서 I는 주 이데알이 아님을 증명한 것이다. 사실 I는 T에서 주 이데알이 아니다. 왜냐하면 $f(x)=x^2-4,\ g(x)=e^x-e^2$라 하면 $f(2)=0,\ g(2)=0$이므로 모두 I의 원소이지만 두 함수는 서로가 배수가 될 수가 없다. 만약 T'이 $\mathbb{R}$에서 $\mathbb{R}$로의 모든 다항함수들의 환이라 하면 I는 T'의 주 이데알이다. 왜냐하면 인수정리에 의해 $f(2)=0$이란 함수 f가 $x-2$라는 인수를 갖는 다항함수이므로 그러한 모든 함수들은 $x-2$의 배수가 되므로 $I=(x-2)$가 된다.

정리 3.13.5

I는 환 R에서 이데알이라 하자. 그러면 I를 법으로 하는 합동관계는 R에서 동치 관계이다. 즉, 이 관계는

(1) **반사율** : 모든 $a \in R$에 대하여, $a \equiv a \pmod{I}$;

(2) **대칭률** : $a \equiv b \pmod{I}$ 이면, $b \equiv a \pmod{I}$;

(3) **추이율** : $a \equiv b \pmod{I}$ 이고 $b \equiv c \pmod{I}$ 이면, $a \equiv c \pmod{I}$ 이다.

[증명] (1) 임의로 $a \in R$를 택하면 $a - a = 0_R \in I$ 이므로 $a \equiv a \pmod{I}$ 이다.

(2) $a \equiv b \pmod{I}$ 라 가정하면 $a - b \in I$이다. 따라서 $i \in I$ 가 존재하여 $a - b = i$를 만족한다. 그러므로 $b - a = -(a-b) = -i$이다. I는 이데알이므로 $b - a = -i \in I$(덧셈에 대한 역원)이다. 따라서 $b \equiv a \pmod{I}$ 이다.

(3) $a \equiv b \pmod{I}$ 이고 $b \equiv c \pmod{I}$ 라 가정하자. 그러면, 합동의 정의에 의하여, $i, j \in I$ 가 존재하여 $a - b = i$이고 $b - c = j$이다. 따라서 $a - c = (a-b) + (b-c) = i + j$ 이다. 이데알 I는 덧셈에 관하여 닫혀있으므로 $i + j \in I$가 되어 $a \equiv c \pmod{I}$ 이다. ■

정리 3.13.6

I는 환 R에서 이데알이라 하자. $a \equiv b \pmod{I}$ 이고 $c \equiv d \pmod{I}$ 이면,

(1) $a + c \equiv b + d \pmod{I}$ (2) $ac \equiv bd \pmod{I}$

[증명] $a \equiv b \pmod{I}$ 이고 $c \equiv d \pmod{I}$ 라 가정하자. 그러면, 합동의 정의에 의하여 $i, j \in I$ 가 존재하여

$$a - b = i \text{이고 } c - d = j \tag{3.13.1}$$

이다.

(1) (3.13.1)로부터,

$$(a+c) - (b+d) = (a-b) + (c-d) = i + j \in I$$

(2) 역시 (3.13.1)로부터,

$$ac - bd = ac - bc + bc - bd = (a-b)c + b(c-d) = ic + bj$$

이다. 이데알 I는 왼쪽과 오른쪽 양쪽에서 곱을 흡수하므로, $ic \in I$이고 $bj \in I$

이다. 따라서 $ac-bc=ic+bj\in I$이다. 따라서 $ac\equiv bd \pmod{I}$이다. ■

I가 환 R에서 이데알이고 $a\in R$이면, I를 법으로 하는 a의 **합동류**(the congruence class of a modulo I)는 다음과 같은 I를 법으로 하는 a와 합동인 R의 모든 원소들의 집합이다.

$$\begin{aligned}\{b\in R : b\equiv a \pmod{I}\} &= \{b\in R : b-a\in I\}\\ &= \{b\in R : i\in I\text{이 존재하여 } b-a=i\text{이다.}\}\\ &= \{b\in R : i\in I\text{이 존재하여 } b=a+i\text{이다.}\}\\ &= \{a+i : i\in I\}\end{aligned}$$

따라서 I를 법으로 하는 합동류를 $\mathbb{Z}$와 $F[x]$에서 사용되었던 기호를 $[a]$보다는 오히려 기호 $a+I$로 나타낼 것이다. $a+I$에서 '+' 부호는 형식적인 기호에 불과하다. 원소와 이데알의 합을 정의하지 않았다. 이러한 관계에서, 합동류 $a+I$를 보통 R에서 I의 **(왼쪽)잉여류**((left) coset)라 한다. **나머지류**라고도 한다.

정리 3.13.7

I는 환 R에서 이데알이고 $a,\ c\in R$라 하자.
그러면 $a\equiv c \pmod{I}$일 필요충분조건은 $a+I=c+I$이다.

[증명] ⇒] $b\in a+I$라 하자. $a\equiv b \pmod{I}$이다. 가정에 의해 $a\equiv c \pmod{I}$이고 정리 3.13.5(3)에 의하여 $b\equiv c \pmod{I}$이다. 따라서 $b\in c+I$이다. 그러므로 $a+I\subseteq c+I$이다. 비슷하게 $a+I\supseteq c+I$를 보일 수 있다. 따라서 $a+I=c+I$이다.

⇐] $a+I=c+I$이라 하자. $a\in a+I$이므로 $a\in c+I$이다. 합동류의 정의에 의해 $a\equiv c \pmod{I}$이다. ■

따름정리 3.13.8

I는 환 R에서 이데알이라 하자. I의 두 나머지류는 서로소이거나 일치한다.

[증명] $a+I$와 $c+I$가 서로소이면 증명할 필요가 없다. $a+I\cap c+I\neq\varnothing$라 가정하자. 그러면 $b\in R$가 존재하여 $b\in a+I$이고 $b\in c+I$이다. 나머지류의 정의에 의하여 $b\equiv a \pmod{I}$이고 $b\equiv c \pmod{I}$이다. 추이법칙에 의해 $a\equiv c \pmod{I}$이므로 $a+I=c+I$이다. ■

I가 환 R에서 이데알일 때, I의 모든 잉여류(I를 법으로 하는 합동류)들의 집합을 R/I로 나타낸다. 즉, $R/I=\{a+I \mid a\in R\}$이다.

❙보기 3.13.10❙ I가 환 $\mathbb{Z}$에서 주 이데알 (3)이라 하자. $\mathbb{Z}/I$를 구하라.

[증명] I의 잉여류는 바로 3을 법으로 하는 합동류다. 따라서 세 개의 다른 잉여류가 있다 : $0+I=[0]$, $1+I=[1]$과 $2+I=[2]$이다. 따라서 $\mathbb{Z}/I=\mathbb{Z}_3$이다. ■

❙보기 3.13.11❙ I는 짝수 상수항을 갖는 모든 다항식들로 이루어진 $\mathbb{Z}[x]$에서의 이데알이라 하자. $\mathbb{Z}[x]/I$를 구하라.

[풀이] 임의의 잉여류 $f(x)+I\in\mathbb{Z}[x]/I$를 택하자. $f(x)\in\mathbb{Z}[x]$이므로, $f(x)$의 상수항은 짝수 또는 홀수이다.

경우 1 : $f(x)$의 상수항이 짝수라 가정하자. 그러면 $f(x)\in I$이고 $f(x)\equiv 0 \pmod{I}$이다. 그러므로 정리 3.13.7에 의하여, $f(x)+I=0+I$이다.

경우 2 : $f(x)$의 상수항이 홀수라 가정하자. 그러면 $f(x)-1$은 짝수 상수항을 갖게 되고 $f(x)\equiv 1 \pmod{I}$이다. 그러므로 정리 3.13.7에 의하여, $f(x)+I=1+I$이다. 따라서 $\mathbb{Z}[x]/I=\{0+I,\ 1+I\}$이다. ■

❙보기 3.13.12❙ T는 $\mathbb{R}$에서 $\mathbb{R}$로의 모든 연속함수들의 환이고 I는 $g(2)=0$인 모든 함수 g들의 이데알이라 하자. 그러면 T/I는 I의 무한히 다른 잉여류들로 이루어진 집합이다. 이를 증명하라.

[풀이] 각 $r\in\mathbb{R}$에 대하여, 상수함수 $f_r(x)=r$은 T의 원소이다. 임의의 $h(x)\in T$에 대하여, $h(2)\in\mathbb{R}$이다. 이제 임의의 $r\in\mathbb{R}$에 대하여 $h(2)=r$라 하면

$$(h-f_r)(2)=h(2)-f_r(2)=r-r=0$$

이다. 따라서 $h-f_r\in I$이므로 $h\equiv f_r \pmod{I}$이다. 따라서 $h+I=f_r+I$이다. 그러므로 I의 모든 잉여류는 어떤 실수 r에 대하여 f_r+I 꼴로 써질 수 있다. 더욱이, $c\neq d$이면 $f_c(2)\neq f_d(2)$이므로 $[f_c-f_d](2)\neq 0$이다. 따라서 $f_c\not\equiv f_d \pmod{I}$이다. 그러므로 $f_c+I\neq f_d+I$가 된다. 따라서 T/I는 각 $r\in\mathbb{R}$에 대하여 하나씩인, I의 무한히 많은 잉여류들로 이루어지는 집합이다. ■

예제❙3.13.1 R이 가환환이고 $c\in R$이면 $I=(c)=\{rc : r\in R\}$는 R에서 이데알임을 보여라.

[풀이] (i) 분명히 $I \subset R$이다. 임의로 a, $b \in I$를 택하자. 그러면 r, $r' \in R$이 존재하여 $a = rc$이고 $b = r'c$를 만족한다. 따라서 $a - b = rc - r'c = (r - r')c$이고 $r - r' \in R$이다. 그러므로 $a - b \in I$이다.

(ii) 임의로 $r \in R$과 임의로 $a \in I$를 택하자. 그러면 $s \in R$이 존재하여 $a = sc$이다. 따라서 $ra = r(sc) = (rs)c$이고 여기서 $rs \in R$이므로 $ra \in I$이다. R이 가환환이므로 $ar \in I$이다. 따라서 I는 R에서 이데알이다. ■

유제 3.13.1 R은 가환환이지만 항등원을 갖지 않는다고 하자. c는 예제 3.13.1에서 정의된 이데알 I의 원소인가?

[도움말 : 짝수 정수들의 환 E에서 이데알 $\{2k : k \in E\}$를 생각하라.]

유제 3.13.2 R은 항등원이 없는 가환환이고 $a \in R$라 하자. $A = \{ra + na : r \in R, n \in \mathbb{Z}\}$는 a를 포함하는 이데알이고 a를 포함하는 모든 이데알은 역시 A를 포함한다. 이를 증명하라. 이때, A를 $\boldsymbol{a}$가 만드는 주 이데알이라 한다.

예제 3.13.2 짝수 상수항을 갖는 모든 다항식들의 집합 I는 $\mathbb{Z}[x]$에서 이데알임을 보여라.

[풀이] $f(x)$, $g(x) \in I$라 하면 $f(x) - g(x)$의 상수항도 짝수이므로 $f(x) - g(x) \in I$이다. 또한 $f(x) \in I$, $g(x) \in \mathbb{Z}[x]$에 대하여 $f(x)g(x)$도 $g(x)$의 상수항이 무엇이든지 간에 $f(x)$의 상수항이 짝수이므로 $f(x)g(x)$의 상수항도 짝수이므로 $f(x)g(x) \in I$이다. ■

유제 3.13.3 $\mathbb{Z}[x]$에서 모든 상수 다항식들의 집합 K는 부분환이지만 $\mathbb{Z}[x]$에서 이데알이 아님을 보여라.

예제 3.13.3 $\mathbb{Z}_5$에서 서로 다른 주 이데알들을 열거하라.

[풀이] I가 $\mathbb{Z}_5$에서 주 이데알일 필요충분조건은 적당한 $r \in \mathbb{Z}_5$이 존재하여 $I = \{ra : a \in \mathbb{Z}_5\}$인 것이다. 따라서 $\mathbb{Z}_5$에서 서로 다른 이데알은 다음과 같다.

$$(0) = 0,\ (1) = (2) = (3) = (4) = \mathbb{Z}_5$$ ■

유제 3.13.4 $\mathbb{Z}_{12}$의 모든 주 이데알들을 구하라.

유제 3.13.5 T는 R의 공집합이 아닌 부분집합이고 I는 T를 포함하는 R에서 모든 이데알들의 교집합, 즉

$$I = \cap\{J \mid J\text{는 } T \subseteq J\text{인 } R\text{의 이데알}\}$$

이다. (J와 같은 이데알은 적어도 하나 존재한다. 예 : R 자신이 있다). 따라서 I는 이데알이다. 이를 증명하라. 이때, I를 집합 T가 만드는 이데알(the ideal generated by the T)이라 한다.

유제 3.13.6 I는 R에서 이데알이고 S는 R의 부분환이면, $I \cap S$는 S에서 이데알임을 증명하라.

유제 3.13.7 두 이데알 I와 J의 합 $I \cup J$가 일반적으로 이데알이 되지 않음을 반례를 들어 설명하라. (사실, $I \cup J$는 부분환조차도 되지 않을 수 있다).

유제 3.13.8 I와 J는 R에서 이데알이라 하자. 집합 $K = \{a+b \ : a \in I,\ b \in J\}$는 I와 J 모두를 포함하는 R의 이데알임을 증명하라. 이때, K를 I와 J의 합(sum)이라 하고 기호 $I+J$로 나타낸다.

유제 3.13.9 I와 J는 R에서 이데알이고 IJ는 $ab(a \in I,\ b \in J)$ 꼴의 원소들의 모든 가능한 유한 합들의 집합이라 하자. 따라서 IJ는 이데알이다. 이를 증명하라.

예제 3.13.4 (1) I와 J가 R에서 이데알이면, $I \cap J$는 이데알임을 증명하라.

(2) $\{I_k\}$가 R에서 (가능한 무한인) 이데알들의 족이면, $\bigcap_k I_k$ 역시 이데알임을 증명하라.

[풀이] (1) 임의로 $a,\ b \in I \cap J$를 택한다. 그러면 $a,\ b \in I$이고 $a,\ b \in J$이다. I와 J는 R의 부분환이므로, $a-b \in I$이고 $a-b \in J$이 성립한다. 따라서 $a-b \in I \cap J$이다. 이제 임의로 $a \in I \cap J$와 $r \in R$를 택하자. 그러면 $a \in I$이고 $a \in J$이다. I와 J는 각각 R에서 이데알이므로, $ar \in I$, $ar \in J$이고 $ra \in I$, $ra \in J$이다. 따라서 $ar \in I \cap J$이고 $ra \in I \cap J$이다. 따라서 $I \cap J$는 R에서 이데알이다.

(2) 임의로 $a,\ b \in \bigcap_k I_k$를 택하자. 그러면 모든 k에 대하여 $a \in I_k$이고 $b \in I_k$이다. 각 I_k는 R의 부분환이므로, 모든 k에 대하여 $a-b \in I_k$이다.

따라서 $a-b\in\bigcap_k I_k$이다. 이제 임의로 $a\in\bigcap_k I_k$와 $r\in R$을 택하자. 그러면 모든 k에 대하여 $a\in I_k$이고 각 I_k는 R에서 이데알이므로, $ar\in I_k$이고 $ra\in I_k$이다. 그러므로 $ar\in\bigcap_k I_k$이고 $ra\in\bigcap_k I_k$. 따라서 $\bigcap_k I_k$는 R에서 이데알이다. ■

유제 3.13.10 정수 집합 $\mathbb{Z}$ 위의 다항식환 $\mathbb{Z}[x]$의 두 원소 a와 bx에 의해 생성되는 $\mathbb{Z}[x]$의 이데알 $I=(a, bx)$에 대하여 I가 주 이데알이면, $a=0$ 또는 a는 b의 약수임을 증명하라. 단, $a, b\in\mathbb{Z}$이다.

3.13 연습문제

R은 (가환환일 필요는 없는) 환을 나타낸다.

1. (1) 집합 $I=\{(k, 0) : k\in\mathbb{Z}\}$는 환 $\mathbb{Z}\times\mathbb{Z}$에서 이데알임을 보여라.
(2) 집합 $T=\{(k, k) : k\in\mathbb{Z}\}$는 $\mathbb{Z}\times\mathbb{Z}$에서 이데알이 아님을 보여라.

2. 환 $\mathbb{Z}_9$에서 서로 다른 주 이데알들을 열거하라.

3. 집합 $J=\left\{\begin{pmatrix}0 & 0\\ 0 & r\end{pmatrix} : r\in\mathbb{R}\right\}$는 $\mathbb{R}$에서 2×2 행렬들의 환 $M(\mathbb{R})$에서 이데알인가?

4. 집합 $K=\left\{\begin{pmatrix}a & b\\ 0 & 0\end{pmatrix} : a, b\in\mathbb{R}\right\}$는 오른쪽에서 곱을 흡수하는 $M(\mathbb{R})$의 부분환임을 보여라. K는 왼쪽에서 곱을 흡수할 수 없기 때문에 K는 이데알이 아님을 보여라. 이와 같은 집합 K를 때때로 **오른쪽 이데알**(right ideal)이라 한다.

5. (1) $I=\{0, 3\}$는 $\mathbb{Z}_6$에서 이데알임을 확인하고 I의 모든 다른 나머지류들을 열거하라.
(2) $I=\{0, 3, 6, 9, 12\}$는 $\mathbb{Z}_{15}$에서 이데알임을 확인하고 I의 모든 다른 나머지류들을 열거하라.

6. (1) $\mathbb{Z}_8$에서 비단원들의 집합은 이데알임을 보여라.
(2) $\mathbb{Z}_9$에 대하여 (1)을 해결하라.

7. R은 항등원이 있는 환이고 I는 R에서 이데알이라 하자.

(1) $1_R \in I$이면, $I = R$임을 증명하라.

(2) I가 단원을 포함하면, $I = R$임을 증명하라.

8. R의 공아닌 부분집합 S가 부분환일 필요충분조건은 S가 곱에 관하여 닫혀 있고 다음 성질을 갖는다 : $a, b \in S$이면 $a - b \in S$이다. 이를 증명하라.

9. I가 체 F의 이데알이면, $I = (0_F)$ 또는 $I = F$임을 증명하라.

10. I는 R에서 이데알이고, J는 환 S에서 이데알이면 $I \times J$는 환 $R \times S$에서 이데알임을 증명하라.

11. $c \in R$인 비가환환 R에서 집합 $\{rc : r \in R\}$가 이데알이 되지 않는 예를 들어라.

12. $\mathbb{Z}$에서 $(m, n) = 1$이면, $(m) \cap (n)$은 이데알 (mn)임을 증명하라.

13. R은 (0_R)과 R만이 이데알인 항등원 $1_R \neq 0_R$이 있는 가환환이라 하자. 그러면 R은 체다. 이를 증명하라. [도움말 : $a \neq 0_R$이면, 이데알 (a)를 사용하여 a에 대한 곱의 역을 구하라.]

14. R은 항등원이 있는 가환환이고 N은 R의 비단원들의 집합이라 하자. N이 이데알일 필요가 없음을 보여주기 위하여 보기를 찾아라.

15. R은 정역이고 $a, b \in R$라 하자. $(a) = (b)$일 필요충분조건은 단원 $u \in R$가 존재하여 $a = bu$이다. 이를 증명하라.

16. J는 R에서 이데알이고, I는 J에서 이데알이라 하자. I는 R에서 이데알인가? J가 항등원을 가지면 어떻게 될까? [도움말 : R이 항등원을 가질 때 J에서 항등원이 1_R일 필요는 없다.]

17. M은 항등원이 있는 가환환 R에서 이데알이고 $a \in R$이지만 $a \notin M$라 하자. 그러면 집합 $J = \{m + ra : r \in R$이고 $m \in M\}$는 $M \subsetneq J$인 이데알임을 증명하라.

18. I가 R에서 이데알이면, $I[x]$(I에서 계수를 갖는 다항식)는 다항식환 $R[x]$에서 이데알임을 증명하라.

19. $f : R \to S$는 환들의 준동형 사상이고 $K = \{r \in R : f(r) = 0_S\}$라 하자. 그러면 K는 R에서 이데알이다. 이를 증명하라.

20. J는 R에서 이데알이라 하자, I는 이데알임을 증명하라 :
$I=\{r\in R : rt=0_R,$ 모든 $t\in J\}$.

21. I는 R에서 이데일이고 $K=\{a\in R : ra\in I,$ 모든 $r\in R\}$라 하자. K는 이데알임을 증명하라.

22. I는 $(3)\subset I\subset \mathbb{Z}$인 $\mathbb{Z}$에서 이데알이라 하자. 그러면 $I=(3)$ 또는 $I=\mathbb{Z}$이다. 이를 증명하라.

23. (1) p가 소수정수이고 T는 분모가 p로 나누어질 수 없는 (약분이 된) 유리수들의 집합이라 하자. 그러면 T는 환임을 증명하라.
(2) I는 분자가 p로 나누어질 수 있는 T의 원소들의 집합이라 하자. 그러면 I는 T에서 이데알임을 증명하라.
(3) T/I는 꼭 p개의 다른 나머지류들로 이루어짐을 보여라.

24. J는 $\mathbb{Z}[x]$에서 영상수항을 갖는 모든 다항식들의 집합이라 하자.
(1) J는 $\mathbb{Z}[x]$에서 주 이데알 $[x]$임을 보여라.
(2) $\mathbb{Z}[x]/J$는, 각 $n\in\mathbb{Z}$에 대하여 하나인, 무한개의 다른 나머지류들로 이루어짐을 보여라.

25. (1) $a,\ b\in\mathbb{R}$일 때, $\begin{pmatrix} a & b \\ 0 & a \end{pmatrix}$ 꼴의 행렬들의 집합 T는 $M(\mathbb{R})$의 부분환임을 증명하라.
(2) $b\in\mathbb{R}$일 때, $\begin{pmatrix} 0 & b \\ 0 & 0 \end{pmatrix}$ 꼴의 행렬들의 집합 I는 환 T에서 이데알임을 증명하라.
(3) T/I에 속하는 모든 나머지류는 $\begin{pmatrix} a & 0 \\ 0 & a \end{pmatrix}+I$ 꼴로 써질 수 있음을 보여라.

26. (1) $a,\ b,\ c\in\mathbb{R}$일 때, $\begin{pmatrix} a & b \\ 0 & c \end{pmatrix}$ 꼴의 행렬들의 집합 S는 $M(\mathbb{R})$의 부분환임을 증명하라.
(2) $b\in\mathbb{R}$일 때, $\begin{pmatrix} a & b \\ 0 & 0 \end{pmatrix}$ 꼴의 행렬들의 집합 I는 환 S에서 이데알임을 증명하라.
(3) 각 $\mathbb{R}\times\mathbb{R}$의 원소에 대하여 하나씩인, S/I에 무한히 많은 다른 나머지류들이 존재함을 보여라.

27. (1) 상수항이 3으로 나누어질 수 있는 $\mathbb{Z}[x]$에서 모든 다항식들의 집합 J는 이데알임을 증명하라.
(2) J는 주 이데알이 아님을 보여라.

28. $\mathbb{Z}$에서 모든 이데알은 주 이데알임을 증명하라. [도움말 : I가 $\mathbb{Z}$에서 영이 아닌 이데알이면, I는 양의 정수를 포함해야 만한다는 것을 보여라 ; 나눗셈 알고리즘을 사용하여 $I=(c)$임을 보여주라. 여기서 c는 I에 속하는 가장 작은 양의 정수다.]

29. F는 체라 하자. $F[x]$에서 모든 이데알은 주 이데알임을 증명하라. [도움말 : 나눗셈 알고리즘을 사용하여 $F(x)$에서 영이 아닌 이데알 I는 $(p(x))$임을 보여라. 여기서 $(p(x))$는 I에 속하는 가능한 가장 작은 차수의 다항식이다.]

30. $\mathbb{Z}_n$의 부분환 S가 항등원을 가질 필요충분조건은 적당한 $u\in S$가 존재하여 $u^2=u$이고 S는 이데알 (u)이다. 이를 증명하라.

31. 환 $M(\mathbb{R})$은 영이데알과 $M(\mathbb{R})$ 자신을 제외하고 어떠한 이데알도 갖지 않고 또한 $M(\mathbb{R})$은 나눗셈환도 아님을 보여라.

3.13 유제풀이

유제 3.13.1 R은 가환환이지만 항등원을 갖지 않는다고 하자. c는 예제 3.13.1에서 정의된 이데알 I의 원소인가?

[도움말 : 짝수 정수들의 환 E에서 이데알 $\{2k : k\in E\}$를 생각하라.]

[풀이] $I=\{rc : r\in R\}$이므로 $c\in I$이기 위해서는 적당한 $r\in R$이 존재하여 $rc=c$이어야 한다. 하지만 이런 r은 (곱셈에 대한)항등원 1이 R에 있어야 하므로 일반적으로 $c\notin I$이다.

유제 3.13.2 R은 항등원이 없는 가환환이고 $a\in R$라 하자. $A=\{ra+na : r\in R, n\in\mathbb{Z}\}$는 a를 포함하는 이데알이고 a를 포함하는 모든 이데알은 역시 A를 포함한다. 이를 증명하라. 이때, A를 a가 만드는 주 이데알이라 한다.

[풀이] $0\in R$이므로 $r=0$, $n=1\in\mathbb{Z}$이라 하면 $ra+na=0a+1a=a\in A$이다. $x, x'\in A$이라 하자. $r, r'\in R$, $n, n'\in\mathbb{Z}$가 존재하여 $x=ra+na$, $x'=r'a+n'a$이다. $x-x'=ra+na-r'a-n'a=(r-r')a+(n-n')a$이고 $r-r'\in R$, $n-n'\in\mathbb{Z}$이므로 $x-x'\in A$이다. 이제 $r'\in R$, $x\in A$이라 하면 $r\in R$, $n\in\mathbb{Z}$이 존재하여 $x=ra+na$이고 $r'x=r'(ra+na)=r'ra+r'na$

$=(r'r+r'n)a+0a$이다. $r'n$은 r'을 n번 합한 것이므로 $r'n \in R$이고 따라서 $r'r+r'n \in R$이다. 그러므로 $r'x \in A$이고 R이 가환환이므로 $xr' \in A$이다. 따라서 A는 a를 포함하는 이데알이다. I를 $a \in I$인 임의의 이데알이라 하고 $x \in A$라 하자. 따라서 적당한 $r \in R$과 $n \in \mathbb{Z}$가 존재하여 $x=ra+na$이다. $a \in I$이므로 $r \in R$에 대하여 $ra \in I$이고 na는 a를 n번 더하는 것이고 I는 부분환이므로 $na \in I$이다. 따라서 $ra \in I$이고 $na \in I$이므로 $x \in I$이다. 그러므로 $A \subseteq I$이다. 또한 (a)는 a를 포함하는 이데알이므로 $A \subseteq (a)$이다. $a \in A$이고 A는 이데알이므로 $(a) \subseteq A$이다. 따라서 $A=(a)$이다.

유제 3.13.3 $\mathbb{Z}[x]$에서 모든 상수 다항식들의 집합 K는 부분환이지만 $\mathbb{Z}[x]$에서 이데알이 아님을 보여라.

[풀이] 일차 다항식 $x \in \mathbb{Z}$, 상수 다항식 $2 \in K$에 대하여 $2x \not\in K$이므로 이데알이 아니다.

유제 3.13.4 $\mathbb{Z}_{12}$의 모든 주 이데알을 구하라.

[풀이] (0), $(1)=(5)=(7)=(11)=\mathbb{Z}_{12}$, $(2)=(10)=\{0, 2, 4, 6, 8, 10\}$, $(3)=(9)=\{0, 3, 6, 9\}$, $(4)=(8)=\{0, 4, 8\}$, $(6)=\{0, 6\}$

유제 3.13.5 T는 R의 공집합이 아닌 부분집합이고 I는 T를 포함하는 R에서 모든 이데알들의 교집합, 즉

$$I=\cap\{J \mid J\text{는 } T \subseteq J\text{인 } R\text{의 이데알}\}$$

이다. (J와 같은 이데알은 적어도 하나 존재한다. 예 : R 자신이 있다). 따라서 I는 이데알이다. 이를 증명하라. 이때, I를 집합 $\boldsymbol{T}$가 만드는 이데알(the ideal generated by the T)이라 한다.

[풀이] $a \in I$이고 $r \in R$이라 하자. $a \in I$이므로 모든 J에 대하여 $a \in J$이고 J는 이데알이므로 $ar \in J$이다. 따라서 $ar \in I$이다. 비슷하게 $ra \in I$이므로 I는 이데알이다.

유제 3.13.6 I는 R에서 이데알이고 S는 R의 부분환이면, $I \cap S$는 S에서 이데알임을 증명하라.

[풀이] $a \in I \cap S$이라 하자. $a \in I$이고 I가 이데알이므로 임의의 $s \in S$에 대하여 $as \in I$이고 $sa \in I$이다. 또한 $a \in S$이고 S는 R의 부분환이므로 임의의

$s \in S$에 대하여 $as \in S$이고 $sa \in S$이다. 따라서 임의의 $s \in S$에 대하여 $as \in I \cap S$이고 $sa \in I \cap S$이므로 $I \cap S$는 S의 이데알이다.

유제 3.13.7 두 이데알 I와 J의 합 $I \cup J$가 일반적으로 이데알이 되지 않음을 반례를 들어 설명하라. (사실, $I \cup J$는 부분환조차도 되지 않을 수 있다).

[풀이] (2)와 (3)은 환 $\mathbb{Z}$의 이데알이다. $3,\ 4 \in (2) \cup (3)$이지만 $3+4=7 \notin (2) \cup (3)$이므로 $(2) \cup (3)$은 부분환도 아니다.

유제 3.13.8 I와 J는 R에서 이데알이라 하자. 집합 $K = \{a+b\ :\ a \in I,\ b \in J\}$는 I와 J 모두를 포함하는 R의 이데알임을 증명하라. 이때, K를 I와 J의 합(sum)이라 하고 기호 $I+J$로 나타낸다.

[풀이] $x,\ y \in K$라 하자. 따라서 $a,\ a' \in I,\ b,\ b' \in J$가 존재하여 $x=a+b,\ y=a'+b'$이다. $x-y=a+b-a'-b'=(a-a')+(b-b')$이고 I와 J는 R에서 이데알이므로 $a-a' \in I,\ b-b' \in J$이다. 따라서 $x-y \in K$이다. 이제, $r \in R$에 대하여 $rx=r(a+b)=ra+rb$이고 $ra \in I,\ rb \in J$이므로 $rx \in K$이다. 비슷하게 $xr \in K$이다. 따라서 K는 R의 이데알이다.

유제 3.13.9 I와 J는 R에서 이데알이고 IJ는 $ab(a \in I,\ b \in J)$ 꼴의 원소들의 모든 가능한 유한 합들의 집합이라 하자. 따라서 IJ는 이데알이다. 이를 증명하라.

[풀이] $IJ=\{a_1b_1+a_2b_2+\cdots+a_tb_t \mid t$는 양의 정수이고 모든 i에 대하여, $a_i \in I,\ b_i \in J\}$이다. $x,\ y \in IJ$라 하자. 따라서 적당한 양의 정수 $n,\ m\ (n<m)$에 대하여 $x=a_1b_1+a_2b_2+\cdots+a_nb_n,\ x=a_{n+1}b_{n+1}+a_{n+2}b_{n+2}+\cdots+a_mb_m$이다. 따라서 $x-y=a_1b_1+a_2b_2+\cdots+a_nb_n+(-a_{n+1})b_{n+1}+(-a_{n+2})b_{n+2}+\cdots+(-a_m)b_m$이므로 $x-y \in IJ$이다. 임의의 $r \in R$에 대하여 $rx=(ra_1)b_1+(ra_2)b_2+\cdots+(ra_n)b_n$이고 I가 이데알이므로 $ra_i \in I$이다. 따라서 $rx \in IJ$이다. 또한 $xr=a_1(rb_1)+a_2(rb_2)+\cdots+a_n(rb_n)$이고 J가 이데알이므로 $b_ir \in J$이다. 따라서 $xr \in IJ$이다. 그러므로 IJ는 R의 이데알이다.

유제 3.13.10 정수 집합 $\mathbb{Z}$ 위의 다항식환 $\mathbb{Z}[x]$의 두 원소 a와 bx에 의해 생성되는 $\mathbb{Z}[x]$의 이데알 $I=(a,\ bx)$에 대하여 I가 주 이데알이면, $a=0$ 또는 a는 b의 약수임을 증명하라. 단, $a,\ b \in \mathbb{Z}$이다.

[풀이] I가 주 이데알이고 $a=0$이면 $I=(bx)$이므로 주 이데알이다. 이제 $a \neq 0$이라 하자. 그러면 정당한 $h(x) \in \mathbb{Z}[z]$에 대하여 $I=(h(x))$이다. $a \in I=(h(x))$이므로 $h(x) | a$이고 $h(x) \in I=(h(x))$이므로 $h(x)=af(x)+bxg(x)$인 $f(x),\ g(x) \in \mathbb{Z}[x]$가 존재한다. $h(x)-bxg(x)=af(x)$이므로 $a | h(x)$이다. 그러므로 $h(x)=\pm a$가 되어 $I=(h(x))=(a)$이다. $I=(a,\ bx)$이므로 $a | bx$이고 $a | b$이다.

3.14 몫환과 준동형 사상

이데알을 법으로 하는 합동류들의 집합이 환임을 보이자. 이것은 $\mathbb{Z}$와 $F[x]$에서의 합동류들의 일반화이다. 이러한 합동류들의 환이 3장에서 공부하였던 동형 사상과 준동형 사상과 밀접한 연관을 갖는다는 것을 알 수 있을 것이다. I는 환 R에서 이데알이라 하자. 집합 R/I의 원소는 I의 나머지류(I를 법으로 하는 합동류), 즉 $a+I=\{a+i\ :\ i \in I\}$ 꼴의 집합이다. $\mathbb{Z}$와 $F[x]$에서 합동류들을 처리하였는데 잉여류들의 덧셈과 곱셈을 정의하기 위하여 다음의 결과가 필요하다.

정리 3.14.1

I는 환 R에서 이데알이라 하자. R/I에서, $a+I=b+I$이고 $c+I=d+I$이면 $(a+c)+I=(b+d)+I$이고 $ac+I=bd+I$이다.

[증명] $a+I=b+I$이므로 $a \equiv b \pmod{I}$이고 $c+I=d+I$이므로 $c \equiv d \pmod{I}$이다. 정리 3.13.6에 의해 $a+c \equiv b+d \pmod{I}$이고 $ac \equiv bd \pmod{I}$이다. 따라서 $(a+c)+I=(b+d)+I$이고 $ac+I=bd+I$이다. ■

$\mathbb{Z}_n$과 $F[x]/(p(x))$에서 하였던 것과 마찬가지로, R/I에서 덧셈과 곱셈을 정의할 수 있다 : 나머지류 $a+I$ (a의 합동류)와 나머지류 $b+I$(b의 합동류)의 합은 나머지류 $(a+b)+I$ ($a+b$의 합동류)이다. 기호로,

$$(a+I)+(b+I)=(a+b)+I$$

이다. 이 명제는 약간의 혼동이 있을 수 있다. 왜냐하면 "+" 기호가 세 가지 전혀 다른 의미로 사용되기 때문이다 :

나머지류를 나타내기 위한 형식적인 기호 : $a+I$,
R의 원소들 사이의 덧셈 연산 : $a+b$,
나머지류들의 사이의 덧셈연산 : $(a+I)+(b+I)$

정리 3.14.1에 의해 나머지류의 덧셈이 각 나머지류에서 대표원의 선택에 관계 없이 독립이라는 것이다. 비록 $a+I$를 같은 나머지류 $c+I$로, 그리고 $b+I$를 같은 나머지류 $d+I$로 바꿀지라도 $(a+b)+I$는 $(c+d)+I$와 같다.

나머지류들의 곱셈이 비슷하게 정의되고, 정리 3.14.1에 의하여, 대표원의 선택에 무관하다 :

$$(a+I)(b+I)=ab+I$$

| 보기 3.14.1 | I는 $\mathbb{Z}$에서 주 이데알 (3)이라 하자. 따라서 $\mathbb{Z}/I$에서 덧셈, 곱셈은 2장에서 공부한 $\mathbb{Z}_3$에서 덧셈, 곱셈과 같다. ■

| 보기 3.14.2 | I는 $\mathbb{Z}[x]$에서 짝수 상수항을 갖는 다항식들의 이데알이라 하자. $\mathbb{Z}[x]/I$는 $\mathbb{Z}_2$와 동형인 환(실제로 체)이다. 이를 증명하라.

[풀이] 보기 3.13.11에서 보았듯이 $\mathbb{Z}[x]/I=\{0+I, 1+I\}$이다. 따라서 $\mathbb{Z}[x]/I$에서 다음의 덧셈과 곱셈표를 얻는다.

$+$	$0+I$	$1+I$
$0+I$	$0+I$	$1+I$
$1+I$	$1+I$	$0+I$

$\cdot$	$0+I$	$1+I$
$0+I$	$0+I$	$0+I$
$1+I$	$0+I$	$1+I$

$\mathbb{Z}[x]/I$가 환(실제로 체)임을 쉽게 확인할 수 있다. 더욱이 규칙 $f(a+I)=a$를 갖는 함수 $f:\mathbb{Z}[x]/I\rightarrow\mathbb{Z}_2$가 동형 사상임을 역시 쉽게 보여줄 수 있다. ■

정리 3.14.2

I는 환 R에서 이데알이라 하자. 따라서
(1) R/I는 앞에서 정의된 나머지류들의 덧셈과 곱셈을 갖춘 환이다.
(2) R이 가환환이면 R/I 역시 가환환이다.
(3) R이 항등원을 가지면 R/I 역시 항등원을 갖는다.

[증명] (1) 정리 1.5.3을 참조하여 각자 해볼 것.

(2) R이 가환환이라 가정하고 $a,\ c \in R$를 임의로 택하자.

$$\begin{aligned}(a+I)(c+I) &= ac+I && [R/I\text{에서 곱셈의 정의}]\\ &= ca+I && [R\text{이 가환환이므로}]\\ &= (c+I)(a+I) && [R/I\text{에서 곱셈의 정의}]\end{aligned}$$

이므로 R/I는 가환환이다.

(3) R이 항등원 1_R을 갖는다고 가정하고 임의로 $a \in R$를 택하자.

$$(a+I)(1_R+I) = a1_R + I = a+I$$

이고, 비슷하게

$$(1_R+I)(a+I) = a+I$$

이다. 따라서 1_R+I는 R/I의 항등원이다. ■

환 R/I를 I에 의한 R의 **몫환**(quotient ring) 또는 **인수환**(factor ring)이라 한다. 때때로 몫환 R/I를 얻기 위하여 이데알 I로 나눈다고 말한다. 몫환은 $\mathbb{Z}$와 $F[x]$에서 합동류 계산의 자연스러운 일반화다. 그러나, 수학에서 흔히 있는 일이지만, 마음속에 있는 한 가지 생각으로 나타난 개념이 다른 중요한 수학적 개념과 뜻밖의 연계를 가질 수 있다. 몫환이라는 개념이 여기에서 정확히 이 경우에 해당한다. 이제 3장에서 동형 사상을 공부할 때에 생겼던 준동형 사상의 개념이 이데알과 몫환에 밀접하게 관계됨을 보여줄 것이다.

정리 3.14.3

함수 $f: R \to S$는 환들의 준동형 사상이고 $K = \{r \in R : f(r) = 0_S\}$라 하자. 따라서 K는 환 R에서 이데알이다.

[증명] $a,\ b \in K$를 임의로 택하자. 따라서

$$f(a-b)=f(a)-f(b)=0_S-0_S=0_S$$

이므로 $a-b \in K$이다. 이제 $r \in R$과 $a \in K$를 임의로 택하자.

$$f(ra)=f(r)f(a)=f(r)0_S=0_S$$

이고

$$f(ar)=f(a)f(r)=0_Sf(r)=0_S$$

이므로 $ra \in K$이고 $ar \in K$ 이다. 정리 3.13.3에 의하여, K는 R에서 이데알이다. ■

정리 3.14.3에서 이데알 K 를 준동형 사상 f 의 핵(kernel)이라 하고 기호 $\ker f$ 로 나타낸다.

> **정리 3.14.4**
>
> 함수 $f : R \to S$는 핵 K를 갖는 준동형 사상이라 하자. $K=(0_R)$ 일 필요충분조건은 f가 단사인 것이다.

[증명] ⇒] $K=(0_R)$이고 임의의 $a,\ b \in R$에 대하여 $f(a)=f(b)$라 가정하자. 따라서 f는 준동형 사상이므로 $f(a-b)=f(a)-f(b)=0_S$ 이다. 따라서 $a-b \in K$이므로 $a-b=0_R$, 즉 $a=b$이다. 따라서 f는 단사이다.

⇐] f는 단사라 가정하고 임의로 $c \in K$를 택하면 $f(c)=0_S$이다. 정리 3.3.2에 의하여 $f(c)=f(0_R)$이다. 가정에 의하여, $c=0_R$이므로 $K=(0_R)$이다. ■

정리 3.14.3은 모든 핵은 이데알임을 말한다. 역으로, 모든 이데알은 어떤 준동형 사상의 핵이 됨을 다음의 결과로부터 알 수 있다.

> **정리 3.14.5**
>
> I는 환 R에서 이데알이라 하자. 함수 $\pi : R \to R/I$가 $\pi(r)=r+I$이라 하면, 함수 π는 핵 I를 갖는 전사 준동형 사상이다. 이때, 함수 π를 R에서 R/I로의 **자연 준동형 사상**(the natural homomorphism from R to R/I)이라 한다.

[증명] 임의로 $A \in R/I$를 택하자. 따라서 적당한 $a \in R$가 존재하여 $A = a + I$이다. 따라서 $\pi(a) = a + I = A$이므로 π는 전사이다. 이제, $r,\ s \in R$를 임의로 택하자.

$$\pi(r+s) = (r+s) + I = (r+I) + (s+I) = \pi(r) + \pi(s),$$
$$\pi(rs) = rs + I = (r+I)(s+I) = \pi(r)\pi(s)$$

이다. 따라서 π는 준동형 사상이다. 마지막으로 I가 π의 핵, 즉 $I = \ker\pi$ 임을 보이자. $\pi(r) = 0_R + I$ (R/I에서 영원)인 원소 $r \in R$들의 집합, 즉

$$\ker \pi = \{r \in R : \pi(r) = 0_R + I\}$$

이다. 그러므로

$$\begin{aligned} r \in \ker \pi &\Leftrightarrow \pi(r) = 0_R + I \\ &\Leftrightarrow r + I = 0_R + I \\ &\Leftrightarrow r \equiv 0_R \pmod{I} \\ &\Leftrightarrow r \in I \end{aligned}$$

이므로 I는 π의 핵이다. ■

함수 $f : R \to S$가 환들의 전사 준동형 사상이면, S를 R의 **준동형상**(homomorphic image)이라 말한다. f가 (S가 R의 동형상이 되도록 하는)동형 사상이면, R과 S가 일치하는 구조를 가짐을 안다. 이 두 환 중의 하나가 특별한 대수적 성질을 가지면, 나머지 환 역시 이 성질을 갖는다. f가 동형 사상이 아니면, 하나의 환의 성질이 다른 환에서 성립하지 않을 수 있다. 그러나 S와 준동형 사상의 성질이 종종 R에 대한 약간의 유용한 정보를 준다. $f : R \to S$가 동형 사상이면 S는 R의 정확한 삼차원의 복제이다. f가 단지 전사 준동형 사상이면 S는 R의 어떤 특징들은 정확히 반사되지만 다른 어떤 부분들은 왜곡되거나 잃게 되는 R의 이차원의 사진 상이다. 다음의 결과는 R, S와 f의 핵이 이러한 상황에서 어떻게 정밀하게 관계되는지를 말해준다.

정리 3.14.6 제 1 동형정리(The First Isomorphism Therem)
$f : R \to S$는 핵 K를 갖는 환들의 전사 준동형 사상이라 하면 $R/K \cong S$이다.

[증명] $\varphi : R/K \to S$를, 임의의 $r \in R$에 대하여, $\varphi(r+K) = f(r)$로 주어지는 관계라 하고 φ가 잘 정의되는 함수인지를 보이고자 한다. 임의의 $r,\ t \in R$에 대하여, $r + K$

$= t + K$라 가정하자. 따라서 정리 3.13.7에 의하여, $r \equiv t \pmod{K}$이므로 $r - t \in K$이다. f는 준동형 사상이므로

$$f(r) - f(t) = f(r - t) = 0_S$$

이다. 따라서 $f(r) = f(t)$이다. 그러므로 나머지류를 쓰는 방법에 관계없이 φ는 잘 정의되는 함수이다. 이제 임의로 $s \in S$를 택하면 f는 전사이므로 적당한 $r \in R$가 존재하여 $s = f(r)$이다. 따라서 $s = f(r) = \varphi(r + K)$이고 $r + K \in R/K$이므로 φ는 전사이다. 다음에 임의의 $r + K,\ c + K \in R/K$에 대하여, $\varphi(r + K) = \varphi(c + K)$라 가정하면 $f(r) = f(c)$이다. f는 준동형 사상이므로

$$0_S = f(r) - f(c) = f(r - c)$$

이므로 $r - c \in K$이다. 정리 3.13.7에 의하여 $r + K = c + K$가 되어 φ는 단사이다. 마지막으로 임의로 $c + K,\ d + K \in R/K$를 택하자.

$$\begin{aligned}\varphi[(c+K)+(d+K)] &= \varphi[(c+d)+K] = f(c+d) = f(c)+f(d)\\ &= \varphi(c+K)+\varphi(d+K)\end{aligned}$$

이고

$$\begin{aligned}\varphi[(c+K)(d+K)] &= \varphi(cd+K) = f(cd) = f(c)f(d)\\ &= \varphi(c+K)\varphi(d+K)\end{aligned}$$

이므로 φ는 준동형 사상이다. 그러므로 φ는 동형 사상이다. ■

정리 3.14.6은 환의 모든 준동형상은 어떤 이데알 K에 대하여 R/K 꼴임을 말한다. 따라서 R의 가능한 몫환은 R의 가능한 준동형상과 일치한다. 이데알 K는 환 R에서 준동형상 R/K까지 움직이는 중에 얼마나 많은 정보를 잃게 되는지를 측정한다. $K = (0_R)$일 때, f는, 정리 3.14.4에 의해서, 동형 사상이고, 어떠한 정보도 잃지 않는다. 그러나 K가 클 때, 아주 약간의 정보만을 잃게 될 수 있다. 제 1 동형정리는 아래의 보기에서 설명되듯이, 몫환의 구조를 결정하는데 유용한 도구이다.

| 보기 3.14.3 | $\mathbb{Z}[x]/(x) \cong \mathbb{Z}$임을 증명하라.

[풀이] $f(x) \in \mathbb{Z}[x]$라 하자. 따라서 $f(x)$의 상수항은 분명히 $\mathbb{Z}$의 원소이다. 함수 $\theta : \mathbb{Z}[x] \to \mathbb{Z}$는 $\mathbb{Z}[x]$의 각 다항식을 이 다항식의 상수항으로 대응시키는 규칙으로 정의한다. 따라서 θ는 확실히 전사이다. 왜냐하면 각 $k \in \mathbb{Z}$에 대

하여 $x+k \in \mathbb{Z}[x]$가 존재하여 $\theta(x+k)=k$이기 때문이다. 더욱이, θ가 환들의 준동형 사상(연습문제 3.14.1)임을 증명하기는 어렵지 않다. 이제, $K=\ker\theta$라 하고 임의로 $f(x)\in K$를 택하자. 따라서 $\theta(f(x))=0\in\mathbb{Z}$이다. 그런데, θ의 정의에 의하여, $\theta(f(x))$는 '$f(x)$의 상수항'을 의미하므로 $f(x)$의 상수항은 0이 되어야 한다. 한편, 상수항이 0인 다항식은 정확히 인수로써 x를 갖는 다항식이다. 그러므로 K는 x의 모든 배수로 이루어지는 주 이데알 (x)이다. 따라서 정리 3.14.6에 의하여,

$$\mathbb{Z}[x]/(x)\cong\mathbb{Z}$$

이다. ■

| 보기 3.14.4 | T는 $\mathbb{R}$에서 $\mathbb{R}$로의 연속함수들의 환이고 I는 $g(2)=0$인 모든 함수 $g(x)$들의 이데알이라 하자. 따라서 $T/I\cong\mathbb{R}$임을 증명하라.

[풀이] 보기 3.13.12에서 $T/I=\{f_r+I : r\in\mathbb{R}\}$이고 $f_r:\mathbb{R}\to\mathbb{R}$은 각 $x\in\mathbb{R}$에 대하여 $f_r(x)=r$로 주어지는 상수함수임을 알았다. 이것은 몫환 T/I가 체 $\mathbb{R}$과 동형이 될지도 모른다는 것을 암시한다. 핵이 이데알 I인 T에서 $\mathbb{R}$로의 전사 준동형 사상을 만들 것이다. $\varphi : T\to\mathbb{R}$은 $\varphi(f)=f(2)$로 정의되는 함수라 하고 임의로 $r\in\mathbb{R}$을 택하자. 그러므로 $r=f_r(2)=\varphi(f_r)$이고 $f_r\in T$이다. 따라서 φ는 전사이다. 이제 임의로 $f,\ h\in T$를 택하자.

$$\varphi(f+h)=(f+h)(2)=f(2)+h(2)=\varphi(f)+\varphi(h)$$
$$\varphi(fh)=(fh)(2)=f(2)h(2)=\varphi(f)\varphi(h)$$

이므로 $\varphi : T\to\mathbb{R}$은 준동형 사상이다. 한편, $K=\ker\varphi$라 하자. 정의에 의하여,

$$K=\{g\in T : \varphi(g)=0\}=\{g\in T : g(2)=0\}$$

이므로 $K=I$이다. 정리 3.14.6에 의하여, $T/I\cong\mathbb{R}$이다. ■

예제 | 3.14.1 T는 $\mathbb{Z}$에서 3의 모든 배수들의 환이고, $I=\{0,\ \pm 6,\ \pm 12,\ \pm 18,\ \cdots\}$라 하자.

(1) I는 T에서 이데알임을 보여라.

(2) T/I의 덧셈과 곱셈표를 만들고 T/I가 체임을 보여라. 비록 I가 항등원을 갖지 않을지라도 T/I는 곱의 항등원을 가진다.

[풀이] (1) $I\subset T$임은 분명하다.

(i) 임의로 a, $b \in I$를 택하자. 따라서 적당한 u, $v \in \mathbb{Z}$가 존재하여 $a = 6u$이고 $b = 6v$를 만족한다. 따라서

$$a - b = 6(u - v),\ ab = 6(6uv)$$

이다. 여기서 $u - v \in \mathbb{Z}$이고 $6uv \in \mathbb{Z}$이다. 그러므로

$$a - b \in I\text{이고 } ab \in I$$

이다. 따라서 I는 T의 부분환이다.

(ii) 임의로 $a \in I$와 $r \in T$을 택하자. 적당한 u, $v \in \mathbb{Z}$가 존재하여 $a = 6u$이고 $r = 3v$를 만족한다. 따라서 $ar = (6u)(3v) = 6(3uv)$이고 $3uv \in \mathbb{Z}$이다. 그러므로 $ar \in I$이다. $\mathbb{Z}$는 가환환이므로, $ra \in I$이다. 따라서 I는 T에서 이데알이다.

(2) 임의의 a, $b \in T$에 대하여, $a + I = b + I$라 가정하자. 정리 3.13.7에 의하여, $a \equiv b \pmod{I}$이고 $a - b \in I$이다. 그러므로 적당한 $k \in \mathbb{Z}$가 존재하여 $a - b = 6k$ 또는 $a = b + 6k$이다. 그런데 a, $b \in T$이고, 즉 3의 배수이고 T/I의 원소들은 6으로 나눈 나머지들의 집합이므로, $a = b + 6k$를 만족하는 a와 b는 $\{0, 1, 2, 3, 4, 5\}$에서 0과 3뿐이다. 따라서 $T/I = \{0 + I, 3 + I\}$이다. 따라서 T/I에서 덧셈과 곱셈표는 아래와 같다.

$+$	$0+I$	$3+I$
$0+I$	$0+I$	$3+I$
$3+I$	$3+I$	$0+I$

$\cdot$	$0+I$	$3+I$
$0+I$	$0+I$	$0+I$
$3+I$	$0+I$	$3+I$

분명히 $3 + I \in T/I$는 항등원이다. 더욱이 $(3 + I)^{-1} = 3 + I$이므로 T/I는 체이다. ■

유제 3.14.1-1 I는 가환환 R에서 이데알이라 하자. R/I가 항등원을 가질 필요충분조건은 적당한 $e \in R$이 존재하여 모든 $a \in R$에 대하여 $ea - a \in I$를 만족하는 것이다. 이를 증명하라.

유제 3.14.1-2 $I \neq R$은 항등원이 있는 가환환 R에서 이데알이라 하자. R/I가 정역일 필요충분조건은 $ab \in I$이면 $a \in I$ 또는 $b \in I$인 것이다. 이를 증명하라.

예제 3.14.2 (1) I와 K는 $K \subset I$인 환 R에서 이데알이라 하자. $I/K = \{a+K : a \in I\}$는 몫환 R/K에서 이데알임을 증명하라.

(2) 제 1 동형정리를 사용하여 $\mathbb{Z}_{20}/(5) \cong \mathbb{Z}_5$을 보여라.

[풀이] (1) $I/K \subset R/K$임은 분명하다.

(i) 임의로 $a,\ b \in I$를 택하자.

$$(a+K)-(b+K)=(a-b)+K \in I/K,$$
$$(a+K)(b+K)=ab+K \in I/K$$

이므로 I/K는 R/K의 부분환이다.

(ii) 임의로 $a \in I$와 $r \in R$을 택하자.

$$(a+K)(r+K)=ar+K \in I/K \ (\because\ ar \in I),$$
$$(r+K)(a+K)=ra+K \in I/K \ (\because\ ra \in I)$$

이므로 I/K는 R/K에서 이데알이다.

(2) 함수 $f : \mathbb{Z}_{20} \rightarrow \mathbb{Z}_5$를 다음과 같이 정의한다 : 모든 $[a]_{20} \in \mathbb{Z}_{20}$에 대하여 $f([a]_{20})=[r]_5$이다. 여기서 r은 a를 5로 나눈 나머지이다. 즉, $a \equiv r \pmod 5$이므로 분명히 f는 전사함수이다. 이제 임의로 $[a]_{20},\ [b]_{20} \in \mathbb{Z}_{20}$을 택하고 $a \equiv r \pmod 5$이고 $b \equiv s \pmod 5$라 하자. 정리 1.4.3에 의하여,

$$a+b \equiv r+s \pmod 5 \text{이고 } ab \equiv rs \pmod 5$$

이다. 따라서

$$\begin{aligned} f([a]_{20}+[b]_{20}) &= f([a+b]_{20}) \\ &= [r+s]_5 \\ &= [r]_5+[s]_5 \\ &= f([a]_{20})+f([b]_{20}), \end{aligned}$$

$$\begin{aligned} f([a]_{20}[b]_{20}) &= f([ab]_{20}) \\ &= [rs]_5 \\ &= [r]_5[s]_5 \\ &= f([a]_{20})f([b]_{20}) \end{aligned}$$

이므로 f는 준동형 사상이다.

(iii) $\ker f = \{[a]_{20} \in \mathbb{Z}_{20} : f([a_{20}]) = [0]_5\}$
$= \{[0]_{20},\ [5]_{20},\ [10]_{20},\ [15]_{20}\}$
$= (5)$

(i), (ii), (iii)에 의하여, $f : \mathbb{Z}_{20} \to \mathbb{Z}_5$는 핵 (5)를 갖는 전사 준동형 사상이다. 따라서 제 1 동형정리에 의하여,

$$\mathbb{Z}_{20}/(5) \cong \mathbb{Z}_5$$

이다. ■

유제 3.14.2-1 제 2 동형정리(The Second Isomorphism Theorem) I와 J는 환 R에서 이데알이라 하자. 유제 3.13.8과 예제 3.13.4에 의하여, $I \cap J$는 I에서 이데알이고 I와 J는 $I + J$에서 이데알이다. $\dfrac{I}{I \cap J} \cong \dfrac{I + J}{J}$임을 증명하라.
[도움말 : $f(a) = a + J$로 정의되는 함수 $f : I \to (I + J)/J$가 핵 $I \cap J$를 갖는 전사 준동형 사상임을 보여라.]

유제 3.14.2-2 제 3 동형정리(The Third Isomorphism Theorem) I와 K는 $K \subset I$인 환 R에서 이데알이라 하자. 연습문제 3.14.11에 의하여, I/K는 R/K에서 이데알이다. $(R/K)/(I/K) \cong R/I$임을 증명하라. [도움말 : $f(r + K) = r + I$로 주어지는 함수 $f : R/K \to R/I$는 핵 I/K를 갖고 잘 정의되는 전사 준동형 사상임을 보여라.]

유제 3.14.3 $\mathbb{Z}$는 정수환이고 $\mathbb{Q}$는 유리수환이다. 환 준동형 사상 $g : \mathbb{Z} \to \mathbb{Q}$가 일대일사상일 때, 다음 중 참인 것은 증명하고 거짓인 것은 반례를 들어라.

(1) 임의의 정수 n에 대하여 $g(n) = n$이다.
(2) $\mathbb{Z}$의 임의의 이데알 I에 대하여 $g(I)$는 $\mathbb{Q}$의 이데알이다.
(3) $\mathbb{Q}$의 임의의 이데알 J에 대하여 $g(I) = J$가 성립하는 $\mathbb{Z}$의 이데알 I가 존재한다.

유제 3.14.4 가환환 R의 멱영원 전체의 집합을 J라고 할 때, J는 R의 이데알임을 보여라.

유제 3.14.5 환 준동형 사상 $f : \mathbb{Z} \to \mathbb{Z}/3\mathbb{Z} \oplus \mathbb{Z}/5\mathbb{Z} \oplus \mathbb{Z}/7\mathbb{Z}$가

$$f(x) = (x+3\mathbb{Z},\ x+5\mathbb{Z},\ x+7\mathbb{Z})$$

와 같이 정의될 때, f의 핵을 구하고 $f(x) = (2+3\mathbb{Z},\ 3+5\mathbb{Z},\ 4+7\mathbb{Z})$를 만족시키는 정수 x를 모두 구하시오.(정수론의 중국인의 나머지 정리를 참고하라.)

유제 3.14.6 정수환 $\mathbb{Z}$에서 가환환 $\mathbb{Z}_6$로 가는 환 준동형 사상

$$f : \mathbb{Z} \to \mathbb{Z}_6,\ f(n) = 4n \pmod 6$$

를 이용하여 두 개의 환 $\mathbb{Z}/3\mathbb{Z}$와 $2\mathbb{Z}_6$가 동형임을 보이시오.

3.14 연습문제

1. 각 다항식 $f(x)$를 $f(x)$의 상수항으로 대응시키는 함수 $\theta : \mathbb{Z}[x] \to \mathbb{Z}$는 준동형 사상임을 증명하라.

2. (동형을 같은 것으로 간주할 때) 체 F의 유일한 준동형상은 F 자신이거나 영환임을 보여라.

3. F는 체, R은 영이 아닌 환이고, $f : F \to R$는 전사 준동형 사상이라 하자. f는 동형 사상임을 증명하라.

4. $[a]_4$는 n을 법으로 하는 정수 a의 합동류를 나타낸다고 하자.

(1) $[a]_{12}$를 $[a]_4$로 보내는 함수 $f : \mathbb{Z}_{12} \to \mathbb{Z}_4$는 잘 정의되는 전사 준동형 사상임을 보여라.

(2) f의 핵을 구하라.

5. I는 정역 R의 이데알이라 하자. R/I 역시 정역이라는 것은 참인가?

6. (1) $\mathbb{Z}_{12}$에서 모든 이데알을 열거하라.

(2) (1)에서 각 이데알 I에 대하여 $\mathbb{Z}_{12}/I$의 덧셈과 곱셈표를 만들어라.

(3) $\mathbb{Z}_{12}$의 모든 준동형상은 다음의 환들 중의 하나와 동형임을 보여라 :

$$0,\ \mathbb{Z}_2,\ \mathbb{Z}_3,\ \mathbb{Z}_4,\ \mathbb{Z}_6,\ \mathbb{Z}_{12}$$

7. (1) $I = \{0,\ 3\} \subset \mathbb{Z}_6$라 하자. I는 이데알임을 확인하고 $\mathbb{Z}_6 / I \cong \mathbb{Z}_3$을 보여라.

(2) $J = \{0,\ 5\} \subset \mathbb{Z}_{10}$라 하자. J는 이데알임을 확인하고 $\mathbb{Z}_{10} / J \cong \mathbb{Z}_5$ 임을 보여라.

8. R이 환이면, $R / (0_R) \cong R$임을 보여라.

9. R과 S는 환이라 하자. $\pi(r,\ s) = r$로 주어지는 $\pi : R \times S \to R$는 핵이 S와 동형인 전사 준동형 사상임을 보여라.

10. I와 K는 $K \subset I$인 환 R에서 이데알이라 하자. $I/K = \{a+K\colon a \in I\}$는 몫환 R/K에서 이데알임을 증명하라.

11. (1) $f : R \to S$는 환들의 전사 준동형 사상이고 I는 R에서 이데알이라 하자. $f(I)$는 S에서 이데알임을 증명하라. 여기서

$$f(I) = \{s \in S : \text{적당한 } a \in I \text{가 존재하여 } s = f(a) \text{이다}\}$$

(2) f가 전사가 아니면, (1)은 거짓일 수 있음을 보이기 위하여 보기를 들어라.

12. $\varphi(f(x)) = f(1)$로 주어지는 함수 $\varphi : \mathbb{R}[x] \to \mathbb{R}$는 핵이 주 이데알 $(x-1)$인 전사 준동형 사상임을 보여라.

13. I는 모든 $a,\ b \in R$에 대하여 $ab - ba \in I$인 비가환환 R에서 이데알이라 하자. 따라서 R/I는 가환환임을 증명하라.

14. I는 환 R에서 이데알이라 하자. 따라서 R/I의 모든 원소가 제곱근을 가질 필요충분조건은 모든 $a \in R$에 대하여 $a - b^2 \in I$를 만족하는 $b \in R$가 존재하는 것이다. 이를 증명하라.

15. I는 환 R에서 이데알이라 하자. 따라서 R/I의 모든 원소가 $x^2 - x = 0$의 해일 필요충분조건은 모든 $a \in R$에 대하여 $a^2 - a \in I$인 것이다. 이를 증명하라.

16. $\mathbb{Z}$의 모든 가능한 준동형상을 설명하라.

17. R은 다음 성질을 갖고 항등원이 있는 가환환이라 하자 : R에서 모든 이데알은 주 이데알이다. 따라서 R의 모든 준동형상은 같은 성질을 가짐을 증명하라.

18. (1) $R = \left\{ \begin{pmatrix} a & 0 \\ b & c \end{pmatrix} : a,\ b,\ c \in \mathbb{Z} \right\}$은 항등원이 있는 환임을 보여라.

(2) $f\begin{pmatrix} a & 0 \\ b & c \end{pmatrix} = a$로 주어지는 함수 $f : R \to \mathbb{Z}$는 전사 준동형 사상임을 보여라.

(3) f의 핵은 무엇인가?

19. $f : R \to S$는 핵 K를 갖는 환들의 준동형 사상이고 I는 $I \subset K$인 R에서 이데알이라 하자. $\overline{f}(r+I) = f(r)$로 주어지는 $\overline{f} : R/I$는 잘 정의되는 준동형 사상임을 보여라.

20. $f : R \to S$는 환들의 준동형 사상이라 하자. J는 S에서 이데알이고 $I = \{r \in R : f(r) \in J\}$이면, I는 f의 핵을 포함하는 R에서 이데알임을 증명하라.

21. (1) R은 항등원이 있는 환이라 하자. $f(k) = k1_R$로 정의되는 함수 $f : \mathbb{Z} \to R$는 동형 사상임을 보여라.

(2) f의 핵은 이데알 (n)임을 보여라. 여기서 n은 R의 표수다.

22. 몫환 $\mathbb{Q}[x]/(x^4 + x^2)$에서 적어도 3개의 멱등원을 구하라.

23. (1) K는 환 R에서 이데알이라 하자. 몫환 R/K에서 모든 이데알은 R에서 어떤 이데알 I에 대하여 I/K 꼴임을 증명하라.

(2) $f : R \to S$는 핵 K를 갖는 환들의 전사 준동형 사상이면, S의 모든 이데알들의 집합에서 K를 포함하는 R의 모든 이데알들의 집합으로 전단사 함수가 존재함을 증명하라.

3.14 유제풀이

유제 3.14.1-1 I는 가환환 R에서 이데알이라 하자. R/I가 항등원을 가질 필요충분조건은 적당한 $e \in R$이 존재하여 모든 $a \in R$에 대하여 $ea - a \in I$를 만족하는 것이다. 이를 증명하라.

[풀이] R/I가 항등원 $e + I$를 갖는다 하자. 정의에 의해 모든 $a \in R$에 대하여, $a + I = (e + I)(a + I) = ea + I$이다. 이는 $ea - a \in I$와 필요충분조건이다.

유제 3.14.1-2 $I \neq R$은 항등원이 있는 가환환 R에서 이데알이라 하자. 따라서 R/I가 정역일 필요충분조건은 $ab \in I$이면 $a \in I$ 또는 $b \in I$인 것이다. 이를 증명하라.

[풀이] R/I가 정역이다.

$\Leftrightarrow$ $(a+I)(b+I)=0+I$이면 $a+I=0+I$ 또는 $b+I=0+I$이다.

$\Leftrightarrow$ $ab+I=0+I$이면 $a+I=0+I$ 또는 $b+I=0+I$이다.

$\Leftrightarrow$ $ab\in I$이면 $a\in I$ 또는 $b\in I$이다.

유제 3.14.2-1 제 2 동형정리(The Second Isomorphism Theorem) I와 J는 환 R에서 이데알이라 하자. 따라서 예제 3.13.4와 유제 3.13.8에 의하여, $I\cap J$는 I에서 이데알이고 I와 J는 $I+J$에서 이데알이다.

$$\frac{I}{I\cap J}\cong\frac{I+J}{J}$$

임을 증명하라.

[도움말 : $f(a)=a+J$로 정의되는 함수 $f: I\to (I+J)/J$가 핵 $I\cap J$를 갖는 전사 준동형 사상임을 보여라.]

[풀이] $f: I\to(I+J)/J$, $f(a)=a+J$라고 하자.

$$\begin{aligned}\text{im } f&=\{f(a)\mid a\in I\}=\{a+J\in(I+J)/J\mid a\in I\}\\&=\{(a+b)+J\in(I+J)/J\mid a\in I,\ b\in J\}\\&=\{(a+b)+J\in(I+J)/J\mid a+b\in I+J\}\\&=(I+J)/J\end{aligned}$$

그러므로 f는 전사이다. 또한

$$\begin{aligned}f(a+b)&=(a+b)+J=(a+J)+(b+J)=f(a)+f(b)\\f(ab)&=ab+J=(a+J)(b+J)=f(a)f(b)\end{aligned}$$

이므로 f는 준동형이다. 또한

$$\begin{aligned}\ker f&=\{a\in I\mid f(a)=a+J=0+J\}\\&=\{a\in I\mid a\in J\}=I\cap J\end{aligned}$$

이다. 제 1 동형정리에 의해 $I/(I\cap J)\cong(I+J)/J$이다.

유제 3.14.2-2 제 3 동형정리(The Third Isomorphism Theorem) I와 K는 $K\subset I$인 환 R에서 이데알이라 하자. 따라서 예제 3.14.2에 의하여, I/K는 R/K에서 이데알이다. $(R/K)/(I/K)\cong R/I$임을 증명하라. [도움말 : $f(r+K)=r+I$로 주어지는 함수 $f: R/K\to R/I$는 핵 I/K를 갖고 잘 정의되는 전사 준동형 사상임을 보여라.]

[풀이] $f : R/K \to R/I$, $f(r+K) = r+I$ 라고 하자. $r+K = r'+K$ 이면 $r-r' \in K \subseteq I$ 이므로 $r+I = f(r+K) = f(r'+K) = r'+I$ 이 성립한다. 따라서 f는 잘 정의되어 있다. 또한

$$\text{im } f = \{f(r+K) \mid r \in R\} = \{r+I \mid r \in R\} = R/I$$

이므로 f는 전사이다.

$$\begin{aligned} \ker f &= \{r+K \in R/K \mid f(r+K) = r+I = 0+I\} \\ &= \{r+K \in R/K \mid r \in I\} = I/K \end{aligned}$$

이다. 제1동형정리에 의해 $(R/K)/(I/K) \cong R/I$ 이다.

유제 3.14.3 $\mathbb{Z}$는 정수환이고 $\mathbb{Q}$는 유리수환이다. 환 준동형 사상 $g : \mathbb{Z} \to \mathbb{Q}$가 일대일사상일 때, 다음 중 참인 것은 증명하고, 거짓인 것은 이유를 설명하라.

(1) 임의의 정수 n에 대하여 $g(n) = n$이다.

(2) $\mathbb{Z}$의 임의의 이데알 I에 대하여 $g(I)$는 $\mathbb{Q}$의 이데알이다.

(3) $\mathbb{Q}$의 임의의 이데알 J에 대하여 $g(I) = J$가 성립하는 $\mathbb{Z}$의 이데알 I가 존재한다.

[풀이] (1) 함수 $g : \mathbb{Z} \to \mathbb{Q}$이 환 준동형이므로

$$g(1) = g(1 \cdot 1) = g(1)g(1) = g(1)^2$$

이다. 유리수에서 제곱해서 다시 자신이 되는 수는 0 또는 1밖에 없으므로 $g(1) = 0$ 또는 $g(1) = 1$이다. 분명히 일반적인 환 준동형에서 $g(0) = 0$이고 g가 단사이므로 $g(1) = 1$이다. 따라서

$$g(n) = g(1 + \cdots + 1) = ng(1) = n$$

이다.

(2) 일반적으로 g가 전사가 아니므로 정의구역의 성질을 모두 반영할 수가 없다. I가 $\mathbb{Z}$의 이데알이므로 적당한 $n \in \mathbb{Z}$이 존재하여 $I = n\mathbb{Z}$인 주 이데알이다. (1)에 의해 $g(I) = n\mathbb{Z} \subset \mathbb{Q}$이다. 당연히 $g(I)$는 $\mathbb{Q}$의 이데알이 아니다.

(3) $\mathbb{Q}$는 체이므로 $\mathbb{Q}$의 이데알은 (0)과 $\mathbb{Q}$뿐이다. (1)에 의해 $\mathbb{Q}$를 치역으로 갖는 단사함수 $g : \mathbb{Z} \to \mathbb{Q}$는 존재하지 않으므로 거짓이다.

유제 3.14.4 가환환 R의 멱영원 전체의 집합을 J라고 할 때, J는 R의 이데알임을 보여라.

[풀이] 모든 양의 정수 m에 대하여 $0^m = 0$이므로 $0 \in J$이므로 $\phi \neq J \subseteq R$이다. $r \in R$이고 $a,\ b \in J$이라 하면 적당한 양의 정수 $m,\ n$이 존재하여 $a^m = 0$이고 $b^n = 0$이다. 그런데

$$(a-b)^{m+n} = \sum_{k=0}^{m+n} \binom{m+n}{k} a^{m+n-k}(-b)^k$$

이므로 $0 \leq k \leq n$이면 $a^{m+n-k} = 0$이고 $n \leq k \leq m+n$이면 $b^k = 0$이므로 우변은 0이다. 따라서 $a-b \in J$이다. 또한 $(ra)^m = r^m a^m = 0$이므로 $ra \in J$이다. 따라서 J는 R의 이데알이다.

유제 3.14.5 환 준동형 사상 $f : \mathbb{Z} \to \mathbb{Z}/3\mathbb{Z} \oplus \mathbb{Z}/5\mathbb{Z} \oplus \mathbb{Z}/7\mathbb{Z}$가

$$f(x) = (x+3\mathbb{Z},\ x+5\mathbb{Z},\ x+7\mathbb{Z})$$

와 같이 정의될 때, f의 핵(kernel)을 구하고 $f(x) = (2+3\mathbb{Z},\ 3+5\mathbb{Z},\ 4+7\mathbb{Z})$를 만족시키는 정수 x를 모두 구하시오.

[풀이] 환은 덧셈에 관한 가환군이고 상환 $\mathbb{Z}/3\mathbb{Z},\ \mathbb{Z}/5\mathbb{Z},\ \mathbb{Z}/7\mathbb{Z}$의 항등원은 각각 $0+3\mathbb{Z},\ 0+5\mathbb{Z},\ 0+7\mathbb{Z}$이다. 주어진 환 준동형 사상 f의 핵은

$$f(x) = (x+3\mathbb{Z},\ x+5\mathbb{Z},\ x+7\mathbb{Z}) = (0+3\mathbb{Z},\ 0+5\mathbb{Z},\ 0+7\mathbb{Z})$$

를 만족하는 x의 집합이다. 즉,

$$\begin{cases} x \equiv 0 \pmod 3 \\ x \equiv 0 \pmod 5 \\ x \equiv 0 \pmod 7 \end{cases}$$

이다. 이때 해는 $x \equiv 0 \pmod{105}$이다. 따라서 구하는 환 준동형 사상은 f의 핵은 $105\mathbb{Z}$이다. 또한,

$$f(x) = (x+3\mathbb{Z},\ x+5\mathbb{Z},\ x+7\mathbb{Z}) = (2+3\mathbb{Z},\ 3+5\mathbb{Z},\ 4+7\mathbb{Z})$$

을 만족하는 x의 집합을 구하면 된다.

$$\begin{cases} x = 2 \pmod 3 \\ x = 3 \pmod 5 \\ x = 4 \pmod 7 \end{cases}$$

의 해집합을 구하면 된다. $m_1 = 3,\ m_2 = 5,\ m_3 = 7$이라 하고

$$M = m_1 m_2 m_3 = 3 \cdot 5 \cdot 7$$

$M_i = \dfrac{M}{m_i}$라 하면 $(M_i,\ m_i) = 1$이다.

$$M_1N_1 = 5 \cdot 7,\ N_1 \equiv 1 \pmod 3 \text{ 이므로 } N_1 = -1 \text{ 이고}$$
$$M_2N_2 = 3 \cdot 7,\ N_2 \equiv 1 \pmod 5 \text{ 이므로 } N_2 = 1 \text{ 이고}$$
$$M_3N_3 = 3 \cdot 5,\ N_3 \equiv 1 \pmod 7 \text{ 이므로 } N_3 = 1$$

이다. 따라서 $u = 5 \cdot 7 \cdot (-1) \cdot 2 + 3 \cdot 7 \cdot (1) \cdot 3 + 3 \cdot 5 \cdot (1) \cdot 4 = 53$이다. 그러므로 구하는 x의 집합은 $x = 53 \pmod{105}$이다.

유제 3.14.6 정수환 $\mathbb{Z}$에서 가환환 $\mathbb{Z}_6$로 가는 환 준동형 사상 $f : \mathbb{Z} \to \mathbb{Z}_6$, $f(n) = 4n \pmod 6$를 이용하여 두 개의 환 $\mathbb{Z}/3\mathbb{Z}$와 $2\mathbb{Z}_6$는 동형임을 보이시오.

[풀이] 주어진 환 동형 사상 $f : \mathbb{Z} \to \mathbb{Z}_6$는

$$\mathrm{im}f = f(\mathbb{Z}) = \{f(n) : n \in \mathbb{Z}\} = \{4n \pmod 6) \mid n \in \mathbb{Z}\} = \{0,\ 2,\ 4\} = 2\mathbb{Z}_6$$
$$\ker f = \{n \in \mathbb{Z} : f(n) = 4n \equiv 0 \pmod 6)\} = \{3k : k \in \mathbb{Z}\} = 3\mathbb{Z}$$

를 갖는다. 따라서 제 1 동형정리에 의해서 $\mathbb{Z}/\ker f \cong imf$이므로 $\mathbb{Z}/3\mathbb{Z} \cong 2\mathbb{Z}_6$이다. 따라서 주어진 환 준동형 사상 f에 의해서 $\mathbb{Z}/3\mathbb{Z}$와 $2\mathbb{Z}_6$는 동형이다.

3.15 소 이데알과 극대 이데알

몫환은 환 $\mathbb{Z}_p$와 $F[x]/(p(x))$의 자연스러운 일반화로 전개되었다. p가 소수이고 $p(x)$가 기약일 때, $\mathbb{Z}_p$와 $F[x]/(p(x))$는 체이다. 이 절에서 몫환이 정역 또는 체가 될 중요한 조건을 결정할 것이다. $\mathbb{Z}$에서 소수와 $F[x]$에서 기약 다항식은 본질적으로 합동류환의 구조에서 같은 역할을 한다. 정리 1.3.2에 의하여 (± 1 이외의)영이 아닌 정수 p가 소수일 필요충분조건은 $p \mid bc$이면 $p \mid b$ 또는 $p \mid c$이다. $p \mid b$는 b가 p의 배수, 즉, b가 p의 모든 배수들

의 주 이데알 (p)의 원소임을 의미한다. 소수의 이 성질은 이데알에 의하여 다음과 같이 바꾸어 말할 수 있다 :

$$p \neq 0,\ \pm 1 \text{일 때, } p\text{가 소수다} \Leftrightarrow\ bc \in (p)\text{이면 } b \in (p) \text{ 또는 } c \in (p)\text{이다.}$$

조건 $p \neq \pm 1$은 1이 p의 배수가 아님을 보장하므로 $(p) \neq \mathbb{Z}$가 된다. 이 경우를 모델로 삼아 다음을 정의할 수 있다.

정의 3.15.1

가환환 R에서 이데알 P가 $P \neq R$이고 다음을 만족하면 소 이데알(prime ideal)이라 한다.

$$bc \in P\text{이면, } b \in P \text{ 또는 } c \in P\text{이다.}$$

| 보기 3.15.1 | 위에서 보았듯이 p가 소수 정수일 때 주 이데알 (p)는 $\mathbb{Z}$에서 소 이데알이다. 한편, 이데알 $P=(6)$는 $\mathbb{Z}$에 소 이데알이 아니다. 왜냐하면 $2 \cdot 3 \in P$이지만 $2 \notin P$이고 $3 \notin P$이기 때문이다. ■

| 보기 3.15.2 | 임의의 정역 R에서 영이데알은 소 이데알이다. 왜냐하면 $ab = 0_R$이면 $a = 0_R$ 또는 $b = 0_R$이기 때문이다. ■

| 보기 3.15.3 | 정리 3.6.4에 의하여, F가 체이고 $p(x)$가 $F[x]$에서 기약이면, 주 이데알 $(p(x))$는 $F[x]$에서 소 이데알이다. ■

| 보기 3.15.4 | I가 $\mathbb{Z}[x]$에서 짝수 상수항을 갖는 다항식들의 이데알이라 하자. I는 소 이데알임을 증명하라.

[증명] 보기 3.13.5에 의하여, I는 주 이데알이 아니고 분명히 $I \neq \mathbb{Z}[x]$이다.

$$f(x) = a_n x^n + \cdots + a_0\text{와 } g(x) = b_m x^m + \cdots + b_0$$

는 $f(x)g(x) \in I$인 $\mathbb{Z}[x]$에서 다항식이라 하자. 따라서 $f(x)g(x)$의 상수항인 $a_0 b_0$는 짝수이다. 따라서 a_0가 짝수이거나 b_0가 짝수이다. 그러므로 $f(x) \in I$ 또는 $g(x) \in I$이다. 따라서 I는 소 이데알이다. ■

보기 3.15.4에서 이데알 I는 소 이데알이고, 몫환 $\mathbb{Z}[x]/I$는 체이다(보기 3.14.2를 보라). 비슷하게, p가 소수일 때, $\mathbb{Z}/(p)=\mathbb{Z}_P$는 체다. 그러나 다음의 보기는 P가 소 이데알일 때 R/P가 언제나 체일 수는 없음을 보여준다.

정리 3.15.2

P는 항등원이 있는 가환환 R에서 이데알이라 하자. P가 소 이데알일 필요충분조건은 몫환 R/P가 정역인 것이다.

[증명] 정리 3.13.7의 결과인 다음의 사실

$$a+P=0_R+P \Leftrightarrow a\in P \tag{3.15.1}$$

을 자주 사용할 것이다. 정리 3.14.2에 의하여, R/P는 항등원이 있는 가환환이다. 조건 $P\neq R$은 $1_R\not\in P$라고 말하는 것과 논리적으로 같다. 왜냐하면 1_R을 포함하는 임의의 이데알은 전체 환이어야만 하기 때문이다. (3.15.1)에 의하여, $1_R\not\in P \Leftrightarrow 1_R+P \neq 0_R+P$ 이다. 이러한 상황에서, R/P가 정역일 필요충분조건이 R/P가 영인자를 갖지 않는다는 사실을 이용한다.

$\Leftarrow$] R/P는 정역이라 가정하고 임의의 $b,\ c\in R$에 대하여 $bc\in P$라 하자. (3.15.1)에 의하여,

$$(b+P)(c+P)=bc+P=0_R+P$$

이다. 가정에 의하여, R/P는 영인자를 갖지 않으므로,

$$b+P=0_R+P \text{ 또는 } c+P=0_R+P$$

이다. 그러므로 $b\in P$ 또는 $c\in P$이다. 따라서 P는 소 이데알이다.

$\Rightarrow$] P는 소 이데알이라 가정하고 임의의 $b+P,\ c+P\in R/P$에 대하여

$$(b+P)(c+P)=0_R+P$$

라 하자. $bc+P=0_R+P$이다. 따라서 (3.15.1)에 의하여, $bc\in P$이다. 그러므로 가정에 의하여, $b\in P$ 또는 $c\in P$이다. (3.15.1)에 의하여, $b+P=0_R+P$ 또는 $c+P=0_R+P$ 이다. 그러므로 R/P는 영인자를 갖지 않는다. 따라서 R/P는 정역이다. ■

| 보기 3.15.5 | 환 $\mathbb{Z}[x]$에서 주 이데알 (x)는 x의 배수, 즉 상수항이 영인 다항식들로 이루어진다. 따라서 $\mathbb{Z}[x]/(x)$는 정역이지만 체는 아니다. 이를 증명하라.

[증명] $(x) \neq \mathbb{Z}[x]$이다. 임의의 $f(x) = a_n x^n + \cdots + a_0$, $g(x) = b_m x^m + \cdots + b_0 \in \mathbb{Z}[x]$에 대하여, $f(x)g(x) \in (x)$라 하자. 따라서 $f(x)g(x)$의 상수항, $a_0 b_0 = 0$이다. 따라서 $a_0 = 0$ 또는 $b_0 = 0$이다. 그러므로 $f(x) \in (x)$ 또는 $g(x) \in (x)$이다. 따라서 (x)는 소 이데알이다. 따라서 $\mathbb{Z}[x]/(x)$는 정역이다. 그런데 $\mathbb{Z}[x]/(x) \cong \mathbb{Z}$(보기 3.14.3) 이므로 체는 아니다. ■

소 이데알을 법으로 하는 몫환은 체일 필요가 없으므로, 몫환이 체가 되기 위하여 이데알이 어떤 조건을 만족해야만 하는가를 묻는 것은 당연하다.

| 보기 3.15.6 | $\mathbb{Z}$에서 이데알 (3)을 생각하자. 따라서 (3)과 $\mathbb{Z}$ 사이에 $(3) \subsetneq J \subsetneq \mathbb{Z}$를 만족하는 이데알 J가 있는가?

[증명] J는 $(3) \subset J \subset \mathbb{Z}$인 $\mathbb{Z}$에서 이데알이고 $J \neq (3)$이라 가정하자. 적당한 $a \in J$가 존재하여 $a \notin (3)$을 만족한다. 따라서 $3 \nmid a$이므로 3과 a는 서로소다. 즉, $(3, a) = 1$이다. 따라서 $u, v \in \mathbb{Z}$가 존재하여 $3u + av = 1$를 만족한다. 그런데 $3, a \in J$이므로 $1 \in J$가 되어 $J = \mathbb{Z}$이다. 따라서 (3)과 $\mathbb{Z}$ 사이에 어떤 이데알도 존재하지 않는다. ■

| 보기 3.15.7 | 몫환 $\mathbb{Z}[x]/(x)$는 체가 아니다. 더욱이, 짝수 상수항을 갖는 다항식들의 이데알 I는 (x)와 $\mathbb{Z}[x]$ 사이에 있다. 즉, $(x) \subsetneq I \subsetneq \mathbb{Z}[x]$이다. ■

정의 3.15.3

M이 환 R의 이데알이라 하자. $M \neq R$이고, 이데알 J가 $M \subset J \subset R$일 때 $J = M$ 또는 $J = R$이면 M을 **극대 이데알**(maximal ideal)이라 한다.

예로서, 이데알 (3)은 $\mathbb{Z}$에서 극대 이데알이고 이데알 (x)는 $\mathbb{Z}[x]$에서 극대 이데알이 아니다. 어떤 환은 두 개 이상의 극대 이데알을 가질 수 있다. 이데알 $\{0, 2, 4\}$는 $\mathbb{Z}_6$에서 극대 이데알이다. 또한 이데알 $\{0, 3\}$도 역시 $\mathbb{Z}_6$에서 극대 이데알이다. $\mathbb{Z}$에서 무한히 많은 극대 이데알이 있다(예제 3.15.1). 극대 이데알은 위에서 제시된 질문에 대하여 해답을 제공한다.

정리 3.15.4

M은 항등원 있는 가환환 R에서 이데알이라 하자. M이 극대 이데알일 필요충분조건은 몫환 R/M이 체인 것이다.

[증명] 정리 3.15.2의 증명에서처럼, R/M이 항등원이 있는 가환환이고 $M \neq R$일 필요충분조건은 $1_R + M \neq 0_R + M$이다.

$\Leftarrow$] R/M은 체이고 어떤 이데알 J에 대하여 $M \subset J \subset R$이고 $M \neq J$라 가정하자. 적당한 $a \in J$가 존재하여 $a \notin M$을 만족한다. 따라서 체 R/M에서 $a + M \neq 0_R + M$이다. 더욱이 $a + M$은

$$(a+M)(b+M) = ab + M = 1_R + M$$

인 역 $b + M$을 갖는다. 따라서 정리 3.13.7에 의하여 $ab \equiv 1_R \pmod{M}$이다. 따라서 $m \in M$이 존재하여 $ab - 1_R = m$이 된다. 그러므로 $1_R = ab - m$이다. $a,\ m \in J$이므로 $1_R \in J$이 되어 $J = R$이다. 따라서 M은 극대 이데알이다.

$\Rightarrow$] M은 극대 이데알이라 가정하고 $a + M$은 R/M의 임의의 영이 아닌 원소라 하자. 따라서 $a \notin M$이다($a \in M$이면 $a + M = 0_R + M$이 되어 모순이 된다). 집합 $J = \{m + ra : r \in R$이고 $m \in M\}$을 보자. J는 M을 포함하는 R에서 이데알이다(연습문제 3.13.17). 더욱이 $a = 0_R + 1_R a \in J$이다. 따라서 $M \neq J$이다. M은 극대 이데알이므로, $J = R$이고 $1_R \in J$가 된다. 따라서 $m \in M$과 $c \in R$이 존재하여 $1_R = m + ca$이므로 $1_R - ca = m \in M$이다. 즉, $ca \equiv 1_R \pmod{M}$이다. 그러므로, 정리 3.13.7에 의하여,

$$ca + M = 1_R + M$$

이다. 한편 $ca + M = (c+M)(a+M)$이므로

$$(c+M)(a+M) = 1_R + M$$

이다. $c + M$은 R/M에서 $a + M$의 역원이므로 R/M은 체이다. ■

따름정리 3.15.5

항등원이 있는 가환환 R에서, 모든 극대 이데알은 소 이데알이다.

[증명] M이 임의의 극대 이데알이라 하자. 정리 3.15.4에 의하여, R/M은 체이다. 따라서

따름정리 3.2.8에 의하여 R/M은 정역이다. 따라서 정리 3.15.2에 의하여, M은 소이데알이다. ■

정리 3.15.4는 이데알들이 극대 이데알인지를 보여주기 위해서 사용된다.

| 보기 3.15.8 | $\mathbb{Z}[x]$에서 짝수 상수항을 갖는 다항식들의 이데알 I는 극대이다. 왜냐하면 $\mathbb{Z}[x]/I$는 체이기 때문이다(보기 3.14.2를 보라).

| 보기 3.15.9 | T는 $\mathbb{R}$에서 $\mathbb{R}$로의 연속함수들의 환이고 I는 $g(2)=0$인 모든 함수 g들의 이데알이라 하자. 보기 3.14.4에 의하여, $T/I \cong \mathbb{R}$이다. 그러므로 I는 T에서 극대 이데알이다. T에서 모든 극대 이데알은 이와 같은 형태에 속한다는 것을 보여줄 수 있다.

예제 | 3.15.1 영이 아닌 정수 p가 소수일 필요충분조건은 이데알 (p)가 $\mathbb{Z}$에서 극대인 것이다. 이를 증명하라.

[풀이] p가 소수일 필요충분조건은 $\mathbb{Z}_p$가 체인 것이다(정리 1.6.1, 정리 3.2.7, 정리 3.2.9). 또한 이는 $\mathbb{Z}/(p)$가 체인 것과 필요충분조건이다($\mathbb{Z}_p \cong \mathbb{Z}/(p)$이므로). 그러므로 (p)가 극대 이데알인 것과 필요충분조건이 된다(정리 3.15.4). 여기서 $\mathbb{Z}/(p)=\{0+(p),\ 1+(p),\ \cdots,\ (p-1)+(p)\}$이다. ■

유제 | 3.15.1 F는 체이고 $p(x)\in F[x]$라 하자. $p(x)$가 기약일 필요충분조건은 이데알 $(p(x))$가 극대 이데알이다. 이를 증명하라.

예제 | 3.15.2 $\mathbb{Z}_6$에서 모든 극대 이데알을 열거하라.

[풀이] $\mathbb{Z}_6$에서 모든 이데알은 주 이데알이다.

$$(0)=\{0\},\ (3)=\{0,\ 3\},\ (2)=\{0,\ 2,\ 4\},\ (1)=\mathbb{Z}_6$$

이다.

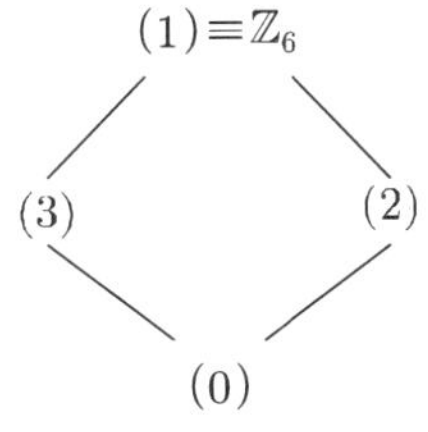

따라서 극대 이데알은 (2)와 (3)이다. ■

유제 3.15.2 $\mathbb{Z}_8$과 $\mathbb{Z}_9$에서 각각 꼭 하나의 극대 이데알이 있음을 보여라.

예제 3.15.3 R은 모든 이데알이 주 이데알인 정역이라 하자. (p)가 R에서 소 이데알이면, $p = cd$일 때 c 또는 d가 R에서 단원이다. 이를 증명하라.

[풀이] $p = cd$이므로 $cd \in (p)$이다. (p)는 소 이데알이므로, $c \in (p)$ 또는 $d \in (p)$이다. $c \in (p)$라 하자. 적당한 $u \in R$이 존재하여 $c = pu$이 된다. 따라서 $c = cdu$이다. R가 정역이므로, $du = 1_R$이다. 그러므로 d는 단원이다. $d \in (p)$이면, 비슷한 방법으로 c가 단원임을 알 수 있다. 따라서 c 또는 d가 단원이다. ■

유제 3.15.3 R은 항등원이 있는 가환환이라 하자. R이 정역일 필요충분조건은 (0_R)이 소 이데알이다. 이를 증명하라.

유제 3.15.4 환 $\mathbb{Z}_{24}$ 위의 다항식환 $R = \mathbb{Z}_{24}[x]$에 대하여 다음 중 옳은 것은 증명하고 거짓인 것은 이유를 설명하라.

(1) R는 정역이다.

(2) R는 8개 이상의 단원을 갖는다.

(3) R는 환 $\mathbb{Z}_4[x] \times \mathbb{Z}_6[x]$와 동형이다.

(4) 다항식 $f(x) = x^3 - 6x^2 + 11x - 6$은 $\mathbb{Z}_{24}[x]$에서 오직 3개의 근을 갖는다.

(5) 주 이데알 $I = (x^2 + 12)$에 대하여 잉여환 R/I는 체이다.

3.15 연습문제

1. n이 합성수이면 (n)은 $\mathbb{Z}$에서 소 이데알이 아님을 증명하라.

2. 두 소 이데알의 교집합이 소 이데알일 필요가 없음을 보기를 들어 보여라.

3. $\mathbb{Z}_{16}$에서 모든 극대 이데알을 열거하라.

4. $\mathbb{Z}_{10}$과 $\mathbb{Z}_{15}$는 두 개 이상의 극대 이데알을 가짐을 보여라.

5. R은 항등원이 있는 가환환이라 하자. R이 체일 필요충분조건은 (0_R)이 극대 이데알인 것이다. 이를 증명하라.

6. R은 항등원이 있는 유한 가환환이라 하자. R에서 모든 소 이데알은 극대 이데알임을 증명하라.

7. p는 고정된 소수이고 J는 상수항이 p로 나누어질 수 있는 $\mathbb{Z}[x]$에 속하는 다항식들의 집합이라 하자. 따라서 J는 $\mathbb{Z}[x]$에서 극대 이데알이다. 이를 증명하라.

8. $\mathbb{Z}[x]$에서 주 이데알 $(x-1)$은 $\mathbb{Z}[x]$의 소 이데알이지만 극대 이데알이 아님을 보여라.

9. p가 소수정수이고 $M=\{(pa,\ b) : a,\ b\in\mathbb{Z}\}$일 때, M은 $\mathbb{Z}\times\mathbb{Z}$에서 극대 이데알임을 증명하라.

10. 소 이데알이지만 극대 이데알이 아닌 $\mathbb{Z}\times\mathbb{Z}$에서 이데알을 구하라.

11. P가 가환환 R에서 소 이데알이면, 이데알 $P\times P$는 $R\times R$에서 소 이데알인가?

12. (1) R은 보통의 덧셈과 모든 $a,\ b\in R$에 대하여 $ab=0$으로 주어지는 곱셈을 갖춘 정수들의 집합이라 하자. R은 가환환임을 보여라.
    (2) $M=\{0,\ \pm 2,\ \pm 4,\ \pm 6\cdots\}$은 R에서 극대 이데알이지만 소 이데알이 아님을 보여라. 이 결과가 왜 따름정리 3.15.4를 모순되게 하지 않는지를 설명하라.

13. $M=\{0,\ \pm 4,\ \pm 8\cdots\}$은 짝수정수들의 환 E에서 극대 이데알이지만 E/M은 체가 아님을 보여라. 이 결과가 왜 정리 3.15.5와 모순되지 않는지를 설명하라.

14. $f: R\to S$는 가환환들의 전사 준동형 사상이라 하자. J는 S에서 소 이데알이고 $I=\{r\in R : f(r)\in J\}$이면, I는 R에서 소 이데알임을 증명하라.

15. P는 $P\neq R$인 가환환 R에서 이데알이라 하자. P가 소 이데알일 필요충분조건은 A와 B가 R의 이데알일 때, $AB\subset P$를 만족하면, $A\subset P$ 또는 $B\subset P$임을 증명하라.[유제 3.13.9에서, AB는 정의된다. 이 성질은 비가환환에서 소 이데알의 정의로 사용된다.]

16. R이 항등원이 있는 영 아닌 환일 때, R 자신을 제외한 R의 모든 이데알은 어떤 극대 이데알에 포함된다고 가정하자(이 사실의 증명은 이 책의 수준을 뛰어 넘는다). 항등원이 있는 가환환 R이 꼭 하나의 극대 이데알을 갖을 필요충분조건은 R의 비단원들의 집합이 이데알인 것이다. (이와 같은 환을 국소환(local ring)이라 한다).

17. (1) $R=\{a+bi : a,\ b\in\mathbb{Z}\}$은 $\mathbb{C}$의 부분환이고 $M=\{a+bi : 3|a$이고 $3|b\}$은 R에서 극대환임을 증명하라. [도움말 : $r+si\not\in M$이면, $3\nmid r$ 또는 $3\nmid s$이다. 3은 $r^2+s^2=(r+si)(r-si)$를 나누지 못함을 보여준다. $r+si$와 M을 포함하는 임의의 이데알이 역시 1을 포함함을 보여준다.]

(2) R/M는 9개 원소를 갖는 체임을 보여라.

18. R은 연습문제 3.15.17에서와 같다고 하자. J는 R에서 극대 이데알임을 보여라. 여기서 $J=\{a+bi : 5|a$이고 $5|b\}$이다.
[도움말 : R에서 주 이데알 $K=(2+i)$를 생각하라.]

19. R과 J는 연습문제 3.15.18에서와 같다고 하자. $R/J\cong\mathbb{Z}_5\times\mathbb{Z}_5$임을 보여라.

20. R과 K는 연습문제 3.15.18에서와 같다고 하자. $R/K\cong\mathbb{Z}_5$임을 보여라.

21. $T=\{a+b\sqrt{2} : a,\ b\in\mathbb{Z}\}$는 $\mathbb{R}$부분환이고 $M=\{a+b\sqrt{2} : 5|a$이고 $5|b\}$은 T에서 극대 이데알임을 증명하라.

3.15 유제풀이

유제 3.15.1 F는 체이고 $p(x)\in F[x]$라 하자. $p(x)$가 기약일 필요충분조건은 이데알 $(p(x))$가 극대 이데알이다. 이를 증명하라.

[풀이] 정리 3.12.1에 의해 $p(x)$는 $F[x]$에서 기약일 필요충분조건은 $F[x]/(p(x))$가 체인 것이다. 또한 정리 3.15.4에 의해 $F[x]/(p(x))$가 체일 필요충분조건은 $(p(x))$가 극대 이데알인 것이다. 따라서 증명이 끝난다.

유제 3.15.2 $\mathbb{Z}_8$과 $\mathbb{Z}_9$에서 각각 꼭 하나의 극대 이데알이 있음을 보여라.

[풀이] $\mathbb{Z}_8$에서

$$(2)=\{0,\ 2,\ 4,\ 6\}=(6),\ (4)=\{0,\ 4\}$$
$$\mathbb{Z}_8=(1)=(3)=(5)=(7)$$

이므로 $\mathbb{Z}_8/(2)=\mathbb{Z}_2$이고 $\mathbb{Z}_2$는 체이므로 (2)는 극대 이데알이다.

$\mathbb{Z}_9$에서

$$(3)=\{0,\ 3,\ 6\}=(6),$$
$$\mathbb{Z}_9=(1)=(2)=(4)=(5)=(7)=(8)$$

이므로 $\mathbb{Z}_9/(3)=\mathbb{Z}_3$이고 $\mathbb{Z}_3$은 체이므로 (3)은 극대 이데알이다.

유제 3.15.3 R은 항등원이 있는 가환환이라 하자. R이 정역일 필요충분조건은 (0_R)이 소 이데알이다. 이를 증명하라.

[풀이] R이 정역이다. $\Leftrightarrow$ $ab=0_R$이면 $a=0_R$ 또는 $b=0_R$이다.

$\Leftrightarrow$ $ab\in(0_R)$이면 $a\in(0_R)$ 또는 $b\in(0_R)$이다.

$\Leftrightarrow$ (0_R)이 소 이데알이다.

유제 3.15.4 환 $\mathbb{Z}_{24}$ 위의 다항식환 $R=\mathbb{Z}_{24}[x]$에 대하여 다음 중 옳은 것은 증명하고 거짓인 것은 이유를 설명하라.

(1) R는 정역이다.

(2) R는 8개 이상의 단원을 갖는다.

(3) R는 환 $\mathbb{Z}_4[x]\times\mathbb{Z}_6[x]$와 동형이다.

(4) 다항식 $f(x)=x^3-6x^2+11x-6$은 $\mathbb{Z}_{24}[x]$에서 오직 3개의 근을 갖는다.

(5) 주 이데알 $I=\langle x^2+12\rangle$에 대하여 잉여환 R/I는 체이다.

[풀이] (1) 거짓. 24가 합성수이므로 영인자는 많다.

$$2x\cdot 12x^2=0,\ 3x\cdot 8x=0,\ 4x\cdot 6x=0 \text{ 등등.}$$

(2) 24와 서로소인 24보다 작은 원소는 $\mathbb{Z}_{24}^*=\{1, 5, 7, 11, 13, 17, 19, 23\}$ 이므로 $\mathbb{Z}_{24}^*\subseteq\mathbb{Z}_{24}^*[x]$이므로 참이다. 참고로 $(12x+1)(12x+1)=144x^2+24x+1=1$이므로 $12x+1$은 $R=\mathbb{Z}_{24}[x]$의 단원이다. R이 정역이상이어야만 $R^*=R^*[x]$이다.

(3) 4와 6이 서로소일 때만 성립한다. $\mathbb{Z}_4[x]\times\mathbb{Z}_6[x]$는 표수가 12이고 $\mathbb{Z}_{24}[x]$는 표수가 24이다. 즉, $\mathbb{Z}_4[x]\times\mathbb{Z}_6[x]$의 모든 원소는 12번 더하면 0이다.

(4) $f(x)=x^3-6x^2+11x-6$을 일단 인수분해하면 $\mathbb{Q}[x]$에서

$$\begin{aligned}f(x)&=x^3-6x^2+11x-6=(x-2)(x^2-4x+3),\\&=(x-2)(x-3)(x-1)\end{aligned}$$

이고, 또한 $3\equiv-21 \pmod{24}$이므로 $\mathbb{Z}_{24}[x]$에서

$$\begin{aligned}f(x)&=(x-2)(x^2-4x-21)\\&=(x-2)(x+3)(x-7)\end{aligned}$$

이다. 또한 $-4\equiv 20 \pmod{24}$이므로 $\mathbb{Z}_{24}[x]$에서

$$\begin{aligned}f(x)&=(x-2)(x^2+20x-21)\\&=(x-2)(x+21)(x-1)\end{aligned}$$

이다. 또한 $\mathbb{Z}_{24}[x]$에서 $f(x)=x^3-6x^2+11x-6=(x-5)(x^2-x+6)$이므로 $x=1,\ 2,\ 3,\ -3,\ 7,\ 5$이므로 6개 이상의 해가 존재한다. (참고로 세 번째 식은 찾기가 어렵다. 기본적으로 처음 몇 개의 숫자를 대입하여 찾아야 한다.)

(5) $R=\mathbb{Z}_{24}[x]$은 항등원을 갖는 가환환이다.

$x^2+12\equiv x^2-36\equiv(x+6)(x-6) \pmod{24}$이므로

$I=\langle x^2+12\rangle\subset< x+6 >$이므로 $I=\langle x^2+12\rangle$은 극대 이데알이 아니므로 R/I는 체가 아니다.

4장

정역

수학은 머리로 추론하고 엉덩이로 극복하는 것이다

- 한 유튜버(a YouTuber)

4.1 유일 인수분해 정역

$\mathbb{Z}$와 $F[x]$에서의 기본 계산 개념과 용어들을 임의의 정역으로 확장하자. 그 다음에 어떤 유일 인수분해 꼴이 존재하는 정역들을 조사한다. 이 절의 처음부터 끝까지 R은 정역이다. 다음과 같은 환들이 보기로서 사용될 것이다. d는 고정된 정수이고

$$\mathbb{Z}[\sqrt{d}\,] = \{r + s\sqrt{d} : r,\ s \in \mathbb{Z}\}$$

라 하자. $\mathbb{Z}[\sqrt{d}]$가 $\mathbb{C}$에 포함되는 정역임을 증명하는 일은 어렵지 않다. $d>0$이면, $\mathbb{Z}[\sqrt{d}]$는 $\mathbb{R}$의 부분환이다(예제 4.1.1). $d=-1$일 때, $\mathbb{Z}[\sqrt{-1}\,]$을 종종 $\mathbb{Z}[i]$로 나타내고 **가우스 정수환**(the ring of Gaussian integers)이라 한다.

$a,\ b\in R$이고 $a\neq 0_R$라 하자. a가 b를 **나눈다**(a divides b) 또는 a는 b의 **인수이다**(a is a factor of b)라는 뜻은 어떤 $c\in R$에 대하여 $b=ac$임을 의미하고 기호 $a|b$로 쓴다. 원소 $u\in R$가 **단원**(unit)이라는 뜻은 어떤 $v\in R$가 존재하여 $uv=1_R$임을 의미한다. 따라서 R의 단원은 정확히 1_R의 약수이다.

| 보기 4.1.1 | $\mathbb{Z}$의 단원들은 1과 -1이다. F가 체이면 다항식환 $F[x]$의 단원들은 영이 아닌 상수 다항식들이다(정리 3.6.1). $1+\sqrt{2}$는 $\mathbb{Z}[\sqrt{2}]$의 단원이다. 왜냐하면

$$(1+\sqrt{2})(-1+\sqrt{2}) = 1$$

이기 때문이다. ■

주목 $u\in R$가 역원 v를 갖는 단원이라 하자. 따라서 $uv=1_R$이다. 임의의 $b\in R$에 대하여,

$$u(vb) = (uv)b = 1_R b = b$$

이다. 그러므로 단원은 R의 모든 원소의 약수이다.

원소 $a\in R$가 $b\in R$의 **동반원**(associate)이라는 뜻은 어떤 단원 u가 존재하여 $a=bu$임을 의미한다. u는 역원 v를 갖는다고 하자. 즉 $uv=1_R$이다. 따라서 v 역시 단원이다. $a=bu$의 양변에 v를 곱하면,

$$av = buv = b1_R = b$$

이다. 이 사실을 사용하여 다음의 결과를 증명한다.

$$a\text{가 } b\text{의 동반원이다.} \Leftrightarrow b\text{가 } a\text{의 동반원이다.}$$

그리고 R의 영이 아닌 원소는 동반원에 의하여 나누어진다.

| 보기 4.1.2 | 모든 영이 아닌 정수 n은 $\mathbb{Z}$에서 꼭 두 개의 동반원 n과 $-n$을 갖는다. F가 체이면, $f(x) \in F[x]$의 동반원은 $f(x)$의 영이 아닌 상수 배수이다. 환 $\mathbb{Z}[\sqrt{2}]$에서 $\sqrt{2}$와 $2-\sqrt{2}$는 동반원이다. 왜냐하면,

$$\sqrt{2} = (2-\sqrt{2})(1+\sqrt{2})$$

이고, $1+\sqrt{2}$는 단원이기 때문이다. ■

영이 아닌 원소 $p \in R$가 **기약원**(irreducible element)이라는 뜻은 p가 단원이 아니고, p의 약수들이 p의 동반원과 R의 단원들뿐임을 의미한다.

| 보기 4.1.3 | $\mathbb{Z}$에서 기약원들은 바로 소수정수들이다. 왜냐하면, 소수 p의 약수들은 $\pm p$ (p의 동반원)과 ± 1($\mathbb{Z}$의 단원)뿐이기 때문이다. 위에서 주어진 기약원의 정의는 F가 체일 때, 정역 $F[x]$에서 기약 다항식의 정의(정의 3.6.3)와 일치한다. ■

다음의 결과는 원소가 기약원임을 증명하는 가장 쉬운 방법이고 때때로 정의로 사용된다. 정리 3.6.4는 $R=F[x]$인 특별한 경우이다.

정리 4.1.1

정역 R의 영원이 아닌 원소 p가 단원이 아니라 하자. 따라서 p가 기약원일 필요충분조건은 $p=rs$이면, r 또는 s가 단원인 것이다.

[증명] $\Rightarrow$] p는 기약원이고 $p=rs$라 가정하자. 따라서 $r|p$이다. r은 단원이거나 또는 p의 동반원이다.

경우 1 : r이 단원이라 가정하자. 증명할 것이 없다.

경우 2 : r이 p의 동반원이라 가정하자. 적당한 $v \in R$가 존재하여 $r=pv$를 만족한

다. 양변에 s를 곱하면 $p = rs = pvs$이고 정리 3.2.7에 의하여 $1_R = vs$이다. 따라서 s는 단원이다.

$\Leftarrow$] c는 p의 임의의 약수라 하자. 적당한 $d \in R$가 존재하여 $p = cd$를 만족한다. 가정에 의하여 c 또는 d는 단원이다. d가 단원이면, d^{-1} 역시 단원이다. $p = cd$의 양변에 d^{-1}를 곱하면, $c = d^{-1}p$이다. 모든 경우에 c는 단원 또는 p의 동반원이다. 그러므로 p는 기약원이다. ■

정수들은 $\leq$에 의하여 순서가 주어지게 되고, 다항식들은 이들의 차수에 의하여 부분순서가 있게 된다. 따라서 크기 또는 차수에 의하여 $\mathbb{Z}$와 $F[x]$에서 **최대공약수**(the greatest common divisor)를 정의하는 것은 당연하다. 불행하게도, 임의의 정역에서 '크기'를 측정하는 비슷한 방법이 존재하지 않을 수 있다. 그러므로 최대공약수는 나뉘어 떨어짐 성질만으로 정의되어야만 한다.

정의 4.1.2

$a_1,\ a_2,\ \cdots,\ a_n$은 정역 R의(모두 영이 아닌) 원소들이라 하자. $a_1,\ a_2,\ \cdots,\ a_n$의 **최대공약수**는 다음의 조건을 만족하는 R의 원소이다.

(i) d는 각 a_i의 약수이다.

(ii) $c \in R$이고 c가 각 a_i의 약수이면 $c|d$이다.

이 정의는 $\mathbb{Z}$와 $F[x]$에서 정의되었던 것과 모순되지 않는다. 그러나 이 정의는 더 앞의 최대공약수의 정의들과 일치하지는 않는다. d가 1장에서 정의된 대로 두 정수 a_1과 a_2의 최대공약수 (즉, d가 공약수들 중에서 가장 큰 정수)이면, 따름정리 1.2.5에 의하여, d는 정의 4.1.2의 성질 (i)과 (ii)를 갖는다. 비슷하게, F가 체이면 따름정리 3.5.4에 의하여 (4장에서 정의된 대로) $F[x]$에서 두 다항식의 최대공약수는 정의 4.1.2의 성질 (i)과 (ii)를 갖는다. 여기에서는 최대공약수가 더 이상 유일하지 않다는 것이 차이점이다.

| 보기 4.1.4 | 정의 4.1.2에 의하여 $\mathbb{Z}$에서 2와 -2는 10과 18의 최대공약수들이다. 2와 -2는 동반원이다. ■

정리 4.1.3

d는 정역 R에서 $a_1,\ a_2,\ \cdots,\ a_n$의 최대공약수라 하자.

(1) d의 모든 동반원은 역시 $a_1,\ a_2,\ \cdots,\ a_n$의 최대공약수이다.

(2) $a_1,\ a_2,\ \cdots,\ a_n$의 임의의 두 최대공약수는 동반원이다.

[증명] (1) 연습문제 4.1.2를 보라.

(2) d와 t가 $a_1,\ a_2,\ \cdots,\ a_n$의 임의의 최대공약수라 하자. 따라서 t는 각 a_i의 약수이다. 최대공약수 d의 정의의 성질 (2)에 의하여, $t|d$이다. 한편, d 역시 각 a_i의 약수이다. 그러므로 최대공약수 t의 정의의 성질 (2)에 의하여, $d|t$이다. 따라서 $t|d$이고 $d|t$이므로 예제 4.1.2 (1)에 의하여 d와 t는 동반원이다. ■

정의 4.1.4

정역 R이 다음을 만족하면 **유일 인수분해 정역**(a unique factorization domain : UFD)이라 한다. 영원도 아니고 단원도 아닌 R의 모든 원소가 기약원들의 곱이고, 이 곱(인수분해)은 동반원을 같은 것으로 취급한다면 유일하다(원래의 원소 자신이 기약인 경우에 한 개의 인수만의 곱도 인정한다). 즉,

$$p_1 p_2 \cdots p_r = q_1 q_2 \cdots q_s$$

이면, $r = s$이고 필요하면 순서를 바꾸어 이름을 다시 붙여준 후에 보았을 때, p_i는 q_i의 동반원이다($i = 1,\ 2,\ \cdots,\ r$). 여기서 각 p_i와 q_i는 기약원이다.

| 보기 4.1.5 | 정리 1.3.5와 정리 3.6.6은 $\mathbb{Z}$와 (F가 체인) $F[x]$가 유일 인수분해 정역임을 보여준다. 4.2절에서 가우스 정수들의 정역 $\mathbb{Z}[i]$가 역시 UFD임을 보일 것이다. 그러나 정역 $\mathbb{Z}[\sqrt{d}]$는 UFD가 아니다. 반면 $\mathbb{Z}[x]$는 UFD이다. 증명은 생략한다. ■

$\mathbb{Z}$에서 두 원소의 인수분해에서 같은 소수들이 나타나도록 언제나 조정할 수 있다. 예컨대 $-18 = (-2)(-3)^2$과 $40 = 2^3 5$는 $-18 = (-1)2^1 3^2 5^0$과 $40 = (1)2^3 3^0 5^1$으로 쓰일 수 있다. 같은 성질이 임의의 UFD에서 성립한다.

정리 4.1.5

c와 d가 유일 인수분해 정역 R의 영이 아닌 원소라 하면 단원 u와 v와 기약원 $p_1, p_2, \cdots, p_k$(어느 두 개도 동반원이 아니다)이 존재하여 $c = up_1^{m_1}p_2^{m_2}\cdots p_k^{m_k}$이고 $d = vp_1^{n_1}p_2^{n_2}\cdots p_k^{n_k}$를 만족한다. 여기서 각 m_i와 n_i는 음이 아닌 정수이다. 더욱이, $c|d$일 필요충분조건은 각 $i = 1, 2, \cdots, k$에 대하여 $m_i \le n_i$인 것이다.

정역의 모든 영이 아닌 원소는 모든 동반원에 의하여 나누어진다. b가 a의 **진약수**(proper devisor)라는 뜻은 $b|a$이고 b는 a의 동반원이 아님을 의미한다. 따라서 p가 기약원일 필요충분조건은 p의 진약수가 단원들뿐인 것이다.

따름정리 4.1.6

유일 인수분해 정역 R에서 각 $a_i(i > 1)$가 바로 앞의 원소의 진약수가 되는 무한수열 $a_1, a_2, a_3, \cdots$이 존재하지 않는다.

[증명] 이와 같은 수열이 존재한다고 가정하자. R은 UFD이므로

$$a_1 = vp_1^{n_1}p_2^{n_2}\cdots p_k^{n_k}$$

이다. 여기서 v는 단원, 각 p_i는 기약원이고 이들 중에서 어느 두 개도 동반원이 아니다. 가정에 의하여, 각 $a_i(i>1)$는 a_1의 약수이다. 따라서 정리 4.1.5에 의하여 a_i는 $up_1^{m_1}p_2^{m_2}\cdots p_k^{m_k}$ 꼴에 속하고 u는 단원이고 각 j에 대하여 $0 \le m_j \le n_j$이다. a_{i+1}이 a_i의 진약수일 필요충분조건은 a_{i+1}에 대한 각 지수 m_j가 a_i에 대한 대응하는 지수보다 작거나 같고 지수들 중의 적어도 하나는 작다는 것이다. 이 사실은 각자 보이자. 유한번의 단계 후에 $a_t = up_1^0p_2^0\cdots p_k^0 = u$ 꼴의 a_t가 존재해야만 한다. 따라서 a_t는 단원이다. 그러므로 a_t는 진약수를 갖지 않는다. 이것은 a_{t+1}이 a_t의 진약수라는 사실에 모순이다. ■

따름정리 4.1.6의 중요성을 충분히 이해하기 위하여, 이 따름정리가 거짓이 되는 정역을 생각해 보자.

| 보기 4.1.6 | $\mathbb{Q}_{\mathbb{Z}}[x]$는 계수가 유리수이고 상수항이 정수인 모든 다항식들로 이루어진 $\mathbb{Q}[x]$의 부분 정역이라 하자. 따라서 $\mathbb{Q}_{\mathbb{Z}}[x]$에서 단원들은 ± 1뿐이다(예제

4.1.5). 더욱이, (상수 다항식으로 보았을 때) 모든 소수 정수는 $\mathbb{Q}_{\mathbb{Z}}[x]$에서 기약원이다(유제 4.1.4-1). 따라서 무한수열

$$x, \ \frac{1}{2}x, \ \frac{1}{4}x, \ \frac{1}{8}x, \ \cdots, \ \frac{1}{2^n}x, \ \cdots$$

의 각 원소는 바로 앞의 원소의 진약수이다. 예컨대

$$x = 2\left(\frac{1}{2}x\right), \ \frac{1}{2}x = 2\left(\frac{1}{4}x\right), \ \cdots$$

이므로 $\mathbb{Q}_{\mathbb{Z}}[x]$는 UFD가 아니다. ■

따름정리 4.1.7

$a_1, a_2, \cdots, a_n$(모두 영이 아님)은 유일 인수분해 정역 R의 원소라 하면 $a_1, \cdots, a_n$은 R에서 최대공약수를 갖는다.

[증명] R의 원소들의 임의의 집합의 최대공약수는 이 집합의 영이 아닌 원소들의 최대공약수이다. 따라서 각 a_i가 영이 아니라고 가정할 수 있다. 정리 4.1.5에 의하여, (어느 두 개도 동반원이 아닌) 기약원 $p_1, \cdots, p_t$와 $u_1, \cdots, u_n$과 음이 아닌 정수 m_{ij}가 존재하여

$$\begin{aligned} a_1 &= u_1 p_1^{m_{11}} p_2^{m_{12}} p_3^{m_{13}} \cdots p_t^{m_{1t}} \\ a_2 &= u_2 p_1^{m_{21}} p_2^{m_{22}} p_3^{m_{23}} \cdots p_t^{m_{2t}} \\ &\ \vdots \\ a_n &= u_n p_1^{m_{n1}} p_2^{m_{n2}} p_3^{m_{n3}} \cdots p_t^{m_{nt}} \end{aligned}$$

을 만족한다. k_1은 p_1에 나타나는 가장 작은 지수, 즉 $k_1 = \min\{m_{11}, m_{21}, m_{31}, \cdots, m_{n1}\}$이라 하자. 비슷하게,

$$\begin{aligned} k_2 &= \min\{m_{12}, m_{22}, \cdots, m_{n2}\} \\ &\ \vdots \\ k_t &= \min\{m_{1t}, m_{2t}, \cdots, m_{nt}\} \end{aligned}$$

라 하자. 정리 4.1.5를 사용하여 $d = p_1^{k_1} p_2^{k_2} \cdots p_t^{k_t}$는 $a_1, \cdots, a_n$의 최대공약수임을 증명할 수 있다. ■

주목 UFD의 두 원소 a와 b의 최대공약수를 $\mathbb{Z}$와 $F[x]$에서처럼, a와 b의 일차결합으로 쓸 수 없을 수 있다.

마지막으로 유일 인수분해 정역 R은 기약원이 특별한 경우인 $R=\mathbb{Z}$와 $R=F[x]$에서 자주 사용하여 왔던 성질을 가진다.

정리 4.1.8

p는 유일 인수분해 정역 R의 기약원이라 하자. $p|bc$이면, $p|b$ 또는 $p|c$이다.

[증명] $p|bc$라 가정하자.

경우 1 : $b=0_R$ 또는 $c=0_R$이면, $p|0_R$이기 때문에 증명할 것이 없다.

경우 2 : c가 단원이라 가정하자. 따라서 $p|bc$이므로, 적당한 $t\in R$가 존재하여 $bc=pt$가 된다. 따라서 $b=ptc^{-1}$이다. 그러므로 $p|b$이다. 비슷하게, b가 단원이면, $p|c$이다.

경우 3 : b와 c 모두 영이 아닌 비단원이라 가정하자.

$$b=q_1\cdots q_k \text{ 이고 } c=q_{k+1}\cdots q_s$$

이다. 여기서 (다를 필요는 없는) q_i는 기약원이다. $p|bc$이므로 적당한 $r\in R$가 존재하여 $bc=pr$를 만족한다. 따라서 $pr=bc=q_1\cdots q_s$이다. 유일 인수분해에 의하여, 기약원 p는 어떤 q_i의 동반원이어야만 한다. 그러므로 $p|q_i$이다. 따라서 $p|b$ 또는 $p|c$이다. ■

정의 4.1.9

정역 R에서 다음 조건을 만족시키는 원소 $p\in R$을 R의 **소원**(prime element)이라고 한다.

(i) $p\neq 0$이고 단원이 아니다.

(ii) $p|bc$이면, $p|b$ 또는 $p|c$이다.

정리 4.1.8은 유일 인수분해 정역 R에서 기약원은 소원임을 말한다. 일반적으로 정역 R에서 소원은 기약원이다(유제 4.1.3).

예제 4.1.1 $\mathbb{Z}[\sqrt{d}]$는 $\mathbb{C}$의 부분환임을 보여라. $d \geq 0$이면, $\mathbb{Z}[\sqrt{d}]$는 $\mathbb{R}$의 부분환임을 보여라.

[풀이] 분명히 $\mathbb{Z}[\sqrt{d}] \subset \mathbb{C}$이다.

(1) 임의로 $x = a + b\sqrt{d} \in \mathbb{Z}[\sqrt{d}]$와 $y = c + e\sqrt{d} \in \mathbb{Z}[\sqrt{d}]$를 택하자.

$$x + y = (a + c) + (b + e)\sqrt{d}$$

이고

$$xy = (ac + bed) + (ae + bc)\sqrt{d}$$

이다. 여기서

$$a + c,\ b + e,\ ac + bed,\ ae + bc \in \mathbb{Z}$$

이므로 $x + y \in \mathbb{Z}[\sqrt{d}]$이고 $xy \in \mathbb{Z}[\sqrt{d}]$이다.

(2) $0 = 0 + 0\sqrt{d} \in \mathbb{Z}[\sqrt{d}]$는 분명하다.

(3) $a = a_1 + a_2\sqrt{d} \in \mathbb{Z}[\sqrt{d}]$를 임의로 택하면 $-a = -a_1 - a_2\sqrt{d}$이다. 분명히 $-a \in \mathbb{Z}[\sqrt{d}]$이다. 더욱이

$$\begin{aligned} a + (-a) &= (a_1 + a_2\sqrt{d}) + (-a_1 - a_2\sqrt{d}) \\ &= (a_1 - a_1) + (a_2 - a_2\sqrt{d}) \\ &= 0 + 0\sqrt{d} \\ &= 0 \end{aligned}$$

이다. 따라서 $\mathbb{Z}[\sqrt{d}]$는 $\mathbb{C}$의 부분환이다. $d \geq 0$이면 분명히 $\sqrt{d} \in \mathbb{R}$이다. 그러므로 $\mathbb{Z}[\sqrt{d}] \subset \mathbb{R}$이다. $\mathbb{Z}[\sqrt{d}]$가 $\mathbb{R}$의 부분환임은 위와 비슷하게 증명된다. ■

유제 4.1.1 $d \neq 1$는 제곱이 없는 정수(a square-free integer) (즉, d가 $(\pm 1)^2$을 제외하고 c^2 꼴의 정수 약수를 갖지 않는다)라 하자. $\mathbb{Z}[\sqrt{d}]$에서 $r + s\sqrt{d} = r_1 + s_1\sqrt{d} \Leftrightarrow r = r_1$이고 $s = s_1$임을 증명하라. d가 제곱이 없는 정수가 아니면, 이 결과가 거짓일 수 있음을 보기를 들어 보여라.

예제 4.1.2 다음 각각을 증명하라.

(1) 정역 R에서 c와 d가 동반원일 필요충분조건은 $c|d$이고 $d|c$인 것이다.

(2) $a = bc$, $a \neq 0_R$이고 b와 c는 단원이 아니면, a는 b의 동반원이 아니다. 여기서 R은 정역이다.

[풀이] (1) $\Rightarrow$] c와 d가 동반원이라 가정하자. 따라서 단원 $u \in R$가 존재하여 $c = du$이다. u는 단원이므로 $u^{-1} \in R$가 존재하여 $uu^{-1} = 1_R$이다. 따라서 $d = cu^{-1}$이다. 그러므로 $d|c$이고 $c|d$이다.

$\Leftarrow$] $d|c$이고 $c|d$라 가정하자. 적당한 $u, v \in R$가 존재하여 $c = du$이고 $d = cv$를 만족한다. 따라서 $c = (cv)u = c(vu)$이다. R은 정역이므로 $vu = 1_R$이다. 그러므로 u와 v는 단원이다. 따라서 c와 d는 동반원이다.

(2) a는 b의 동반원이라 가정하자. 단원 $u \in R$가 존재하여 $a = bu$를 만족한다. 가정에 의하여, $bc = a = bu$이고, R은 정역이므로 $c = u$이다. 이것은 c가 단원이 아니라는 사실에 모순이다. 따라서 a와 b는 동반원이 아니다. ■

유제 4.1.2 명제 "a는 b의 동반원이다"를 $a \sim b$로 나타낸다. 따라서 $\sim$는 동치 관계이다. 즉 모든 $r, s, t \in R$에 대하여,

(1) $r \sim r$,

(2) $r \sim s$이면, $s \sim r$,

(3) $r \sim s$이고 $s \sim t$이면, $r \sim t$이다.

이를 증명하라. 여기서 R은 정역이다.

예제 4.1.3 정역 R의 모든 영이 아닌 원소는 기약원이거나 또는 단원이면, R은 체임을 증명하라.

[풀이] R은 정역이므로 임의의 영이 아닌 원소는 단원임을 보이기만 하면 R은 체이다. 임의로 $0_R \neq a \in R$를 택하자. a가 단원이면 증명은 끝난다. a가 단원이 아니라고 하면 정리 4.1.1에 의해 $p = a^2$은 기약원이 아니다. 가정에 의해 a^2은 단원이어야 한다. 따라서 역원 v가 존재하여 $a^2v = 1$이고 $a(av) = 1 = (va)a$이므로 a는 R의 단원이다. 이것은 모순이므로 R의 모든 원소는 단원이므로 체이다. ■

유제 4.1.3 p는 정역 R의 영이 아니고 단원도 아니라 하자. $p|cd$일 때는 언제나 $p|c$ 또는 $p|d$를 만족한다고 하자. p가 기약원임을 증명하라.

예제 4.1.4 R은 UFD라 하자. $a|bc$이고 1_R은 a와 b의 최대공약수이면, $a|c$임을 증명하라.

[풀이] $a|bc$이므로, 적당한 $d \in R$가 존재하여 $bc = ad$이다.

$$a = r_1 r_2 \ \cdots \ r_k, \quad d = z_1 z_2 \ \cdots \ z_r,$$
$$b = p_1 p_2 \ \cdots \ p_s, \quad c = q_1 q_2 \ \cdots \ q_t$$

이고 각 p_i, q_i, r_i, z_i는 기약원이라 하자. 따라서

$$p_1 p_2 \ \cdots p_s q_1 q_2 \ \cdots q_t = r_1 r_2 \ \cdots r_k z_1 z_2 \ \cdots z_n$$

이다. R은 UFD이므로 각 r_i는 p_j 또는 q_j의 동반원이다. 이제 r_i가 어떤 p_j의 동반원이라 가정하자. 적당한 $u \in R$가 존재하여 $r_i = up_j$이다. 따라서

$$a = r_1 r_2 \cdots r_{i-1} u p_j r_{i+1} \cdots r_k$$

이다. 그러므로 $p_j|a$이고 $p_j|b$이다. 이것은 $(a,\ b) = 1$이라는 사실에 모순이다. 따라서 r_i는 임의의 p_j의 동반원이 될 수 없다. 그러므로 각 r_i는 q_j의 동반원이다. 따라서 $a|c$이다. 증명이 완료된다. ■

예제 4.1.5 $\mathbb{Q}_{\mathbb{Z}}[x]$에서 단원은 1과 -1뿐임을 증명하라.

[풀이] $f(x) \in \mathbb{Q}_{\mathbb{Z}}[x]$가 단원이라 가정하자. 적당한 $g(x) \in \mathbb{Q}_{\mathbb{Z}}[x]$가 존재하여 $f(x)g(x) = 1$이다. 그런데 ($f(x)$의 상수항)($g(x)$의 상수항)$= 1$이므로 ($f(x)$의 상수항)$=$($g(x)$의 상수항)$= 1$ 또는 -1이다. $\deg f(x) + \deg g(x) = 0$이므로 $\deg f(x) = 0 = \deg g(x)$ 이다. 즉 $f(x)$와 $g(x)$는 상수 다항식이다. 따라서 $\mathbb{Q}_{\mathbb{Z}}[x]$에서 단원은 1과 -1뿐이다. ■

유제 4.1.4-1 (1) p가 $\mathbb{Z}$에서 소수이면, 상수 다항식 p는 $\mathbb{Q}_{\mathbb{Z}}[x]$에서 기약원임을 증명하라.

(2) $q \neq p$이고 p, q가 $\mathbb{Z}$에서 양의 소수이면, p와 q는 $\mathbb{Q}_{\mathbb{Z}}[x]$에서 동반원이 아님을 증명하라.

유제 4.1.4-2 (1) $\mathbb{Q}_{\mathbb{Z}}[x]$에서 x의 유일한 약수는 정수이고 rx 꼴의 1차 다항식임을 보여라. 여기서 $r = 1/n$이고 $n \in \mathbb{Z}$이다.

(2) $\mathbb{Q}_{\mathbb{Z}}[x]$ 에서 x는 기약원들의 유한곱으로 쓰일 수 없음을 보여라.

4.1 연습문제

1. (1) 정역 R의 기약원의 모든 동반원은 기약원임을 증명하라.

(2) 정역 R의 원소 u와 v가 단원이면, u와 v는 동반원임을 증명하라.

2. d는 a_1, $\cdots$, a_k의 최대공약수라 하자. d의 모든 동반원이 역시 a_1, $\cdots$, a_k의 최대공약수임을 증명하라. 여기서 d와 a_i는 정역 R의 원소이다.

3. 유일 인수분해 정역의 부분 정역이 UFD일 필요는 없음을 보이기 위하여 보기를 들어라.

4. 정역 R에서 u가 단원일 필요충분조건은 u가 진약수를 갖지 않는 것이다. 이를 증명하라.

5. 1은 $\mathbb{Z}[x]$ 에서 다항식 2와 x의 일차결합이 아님을 보여라. 그러나 4.2절은 $\mathbb{Z}[x]$ 에서 1이 x와 2의 최대공약수임을 보여준다.

6. $\mathbb{Z}_4[x]$ 에서 차수가 0이 아닌 단원인 다항식을 구하라.

7. R을 정역이라 하고 $a, b \in R$라 할 때 다음을 증명하라.

(1) $(a) \supseteq (b) \Leftrightarrow a \mid b$

(2) a와 b는 동반원 $\Leftrightarrow$ $(a)=(b)$ $\Leftrightarrow$ $a \mid b,\ b \mid a$

(3) $(a)=(1)=R$ $\Leftrightarrow$ $a \mid 1$ $\Leftrightarrow$ a는 단원

8. R을 정역이라 하고 $p \in R$, $p \neq 0$이라 할 때, p가 R의 소원일 필요충분조건은 (p)가 소 이데알인 것임을 증명하라.

9. R을 정역이라 하고 $p \in R$, $p \neq 0$이라 할 때, p가 R의 소원이면 p는 기약원임을 증명하라.

4.1 유제풀이

유제 4.1.1 $d \neq 1$는 제곱이 없는 정수(a square-free integer)(즉, d가 $(\pm 1)^2$을 제외하고 c^2꼴의 정수 약수를 갖지 않는다)라 하자. $\mathbb{Z}[\sqrt{d}]$에서 $r+s\sqrt{d}=r_1+s_1\sqrt{d} \Leftrightarrow r=r_1$이고 $s=s_1$일 때 이를 증명하라. d가 제곱이 없는 정수가 아니면, 이 결과가 거짓일 수 있음을 보기를 들어 보여라.

[풀이] (i) 가정에 의하여, $\sqrt{d} \in \mathbb{Q}'$ 여기서 $\mathbb{Q}'$은 무리수들의 집합을 나타낸다.

$\Rightarrow$] $r+s\sqrt{d}=r_1+s_1\sqrt{d}$라 가정하자.

$$r-r_1=(s_1-s)\sqrt{d} \qquad (*)$$

이고, $s_1 \neq s$라 가정하면, (*)에서,

$$\sqrt{d}=\frac{r-r_1}{s_1-s} \qquad (**)$$

(**)에서, $\dfrac{r-r_1}{s_1-s} \in \mathbb{Q}$이다. 이것은 $\sqrt{d} \in \mathbb{Q}'$라는 사실에 모순이다. 따라서 $s_1=s$이다. 그러므로, (*)에서, $r-r_1=0$ 또는 $r=r_1$이다. 따라서 $r=r_1$이고 $s=s_1$이다.

$\Leftarrow$] $r=r_1$이고 $s=s_1$이라 가정하자. 분명히, $r+s\sqrt{d}=r_1+s_1\sqrt{d}$이다. 따라서 증명이 완료된다.

(ii) $d=2^2$, $r=-2$, $s=1$, $r_1=2$, $s_1=-1$이라 하자. $r \neq r_1$, $s \neq s_1$이지만 $r+s\sqrt{d}=0=r_1+s_1\sqrt{d}$이다.

유제 4.1.2 명제 "a는 b의 동반원이다"를 $a \sim b$로 나타낸다. 따라서 $\sim$는 동치 관계이다. 즉 모든 $r, s, t \in R$에 대하여, (i) $r \sim r$ (ii) $r \sim s$ 면, $s \sim r$ 이다. (iii) $r \sim s$ 이고 $s \sim t$ 이면, $r \sim t$이다. 이를 증명하라. 여기서 R은 정역이다.

[풀이] 분명히 $1_R \in R$은 단원이다.

(i) 임의의 $r \in R$에 대하여, $r=r1_R$이다. 그러므로 $r \sim r$이다.

(ii) 임의의 $r, s \in R$에 대하여, $r \sim s$라 가정하자. 따라서 적당한 단원 $u \in R$가 존재하여 $r=su$이다. u는 단원이므로, 적당한 $u^{-1} \in R$가 존재하여 $uu^{-1}=1_R$이다. 따라서 $s=ru^{-1}$이므로 $s \sim r$이다.

(iii) 임의의 $r, s, t \in R$에 대하여 $r \sim s$이고 $s \sim t$라 가정하자. 따라서 적당한 단원 $u, v \in R$가 존재하여 $r = su$이고 $s = tv$이다. 따라서 $r = (tv)u = t(vu)$이다. u와 v는 단원이므로, 분명히 vu 역시 단원이다. 그러므로 $r \sim t$이므로 $\sim$는 R에서 동치 관계이다.

유제 4.1.3 p는 R의 영이 아닌 비단원으로 $p|cd$일 때는 언제나 $p|c$ 또는 $p|d$를 만족한다고 하자. p가 기약원임을 증명하라.

[풀이] $p = rs$라 가정하자. $p|rs$이므로 $p|r$ 또는 $p|s$이다. 그러므로 적당한 $u, v \in R$가 존재하여 $r = pv$이고 $s = pu$이다. $p = rs$이므로, $p = (pv)(pu) = p^2(vu)$이다. R은 정역이므로, $1_R = p(vu) = (pv)u = (pu)v$이다. 따라서 u 또는 v는 단원이다. 그러므로 $p = rv^{-1}$ 또는 $p = su^{-1}$이다. 즉, $rs = rv^{-1}$ 또는 $rs = su^{-1}$이다. R은 정역이므로, $s = v^{-1}$ 또는 $r = u^{-1}$이다. 따라서 s 또는 r은 단원이다. 그러므로, 정리 4.1.1에 의하여 p는 기약원이다.

유제 4.1.4-1 (1) p가 $\mathbb{Z}$에서 소수이면, 상수 다항식 p는 $\mathbb{Q}_{\mathbb{Z}}[x]$에서 기약원임을 증명하라.

(2) $q \neq p$이고 p, q는 $\mathbb{Z}$에서 양의 소수면, p와 q는 $\mathbb{Q}_{\mathbb{Z}}[x]$에서 동반원이 아님을 증명하라.

[풀이] (1) $p = r(x)s(x)$이고 $r(x), s(x) \in \mathbb{Q}_{\mathbb{Z}}[x]$라 하자. 따라서 정리 3.4.2에 의하여,

$$0 = \deg p = \deg r(x) + \deg s(x)$$

이다. 따라서 $\deg r(x) = 0 = \deg s(x)$ 이다. $r(x), s(x) \in \mathbb{Q}_{\mathbb{Z}}[x]$이므로, $r(x), s(x) \in \mathbb{Z}$이다. 여기서 $a = r(x)$이고 $b = s(x)$라 하자. 따라서 $p = ab$이다. p는 소수이므로, $a = \pm 1$ 또는 $b = \pm 1$이다. 그러므로 a 또는 b는 $\mathbb{Q}_{\mathbb{Z}}[x]$에서 단원이다. 정리 4.1.1에 의하여, p는 $\mathbb{Q}_{\mathbb{Z}}[x]$에서 기약원이다.

(2) p와 q가 $\mathbb{Q}_{\mathbb{Z}}[x]$에서 동반원이라 가정하자. 적당한 $u(x) \in \mathbb{Q}_{\mathbb{Z}}[x]$가 존재하여 $q = pu(x)$이다. 정리 3.4.3에 의하여, $0 = \deg q = \deg p + \deg u(x) = \deg u(x)$ 이다. $u(x) \in \mathbb{Q}_{\mathbb{Z}}[x]$이므로 $u(x) \in \mathbb{Z}$이다. $r = u(x)$라 하자. 따라서 $q = pr$이고, 이것은 $(p, q) = 1$이라는 사실에 모순이다. 따라서 p와 q는 $\mathbb{Q}_{\mathbb{Z}}[x]$에서 동반원이 아니다.

유제 4.1.4-2 (1) $\mathbb{Q}_{\mathbb{Z}}[x]$ 에서 x 의 유일한 약수는 정수들과 rx 꼴의 1차 다항식임을 보여라. 여기서 $r=1/n$이고 $n\in\mathbb{Z}$ 이다.

(2) $\mathbb{Q}_{\mathbb{Z}}[x]$ 에서 x는 기약원들의 유한곱으로 써질 수 없음을 보여라.

[풀이] (1) $u(x)\in\mathbb{Q}_{\mathbb{Z}}[x]$ 는 $u(x)|x$ 라 하자. 따라서 적당한 $v(x)\in\mathbb{Q}_{\mathbb{Z}}[x]$가 존재하여 $x=u(x)v(x)$이다. 정리 3.4.3에 의하여 $1=\deg u(x)+\deg v(x)$이다. 그러므로 $\deg u(x)=1$, $\deg v(x)=0$ 또는 $\deg u(x)=0$, $\deg v(x)=1$ 이다. $\deg u(x)=1$ 이고 $\deg v(x)=0$ 라 가정하자. 따라서 $u(x)=ax+b$, $v(x)=c$이다. 여기서 $a\in\mathbb{Q}$이고 b, $c\in\mathbb{Z}$이다. 따라서 $x=(ax+b)c=cax+bc$이 된다. 그러므로 $ca=1$, $bc=0$이다. $c\neq 0$이므로 $b=0$이다. 따라서 $x=cax$이고 $ca=1$이다. $c|x$, $c\in\mathbb{Z}$이므로 x 의 유일한 약수들은 정수들과 $a=\dfrac{1}{c}$, $ax|x$이므로 rx 꼴의 일차 다항식이다. 여기서 $r=\dfrac{1}{n}$이고 $n\in\mathbb{Z}$이다.

(2) x가 기약원들의 유한개의 곱으로 나타내어질 수 있다고 가정하자. 즉,

$$x=p_1p_2\cdots p_t$$

이라 하면 (1)에 의해 x의 p_i들은 정수들과 $\dfrac{1}{n}x$ 꼴이다. 정리 3.4.3에 의해

$$1=\deg x=\deg p_1+\cdots+\deg p_t$$

이고 각 $\deg p_i\geq 0$ 이므로 p_i중 한 개만 $\dfrac{1}{n}x$ 형태이고 나머지는 정수들이어야 한다. 그런데 $\dfrac{1}{n}x$은 기약원이 아니므로(왜냐하면 $\dfrac{1}{n}x=n\cdot\dfrac{1}{n}x$ 이지만 예제 4.1.5에 의하여 ± 1은 $\mathbb{Q}_{\mathbb{Z}}[x]$의 유일한 단원이므로 n과 $\dfrac{1}{n}x$는 단원이 될 수 없다. 따라서 정리 4.1.1에 의해 $\dfrac{1}{n}x$은 기약원이 아니다) 모순이다. 따라서 x는 기약원들의 유한개의 곱으로 나타내어질 수 없다.

4.2 유일 인수분해와 주 이데알

이 절에서 다음의 두 조건을 만족하는 정역 R은 반드시 UFD임을 증명한다.

조건 Ⅰ. 각 a_{i+1}이 a_i의 진약수인 무한수열 $a_1,\ a_2,\ \cdots$이 존재하지 않는다.

조건 Ⅱ. p가 기약원이고 $p|bc$이면, $p|b$ 또는 $p|c$이다.

두 조건을 만족하여 UFD가 되는 여러 종류의 정역들을 소개한다. 왜 이 두 조건이 타당한 선택인지를 쉽게 알 수 있다. 예컨대 양의 정수 a를 인수분해하려고 할 때, a의 진약수를 취하고, 다음에 진약수의 진약수를 취하고, 소수 또는 1에 도달할 때까지 이 과정을 계속한다. 조건 Ⅰ이 성립한다면 이 과정은 끝없이 계속될 수 없다. 조건 Ⅱ는 $\mathbb{Z}$와 $F[x]$에서 인수분해의 유일성(uniqueness)을 증명하는데 사용된 중요한 성질이었다(정리 3.6.6을 보라). 모든 원소가 적어도 하나의 인수분해를 가짐을 알면, 조건 II는 일반적인 경우에서 같은 방법으로 사용될 수 있다.

정역에서 나뉘어떨어짐과 주 이데알 사이의 관계를 전개함으로써 시작한다. 이것은 조건 Ⅰ을 더 유용한 꼴로 고쳐 말할 수 있도록 해줄 것이다. 정역 R에서 주 이데알 (b)는 b의 배수들, 즉 b에 의하여 나누어지는 모든 원소들로 이루어진다. 따라서

$$a \in (b) \ \Leftrightarrow \ b|a$$

이다. 더욱이, $a \in (b)$일 때, a의 모든 배수는 역시 (b)의 원소이다. 따라서 $(a) \subset (b)$이다. 역으로 $(a) \subset (b)$일 때, $a \in (b)$이다. 그러므로 $b|a$이다. 따라서

$$(a) \subset (b) \ \Leftrightarrow \ b|a$$

이다. 이 사실을 a와 b의 역할을 바꾸는데 적용하게 되면,

$$(a) = (b) \ \Leftrightarrow \ a|b \text{ 이고 } b|a$$

이다. 예제 4.1.2 (1)에 의해, $a|b$이고 $b|a$일 필요충분조건은 b가 a의 동반원인 것이다. 따라서 $(a) \subsetneq (b) \ \Leftrightarrow \ b|a$ 이고 b는 a의 동반원이 아니다. 즉, $(a) \subsetneq (b)$일 필요충분조건은 b가 a의 진약수인 것이다.

그러므로 조건 Ⅰ은 다음과 논리적으로 같다.

조건 Ⅰ′. 주 이데알들의 무한사슬 $(a_1) \subsetneq (a_2) \subsetneq (a_3) \subsetneq \ \cdots$는 존재하지 않는다.

보통 이 조건을 다음과 같이 논리적으로 같은 꼴로 나타낼 수 있다.

정의 4.2.1

정역 R이 주 이데알에 대한 **오름사슬조건**(the ascending chain condition(ACC) on principal ideals)을 가질 필요충분조건은 $(a_1) \subset (a_2) \subset (a_3) \subset \cdots$이면, 적당한 양의 정수 n이 존재하여 모든 $i \geq n$에 대하여 $(a_i) = (a_n)$인 것이다.

정리 4.2.2

정역 R이 유일 인수분해 정역일 필요충분조건은 R이 다음 두 조건을 만족하는 것이다.
(1) R은 주 이데알에 대한 오름사슬조건을 갖고,
(2) p가 R에서 기약원이고 $p|cd$이면, $p|c$ 또는 $p|d$이다.

(2)는 유일 인수분해 정역 R에서 기약원은 소원임을 말한다.

정의 4.2.3

주 이데알정역(a principal ideal domain : PID)은 모든 이데알이 주 이데알인 정역이다.

| 보기 4.2.1 | F가 체이면, 다항식 정역 $F[x]$는 PID이다. 이를 증명하라.

[풀이] I는 $F[x]$에서 영이 아닌 이데알이라 가정하자. 따라서 (I에 속하는 영이 아닌 다항식들의 차수들의 집합은 음이 아닌 정수들의 집합이므로, 정렬순서공리에 의하여) I는 최저차수의 다항식 $g(x)$를 포함해야만 한다. 이제 $I=(g(x))$을 보이면 된다. $g(x) \in I$이고 I는 이데알이므로 모든 $t(x) \in F[x]$에 대하여 $t(x)g(x) \in I$이다. 그러므로 $(g(x)) \subset I$이다. 역으로, 임의로 $f(x) \in I$를 택하자. 따라서 나눗셈 알고리즘에 의하여, 적당한 $q(x)$, $r(x) \in F[x]$가 존재하여 $f(x) = g(x)q(x) + r(x)$이고 $r(x) = 0_F$ 또는 $\deg r(x) < \deg g(x)$ 이다. $r(x) = f(x) - g(x)q(x)$이고 $f(x)$, $g(x) \in I$이다. 그러므로 $r(x) \in I$이다. $r(x) \neq 0_F$라 가정하면 $\deg r(x) < \deg g(x)$ 이다. 이것은 $g(x)$가 I에 속하는 최저차의 다항식이라는 사실에 모순이다. 따라서 $r(x) = 0_F$이다. 그러므로

$$f(x) = g(x)q(x) + r(x) = g(x)q(x) \in (g(x))$$

이다. 즉, $I \subset (g(x))$이고 $I = (g(x))$이다. 그러므로 $F[x]$는 PID이다. ■

| 보기 4.2.2 | 정수들의 환 $\mathbb{Z}$는 PID이다. $F[x]$에 대한 증명을 $\mathbb{Z}$에 적용함으로써 이 사실을 증명할 수 있다(예제 4.2.1). 특히, I가 $\mathbb{Z}$에서 영이 아닌 이데알이면 $I = (c)$이다. 여기서 c는 I에 속하는 가장 작은 양의 정수이다. ■

| 보기 4.2.3 | 보기 3.13.5에서 보았듯이 환 $\mathbb{Z}[x]$에서 짝수 상수항을 갖는 모든 다항식들의 이데알 I는 주 이데알이 아니다. 그러므로 $\mathbb{Z}[x]$는 PID가 아니다. ■

보조정리 4.2.4

모든 주 이데알 정역 R은 주 이데알에 대한 오름사슬조건을 만족한다.

[증명] R은 임의의 주 이데알 정역이라 하자. $(a_1) \subset (a_2) \subset (a_3) \subset \cdots$는 R에서 이데알들의 오름사슬이고 $A = \bigcup_{t \geq 1} (a_t)$라 하자. A가 이데알임을 보이자. $a, b \in A$를 임의로 택하자. 따라서 적당한 $j, k \geq 1$가 존재하여 $a \in (a_j)$이고 $b \in (a_k)$이다. $j \leq k$ 또는 $k \leq j$이므로 $j \leq k$라 가정하자. 따라서 $(a_j) \subset (a_k)$이 된다. 따라서 $a, b \in (a_k)$이다. (a_k)는 이데알이므로 $a - b \in (a_k) \subset A$이고, 임의의 $r \in R$에 대하여 $ra \in (a_k) \subset A$이다. 그러므로 정의 3.13.1에 의하여, A는 이데알이다. R은 PID이므로 적당한 $c \in R$가 존재하여 $A = (c)$이다. $A = \bigcup_{t \geq 1} (a_t)$이므로, 적당한 n이 존재하여 $c \in (a_n)$이다. 그러므로 $(c) \subset (a_n)$이고, 각 $i \geq n$에 대하여

$$(a_n) \subset (a_i) \subset \bigcup_{t \geq 1} (a_t) = A = (c) \subset (a_n)$$

이다. 따라서 모든 $i \geq n$에 대하여 $(a_i) = (a_n)$이다. ■

보조정리 4.2.5

R은 PID라 하자. p가 R에서 기약원이고 $p|bc$이면, $p|b$ 또는 $p|c$이다.

[증명] p는 R에서 기약원이고 $p|bc$라 가정하자. 따라서 $bc \in (p)$이다. (p)가 소 이데알이면, $b \in (p)$ 또는 $c \in (p)$, 즉 $p|b$ 또는 $p|c$이다. 따름정리 6.3.5에 의하여, 모든

극대 이데알은 소 이데알이므로, (p)가 극대 이데알임을 보이기만 하면 된다. I는 $(p) \subset I \subset R$인 임의의 이데알이라 가정하자. R은 PID이므로 적당한 $d \in R$이 존재하여 $I=(d)$이다. 따라서 $(p) \subset (d) = I$이므로 $d|p$이다. p는 기약원이므로 d는 단원이거나 또는 p의 동반원이다.

경우 1 : d가 단원이라 가정하자. 적당한 $v \in R$이 존재하여 $dv = 1_R$이다. 그런데 $I=(d)$이므로 $1_R \in I$이다. 따라서 $I=(d)=R$이다.

경우 2 : d가 p의 동반원이라 가정하자. 적당한 단원 $u \in R$이 존재하여 $d = pu$이다. 따라서 $p|d$이다, 즉 $(d) \subset (p)$이므로 $(p)=(d)=I$이다. 따라서 (p)는 극대 이데알이다. 그러므로 증명이 완료된다. ■

다음의 결과는 정리 4.2.2와 보조정리 4.2.4와 4.2.5의 직접적인 결과이다.

정리 4.2.6

모든 PID는 UFD이다.

주목 정리 4.2.6의 역은 거짓이다. 환 $\mathbb{Z}[x]$는 UFD이지만 PID가 아니다(따름정리 4.3.15).

$\mathbb{Z}$와 $F[x]$는 다른 PID와 공유하지 않는 어떤 계산상의 이점을 갖는데 즉, gcd는 나눗셈 알고리즘을 반복하여 사용함으로써 쉽사리 계산할 수가 있다. 따라서 나눗셈 알고리즘과 같은 유사한 성질을 갖는 다른 정역들을 연구하자.

정의 4.2.7

다음 조건을 만족하는 정역 R을 **유클리드 정역**(Euclidean domain, ED)이라 한다 : 한 함수 $\delta : R^* \to \mathbb{Z}^+$가 존재하여 다음을 만족한다.

(i) a와 b가 R의 영이 아닌 원소이면 $\delta(a) \le \delta(ab)$이다.

(ii) $a, b \in R$이고 $b \neq 0_R$이면, 적당한 $q, r \in R$이 존재하여 $a = bq + r$이고 $r = 0_R$이거나 $\delta(r) < \delta(b)$이다. 여기서 R^*는 R의 영이 아닌 원소들의 집합이고 $\mathbb{Z}^+$는 음 아닌 정수들의 집합이다.

| 보기 4.2.4 | F가 체이면, 다항식 정역 $F[x]$는 유클리드 정역이다. 이를 증명하라.

[풀이] 함수 $\delta : F^*[x] \to \mathbb{Z}^+$를 $\delta(f(x)) = \deg f(x)$로 정의한다. 여기서 $F^*[x]$

는 영 다항식이 아닌 $F[x]$의 모든 다항식들의 집합이다. 임의로 $f(x),\ g(x) \in F^*[x]$를 택하자. 따라서 정리 3.4.3에 의하여,

$$\begin{aligned}\delta(f(x)g(x)) &= \deg f(x)g(x) \\ &= \deg f(x) + \deg g(x) \ \geq \ \deg f(x) \\ &= \delta(f(x))\end{aligned}$$

이다. 따라서 정의 4.2.7의 조건 (i)이 만족된다. 정의 4.2.7의 조건 (ii)는 바로 나눗셈 알고리즘이다(정리 3.4.5). 따라서 $F[x]$는 유클리드 정역이다. ■

| 보기 4.2.5 | $\mathbb{Z}$는 유클리드 정역이다. 이를 증명하라.

[풀이] 함수 $\delta : \mathbb{Z}^* \to \mathbb{Z}^+$를 $\delta(a) = |a|$로 정의한다. 여기서 $\mathbb{Z}^* = \{a \in \mathbb{Z} : a \neq 0\}$이다. 임의로 $a,\ b \in \mathbb{Z}^*$를 택하자. 따라서

$$\delta(ab) = |ab| = |a||b| \geq |a| = \delta(a)$$

이다. 따라서 정의 4.2.7의 조건 (i)이 만족된다. 정리 1.1.1에 의하여, 정의 4.2.7의 조건 (ii)가 성립한다. 따라서 $\mathbb{Z}$는 유클리드 정역이다. ■

| 보기 4.2.6 | 가우스 정수들의 환 $\mathbb{Z}[i] = \{s + ti : s,\ t \in \mathbb{Z}\}$는 유클리드 정역이다. 이를 증명하라.

[풀이] 함수 $\delta : \mathbb{Z}^*[i] \to \mathbb{Z}^+$를 $\delta(s + ti) = s^2 + t^2$으로 정의한다. 여기서 $\mathbb{Z}^*[i]$는 영이 아닌 $\mathbb{Z}[i]$의 모든 원소들의 집합이다. $s + ti = 0$일 필요충분조건은 $s = 0$이고 $t = 0$인 것이므로 모든 $s + ti \neq 0$인 $s + ti \in \mathbb{Z}^*[i]$에 대하여 $\delta(s + ti) \geq 1$이다. 임의의 $a = s + ti,\ b = u + vi \in \mathbb{Z}[i]$에 대하여, $\delta(ab) = \delta(a)\delta(b)$임을 알 수 있다(예제 4.2.2). 이제 임의로 $a = s + ti,\ b = u + vi \in \mathbb{Z}^*[i]$를 택하자.

$$\delta(a) = \delta(a) \cdot 1 \leq \delta(a)\delta(b) = \delta(ab)$$

이다. 따라서 정의 4.2.7의 조건 (i)이 성립한다. $b \in \mathbb{Z}^*[i]$에 대하여, a/b는 $c + di$ 꼴로 쓰일 수 있는 복소수임을 증명하자(유제 4.2.2.). 여기서 $c,\ d \in \mathbb{Q}$이다. $c \in \mathbb{Q}$이므로 c는 두 연속인 정수들 사이에 있고, 비슷하게 d에 대해서도 마찬가지다. 그러므로 적당한 $m,\ n \in \mathbb{Z}$이 존재하여 $|m - c| \leq 1/2$이고 $|n - d| \leq 1/2$이다. $a/b = c + di$이므로

$$
\begin{aligned}
a &= b(c+di) \\
&= b[(c-m+m)+(d-n+n)i] \\
&= b[(m+ni)+((c-m)+(d-n)i)] \\
&= b[m+ni]+b[(c-m)+(d-n)i] \\
&= bq+r
\end{aligned}
$$

이다. 여기서 $q=m+ni\in\mathbb{Z}[i]$ 이고 $r=b[(c-m)+(d-n)i]$ 이다. $r=a-bq$ 이고 $a,\ b,\ q\in\mathbb{Z}[i]$ 이므로 $r\in\mathbb{Z}[i]$ 이다. 한편

$$
\begin{aligned}
\delta(r) &= \delta(b)\delta[(c-m)+(d-n)i] \\
&= \delta(b)[(c-m)^2+(d-n)^2] \le \delta(b)[(1/2)^2+(1/2)^2] \\
&= (1/2)\cdot\delta(b) < \delta(b)
\end{aligned}
$$

이다. 그러므로 정의 4.2.7의 조건 (ii)가 성립한다. 따라서 $\mathbb{Z}[i]$ 는 유클리드 정역이다. ■

정리 4.2.8

모든 유클리드 정역은 PID이고, 따라서 UFD이다.

[증명] 보기 4.2.1에서 $F[x]$ 가 PID라는 사실의 증명을 임의의 유클리드 정역 R에 대한 증명으로 수정할 수 있으므로 생략한다. 다항식을 R의 원소로 그리고 차수를 함수 δ 로만 바꾸면 된다. 유일 인수분해는 정리 4.2.6의 결과다. ■

다음의 결과는 정리 4.2.8과 보기 4.2.6의 직접적인 결과이다.

따름정리 4.2.9

가우스 정수들의 정역 $\mathbb{Z}[i]$ 는 PID이고 UFD이다.

정리 4.2.8의 역은 거짓이다. 유클리드 정역이 아닌 PID가 존재한다. 따라서 유클리드 정역들의 모임은 모든 PID들의 모임에 포함된다.

예제 4.2.1 $\mathbb{Z}$는 PID임을 증명하라. [도움말 : 보기 4.2.1의 $F[x]$ 에 대한 증명을 참고하라.]

[풀이] I는 $\mathbb{Z}$에서 영이 아닌 임의의 이데알이라 하자. 따라서 적당한 $a\in\mathbb{Z}$가 존재하여 $a\in I$이다. n은 I의 원소들 중에서 가장 작은 음이 아닌 정수라 하고 $I=(n)$임을 보이고자 한다.

(i) $n\in I$이고 I는 이데알이므로, 모든 $t\in\mathbb{Z}$에 대하여, $tn\in I$이다. 그러므로 $(n)\subset I$이다.

(ii) 임의로 $a\in I$를 택하자. 따라서 나눗셈 알고리즘에 의하여, 적당한 $q,\ r\in\mathbb{Z}$가 존재하여 $a=nq+r$이고 $0\le r<n$이다. 따라서 $r=a-nq$이고 $a,\ n\in I$이다. 그러므로 $r\in I$이다. 이제 $r\neq 0$라 가정하면 $0<r<n$이다. 이것은 n이 I에 속하는 가장 작은 음이 아닌 정수라는 사실에 모순이다. 따라서 $r=0$이다. 그러므로 $a=nq\in(n)$, 즉 $I\subset(n)$이다. 따라서 $I=(n)$이므로 $\mathbb{Z}$는 PID이다. ■

사실 $\mathbb{Z}$는 보기 4.2.5에 의해 ED이고 정리 4.2.8에 의해 PID이다. 위의 증명은 PID임을 직접 증명한 것이다.

유제 4.2.1 p가 PID의 기약원이고 $p|a_1a_2\cdots a_n$일 때, 보조정리 4.2.5를 사용하여 p는 적어도 하나의 a_i의 약수임을 증명하라.

예제 4.2.2 보기 4.2.6에서 $\mathbb{Z}[i]$에서 $\delta(ab)=\delta(a)\delta(b)$임을 증명하라.

[풀이]
$$\begin{aligned}\delta(ab)&=\delta[(su-tv)+(sv+tu)i]\\&=(su-tv)^2+(sv+tu)^2\\&=(s^2u^2-2stuv+t^2v^2)+(s^2v^2+2stuv+t^2u^2)\\&=(s^2u^2+s^2v^2)+(t^2v^2+t^2u^2)\\&=s^2(u^2+v^2)+t^2(u^2+v^2)\\&=(s^2+t^2)(u^2+v^2)\\&=\delta(a)\delta(b)\end{aligned}$$
■

유제 4.2.2 $a=s+ti,\ b=u+vi\in\mathbb{Z}[i]$이고 $b\neq 0$일 때, $a/b=c+di\in\mathbb{Q}$임을 보여라. 여기서 $c=\dfrac{su+tv}{u^2+v^2}$이고 $d=\dfrac{tu-sv}{u^2+v^2}$이다.

예제 4.2.3 PID R에서 이데알 (p)가 극대 이데알일 필요충분조건은 p가 기약원인 것이다. 이를 증명하라.

[풀이] ⇒] PID R에서 (p)가 극대 이데알이라 가정하고 $p = rs$라 하자. 따라서 $r|p$이고 $s|p$이다. 따라서 $(p) \subset (r)$이고 $(p) \subset (s)$이다. (p)는 극대 이데알이므로, $(r) = R = (s)$이다. $1_R \in R$이므로, $1_R \in (r)$이고 $1_R \in (s)$이다. 그러므로 적당한 r', $s' \in \mathbb{R}$가 존재하여 $rr' = 1_R = ss'$이다. 따라서 r과 s는 단원이다. 정리 4.1.1에 의하여, p는 기약원이다.

⇐] p가 기약원이라 가정하고 I는 $(p) \subset I \subset R$인 임의의 이데알이라 하자. p는 단원이 아니므로, 분명히 $1_R \notin (p)$이다. 따라서 $(p) \neq R$이다. R은 PID이므로, 적당한 $a \in R$가 존재하여 $I = (a)$이다. $p \in (p) \subset (a)$이므로 $p \in (a)$이고 적당한 $b \in R$가 존재하여 $p = ab$이다. 그러므로 a 또는 b는 단원이다.

경우 1 : a가 단원이라 가정하자. 따라서 $a^{-1} \in R$가 존재하여 $aa^{-1} = 1_R$이다. 따라서 $1_R \in (a)$이다. 그러므로 $(a) = R$이다.

경우 2 : b가 단원이라 가정하자. 따라서 $b^{-1} \in R$가 존재하여 $bb^{-1} = 1_R$이다. 따라서 $a = pb^{-1}$, 즉 $p|a$이다. 그러므로 $(p) = (a)$이다. 따라서 (p)는 극대 이데알이다. ■

유제 4.2.3 (1) PID R에서(R 자신을 제외한) 모든 이데알이 어떤 극대 이데알에 포함됨을 증명하라.

(2) PID R에서 이데알이 소 이데알일 필요충분조건은 이 이데알이 극대 이데알인 것이다. 이를 증명하라.

유제 4.2.4 정수환 $\mathbb{Z}$에 관련된 다음 명제 중 옳은 것은 증명하고 거짓인 것은 이유를 설명하라.

(1) $\mathbb{Z}$의 부분환은 무한히 많이 존재한다.

(2) $\mathbb{Z}$와 $\mathbb{Z}$의 부분환 $3\mathbb{Z}$는 환동형이다.

(3) $\mathbb{Z}$의 부분환 $17\mathbb{Z}$는 $\mathbb{Z}$의 극대 이데알이다.

(4) $\mathbb{Z}$의 주 이데알은 무한히 많이 존재한다.

(5) $\mathbb{Z}$의 원소 a가 소원이면 a는 기약원이다.

4.2 연습문제

1. $m=-1,\ -2,\ 2,\ 3$일 때, 정역

$$\mathbb{Z}[\sqrt{m}]=\{a+b\sqrt{m}\mid a,\ b\in\mathbb{Z}\}$$

은 유클리드 정역이다.

2. 정역 R에서 영이 아닌 두 원소 a와 b가 최소 공배수를 가질 필요충분조건은 주 이데알 (1)과 (2)의 곱, 즉 (1)∩(2)가 역시 주 이데알인 것이다. 이를 증명하라.

3. $a,\ b$는 정역의 영이 아닌 원소이고 a는 비단원이면, $(ab)\subsetneq(b)$임을 증명하라.

4. $f:R\to S$는 항등원이 있는 환들의 전사 준동형 사상이라 하자.
(1) R이 PID이면, S에서 모든 이데알은 주 이데알임을 증명하라.
(2) S가 정역일 필요가 없음을 보기를 만들어서 보여라.

5. R은 항등원이 있는 가환환이고 $a_1,\ a_2,\ \cdots,\ a_n\in R$라 하자.

$$I=\{r_1a_1+\cdots+r_na_n : r_i\in R\}$$

는 R에서 이데알임을 증명하라. 이때, 이 이데알 I를 $a_1,\ a_2,\ \cdots,\ a_n$이 유한하게 만든다(To be finitely generated by $a_1,\ a_2,\ \cdots,\ a_n$) 또는 $a_1,\ a_2,\ \cdots,\ a_n$이 만드는 이데알(the ideal generated by $a_1,\ a_2,\ \cdots,\ a_n$)이라 한다. 주 이데알은 바로 하나의 원소가 만드는 이데알이다.

6. R은 PID이고 $a,\ b\in R$(둘 다 영이 아님)라 하자. $a,\ b$는 a와 b의 일차결합으로 쓰일 수 있는 최대공약수를 가짐을 증명하라.

7. R은 PID, S는 R을 포함하는 정역이고 $a,\ b,\ d\in R$라 하자. d가 R에서 a와 b의 최대공약수이면, d는 S에서 a와 b의 최대공약수임을 증명하라.

8. R은 유클리드 정역이라 하자. 함수 δ가 상수함수이면 R은 체임을 증명하라.

9. I는 $\mathbb{Z}[i]$에서 영이 아닌 이데알이라 하자. 몫환 $\mathbb{Z}[i]/I$는 유한함을 보여라.

10. $\mathbb{Z}[i]$의 단원을 모두 구하라. 또한, $\mathbb{Z}[i]$의 주 이데알 $\langle 2\rangle$는 극대 이데알인지 확인하라.

11. 정역 R이 PID일 때, $p \neq 0$이고 단원이 아닌 원소 $p \in D$에 대하여 다음 조건은 서로 동치임을 증명하라.

(1) p는 D의 기약원이다.

(2) (p)는 D의 극대 이데알이다.

(3) 잉여환 $D/(p)$는 체이다.

(4) 잉여환 $D/(p)$는 정역이다.

(5) (p)는 D의 소 이데알이다.

(6) p는 D의 소원이다.

12. 사상 $\Phi : \mathbb{R}[x] \to S$는 실수체 $\mathbb{R}$ 위의 다항식환 $\mathbb{R}[x]$에서 단위원 $1(\neq 0)$을 포함하는 정역 S로의 환 준동형 사상이다. Φ에 대한 다음 명제의 참, 거짓을 판정한 후 참인 명제는 증명하고 거짓인 명제는 이유를 설명하라.

(1) $\Phi(\mathbb{R}[x]) = S$이면 S는 주 이데알정역이다.

(2) $\Phi(\mathbb{R}[x]) = S$이고 $I = (x^2 + 2x + 2)$이면 잉여환 $S/\Phi(I)$의 이데알은 3개 존재한다.

(3) $S = \mathbb{Z}$이면 잉여환 $\mathbb{R}[x]/\ker \Phi$의 이데알은 모두 1개 존재한다.

(단, $\mathbb{Z}$는 정수환이고 $\ker \Phi$는 Φ의 핵이다.)

유제 3.14.2-2와 아래 명제들을 참고한다.

> (가) $\mathbb{R}[x]$는 주 이데알 정역이다.
>
> (나) S의 이데알 J에 대하여 $\Phi^{-1}(J)$는 $\mathbb{R}[x]$의 이데알이다.
>
> (다) $p(x) \in \mathbb{R}[x]$가 기약 다항식이면 $(p(x))$는 $\mathbb{R}[x]$의 극대 이데알이다.
>
> (라) $f(x),\ g(x) \in \mathbb{R}[x]$일 때, $\Phi(f(x))\Phi(g(x)) = 0$이면 $\Phi(f(x)) = 0$ 또는 $\Phi(g(x)) = 0$이다.

4.2 유제풀이

유제 4.2.1 p가 PID의 기약원이고 $p \mid a_1 a_2 \cdots a_n$일 때, 보조정리 4.2.5를 사용하여 p는 적어도 하나의 a_i의 약수임을 증명하라.

[풀이] (i) $n = 2$이면, $p \mid a_1 a_2$. p는 기약원이므로, 보조정리 4.2.5에 의하여, $p \mid a_1$

또는 $p|a_2$이다.

(ii) $n=k$일 때, $p|a_1a_2\cdots a_k$이면 적당한 i가 존재하여 $p|a_i$임이 성립한다고 가정하고 $p|a_1a_2\cdots a_ka_{k+1}$라 하자. 따라서 $p|(a_1a_2\cdots a_k)a_{k+1}$이다. 따라서 보조정리 4.2.5에 의하여, $p|a_1a_2\cdots a_k$ 또는 $p|a_{k+1}$이다. $p|a_1a_2\cdots a_k$이므로 가정에 의하여, 적당한 $i(1\le i\le k)$가 존재하여 $p|a_i$이다. 따라서 증명이 완료된다.

유제 4.2.2 $a=s+ti,\ b=u+vi\in\mathbb{Z}[i]$이고 $b\neq 0$일 때, $a/b=c+di\in\mathbb{Q}$임을 보여라. 여기서 $c=\dfrac{su+tv}{u^2+v^2}$이고 $d=\dfrac{tu-sv}{u^2+v^2}$이다.

[풀이]

$$\frac{a}{b}=\frac{s+ti}{u+vi}=\frac{s+ti}{u+vi}\,\frac{u-vi}{u-vi}$$
$$=\frac{(su+tv)+(tu-sv)i}{u^2+v^2}$$
$$=\frac{su+tv}{u^2+v^2}+\frac{tu-sv}{u^2+v^2}i$$

여기서 $c=\dfrac{su+tv}{u^2+v^2}$이고 $d=\dfrac{tu-sv}{u^2+v^2}$라 하자. 따라서 $c,\ d\in\mathbb{Q}$이고 $\dfrac{a}{b}=c+di$이다.

유제 4.2.3 (1) PID R에서(R 자신을 제외한) 모든 이데알이 어떤 극대 이데알에 포함됨을 증명하라.

(2) PID R에서 이데알이 소 이데알일 필요충분조건은 이 이데알이 극대 이데알인 것이다. 이를 증명하라.

[풀이] (1) I는 PID R에서 $I\neq R$인 임의의 이데알이라 하자. 따라서 적당한 $a\in R$가 존재하여 $I=(a)$이다. $I\neq R$이므로 a는 단원이 아니다. R은 PID이므로, R은 UFD이다. 따라서 적당한 기약원 $p\in R$가 존재하여 $p|a$이다. 그러므로 $(a)\subset(p)$이다. 예제 4.2.3에 의하여, (p)는 극대 이데알이다. 따라서 증명이 완료된다.

(2) ⇒] P가 PID R에서 소 이데알이라 가정하고 J는 $P\subset J\subset R$인 R에서 임의의 이데알이라 하자. R은 PID이므로, 적당한 $a,\ b\in R$가 존재하여 $P=(a)$이고 $J=(b)$이다. P는 소 이데알이므로, $P\neq R$이다. $P\subset J$이므로 $b|a$이다. 적당한 $u\in R$가 존재하여 $a=bu$이다. $a\in P$이므로, $bu\in P$이다. 따라서 $b\in P$ 또는 $u\in P$이다.

경우 1 : $b \in P$라 가정한다. 따라서 $J \subset P$이므로 $P = J$이다.

경우 2 : $u \in P$라 가정한다. 따라서 $a|u$이므로 적당한 $v \in R$가 존재하여 $u = av$이다. 그러므로 $a = b(av) = a(bv)$이다. R은 정역이므로

$$bv = 1_R \qquad (*)$$

이다. 이제 임의로 $t \in R$를 택하자. 따라서 $t = t \cdot 1_R = t(bv) = b(tv)$이다. ((*)에 의하여) 따라서 $b|t$, 즉 $t \in J$이다. 그러므로 $R \subset J$이므로 $J = R$이다. 따라서 P는 극대 이데알이다.

$\Leftarrow$] I가 R에서 극이데알이라 하자. 따라서 $I \neq R$이다. R은 PID이므로, 적당한 $p \in R$가 존재하여 $I = (p)$이다. 예제 4.2.3에 의하여, p는 기약원이다. 이제 $ab \in I$라 하자. 따라서 $p|ab$이고 p는 기약원이므로, 보조정리 4.2.5에 의하여 $p|a$ 또는 $p|b$이다. 그러므로 $a \in I$ 또는 $b \in I$이 되어 I는 소 이데알이다.

유제 4.2.4 정수환 $\mathbb{Z}$에 관련된 다음 명제 중 옳은 것은 증명하고 거짓인 것은 이유를 설명하라.

(1) $\mathbb{Z}$의 부분환은 무한히 많이 존재한다.

(2) $\mathbb{Z}$와 $\mathbb{Z}$의 부분환 $3\mathbb{Z}$는 환동형이다.

(3) $\mathbb{Z}$의 부분환 $17\mathbb{Z}$는 $\mathbb{Z}$의 극대 이데알이다.

(4) $\mathbb{Z}$의 주 이데알은 무한히 많이 존재한다.

(5) $\mathbb{Z}$의 원소 a가 소원이면 a는 기약원이다.

[풀이] (1) 모든 $n \in \mathbb{Z}$에 대하여 $n\mathbb{Z}$는 모두 부분환이다. 참이다.

(2) 동형 사상 f가 존재한다면 $f(1_{\mathbb{Z}}) = 1_{3\mathbb{Z}}$이어야 한다. 하지만 $1_{3\mathbb{Z}}$는 존재하지 않는다. 거짓이다.

(3) 17이 소수이므로 $\mathbb{Z}/17\mathbb{Z} = \mathbb{Z}_{17}$는 체이다. 따라서 $17\mathbb{Z}$는 $\mathbb{Z}$의 극대 이데알이다.

(4) 모든 $n \in \mathbb{Z}$에 대하여 부분환 $n\mathbb{Z} = (n)$는 모두 주 이데알이다.

(5) $\mathbb{Z}$는 PID이므로 소원은 기약원이다. 유제 4.1.3을 보라.

4.3 정역의 분수체

임의의 정역 R에 대하여 R을 포함하고 R의 원소들의 분수로 이루어지는 체 F, 즉 R이 $\mathbb{Z}$일 때, F는 유리수들의 체 $\mathbb{Q}$가 된다. 이 진행들을 $\mathbb{Z}$로부터 $\mathbb{Q}$를 만드는 엄밀한 형식화 또는 임의의 정역에 대하여 이 구조의 일반화로 볼 수 있다.

유리수 a/b는 ($b \neq 0$인) 두 정수 a와 b에 의해서 결정된다. 그러나 다른 두 정수가 같은 유리수를 결정할 수 있다. 예컨대 $\frac{1}{2} = \frac{3}{6} = \frac{4}{8}$이고 일반적으로

$$\frac{a}{b} = \frac{c}{d} \Leftrightarrow ad = bc$$

이다. 이것은 유리수가 $\mathbb{Z} \times \mathbb{Z}$에서 어떤 종류의 동치 관계(두 정수의 순서쌍의 같은 꼴류가 같은 유리수를 결정한다)에서 생긴다는 것을 암시한다.

R은 정역이고 S는 다음과 같은 집합이라 하자. 즉

$$S = \{(a,\ b) : a,\ b \in R \text{ 이고 } b \neq 0_R\}$$

집합 S에서 관계 $\sim$를 다음과 같이 정의한다. 즉

$$(a,\ b) \sim (c,\ d) \ \Leftrightarrow \ R \text{ 에서 } ad = bc$$

이다.

정리 4.3.1

관계 $\sim$는 S에서 동치 관계이다.

[증명] 임의로 $(a,\ b) \in S$를 택하자. R은 가환환(정역)이므로 $ab = ba$이다. 따라서 $\sim$의 정의에 의하여, $(a,\ b) \sim (a,\ b)$이다. 그러므로 $\sim$는 반사율이 성립한다. 임의의 $(a,\ b)$, $(c,\ d) \in S$에 대하여 $(a,\ b) \sim (c,\ d)$라 가정하자. 따라서 $ad = bc$이다. R은 가환환이므로 $cb = da$이다. 따라서 $(c,\ d) \sim (a,\ b)$이다. 그러므로 $\sim$는 대칭율이 성립한다. 마지막으로 $(a,\ b) \sim (c,\ d)$이고 $(c,\ d) \sim (r,\ s)$라 가정하자. $ad = bc$이고 $cs = dr$이다. 따라서 $ads = (bc)s = b(cs) = bdr$이다. $d \neq 0_R$이고 R은 정역이므로, $as = br$이다. 그러므로 $(a,\ b) \sim (s,\ r)$, 즉 $\sim$는 추이율이 성립한다. 따라서 $\sim$

는 S 에서 동치 관계다. ■

동치 관계 $\sim$는 S를 서로 다른 동치류들로 분할한다. 편리하게 $(a,\ b)$의 동치류를 $[(a,\ b)]$보다는 오히려 $[a,\ b]$로 나타낼 것이다. F는 $\sim$에 의한 모든 동치류들의 집합을 나타낸다. F에서 $[a,\ b] = [c,\ d]$인 것은 S에서 $(a,\ b) \sim (c,\ d)$인 것과 필요충분조건이다. 그러므로 $\sim$의 정의에 의하여

$$F\text{에서 } [a,\ b] = [c,\ d] \Leftrightarrow R\text{에서 } ad = bc$$

이다. 집합 F가 체가 되게 하고 싶다. 동치류들의 덧셈과 곱셈은 다음과 같이 정의된다.

$$[a,\ b] + [c,\ d] = [ad+bc,\ bd],$$
$$[a,\ b][c,\ d] = [ac,\ bd]$$

($\frac{a}{b} + \frac{c}{d} = \frac{ad+bc}{bd}$, $\frac{a}{b} \cdot \frac{c}{d} = \frac{ac}{bd}$을 생각하자.) 이 정의가 의미를 갖게 하기 위하여 먼저 등호의 오른쪽 변에 있는 항이 실제로 집합 F의 원소들임을 보여야만 한다. 이제 $[a,\ b]$는 S의 원소 $(a,\ b)$의 동치류다. S의 정의에 의하여 $b \neq 0_R$이다. 비슷하게 $d \neq 0_R$이다. R은 정역이므로 $bd \neq 0_R$이다. 따라서

$$(ad+bc,\ bd),\ (ac,\ bd) \in S$$

이다. 그러므로 $[ad+bc,\ bd]$, $[ac,\ bd] \in S$이다. 그러나 F에서 덧셈과 곱셈이 잘 정의된다는 것을 보장하기 위하여 더 많은 것이 필요하다. 계산에서 $\frac{1}{2} \cdot \frac{3}{5} = \frac{3}{10}$이고 $\frac{1}{2}$을 $\frac{4}{8}$로 바꾸더라도 같은 답이 된다. 왜냐하면 $\frac{4}{8} \cdot \frac{3}{5} = \frac{12}{40} = \frac{3}{10}$이기 때문이다. 이 답은 분수들이 표시되는 방법에 무관하다. 비슷하게, F에서 계산이 동치류를 쓰는 방법에 무관함을 보여주어야만 한다.

보조정리 4.3.2

F에서 덧셈과 곱셈은 동치류의 대표원 선택에 대하여 독립적이다. 다른 말로 하면, $[a,\ b] = [a',\ b']$이고 $[c,\ d] = [c',\ d']$이면

$$[ad+bc,\ bd] = [a'd'+b'c',\ b'd'],\ [ac,\ bd] = [a'c',\ b'd']$$

이다.

[증명] 위에서 보았듯이, F에서 $[ad+bc,\ bd]=[a'd'+b'c',\ b'd']$는 R에서 $(ad+bc)b'd'=bd(a'd'+b'c')$인 것과 필요충분조건이다. $[a,\ b]=[a',\ b']$이고 $[c,\ d]=[c',\ d']$이므로

$$ab'=ba' \text{이고 } cd'=dc' \tag{4.3.1}$$

식 (4.3.1)에서 첫째 방정식과 둘째 방정식의 양변에 각각 dd'과 bb'을 곱하고 이 결과들을 더한다.

$$\begin{aligned}&ab'dd'=ba'dd'\\&cd'bb'=dc'bb'\\&ab'dd'+cd'bb'=ba'dd'+dc'bb'\\&(ad+bc)b'd'=bd(a'd'+b'c')\end{aligned}$$

그러므로

$$[ad+bc,\ bd]=[a'd'+b'c',\ b'd']$$

이다. 이 증명의 둘째 부분을 증명하기 위하여, 식 (4.3.1)에서 첫째 방정식과 둘째 방정식의 양변에 각각 cd'과 ba'을 곱한다. 따라서

$$ab'cd'=ba'cd' \text{이고 } cd'ba'=dc'ba'$$

이다. R은 가환적이므로

$$(ac)(b'd')=ab'cd'=dc'ba'=(bd)(a'c')$$

이다. 그러므로 $[ac,\ bd]=[a'c',\ b'd']$이다. 따라서 증명이 완료된다. ■

보조정리 4.3.3

R이 정역이고 F는 위와 같다면, 모든 영이 아닌 $a,\ b,\ c,\ d,\ k\in R$에 대하여

(1) $[0_R,\ b]=[0_R,\ d]$ (2) $[a,\ b]=[ak,\ bk]$

(3) $[a,\ a]=[c,\ c]$

[증명] 예제 4.3.1 참고 ■

보조정리 4.3.4

위에서와 같이 정의된 덧셈과 곱셈에 대하여 F는 체이다.

보통 $a/1$ 꼴의 유리수를 정수와 일치시킨다. 일반적인 경우에도 성립한다.

보조정리 4.3.5

R은 정역이고 F는 위에서 만들어진 체라 하자. 따라서 F의 부분집합

$$R' = \{[a,\ 1_R] : a \in R\}$$

은 R과 동형인 정역이다.

[증명] R'는 F의 부분환임을 증명하라(연습문제 4.3.1). 분명히 F의 항등원 $(1_R,\ 1_R)$은 R'의 원소이다. 그러므로 R'는 정역이다. 함수 $f : R \to R'$를 $f(a) = [a,\ 1_R]$로 정의한다. 그러면 f는 준동형 사상이다.

$$\begin{aligned} f(a) + f(c) &= [a,\ 1_R] + [c,\ 1_R] = [a1_R + 1_R c,\ 1_R 1_R] \\ &= [a + c,\ 1_R] \\ &= f(a+c), \\ f(a)f(c) &= [a,\ 1_R][c,\ 1_R] = [ac,\ 1_R] \\ &= f(ac) \end{aligned}$$

이다. 이제 임의의 $a,\ c \in R$에 대하여 $f(a) = f(c)$라 가정하자. 따라서 $[a,\ 1_R] = [c,\ 1_R]$이다. 따라서 $a1_R = 1_R c$이다. 그러므로 $a = c$이다, 즉 f는 단사이다. f는 분명히 전사이다. 따라서 f는 동형 사상이다. 그러므로 $R \cong R'$이다. ■

F의 원소들에 대한 동치류 표시법은 불편하고 '몫'에 대한 약속된 생각을 전달하지 못한다. 이것은 표시법을 바꿈으로써 쉽게 개선된다. $(a,\ b)$의 동치류를 $[a,\ b]$로 표시하는 대신에 $(a,\ b)$의 동치류를 a/b로 나타낸다.

위의 여러 가지 명제들을 대괄호 표시법에서 이 새로운 몫 표시법으로 바꾸면, 많은 것이 아주 익숙하게 시작할 수 있다.

보조정리 4.3.6

R은 정역이라 하자. 따라서 체 F가 존재하여 F의 원소들은 $a,\ b \in R,\ b \neq 0_R$에 대하여 a/b 꼴이고 다음의 조건을 만족한다. 즉,

$$F\text{에서 } \frac{a}{b} = \frac{c}{d} \text{ 일 필요충분조건은 } R\text{에서 } ad = bc\text{이다.}$$

F에서 덧셈과 곱셈은 다음과 같이 주어진다. 즉,

$$\frac{a}{b} + \frac{c}{d} = \frac{ad+bc}{bd},\quad \frac{a}{b} \cdot \frac{c}{d} = \frac{ac}{bd}$$

$a/1_R(a \in R)$ 꼴의 F의 원소들의 집합은 R과 동형인 정역이다.

[증명] 증명은 보조정리 4.3.4와 4.3.5 및 표현의 변화의 결과이다. ■

이제 $R = \mathbb{Z}$이면, 체 F는 정확히 $\mathbb{Q}$임은 분명하다. 따라서 보조정리 4.3.6은 $\mathbb{Z}$로부터 $\mathbb{Q}$를 만드는 방법을 보여준다. 일반적인 경우에, $\mathbb{Q}$를 사용하는 것과 같은 습관을 따를 것이다. 환 R은 $a/1_R$ 꼴의 원소들로 이루어지는 F의 부분집합이라 말한다. 체 F는 R의 분수체(the field of quotients)라 한다.

| 보기 4.3.1 | K는 체라 하자. 다항식 정역 $K[x]$의 몫들의 체는 $K(x)$로 나타내고 모든 $f(x)/g(x)$로 이루어진다. 여기서 $f(x),\ g(x) \in K[x]$이고 $g(x) \neq 0_K$이다. 이때 체 $K(x)$를 K 위에서 **유리함수들의 체**(the field of rational functions)라 한다. ■

정역 R의 분수체는 다음의 의미에서 R을 포함하는 가장 작은 체다.

정리 4.3.7

R은 정역이고 F를 R의 분수체라 하자. K가 R을 포함하는 체이면, K는 $R \subset E \subset K$이고 $E \cong F$인 부분체 E를 포함한다.

[증명] 임의로 $a/b \in F$를 택하자. 따라서 $a,\ b \in R$이고 $b \neq 0_R$이다. $R \subset K$이고 K는 체이므로, $b^{-1} \in K$이 존재한다. 함수 $f : F \to K$를 $f(a/b) = ab^{-1}$로 정의한다. 따라서 예제 4.3.3에 의하여 f는 잘 정의된다. 즉 F에서 $a/b = c/d$이면 K에서

$f(a/b) = f(c/d)$이다. 유제 4.3.3에 의하여 f는 단사 준동형 사상이다. $E = \mathrm{im}\, f$라 하자. 따라서 $F \cong E$이다. 임의의 $a \in R$에 대하여 $a = a1_R^{-1} = f(a/1_R) \in E$이다. 그러므로 $R \subset E \subset K$가 되어 증명이 완료된다. ■

다항식정역의 유일 인수분해

여기서 R은 유일 인수분해 정역이다. 우리는 다항식 환 $R[x]$ 역시 UFD임을 증명할 것이다. 이 증명의 줄거리는 이렇다. 주어진 다항식 $f(x)$를 보다 낮은 차수의 기약 다항식들의 곱으로 인수분해한다. 유일성을 증명하기 위하여, $f(x)$를 $F[x]$의 다항식으로 생각한다. 여기서 F는 R의 몫들의 체다. $F[x]$가 UFD(정리 3.6.6)라는 사실을 사용하여 $R[x]$에서 인수분해가 유일함을 보여준다.

| 보기 4.3.2 | 다항식 $3x^2+6$은 $\mathbb{Z}[x]$에서 보다 낮은 차수의 두 다항식들의 곱으로 인수분해될 수 없고 $\mathbb{Q}[x]$에서 기약이다. 그러나 $3x^2+6$은 $\mathbb{Z}[x]$에서 가약이다. 왜냐하면, $3x^2+6 = 3(x^2+2)$이고 3도 x^2+2도 $\mathbb{Z}[x]$에서 단원이 아니다. ■

그래서 첫 단계는 $R[x]$에서 상수 다항식의 역할을 조사하는 것이다. 따름정리 3.6.2와 연습문제 4.3.3을 사용하여 다음의 사실들을 증명한다 :

$R[x]$에서 단원은 R에서 단원

이고

$R[x]$에서 기약기약 상수 다항식은 R의 기약원이다.

예로써, $\mathbb{Z}[x]$의 단원은 ± 1이다. 비록 3이 $\mathbb{Q}[x]$에서 단원일지라도 상수 다항식 3은 $\mathbb{Z}[x]$에서 기약이다.

$R[x]$에서 다항식의 상수기약인수들은 임의의 상수들을 인수분해하여 이 상수들을 R에서 기약원들의 곱으로 나타냄으로써 구할 수 있다.

| 보기 4.3.3 | $\mathbb{Z}[x]$에서

$$6x^2+18x+12 = 6(x^2+3x+2) = 2 \cdot 3(x^2+3x+2)$$

x^2+3x+2는 $\mathbb{Z}[x]$에서 상수약수들이 단원 ± 1뿐인 다항식이다. ■

R이 유일 인수분해 정역이라 하자. $R[x]$에서 영이 아닌 다항식이 **원시 다항식**이라는 뜻은 이 다항식을 나누는 상수들은 R의 단원뿐임을 의미한다. 원시 다항식의 차수가 0이면 R에서 단원이다. 차수 1인 모든 원시 다항식은 정리 4.1.1에 의하여 기약이어야만 한다(왜냐하면 모든 인수분해는 상수를 포함하고(정리 3.4.3) 이와 같은 모든 상수는 단원이어야만 하기 때문이다). 그러나 더 높은 차수인 원시 다항식은 기약일 필요는 없다(예컨대, $\mathbb{Z}[x]$에서 원시 다항식 x^2+3x+2는 $x^2+3x+2=(x+1)(x+2)$ 같이 단원이 아닌 다항식의 곱으로 나타내어진다). 한편 차수가 양수인 기약 다항식은 정리 3.4.3과 4.1.1에 의하여, 단원을 제외한 상수 약수를 갖지 않는다. 그러므로

차수가 양수인 기약 다항식은 원시 다항식이다.

더욱이, 보기 4.3.3에서 보았듯이,

> 모든 영이 아닌 다항식 $f(x) \in R[x]$는 원시 다항식 $g(x)$에 대하여 $f(x)=cg(x)$로 인수분해된다.

이 명제를 증명해 보자. c가 $f(x)$의 **내용**이라 하자. 그러면 $g(x) \in R[x]$가 존재하여 $f(x)=cg(x)$이다. 이제 $d \in R$가 $g(x)$의 약수라 가정하자. 그러면 $h(x) \in R[x]$가 존재하여 $g(x)=dh(x)$이다. 따라서 $f(x)=cdh(x)$이다. cd는 $f(x)$의 상수약수이므로 cd는 $f(x)$의 계수들의 약수이어야만 한다. 그러므로 cd는 c의 약수이어야만 한다. 따라서 적당한 $u \in R$가 존재하여 $c=cdu$이다. $c \neq 0_R$이므로, $du=1_R$이므로 d는 R의 단원이다. 따라서 $g(x)$는 원시 다항식이다.

원시 다항식에 대한 이 사실들을 사용하여 $R[x]$가 UFD가 될 두 가지 필요조건들 중의 첫 번째를 증명할 수 있다.

정리 4.3.8

R이 유일 인수분해 정역이라 하자. 그러면 $R[x]$의 영원도 아니고 단원도 아닌 모든 다항식 $f(x)$는 기약 다항식들의 곱이다.

[증명] 이 정리의 바로 앞의 논의에 의하여, 적당한 $c \in R$와 원시 다항식 $g(x)$가 존재하여 $f(x)=cg(x)$이다. R이 UFD이므로 c는 단원이거나 또는 R의 기약원들의 곱이다(따라서 $R[x]$에서). $g(x)$가 원시 다항식이므로, $g(x)$가 $R[x]$에서 단원 또는 기약원들의 곱임을 보이면 된다. $g(x)$가 단원이거나 또는 자신이 기약원이면 증명할 필요가 없다. $g(x)$가 단원도 기약원도 아니라 가정하자. 그러면, 정리 4.1.1에 의하

여 단원이 아닌 다항식 $h(x),\ k(x) \in R[x]$가 존재하여 $g(x) = h(x)k(x)$이다. $g(x)$가 원시 다항식이므로 차수가 0인 $g(x)$의 약수들은 단원들뿐이다. 그래서 $0 < \deg h(x) < \deg g(x)$ 이고 $0 < \deg k(x) < \deg g(x)$ 이다. 더욱이, $h(x)$와 $k(x)$는 원시 다항식이다(왜냐하면 $h(x)$나 $k(x)$를 나누는 임의의 상수는 $g(x)$도 나누어야 하므로 이 상수는 단원이기 때문이다). $h(x)$와 $k(x)$가 모두 기약이면 증명은 끝난다. 그렇지 않다면 바로 앞의 주장을 반복하여 $h(x)$와 $k(x)$를 더 낮은 차수인 원시 다항식들의 곱으로 인수분해할 수 있다. 이 과정은 계속한다. 인수들의 차수는 각 단계에서 더 작아지게 되고 차수가 1인 원시 다항식은 기약이기 때문에, 이 과정은 유한번의 단계 후에는 끝나야만 한다. 따라서 $g(x)$는 $R[x]$에서 기약 다항식들의 곱이다. ■

보조정리 4.3.9

R이 유일 인수분해 정역이고 $g(x),\ h(x) \in R[x]$라 하자. p가 $g(x)h(x)$를 나누는 R의 기약원이면, $p \mid g(x)$ 또는 $p \mid h(x)$이다.

[증명] 보조정리 3.8.2에서 $\mathbb{Z}$ 대신에 R로, "소수" 대신에 "기약"으로 바꾸고 정리 4.1.8을 사용한다. ■

따름정리 4.3.10 가우스의 보조정리

R이 유일 인수분해 정역이라 하자. 그러면 $R[x]$에서 원시 다항식들의 곱은 원시 다항식이다.

[증명] $g(x)$와 $h(x)$는 $R[x]$에서 임의의 원시 다항식이고 $g(x)h(x)$는 원시 다항식이 아니라 가정하자. 그러면 단원이 아닌 상수 $c \in R$가 존재하여 $c \mid g(x)h(x)$이다. 따라서 c의 각 기약인수 p는 $g(x)h(x)$의 약수다. 그러므로 보조정리 4.3.9에 의하여 $p \mid g(x)$ 또는 $p \mid h(x)$이다. 이것은 $g(x)$와 $h(x)$가 원시 다항식이라는 사실에 모순이다. 따라서 $g(x)h(x)$는 원시 다항식이다. ■

정리 4.3.11

R이 유일 인수분해 정역이고 r, s는 R의 영이 아닌 원소라 하자. $R[x]$에서 원시 다항식 $f(x)$와 $g(x)$는 $rf(x) = sg(x)$을 만족한다 하자. 그러면 r과 s는 R에서 동반원이고 $f(x)$와 $g(x)$는 $R[x]$에서 동반원이다.

[증명] r이 단원이라 가정하자. 그러면 $f(x)=r^{-1}sg(x)$이므로 $r^{-1}s \mid f(x)$이다. $f(x)$가 원시 다항식이므로 $r^{-1}s$는 단원이다($u \in R$가 존재하여 $(r^{-1}s)u=1_R$). 따라서 $f(x)$와 $g(x)$는 $R[x]$에서 동반원이다. 더욱이 u는 R에서 단원이고 $su=r$이다. 따라서 r과 s는 R에서 동반원이다. 이제 r이 단원이 아니라 가정하자. 그러면 $r=p_1p_2 \cdots p_k$이고 각 p_i는 기약원이다. 따라서 $p_1p_2 \cdots p_kf(x)=sg(x)$이므로 $p_1 \mid sg(x)$이다. 보조정리 4.3.9에 의하여, $p_1 \mid s$ 또는 $p_1 \mid g(x)$이다. p_1은 단원이 아니고 $g(x)$는 원시 다항식이므로 $p_1 \mid s$이어야만 한다. 그러면 $t \in R$이 존재하여 $s=p_1t$이다. 그래서 $p_1p_2 \cdots p_kf(x)=sg(x)=p_1tg(x)$이다. 그러므로 $p_2 \cdots p_kf(x)=tg(x)$이다.

이와 같이 이 주장을 반복하게 되면 $p_3 \cdots p_kf(x)=zg(x)$이고 $p_2z=t$이다. 그래서 $p_1p_2z=p_1t=s$이다. 이와 같은 단계를 k번 반복하면 $w \in R$이 존재하여 $f(x)=wg(x)$이고 $s=p_1p_2 \cdots p_kw$이다. $w \mid f(x)$이고 $f(x)$는 원시 다항식이므로 w는 단원이다. 따라서 $f(x)$와 $g(x)$는 $R[x]$에서 동반원이다. $s=p_1p_2 \cdots p_kw=rw$이므로, r과 s는 R에서 동반원이다. ■

따름정리 4.3.12

R은 유일 인수분해 정역이고 F는 R의 분수체라고 하자. $f(x)$와 $g(x)$는 $R[x]$에서 원시 다항식이라 하자. $f(x)$와 $g(x)$는 $F[x]$에서 동반원이면, 이들은 $R[x]$에서 동반원이다.

[증명] $f(x)$와 $g(x)$가 $F[x]$에서 동반원이라 가정하자. 그러면 $(0_F \neq)\dfrac{r}{s} \in F$이 존재하여 $g(x)=\dfrac{r}{s}f(x)$이다. 따라서 $R[x]$에서 $sg(x)=rf(x)$이므로 정리 4.3.11에 의하여, $f(x)$와 $g(x)$는 $R[x]$에서 동반원이다. ■

따름정리 4.3.13

R은 유일 인수분해 정역이고 F는 R의 분수체라 하자. $f(x) \in R[x]$가 양의 차수를 갖고 $R[x]$에서 기약이면, $f(x)$는 $F[x]$에서 기약이다.

[증명] $f(x)$는 $F[x]$에서 기약이 아니라고 가정하자. 그러면 $g(x),\ h(x) \in F[x]$가 존재하여 $f(x)=g(x)h(x)$이고 $\deg g(x)>0$, $\deg h(x)>0$ 이다. b가 $g(x)$의 계수의 최

소공통분모라 하자. 그러면 $bg(x) \in R[x]$ 이다. 따라서 $a \in R$ 와 $R[x]$ 에서 원시 다항식 $g_1(x)$가 존재하여 $bg(x) = ag_1(x)$이고 $\deg g_1(x) > 0$ 이다. 그러므로 $g(x) = \frac{a}{b}g_1(x)$이다. 비슷하게 $h(x) = \frac{c}{d}h_1(x)$ 이다. 여기서 $c,\ d \in R$ 이고 $h_1(x)$는 $R[x]$ 에서 양의 차수인 원시 다항식이다. 그러므로

$$f(x) = g(x)h(x) = \frac{a}{b}g_1(x)\frac{c}{d}h_1(x) = \frac{ac}{bd}g_1(x)h_1(x)$$

이므로 $bdf(x) = acg_1(x)h_1(x) \in R[x]$ 이다. 따름정리 4.3.10에 의하여 $g_1(x)h_1(x)$이 원시 다항식이고 정리 4.3.11에 의하여, bd는 ac의 동반원이다. 그러면 단원 $u \in R$이 존재하여 $ac = bdu$이다. 따라서 $f(x) = \frac{ac}{bd}g_1(x)h_1(x) = ug_1(x)h_1(x)$이다. $ug_1(x)$와 $h_1(x)$는 $R[x]$ 에서 양의 차수인 다항식이므로 이것은 $f(x)$의 $R[x]$에서의 기약성에 모순이다. 따라서 $f(x)$는 $F[x]$ 에서 기약이다. ■

정리 4.3.14

R 이 유일 인수분해 정역이면, $R[x]$ 도 역시 유일 인수분해 정역이다.

[증명] $f(x) \in R[x]$는 임의의 영원도 아니고 단원도 아니라 하자. 그러면, 정리 4.3.8에 의하여 $f(x)$는 기약 다항식들의 곱이다. 이와 같은 임의의 인수분해는 (R 에서 기약인) 기약 상수 다항식들과 양의 차수인 기약 다항식들로 이루어진다. 즉, 상수 $c_i,\ d_j$는 R 에서 기약이고 각 $p_i(x),\ q_j(x)$는 $R[x]$ 에서 양의 차수인 기약(이고 따라서 원시 다항식)에 대하여

$$c_1 \cdots c_m p_1(x) \cdots p_k(x) = d_1 \cdots d_n q_1(x) \cdots q_t(x)$$

라 가정할 수 있다. 따라서 따름정리 4.3.10에 의하여, $p_1(x) \cdots p_k(x)$와 $q_1(x) \cdots q_t(x)$는 원시 다항식이다. 정리 4.3.11에 의하여 R 에서 $c_1 \cdots c_m$ 은 $d_1 \cdots d_n$ 의 동반원이고 $R[x]$ 에서 $p_1(x) \cdots p_k(x)$는 $q_1(x) \cdots q_t(x)$의 동반원이다. 그러므로 단원 $u \in R$이 존재하여 $c_1 \cdots c_m = ud_1d_2 \cdots d_n$ 이다. 기약원들의 동반원들은 기약이다. 따라서 ud_1은 기약이다. R이 UFD이므로, $m = n$이고 (필요하면 재배열 후에) c_1은 ud_1의 동반원(이고 따라서 d_1의 동반원)이고 $i \geq 2$에 대하여 c_i는 d_i의 동반원이다. F는 R의 분수체라 하자. 따름정리 4.3.13에 의하여 각 $p_i(x)$와 $q_i(x)$는 $F[x]$ 에서 기약이다. $F[x]$ 에서 유일 인수분해(정리 3.6.6)와 R에 대하여 방금 주

어진 비슷한 주장에 의하여, $k=t$이고(필요하면 재배열 후에) $F[x]$에서 각 $p_i(x)$는 $q_i(x)$의 동반원이다. 그러므로, 따름정리 4.3.12에 의하여, $p_i(x)$와 $q_i(x)$는 $R[x]$에서 동반원이다. 따라서 $R[x]$는 UFD이다. ■

다음은 정리 1.3.5와 4.3.14와 보기 6.1.5의 직접적인 결과다.

따름정리 4.3.15

$\mathbb{Z}[x]$는 주 이데알정역이 아닌 유일 인수분해 정역이다.

예제 4.3.1 보조정리 4.3.3를 증명하라.

[풀이] (1) R에서 $0_R d = 0 = b0_R$이다. 따라서 F에서 $[0_R,\ b]=[0_R,\ d]$이다.

(2) R에서 $a(bk)=(ab)k=(ba)k=b(ak)$이므로 F에서 $[a,\ b]=[ak,\ bk]$이다.

(3) R에서 $ac=ac$이므로 $[a,\ a]=[c,\ c]$이다. ■

유제 4.3.1 다음 각각을 보여줌으로써 보조정리 4.3.4의 증명을 완성하라.

(1) 동치류들의 덧셈은 결합법칙이 성립한다.

(2) 동치류들의 곱셈은 결합법칙이 성립한다.

(3) 동치류들의 곱셈은 교환법칙이 성립한다.

예제 4.3.2 $R=\mathbb{Z}[i]$이면, $F\cong\{r+si\ :\ r,\ s\in\mathbb{Q}\}$임을 보여라. 여기서 F는 R의 분수체이다.

[풀이] 함수 $f:F\to\{r+si\ :\ r,\ s\in\mathbb{Q}$를 다음과 같이 정의한다.

임의의 $a+bi,\ c+di\in\mathbb{Z}[i]$에 대하여

$$f([a+bi,\ c+di])=\frac{ac+bd}{c^2+d^2}+\frac{bc-ad}{c^2+d^2}i$$

따라서 f는 동형 사상임을 보일 수 있다. 따라서 $F\cong\{r+si\ :\ r,\ s\in\mathbb{Q}\}$이다. ■

유제 4.3.2 $R=\mathbb{Z}[\sqrt{d}]$이면, $F\cong\{r+s\sqrt{d}\ :\ r,\ s\in\mathbb{Q}\}$임을 보여라. 여기서 F는 R의 분수체이다.

예제 4.3.3 정역 R이 체 K에 포함되고 K에서 $a/b=c/d$일 때, K에서 $ab^{-1}=cd^{-1}$임을 보여라. [도움말 : $a/b=c/d$이면, K에서 $ad=bc$이다.]

[풀이] $\frac{a}{b}=\frac{c}{d}\Leftrightarrow K$에서 $ad=bc$이다. 여기서 $b\neq 0_R$이고 $d\neq 0_R$이다. $R\subset K$이고 K는 체이므로, b^{-1}, $d^{-1}\in K$이 존재하여 $bb^{-1}=1_K$이고 $dd^{-1}=1_K$이다. 그러므로 $b^{-1}add^{-1}=b^{-1}bcd^{-1}$, 즉 $b^{-1}a=cd^{-1}$이다. 따라서 $ab^{-1}=cd^{-1}$이다. ■

유제 4.3.3 (1) 정리 4.3.7의 증명에서 함수 f가 단사임을 증명하라.

[도움말 : $f\left(\frac{a}{b}\right)=f\left(\frac{c}{d}\right)$이면 $ab^{-1}=cd^{-1}$, 즉 $ad=bc$임을 보여라.]

(2) 직접적인 계산에 의하여 f가 준동형 사상임을 보여라.

유제 4.3.4 $\mathbb{Z}$가 정수환이고, $\mathbb{Z}[x]$는 $\mathbb{Z}$ 위의 다항식환이며, $\{\mathbb{Z}[i]=a+bi : a, b\in\mathbb{Z}, i^2=-1\}$는 복소수체의 부분환이다. 다음 명제 중 참인 것은 증명하고 거짓인 것은 이유를 설명하라.

(1) $\mathbb{Z}$는 $\mathbb{Z}[x]$의 부분환이다.

(2) $\mathbb{Z}[x]$와 $\mathbb{Z}[i]$는 서로 환동형이다.

(3) $\mathbb{Z}[x]$는 유일 인수분해 정역이다.

(4) $\mathbb{Z}$의 분수체는 유리수체 $\mathbb{Q}$와 동형이다.

(5) $\mathbb{Z}[x]$의 원소 중 곱셈에 대한 역원을 갖는 것은 ± 1뿐이다.

4.3 연습문제

1. $R'=\{[a, 1_R] : a\in R\}$는 F의 부분환임을 보여라. 여기서 R은 정역이다.

2. $a, b\in R$라 하자. $a^m=b^m$, $a^n=b^n$이고 $(m, n)=1$인 양의 정수 m과 n이 있다고 가정한다. $a=b$임을 증명하라. 여기서 R은 정역이다.

[도움말 : a와 b의 음의 거듭 제곱은 R에서 정의될 필요가 없지만 그들은 체 F에서는 의미를 가짐을 기억하라. 예컨대 $a^{-2}=1_R/a^2$이다.]

3. R이 환이고 $R[x]$가 UFD이면, R도 UFD임을 증명하라.

4. R을 정역이라 하고 $p \in R$이라 하자. p가 R에서 기약원이기 위한 필요충분조건은 상수 다항식 p가 $R[x]$에서 기약인 것이다.

5. m을 완전 제곱수가 아닌 정수라 할 때, 정역 $\mathbb{Z}[\sqrt{m}]$의 원 α에 대하여 $N(\alpha)=\pm p$ (p는 소수)이면 α는 $\mathbb{Z}[\sqrt{m}]$의 기약원임을 증명하라.

4.3 유제풀이

유제 4.3.1 다음 각각을 보여줌으로써 보조정리 4.3.4의 증명을 완성하라.

(1) 동치류들의 덧셈은 결합법칙이 성립한다.

(2) 동치류들의 곱셈은 결합법칙이 성립한다.

(3) 동치류들의 곱셈은 교환법칙이 성립한다.

[풀이] (1) 임의로 $[a, b], [c, d], [e, f] \in F$를 택한다.

$$\begin{aligned}[a, b]+([c, d]+[e, f]) &= [a, b]+[cf+de, df] \\ &= [a(df)+b(cf+de), b(df)] \\ &= [(ad+bc)f+(bd)e, (bd)f] \\ &= [ad+bc, bd]+[e, f] \\ &= ([a, b]+[c, d])+[e, f]\end{aligned}$$

이므로 "+"에 관하여 결합법칙이 성립한다.

(2) 임의로 $[a, b], [c, d], [e, f] \in F$를 택하자.

$$\begin{aligned}[a, b]+([c, d]+[e, f]) &= [a, b]+[ce, df] \\ &= [a(ce)], b(df)] \\ &= [(ac)e, (bd)f] \\ &= [ac, bd][e, f] \\ &= ([a, b]+[c, d])[e, f]\end{aligned}$$

이므로 " · "에 관하여 결합법칙이 성립한다.

(3) 임의로 $[a, b], [c, d] \in F$를 택하자.

$$\begin{aligned}[a, b][c, d] &= [ac, bd] \\ &= [ca, db] \\ &= [c, d][a, b]\end{aligned}$$

이므로 " · "에 관하여 교환법칙이 성립한다.

유제 4.3.2 $R=\mathbb{Z}[\sqrt{d}]$면, $F \cong \{r+s\sqrt{d} : r, s \in \mathbb{Q}\}$ 임을 보여라. 여기서 F는 R의 몫들의 체이다.

[풀이] F는 R의 몫들의 체라 하자. 따라서 $F=\left\{\dfrac{e+f\sqrt{d}}{a+b\sqrt{d}} : a+b\sqrt{d} \neq 0, a, b, e, f \in \mathbb{Z}\right\}$이다. 함수 $f: F \to \{r+s\sqrt{d} ; r, s \in \mathbb{Q}\}$를 다음과 같이 정의한다 : 임의의 $a+b\sqrt{d}$, $e+f\sqrt{d} \in \mathbb{Z}[\sqrt{d}]$에 대하여 $f\left(\dfrac{e+f\sqrt{d}}{a+b\sqrt{d}}\right)=\dfrac{ea-fbd}{a^2+db^2}+\dfrac{fa-eb}{a^2+db^2}\sqrt{d}$이다. f는 동형 사상임을 쉽게 보일 수 있다. 따라서 $F \cong \{r+s\sqrt{d} : r, s \in \mathbb{Q}\}$이다.

유제 4.3.3 (1) 정리 4.1.7의 증명에서 함수 f가 단사임을 증명하라.

[도움말 : $f\left(\dfrac{a}{b}\right)=f\left(\dfrac{c}{d}\right)$이면 $ab^{-1}=cd^{-1}$, 즉 $ad=bc$임을 보여라.

(2) 직접적인 계산에 의하여 f가 준동형 사상임을 보여라.

[풀이] (1) $f\left(\dfrac{a}{b}\right)=f\left(\dfrac{c}{d}\right)$라 가정하자. 따라서 $ab^{-1}=cd^{-1}$이다. 따라서 R에서 $ad=bc$이다. 그러므로 F에서 $[a, b]=[c, d]$, 즉 $\dfrac{a}{b}=\dfrac{c}{d}$이다. 따라서 f는 단사이다.

(2) 임의로 $\dfrac{a}{b}, \dfrac{c}{d} \in F$를 택한다.

$$\begin{aligned}f\left(\frac{a}{b}, \frac{c}{d}\right) &= f\left(\frac{ad+bc}{bd}\right)=(ad+bc)(bd)^{-1} \\ &= (ad+bc)(d^{-1}b^{-1}) \\ &= (ad)(b^{-1}d^{-1})+(bc)(d^{-1}b^{-1}) \\ &= ab^{-1}+cd^{-1} \\ &= f\left(\frac{a}{b}\right)+f\left(\frac{c}{b}\right),\end{aligned}$$

$$f\left(\frac{a}{b}\frac{c}{d}\right)=f\left(\frac{ac}{bd}\right)=(ac)(bd)^{-1}=(ac)(d^{-1}b^{-1})$$
$$=(ab^{-1})(cd^{-1})=f\left(\frac{a}{b}\right)f\left(\frac{c}{b}\right)$$

이다. 따라서 f는 준동형 사상이다.

유제 4.3.4 $\mathbb{Z}$가 정수환이고, $\mathbb{Z}[x]$는 $\mathbb{Z}$ 위의 다항식환이며, $\{\mathbb{Z}[i]=a+bi : a,\ b\in\mathbb{Z}\}$, $i^2=-1$는 복소수체의 부분환이다. 다음 명제 중 참인 것은 증명하고 거짓인 것은 이유를 설명하라.

(1) $\mathbb{Z}$는 $\mathbb{Z}[x]$의 부분환이다.

(2) $\mathbb{Z}[x]$와 $\mathbb{Z}[i]$는 서로 환동형이다.

(3) $\mathbb{Z}[x]$는 유일 인수분해 정역이다.

(4) $\mathbb{Z}$의 분수체는 유리수체 $\mathbb{Q}$와 동형이다.

(5) $\mathbb{Z}[x]$의 원소 중 곱셈에 대한 역원을 갖는 것은 ± 1뿐이다.

[풀이] (1) 모든 정수는 상수 다항식이므로 $\mathbb{Z}[x]$에 포함된다.

(2) $\mathbb{Z}[x]=\left\{a_0+a_1x+a_2x^2+\cdots+a_nx^n : a_i\in\mathbb{Z}\right\}$이고 $\mathbb{Z}[i]=\{a+bi : a,\ b\in\mathbb{Z},\ i^2=-1\}$이므로 동형 사상 f는 $f(x)=i$를 만족해야 한다. 하지만 $f(a-x)=f(a+x^3)=a-i$이 되어 단사함수가 될 수 없다. 따라서 환동형은 아니다.

(3) 따름정리 4.3.15에 의해 참이다.

(4) $\mathbb{Z}$의 분수체는 $\mathbb{Q}$이다.

(5) $\mathbb{Z}[x]$의 단원은 $\mathbb{Z}$의 단원과 같다. 따라서 참이다.

5장

군의 직적, 작용, 실로우 정리

계산의 목적은 숫자가 아니라 통찰력에 있다.

"The purpose of computation is insight, not numbers."

- 수학자 리차드 해밍(Richard Hamming)

5.1 직적

$(G,\ *)$와 $(H,\ \diamond)$는 군이라 할 때 그들의 카테시안 곱(직적) $G\times H$는 군이다(정리 2.1.8). 이 절에서는 이 개념을 두 개 이상의 군으로 확장한다. 또한 한 군이 어떠한 조건하에서 그 군의 부분군들의 직적으로 나타낼 수 있는지 알아본다. 항상 그렇듯이 이 절에서의 모든 연산은 곱셈에 관점을 두고 서술하였고 익숙한 덧셈군을 논할 때는 덧셈의 관점에서 서술하였다.

정의 5.1.1

군 $G_1,\ G_2,\ \cdots,\ G_n$에 대하여, 곱집합

$$G_1\times G_2\times\cdots\times G_n=\{(x_1,\ x_2,\ \cdots,\ x_n)\,|\,x_1\in G_1,\ x_2\in G_2,\ \cdots,\ x_n\in G_n\}$$

는 다음과 같이 정의된 연산 $\cdot$ 에 관하여 군을 이룬다.

$$(a_1,\ \cdots,\ a_n)\cdot(b_1,\ \cdots,\ b_n)=(a_1b_1,\ \cdots,\ a_nb_n)$$

이 군을 $G_1,\ G_2,\ \cdots,\ G_n$의 (외적인)직적(external direct product)이라 하고 이 군을 $G_1\times G_2\times\cdots\times G_n$으로 나타낸다.

$G_1,\ G_2,\ \cdots,\ G_n$이 모두 덧셈 아벨군이면 직합(direct sum)이라 부르고 $G_1\oplus G_2\oplus\cdots\oplus G_n$이라고 쓴다.

정리 5.1.2

군 $G_1,\ G_2,\cdots,\ G_n$에 대하여 다음이 성립한다.

(1) $G_1,\ G_2,\cdots,\ G_n$이 모두 유한군이면, 직적 $G_1\times G_2\times\cdots\times G_n$은 유한군이고,

$$|G_1\times G_2\times\cdots\times G_n|=|G_1|\cdots|G_n|\text{ 이다.}$$

(2) $G_1,\ G_2,\cdots,\ G_n$이 모두 아벨군일 필요충분조건은 $G_1\times G_2\times\cdots\times G_n$이 아벨군인 것이다.

특히, G_i는 일반적으로 $G_1 \times G_2 \times \cdots \times G_n$의 부분군이 아니다.

정리 5.1.3

M과 N을 $M \cap N = \langle e \rangle$인 군 G의 정규부분군이라 하자. $a \in M$이고 $b \in N$이면 $ab = ba$이다.

[증명] 임의의 $a \in M$, $b \in N$에 대하여, $a^{-1}b^{-1}ab$을 보자. M은 정규부분군이므로 $b^{-1}ab \in M$이다. 당연히 $a^{-1} \in M$이므로 $a^{-1}b^{-1}ab \in M$이다. 비슷하게 N이 정규부분군이므로 $a^{-1}b^{-1}ab \in N$이다. 따라서 $a^{-1}b^{-1}ab \in M \cap N = \langle e \rangle$이다. 따라서 $a^{-1}b^{-1}ab = e$이므로 $ab = ba$를 얻는다. ■

정리 5.1.4

N_1, N_2, $\cdots$, N_k를 군 G의 정규부분군이라 하자. 임의의 G의 원소 a가 각 $a_i \in N_i$에 대하여 $a = a_1 a_2 \cdots a_k$로 유일하게 나타내어진다면 G는 직적 $N_1 \times N_2 \times \cdots \times N_k$와 동형이다. 여기서 유일하게 나타내어진다는 뜻은, 만약 $a_1 a_2 \cdots a_k = b_1 b_2 \cdots b_k$, $a_i, b_i \in N_i$이라 하면 모든 i에 대하여 $a_i = b_i$라는 뜻이다.

[증명] 직적 $N_1 \times N_2 \times \cdots \times N_k$에서 군 G로의 사상을 $f : N_1 \times N_2 \times \cdots \times N_k \to G$, $f(a_1, a_2, \cdots, a_k) = a_1 a_2 \cdots a_k$라고 정의하자. G의 모든 원소 a가 각 $a_i \in N_i$에 대하여 $a = a_1 a_2 \cdots a_k$로 유일하게 나타내어진다고 가정하였으므로 f는 위로의 함수이다. $f(a_1, a_2, \cdots, a_k) = f(b_1, b_2, \cdots, b_k)$이라 하면 $a_1 a_2 \cdots a_k = b_1 b_2 \cdots b_k$이므로 가정에 의하여 모든 i에 대하여 $a_i = b_i$이므로 $N_1 \times N_2 \times \cdots \times N_k$에서 $(a_1, a_2, \cdots, a_k) = (b_1, b_2, \cdots, b_k)$이다. 따라서 f는 단사이다. f가 준동형 사상임을 보이기 위해서는 모든 $i \neq j$인 i, j에 대하여 $N_i \cap N_j = \langle e \rangle$임을 보여야 한다. 이제 $a \in N_i \cap N_j$이라 하자. a는 다음과 같이 두 가지의 형태로 나타내어진다.

$$\underset{N_1}{\underset{\uparrow}{e}}\,e \cdots \underset{N_i}{\underset{\uparrow}{e}}ae \cdots \underset{N_j}{\underset{\uparrow}{e}} \cdots \underset{N_k}{\underset{\uparrow}{e}} = \underset{N_1}{\underset{\uparrow}{e}}\,e \cdots \underset{N_i}{\underset{\uparrow}{e}} \cdots e\underset{N_j}{\underset{\uparrow}{a}}e \cdots \underset{N_k}{\underset{\uparrow}{e}}$$

따라서 유일성 가정에 의해 $a = e$이다. 따라서 $i \neq j$이면 $N_i \cap N_j = \langle e \rangle$이다. 또한, 정리 5.1.3에 의해 $a_i \in N_i$이고 $b_j \in N_j$이면 $a_i b_j = b_j a_i$임을 반복 사용하여 다음을 얻는다.

$$\begin{aligned} f[(a_1, a_2, \cdots, a_k)(b_1, b_2, \cdots, b_k)] &= f[(a_1b_1, a_2b_2, \cdots, a_kb_k)] \\ &= a_1b_1a_2b_2a_3b_3 \cdots a_kb_k \\ &= a_1a_2b_1a_3b_2a_4b_3 \cdots b_{k-1}b_k \\ &= a_1a_2a_3b_1a_4b_2 \cdots b_{k-1}b_k \\ &\ \ \vdots \\ &= a_1a_2 \cdots a_kb_1b_2 \cdots b_k \\ &= f(a_1, a_2, \cdots, a_k)f(b_1, b_2, \cdots, b_k) \end{aligned}$$

그러므로 f는 준동형 사상이고 동형 사상이 된다. ■

정리 5.1.5

M과 N을 $G=MN$이고 $M\cap N=\langle e\rangle$인 군 G의 정규부분군이라 하면 $G\cong M\times N$이다.

[증명] $G=MN$이므로 G의 모든 원소는 mn, $m\in M$, $n\in N$ 형태로 나타내어진다. 만약 G의 한 원소가 두 가지 표시법을 갖는다 하자. 즉, $mn=m_1n_1$, m, $m_1\in M$이고 n, $n_1\in N$이라 하자. 이 식의 왼쪽에 m_1^{-1}을 곱하고 오른쪽에 n^{-1}을 곱하면 $m_1^{-1}m=n_1n^{-1}$이다. 그런데 $m_1^{-1}m\in M$이고 $n_1n^{-1}\in N$이고 $M\cap N=\langle e\rangle$이므로 $m=m_1$, $n=n_1$을 얻는다. 그러므로 G의 모든 원소들은 유일하게 mn, $m\in M$, $n\in N$ 형태로 쓸 수 있다. 따라서 정리 5.1.4에 의해 $G\cong M\times N$이다. ■

| 보기 5.1.1 | $\mathbb{Z}_{15}$의 단원들의 곱셈군은 $\mathbb{Z}_{15}^*=\{1, 2, 4, 7, 8, 11, 13, 14\}$이다. $M=\{1, 11\}$이고 $N=\{1, 2, 4, 8\}$은 $\mathbb{Z}_{15}^*$의 정규부분군이고 $M\cap N=\langle 1\rangle$이다. 모든 N의 원소 n은 $1\cdot n$이므로 $n\in MN$이고 비슷하게 M의 원소들도 모두 MN의 원소들이다. $11\cdot 2=7$, $11\cdot 8=13$, $11\cdot 4=14$이므로 $\mathbb{Z}_{15}^*=MN$이 성립한다. 그러므로 정리 5.1.5에 의해 $\mathbb{Z}_{15}^*\cong M\times N$이다. M은 위수 2의 순환군이고, N은 위수 4의 순환군이므로 $\mathbb{Z}_{15}^*\cong \mathbb{Z}_2\times\mathbb{Z}_4$이다.

■

정의 5.1.6

M과 N을 $G=MN$이고 $M\cap N=\langle e\rangle$인 군 G의 정규부분군이라 하면 $G\cong M\times N$이다. 이러한 의미에서 이 경우에 G를 두 부분군 M과 N의 (내적인)직적(internal direct product)이라 하고 이 사실을

$$G=M\times N$$

로 나타낸다. 그리고 이 경우에 G는 두 부분군 M과 N의 직적으로 분해된다고 하고 M과 N를 G의 직적인자(direct factor)라고 한다.

예제 5.1.1 두 군 G_1, G_2에서 원소 $a_1\in G_1$, $a_2\in G_2$의 위수가 각각 m, n일 때, 군 $G_1\times G_2$에서 $(a_1,\ a_2)$의 위수는 m과 n의 최소 공배수 l과 같으며, 특히 m과 n이 서로소이면 $(a_1,\ a_2)$의 위수는 mn임을 보여라.

[풀이] 군 G_1, G_2의 항등원을 e_1, e_2라 하고 $l=\mathrm{lcm}\{m,\ n\}$이라 하자. 그러면 적당한 정수 i, j가 존재하여 $l=mi$, $l=nj$이다. 따라서

$$(a_1,\ a_2)^l=(a_1^l,\ a_2^l)=(a_1^{mi},\ a_2^{nj})=(e_1^i,\ e_2^j)=(e_1,\ e_2)$$

이다. 이제 $(a_1,\ a_2)^k=(e_1,\ e_2)$라 하면 $(a_1,\ a_2)^k=(a_1^k,\ a_2^k)=(e_1,\ e_2)$이므로 $a_1^k=e_1$, $a_2^k=e_2$이다. 그런데 m은 a_1의 위수이고 n은 a_2의 위수이므로 $m|k$, $n|k$가 되어 k는 m, n의 공배수이다. 따라서 $l|k$이므로 $(a_1,\ a_2)$의 위수는 l이다. 특히 m과 n이 서로소이면 $(a_1,\ a_2)$의 위수는 mn이다. ■

유제 5.1.1 두 군 $G=\langle a\rangle$, $H=\langle b\rangle$가 위수 m과 n일 때, m과 n이 서로소이면 $G\times H=\langle (a,\ b)\rangle$이고 따라서 $G\times H$는 위수 mn인 순환군이다. 즉, 양의 정수 m과 n이 서로소일 때, $C_m\times C_n\cong C_{mn}$이다.

유제 5.1.2 M과 N이 군 G의 정규부분군일 때, 다음 조건은 서로 동치이다.

(1) $G=M\times N$, 즉 $G=MN$, $M\cap N=\langle e\rangle$

(2) 각 $x\in G$는 단 한 가지 방법으로 다음과 같은 꼴로 나타내어진다.

$$x=mn,\ m\in M,\ n\in N$$

(3) $G=MN$이고, 또 $mn=e$ $(m\in M,\ n\in N)$이면 $m=n=e$이다.

유제 5.1.3 군 $\mathbb{Z}_2 \times \mathbb{Z}_4$의 위수를 구하라.

유제 5.1.4 $\mathbb{Z}_8$은 $\mathbb{Z}_2 \times \mathbb{Z}_4$과 동형인가?

5.1 연습문제

1. 다음 군들의 위수를 구하라.

(1) $\mathbb{Z}_3 \times \mathbb{Z}_3 \times \mathbb{Z}_2$ (2) $\mathbb{Z}_4 \times \mathbb{Z}_2$

2. G와 H가 군이라 할 때 $G \times H \cong H \times G$임을 증명하라.

3. 순환군의 직적은 순환군일 필요가 없음을 예를 들어 보여라.

4. $\mathbb{Z}_{12}$을 두 부분군의 직적으로 나타내어라.

5. G를 군이라 하고 $D = \{(a, a, a) \mid a \in G\}$이라 하자.

(1) D가 $G \times G \times G$의 부분군임을 보여라.

(2) D가 $G \times G \times G$의 정규부분군일 필요충분조건은 G가 아벨군임을 보여라.

6. N, K가 군 G의 부분군이고 $G = N \times K$이고 M은 N의 정규부분군이라 할 때, M은 G의 정규부분군인가? 참이면 증명하고 거짓이면 이유를 설명하라.

7. 양의 정수 $i(1 \leq i \leq n)$에 대하여 다음의 함수

$$\pi_i : G_1 \times G_2 \times \cdots \times G_n \to G_i, \ \pi_i(a_1, a_2, \cdots, a_n) = a_i$$

는 군들의 전사 준동형 사상임을 증명하라.

8. 정리 5.1.3에서 N이 정규부분군이 아니면 정리는 거짓이 된다. 이를 예를 들어 보여라.

9. 어떤 군 G가 G가 아닌 두 개의 정규부분군의 직적으로 나타낼 수 없을 때, 군 G를 분해불능(indecomposable)이라 한다. 다음의 군들이 분해불능임을 보여라.

(1) S_3 (2) D_4

10. N과 K를 군 G의 부분군이라 하고 N은 G의 정규부분군이라 하자. N과 K가 아벨군이고 $G=NK$이면 G는 N과 K의 직적인가?

5.1 유제풀이

유제 5.1.1 두 군 $G=\langle a\rangle$, $H=\langle b\rangle$가 위수 m과 n일 때, m과 n이 서로소이면 $G\times H=\langle (a,\ b)\rangle$이고 따라서 $G\times H$는 위수 mn인 순환군이다. 즉, 양의 정수 m과 n이 서로소일 때, $C_m\times C_n\cong C_{mn}$이다.

[풀이] $G=\langle a\rangle$, $H=\langle b\rangle$가 각각 위수 m과 n이므로 a의 위수는 m이고 b의 위수는 n이다. m과 n이 서로소이므로 예제 5.1.1에 의해 $(a,\ b)$의 위수는 $G\times H$에서 mn이다. 따라서 $G\times H=\langle (a,\ b)\rangle$는 위수가 mn이다.

유제 5.1.2 M과 N이 군 G의 정규부분군일 때, 다음 조건은 서로 동치이다.

(1) $G=M\times N$, 즉 $G=MN$, $M\cap N=\langle e\rangle$

(2) 각 원소 $x\in G$는 단 한 가지 방법으로 다음과 같은 꼴로 나타내어진다.

$$x=mn,\ m\in M,\ n\in N$$

(3) $G=MN$이고, 또 $mn=e\ (m\in M,\ n\in N)$이면 $m=n=e$이다.

[풀이] (1) ⇒ (2) $G=MN$이므로 각 원소 $x\in G$는 적당한 $m\in M$, $n\in N$이 존재하여 $x=mn$으로 나타낼 수 있다. 이제

$$x=m_1n_1=m_2n_2\ \ (m_1,\ m_2\in M,\ n_1,\ n_2\in N)$$

이라고 가정하면, $m_2^{-1}m_1=n_2n_1^{-1}\in M\cap N=\langle e\rangle$이므로 $m_1=m_2$, $n_1=n_2$이다.

(2) ⇒ (3) 조건 (2)가 성립하면 $G=MN$이다. $mn=e\ (m\in M,\ n\in N)$이면 $mn=ee$이므로 $m=e$, $n=e$이다.

(3) ⇒ (1) $G=MN$이고 $a\in M\cap N$이라 하면 $aa^{-1}=e$이므로 $a=e$이다. 따라서 $M\cap N=\langle e\rangle$이다.

유제 5.1.3 군 $\mathbb{Z}_2\times\mathbb{Z}_4$의 위수를 구하라.

[풀이] $|\mathbb{Z}_2 \times \mathbb{Z}_4| = 8$

유제 5.1.4 $\mathbb{Z}_8$은 $\mathbb{Z}_2 \times \mathbb{Z}_4$과 동형인가?

[풀이] $\mathbb{Z}_8$은 순환군이지만 $\mathbb{Z}_2 \times \mathbb{Z}_4$은 순환군이 아니다. 따라서 동형이 아니다.

5.2 유한 아벨군

이 절에서는 모든 유한 아벨군은 그 군의 순환 부분군들의 직합임을 증명할 것이다. 이 절에서는 덧셈군 표시법으로 기술할 것이다. 다음 정리는 곱셈군 표시법을 덧셈군 표시법으로 다시 기술한 것이다.

정리 5.2.1

군 G를 덧셈군이라 하고 $a \in G$이라 하자.

(1) a의 위수가 n이면 $ka = 0$일 필요충분조건은 $n|k$이다.

(2) a의 위수가 td, $d > 0$이면 ta의 위수는 d이다.

곱셈군에서 a의 위수가 k란 $a^k = e$을 만족하는 가장 작은 양의 정수이고 덧셈군에서는 $ka = 0$인 가장 작은 양의 정수임을 주의하자. 다음은 정리 5.1.4와 5.1.5를 덧셈군 표시법으로 다시 기술한 것이다.

정리 5.2.2

$N_1, N_2, \cdots, N_k$를 덧셈군 G의 정규부분군이라 하자. 임의의 G의 원소 a가 각 $a_i \in N_i$에 대하여 $a = a_1 + a_2 + \cdots + a_k$로 유일하게 나타내어진다면 $G \cong N_1 \oplus N_2 \oplus \cdots \oplus N_k$ 이다.

정리 5.2.3

M과 N을 $G = M + N$이고 $M \cap N = \langle 0 \rangle$인 덧셈군 G의 정규부분군이라 하면 $G = M \oplus N$이다.

정의 5.2.4

G가 아벨군이고 p가 소수일 때, $G(p)$는 G의 원소 중 위수가 p의 거듭 제곱인 원소들의 집합이라 하자. 즉,

$$G(p) = \{a \in G \mid \text{어떤 } n \geq 0\text{에 대해 } |a| = p^n\}$$

$G(p)$는 G의 부분군을 이룬다.

| 보기 5.2.1 | $G = \mathbb{Z}_{12}$라 하면 $G(2)$는 위수가 $2^0,\ 2^1,\ 2^2,\ \cdots$인 원소들의 집합이다. 즉, $G(2) = \{0,\ 3,\ 6,\ 9\}$이다. 비슷하게 $G(3) = \{0,\ 4,\ 8\}$이다. ■

| 보기 5.2.2 | 만약 $G = \mathbb{Z}_3 \oplus \mathbb{Z}_3$이면 모든 원소가 3의 거듭 제곱의 위수를 갖기 때문에 $G(3) = G$가 된다. ■

보조정리 5.2.5

G를 아벨군이라 하고 원소 $a \in G$가 유한 위수를 갖는다 하자. 그러면 $p_1,\ \cdots,\ p_k$가 a의 위수를 나누는 각각 서로 다른 양의 소수라 할 때 $a = a_1 + a_2 + \cdots + a_k$, $a_i \in G(p_i)$이다.

[증명] 양의 정수 k 위의 수학적 귀납법으로 증명한다. $k=1$이면 $|a|$를 나누는 소수가 p_1 하나이다. 이 말은 $|a|$가 p_1의 거듭 제곱으로 나타내어진다는 뜻이다. 그러므로 $a \in G(p_1)$이다. 이제 위수가 많아야 $k-1$개의 각각 서로 다른 소수들에 의해 나누어지는 모든 원소들에 대해 귀납법적으로 이 정리가 성립한다고 가정하자. a의 위수를 서로 다른 소수 $p_1,\ \cdots,\ p_k$가 나눈다 하자. 그러면 $|a| = p_1^{r_1} \cdots p_k^{r_k}$, $r_i > 0$이 된다. $m = p_2^{r_2} \cdots p_k^{r_k}$이고 $n = p_1^{r_1}$이라 하면 $|a| = mn$이 되고 $(m,\ n) = 1$이다. 그러면 적당한 정수 $u,\ v$가 존재하여 $1 = mu + nv$라 쓸 수 있다. 따라서

$$a = 1a = (mu + nv)a = mua + nva$$

이다. 그런데 a의 위수는 mn이므로

$$p_1^{r_1}(mua) = (nm)ua = u(mna) = u0 = 0$$

이다. 따라서 mua의 위수는 $p_1^{r_1}$을 나누기 때문에 $mua \in G(p_1)$이다. 비슷하게 $m(nva) = 0$이므로 nva의 위수는 m을 나눈다. $m = p_2^{r_2} \cdots p_k^{r_k}$이므로 nva의 위수는 많아야 $k-1$개의 소수 약수를 포함한다. 귀납법에 따라 $nva = a_2 + a_3 + \cdots + a_k$, $a_i \in G(p_i)$이 된다. $a_1 = mua$라 하면 $a = mua + nva = a_1 + a_2 + \cdots + a_k$, $a_i \in G(p_i)$이다. ■

정리 5.2.6

G를 아벨군이라 하고 p_1, $\cdots$, p_t가 G의 위수를 나누는 각각 서로 다른 양의 소수라 하면

$$G = G(p_1) \oplus G(p_2) \oplus \cdots \oplus G(p_t)$$

이다.

[증명] $a \in G$이면 $|a| \mid |G|$이다. 보조정리 5.2.5에 의해 $a_i \in G(p_i)$에 대하여 $a = a_1 + a_2 + \cdots + a_t$이다. 여기서 소수 p_j가 $|a|$를 나누지 못하면 $a_j = 0$이다. a가 $a = a_1 + a_2 + \cdots + a_t$로 유일하게 나타내짐을 보이면 정리 5.2.2에 의해 증명이 끝난다. a_i, $b_i \in G(p_i)$에 대하여 $a = a_1 + a_2 + \cdots + a_t = b_1 + b_2 + \cdots + b_t$라 가정하자. G가 아벨군이므로

$$a_1 - b_1 = (b_2 - a_2) + (b_3 - a_3) + \cdots + (b_t - a_t)$$

이다. 각각의 i에 대하여 $b_i - a_i \in G(p_i)$이므로 위수가 p_i의 거듭 제곱이다. $p_i^{r_i}$라 하자. 만약 $m = p_2^{r_2} \cdots p_k^{r_k}$이면 $m(b_i - a_i) = 0$, $i \geq 2$이 되고

$$m(a_1 - b_1) = m(b_2 - a_2) + \cdots + m(b_t - a_t) = 0 + \cdots + 0 = 0$$

이다. 따라서 $a_1 - b_1$의 위수는 m을 나눠야만 한다. 그런데 $a_1 - b_1 \in G(p_1)$이므로 $a_1 - b_1$의 위수는 p_1의 거듭 제곱이다. $m = p_2^{r_2} \cdots p_k^{r_k}$을 나누는 p_1의 거듭 제곱은

$p_1^0 = 1$ 뿐이다. $a_1 - b_1$의 위수가 1이므로 $a_1 - b_1 = 0$, $a_1 = b_1$이다. 비슷하게 모든 $i = 2, \cdots, t$에 대하여 $a_i = b_i$이다. 따라서 G의 모든 원소들은 유일하게 $a_1 + a_2 + \cdots + a_t$, $a_i \in G(p_i)$와 같은 형태로 쓸 수 있다. 그러므로 정리 5.2.2에 의해 $G = G(p_1) \oplus G(p_2) \oplus \cdots \oplus G(p_t)$이다. ■

p가 소수이고, 군 G의 모든 원소의 위수가 p의 거듭 제곱일 때 그 군을 $p-$**군**($p-$group)이라 한다. 위의 정리에서 각각의 $G(p)$들은 정의에 의해 $p-$군이다. 군 G가 $p-$군일 때, G의 원소 a가 모든 $b \in G$에 대해 $|b| \le |a|$일 때 a를 G의 **최대위수원소**(element of maximal order)라 한다. 그러므로 만약 $|a| = p^n$이고 $b \in G$이면, b는 위수 p^j, $j \le n$를 갖게 된다는 것이다. $p^n = p^j p^{n-j}$이므로 모든 $b \in G$에 대하여 $p^n b = p^{n-j}(p^j b) = 0$이다.

보조정리 5.2.7

G를 유한 아벨 $p-$군이라 하고 a를 G의 최대위수원소라 하자. 그러면 G에는 $G = \langle a \rangle \oplus K$를 만족하는 부분군 K가 존재한다.

[증명] $\langle a \rangle \cap H = \langle 0 \rangle$을 만족하는 G의 부분군 H를 생각하자. 적어도 $\langle a \rangle \cap H = \langle 0 \rangle$을 만족하는 $H = \langle 0 \rangle$이라는 부분군이 존재한다. 그리고 G가 유한군이기 때문에 이 조건을 만족하는 가장 큰 부분군 K가 존재할 것이다. 즉, $\langle a \rangle \cap K = \langle 0 \rangle$이다. 정리 5.2.3에 의해 $G = \langle a \rangle + K$임을 보이면 증명이 끝난다. 만약 이것이 거짓이라면 영이 아닌 원소 $b \in G$가 존재하여 $b \notin \langle a \rangle + K$를 만족한다. j를 $p^j b \in \langle a \rangle + K$를 만족하는 가장 작은 양의 정수라 하자(이러한 j는 G가 $p-$군이기 때문에 적당한 i에 대하여 $p^i b = 0 = 0 + 0 \in \langle a \rangle + K$이 되므로 적어도 하나 존재한다). 그러면

$$c = p^{j-1} b\text{는 } \langle a \rangle + K\text{의 원소가 아니다.} \tag{5.2.1}$$

그리고 $pc = p^j b$는 $\langle a \rangle + K$의 원소가 되므로

$$pc = ta + k,\ t \in \mathbb{Z},\ k \in K \tag{5.2.2}$$

라 하자. a의 위수를 p^n이라 하면 a가 최대위수원소이기 때문에 모든 $x \in G$에 대하여 $p^n x = 0$이다. 따라서 (5.2.2)에 의하여

$$p^{n-1} ta + p^{n-1} k = p^{n-1}(ta + k) = p^{n-1}(pc) = p^n c = 0$$

이다. 그러면 $p^{n-1}ta=-p^{n-1}k\in\langle a\rangle\cap K=\langle 0\rangle$이므로 $p^{n-1}ta=0$이다. 정리 5.2.1에 의해 $p^n|p^{n-1}t$ 이어야 하고 그러므로 $p|t$이어야만 한다. 고로 적당한 $m\in\mathbb{Z}$이 존재하여 $t=pm$이라 하면 $pc=ta+k=pma+k$이어야 하고 $k=pc-pma=p(c-ma)$이다.

$$d=c-ma\in G \tag{5.2.3}$$

라 하자. $pd=p(c-ma)=k\in K$이다. 그러나 만약 $c-ma=k'\in K$라 하면 $c=ma+k'\in\langle a\rangle+K$가 되어 (5.2.1)에 모순이다. 따라서 $d\notin K$이다. 정리 2.3.3을 이용하면 $H=\{x+zd|x\in K,\ z\in\mathbb{Z}\}$는 $K\subseteq H$를 만족하는 G의 부분군임을 보일 수 있다. $d=0+1d\in H$이고 $d\notin K$이므로 $K\subsetneq H$이다. 그러나 K는 $\langle a\rangle\cap K=\langle 0\rangle$을 만족하는 가장 큰 군이므로 $\langle a\rangle\cap H\neq\langle 0\rangle$이어야 한다. $w\in\langle a\rangle\cap H$라 하면

$$0\neq w=sa=k_1+rd\quad (k_1\in K,\ r,\ s\in\mathbb{Z}) \tag{5.2.4}$$

이다. 여기서 $p\nmid r$이다. 왜냐하면 $r=py$라 하면 $pd\in K$이므로 $0\neq w=sa=k_1+ypd\in\langle a\rangle\cap K$가 되어 모순이다. 따라서 $(p,\ r)=1$이므로 적당한 정수 $u,\ v$가 존재하여 $pu+rv=1$이다.

$$\begin{aligned}
c=1c=(pu+rv)c&=u(pc)+v(rc)\\
&=u(ta+k)+v(r(d+ma)) && \text{(5.2.2와 5.2.3에 의해)}\\
&=u(ta+k)+v(rd+mra)\\
&=u(ta+k)+v(sa-k_1+mra) && \text{(5.2.4에 의해)}\\
&=(ut+vs+mr)a+(uk-vk_1)\in\langle a\rangle+K
\end{aligned}$$

이것은 (5.2.1)에 모순이다. 그러므로 $G=\langle a\rangle+K$이고 따라서 $G=\langle a\rangle\oplus K$이다. ■

정리 5.2.8 유한 아벨군의 기본정리

모든 유한 아벨군 G는 소수의 거듭 제곱을 위수로 갖는 순환군들의 직합이다.

[증명] 정리 5.2.6에 의해 각각의 소수 p가 G의 위수를 나누는 부분군 $G(p)$들의 직합으로 나타내어질 수 있다. 각 $G(p)$는 $p-$군이므로 모든 유한 아벨 $p-$군이 각각의 위수가 p의 거듭 제곱인 순환군의 직합으로 나타내어짐을 보이면 된다. H를 유한 아벨 $p-$군이라 하자. H의 위수에 귀납법을 적용하여 증명한다. H가 위수 2인 군일 때 정리 2.8.5에 의해 참이다. 이제 귀납법가정에 의해 위수가 $|H|$보다 작은 군에 대하

여 이 명제가 참이라고 하고 H의 원소 a가 위수 p^n의 최대위수원소라고 하자. 그러면 정리 5.2.7에 의해 $H = \langle a \rangle \oplus K$이다. 귀납법에 의해 K는 위수가 p의 거듭 제곱인 순환군들의 직합이므로 H도 위수가 p의 거듭 제곱인 순환군들의 직합이다. ■

| 보기 5.2.3 | 숫자 36은 소수들의 곱으로 다음과 같은 네 가지 방법으로 나타내어진다 :

$$36 = 2 \cdot 2 \cdot 3 \cdot 3 = 2 \cdot 2 \cdot 3^2 = 2^2 \cdot 3 \cdot 3 = 2^2 \cdot 3^2$$

따라서 유한 아벨군의 기본정리에 의해 위수 36의 모든 유한 아벨군은 다음의 군들 중 하나와 동형이어야만 한다 :

$$\mathbb{Z}_2 \oplus \mathbb{Z}_2 \oplus \mathbb{Z}_3 \oplus \mathbb{Z}_3,\ \mathbb{Z}_2 \oplus \mathbb{Z}_2 \oplus \mathbb{Z}_9,\ \mathbb{Z}_4 \oplus \mathbb{Z}_3 \oplus \mathbb{Z}_3,\ \mathbb{Z}_4 \oplus \mathbb{Z}_9 \cong \mathbb{Z}_{36}$$

위의 4개의 군들이 포함하는 위수가 각각 2와 3인 원소의 개수가 다르므로 모두 서로 동형이 아니다. 그러므로 위수 36인 유한 아벨군을 모두 분류(classification)해낸 것이다. ■

정리 5.2.9

만약 $(m, k) = 1$이면 $\mathbb{Z}_m \oplus \mathbb{Z}_k \cong \mathbb{Z}_{mk}$이다.

[증명] $\mathbb{Z}_m \oplus \mathbb{Z}_k$에서 $(1, 1)$의 위수를 t라 하면 $(0, 0) = t(1, 1) = (t, t)$을 만족시키는 가장 작은 양의 정수이다. 그러므로 $t \equiv 0 \pmod m$이고 $t \equiv 0 \pmod k$이어야 한다. 즉 $m|t$이고 $k|t$이어야 한다. 그러나 $(m, k) = 1$이므로 $mk|t$이다. 따라서 $mk \le t$이다. $mk(1, 1) = (mk, mk) = (0, 0)$이므로 $mk = t = |(1, 1)|$이다. 그러므로 $\mathbb{Z}_m \oplus \mathbb{Z}_k$는 $(1, 1)$로 생성된 위수 mk의 순환군이다. 따라서 $\mathbb{Z}_{mk}$와 동형이다. ■

따름정리 5.2.10

만약 각각 서로 다른 소수 $p_1, \cdots, p_t$에 대하여 $n = p_1^{n_1} p_2^{n_2} \cdots p_t^{n_t}$이면, $\mathbb{Z}_n \cong \mathbb{Z}_{p_1^{n_1}} \oplus \cdots \oplus \mathbb{Z}_{p_t^{n_t}}$이다.

[증명] $n = 2$일 때 참이고 $\mathbb{Z}_n \cong \mathbb{Z}_{p_1^{n_1}} \oplus \mathbb{Z}_k$, $k = p_2^{n_2} \cdots p_t^{n_t}$라 하면 수학적 귀납법에 의해 $\mathbb{Z}_k \cong \mathbb{Z}_{p_2^{n_2}} \oplus \cdots \oplus \mathbb{Z}_{p_t^{n_t}}$이므로 $\mathbb{Z}_n \cong \mathbb{Z}_{p_1^{n_1}} \oplus \cdots \oplus \mathbb{Z}_{p_t^{n_t}}$이다. ■

| 보기 5.2.4 | 군 G를

$$G = \mathbb{Z}_2 \oplus \mathbb{Z}_2 \oplus \mathbb{Z}_4 \oplus \mathbb{Z}_8 \oplus \mathbb{Z}_3 \oplus \mathbb{Z}_3 \oplus \mathbb{Z}_3 \oplus \mathbb{Z}_5 \oplus \mathbb{Z}_{25}$$

라 하자. 크기순으로 소수들의 거듭 제곱을 나열하자 :

$$\begin{matrix} 2 & 2 & 2^2 & 2^3 \\ & 3 & 3 & 3 \\ & & 5 & 5^2 \end{matrix}$$

열을 중심으로 G의 위수의 인수들을 정리하면

$$G = \mathbb{Z}_2 \oplus \underbrace{(\mathbb{Z}_2 \oplus \mathbb{Z}_3)} \oplus \underbrace{(\mathbb{Z}_4 \oplus \mathbb{Z}_3 \oplus \mathbb{Z}_5)} \oplus \underbrace{(\mathbb{Z}_8 \oplus \mathbb{Z}_3 \oplus \mathbb{Z}_{25})}$$

$$G = \mathbb{Z}_2 \oplus \quad \mathbb{Z}_6 \quad \oplus \quad \mathbb{Z}_{60} \quad \oplus \quad \mathbb{Z}_{600}$$

을 얻는다. 여기서 $2|6$, $6|60$, $60|600$을 주시하자. 순환군들의 직합으로 만들 때, 마지막 G의 분해가 처음 주어진 분해보다 종종 더 편리할 때가 있다. ■

정리 5.2.11

모든 유한 아벨군은 위수 $m_1, m_2, \cdots, m_t$의 순환군의 직합이다. 여기서 $m_1|m_2$, $m_2|m_3$, $m_3|m_4$, $\cdots$, $m_{t-1}|m_t$이다.

다음 정리는 정리 2.3.7과 정리 2.8.11과 같다.

따름정리 5.2.12

G가 체 F의 영이 아닌 원소들의 곱셈군의 유한 부분군이라 하면 G는 순환군이다.

[증명] G가 유한 아벨군이므로 정리 5.2.11에 의해 $G \cong \mathbb{Z}_{m_1} \oplus \cdots \oplus \mathbb{Z}_{m_t}$, 모든 i에 대하여 $m_i|m_t$라 하자. $\mathbb{Z}_{m_1} \oplus \cdots \oplus \mathbb{Z}_{m_t}$의 임의의 원소 b는 위수가 커봐야 적당한 i에 대하여 m_i이고 $m_i|m_t$이므로 $m_t b = 0$을 만족한다. 따라서 곱셈군 G의 모든 원소 g는 $g^{m_t} = 1_F$를 만족한다. 즉, 다항식 $x^{m_t} - 1_F$의 근이어야만 한다. G가 위수 $m_1 m_2 \cdots m_t$이고, 따름정리 3.7.4에 의해 $x^{m_t} - 1_F$는 체 F에서 많아야 m_t개의 서로 다른 근을 가지므로 $m_1 m_2 \cdots m_t \le m_t$가 되어야 하므로 $t = 1$, 즉 $G \cong \mathbb{Z}_{m_1}$이어야 한다. ■

정의 5.2.13

G가 유한 아벨군이라 하자. 정리 5.2.11의 정수들 m_1, m_2, $\cdots$, m_t을 군 G의 **불변인자**(invariant factor)라고 한다. 정리 5.2.8에서처럼 G가 소수의 거듭 제곱을 위수로 갖는 순환군들의 직합으로 나타내어지면 소수 거듭 제곱들을 G의 **기초인수**(**단인자**, elementary divisor)라고 부른다.

정리 5.2.8과 정리 5.2.10에 의해 유한 아벨군 G의 위수는 불변인자들의 곱이고 또한 기초인수들의 곱이다.

| 보기 5.2.5 | 위수 36의 모든 아벨군들은 그들의 기초인수를 사용하거나 불변인자를 사용하여 서로 동형이 아닌 군들로 분류할 수 있다(classify up to isomorphism).

군 Group	기초인수 Elementary Divisors	불변인자 Invariant Factors	동형인 군
$\mathbb{Z}_2 \oplus \mathbb{Z}_2 \oplus \mathbb{Z}_3 \oplus \mathbb{Z}_3$	2, 2, 3, 3	6, 6	$\mathbb{Z}_6 \oplus \mathbb{Z}_6$
$\mathbb{Z}_2 \oplus \mathbb{Z}_2 \oplus \mathbb{Z}_9$	2, 2, 3^2	2, 18	$\mathbb{Z}_2 \oplus \mathbb{Z}_{18}$
$\mathbb{Z}_4 \oplus \mathbb{Z}_3 \oplus \mathbb{Z}_3$	2^2, 3, 3	3, 12	$\mathbb{Z}_3 \oplus \mathbb{Z}_{12}$
$\mathbb{Z}_4 \oplus \mathbb{Z}_9$	2^2, 3^2	36	$\mathbb{Z}_{36}$

■

정리 5.2.14

G와 H를 유한 아벨군이라 하자. 그러면 G와 H가 동형일 필요충분조건은 G와 H가 같은 기초인수를 갖는 것이다.

따름정리 5.2.15

G와 H를 유한 아벨군이라 하자. 그러면 G와 H가 동형일 필요충분조건은 G와 H가 같은 불변인자를 갖는 것이다.

유제 | 5.2.1 G가 아벨군이면 $G(p)$가 부분군임을 증명하라.

유제 | 5.2.2 다음 위수의 모든 아벨군을 찾아라.

(1) 600　　(2) 720

유제 5.2.3 다음 주어진 군의 기초인수(단인자)를 구하라.

(1) $\mathbb{Z}_{250}$　　　　(2) $\mathbb{Z}_6 \oplus \mathbb{Z}_{12} \oplus \mathbb{Z}_{18}$

유제 5.2.4 G가 유한 아벨군이고 p가 소수일 때, $p^n \mid |G|$라 하자. 그러면 G는 위수 p^n의 부분군을 가짐을 보여라.

유제 5.2.5 군에 대한 다음 명제중 참인 것은 증명하고 거짓인 것은 이유를 설명하라.

(1) 위수가 8인 군은 아벨군(가환군)이다.

(2) 부분군의 개수가 유한인 군은 유한군이다.

(3) 위수가 27인 아벨군 중에서 동형이 아닌 것의 종류는 3가지이다.

(4) 두 덧셈군 $\mathbb{Z}_4 \times \mathbb{Z}_{18} \times \mathbb{Z}_{15}$와 $\mathbb{Z}_3 \times \mathbb{Z}_{10} \times \mathbb{Z}_{36}$은 서로 동형이다.

5.2 연습문제

1. 다음 위수의 모든 아벨군을 찾아라.

(1) 21　　　　(2) 144

2. 다음 주어진 군의 기초인수(단인자)를 구하라.

(1) $\mathbb{Z}_{10} \oplus \mathbb{Z}_{20} \oplus \mathbb{Z}_{30} \oplus \mathbb{Z}_{40}$　　　　(2) $\mathbb{Z}_{12} \oplus \mathbb{Z}_{30} \oplus \mathbb{Z}_{100} \oplus \mathbb{Z}_{240}$

3. G가 아벨 $p-$군이고 $(n, p)=1$일 때 함수 $f: G \to G$, $f(a)=na$는 동형 사상(isomorphism)임을 보여라.

4. 유한 아벨 $p-$군의 위수는 p의 거듭 제곱임을 증명하라.

5. G가 위수 $p^t m$, $(p, m)=1$의 아벨군일 때, $G(p)$의 위수가 p^t임을 보여라.

6. G가 위수 n의 아벨군이고, $k|n$일 때, 위수 k의 군 H가 존재하고 전사 준동형 사상 $f: G \to H$이 존재함을 증명하라.

7. G가 유한 아벨군이고, K는 G의 부분군일 때, 원소 $d \notin K$에 대하여 $H=\{x+zd \mid x \in K,\ z \in \mathbb{Z}\}$는 $K \subseteq H$인 G의 부분군임을 증명하라.

5.2 유제풀이

유제 5.2.1 G가 아벨군이면 $G(p)$가 부분군임을 증명하라.

[풀이] $a,\ b \in G(p)$라 하면 적당한 상수 $k,\ l$이 존재하여 $|a| = p^k$, $|b| = p^l$이다. $k \le l$이라 하면 $p^l(a-b) = p^l a - p^l b = p^{l-k}(p^k a) - p^l b = p^{l-k}(0) - 0 = 0$ 이므로(G가 아벨군임이 사용됨을 주의) $a-b$의 위수도 p의 거듭 제곱이다. 따라서 $a-b \in G(p)$이므로 $G(p)$는 부분군이다.

유제 5.2.2 다음 위수의 모든 아벨군을 찾아라.

(1) 600 (2) 720

[풀이] (1) $600 = 2 \cdot 2 \cdot 2 \cdot 3 \cdot 5 \cdot 5 = 2 \cdot 2 \cdot 2 \cdot 3 \cdot 5^2$
$= 2 \cdot 2^2 \cdot 3 \cdot 5 \cdot 5 = 2 \cdot 2^2 \cdot 3 \cdot 5^2$
$= 2^3 \cdot 3 \cdot 5 \cdot 5 = 2^3 \cdot 3 \cdot 5^2$

이므로 위수 600의 모든 유한 아벨군은 다음의 군들 중 하나와 동형이어야만 한다 :

$\mathbb{Z}_2 \oplus \mathbb{Z}_2 \oplus \mathbb{Z}_2 \oplus \mathbb{Z}_3 \oplus \mathbb{Z}_5 \oplus \mathbb{Z}_5$, $\mathbb{Z}_2 \oplus \mathbb{Z}_2 \oplus \mathbb{Z}_2 \oplus \mathbb{Z}_3 \oplus \mathbb{Z}_{25}$,
$\mathbb{Z}_2 \oplus \mathbb{Z}_4 \oplus \mathbb{Z}_3 \oplus \mathbb{Z}_5 \oplus \mathbb{Z}_5$, $\mathbb{Z}_2 \oplus \mathbb{Z}_4 \oplus \mathbb{Z}_3 \oplus \mathbb{Z}_{25}$,
$\mathbb{Z}_8 \oplus \mathbb{Z}_3 \oplus \mathbb{Z}_5 \oplus \mathbb{Z}_5$, $\mathbb{Z}_8 \oplus \mathbb{Z}_3 \oplus \mathbb{Z}_{25}$

(2) $720 = 2 \cdot 2 \cdot 2 \cdot 2 \cdot 3 \cdot 3 \cdot 5 = 2 \cdot 2 \cdot 2 \cdot 2 \cdot 3^2 \cdot 5$
$= 2 \cdot 2 \cdot 2^2 \cdot 3 \cdot 3 \cdot 5 = 2 \cdot 2 \cdot 2^2 \cdot 3^2 \cdot 5$
$= 2^2 \cdot 2^2 \cdot 3 \cdot 3 \cdot 5 = 2^2 \cdot 2^2 \cdot 3^2 \cdot 5$
$= 2 \cdot 2^3 \cdot 3 \cdot 3 \cdot 5 = 2 \cdot 2^3 \cdot 3^2 \cdot 5$
$= 2^4 \cdot 3 \cdot 3 \cdot 5 = 2^4 \cdot 3^2 \cdot 5$

이므로 위수 720의 모든 유한 아벨군은 다음의 군들 중 하나와 동형이어야만 한다 :

$\mathbb{Z}_2 \oplus \mathbb{Z}_2 \oplus \mathbb{Z}_2 \oplus \mathbb{Z}_2 \oplus \mathbb{Z}_3 \oplus \mathbb{Z}_3 \oplus \mathbb{Z}_5$, $\mathbb{Z}_2 \oplus \mathbb{Z}_2 \oplus \mathbb{Z}_2 \oplus \mathbb{Z}_2 \oplus \mathbb{Z}_9 \oplus \mathbb{Z}_5$,
$\mathbb{Z}_2 \oplus \mathbb{Z}_2 \oplus \mathbb{Z}_4 \oplus \mathbb{Z}_3 \oplus \mathbb{Z}_3 \oplus \mathbb{Z}_5$, $\mathbb{Z}_2 \oplus \mathbb{Z}_2 \oplus \mathbb{Z}_4 \oplus \mathbb{Z}_9 \oplus \mathbb{Z}_5$,
$\mathbb{Z}_4 \oplus \mathbb{Z}_4 \oplus \mathbb{Z}_3 \oplus \mathbb{Z}_3 \oplus \mathbb{Z}_5$, $\mathbb{Z}_4 \oplus \mathbb{Z}_4 \oplus \mathbb{Z}_9 \oplus \mathbb{Z}_5$,

$$\mathbb{Z}_2 \oplus \mathbb{Z}_8 \oplus \mathbb{Z}_3 \oplus \mathbb{Z}_3 \oplus \mathbb{Z}_5,\ \mathbb{Z}_2 \oplus \mathbb{Z}_8 \oplus \mathbb{Z}_9 \oplus \mathbb{Z}_5,$$
$$\mathbb{Z}_{16} \oplus \mathbb{Z}_3 \oplus \mathbb{Z}_3 \oplus \mathbb{Z}_5,\ \mathbb{Z}_{16} \oplus \mathbb{Z}_9 \oplus \mathbb{Z}_5$$

유제 5.2.3 다음 주어진 군의 기초인수(단인자)를 구하라.

(1) $\mathbb{Z}_{250}$ (2) $\mathbb{Z}_6 \oplus \mathbb{Z}_{12} \oplus \mathbb{Z}_{18}$

[풀이] (1) 서로소인 인수로 분해하면 $250 = 2 \cdot 5^3$이므로 $\mathbb{Z}_{250} \cong \mathbb{Z}_2 \oplus \mathbb{Z}_{5^3}$이다. 따라서 단인자는 2, 5^3이다.

(2) 서로소인 인수로 분해하면 $\mathbb{Z}_6 \oplus \mathbb{Z}_{12} \oplus \mathbb{Z}_{18} = \mathbb{Z}_2 \oplus \mathbb{Z}_3 \oplus \mathbb{Z}_{2^2} \oplus \mathbb{Z}_3 \oplus \mathbb{Z}_2 \oplus \mathbb{Z}_{3^2}$이므로 단인자는 2, 2, 2^2, 3, 3, 3^2이다.

참고 : 크기순으로 수들의 거듭 제곱을 나열하면

$$\begin{matrix} 2 & 2 & 2^2 \\ 3 & 3 & 3^2 \end{matrix}$$

이므로 $\mathbb{Z}_6 \oplus \mathbb{Z}_{12} \oplus \mathbb{Z}_{18} = \mathbb{Z}_6 \oplus \mathbb{Z}_6 \oplus \mathbb{Z}_{36}$이다. 따라서 불변인자는 6, 6, 36 이다.

유제 5.2.4 G가 유한 아벨군이고 p가 소수일 때, $p^n \mid |G|$라 하자. 그러면 G는 위수 p^n의 부분군을 가짐을 보여라.

[풀이] 유한 아벨군의 기본정리와 정리 5.2.6을 이용하면 $p,\ p_2,\ \cdots,\ p_m$가 G의 위수를 나누는 각각 서로 다른 양의 소수라 하면

$$G \cong \mathbb{Z}_{p^{k_1}} \oplus \cdots \oplus \mathbb{Z}_{p^{k_t}} \oplus G(p_2) \oplus \cdots \oplus G(p_m)$$

이라 할 수 있다. 여기서 $k_1 \le \cdots \le k_t$이고 $\mathbb{Z}_{p^{k_i}}$는 모든 k_i에 대하여 p^{k_i}를 위수로 갖는 순환군이다. $p^n \mid |G|$이므로 $p^n | p^{k_1 + \cdots + k_t}$이다. 만약 적당한 $d(1 \le d \le t)$에 대하여 $n = k_1 + \cdots + k_d$이면, $H = \mathbb{Z}_{p^{k_1}} \oplus \cdots \oplus \mathbb{Z}_{p^{k_d}}$라 할 때 H는 위수 p^n의 부분군이다. 그렇지 않다면, 적당한 d에 대하여 $m = k_1 + \cdots + k_{d-1} < n < k_1 + \cdots + k_d$이다. 이제 $\mathbb{Z}_{p^{k_d}}$에 부분군 $\mathbb{Z}_{p^{n-m}}$이 존재함을 보이면 된다. $m = k_1 + \cdots + k_{d-1}$이므로 $n - m < k_d$이다. $\mathbb{Z}_{p^{k_d}}$는 위수 p^{k_d}의 순환군이고 $p^{n-m} | p^{k_d}$이므로 $\mathbb{Z}_{p^{k_d}}$에는 위수 p^{n-m}의 순환 부분군 $\mathbb{Z}_{p^{n-m}}$이 존재한다. 따라서 $\mathbb{Z}_{p^{k_1}} \oplus \cdots \oplus \mathbb{Z}_{p^{k_{d-1}}} \oplus \mathbb{Z}_{p^{n-m}}$은 위수 p^n의 부분군이다.

유제 5.2.5 군에 대한 다음 명제 중 참인 것은 증명하고, 거짓인 것은 이유를 설명하라.

(1) 위수가 8인 군은 아벨군(가환군)이다.

(2) 부분군의 개수가 유한인 군은 유한군이다.

(3) 위수가 27인 아벨군 중에서 동형이 아닌 것의 종류는 3가지이다.

(4) 두 덧셈군 $\mathbb{Z}_4 \times \mathbb{Z}_{18} \times \mathbb{Z}_{15}$와 $\mathbb{Z}_3 \times \mathbb{Z}_{10} \times \mathbb{Z}_{36}$은 서로 동형이다.

[풀이] (1) $|D_4| = 8$ 이지만 아벨군은 아니다.

(2) 유한군이 아니라 하자. 즉, G를 무한군이라 하자. 임의의 $a, b \in G\ (a \neq b)$에 대하여 $\langle a \rangle \neq \langle b \rangle$이다. 따라서 G에는 G의 원소 개수만큼의 부분군이 존재한다. 즉, 부분군의 개수가 무한이다. 모순이다. 따라서 명제는 참이다.

(3) 3가지이다. Z_{27}, $Z_3 \times Z_9$, $Z_3 \times Z_3 \times Z_3$

(4) $Z_4 \times Z_{18} \times Z_{15} \Rightarrow 2^3 \times 3^3 \times 5$ 이고 $Z_3 \times Z_{10} \times Z_{36} \Rightarrow 2^3 \times 3^3 \times 5$ 이다. 따라서 동형이다.

5.3 군의 작용

이 절에서는 군들은 모두 곱셈군의 표시법을 사용함을 유의하자. 집합 X 위의 치환군을 $A(X)$로, 집합 $X=\{1,\ 2,\ \cdots,\ n\}$ 위의 대칭군을 S_n으로 나타낸다.

정의 5.3.1

G가 군이고 X를 집합이라 하자. 집합 $X\times G$에서 집합 X로의 함수 $X\times G \to X$, $(x,\ g)\mapsto x\cdot g$ $[G\times X \to X,\ (g,\ x)\mapsto g\cdot x]$가 다음 두 조건을 만족시킬 때, 이 함수를 X 위에서의 G의 **작용**(action) 또는 X 위의 $G-$작용이라 한다.

(1) $x\cdot(gh)=(x\cdot g)\cdot h,\ x\in X,\ g,h\in G$
 $[(gh)\cdot x=g\cdot(h\cdot x),\ x\in X,\ g,h\in G]$
(2) $x\cdot e=x,\ x\in X\ [e\cdot x=x,\ x\in X]$, e는 G의 항등원

또, 이와 같은 함수가 존재할 때, G는 X에 오른쪽[왼쪽]에서 **작용**(act)한다고 말하고 X를 $G-$**집합**($G-$set)이라 한다.

여기서 연산 $(x,\ g)=x\cdot g$는 추상적인 연산이다. 따라서 경우에 따라 그때그때 다르게 정의된다. 오른쪽에서 작용하는 것과 왼쪽에서 작용하는 것은 개념면에서 차이가 없기 때문에 이 책에서는 오른쪽 작용을 기본으로 서술할 것이다. 따라서 우측표기법을 사용할 것이다.

| 보기 5.3.1 | 대칭군 S_n은 집합 $X=\{1,\ 2,\ \cdots,\ n\}$에 작용한다. 즉, 모든 $i\in X$와 $\sigma\in S_n$에 대하여

$$i\cdot\sigma=i\sigma$$

로 정의하면 대칭군 S_n은 집합 $X=\{1,\ 2,\ \cdots,\ n\}$에 작용한다. ■

| 보기 5.3.2 | G가 군이고 $X=G$라 할 때, 함수

$$X\times G\to X,\ (x,\ g)\mapsto xg$$

는 작용이다. 이와 같이 작용을 군 G의 우측곱셈에 의한 G 자신 위에서의 작용이라 한다. ■

| 보기 5.3.3 | G가 군이고 $X=G$라 할 때, 함수

$$X\times G\to X,\ (x,\ g)\mapsto x\cdot g=x^g=g^{-1}xg$$

는 작용이다. 이 작용을 군 G의 **공액변형(conjugation)**에 의한 G 자신 위의 작용이라 한다. ■

정리 5.3.2

군 G가 집합 X에 작용할 때

(1) 각 $g\in G$에 대하여 함수 $\psi_g : X\to X$를 $x\psi_g=x\cdot g(x\in X)$로 정의하면 ψ_g는 X 위의 치환이다. 즉, $\psi_g\in A(X)$이다.

(2) 함수 $\psi : G\to A(X)$를 $\psi(g)=\psi_g$로 정의하면 ψ는 준동형 사상이고

$$G/\ker\psi\cong\psi(G)\subseteq A(X)$$

이다.

[증명] (1) ψ_g가 전단사 함수임을 보이면 된다. 임의의 $x_1,\ x_2\in X$에 대하여 $x_1\psi_g=x_2\psi_g$이라고 하자. 즉 $x_1\cdot g=x_2\cdot g$이고 $(x_1\cdot g)\cdot g^{-1}=(x_2\cdot g)\cdot g^{-1}$이다. 정의 5.3.1의 (1)에 의해 $x_1\cdot(gg^{-1})=x_2\cdot(gg^{-1})$이 되고, 따라서 $x_1\cdot e=x_2\cdot e$이므로 정의 5.3.1의 (2)에 의해 $x_1=x_2$이다. 따라서 ψ_g는 단사함수이다. 또한 임의의 $x\in X$에 대하여

$$(x\cdot g^{-1})\psi_g=(x\cdot g^{-1})\cdot g=x\cdot(g^{-1}g)=x\cdot e=x\in X$$

이므로 ψ_g는 전사함수이다.

[별해] 군 G가 집합 X에 작용하므로, 모든 $x\in X$에 대하여

$$x\psi_{gh}=x\cdot(gh)=(x\cdot g)\cdot h=(x\psi_g)\psi_h=x(\psi_g\psi_h),\ x\psi_e=x\cdot e=x \quad (1)$$

따라서 $\psi_{gh}=\psi_g\psi_h,\ \psi_e=1,$ (1은 X 위의 항등치환)이다. 특히, $g\in G$에 대하여 $\psi_{gg^{-1}}=\psi_g\psi_{g^{-1}}=\psi_{g^{-1}}\psi_g=\psi_e=1$이 성립하므로 ψ_g는 전단사 함수이다. 즉, X 위의 치환이고 $(\psi_g)^{-1}=\psi_{g^{-1}}$이다.

(2) $\psi: G \to A(X)$를 $\psi(g) = \psi_g$로 정의하면 ψ는 잘 정의된 함수이다. (1)에 의해, 모든 $g, h \in G$에 대하여 $\psi(gh) = \psi_{gh} = \psi_g \psi_h = \psi(g)\psi(h)$이다. 따라서 ψ는 군 G에서 치환군 $A(X)$로의 준동형 사상이다. 또 군에 대한 제1동형정리에 의해 $G/\ker\psi \cong \psi(G)$이다. ■

정의 5.3.3

군 G가 집합 X에 작용할 때, 함수 $\psi: G \to A(X)$, $\psi(g) = \psi_g$를 X 위의 $G-$**작용의 준동형 사상** 또는 **작용 준동형 사상**(action homomorphism)이라 한다. 또, ψ의 핵은

$$\begin{aligned}\ker\psi &= \{g \in G \mid \psi_g = 1\} \\ &= \{g \in G \mid \text{모든 } x \in X\text{에 대하여 } x \cdot g = x\} \triangleleft G\end{aligned}$$

이고, 이것을 이 작용의 **핵**(kernel)이라 한다.

정의 5.3.4

군 G가 집합 X에 작용할 때, 작용 준동형 사상

$$\psi: G \to A(X)$$

가 일대일 함수인 경우(즉, $\ker\psi = \{e\}$), G는 X에 **충실히**(faithfully) **작용**한다고 한다.

정리 5.3.5

군 G가 집합 X에 작용할 때, 다음 명제는 서로 동치이다.

(1) 작용 준동형 사상 $\psi: G \to A(X)$는 일대일 함수이다. 따라서 이때, $G \cong \psi(G) \subseteq A(X)$, 즉 G는 X 위의 한 치환군과 동형이다.

(2) G는 X에 충실히 작용한다.

(3) 모든 $x \in X$에 대하여 $x \cdot g = x$이면 $g = e$이다.

❙보기 5.3.4❙ H를 군 G의 부분군이라 하고 $X = \{Hx \mid x \in G\}$라고 할 때, 다음 작용에 의해 G는 X에 작용한다.

$$X \times G \to X,\ (Hx, g) \mapsto Hxg$$

이 작용에 대응하는 작용 준동형 사상 $\psi: G \to A(X)$에서

$$
\begin{aligned}
g \in \ker\psi &\Leftrightarrow \psi_g \text{는 } A(X)\text{의 항등사상이다.} \\
&\Leftrightarrow \text{모든 } Hx \in X\text{에 대하여 } Hxg = Hx \\
&\Leftrightarrow \text{모든 } x \in G\text{에 대하여 } Hxg = Hx \\
&\Leftrightarrow \text{모든 } x \in G\text{에 대하여 } xgx^{-1} \in H \\
&\Leftrightarrow \text{모든 } x \in G\text{에 대하여 } g \in x^{-1}Hx \\
&\Leftrightarrow g \in \bigcap_{x \in G} x^{-1}Hx
\end{aligned}
$$

이므로

$$\ker\psi = \bigcap_{x \in G} x^{-1}Hx \lhd G$$

이다. 이 정규부분군을 G에서의 H의 **핵심**(core)이라 하고 $\mathrm{Core}_G H$로 나타낸다. ■

| 보기 5.3.5 | 군 G의 공액변형에 의한 G 자신 위에의 작용

$$G \times G \to G,\ (x,\ g) \mapsto x \cdot g = x^g = g^{-1}xg$$

에 대응하는 작용 준동형 사상 $\psi : G \to A(G)$를 보자. 각 g에 대하여 $\psi(g)$는 내부 자기 동형사상이다(보기 2.4.5). 이제

$$
\begin{aligned}
g \in \ker\psi &\Leftrightarrow \psi_g \text{는 } A(G)\text{의 항등사상이다.} \\
&\Leftrightarrow \text{모든 } x \in G\text{에 대하여 } x^g = x \\
&\Leftrightarrow g \in Z(G)
\end{aligned}
$$

이므로 $\ker\psi = Z(G)$ 이고

$$G/Z(G) \cong \psi(G) = \mathrm{Inn}(G) \lhd \mathrm{Aut}(G) \subseteq A(G)$$

이다. ■

정의 5.3.6

G가 군이고 X를 집합이라 할 때, 군 G에서 치환군 $A(X)$로의 준동형 사상 $\psi : G \to A(X)$를 군 G의 **치환표현**(permutation representation)이라 한다.

정리 5.3.7

$\psi : G \to A(X)$를 군 G의 치환표현이라 하자. 이때, ψ는 군 G의 집합 X 위에서의 작용을 정의한다.

[증명] 각 원소 $g \in G$에 대하여 $\psi(g)$를 ψ_g로 나타내면, 임의의 g, $h \in G$에 대하여 ψ가 준동형 사상이므로 다음 등식이 성립한다.

$$\psi_{gh} = \psi(gh) = \psi(g)\psi(h) = \psi_g \psi_h$$
$$\psi_e = \psi(e) = 1$$

여기서 1은 X의 항등치환이다. 모든 $x \in X$와 $g \in G$에 대하여 $x \cdot g$를 $x\psi_g$(ψ_g에 의한 x의 상)라 하면

$$x \cdot (gh) = x\psi_{gh} = x\psi_g\psi_h = (x\psi_g)\psi_h = (x \cdot g) \cdot h$$
$$x \cdot e = x\psi_e = x$$

이므로 집합 $X \times G$에서 X로의 사상 $(x, g) \mapsto x \cdot g$는 G의 작용이다.

정리 5.3.8

군 G가 집합 X에 작용할 때, X 위에 다음과 같이 정의된 관계 $\sim$는 집합 X 위의 동치 관계이다.

$$x \sim y \iff \text{적당한 } g \in G\text{에 대하여 } y = x \cdot g$$

[증명] (i) 임의의 $x \in X$에 대하여, $x \cdot e = x$이므로 $x \sim x$이다.

(ii) $x \sim y$라 하면 적당한 $g \in G$에 대하여 $y = x \cdot g$이다. 이때, $g^{-1} \in G$이고 $x = y \cdot g^{-1}$이므로 $y \sim x$이다. 즉, $x \sim y$이면 $y \sim x$이다.

(iii) $x \sim y$, $y \sim z$라 하면 적당한 g, $h \in G$에 대하여 $y = x \cdot g$, $z = y \cdot h$이다. 이때, $gh \in G$이고 $z = y \cdot h = (x \cdot g) \cdot h = x \cdot (gh)$이므로 $x \sim z$이다. ■

| 보기 5.3.6 | 보기 5.3.5의 정의를 적용하자. S_3에서 (12)의 동치류는 $x^{-1}(12)x$, $x \in S_3$ 형태이다. 직접 계산하면 모든 $x \in S_3$에 대하여 $x^{-1}(12)x$는 (12), (13), (23) 중 하나이다. 예를 들어

$$(1)^{-1} \circ (12) \circ (1) = (12)$$

$$(23)^{-1} \circ (12) \circ (23) = (23) \circ (12) \circ (23) = (13)$$
$$(132)^{-1} \circ (12) \circ (132) = (123) \circ (12) \circ (132) = (23)$$

이다. 그러므로 (12)의 동치류는 $\{(12), (13), (23)\}$이다. 이와같이 S_3의 모든 동치류를 구하면 다음과 같이 3개 있음을 알 수 있다.

$$\{(1)\} \quad \{(123), (132)\} \quad \{(12), (13), (23)\}$$

이 3개의 동치류들은 각각 위수가 1, 2, 3이다. 이 위수는 S_3의 위수 6을 나눈다. ■

정의 5.3.9

군 G가 집합 X에 작용한다고 하자. 정리 5.3.8에서와 같이 집합 X 위에 동치 관계를 정의할 때, 이 동치 관계에 의한 동치류를 G-궤도($G-$orbit) 또는 간단히 궤도라 한다. 또, 이 궤도 O에 속하는 원소의 개수 $|O|$를 이 **궤도의 크기**(size) 또는 **길이**(length)라 한다. 한 원소 $x \in X$를 포함하는 G-궤도를 O_x 또는 $x \cdot G$로 나타내자. 즉,

$$O_x = x \cdot G = \{y \in X \mid x \sim y\} = \{x \cdot g \mid g \in G\}$$

정리 5.3.8에서와 같이 집합 X 위에 동치 관계를 정의할 때, 분명히 다음이 성립한다.

정리 5.3.10

군 G가 집합 X에 작용한다고 하자. 이때,

(1) 임의의 G-궤도 O에 대하여

$$x \in O \Rightarrow O = O_x = \{x \cdot g \mid g \in G\}$$
$$x, y \in O \Leftrightarrow O_x = O_y$$
$$\Leftrightarrow \text{ 적당한 } g \in G\text{에 대하여 } y = x \cdot g$$

(2) 임의의 $x, y \in X$에 대하여

$$O_x = O_y \text{ 또는 } O_x \cap O_y = \phi$$

(3) $X = \bigcup_{x \in X} x \cdot G = \bigcup_{x \in X} O_x$

정리 5.3.11

군 G가 집합 X에 작용한다고 하고 $x \in X$라 할 때, x를 고정시키는 G의 원소 전체의 집합

$$G_x = \{g \in G \mid x \cdot g = x\}$$

는 G의 부분군을 이룬다. 이 부분군 G_x를 G에서의 x의 **안정부분군**(stabilizer) 또는 **고정부분군**이라 하고, 이것을 $\mathrm{Stab}_G x$ 로 나타내기도 한다.

[증명] 분명히, $x \cdot e = x$이므로 $e \in G_x$이다. 특히, $G_x \neq \phi$이다. $g, h \in G_x$라 하면 $x \cdot g = x$, $x \cdot h = x$이므로

$$x \cdot (gh) = (x \cdot g) \cdot h = x \cdot h = x$$

이다. 즉 $gh \in G_x$이다. 또한

$$x = x \cdot e = x \cdot (gg^{-1}) = (x \cdot g) \cdot g^{-1} = x \cdot g^{-1},$$

즉 $g^{-1} \in G_x$. 따라서 G_x는 G의 부분군이다. ■

정리 5.3.12

유한군 G가 유한집합 X에 작용할 때, 각 $x \in X$에 대하여

$$|O_x| = |G : G_x|, \quad |G| = |G_x||O_x|$$

특히, 각 궤도 O_x의 크기는 $|G|$의 약수이다.

[증명] 궤도 O_x와 군 G에서의 G_x의 우잉여류 전체의 집합 $\{G_x g \mid g \in G\}$ 사이에 일대일 대응 관계가 있음을 증명한다. 임의의 $y \in O_x$에 대하여 $x \cdot g = y$인 원소 $g \in G$가 존재한다. 이제

$$\varphi : O_x \to \{G_x g \mid g \in G\}\text{를 } \varphi(y) = G_x g,\ \text{여기서 } y = x \cdot g$$

로 정의하면 다음이 성립한다. φ가 전사함수임은 자명하다. $y, y' \in O_x$라 하면 적당한 원소 $g, h \in G$가 각각 존재하여 $y = x \cdot g$, $y' = x \cdot h$이다.

$$\begin{aligned} y = y' &\Leftrightarrow x \cdot g = x \cdot h \\ &\Leftrightarrow (x \cdot g) \cdot h^{-1} = (x \cdot h) \cdot h^{-1} \end{aligned}$$

$$\Leftrightarrow x \cdot (gh^{-1}) = x \cdot (hh^{-1}) = x$$
$$\Leftrightarrow gh^{-1} \in G_x \ \Leftrightarrow G_x g = G_x h$$

(마지막 동치는 정의 2.5.1과 정리 2.5.3에 의해서이다.)
따라서 φ는 $x \cdot g = y$를 만족시키는 g의 선택 방법에 관계없이 잘 정의된 사상이고 φ는 일대일 대응사상이다. 따라서 **라그랑지 정리**에 의하여

$$|O_x| = |\{G_x g \mid g \in G\}| = |G : G_x| = \frac{|G|}{|G_x|}$$
$$|G| = |G_x||O_x|$$

이다. ■

정리 5.3.12와 정리 5.3.10에 의해 다음 정리를 얻는다.

정리 5.3.13

유한군 G가 유한집합 X에 작용할 때, X는 유한개의 서로소인 궤도 $O_1, O_2, \cdots, O_r$로 분해된다. 즉,

$$X = O_1 \cup O_2 \cup \cdots \cup O_r, \ \text{여기서 } O_i \cap O_j = \phi \ (i \neq j)$$

이때, 각 i에 대하여 $x_i \in O_i$라 하면

$$|X| = |O_1| + |O_2| + \cdots + |O_r|$$
$$|O_i| = \left|G : G_{x_i}\right|, \ |O_i| \mid |G|$$

| 보기 5.3.7 | 군 G는 공액변형에 의해 G자신에 작용한다(보기 5.3.3). 한 원소 $x \in G$를 포함하는 $G-$궤도

$$O_x = x^G = \{x^g \mid g \in G\} = \{g^{-1}xg \mid g \in G\}$$

는 x와 공액인 원소 전체의 집합이다. 때로는 이 집합을 x의 **공액류**라 하고 C_x라 쓴다. 또 x의 안정부분군

$$\{g \in G \mid x^g = x\} = \{g \in G \mid g^{-1}xg = x\}$$

는 G의 부분군이고 x의 **중심화부분군**(centralizer subgroup) $C_G(x)$이라 한

다. 정리 5.3.13에 의해 유한군 G는 유한개의 서로소인 공액류 $\mathbb{C}_1 = \{e\}$, $\mathbb{C}_2$, $\cdots$, $\mathbb{C}_r$로 분해된다. 여기서 $x_i \in \mathbb{C}_i$라 하면,

$$|G| = |\mathbb{C}_1| + |\mathbb{C}_2| + \cdots + |\mathbb{C}_r| \tag{5.3.1}$$

$$|\mathbb{C}_i| = |G : C_G(x_i)|, \ |\mathbb{C}_i| \mid |G|$$

$$|G| = |G : C_G(x_1)| + |G : C_G(x_2)| + \cdots + |G : C_G(x_r)| \tag{5.3.2}$$

■

식 (5.3.1) 또는 (5.3.2)를 **류 방정식**(class equation)이라 한다. 보기 5.3.6에서 S_3는 위수가 각각 1, 2, 3인 3개의 동치류를 갖는다. $|S_3| = 6$이므로 S_3의 류 방정식은 $6 = 1 + 2 + 3$이다.

| 보기 5.3.8 | 군 G는 공액변형에 의해 $\mathbb{P}(G)$에 작용한다. 즉, 모든 $A \in \mathbb{P}(G)$와 $g \in G$에 대하여 $A \cdot g$를 $A^g = \{x^g \mid x \in A\}$로 정의하면 G는 $\mathbb{P}(G)$에 작용한다. 이때, 군 G의 각 부분군 A에 대하여, A를 포함하는 $G-$궤도 $O_A = \{A^g \mid g \in G\}$는 A와 공액인 부분군 전체로 이루어진 집합이며 A의 안정부분군

$$\{g \in G \mid A^g = A\} = \{g \in G \mid g^{-1}Ag = A\}$$

는 G에서의 A의 **정규화부분군** $N_G(A)$이라 한다. 따라서 정리 5.3.12에 의해 다음 정리가 성립한다. ■

정리 5.3.14

G가 유한군, A를 G의 부분군이라 할 때, A와 공액인 부분군의 개수, O_A는 $|G : N_G(A)|$와 같다.

정의 5.3.15

군 G가 집합 X에 작용한다고 하자. 집합 X자신이 G-궤도일 때, 즉 적당한 $x \in X$에 대하여 $O_x = X$일 때, G는 X에 **추이적으로**(transitively) 작용한다고 한다. 또, 한 원소 $x \in X$에 대하여 x를 포함하는 G-궤도가 $O_x = \{x\}$일 때, 이 x를 **$G-$작용의 고정점**(fixed point) 또는 G의 고정점이라 한다.

| 보기 5.3.9 | 보기 5.3.7(공액작용)에서 x가 G-작용의 고정점이라 말은 x가 G의 중심의 원소임을 뜻한다. 즉,

$$O_x = x^G = \{x\} \Leftrightarrow x \in Z(G) \Leftrightarrow C_G(x) = G$$

이다. 다시 부연하면, x가 G의 중심[모든 $g \in G$에 대하여 $gx = xg$]$Z(G)$에 속할 필요충분조건은 $\mathbb{C}_x$의 위수가 1이라는 것이다. 그러므로 $Z(G)$는 원소가 하나인 모든 동치류들의 합집합이다. G의 류 방정식 다음과 같이 쓸 수 있다.

$$|G| = |Z(G)| + |\mathbb{C}_1| + |\mathbb{C}_2| + \cdots + |\mathbb{C}_r| \quad (7.3.3)$$

여기서 $\mathbb{C}_1$, ..., $\mathbb{C}_r$들은 위수가 1보다 큰 동치류들이다. 또한 $|\mathbb{C}_i| \mid |G|$이다. 또한 보기 5.3.8에서 G의 부분군 A가 $G-$작용의 고정점이라는 말은 A가 G의 정규부분군임을 뜻한다. 즉,

$$O_A = \{A^g \mid g \in G\} = \{A\} \Leftrightarrow A \lhd G \Leftrightarrow N_G(A) = G \quad (7.3.4)$$

이다. ■

정리 5.3.16

집합 X가 G-집합이고 $x \in X$일 때, 다음은 서로 동치이다.
(1) x는 G-작용의 고정점이다. 즉, $\{x \cdot g \mid g \in G\} = \{x\}$이다.
(2) 모든 $g \in G$에 대하여 $x \cdot g = x$이다.
(3) $G_x = G$, 즉 $\{g \in G \mid x \cdot g = x\} = G$이다.

정리 5.3.17

G가 $|G| = p^n$이라 하고 X를 유한 G-집합이라 하자. 이때, $p \nmid |X|$이면 군 G는 적어도 한 개의 고정점 $x \in X$를 갖는다.

[증명] 군 G의 작용에 의하여 집합 X는 서로소인 궤도 O_1, $\cdots$, O_r로 분해된다. 이제 $|G| = p^n$이라 하면 정리 5.3.13에 의해

$$|X| = |O_1| + |O_2| + \cdots + |O_r|, \ |O_i| \mid p^n$$

이다. 따라서 각 궤도의 크기는 p의 거듭 제곱 $p^k(0 \leq k \leq n)$이다. 한편, 가정에 의하여 $p \nmid |X|$이므로 적어도 한 궤도 O_i의 크기는 $p^0 = 1$이어야 한다. 이제 $O_i = \{x\}$라 놓으면 x는 G의 고정점이다. ■

정리 5.3.18

G가 $|G| = p^n$이라 할 때, G의 임의의 정규부분군 $N \supsetneq \{e\}$에 대하여

$$N \cap Z(G) \supsetneq \{e\}$$

이다. 특히, $G \neq \{e\}$의 중심 $Z(G)$는 항등원 이외의 원소를 갖는다.

[증명] $N \lhd G$이므로 모든 $g \in G$에 대하여 $N^g = N$이고 특히 $e^g = g^{-1}eg = e$이다. 따라서 $X = N - \{e\}$라 놓으면 군 G는 공액변형 $X \times G \to X$, $(x, g) \mapsto x^g$에 의하여 집합 X에 작용한다. 한편 라그랑지 정리에 의하여 $|N| \,|\, |G|$이므로, $|N|$은 p의 거듭 제곱이고 따라서 $|X| = |N| - 1$은 p로 나누어 떨어지지 않는다. 그러므로 정리 5.3.17에 의하여 G는 고정점 $x \in X = N - \{e\}$를 갖는다. 이것은 모든 $g \in G$에 대하여 $x^g = x$임을 뜻하므로 $x \in Z(G)$이고 따라서

$$e \neq x \in N \cap Z(G) \quad \text{즉} \quad N \cap Z(G) \supsetneq \{e\}$$

이다. 특히 $N = G$인 경우 $Z(G) = G \cap Z(G) \supsetneq \{e\}$이다. ■

유제 5.3.1 군 S_4의 공액류를 열거하라.

유제 5.3.2 (1) H와 K가 군 G의 부분군이라 할 때, $HK = \{hk \in G \,|\, h \in H,\ k \in K\}$이고 $H \cap K = \langle e \rangle$라 하면, $|HK| = |H| \cdot |K|$임을 보여라.

(2) H와 K가 군 G의 부분군이라 할 때,

$$|HK| = \frac{|H| \cdot |K|}{|H \cap K|}$$

임을 보여라.

5.3 연습문제

특별한 언급이 없는 한 G는 유한군이고 p는 소수이다.

1. 군 D_4의 공액류를 열거하라.

2. $a \in G$일 때, 예를 들어 $C_G(a)$가 아벨군이 아닐 수도 있음을 보여라.
[$a=(12)\in S_5$일 때, (34), $(345)\in C_G(a)$이다.]

3. S_3의 중심 즉, $Z(S_3)$를 구하라.

4. N이 G의 정규부분군이라 하자. $a\in G$이고 $\mathcal{C}_a$는 G에서 a의 공액류라 하자.
(1) $a \in N$일 필요충분조건은 $\mathcal{C}_a \subseteq N$이다.
(2) $\mathcal{C}_i$가 G의 임의의 공액류라 할 때, $\mathcal{C}_i \subseteq N$ 또는 $\mathcal{C}_i \cap N = \phi$이다.
(3) 류 방정식을 사용하여 $|N| = |\mathcal{C}_1| + \cdots + |\mathcal{C}_k|$임을 보여라. 여기서 $\mathcal{C}_1, \cdots, \mathcal{C}_k$들은 G의 모든 공액류이고 모든 i에 대하여 $\mathcal{C}_i \subseteq N$이다.

5. N은 군 G(유한군이 아니어도 된다)의 정규부분군이고 N과 G/N 모두 p-군이라 할 때, G가 p-군임을 증명하라.

6. G가 유한군이라 하자. G가 p-군일 필요충분조건은 $|G|$가 p의 거듭 제곱인 것이다.

5.3 유제풀이

유제 5.3.1 군 S_4의 공액류를 열거하라.

[풀이] S_4는 1, (12), (13), (14), (23), (24), (34),
$(12)(34)$, $(13)(24)$, $(14)(23)$, (123), (124), (132), (134), (142),
(143), (234), (243), (1234), (1243), (1324), (1342), (1423), (1432)

를 원소로 갖는다. 1의 공액류는 $\{(1)\}$이다.

$$(13)^{-1}(12)(13) = (13)(12)(13) = (23),$$

$$(23)^{-1}(12)(23)=(23)(12)(23)=(13)$$
$$(14)^{-1}(12)(14)=(14)(12)(14)=(24),$$
$$(24)^{-1}(12)(24)=(24)(12)(24)=(14)$$
$$(34)^{-1}(12)(34)=(34)(12)(34)=(12),$$
$$((12)(34))^{-1}(12)(12)(34)=(12)(34)(12)(12)(34)=(12),$$
$$((13)(24))^{-1}(12)(13)(24)=(13)(24)(12)(13)(24)=(34),$$
$$((14)(23))^{-1}(12)(14)(23)=(14)(23)(12)(14)(23)=(34),$$
$$(123)^{-1}(12)(123)=(132)(12)(123)=(23),$$
$$(124)^{-1}(12)(124)=(142)(12)(124)=(24),$$
$$(132)^{-1}(12)(132)=(123)(12)(132)=(13),$$
$$(134)^{-1}(12)(134)=(143)(12)(134)=(23),$$
$$(142)^{-1}(12)(142)=(124)(12)(142)=(14),$$
$$(143)^{-1}(12)(143)=(134)(12)(143)=(24),$$
$$(234)^{-1}(12)(234)=(243)(12)(234)=(13),$$
$$(1234)^{-1}(12)(1234)=(1432)(12)(1234)=(23),$$
$$(1243)^{-1}(12)(1243)=(1342)(12)(1243)=(24),$$
$$(1324)^{-1}(12)(1324)=(1423)(12)(1324)=(34),$$
$$(1342)^{-1}(12)(1342)=(1243)(12)(1342)=(13),$$
$$(1423)^{-1}(12)(1423)=(1324)(12)(1423)=(34),$$

$(1432)^{-1}(12)(1432)=(1234)(12)(1432)=(14)$이므로
(12)의 공액류는 $\{(12),\ (13),\ (14),\ (23),\ (24),\ (34)\}$이다.

$$(12)^{-1}(12)(34)(12)=(12)(12)(34)(12)=(12)(34),$$
$$(123)^{-1}(12)(34)(123)=(132)(12)(34)(123)=(14)(23),$$
$$(124)^{-1}(12)(34)(124)=(142)(12)(34)(124)=(13)(24),\ \cdots$$

$(1234)^{-1}(12)(34)(1234)=(1432)(12)(34)(1234)=(14)(23),\ \cdots$이므로
$(12)(34)$의 공액류는 $\{(12)(34),\ (13)(24),\ (14)(23)\}$이다.

$$(12)^{-1}(123)(12)=(12)(123)(12)=(132),$$
$$(14)^{-1}(123)(14)=(14)(123)(14)=(234),$$
$$(34)^{-1}(123)(34)=(34)(123)(34)=(124),$$

$$(24)^{-1}(123)(24)=(24)(123)(24)=(143),$$
$$(234)^{-1}(123)(234)=(243)(123)(234)=(134),$$
$$(243)^{-1}(123)(243)=(234)(123)(243)=(142),$$
$$(124)^{-1}(123)(124)=(142)(123)(124)=(243),$$

$(1234)^{-1}(123)(1234)=(1432)(123)(1234)=(234)$, $\cdots$이므로 (123)의 공액류는 $\{(123), (132), (124), (142), (134), (143), (234), (243)\}$이다.

$$(12)^{-1}(1234)(12)=(12)(1234)(12)=(1342),$$
$$(13)^{-1}(1234)(13)=(13)(1234)(13)=(1432),\ \cdots$$
$$((12)(34))^{-1}(1234)(12)(34)=(12)(34)(1234)(12)(34)=(1432),\ \cdots$$
$$(123)^{-1}(1234)(123)=(132)(1234)(123)=(1423),\ \cdots$$

$(1243)^{-1}(1234)(1243)=(1342)(1234)(1243)=(1324)$, $\cdots$이므로 (1234)의 공액류는 $\{(1234), (1243), (1324), (1342), (1423), (1432)\}$이다. 따라서 S_4의 공액류는 $\{(1)\}$, $\{(12), (13), (14), (23), (24), (34)\}$,

$\{(12)(34), (13)(24), (14)(23)\}$,
$\{(123), (132), (124), (142), (134), (143), (234), (243)\}$,
$\{(1234), (1243), (1324), (1342), (1423), (1432)\}$이다.

유제 5.3.2 (1) H와 K가 군 G의 부분군이라 할 때, $HK=\{hk\in G\,|\,h\in H,\ k\in K\}$이고 $H\cap K=\langle e\rangle$라 하면, $|HK|=|H|\cdot|K|$임을 보여라.

(2) H와 K가 군 G의 부분군이라 할 때,

$$|HK|=\frac{|H|\cdot|K|}{|H\cap K|}$$

임을 보여라.

[풀이] (1) (2)에서 $H\cap K=\langle e\rangle$이므로 $|H\cap K|=1$이다. 따라서

$$|HK|=\frac{|H|\cdot|K|}{|H\cap K|}=|H|\cdot|K|$$ 이다.

(2) $L=H\cap K$이라 하자. L은 G의 부분군이고 H와 K의 부분군이다. K에서의 L의 우잉여류분해를 하면

$$K=La_1\cup\cdots\cup La_t,\ a_t\in K,\ La_i\cap La_j=\phi,\ i\neq j$$

이고 $t = |K : L| = \dfrac{|K|}{|L|}$이다. 이때 $HK = HLa_1 \cup \cdots \cup HLa_t$이다. 그런데 $L \subseteq H$이므로 $HL = H$이고 따라서

$$HK = Ha_1 \cup \cdots \cup Ha_t, \ a_t \in K \qquad (※)$$

또한 $a_i, \ a_j \in K$ 이므로

$$Ha_i = Ha_j \Leftrightarrow a_i a_j^{-1} \in H \ \Leftrightarrow a_i a_j^{-1} \in H \cap K \Leftrightarrow La_i = La_j$$

$La_i \cap La_j = \phi, \ i \neq j$이므로 $Ha_i \cap Ha_j = \phi, \ i \neq j$이고 (※)로부터

$$|HK| = |Ha_1| + \cdots + |Ha_t| = t|H| = |H|\frac{|K|}{|L|} = \frac{|H| \cdot |K|}{|H \cap K|}$$

이다.

5.4 실로우 정리

이 절에서는 비아벨군의 구조를 이해하는 기본적인 단계인 실로우 정리에 대해 공부할 것이다. 임의의 소수 p에 대하여 $p^k(k \geq 0)$이 G의 위수를 나눌 때 군 G는 위수 p^k인 부분군을 포함한다는 것이 실로우 정리의 중요한 결과이다.

보조정리 5.4.1 아벨군에 대한 코시 정리(Cauchy's theorem for abelian group)
G가 유한 아벨군이라 하자. 임의의 소수 p가 G의 위수를 나눌 때 군 G는 위수 p인 원소를 포함한다.

[증명] G의 위수에 귀납법을 적용하여 증명한다. $|G| = 2$일 때를 먼저 증명하자. p가 $|G|$를 나눈다면 $p = 2$이다. 따라서 항등원이 아닌 G의 원소는 따름정리 2.8.3에 의해 위수가 $|G|$를 나누어야 하므로 위수가 2이다. 따라서 정리가 참이다.

이제 위수가 n보다 작은 모든 아벨군에 대하여 정리가 참이라 하자. $|G| = n$이

고 소수 p가 $p|n$이라고 가정하자. a를 G의 항등원이 아닌 원소라 하자. a의 위수는 양의 정수이므로 적당한 소수 q가 존재하여 $q||a|$이다. 따라서 적당한 정수 t가 존재하여 $|a|=qt$이다. $b=a^t$라 하면 b의 위수는 q이다. 만약 $q=p$이면 b가 위수 p를 가짐으로 증명이 끝난다. 만약 $q\neq p$이면 N을 순환군 $\langle b\rangle$라 하자. 그러면 G가 아벨군이므로 N은 정규부분군이고 위수가 q이다. 따라서 G/N은 위수가 $|G|/|N|=n/q<n$이다. 결과적으로 귀납법에 의해 G/N에 대하여 정리는 다음과 같이 참이다. 소수 p는 $|G|$를 나누고 $|G|=|N||G/N|=q|G/N|$이다. q가 $q\neq p$인 소수이므로 p는 $|G/N|$을 나누어야 한다. 그러므로 G/N은 위수 p의 원소를 포함한다. 이 원소를 Nc라 하자. Nc는 위수가 p이므로 $Nc^p=(Nc)^p=Ne$이고 $c^p\in N$이다. N의 위수가 q이므로 $c^{pq}=(c^p)^q=e$이다. 그러므로 c의 위수는 pq를 나누어야 한다. 그러나 Nc의 위수가 G/N에서 p이므로 c는 위수가 1일 수 없다. 또한 c의 위수는 q도 아니다. 왜냐하면 G/N에서 c의 위수가 q이면 $(Nc)^q=Nc^q=Ne$이므로 Nc의 위수 p가 q를 나누어야 하므로 모순이다. 그러므로 c의 위수는 p 또는 pq이어야만 한다. c의 위수가 pq이면 c^q는 위수가 p가 된다. 따라서 두 경우 모두 G는 위수 p인 원소를 포함하게 되므로 위수 n인 아벨군에 대해 정리는 참이 된다. 따라서 귀납법에 의해 모든 유한 아벨군에 대해서 참이다. ■

N이 $Z(G)$의 부분군이면 N의 원소는 G의 모든 원소들과 가환적이다. 따라서 모든 $g\in G$에 대하여 $g^{-1}Ng=N$이므로 G의 정규부분군이다.

정리 5.4.2 실로우 제1정리(Sylow the first theorem)

G가 유한군이라 하자. 임의의 소수 p에 대하여 $p^k(k\geq 0)$이 G의 위수를 나눌 때 군 G는 위수 p^k인 부분군을 포함한다.

[증명] G의 위수에 수학적 귀납법을 적용하여 증명한다. $|G|=1$이면 p^0이 $|G|$를 나누는 유일한 수이고 G 자신이 위수 p^0인 부분군이다. $|G|>1$이라 하고 위수가 $|G|$보다 작은 모든 군에 대하여 정리가 참이라고 가정하자. 보기 5.3.7의 류 방정식 (7.3.2)와 보기 5.3.9의 류 방정식 (7.3.3)을 사용하여

$$|G|=|Z(G)|+|G:C_G(a_1)|+|G:C_G(a_2)|+\cdots+|G:C_G(a_r)|$$

을 얻는다. 여기서, 모든 i에 대하여 $|G:C_G(a_i)|>1$이다. 물론 $|Z(G)|\geq 1$이고 $|C_G(a_i)|<|G|$이다. 이제 양의 정수 j가 존재하여 p가 $|G:C_G(a_j)|$를 나누지 않

는다고 가정하자. 가정에 의해 $p^k \mid |G|$이고 라그랑지 정리에 의해 $|G| = |C_G(a_j)|$ $|G: C_G(a_j)|$이므로 $p^k \mid |C_G(a_i)|$이어야 한다. 부분군 $C_G(a_j)$은 위수가 $|G|$의 위수보다 작으므로 귀납적 가정에 의해 $C_G(a_j)$은 위수 p^k의 부분군을 갖는다. 따라서 G가 위수 p^k의 부분군을 갖는다. 그러므로 증명이 끝난다. 이제 만약 p가 모든 i에 대하여 $|G: C_G(a_i)|$를 나눈다고 가정하자. p는 또한 $|G|$를 나누어야 하므로 $p \mid |Z(G)|$이어야 한다. $Z(G)$는 아벨군이고 보조정리 5.4.1에 의해 위수 p의 원소 c를 갖는다. $N = \langle c \rangle$라 하자. 그러면 N은 위수가 p이다. 또한 $Z(G)$의 부분군이므로 G의 정규부분군이다. 따라서 G/N의 위수 $|G|/p$는 $|G|$보다 작고 p^{k-1}로 나누어진다. 귀납적 가정에 의해 G/N은 위수가 p^{k-1}인 부분군 T를 갖는다. 정리 2.7.7에 의해 $N \subseteq H$이고 $T = H/N$을 만족하는 G의 부분군 H가 존재한다. 라그랑지 정리에 의해

$$|H| = |N||H/N| = |N||T| = pp^{k-1} = p^k$$

이므로 G는 위수 p^k의 부분군을 갖는다. ■

| 보기 5.4.1 | 대칭군 S_6는 위수가 $6! = 720 = 2^4 3^2 5$이다. 실로우 제1정리에 의해 $p = 2$이면 S_6는 위수 2, 4, 8, 16의 부분군을 포함한다. 위수 4의 부분군은 60개가 존재한다. 마찬가지로 S_6는 위수 3, 9의 부분군을 포함하고 하나 이상의 위수 5의 부분군도 포함한다. ■

p가 G의 위수를 나누는 소수일 때 실로우 제1정리에 의해 G는 위수 p의 부분군 H를 갖는다. 위수가 소수이므로 H는 순환군이고 H의 생성원은 위수 p인 원소이다. 따라서 다음이 성립한다.

따름정리 5.4.3 코시 정리(Cauchy's theorem)

G가 유한군이라 하자. 임의의 소수 p가 G의 위수를 나눌 때 군 G는 위수 p인 원소를 포함한다.

정의 5.4.4

G가 유한군이고 p는 소수라 하자. 만약 p^n이 $|G|$를 나누는 가장 큰 p의 거듭 제곱일 때, 실로우 제1정리에 의해 위수 p^n인 부분군이 G에 존재한다. 이 부분군을 실로우 p-부분군(Sylow p-subgroup)이라 한다.

| 보기 5.4.2 | 대칭군 S_4는 위수가 $4! = 24 = 2^3 3$이므로 위수 8의 모든 부분군은 실로우 2-부분군이다. 위수 3의 모든 부분군은 실로우 3-부분군이다. S_4에는 모두 3개의 실로우 2-부분군과 4개의 실로우 3-부분군이 존재한다. 모두 찾아보기 바란다. ■

| 보기 5.4.3 | P가 소수이고 G가 위수 $p^n m$, $p \nmid m$의 유한 아벨군이라 하자. 그러면

$$G(p) = \{a \in G \mid \text{적당한 } k \geq 0\text{에 대하여 } |a| = p^k\}$$

는 위수가 p^n이므로(연습문제 5.2.5) 실로우 p-부분군이다. 사실 G의 유일한 실로우 p-부분군이다. 또한 정리 5.2.6에 의해 $G = p_1^{r_1} p_2^{r_2} \cdots p_k^{r_k}$일 때 G는 모든 실로우 p_i-부분군들의 직합이다. ■

정리 5.3.11과 보기 5.3.8에 의해 $N_G(A)$는 G의 부분군이고 $A \subseteq N_G(A)$이다. 더 나아가 정의에 의해 A는 $N_G(A)$의 정규부분군이다.

정리 5.4.5

A가 군 G의 부분군이라 할 때, $N_G(A)$는 G의 부분군이고 A는 $N_G(A)$의 정규부분군이다.

또한 보기 5.3.9에 의해 G의 부분군 A가 G-작용의 고정점이라는 말은 A가 G의 정규부분군임을 뜻한다. 즉,

$$O_A = \{A^g \mid g \in G\} = \{A\} \Leftrightarrow A \lhd G \Leftrightarrow N_G(A) = G$$

이다.

H를 군G의 고정된 부분군이라 하고 A, B를 G의 임의의 부분군이라 하자. 적당한 $x \in H$가 존재하여

$$B = x^{-1}Ax = \{x^{-1}ax \mid a \in A\}$$

이면 A는 B와 H-공액(H-conjugate)이라 한다. 물론, H-공액은 G의 모든 부분군들의 집합 위의 동치 관계이다. A의 H-공액에 의한 궤도를 O_A^H라 하자. 즉

$$O_A^H = \{A^x \mid x \in H\}$$

이다. 보기 5.3.9와 같이 $H = G$이면 A는 B의 공액이다. 보기 5.3.3과 정리 5.3.8을 일반화하면 다음을 얻는다.

정리 5.4.6

H를 G의 부분군이라 하면 H-공액은 G의 모든 부분군들의 집합위의 동치 관계이다.

[증명] A, B를 G의 부분군이라 하자. A가 B에 H-공액이라 하는 것은 적당한 $x \in H$가 존재하여 $B = x^{-1}Ax$인 것이다. $A \sim B$라 쓰자. $e^{-1}Ae = eAe = A$이므로 $A \sim A$이다. $A \sim B$라 하자. 즉, 적당한 $x \in H$가 존재하여 $B = x^{-1}Ax$이다. 왼쪽에 x를 곱하고 오른쪽에 x^{-1}를 곱하면 $A = xBx^{-1} = (x^{-1})^{-1}Bx^{-1}$이므로 $B \sim A$이다. $A \sim B$이고 $B \sim C$라 하자. 적당한 $x, y \in H$가 존재하여 $B = x^{-1}Ax$, $C = y^{-1}By$이다. $C = y^{-1}By = y^{-1}x^{-1}Axy = (xy)^{-1}A(xy)$이므로 $A \sim C$이다. 그러므로 $\sim$는 동치 관계이다. ■

정리 5.4.7

H와 A를 유한군 G의 부분군이라 하자. A의 H-공액들의 개수, 즉 H-공액에서의 A의 동치류안의 원소들의 개수 $|O_A^H|$는 $|H : H \cap N_G(A)|$이다. 따라서 $|H|$를 나눈다.

보조정리 5.4.8

Q를 유한군 G의 실로우 p-부분군이라 하자. $x \in G$가 p의 거듭 제곱을 위수로 가지고 $x^{-1}Qx = Q$이면 $x \in Q$이다.

[증명] 정리 5.4.5에 의해 Q는 $N_G(Q)$의 정규부분군이므로 몫군 $N_G(Q)/Q$가 정의된다. $x^{-1}Qx = Q$이므로 $x \in N_G(Q)$이다. $|x|$가 p의 거듭 제곱이므로 잉여류 $Qx \in$

$N_G(Q)/Q$의 위수도 p의 거듭 제곱이다. 이제 Qx가 위수가 p의 거듭 제곱인 순환 부분군 $T \in N_G(Q)/Q$를 생성한다고 하자. 정리 2.7.7에 의해, Q를 포함하는 G의 부분군 H가 존재하여 $T = H/Q$가 성립한다. Q와 T 각각 모두 위수가 p의 거듭 제곱이고 $|H| = |Q||T|$이므로, $|H|$도 또한 p의 거듭 제곱이어야 한다. 그런데 $Q \subseteq H$이고 Q가 실로우 p-부분군이므로 $|Q|$는 $|G|$를 나누는 p의 가장 큰 거듭 제곱이다. 그러므로 $Q = H$이고 $T = H/Q$는 항등원만으로 이루어진 부분군이다. 따라서 T의 생성원 Qx는 항등원 Qe이다. 즉, $Qx = Qe$이므로 $x \in Q$이다. ■

K가 G의 부분군이면 $x^{-1}Kx = \{x^{-1}kx \mid k \in K\}$는 K와 동형인 G의 부분군이다. 따라서 K가 G의 실로우 p-부분군이면 $x^{-1}Kx$도 G의 실로우 $p-$부분군이다.

실로우 제2정리는 군 G의 모든 실로우 p-부분군은 서로 공액관계임을 말한다. 또한 $x^{-1}Kx = \{x^{-1}kx \mid k \in K\}$는 K와 동형인 G의 부분군이므로 모든 실로우 $p-$부분군은 서로 동형이다.

정리 5.4.9 실로우 제2정리(Sylow the second theorem)
P와 K가 유한군 G의 실로우 p-부분군이라 하면 $P = x^{-1}Kx$를 만족하는 원소 $x \in G$가 존재한다.

[증명] K가 군 G의 실로우 p-부분군이므로 K의 위수는 $|G| = p^n m$, $p \nmid m$일 때 p^n이다. $(K=)K_1, K_2, \cdots, K_t$가 G에서 각각 서로 다른 K와 공액(conjugate)인 부분군이라 하자. 정리 5.4.7에 의해 $t = |G : N_G(K)|$이다. K가 $N_G(K)$의 부분군이므로 $p^n \mid |N_G(K)|$이고

$$p^n m = |G| = |N_G(K)||G : N_G(K)| = |N_G(K)| \cdot t$$

이므로 $p \nmid t$이다. 이제 P가 군 G의 실로우 p-부분군이라 하면 P가 K_i 중에 하나라는 것을 보여야 한다. K_i는 K_1의 공액이고 공액은 추이적이므로 G에서 K_i의 모든 공액은 K_1과 공액이다. 다른 말로 하면, K_i의 모든 공액은 K_j, $1 \le j \le t$들 중에 존재한다. 따라서 모든 P-공액에 의한 K_i의 동치류 $O_{K_i}^P$들은 오직 K_j, $1 \le j \le t$들 중에 존재한다. 그러므로 K의 공액류를 $S = \{K_1, K_2, \cdots, K_t\}$라 하면 S는 $P-$공액에 의한 각각 서로 다른 동치류들의 합집합이다. 즉, $S = \biguplus_{i}^{r} O_{A_i}^P$

이다. 여기서 $\biguplus$ 는 서로소인 집합들의 합집합이란 뜻이다. 여기서 $O_{A_i}^P$ 는 P-공액에 의한 각각 서로 다른 동치류이다. 따라서 각각의 $O_{A_i}^P$ 는 $S=\{K_1,\ K_2,\ \cdots, K_t\}$ 의 원소 중 일부를 포함한다. 정리 5.4.7에 의해 $\left|O_{A_i}^P\right|=|P: P\cap N_G(A_i)|$ 이고 $\left|O_{A_i}^P\right|$ 는 $|P|=p^n$를 나누기 때문에 $\left|O_{A_i}^P\right|$(각각의 동치류안의 부분군의 개수)는 p의 거듭 제곱이다. 따라서 $t=|S|$는 다양한 p의 거듭 제곱들의 합으로 나타내어진다. $p \nmid t$이기 때문에 적어도 p의 거듭 제곱 중 하나는 $p^0=1$이어야만 한다. 그러므로 어떤 K_i의 동치류는 원소가 한 개다. 즉 모든 $x\in P$에 대해 $x^{-1}K_ix=K_i$이어야만 한다. 정리 5.4.8에 의해 모든 $x\in P$에 대해 $x\in K_i$이므로 $P\subseteq K_i$이다. P와 K_i 모두 실로우 p-부분군이므로 $|P|=|K_i|$이어야 하므로 $P=K_i$가 성립한다. ■

따름정리 5.4.10

G가 유한군이고 소수 p가 있어 K는 실로우 p-부분군이라 하자. K가 G의 정규부분군일 필요충분조건은 K가 G의 유일한 실로우 p-부분군인 것이다.

[증명] 모든 $x\in G$에 대하여 $x^{-1}Kx$는 실로우 p-부분군이다. 만약 K가 유일한 실로우 p-부분군이라면 모든 $x\in G$에 대하여 $x^{-1}Kx=K$이다. 따라서 K는 G의 정규부분군이다. 반대로 K가 G의 정규부분군이고 실로우 p-부분군이라 하자. 실로우 제 2 정리에 의해 적당한 $x\in G$가 존재하여 $P=x^{-1}Kx$를 만족한다. K가 정규부분군이므로 $P=x^{-1}Kx=K$이다. 따라서 K가 유일한 실로우 $p-$부분군이다. ■

정리 5.4.11 실로우 제3정리(Sylow the third theorem)

유한군 G의 실로우 p-부분군의 개수를 t라 하면 t는 $|G|$를 나누고 적당한 정수 $k(\geq 0)$가 존재하여 $t=1+pk$를 만족한다.

[증명] 실로우 제 2 정리의 증명에서와 같이 $S=\{K_1,\ K_2,\ \cdots,\ K_t\}$를 G의 모든 실로우 p-부분군들의 집합이라 하자. 또한 P를 K_i 중 하나라고 하고 P-공액관계를 적용하자. S는 P-공액에 의한 서로 각각 다른 동치류들의 합집합이다. 즉, $S=\biguplus_i^r O_{A_i}^P$ 이다. 여기서 $O_{A_i}^P$ 는 P-공액에 의한 각각 서로 다른 동치류이다. 따라서 각각의 $O_{A_i}^P$ 는 $S=\{K_1,\ K_2,\ \cdots,\ K_t\}$의 원소 중 일부를 포함한다. 정리 5.4.7에 의해 $\left|O_{A_i}^P\right|$

$= |P : P \cap N_G(A_i)|$ 이고 $\left|O^P_{A_i}\right|$는 $|P| = p^n$를 나누기 때문에 $\left|O^P_{A_i}\right|$(각각의 동치류안의 부분군의 개수)는 p의 거듭 제곱이다. 그러므로 $t = |S|$는 다양한 p의 거듭 제곱들의 합으로 나타내어진다. $p \nmid t$이기 때문에 적어도 p의 거듭 제곱 중 하나는 $p^0 = 1$이어야만 한다. 또한 P-공액에 의한 P와 공액인 부분군은 P밖에 없고 동치류 $O^P_{A_i}$ 중 P를 포함하는 동치류는 O^P_P 하나뿐이다. 즉 $O^P_P = \{P\}$이다. 즉, $S = O^P_P \uplus \left(\biguplus_i^r O^P_{A_i} \right)$이다. 따라서 실로우 p-부분군의 개수 t는 1과 여러 개의 p의 거듭 제곱들의 합이다. 따라서 적당한 양의 정수 k가 존재하여 $t = 1 + kp$라고 쓸 수 있다. ■

| 보기 5.4.4 | G가 위수 $63 = 3^2 7$이라 하자. 실로우 7-부분군들은 위수가 7이고, 이 같은 부분군의 개수는 실로우 제3정리에 의해 63을 나누고 $1 + 7k$ 형태여야 한다. 63의 약수는 1, 3, 7, 9, 21, 63이고 이 중 $1 + 7k$ 형태는 1밖에 없다. 따라서 G는 오직 한 개의 실로우 7-부분군을 갖는다. 이 부분군은 따름정리 5.4.10에 의해 정규부분군이다. 따라서 위수 63의 군은 단순군이 아니다. ■

| 보기 5.4.5 | 위수 $56 = 2^3 7$의 단순군은 없음을 보이자. 56의 $1 + 7k$ 형태의 약수는 1과 8이다. 그러므로 G는 1개 또는 8개의 위수가 7인 실로우 7-부분군을 갖는다. 만약 1개의 실로우 7-부분군을 갖는다면 이 부분군은 정규부분군이므로 G는 단순군이 아니다. 이제 8개의 위수 7의 실로우 7-부분군을 갖는다고 가정하면 각각은 6개의 항등원이 아닌 원소를 갖고 그 위수는 모두 7이다. 더구나 이 부분군들의 교집합은 $\langle e \rangle$뿐이다(예제 2.8.7). 따라서 군 G는 $8 \cdot 6 = 48$개의 위수 7인 원소를 포함한다. 모든 G의 실로우 $2-$부분군은 위수가 8이다. 실로우 2-부분군의 모든 원소는 8의 약수를 위수로 갖는다. 그러므로 48개의 실로우 7-부분군의 원소들과는 다르다. $56 - 48 - 1 = 7$이므로 위수 8의 부분군은 오직 한 개가 존재하고 이 부분군은 정규부분군이므로 G는 단순군이 아니다. ■

따름정리 5.4.12

p와 q가 $p > q$인 소수일 때 군 G의 위수가 pq라 하자. 만약 $q \nmid (p-1)$이면 $G \cong \mathbb{Z}_{pq}$이다.

[증명] $|G|$의 약수는 $1, p, q, pq$밖에 없다. 실로우 제3정리에 의해 실로우 p-부분군의 개수는 $1, p, q, pq$ 중에 하나이고 $1+pk$ 형태여야 하므로 1이거나 $q=1+pk$이다. 그러나 $p>q$이므로 $q=1+pk$는 불가능하므로 G는 1개의 실로우 p-부분군을 갖는다. 이 부분군을 H라 하면 H는 위수 p인 G의 정규부분군이다. 비슷하게 실로우 제3정리에 의해 실로우 q-부분군의 개수는 $1, p, q, pq$ 중에 하나이고 $1+qk$ 형태여야 하므로 1이거나 $p=1+qk$이다. 그러나 $q \nmid (p-1)$이므로 $q=1+pk$는 불가능하므로 G는 1개의 실로우 q-부분군을 갖는다. 이 부분군을 K라 하면 K는 위수 q인 G의 정규부분군이다. 따라서 $H\cap K$는 H와 K의 부분군이므로 $H\cap K$의 위수는 $|H|=p$와 $|K|=q$를 나누어야 한다. 따라서 $|H\cap K|=1$이다. 유제 5.3.2에 의해 $G=HK$이다. 그러므로 정리 5.1.5에 의하여 $G=H\times K$이다. 또한 $H\cong \mathbb{Z}_p$이고 $K\cong \mathbb{Z}_q$이다. 따라서 정리 5.2.9에 의하여 $G=H\times K\cong \mathbb{Z}_p\times\mathbb{Z}_q\cong\mathbb{Z}_{pq}$이다. ■

| 보기 5.4.6 | 위수 $15=5\cdot 3$의 모든 군을 살펴보자. 따름정리 5.4.12에 의해 $p=5$, $q=3$이므로 위수 15의 군은 모두 $\mathbb{Z}_{15}$와 동형이다. 비슷하게 위수

$$33=11\cdot 3,\ 35=7\cdot 5,\ 65=13\cdot 5,\ 77=11\cdot 7,\ 91=13\cdot 7$$

의 군들은 모두 각각 한 개씩이다(동형은 같은 것으로 간주하여). ■

유제 5.4.1 S_4에서 실로우 3-부분군 $\langle(123)\rangle$의 모든 공액류를 구하라.

유제 5.4.2 K가 G의 실로우 p-부분군이라 하고 N은 G의 정규부분군이라 하자. K가 N의 정규부분군이면 K가 G의 정규부분군임을 증명하라.

유제 5.4.3 S_4의 3개의 실로우 2-부분군을 구하라.

유제 5.4.4 다음 위수의 모든 군을 나열하라.

(1) 115　　(2) 143　　(3) 391

5.4 연습문제

1. H가 $|H|=p^k$인 G의 정규부분군일 때, H는 G의 모든 실로우 p-부분군에 포함됨을 증명하라.

2. $\mathbb{Z}_{12}\oplus\mathbb{Z}_{12}\oplus\mathbb{Z}_{10}$의 모든 실로우 2-부분군, 실로우 3-부분군, 실로우 5-부분군을 나열하라.

3. 다음의 조건에서 실로우 p-부분군의 개수를 구하라.

(1) $p=3$이고 $|G|=72$　　(2) $p=5$이고 $|G|=60$

4. 다음 위수의 단순군은 없음을 증명하라.

(1) 42　　(2) 200　　(3) 231　　(4) 255

5. K가 G의 실로우 p-부분군이고 N이 G의 정규부분군이라 하자. $K\cap N$은 N의 실로우 p-부분군임을 보여라.

6. 위수 60의 군 G가 정규부분군인 실로우 3-부분군을 갖는다면 G는 또한 정규부분군인 실로우 5-부분군을 가짐을 증명하라.

7. G가 위수 168의 단순군이라 할 때, G는 몇 개의 실로우 7-부분군을 포함하는가?

8. p와 q가 서로 다른 소수라 할 때 위수 pq의 단순군은 존재하지 않음을 증명하라.

9. G가 위수 $p^k m$, $m<p$의 군이라 하자. G는 단순군이 아님을 보여라.

10. p와 q가 서로 다른 소수라 할 때 위수 p^2q의 단순군은 존재하지 않음을 증명하라.

11. $|G|=105$이면 군 G는 위수 35의 부분군을 포함함을 증명하라.

12. $|G|=231$이고 H는 G의 실로우 11-부분군이라 하자. $H\subseteq Z(G)$임을 보여라.

13. G는 유한군이고 p는 소수라 하고 N이 G의 모든 실로우 p-부분군의 교집합이라 하자. N은 정규 실로우 p-부분군임을 보이고 G의 정규 p-부분군은 N에 포함됨을 보여라.

14. G가 위수 $2^n\cdot 3$, $n\geq 2$의 군이라 하자. G는 정규 2-부분군 $N\neq\{e\}$을 갖는다.

5.4 유제풀이

유제 5.4.1 S_4에서 실로우 3-부분군 $\langle(123)\rangle$의 모든 공액류를 구하라.

[풀이] $\langle(123)\rangle=\{1, (123), (132)\}$이다.

$(12)^{-1}\{1, (123), (132)\}(12)=\{1, (132), (123)\}$,

$(13)^{-1}\{1, (123), (132)\}(13)=\{1, (132), (123)\}$,

$(23)^{-1}\{1, (123), (132)\}(23)=\{1, (132), (123)\}$이므로

$\langle(123)\rangle=\{1, (123), (132)\}$, 자기자신이 공액류이다.

$(14)^{-1}\{1, (123), (132)\}(14)=\{1, (234), (243)\}$이므로

$\{1, (234), (243)\}$는 $\langle(123)\rangle$의 공액류이다.

$(24)^{-1}\{1, (123), (132)\}(24)=\{1, (143), (134)\}$이므로

$\{1, (143), (134)\}$는 $\langle(123)\rangle$의 공액류이다.

$(34)^{-1}\{1, (123), (132)\}(34)=\{1, (124), (142)\}$이므로

$\{1, (124), (142)\}$는 $\langle(123)\rangle$의 공액류이다.

따라서 $\langle(123)\rangle$의 공액류는 4개이다.

유제 5.4.2 K가 G의 실로우 p-부분군이라 하고 N은 G의 정규부분군이라 하자. K가 N의 정규부분군이면 K가 G의 정규부분군임을 증명하라.

[풀이] K가 G의 실로우 p-부분군이므로 K는 또한 N의 실로우 p-부분군이다. $K\triangleleft N$이므로 따름정리 5.4.10에 의해 K는 N의 유일한 실로우 p-부분군이다. M을 G의 실로우 p-부분군이라 하면 실로우 제2정리에 의하여 적당한 $x\in G$가 존재하여 $x^{-1}Kx=M$이다. 그런데 $N\triangleleft G$이므로 모든 $a\in G$에 대하여 $a^{-1}Na=N$이다. 특히, $M=x^{-1}Kx\subseteq x^{-1}Nx=N$이므로 $M\subseteq N$이다. K는 유일한 N의 실로우 p-부분군이므로 $K=M$이다. 따라서 K는 G의 유일한 실로우 p-부분군이다. 따라서 $K\triangleleft G$이다.

유제 5.4.3 S_4의 3개의 실로우 2-부분군을 구하라.

[풀이] S_4는 1, (12), (13), (14), (23), (24), (34), (12)(34), (13)(24), (14)(23), (123), (124), (132), (134), (142), (143), (234), (243), (1234), (1432), (1324), (1423), (1342), (1243)를 원소로 갖는다.

$$(1234)(1234)=(13)(24),\ (13)(24)(1234)=(1432),\ (13),\ (24),$$

$$(1234)(24) = (14)(23),\ (1234)(13) = (12)(34)$$

이므로

$$\{(1),\ (1234),\ (13)(24),\ (1432),\ (24),\ (12)(34),\ (13),\ (14)(23)\}$$

은 실로우 2-부분군이다.

$$(1324)(1324) = (12)(34),\ (12)(34)(1324) = (1423),\ (12),\ (34)$$
$$(1324)(34) = (14)(23),\ (1324)(12) = (13)(24)$$

이므로

$$\{(1),\ (1324),\ (12)(34),\ (1423),\ (34),\ (13)(24),\ (12),\ (14)(23)\}$$

은 실로우 2-부분군이다.

$$(1342)(1342) = (14)(23),\ (14)(23)(1342) = (1243),\ (14),\ (23),$$
$$(1342)(23) = (12)(34),\ (1342)(14) = (13)(24)$$

이므로

$$\{(1),\ (1342),\ (14)(23),\ (1243),\ (23),\ (13)(24),\ (14),\ (12)(34)\}$$

은 실로우 2-부분군이다.

유제 5.4.4 다음 위수의 모든 군을 나열하라.

(1) 115 (2) 143 (3) 391

[풀이] (1) $115 = 5 \cdot 23$이므로 115의 약수는 1, 5, 23, 115이다. 실로우 5-부분군의 개수는 $1+5k,\ k \geq 0$이고 115의 약수이어야 하는데 조건을 만족하는 것은 1 밖에 없으므로 실로우 5-부분군은 한 개만이 존재하고 따름정리 5.4.10에 의해 정규부분군이다. 위수가 5이므로 순환군 $\mathbb{Z}_5$와 동형이다. 실로우 23-부분군의 개수는 $1+23k,\ k \geq 0$이어야 하므로 1개 밖에 없다. 따라서 실로우 23-부분군도 정규부분군이다. 위수가 23이므로 순환군 $\mathbb{Z}_{23}$와 동형이다. 연습문제 2.8.1과 정리 5.1.5에 의해 $G \cong \mathbb{Z}_5 \oplus \mathbb{Z}_{23}$이다.

(2) $143 = 11 \cdot 13$이므로 143의 약수는 1, 11, 13, 143이다. 실로우 11-부분군의 개수는 $1+11k,\ k \geq 0$이고 115의 약수여야 하는데 조건을 만족하는 것은 1밖에 없으므로 실로우 11-부분군은 한 개만이 존재하고

따름정리 5.4.10에 의해 정규부분군이다. 위수가 11이므로 순환군 $\mathbb{Z}_{11}$와 동형이다. 실로우 13-부분군의 개수는 $1+13k$, $k \geq 0$이어야 하므로 1개밖에 없다. 따라서 실로우 13-부분군도 정규부분군이다. 위수가 13이므로 순환군 $\mathbb{Z}_{13}$와 동형이다. 연습문제 2.8.1과 정리 5.1.5에 의해 $G \cong \mathbb{Z}_{11} \oplus \mathbb{Z}_{13}$이다.

(3) $391 = 17 \cdot 23$이므로 391의 약수는 1, 17, 23, 391이다. (1)과 (2)처럼 $G \cong \mathbb{Z}_{17} \oplus \mathbb{Z}_{23}$이다.

5.5 실로우 정리의 응용

정리 5.5.1

p가 소수이고 $n \geq 1$이라 할 때, 군 G의 위수가 p^n이라 하면 $|Z(G)| \geq p$이다. 즉, $|Z(G)| = p^k$, $1 \leq k \leq n$이다.

[증명] 라그랑지 정리에 의해 $|Z(G)| = p^k$, $0 \leq k \leq n$이다. 이제 $k \geq 1$, 즉 $|Z(G)| \geq p$임을 보이자. G의 류 방정식을 쓰면

$$|Z(G)| = |G| - |C_1| - |C_2| - \cdots - |C_r|$$

이다. 여기서 $C_1, \cdots, C_r$들은 위수가 1보다 큰 동치류들이며 $|G|$를 나눈다. $|G| = p^n$이므로 1보다 큰 $|G|$의 약수는 모두 p의 거듭 제곱이다. 그러므로 각 $|C_i|$는 p에 의해 나누어진다. $p \mid |G|$이므로 $p \mid |Z(G)|$이어야 한다. 그러므로 $|Z(G)| \geq p$이다. ■

따름정리 5.5.2

p가 소수이고 $n > 1$이면 위수 p^n의 단순군은 존재하지 않는다.

[증명] G가 위수 p^n의 군이라 하면 $Z(G)$는 정규부분군이다. 만약 $Z(G) \neq G$이면 G는 단순군이 아니다. $Z(G) = G$이면 G는 아벨군이고 적당한 소수 q에 대하여 $\mathbb{Z}_q$와 동형이 아니므로 예제 2.8.6에 의해 단순군이 아니다. ■

따름정리 5.5.3

p가 소수일 때, G의 위수가 p^2이면 G는 아벨군이다. 따라서 G는 $\mathbb{Z}_{p^2}$ 또는 $\mathbb{Z}_p \times \mathbb{Z}_p$와 동형이다.

[증명] 라그랑지 정리와 정리 5.5.1에 의해 $Z(G)$의 위수는 p 또는 p^2이다. $Z(G)$의 위수가 p^2이면 $G = Z(G)$이고 G는 아벨군이다. $Z(G)$의 위수가 p이면 몫군 $G/Z(G)$의 위수는 p이고 정리 2.8.5에 의해 순환군이다. 그러므로 G는 정리 2.6.4에 의해 아벨군이다. 유한 아벨군의 기본정리에 의해 G는 $\mathbb{Z}_{p^2}$ 또는 $\mathbb{Z}_p \times \mathbb{Z}_p$와 동형이다. ■

정리 5.5.4

p, q가 $q \not\equiv 1 \pmod{p}$이고 $p^2 \not\equiv 1 \pmod{q}$를 만족하는 서로 다른 두 소수라 하자. 군 G의 위수가 p^2q이면 G는 $\mathbb{Z}_{p^2q}$ 또는 $\mathbb{Z}_p \times \mathbb{Z}_p \times \mathbb{Z}_q$와 동형이다.

[증명] 실로우 제3정리에 의해 군 G의 실로우 p-부분군의 개수는 $|G|$를 나누고 법 p로 1과 합동이다. $|G|$의 약수는 $1, p, p^2, q, pq, p^2q$이므로 가능한 것은 $1, q$뿐이다. 그런데 $q \not\equiv 1 \pmod{p}$이므로 q는 불가능하므로 실로우 p-부분군의 개수는 1이다. 그러므로 실로우 p-부분군은 G의 정규부분군이다. 이를 H라 하자. 비슷하게 G는 $1, p, p^2$개의 실로우 q-부분군을 갖는다. 하지만 $p^2 \not\equiv 1 \pmod{q}$이므로 p, p^2은 제외된다(p는 $p = 1 + kq$라 하면 $p^2 \equiv 1 \pmod{q}$가 되어 안된다). 따라서 유일한 실로우 q-부분군을 갖고 이 또한 G의 정규부분군이다. 이를 K라 하자. 부분군 $H \cap K$는 $|H| = p^2$과 $|K| = q$를 동시에 나누어야 하므로 $|H \cap K| = 1$이다. 유제 5.3.2에 의해 $HK = G$이다. 그러므로 정리 5.1.5에 의해 $G = H \times K$이다. 따름정리 5.5.3에 의해 $H \cong \mathbb{Z}_{p^2}$ 또는 $H \cong \mathbb{Z}_p \times \mathbb{Z}_p$이고 $K \cong \mathbb{Z}_q$이다. 따라서 정리 5.2.9에 의해 $G = H \times K \cong \mathbb{Z}_{p^2} \times \mathbb{Z}_q \cong \mathbb{Z}_{p^2q}$ 또는 $G = H \times K \cong \mathbb{Z}_p \times \mathbb{Z}_p \times \mathbb{Z}_q$이다. ■

정리 5.5.4에서 $p = 3$, $q = 5$라 하면, 위수 45의 모든 군은 $\mathbb{Z}_{45}$ 또는 $\mathbb{Z}_3 \times \mathbb{Z}_3 \times \mathbb{Z}_5$와 동형이다. 비슷하게 위수 99, 153, 175, 207, 325, 425 등의 위수를 갖는 군들에게도 해당된다.

따름정리 5.5.5

p, q가 서로 다른 두 소수이면 위수 p^2q의 단순군은 존재하지 않는다.

[증명] 군 G가 위수 p^2q라 하자. 만약 $p^2 \not\equiv 1 \pmod q$ 또는 $q \not\equiv 1 \pmod p$이면 정리 5.5.4에 의해 G는 정규부분군을 포함하므로 단순군이 아니다. 만약 $p^2 \equiv 1 \pmod q$이고 $q \equiv 1 \pmod p$이면 $q \mid (p^2-1)$이고 $p \mid (q-1)$이다. 따라서 $p \le q-1$, 즉 $q \ge p+1$이어야 한다. $p^2-1=(p-1)(p+1)$이므로 $q \mid (p-1)$ 또는 $q \mid (p+1)$이어야 한다. 그런데 $q \ge p+1$이므로 $q \mid (p-1)$는 불가능하므로 $q \mid (p+1)$이고 $q \ge p+1$이므로 $q=p+1$이어야만 한다. p, q가 모두 소수이므로 오직 가능한 경우는 $p=2$이고 $q=3$인 경우이다. 유제 5.5.2에 의해 위수 $12=2^2 3$의 단순군은 존재하지 않는다. ■

정리 5.5.6

정이면체군 D_n는 위수 $2n$이고 다음의 원소 r과 d에 의해 생성된다.

$$|r|=n,\ |d|=2,\ dr=r^{-1}d$$

[증명] 자세한 증명은 생략한다. 보기 2.1.9와 2.1.10에서 보았듯이 정 n각형을 공간도형으로 생각하고 이 도형을 그 자신에 겹치도록 옮겨놓는 공간에서의 회전이동 전체의 집합을 D_n으로 나타내면 D_n은 이러한 회전이동의 합성연산에 관하여 군을 이룬다. 즉, 정 n각형을 무게중심 O을 원점에 오도록 하고 정 n각형의 꼭지점들을 시계방향 반대 방향으로 1부터 n까지 이름을 부여하고 1을 x축의 음의 부분에 오도록 그렸다고 하자. 정 n각형의 무게중심 O을 지나 정 n각형에 수직인 직선을 시계방향 반대방향으로 $\dfrac{360}{n}$도 만큼 회전시키는 회전이동을 r이라 하자. n이 홀수일 때는 꼭지점과 이와 마주 보는 변의 중점을 이은 직선을 축으로 하는 회전이동을, n이 짝수일 때는 마주 보는 두 꼭지점을 이은 직선과 마주 보는 두 변의 중점을 이은 직선을 축으로 한 회전이동이 있는데 x축을 축으로 하는 회전이동을 τ_1(꼭지점 1을 고정시킨다)이라 하고, 시계방향의 반대방향의 순서대로 회전이동을 τ_2, $\cdots$, τ_n이라 하면

$$D_n=\{1,\ r,\ r^2,\ \cdots,\ r^{n-1},\ \tau_1,\ \cdots,\ \tau_n\}$$

이다. 여기서 $|r|=n$, $|\tau_i|=2$, $i=1, \cdots, n$이다. $d=\tau_1$이라 하자. 그러면 $r^i d$는

x축을 축으로 회전이동한 후(꼭지점의 순서가 시계방향으로 바뀐다) 시계방향 반대 방향으로 $\frac{360}{n}$도 만큼 i번 회전시키는 것이고, 이 변환은 꼭지점 1을 꼭지점 $i+1$이 있던 위치에 놓이게 하는 변환으로 정확히 τ_{i+1}에 대응하는 변환이다. 즉, $\tau_{i+1} = r^i d$이므로

$$D_n = \{1,\ r,\ r^2,\ \cdots,\ r^{n-1},\ d = r^0 d,\ rd,\ r^2 d,\ \cdots,\ r^{n-1} d\}$$

이다. 변환 drd는 변환 d에 의해 꼭지점의 순서가 방향이 바뀌고 $\frac{360}{n}$도 만큼 회전이동하고 다시 d에 의해 꼭지점의 순서가 시계 방향의 반대 방향이 되어 원래대로 돌아오므로 꼭지점 1은 꼭지점 n의 위치로 가게 되는 변환이 되고 나머지 꼭지점들은 그 순서를 그대로 유지한다. 따라서 이 변환은 변환 r^{n-1}과 일치하게 된다. 즉 $drd = r^{n-1}$이다. $r^n = 1$이므로 $r^{n-1} = r^{-1}$이다. 따라서 $drd = r^{-1}$이고 $d = d^{-1}$이므로 $dr = r^{-1} d$이다. ■

정리 5.5.7

p가 홀수 소수일 때, 군 G가 위수 $2p$이면, G는 순환군 $\mathbb{Z}_{2p}$와 동형이거나 정이면체 군 D_p와 동형이다.

[증명] 코시 정리에 G는 위수 p인 원소 a와 위수 2인 원소 b가 존재한다. $H = \langle a \rangle$라 하자. $|G| = 2p$이므로 부분군 H는 지수 2를 가지므로 정리 2.8.4에 의해 정규부분군이다. 따라서 $bab = bab^{-1} \in H$이다. H는 순환군이므로 적당한 t가 존재하여 $bab = a^t$이다. $b^{-1} = b$이므로

$$a^{t^2} = (a^t)^t = (bab)^t = (bab)(bab)\cdots(bab) = ba^t b = b(bab)b = a$$

이다. 따라서 정리 2.2.5에 의해 $t^2 \equiv 1 \pmod{p}$이다. 따라서 p는 $t^2 - 1 = (t-1)(t+1)$을 나누므로 $p|(t-1)$ 또는 $p|(t+1)$이다. 그러므로 $t \equiv 1 \pmod{p}$ 또는 $t \equiv -1 \pmod{p}$이다. $t \equiv 1 \pmod{p}$이면 정리 2.2.5에 의해 $bab = a^t = a$이고 $ba = ab$가 되어 ab는 위수가 $2p = |G|$이다(유제 2.2.8). 그러므로 G는 생성원 ab를 갖는 순환군이고 $G \cong \mathbb{Z}_{2p}$이다. $t \equiv -1 \pmod{p}$이면 정리 2.2.5에 의해 $bab = a^{-1}$이다. 함수 $f : D_p \to G$, $f(r^i d^j) = a^i b^j$는 준동형 사상이다(연습문제 5.5.6). $K = \langle b \rangle$이라 하자. $|H| = p$(p는 홀수)이고 $|K| = 2$이므로 라그랑지 정리에 의해 $H \cap K = \langle e \rangle$이다. 또한 유제 5.3.2에 의해 $|HK| = 2p$이므로 $G = HK$이다. 그러

므로 G의 모든 원소는 a^ib^j라 쓸 수 있고 이것은 f가 전사임을 의미한다. D_p와 G가 같은 위수를 가지므로 f는 단사가 되어야 하므로 동형 사상이다. ■

위의 정리는 위수가 10, 14, 22, 26, 34 등의 군에 적용할 수 있는 정리이다. 다음의 작은 위수를 갖는 군들을 모두 정리하였다. $n \le 7$까지는 2.8절에서 논하였다. 다음 정리의 증명은 2.8절의 논리와 유사하므로 생략하도록 하겠다.

정리 5.5.8

군 G가 위수 8이면 G는 $\mathbb{Z}_8$, $\mathbb{Z}_4 \times \mathbb{Z}_2$, $\mathbb{Z}_2 \times \mathbb{Z}_2 \times \mathbb{Z}_2$, 정이면체군 D_4 또는 사원소군(Quaternion group) Q와 동형이다.

정의 5.5.9

비아벨군 T는 위수 12이고 다음의 원소 a와 b에 의해 생성된다.

$$|a| = 6,\ b^2 = a^3,\ ba = a^{-1}b$$

정리 5.5.10

군 G가 위수 12이면 G는 $\mathbb{Z}_{12}$, $\mathbb{Z}_2 \times \mathbb{Z}_2 \times \mathbb{Z}_3$, 교대군 A_4, 정이면체군 D_6 또는 비아벨군 T와 동형이다.

따라서 위수가 9인 군은 $\mathbb{Z}_9$와 $\mathbb{Z}_3 \times \mathbb{Z}_3$, 위수 10인 군은 $\mathbb{Z}_{10}$, D_5, 위수 11인 군은 $\mathbb{Z}_{11}$, 위수 13인 군은 $\mathbb{Z}_{13}$, 위수 14인 군은 $\mathbb{Z}_{14}$, D_7있고 위수 15인 군은 $\mathbb{Z}_{15}$가 있다.

유제 5.5.1 p, q가 $p < q$, $q \not\equiv 1 \pmod{p}$인 소수라 하고 G는 위수 p^2q의 군이라 하자. G는 아벨군임을 보여라.

유제 5.5.2 위수 12인 단순군은 없음을 보여라.[한 실로우 부분군이 정규부분군임을 보인다.]

5.5 연습문제

1. 정이면체군 D_6는 $S_3 \times \mathbb{Z}_2$와 동형임을 보여라.

2. $n \geq 3$인 양의 정수라 하고 G가 다음 형태의 모든 행렬들의 집합이라 하자.

$$\begin{pmatrix} 1 & a \\ 0 & 1 \end{pmatrix} \text{ 또는 } \begin{pmatrix} -1 & a \\ 0 & 1 \end{pmatrix},\ a \in \mathbb{Z}_n$$

(1) G는 행렬의 곱셈에 대하여 위수 $2n$의 군임을 보여라.

(2) G는 D_n과 동형임을 보여라.

3. $G = S_3 \times \mathbb{Z}_4$라고 하고 $a = ((123),\ 2)$, $b = ((12),\ 1)$이라 하자.

(1) $|a| = 6$, $b^2 = a^3$이고 $ba = a^{-1}b$임을 보여라.

(2) $T = \{e = a^0,\ a^1,\ a^2,\ a^3,\ a^4,\ a^5,\ b,\ ab,\ a^2b,\ a^3b,\ a^4b,\ a^5b\}$은 12개의 원소가 다 다름을 보여라.

(3) T는 G의 비아벨부분군임을 보여라.

(4) T는 D_6나 A_4와 동형이 아님을 보여라.

4. 군 G의 위수가 40이면, 위수가 5인 정규부분군 H와 위수가 8인 잉여군 G/H가 존재한다. 참이면 증명하고, 거짓인 것은 이유를 설명하라.

5. 위수(order)가 $2014 = 2 \times 19 \times 53$인 순환군(cyclic group) G에 대하여 G의 부분군의 개수를 m, G에서 위수가 38인 원소의 개수를 n이라 하자. $m + n$의 값을 구하시오.

6. 정리 5.5.7의 증명에서의 함수 $f : D_p \to G$, $f(r^i d^j) = a^i b^j$는 준동형 사상임을 보여라.

7. G가 위수 pqr, $p < q < r$(소수) 의 군이라 하자.

(1) G는 위수 qr의 정규부분군을 갖는다.

(2) G의 실로우 r-부분군은 정규부분군이다.

8. 위수가 60보다 작은 자명하지 않은 단순군은 소수 위수를 갖는 군뿐임을 증명하라.

9. H는 유한 위수 n의 부분군이고 n과 $[G : H]$는 서로소라고 하자. H가 G의 정규부분군이면 H는 위수 n의 유일한 G의 부분군임을 보여라 .

10. p는 홀수 소수라 하고 G는 위수 p^3의 비아벨군이고 위수 p^2인 원소 a를 포함한다. 위수 p의 원소 $b \notin \langle a \rangle$가 존재함을 보여라.

11. p는 홀수 소수라 하자. 위수 p^3의 모든 군을 찾아라.

12. 위수 18의 모든 군을 찾아라.

5.5 유제풀이

유제 5.5.1 p, q가 $p < q$, $q \not\equiv 1 \pmod{p}$인 소수라 하고 G는 위수 p^2q의 군이라 하자. G는 아벨군임을 보여라.

[풀이] 실로우 p-부분군의 개수는 $1+pk$, $k \geq 0$이고 p^2q의 약수이어야 한다. $|G|$의 약수는 $1, p, p^2, q, pq, p^2q$이므로 가능한 것은 $1, q$뿐이다. 그런데 $q \not\equiv 1 \pmod{p}$이므로 q는 불가능하므로 실로우 p-부분군의 개수는 1이다. 그러므로 실로우 p-부분군은 G의 정규부분군이다. 실로우 q-부분군의 개수는 $1+qk$, $k \geq 0$이고 p^2q의 약수이어야 한다. $|G|$의 약수는 $1, p, p^2, q, pq, p^2q$이므로 가능한 것은 $1, p, p^2$ 이다. 그런데 $p < q$이므로 p는 불가능하므로 실로우 q-부분군의 개수는 1 또는 p^2이다. 실로우 q-부분군의 개수는 1이면 정리 5.5.4의 증명에 의해 G는 아벨군이다. 이제 $p^2 \not\equiv 1 \pmod{q}$임을 보이자. 만약 $p^2 \equiv 1 \pmod{q}$이라 하자. $q|p^2-1$이므로 $q|(p-1)(p+1)$이다. $p < q$이므로 $q|(p+1)$이어야 하므로 $p+1=q$이다. 이것은 $p|(q-1)$이고, 즉 $q \equiv 1 \pmod{p}$이 되어 가정에 위배된다. 따라서 $p^2 \not\equiv 1 \pmod{q}$이다.

유제 5.5.2 위수 12인 단순군은 없음을 보여라.[한 실로우 부분군이 정규부분군임을 보인다.]

[풀이] 실로우 2-부분군의 개수는 $1+2k$, $k \geq 0$이고 $2^2 3$의 약수이어야 한다. $|G|$의 약수는 1, 2, 3, 4, 6, 12이므로 가능한 것은 1, 3뿐이다. 실로우 3-부분군의 개수는 $1+3k$, $k \geq 0$이고 12의 약수이어야 한다. $|G|$의 약수는 1, 2, 3, 4, 6, 12이므로 가능한 것은 1, 4 이다. 실로우 2-부분군과 실

로우 3-부분군의 개수가 1개씩이면 정규부분군이므로 증명이 끝난다. 실로우 3-부분군이 4개라고 하자. 위수가 3인 원소의 개수는 $2 \cdot 4 = 8$이므로 실로우 2-부분군은 많아야 1개이어야 한다. 따라서 정규부분군이 되므로 위수 12인 단순군은 없다.

6장

확대체

My brain is open.

-수학자 폴 에르도시(Paul Erodös)

6.1 기저와 차원

F와 K가 $F \subset K$인 체일 때, K를 F의 **확대체**(an extension field of F)라 한다. ω, v_1, $\cdots$, v_n을 K의 원소라 하자. $\omega \in K$가 $\omega = a_1v_1 + a_2v_2 + \cdots + a_nv_n$, $a_i \in F$ 꼴로 써질 수 있을 때, ω를 v_1, $\cdots$, v_n의 **선형 결합**(a linear combination)으로 나타내어진다고 한다. K의 모든 원소가 v_1, $\cdots$, v_n의 선형 결합으로 나타내어질 때에 집합 $\{v_1, \cdots, v_n\}$이 F 위에서 K를 **생성한다**(span)고 말한다.

| 보기 6.1.1 | 집합 $\{1, i\}$가 $\mathbb{R}$ 위에서 $\mathbb{C}$를 만든다. 집합 $\{1+i, 5i, 2+3i\}$ 역시 $\mathbb{C}$를 만든다. 왜냐하면 임의의 $a+bi \in \mathbb{C}$는 $\mathbb{R}$에서 다음과 같은 3개 원소들의 선형 결합이기 때문이다 :

$$a+bi = 3a(1+i) + \frac{b}{5}(5i) + (-a)(2+3i)$$ ■

| 보기 6.1.2 | $\mathbb{Z}_2[x]/(x^2+x+1)$은 $\mathbb{Z}_2$의 확대체다. 더욱이 집합 $\{1, [x]\}$는 $\mathbb{Z}_2$ 위에서 $\mathbb{Z}_2[x]/(x^2+x+1)$을 만든다. 왜냐하면 $\mathbb{Z}_2[x]/(x^2+x+1)$의 각 원소는 $a, b \in \mathbb{Z}_2$에 대하여 $a1+b[x]$ 꼴로 쓰여지기 때문이다. ■

집합 $\{1, i\}$는 $\mathbb{R}$의 확대체 $\mathbb{C}$를 만들 뿐만 아니라, 이 집합은 역시 다음의 성질을 갖는다 : $a1+bi=0$이면, $a=0$이고 $b=0$이다. 다른 말로 하면, 1과 i의 선형 결합이 0일 때, 모든 계수가 0이다. 한편 집합 $\{1+i, 5i, 2+3i\}$은 이 성질을 갖지 않는다. 왜냐하면 비록 계수들이 0이 아닐지라도 이 3개 원소들의 선형 결합이 0이 될 수 있기 때문이다. 예컨대

$$2(1+i) + \frac{1}{5}(5i) - 1(2+3i) = 0$$

이 두 경우들 사이의 다른 점은 확대체를 연구하는데 있어서 결정적일 것이다.

K의 부분집합 $\{v_1, \cdots, v_n\}$이 F 위에서 **선형 독립**(linearly independent)일 필요충분조건은 각 $c_i \in F$인

$$c_1v_1 + c_2v_2 + \cdots + c_nv_n = 0_K$$

이면, 모든 i에 대하여 $c_i = 0_F$이다. 선형 독립이 아닌 집합을 **선형 종속**(linearly dependent)이라고 한다. 그러므로 집합 $\{u_1, \cdots, u_m\}$이 선형 종속일 필요충분조건은 $b_1, \cdots, b_m \in F$ (모두가 0_F는 아님)가 존재하여 $b_1u_1 + \cdots + b_mu_m = 0_F$이다.

| 보기 6.1.3 | 앞에서 이미 언급한 사실에 의하여, $\mathbb{C}$의 부분집합 $\{1, i\}$는 $\mathbb{R}$ 위에서 선형 독립이고 집합 $\{1+i, 5i, 2+3i\}$는 선형 종속임을 알 수 있다. 그러나 이 두 집합은 모두 $\mathbb{C}$를 만들 수 있다. ■

| 보기 6.1.4 | $\mathbb{R}$의 부분집합 $\{1, \sqrt{2}\}$는 $\mathbb{Q}$ 위에서 선형 독립이다. 그러나 $\{1, \sqrt{2}\}$는 $\mathbb{R}$을 만들지 못한다.

[풀이] $r1 + s\sqrt{2} = 0$이라 가정하자. 여기서 $r, s \in \mathbb{Q}$이다. $s \neq 0$이면, $\sqrt{2} = -r/s$이다. 이것은 $\sqrt{2}$가 무리수라는 사실에 모순이다. 따라서 $s = 0$이 되어 $r = 0$이다. 그러므로 $\{1, \sqrt{2}\}$는 $\mathbb{Q}$ 위에서 선형 독립이다. 이제 $\sqrt{3} \in \mathbb{R}$을 생각하자. 그러면 $\sqrt{3}$은 1과 $\sqrt{2}$의 선형 결합이 아니다(연습문제 6.1.4). 그러므로 $\{1, \sqrt{2}\}$는 $\mathbb{R}$을 생성하지 못한다. ■

K의 부분집합 $\{v_1, \cdots, v_n\}$이 F 위에서 K를 생성하고 선형 독립이면 F 위에서 K의 기저(a basis)라고 한다. 예컨대 $\{1, i\}$는 $\mathbb{R}$ 위에서 $\mathbb{C}$의 기저다.

| 보기 6.1.5 | 집합 $\{1+i, 2i\}$는 $\mathbb{R}$ 위에서 $\mathbb{C}$의 기저임을 증명하라.

[풀이] $c_1(1+i) + c_2(2i) = 0$, $c_1, c_2 \in \mathbb{R}$이라 가정하자. 그러면 $c_1 1 + (c_1 + 2c_2)i = 0$이므로 $c_1 = 0$이고 $c_1 + 2c_2 = 0$이다. 따라서 $c_1 = c_2 = 0$이므로 $\{1+i, 2i\}$는 $\mathbb{R}$ 위에서 선형 독립이다. 이제 임의로 $a + bi \in \mathbb{C}$를 택하자. 그러면

$$a + bi = a(1+i) + \left(\frac{b-a}{2}\right)2i$$

이고, 더욱이 $a, \dfrac{b-a}{2} \in \mathbb{R}$이다. 그러므로 $\{1+i, 2i\}$는 $\mathbb{R}$ 위에서 $\mathbb{C}$를 만든다. 따라서 $\{1+i, 2i\}$는 $\mathbb{R}$ 위에서 $\mathbb{C}$의 기저다. ■

$S = \{v, u_1, \cdots, u_t, w_1, \cdots, w_r\} \subseteq K$이라 하자. v가 $u_1, \cdots, u_t$의 선형 결합, 즉 $v = a_1u_1 + \cdots + a_tu_t$, $a_i \in F$라 가정하자. $w_1, \cdots, w_r$이 S의 나머지 원소들이면,

$$v = a_1u_1 + \cdots + a_tu_t + 0_Fw_1 + 0_Fw_2 + \cdots + 0_Fw_r$$

이므로

$$-1_F v + a_1 u_1 + \cdots + a_t u_t + 0_F w_1 + 0_F w_2 + \cdots + 0_F w_r = 0_F$$

이다. 이 계수들 중 적어도 하나(즉 -1_F)는 영이 아니므로, S는 선형 종속이다. 따라서 다음의 결과를 얻는다 :

> $v \in K$가 $u_1, \cdots, u_t \in K$의 선형 결합이면, v와 모든 u_i를 포함하는 임의의 집합은 선형 종속이다.

다음의 결과는 선형 독립인 집합의 크기에 대한 상계를 준다. 사실상, 이 결과는 K가 F 위에서 n개의 원소로 만들어질 수 있다면, K의 모든 선형 독립인 부분집합은 많아야 n개 원소를 포함함을 말해준다.

보조정리 6.1.1

K는 F의 확대체라 하자. 그러면 K의 부분집합 $\{u_1, u_2, \cdots, u_n\}$가 선형 종속일 필요충분조건은 어떤 u_k가 바로 앞의 원소들 $\{u_1, \cdots, u_{k-1}\}$의 선형 결합이다.

보조정리 6.1.2

K는 집합 $\{v_1, \cdots, v_n\}$에 의하여 만들어지는 F의 확대체라 하자. $\{w_1, \cdots, w_m\}$이 K의 임의의 선형 독립인 부분집합이면, $m \le n$이고 K는 다음의 집합으로 확장된다.

$$\{w_1, w_2, \cdots, w_m, v_{i_1}, v_{i_2}, \cdots, v_{i_{n-m}}\}$$

특히, $n+1$개 또는 그 이상의 벡터들은 선형 종속이다.

정리 6.1.3

K는 F의 확대체라 하자. 그러면 F 위에서 K의 임의의 유한 기저는 같은 개수의 원소를 갖는다.

정의 6.1.4

K가 유한 기저를 갖는 F의 확대체일 때, K를 F 위에서 유한차원(finite dimensional)이라 한다. F 위에서 K의 차원(the dimension of K over F)은 K의 임의의 기저의

원소들의 개수를 말하고 $[K:F]$로 나타내고 **지수**(index)라 한다. K가 유한 기저를 갖지 않을 때, K는 F 위에서 **무한차원**(infinite dimensional)이라 한다.

정리 6.1.3에 의해 F 위에서 K의 기저에 속하는 원소의 개수는 기저의 선택에 무관하다. 그러므로 이 수는 확대체의 성질 중 하나이다.

| 보기 6.1.6 | $\{1, i\}$는 $\mathbb{R}$ 위에서 $\mathbb{C}$의 기저이므로 $[\mathbb{C}:\mathbb{R}]=2$이다. 한편, $\mathbb{R}$은 $\mathbb{Q}$의 무한차원 확대체다. 이 사실의 증명은 여기에서 생략된다. 왜냐하면 무한집합의 기수(cardinality)에 대한 몇 가지 자명하지 않은 사실들이 필요하기 때문이다. ■

주목 $[K:F]=1$이고 $\{u\}$가 기저면, K의 모든 원소는 어떤 $c \in F$에 대하여 cu 꼴이 된다. 특히, $1_F = cu$이고 $u = c^{-1} \in F$이므로 $cu \in F$이다. 따라서 $K \subseteq F$, 즉 $K=F$이다. 한편, $K=F$면, $\{1_F\}$가 기저이므로 $[K:F]=1$ 이다. 따라서

$$[K:F]=1 \iff K=F$$

정리 6.1.5

F, K와 L은 $F \subset K \subset L$인 체라 하자. $[K:F]$와 $[L:K]$가 유한하면, L은 F의 유한차원 확대체이고 $[L:F]=[L:K][K:F]$이다.

[증명] $[K:F]=m$이고 $[L:K]=n$이라 가정하자. 그러면 F 위에서 K의 기저 $\{u_1, \cdots, u_m\}$과 K 위에서 L의 기저$\{v_1, \cdots, v_n\}$가 존재한다. $u_i \neq 0$, $v_j \neq 0$이므로 모든 곱 $u_i v_j$는 영이 아니다. 이제 $X=\{u_i v_j : 1 \leq i \leq m,\ 1 \leq j \leq n\}$라 하자. 그러면 $|X|=mn$이다.(왜냐하면, $u_i v_j = u_k v_t$라 가정하자. 그러면 $u_i v_j - u_k v_t = 0_K$이고 u_i, $u_k \in K$이다. 이것은 K 위에서 v_i들이 선형 독립이라는 것에 모순이다. 그러므로 X의 어느 두 원소도 같을 수 없다). X가 F 위에서 L의 기저임을 보이면 된다. 왜냐하면, $[L:K][K:F]=nm=[L:F]$이기 때문이다. $\omega \in L$를 임의로 택하자. 그러면 $\{v_1, \cdots, v_n\}$은 K 위에서 L의 기저이므로, $b_j \in K\,(1 \leq j \leq n)$가 존재하여

$$\omega = b_1 v_1 + b_2 v_2 + \cdots + b_n v_n \tag{6.1.1}$$

을 만족한다. 각 $b_j \in K$ 이고 $\{u_1, \cdots, u_m\}$ 은 F 위에서 K 의 기저이므로, $a_{ij} \in F$ $(1 \le i \le m)$가 존재하여

$$\begin{aligned} b_1 &= a_{11}u_1 + a_{21}u_2 + \cdots + a_{m1}u_m \\ b_2 &= a_{12}u_1 + a_{22}u_2 + \cdots + a_{m2}u_m \\ &\vdots \qquad\qquad \vdots \\ b_n &= a_{1n}u_1 + a_{2n}u_2 + \cdots + a_{mn}u_m \end{aligned} \tag{6.1.2}$$

이다.

(6.1.2)에 있는 각 b_j를 (6.1.1)에 대입하면, ω 는 $a_{ij} \in F$ 인 $a_{ij}u_iv_j$ 꼴에 의한 합이다. 그러므로 X 는 F 위에서 L을 만든다. 이제 X가 F 위에서 선형 독립임을 보이자. $c_{ij} \in F$ 이고

$$\sum_{i,\ j}^{m,\ n} c_{ij}u_iv_j = \sum_{j}^{n}(c_{1j}u_1v_j + c_{2j}u_2v_j + \cdots + c_{mj}u_mv_j) = 0_F \tag{6.1.3}$$

라 가정하자. 방정식 (6.1.3)에서 $v_1, v_2, \cdots, v_n$ 을 각각 포함하는 항들을 모두 하나로 묶으면

$$\begin{aligned} &(c_{11}u_1 + c_{21}u_2 + \cdots + c_{m1}u_m)v_1 \\ &+ (c_{12}u_1 + c_{22}u_2 + \cdots + c_{m2}u_m)v_2 \\ &+ \cdots + (c_{1n}u_1 + c_{2n}u_2 + \cdots + c_{mn}u_m)v_n = 0_F \end{aligned}$$

이다. v_i들의 계수는 K 의 원소이고 v 들은 K 위에서 선형 독립이므로, 각 $j = 1, 2, \cdots, n$ 에 대하여

$$c_{1j}u_1 + c_{2j}u_2 + \cdots + c_{mj}u_m = 0_F$$

이다. 각 $c_{ij} \in F$ 이고 u 들은 F 위에서 선형 독립이므로, 모든 i, j 에 대하여 $c_{ij} = 0_F$ 이다. 그러므로 X 는 F 위에서 선형 독립이다. 따라서 증명이 완료된다. ■

정리 6.1.6

K 와 L 은 F 의 유한차원 확대체이고 $f : K \to L$ 는 모든 $c \in F$ 에 대하여 $f(c) = c$ 인 동형 사상이라 하면

$$[K : F] = [L : F]$$

이다.

[증명] $[K:F]=n$이고 $\{u_1,\ \cdots,\ u_n\}$은 F 위에서 K의 기저라 하자. $[L:F]=n$임을 증명하기 위하여, $\{f(u_1),\ \cdots,\ f(u_n)\}$이 F 위에서 L의 기저임을 보이기만 하면 된다. $v\in L$를 임의로 택하자. 그러면 f는 전사함수이므로, $u\in K$가 존재하여 $v=f(u)$을 만족한다. 기저의 정의에 의하여, $c_i\in F$가 존재하여

$$u=c_1u_1+\ \cdots\ +c_nu_n$$

를 만족한다. f는 준동형 사상이므로,

$$v=f(u)=f(c_1u_1+\ \cdots\ +c_nu_n)=f(c_1)f(u_1)+\ \cdots\ +f(c_n)f(u_n)$$

이다. 한편, 모든 $c\in F$에 대하여 $f(c)=c$이므로, 모든 i에 대하여 $f(c_i)=c_i$이다. 따라서 $v=c_1f(u_1)+\ \cdots\ +c_nf(u_n)$이다. 그러므로 집합 $\{f(u_1),\ \cdots,\ f(u_n)\}$은 F 위에서 L을 만든다. 이제 이 집합이 선형 독립임을 증명하기 위하여, $d_1f(u_1)+\ \cdots\ +d_nf(u_n)=0_F$라 가정하자. 여기서 각 $d_i\in F$이다. 그러면, $f(d_i)=d_i$이므로

$$\begin{aligned} f(d_1u_1+\ \cdots\ +d_nu_n) &= f(d_1)f(u_1)+\ \cdots\ +f(d_n)f(u_n) \\ &= d_1f(u_1)+\ \cdots\ +d_nf(u_n)=0_F \end{aligned}$$

이다. f는 동형 사상이므로, 정리 3.14.4에 의하여($\ker f=\{0\}$),

$$d_1u_1+\ \cdots\ +d_nu_n=0_F$$

이다. 그런데 집합 $\{u_1,\ \cdots,\ u_n\}$은 K에서 선형 독립이므로, 모든 $d_i=0_F$이다. 그러므로 $\{f(u_1),\ \cdots,\ f(u_n)\}$은 선형 독립이다. 따라서 $\{f(u_1),\ \cdots,\ f(u_n)\}$은 기저다. ■

예제 Ⅰ 6.1.1 $\{i,\ 1+2i,\ 1+3i\}$는 $\mathbb{R}$ 위에서 $\mathbb{C}$를 만듦을 보여라.

[풀이] 분명히 $\mathbb{C}$는 $\mathbb{R}$의 확대체이다. 임의의 $a+bi\in\mathbb{C}$에 대하여,

$$c_1,\ c_2,\ c_3\in\mathbb{R}\text{가 존재하여 } a+bi=c_1i+c_2(1+2i)+c_3(1+3i)$$

라 가정하자. 그러면

$$a+bi=(c_2+c_3)+(c_1+2c_2+3c_3)i$$

이다. 따라서

$$a=c_2+c_3, \tag{6.1.4}$$

$$b = c_1 + 2c_2 + 3c_3 \tag{6.1.5}$$

이다. 식 (6.1.4)와 식 (6.1.5)에서 c_1, c_2, c_3를 구하면, $c_2 = 3a - b + t$, $c_3 = -2a + b - t$, $t \in \mathbb{R}$이다. 그러므로

$$a + bi = ti + (3a - b + t)(1 + 2i) + (-2a + b - t)(1 + 3i)$$

이므로 증명이 완료된다. ■

유제 6.1.1 $\{v_1, v_2, \cdots, v_n\}$가 F 위에서 K를 생성하고 w가 K의 임의의 원소이면, $\{w, v_1, v_2, \cdots, v_n\}$가 역시 K를 생성함을 보여라. 여기서 K는 F의 확대체이다.

예제 6.1.2 $\mathbb{C}$의 부분집합 $\{\sqrt{2}, \sqrt{2}+i, \sqrt{3}-i\}$는 $\mathbb{R}$ 위에서 일차종속임을 보여라.

[풀이] $c_1, c_2, c_3 \in \mathbb{R}$(모두가 0은 아님)가 존재하여

$$c_1\sqrt{2} + c_2(\sqrt{2}+i) + c_3(\sqrt{3}-i) = 0$$

이라 가정하자. 그러면

$$(c_1\sqrt{2} + c_2\sqrt{2} + c_3\sqrt{3}) + (c_2 - c_3)i = 0$$

이다. 따라서

$$c_1\sqrt{2} + c_2\sqrt{2} + c_3\sqrt{3} = 0, \tag{6.1.6}$$

$$c_2 - c_3 = 0 \tag{6.1.7}$$

이므로 식 (6.1.6)과 식 (6.1.7)에서

$$c_1 = -\left(1 + \frac{\sqrt{3}}{\sqrt{2}}\right)t,\ c_2 = c_3 = t, \quad t \in \mathbb{R}$$

이다. 특히, $t = 1$이면

$$-\left(1 + \frac{\sqrt{3}}{\sqrt{2}}\right)\sqrt{2} + (\sqrt{2}+i) + (\sqrt{3}-i) = 0$$

이므로 $\{\sqrt{2}, \sqrt{2}+i, \sqrt{3}-i\}$는 $\mathbb{R}$ 위에서 선형 종속이다. ■

유제 6.1.2-1 0_F을 포함하는 K의 임의의 부분집합은 F 위에서 선형 종속임을 증명하라. 여기서 K는 F의 확대체이다.

유제 6.1.2-2 $S=\{v_1, \cdots, v_k\}$가 K의 선형 종속인 부분집합이면, S를 포함하는 K의 임의의 부분집합은 역시 F 위에서 선형 종속임을 증명하라. 여기서 K는 F의 확대체이다.

예제 6.1.3 K의 부분집합 $\{u, v, w\}$가 F 위에서 선형 독립이면, $\{u, u+v, u+v+w\}$는 선형 독립임을 증명하라. 여기서 K는 F의 확대체이다.

[풀이] 임의의 $c_i \in F$에 대하여, $c_1u+c_2(u+v)+c_3(u+v+w)=0_F$라 가정하자. 그러면

$$(c_1+c_2+c_3)u+(c_2+c_3)v+c_3w=0_F$$

이다. $\{u, v, w\}$는 F 위에서 선형 독립이므로,

$$c_1+c_2+c_3=0_F,\ c_2+c_3=0_F,\ c_3=0_F$$

그러므로 $c_1=c_2=c_3=0$이다. 따라서 $\{u, u+v, u+v+w\}$는 F 위에서 선형 독립이다. ■

유제 6.1.3-1 v가 K의 영이 아닌 원소이면, $\{v\}$는 F 위에서 선형 독립임을 증명하라. 여기서 K는 F의 확대체이다.

유제 6.1.3-2 K의 부분집합 $T=\{u_1, \cdots, u_t\}$가 F 위에서 선형 독립이면, T의 임의의 공이 아닌 부분집합 역시 선형 독립임을 증명하라. 여기서 K는 F의 확대체이다.

유제 6.1.3-3 $\{1, \sqrt{2}, \sqrt{3}\}$은 $\mathbb{Q}$ 위에서 선형 독립임을 보여라.

예제 6.1.4 b와 d는 서로 다른 영이 아닌 실수이고 c는 임의의 실수라 하자. $\{b, c+di\}$는 $\mathbb{R}$ 위에서 $\mathbb{C}$의 기저임을 증명하라.

[풀이] (i) 임의의 $e+fi \in \mathbb{C}$에 대하여,

$$a,\ g \in \mathbb{R}\text{가 존재하여 } e+fi=ab+g(c+di)\text{이다}$$

라 가정하자. 그러면

$$e+fi=ab+gc+gdi$$
$$\Leftrightarrow \begin{cases} e=ab+gc & (6.1.8) \\ f=gd & (6.1.9) \end{cases}$$

가정에 의해 $b \neq 0$이고 $d \neq 0$이므로 식 (6.1.8)과 식 (6.1.9)에서 a와 g를 구하면, $a=\dfrac{ed-cf}{bd}$이고 $g=\dfrac{f}{d}$이다. 그러므로

$$e+fi=\frac{ed-cf}{bd}b+\frac{f}{d}(c+di)$$

이다. 즉, $\mathbb{C}$의 모든 원소는 $\{b,\ c+di\}$의 선형 결합이다.

(ii) $a,\ g \in \mathbb{R}$가 존재하여 $ab+g(c+di)=0$이라 가정하자. 그러면 $(ab+gc)+gdi=0$이다. 따라서 $ab+gc=0$이고 $gd=0$. $d \neq 0$이므로 $g=0$이다. 그러므로 $ab=0$이고 $b \neq 0$이므로 $a=0$이다. 즉, $a=g=0$이다. 따라서 $\{b,\ c+di\}$는 $\mathbb{R}$ 위에서 선형 독립이다. 증명이 완료된다. ■

유제 6.1.4 $\{1,\ [x]\}$는 $\mathbb{Z}_2$ 위에서 $\mathbb{Z}_2[x]/(x^2+x+1)$의 기저임을 보여라.

6.1 연습문제

K는 언제나 F의 확대체를 나타낸다.

1. K가 $\mathbb{Z}_9$의 n차원 확대체이면, K의 원소들의 가능한 최대 개수는?

2. $\{v_1,\ v_2,\ \cdots,\ v_n\}$은 F 위에서 K의 기저이고 $c_1,\ \cdots,\ c_n$은 F의 영이 아닌 원소라 하자. $\{c_1v_1,\ c_2v_2,\ \cdots,\ c_nv_n\}$도 역시 F 위에서 K의 기저임을 증명하라.

3. $F,\ K,\ L$과 $u_i,\ v_j$는 정리 6.1.5의 증명에서와 같다고 하자. 모든 곱 u_iv_j는 영이 아님을 증명하라.

4. $\sqrt{3}$은 $\mathbb{Q}$ 위에서 1과 $\sqrt{2}$의 선형 결합이 아님을 증명하라.

5. $\{1, \sqrt{2}, \sqrt{3}, \sqrt{6}\}$은 $\mathbb{Q}$ 위에서 선형 독립임을 보여라.

6. v는 영아닌 실수라 하자. $\{1, v\}$가 $\mathbb{Q}$ 위에서 선형 독립일 필요충분조건은 v가 유리수인 것이다. 이를 증명하라.

7. K가 F 위에서 꼭 한 개의 기저를 가질 필요충분조건은 $K = F \cong \mathbb{Z}_2$인 것이다. 이를 증명하라.

8. $1_F + 1_F \neq 0_F$라 가정하자. $\{u, v, w\}$가 F 위에서 K의 기저이면, $\{u+v, v+w, u+w\}$ 역시 기저임을 증명하라.

9. $\{v_1, v_2, \cdots, v_n\}$가 F 위에서 K의 기저일 필요충분조건은 K의 모든 원은 $v_1, \cdots, v_n$의 선형 결합으로 유일하게 나타낼 수 있는 것이다("유일성"은 $w = c_1v_1 + \cdots + c_nv_n$이고 $w = d_1v_1 + \cdots + d_nv_n$이면 모든 i에 대하여 $c_i = d_i$임을 의미한다). 이를 증명하라.

10. $p(x) = a_0 + a_1x + \cdots + a_nx^n$은 $F[x]$에서 기약이고 L은 F의 확대체 $F[x]/(p(x))$라 하자. L은 F 위에서 차원 n을 가짐을 증명하라.

11. K의 부분집합 $\{u_1, \cdots, u_t\}$가 F 위에서 선형 독립이고 $w \in K$가 u들의 선형 결합이 아니면, $\{u_1, \cdots, u_t, w\}$는 선형 독립임을 증명하라.

12. $S = \{v_1, \cdots, v_t\}$가 F 위에서 K를 만들면, S의 어떤 부분집합은 F 위에서 K의 기저임을 증명하라.

13. K의 부분집합 $\{v_1, \cdots, v_n\}$은 F 위에서 선형 독립이고 $w = c_1v_1 + \cdots + c_nv_n$이라 가정하자. 여기서 $c_i \in F$이다. 집합 $\{w - v_1, w - v_2, \cdots, w - v_n\}$가 F 위에서 선형 독립일 필요충분조건은 $c_1 + \cdots + c_n \neq 1_F$인 것이다. 이를 증명하라.

14. $[K : F] = n$이라 하자. 다음의 조건들은 논리적으로 같음을 증명하라 :
(i) $\{v_1, \cdots, v_n\}$은 F 위에서 K를 확장한다(span).
(ii) $\{v_1, \cdots, v_n\}$은 F에서 선형 독립이다.
(iii) $\{v_1, \cdots, v_n\}$은 F에서 K의 기저다.

15. F, K와 L은 $F \subset K \subset L$인 체이고 $[L : F]$가 유한하면, $[K : F]$는 유한하고 $[K : F] \leq [L : F]$임을 증명하라.

16. $[K:F]=p$ 이고 p 가 소수이면, $F \subsetneq E \subsetneq K$ 인 체 E 가 존재하지 않음을 증명하라. [도움말 : 정리 6.1.5]

6.1 유제풀이

유제 6.1.1 $\{v_1, v_2, \cdots, v_n\}$가 F 위에서 K를 생성하고 w가 K의 임의의 원이면, $\{w, v_1, v_2, \cdots, v_n\}$가 역시 K를 생성함을 보여라. 여기서 K는 F의 확대체이다.

[풀이] 임의로 $u \in K$를 택하자. 그러면 $b_i \in F$, $(i=1, \cdots, n)$가 존재하여 $u = b_1v_1 + \cdots + b_nv_n$이 된다. $w \in K$ 이므로, $c_i \in F\,(i=1, \cdots, n)$가 존재하여 $w = c_1v_1 + \cdots + c_nv_n$이다. 따라서 $u - w = (b_1 - c_1)v_1 + \cdots + (b_1 - c_1)v_n$ 이므로 $u = 1_Fw + (b_1 - c_1)v_1 + \cdots + (b_n - c_n)v_n$이다. 모든 $i = 1, \cdots, n$에 대해서 1_F, $(b_i - c_i) \in F$이다. 따라서 $\{w, v_1, \cdots, v_n\}$ 역시 F 위에서 K를 만든다.

유제 6.1.2-1 0_F을 포함하는 K의 임의의 부분집합은 F 위에서 선형 종속임을 증명하라. 여기서 K는 F의 확대체이다.

[풀이] $\{0_F, u_2, \cdots, u_n\}$은 K의 임의의 부분집합이라 하자. 그러면 영이 아닌 계수가 다음과 같이 존재하여 $1_F0_F + 0_Fu_2 + \cdots + 0_Fu_n = 0_F$을 만족한다. 따라서 $\{0_F, u_2, \cdots, u_n\}$는 F 위에서 선형 종속이다.

유제 6.1.2-2 $S = \{v_1, \cdots, v_k\}$가 K의 선형 종속인 부분집합이면, S를 포함하는 K의 임의의 부분집합은 역시 F 위에서 선형 종속임을 증명하라. 여기서 K는 F의 확대체이다.

[풀이] $\{v_1, \cdots, v_k, w_1, \cdots, w_k\}$는 S를 포함하는 K의 임의의 부분집합이라 하자. $S = \{v_1, \cdots, v_k\}$는 F 위에서 선형 종속이므로, $c_i \in F$ (모두가 0은 아님)가 존재하여 $c_1v_1 + \cdots + c_kv_k = 0_F$을 만족한다. 따라서

$$c_1v_1 + \cdots + c_kv_k + 0_Fw_1 + \cdots + 0_Fw_t = 0_F$$

이다. 따라서 $\{v_1, \cdots, v_k, w_1, \cdots, w_k\}$는 F 위에서 선형 종속이다.

유제 6.1.3-1 v가 K의 영이 아닌 원소이면, $\{v\}$는 F 위에서 선형 독립임을 증명하라. 여기서 K는 F의 확대체이다.

[풀이] 임의의 $c \in F$에 대하여, $cv = 0_F$라 가정하자. $v \neq 0_K$이므로, $c = 0_F$ 이어야 한다. 그러므로 $\{v\}$는 F 위에서 선형 독립이다.

유제 6.1.3-2 K의 부분집합 $T = \{u_1, \cdots, u_t\}$가 F 위에서 선형 독립이면, T의 임의의 공집합이 아닌 부분집합 역시 선형 독립임을 증명하라. 여기서 K는 F의 확대체이다.

[풀이] $\{v_1, \cdots, v_r\}$은 T의 공집합이 아닌 임의의 부분집합이라 하고 임의의 $c_i \in F$에 대하여, $c_1v_1 + \cdots + c_rv_r = 0_F$라 가정하자. 그러면

$$c_1v_1 + \cdots + c_rv_r + 0_F u_{i_1} + \cdots + 0_F u_{i_t} = 0_F, \qquad (*)$$

여기서 $\{u_{i_1}, \cdots, u_{i_k}\} = T \setminus \{v_1, \cdots, v_r\}$이다. T는 F 위에서 선형 독립이므로 (*)에서 $c_1 = 0_F, \cdots, c_r = 0_F$이다. 따라서 $\{v_1, \cdots, v_r\}$은 F 위에서 선형 독립이다.

유제 6.1.3-3 $\{1, \sqrt{2}, \sqrt{3}\}$은 $\mathbb{Q}$ 위에서 선형 독립임을 보여라.

[풀이] $c_i \in \mathbb{Q}$가 있어 $c_1 + c_2\sqrt{2} + c_3\sqrt{3} = 0$라 가정하자. 그러면

$$c_1 + c_2\sqrt{2} = -c_3\sqrt{3}$$

이다. 양변 제곱하여 정돈하면 $2c_1c_2\sqrt{2} = 3c_3^2 - c_1 - 2c_2^2$이고, $c_1c_2 \neq 0$라 가정하면 $\sqrt{2} = \dfrac{3c_3^2 - c_1^2 - 2c_2^2}{2c_1c_2}$이다. 이것은 $\sqrt{2}$가 무리수라는 사실에 모순이다. 이제 $c_1c_2 = 0$이라 가정하면 $c_1 = 0$ 또는 $c_2 = 0$이다. $c_1 = 0$라 가정하자($c_2 = 0$인 경우도 비슷하게 성립한다). 그러면 $c_2\sqrt{2} + c_3\sqrt{3} = 0$이고 양변 제곱하여 정돈하면 $2c_2 + 3c_3 = -c_2c_3\sqrt{6}$이다. $c_2c_3 \neq 0$이라 하면 $\sqrt{6}$이 무리수라는 사실에 모순이므로 $c_2c_3 = 0$이라 가정하면 $c_2 = 0$ 또는 $c_3 = 0$이다.

경우 1 : $c_1 = 0$이고 $c_2 = 0$인 경우. 그러면 $c_3\sqrt{3} = 0$이다. 그러므로 $c_3 = 0$이다.

경우 2 : $c_1=0$이고 $c_3=0$인 경우. 그러면 $c_2\sqrt{2}=0$이다. 그러므로

$c_2=0$이다.

그러므로 어느 경우에나 $c_1=c_2=c_3=0$이다. 따라서 $\{1,\ \sqrt{2},\ \sqrt{3}\}$은 $\mathbb{Q}$ 위에서 선형 독립이다.

유제 6.1.4 $\{1,\ [x]\}$는 $\mathbb{Z}_2$ 위에서 $\mathbb{Z}_2[x]/(x^2+x+1)$의 기저임을 보여라.

[풀이] $\mathbb{Z}_2[x]/(x^2+x+1)=\{0,\ 1,\ [x],\ [x+1]\}$=이고 $\mathbb{Z}_2$의 확대체이다.

$0=0\cdot 1+0[x],\quad 1=1\cdot 1+0[x],\quad [x]=0\cdot 1+1[x],\quad [x+1]=1\cdot 1+1[x]$이다. 따라서 $\mathbb{Z}_2[x]/(x^2+x+1)$의 모든 원소는 $\{1,\ [x]\}$의 선형 결합이다. 이제 임의의 $a,\ b\in\mathbb{Z}_2$에 대하여, $a\cdot 1+b[x]=0$라 가정하자. 그러면

$$a+bx=0 \iff a=b=0$$

이므로 $\{1,\ [x]\}$는 $\mathbb{Z}_2$ 위에서 선형 독립이다. 따라서 $\{1,\ [x]\}$는 $\mathbb{Z}_2$ 위에서 $\mathbb{Z}_2[x]/(x^2+x+1)$의 기저이다.

6.2 단순 확대체

K는 F의 확대체, $u\in K$라 하자. $F(u)$는 F와 u를 모두 포함하는 K의 모든 부분체들의 교집합이라 하자. (적어도 K가 이 부분체들의 족의 원소이므로 이 족은 공집합이 아니다.) K의 모든 부분체들의 교집합도 체이므로, $F(u)$는 체이다. $F(u)$의 정의에 의하여, $F(u)$는 F와 u를 모두 포함하는 K의 모든 부분체에 포함된다. 그러므로 $F(u)$는 F와 u를 포함하는 K의 가장 작은 부분체이다. 이때, $F(u)$를 F의 **단순 확대체**(a simple extension)라 한다. 하지만 $F(u)$의 구체적인 모습에 대해서 아무것도 말해주지 않는다. 따라서 단순 확대체 $F(u)$에 대한 더 정확한 설명이 필요하다. $F(u)$의 구조는 결국 u가 $F[x]$의 어떤 다항식의 근이냐 아니냐에 달려있음이 드러나게 된다.

F의 확대체 K의 원소 u가 F 위에서 **대수적**(algebraic)이라는 뜻은 u가 $F[x]$의 어떤 영이 아닌 다항식의 근임을 의미한다. K의 원소 u가 모든 $F[x]$의 영이 아닌 다항식의

근이 아니면 u를 F 위에서 **초월적(transcendental)**이라 한다.

| 보기 6.2.1 | $\mathbb{R}$의 확대체 $\mathbb{C}$에서, i는 $\mathbb{R}$ 위에서 대수적이다. 왜냐하면 i는 $x^2+1\in\mathbb{R}[x]$의 근이기 때문이다. 쉽게 $2+i\in\mathbb{C}$가 $x^3-x^2-7x-15\in\mathbb{Q}[x]$의 근임을 확인할 수 있다. 따라서 $2+i$는 $\mathbb{Q}$ 위에서 대수적이다. 비슷하게, $\sqrt[5]{3}$은 x^5-3의 근이므로 $\sqrt[5]{3}$은 $\mathbb{Q}$ 위에서 대수적이다. ■

| 보기 6.2.2 | 체 F의 모든 원소 c는 F 위에서 대수적이다. 왜냐하면 c는 $x-c\in F[x]$의 근이기 때문이다. ■

| 보기 6.2.3 | 실수 π와 e는 $\mathbb{Q}$ 위에서 초월적이다. 이 결과들은 자명하지 않고 19세기 말에 처음으로 증명되었다. ■

u가 F의 확대체 K의 대수적원소이면, u를 근으로 갖는 $F[x]$의 다항식이 많이 있을 수 있다. 다음의 결과는 u를 근으로 갖는 모든 다항식들이 하나의 다항식의 배수임을 보여준다. 이 다항식은 단순 확대체 $F(u)$에 대한 정확한 설명을 할 수 있도록 해줄 것이다.

정리 6.2.1

K는 F의 확대체이고 $u\in K$는 F 위에서 대수적이라 하자. 그러면 u를 근으로 갖는 유일한 **모닉 기약 다항식** $p(x)\in F[x]$가 존재한다. 또한, u가 $g(x)\in F[x]$의 근이면, $p(x)\mid g(x)$이다.

[증명] $S=\{g(x)\in F[x] : g(x)\neq 0_F$ 이고 u는 $g(x)$의 근이다$\}$라 하자. u는 F 위에서 대수적이므로, $S\neq\varnothing$이다. 이제

$$T=\{\deg g(x) : g(x)\in S\}$$

라 하자. 분명히 $\varnothing\neq T\subset\mathbb{Z}^+\cup\{0\}$이다. 여기서 $\mathbb{Z}^+$은 양의 정수들의 집합을 나타낸다. 정렬순서 공리에 의하여, T는 최소원소를 갖는다. $p(x)$를 S의 최소차수의 다항식이라 하자. $p(x)$의 모든 영이 아닌 상수 배수는 근으로서 u를 갖는 같은 차수의 다항식이다. 즉, $cp(x)$, $c\neq 0$은 u를 근으로 갖고 차수는 $p(x)$와 같다. 따라서 $p(x)$를 모닉 다항식으로 택할 수 있다(그렇지 않으면, $p(x)$의 최고차 계수의 역으로 곱한다). $p(x)$가 $F[x]$에서 기약이 아니라 가정하자. 그러면 $k(x)$, $t(x)\in$

$F[x]$가 존재하여 $p(x)=k(x)t(x)$, $\deg k(x)<\deg p(x)$ 이고 $\deg t(x)<\deg p(x)$ 이다. 따라서 K에서 $k(u)t(u)=p(u)=0_F$ 이다. K는 체이므로, $k(u)=0_F$ 또는 $t(u)=0_F$ 이므로 $k(x)\in S$ 또는 $t(x)\in S$ 이다. 이것은 $p(x)$가 S의 최소차수의 다항식이라는 사실에 모순이다. 따라서 $p(x)$는 기약이다. 다음에 u를 근으로 갖는 모든 $g(x)\in S$에 대하여 $p(x)|g(x)$임을 보이고자 한다. 나눗셈 알고리즘에 의하여, $q(x)$, $r(x)\in F[x]$가 존재하여 $g(x)=p(x)q(x)+r(x)$, $r(x)=0_F$ 또는 $\deg r(x)<\deg p(x)$ 이다. u는 $g(x)$와 $p(x)$ 모두의 근이므로

$$r(u)=g(u)-p(u)q(u)=0_F-0_F\,q(u)=0_F$$

이다. 따라서 u는 $r(x)$의 근이다. $r(x)\neq 0_F$면, $r(x)\in S$ 이다. 이것은 $p(x)$가 S의 최저차수의 다항식이라는 사실에 모순이다. 그러므로 $r(x)=0_F$ 이 되어 $g(x)=p(x)q(x)$ 이다. 따라서 $p(x)|g(x)$가 된다. 마지막으로 $p(x)$가 꼭 하나임을 증명하기 위하여, $t(x)$가 S의 모닉 기약 다항식이라 가정하자. 그러면 $p(x)|t(x)$이다. $p(x)$는 기약(따라서 비상수다)이고 또한, $t(x)$가 기약이므로, $c\in F$이 존재하여 $t(x)=cp(x)$를 만족한다. 그런데, $p(x)$는 모닉이므로, c는 $cp(x)$의 최고차 항의 계수이다. 따라서 c는 $t(x)$의 최고차 항의 계수이다. $t(x)$는 모닉이므로 $c=1_F$이어야만 한다. 따라서 $p(x)=t(x)$이므로 $p(x)$는 유일하다. ■

K가 F의 확대체이고 $u\in K$가 F 위에서 대수적이면, 정리 6.2.1에서, 모닉 기약 다항식 $p(x)$를 **F 위에서 u의 최소 다항식**(the minimal polynomial of u over F)이라 한다.

| 보기 6.2.4 | x^2-3은 $\sqrt{3}\in\mathbb{R}$을 근으로 갖는 $\mathbb{Q}[x]$의 모닉 기약 다항식이다. 그러므로 x^2-3은 $\mathbb{Q}$ 위에서 $\sqrt{3}$의 최소 다항식이다. x^2-3은 $\mathbb{R}[x]$에서 $(x-\sqrt{3})(x+\sqrt{3})$으로 인수분해되므로 x^2-3은 $\mathbb{R}$ 위에서 가약이다. 따라서 $\mathbb{R}$ 위에서 $\sqrt{3}$의 최소 다항식은 $\mathbb{R}[x]$에서 모닉 기약인 $x-\sqrt{3}$이다. ■

| 보기 6.2.5 | $u=\sqrt{3}+\sqrt{5}\in\mathbb{R}$라 하자. 그러면

$$u^2=3+2\sqrt{3}\sqrt{5}+5=8+2\sqrt{15}$$

이므로 $u^2-8=2\sqrt{15}$ 이다. 그러므로

$$(u^2-8)^2=60 \iff (u^2-8)^2-60=0$$

이다. 따라서 $u = \sqrt{3}+\sqrt{5}$는 $(x^2-8)^2-60 = x^4-16x^2+4 \in \mathbb{Q}[x]$의 근이다. 이 다항식이 $\mathbb{Q}[x]$에서 기약임을 증명하라(연습문제 6.2.11). 따라서 이 다항식은 $\mathbb{Q}$ 위에서 $\sqrt{3}+\sqrt{5}$의 최소 다항식이다. ■

정리 6.2.2

K는 F의 확대체이고, $u \in K$가 F 위에서 대수적이라 하자. $p(x)$를 원소 u의 n차의 최소 다항식이라 하면

(1) $F(u) \cong F[x]/(p(x))$.

(2) $\{1_F, u, u^2, \cdots, u^{n-1}\}$는 F 위에서 $F(u)$의 기저이다.

(3) $[F(u) : F] = n$이다.

[증명] (1) : $F(u)$는 u를 포함하는 체이므로, $F(u)$는 u의 모든 양의 거듭 제곱을 포함한다. $F(u)$는 역시 F를 포함하므로, $F(u)$는 $b_i \in F$일 때 모든 $b_0+b_1u+b_2u^2+\cdots+b_tu^t$ 꼴을 포함한다. 즉, $F(u)$는 모든 $f(x) \in F[x]$에 대하여 원소 $f(u)$를 포함한다. $\varphi(f(x)) = f(u)$로 주어지는 함수 $\varphi : F[x] \to F(u)$는 환들의 준동형 사상임을 증명하라(각자). u를 근으로 가지는 모든 다항식 $f(x) \in F[x]$는 $f(u)=0$이므로 $\varphi(f(x)) = f(u) = 0$이다. 따라서 이 다항식은 정확히 φ의 핵, 즉, $\ker\varphi$의 원소이다. $f(x) \in \ker\varphi$이면 $\varphi(f(x)) = f(u) = 0$이므로 $f(x)$는 u를 근으로 갖는다. 따라서 정리 6.2.1에 의하여, u를 근으로 갖는 모든 다항식은 $p(x)$의 배수이므로 $\ker\varphi$는 주 이데알 $(p(x))$다. 따라서 제1 동형정리 3.14.6에 의하여, 합동류(나머지류) $[f(x)]$를 $f(u)$에 대응시키는 함수에 의해서, $F[x]/(p(x)) \cong \operatorname{im}\varphi$이다. 더욱이, $p(x)$는 기약이므로, 정리 3.12.1에 의하여 몫환 $F[x]/(p(x))$는 체다. 그러므로 $\operatorname{im}\varphi$는 체다. 모든 상수 다항식은 φ에 의하여 자신으로 대응된다. 또한 $\varphi(x) = u$이다. 따라서 $\operatorname{im}\varphi$는 F와 u를 모두 포함하는 $F(u)$의 부분체다. 즉, $\operatorname{im}\varphi \subseteq F(u)$이다. $F(u)$는 F와 u를 포함하는 K의 가장 작은 부분체이므로, $F(u) = \operatorname{im}\varphi \cong F[x]/(p(x))$이다.

(2)와 (3) : $F(u) = \operatorname{im}\varphi$이므로, $F(u)$의 모든 영이 아닌 원소는 어떤 $f(x) \in F[x]$에 대하여 $f(u)$ 꼴이다. $\deg p(x) = n$이면 나눗셈 알고리즘에 의하여, $f(x) = p(x)q(x)+r(x)$이고

$$r(x) = b_0+b_1x+\cdots+b_{n-1}x^{n-1} \in F[x]$$

이다. 따라서

$$f(u) = p(u)q(u) + r(u) = 0_F\, q(u) + r(u)$$
$$= r(u) = b_0 1_F + b_1 u + \cdots + b_{n-1}u^{n-1}$$

이므로 집합 $\{1_F,\ u,\ u^2,\ \cdots,\ u^{n-1}\}$은 $F(u)$를 만든다. 이 집합이 선형 독립임을 보이기 위하여, $c_0 + c_1 u + \cdots + c_{n-1}u^{n-1} = 0_F$라 가정하자. 여기서 각 $c_i \in F$이다. 그러면 u는

$$c_0 + c_1 x + \cdots + c_{n-1}x^{n-1}$$

의 근이다($n-1$ 이하의 차수를 갖는). 이 다항식은 (차수 n을 갖는) $p(x)$에 의하여 나누어져야만 한다. 이것은 $c_0 + c_1 x + \cdots + c_{n-1}x^{n-1}$이 영 다항식, 즉, 각 $c_i = 0_F$일 때에만 생길 수 있다. 따라서 $\{1_u,\ u,\ u^2,\ \cdots,\ u^{n-1}\}$은 F 위에서 선형 독립이다. 그러므로 $\{1_u,\ u,\ u^2,\ \cdots,\ u^{n-1}\}$은 $F(u)$의 기저다. 따라서 $[F(u) : F] = n$이다. ■

정리 6.2.2는 u가 F 위에서 대수적일 때, $F(u)$는 K에 관계없고 $F[x]$와 최소 다항식 $p(x)$에 의하여 완전히 결정됨을 보여준다. 그러므로, 때때로 $F(u)$는 u를 F에 첨가하여 얻어지는 체(the field obtained by adjoining u to F)라 한다.

| 보기 6.2.6 | $x^2 - 3$은 $\mathbb{Q}$ 위에서 $\sqrt{3}$의 최소 다항식이다. $n = 2$일 때 정리 6.2.2를 적용시킴으로써, $\{1,\ \sqrt{3}\}$이 $\mathbb{Q}$ 위에서 $\mathbb{Q}(\sqrt{3})$의 기저임을 알 수 있다. 그러므로 $[\mathbb{Q}(\sqrt{3}) : \mathbb{Q}] = 2$이다. 비슷하게, $\sqrt{3} + \sqrt{5}$는 $\mathbb{Q}$ 위에서 최소 다항식 $x^4 - 16x^2 + 4$를 갖는다. 그러므로 $[\mathbb{Q}(\sqrt{3} + \sqrt{5}) : \mathbb{Q}] = 4$이고 $\{1,\ \sqrt{3} + \sqrt{5},\ (\sqrt{3} + \sqrt{5})^2,\ (\sqrt{3} + \sqrt{5})^3\}$은 $\mathbb{Q}(\sqrt{3} + \sqrt{5})$의 기저이다. ■

정리 6.2.2의 직접적인 결과는 다음과 같다 :

u와 v가 $F[x]$의 같은 최소 다항식 $p(x)$를 가지면 $F(u) \cong F(v)$이다. 왜냐하면, $F(u) \cong F[x]/(p(x))$이고 $F(v) \cong F[x]/(p(x))$이기 때문이다. 이 결과는 u과 v가 F의 같은 확대체의 원소가 아닐 때에도 성립한다. F와 E는 체이고 $\sigma : F \to E$는 동형 사상이라 가정하자. $f(x) = a_0 + a_1 x + a_2 x^2 + \cdots + a_n x^n \in F[x]$를

$$\sigma f(x) = \sigma(a_0) + \sigma(a_1)x + \sigma(a_2)x^2 + \cdots + \sigma(a_n)x^n \in E[x]$$

로 대응시키는 $F[x]$에서 $E[x]$로의 함수는 환들의 동형 사상이다.(각자 해볼 것)

$f(x)=c$가 $F[x]$의 상수 다항식(즉, F의 원소)이면, 이 동형 사상은 c를 $\sigma(c)\in E$로 대응시킨다. 그러므로 이 동형 사상 $F[x]\to E[x]$는 동형 사상 $\sigma : F\to E$를 **확대한다**(To extend)고 말하고 이 확대된 동형 사상을 σ로 나타낸다.

따름정리 6.2.3

함수 $\sigma : F\to E$는 체들의 동형 사상이다. u는 최소 다항식 $p(x)\in F[x]$를 갖는 F의 어떤 확대체의 대수적원소이고 v는 최소 다항식 $\sigma p(x)\in E[x]$를 갖는 E의 어떤 확대체의 대수적원소라 하자. 그러면 σ는 $\overline{\sigma}(u)=v$이고 모든 $c\in F$에 대하여 $\overline{\sigma}(c)=\sigma(c)$인 체들의 동형 사상 $\overline{\sigma} : F(u)\to E(v)$로 확대된다.

[증명] 동형 사상 σ는 같은 이름의 동형 사상 $\sigma : F[x]\to E[x]$로 확대된다. 정리 6.2.2의 증명에 의하여, 동형 사상 $\overline{\tau} : E[x]/(\sigma p(x))\to E(v)$, $\overline{\tau}[g(x)]=g(v)$이 존재한다. $\pi : E[x]\to E[x]/(\sigma p(x))$는 $g(x)\in E[x]$를 $[g(x)]\in E[x]/(\sigma p(x))$로 대응시키는 전사 준동형 사상이다. 합성함수

$$F[x] \xrightarrow{\sigma} E[x] \xrightarrow{\pi} E[x]/(\sigma p(x)) \xrightarrow{\overline{\tau}} E(v)$$

$$f(x) \to \sigma f(x) \to [\sigma f(x)] \to \sigma f(v)$$

를 생각하자. 세 개의 함수 모두 전사이므로, 이 합성함수 역시 전사다. 이 합성함수의 핵은 $\sigma h(v)=0_E$인 모든 $h(x)\in F[x]$로 이루어진다. $\overline{\tau}$가 동형 사상이므로,

$$\sigma h(v)=0_E \iff [\sigma h(x)] \text{는 } E[x]/(\sigma p(x))\text{의 영원의 동치류이다.}$$
$$\iff \sigma p(x)\mid \sigma h(x)$$

이다. $\sigma h(x)=k(x)\cdot\sigma p(x)$이면, 동형 사상 σ의 역에 의하여,

$$h(x)=\sigma^{-1}k(x)p(x)$$

이다. 따라서 이 합성함수의 핵은 $F[x]$에서 주 이데알 $(p(x))$다. 그러므로 제 1 동형정리 6.2.6에 의하여,

$$F[x]/(p(x))\cong E(v)$$

이다. 즉, 동형 사상 $\theta : F[x]/(p(x))\to E(v)$가 존재하여 $\theta([f(x)])=\sigma f(v)$를 만족한다. $\theta([x])=v$이고 각 $c\in F$에 대하여 $\theta([c])=\sigma(c)$이다. 따라서 다음이 성립한다. 여기서 $\overline{\varphi}$는 정리 6.2.2의 동형 사상이다 :

$$F(u) \overset{\overline{\varphi}}{\longleftarrow} F[x]/(p(x)) \overset{\theta}{\longrightarrow} E(v)$$

$$f(u) \ \leftarrow \ [f(x)] \ \rightarrow \ \sigma f(v)$$

$$c \ \leftarrow \ [c] \ \rightarrow \ \sigma(c),\ c \in F$$

따라서 합성함수 $\theta \circ \overline{\varphi}^{-1} : F(u) \rightarrow E(v)$는 σ를 확대하고 u를 v로 대응시키는 동형 사상이다. ■

σ가 항등함수 $F \rightarrow F$인 특별한 경우는, u와 v가 같은 최소 다항식을 가질 때, u를 v에 대응시키고 F의 모든 원소를 자신으로 대응시키는 함수에 대하여 $F(u) \cong F(v)$임을 알 수 있다.

| 보기 6.2.7 | 아이젠스타인의 판정법에 의하여, 다항식 x^3-2는 $\mathbb{Q}[x]$에서 기약이다. 이 다항식은 $\mathbb{R}$에서 $\sqrt[3]{2}$를 근으로 갖는다. $\sqrt[3]{2}\,\omega$은 역시 $\mathbb{C}$에서 x^3-2의 근임을 확인할 수 있다. 여기서

$$\omega = \frac{-1+\sqrt{3}\,i}{2}$$

는 1의 복소수 세제곱근이다. 따름정리 6.2.3을 항등함수 $\mathbb{Q} \rightarrow \mathbb{Q}$에 적용함으로써 $\sqrt[3]{2}$를 $\sqrt[3]{2}\,\omega$에 대응시키고 $\mathbb{Q}$의 모든 원소를 자신으로 대응시키는 함수에 대하여 실수부분체 $\mathbb{Q}(\sqrt[3]{2})$는 복소수부분체 $\mathbb{Q}(\sqrt[3]{2}\,\omega)$와 동형임을 알 수 있다. ■

예제 | 6.2.1 $u \in K$이고 $c \in F$이면, $F(u+c) = F(u) = F(cu)$임을 증명하라. 여기서 K는 F의 확대체이다.

[풀이] 분명히 $F \subset F(u+c)$이고 $F \subset F(u)$이다. 가정에서, $c \in F$이고 $u \in F(u)$이므로 $u+c \in F(u)$이다. 그런데 $F(u+c)$는 F와 $u+c$를 포함하는 K의 가장 작은 부분체이다. 따라서 $F(u+c) \subset F(u)$이다. 한편

$$u = (u+c) - c \in F(u+c)$$

이고 $F(u)$는 u와 F를 포함하는 K의 가장 작은 부분체이다. 따라서

$$F(u) \subset F(u+c)$$

이므로 $F(u+c) = F(u)$이다. 비슷하게 $F(u) = F(cu)$임을 증명할 수 있다. ■

유제 6.2.1 $\mathbb{Q}(3+i)=\mathbb{Q}(1-i)$ 임을 증명하라.

예제 6.2.2 $3+5i$가 $\mathbb{Q}$ 위에서 대수적임을 증명하라.

[풀이] $u=3+5i$라 하자. 그러면 $u-3=5i$이고 $(u-3)^2=-25$ 또는 $u^2-6u+34=0$이다. 분명히 $x^2-6x+34\in\mathbb{Q}[x]$이고 $3+5i$는 $x^2-6x+34$의 근임을 알 수 있다. 따라서 $3+5i\in\mathbb{C}$는 $\mathbb{Q}$ 위에서 대수적이다. ■

유제 6.2.2 $1+\sqrt[3]{2}$는 $\mathbb{Q}$ 위에서 대수적임을 증명하라.

예제 6.2.3 L은 $F\subset K\subset L$인 체이고 $u\in L$가 F 위에서 대수적이면, u는 K 위에서 대수적임을 증명하라.

[풀이] $u\in L$가 F 위에서 대수적이므로, u를 근으로 하는 $p(x)\in F[x]$가 존재한다. $F\subset K$이므로, $F[x]\subset K[x]$이다. 그러면 $p(x)\in K[x]$이다. 따라서 u는 $p(x)\in K[x]$의 근이다. 따라서 u는 K 위에서 대수적이다. ■

유제 6.2.3 $\sqrt{\pi}$는 $\mathbb{Q}(\pi)$ 위에서 대수적임을 증명하라.

예제 6.2.4 $\mathbb{Q}$ 위에서 $\sqrt{1+\sqrt{5}}$의 최소 다항식을 구하라.

[풀이] $u=\sqrt{1+\sqrt{5}}$라 하자. 그러면 $u^2=1+\sqrt{5}$이므로 $u^2-1=\sqrt{5}$이다. 양변을 제곱하여 정돈하면, $u^4-2u^2-4=0$이다. 분명히 $x^4-2x^2-4\in\mathbb{Q}[x]$는 모닉 기약 다항식이다. 따라서 x^4-2x^2-4는 $\mathbb{Q}$ 위에서 최소 다항식이다. ■

유제 6.2.4 $\mathbb{Q}$와 $\mathbb{R}$ 위에서 $\sqrt{2}+i$의 최소 다항식을 구하라.

유제 6.2.5 유리수체 $\mathbb{Q}$ 위의 기약 다항식 $f(x)=x^3-2x+2$에 대하여 $f(x)$의 한 근 α를 포함하는 $\mathbb{Q}$의 확대체를 $\mathbb{Q}(\alpha)$라 하자. 이때, $\mathbb{Q}(\alpha)$에서 $3+\alpha$의 곱셈에 대한 역원을 구하시오.

유제 6.2.6 체(field) F 위의 기약 다항식

$$f(x)=a_nx^n+a_{n-1}x^{n-1}+\cdots+a_1x+a_0\in F[x]$$

(단, $a_n \neq 0$)에 대하여 $f(x)$의 한 개의 근을 포함하는 F의 확대체가 존재함을 보이시오.

유제 6.2.7 E는 체 F의 확대체이고, $F[x]$는 F 위의 다항식환이다. $\alpha \in E$가 F 위에서 대수적일 때, 함수 $\phi_\alpha : F[x] \to E$는 $f(x) \in F[x]$에 대하여 $\phi_\alpha(f(x)) = f(\alpha)$로 정의된 환 준동형 사상이다. 다음 명제 중 참인 것은 증명하고 거짓인 것은 이유를 설명하라.

(1) $\ker \phi_\alpha \neq 0$

(2) $F[x]/\ker \phi_\alpha$와 E는 서로 환 동형이다.

(3) $\ker \phi_\alpha$는 $F[x]$의 소 이데알이다.

6.2 연습문제

K는 F의 확대체이다.

1. $\{E_i : i \in I\}$는 K의 부분체들의 족이라 하자. $\bigcap_{i \in I} E_i$는 K의 부분체임을 증명하라.

2. $u \in K$이면 $F(u^2) \subset F(u)$임을 증명하라.

3. $\sqrt{i - \sqrt{2}}$가 $\mathbb{Q}$ 위에서 대수적임을 증명하라 :

4. $u \in K$이고, u^2가 F 위에서 대수적이면, u는 F 위에서 대수적임을 증명하라.

5. L은 $F \subset K \subset L$인 체이고, $u \in L$가 F 위에서 대수적이면, u는 K 위에서 대수적임을 증명하라.

6. $u,\ v \in K$이고, $u+v$가 F 위에서 대수적이면, u는 $F(v)$ 위에서 대수적임을 증명하라.

7. $u \in K$가 F 위에서 초월적이고, $0_F \neq c \in F$이면 $u+1_F$, cu와 u^2 각각은 F 위에서 초월적임을 증명하라.

8. $[\mathbb{Q}(\sqrt[6]{2}) : \mathbb{Q}]$를 구하라.

9. $a+bi \in \mathbb{C}$ 이고, $b \neq 0$이면 $\mathbb{C} = \mathbb{R}(a+bi)$임을 증명하라.

10. $[K:F]$는 소수이고, $u \in K$가 F 위에서 대수적이면 $F(u) = K$ 또는 $F(u) = F$임을 보여라.

11. $x^4 - 16x^2 + 4$는 $\mathbb{Q}[x]$에서 기약임을 증명하라.

12. $\mathbb{C}$의 모든 원은 $\mathbb{R}$ 위에서 대수적임을 보여라.

13. $u \in K$가 F 위에서 대수적이고, $c \in F$이면, $u + 1_F$와 cu는 F 위에서 대수적임을 증명하라.

14. $\mathbb{Q}$ 위에서 다음의 원소의 최소 다항식을 구하라 :

$$\sqrt{3}\,i + \sqrt{2}$$

15. u는 $F(x)$에서 최소 다항식이 소수차수를 갖는 K의 대수적 원이라 하자. E가 $F \subset E \subset F(u)$인 체이면, $E = F$ 또는 $E = F(u)$임을 보여라.

16. u는 $F[x]$에서 최소 다항식이 홀수차수를 갖는 K의 대수적 원이면, $F(u) = F(u^2)$임을 증명하라.

17. $F = \mathbb{Q}(\pi^4)$이고 $K = \mathbb{Q}(\pi)$라 하자. π는 F 위에서 대수적임을 보이고 F 위에서 K의 기저를 구하라.

18. r과 s가 영이 아니면, $\mathbb{Q}(\sqrt{r}) = \mathbb{Q}(\sqrt{s})$일 필요충분조건은 $t \in \mathbb{Q}$가 존재하여 $r = t^2 s$를 만족하는 것이다. 이를 증명하라.

19. K는 $[K:\mathbb{Q}] = 2$인 $\mathbb{Q}$의 확대체이면, 어떤 제곱이 없는 정수 d에 대하여 $K = \mathbb{Q}(\sqrt{d})$임을 증명하라.

20. $u \in K$가 F 위에서 초월적이면, $F(u) \cong F(x)$임을 증명하라. 여기서 $F(x)$는 보기 4.3.1에서 만들어졌듯이, $F[x]$의 몫들의 체다. [도움말 : $f(x)/g(x)$를 $f(u)g(u)^{-1}$로 대응시키는 $F(x)$에서 $F(u)$로의 함수를 생각하라.]

6.2 유제풀이

유제 6.2.1 $\mathbb{Q}(3+i)=\mathbb{Q}(1-i)$ 임을 증명하라.

[풀이] $3\in\mathbb{Q}(1-i)$이고 $-i=1-i-1\in\mathbb{Q}(1-i)$이다. $\mathbb{Q}(1-i)$은 체이므로 $3+i=3-(-i)\in\mathbb{Q}(1-i)$이다. 그런데 $\mathbb{Q}(3+i)$은 $\mathbb{Q}$와 $3+i$를 포함하는 가장 작은 체이므로 $\mathbb{Q}(3+i)\subseteq\mathbb{Q}(1-i)$ 이다. 비슷하게 $1\in\mathbb{Q}(3+i)$이고 $-i=-(3+i)+3\in\mathbb{Q}(3+i)$이므로 $1-i\in\mathbb{Q}(3+i)$이다. $\mathbb{Q}(1-i)$은 $\mathbb{Q}$와 $1-i$를 포함하는 가장 작은 체이므로 $\mathbb{Q}(3+i)\supseteq\mathbb{Q}(1-i)$이다.

유제 6.2.2 $1+\sqrt[3]{2}$는 $\mathbb{Q}$ 위에서 대수적임을 증명하라.

[풀이] $u=1+\sqrt[3]{2}$라 하자. 그러면 $u-1=\sqrt[3]{2}$이다. 따라서 $u^3-3u^2+3u-1=2$ 또는 $u^3-3u^2+3u-3=0$이다. 분명히 $1+\sqrt[3]{2}$는 $x^3-3x^2+3x-3\in\mathbb{Q}[x]$의 근이다. 따라서 $1+\sqrt[3]{2}\in\mathbb{R}$는 $\mathbb{Q}$ 위에서 대수적이다.

유제 6.2.3 $\sqrt{\pi}$는 $\mathbb{Q}(\pi)$ 위에서 대수적임을 증명하라.

[풀이] 분명히 $\mathbb{Q}\subset\mathbb{Q}(\pi)$이고 $\pi\in\mathbb{Q}(\pi)$이다. $u=\sqrt{\pi}$라 하자. 그러면 $u^2=\pi$ 또는 $u^2-\pi=0$이다. 그러므로 $\sqrt{\pi}$는 $u^2-\pi\in\mathbb{Q}(\pi)[x]$의 근이다. 따라서 $\sqrt{\pi}$는 $\mathbb{Q}(\pi)$ 위에서 대수적이다.

유제 6.2.4 $\mathbb{Q}$와 $\mathbb{R}$ 위에서 $\sqrt{2}+i$의 최소 다항식을 구하라.

[풀이] $\mathbb{Q}$ 위에서 생각하자. $x=\sqrt{2}+i$라 하자. 그러면 $x-\sqrt{2}=i$의 양변을 제곱하면 $x^2-2\sqrt{2}x+2=-1$ 또는 $x^2-2\sqrt{2}x+3=0$이다. $x^2+3=2\sqrt{2}x$ 양변을 제곱하여 정돈하면 $x^4-2x^2+9=0$이 되고 $x^4-2x^2+9\in\mathbb{Q}[x]$는 모닉 기약 다항식임을 쉽게 보일 수 있다. 따라서 x^4-2x^2+9는 $\mathbb{Q}$ 위에서 $x=\sqrt{2}+i$의 최소 다항식이다. $\mathbb{R}$ 위에서 $x=\sqrt{2}+i$라 하자. 그러면 $x-\sqrt{2}=i$의 양변을 제곱하면 $x^2-2\sqrt{2}x+2=-1$ 또는 $x^2-2\sqrt{2}x+3=0$이다. 분명히 $x^2-2\sqrt{2}x+3\in\mathbb{R}[x]$는 모닉 기약 다항식이다. 따라서 $x^2-2\sqrt{2}x+3$은 $\mathbb{R}$ 위에서 $x=\sqrt{2}+i$의 최소 다항식이다.

유제 6.2.5 유리수체 $\mathbb{Q}$ 위의 기약 다항식 $f(x)=x^3-2x+2$에 대하여 $f(x)$의 한 근 α를 포함하는 $\mathbb{Q}$의 확대체를 $\mathbb{Q}(\alpha)$라 하자. 이때, $\mathbb{Q}(\alpha)$에서 $3+\alpha$의 곱셈

에 대한 역원을 구하시오.

[풀이] 유리수체 $\mathbb{Q}$ 위의 기약 다항식 $f(x)$는 나머지정리에 의해서 $f(x)=x^3-2x+2=(3+x)(x^2-3x+7)-19$가 성립한다.

$$0=f(\alpha)=\alpha^3-2\alpha+2=(3+\alpha)(\alpha^2-3\alpha+7)-19$$

가 성립하므로 $(3+\alpha)(\alpha^2-3\alpha+7)=19$이고

$$(3+\alpha)\frac{1}{19}(\alpha^2-3\alpha+7)=1$$

이 성립한다. 따라서 $\mathbb{Q}(\alpha)$에서 $3+\alpha$의 곱셈에 대한 역원은 $\frac{1}{19}(\alpha^2-3\alpha+7)$이다.

유제 6.2.6 체 F 위의 기약 다항식

$$f(x)=a_nx^n+a_{n-1}x^{n-1}+\cdots+a_1x+a_0\in F[x]$$

(단, $a_n\neq 0$)에 대하여 $f(x)$의 한 개의 근을 포함하는 F의 확대체가 존재함을 보이시오.

[풀이] $f(x)$의 한 근을 α라 하자. 이때 $f(x)\in F[x]$는 F 위에서 기약 다항식이므로 $\alpha\not\in F$이고 $f(\alpha)=0$이어서 α는 F 위에서 대수적이다. 이때 $F(\alpha)$는 F의 단순 확대체이고 (또한 대수적 확대체) $[F(\alpha):F]=n>1$이다. 따라서 주어진 기약 다항식 $f(x)$에 대하여 한 개의 근을 포함하는 F의 확대체가 존재한다.

유제 6.2.7 E는 체 F의 확대체이고, $F[x]$는 F 위의 다항식환이다. $\alpha\in E$가 F 위에서 대수적일 때, 함수 $\phi_\alpha: F[x]\to E$는 $f(x)\in F[x]$에 대하여 $\phi_\alpha(f(x))=f(\alpha)$로 정의된 환 준동형 사상이다. 다음 명제 중 참인 것은 증명하고, 거짓인 것은 이유를 설명하라.

(1) $\ker\phi_\alpha\neq 0$

(2) $F[x]/\ker\phi_\alpha$와 E는 서로 환 동형이다.

(3) $\ker\phi_\alpha$는 $F[x]$의 소 이데알이다.

[풀이] (1) $\alpha\in E$가 F 위의 대수적이므로 모닉 기약 다항식 $p(x)\in F[x]$가 존재한다. 그러면 $p(\alpha)=0$이다. $\ker\phi_\alpha=\{f(x)\in F[x]\mid \phi(f(x))=0\}=\{f(x)\in F[x]\mid f(\alpha)=0\}$이고 $p(x)\mid f(x)$이다. 따라서 적당한 다항식 $q(x)\in F[x]$가 존재하여 $f(x)=p(x)q(x)$를 만족한다. 따라서

$$\ker \phi_\alpha = \{f(x) \in F[x] \mid f(x) = p(x)q(x)\}$$
$$= \{p(x)q(x) | q(x) \in F[x]\} = < p(x) > \neq \{0\}$$

이다.

(2) 제1 동형정리에 의해 $F[x]/\ker\phi_\alpha \cong \mathrm{im}\,\phi_\alpha$이다. 그런데 $\mathrm{im}\,\phi_\alpha = \phi_\alpha(f(x)) = f(\alpha) \subset E$이므로 $\mathrm{im}\,\phi_\alpha \neq E$이다. 따라서 동형이 아니다.

(3) $P = \ker \phi_\alpha$라 하자. 그러면 $P \neq F[x]$이다. $f(x)$, $g(x) \in F[x]$일 때, $f(x)g(x) \in \ker \phi_\alpha$이면 $\phi_\alpha(f(x)g(x)) = f(\alpha)g(\alpha) = 0 \in E$이다. E는 체이므로 정역이다. 그러므로 $f(\alpha) = 0$ 또는 $g(\alpha) = 0$이다. 따라서 $f(x) \in \ker \phi_\alpha$ 또는 $g(x) \in \ker \phi_\alpha$이다. 즉, $\ker \phi_\alpha$는 $F[x]$의 소 이데알이다.

6.3 대수적 확대체

체 F의 확대체 K가 F의 **대수적 확대체**(an algebraic extension of F)라는 것은 K의 모든 원소가 F 위에서 대수적원소임을 의미한다.

| 보기 6.3.1 | $a + bi \in \mathbb{C}$이면, $a + bi$는

$$(x - (a + bi))(x - (a - bi)) = x^2 - 2ax + (a^2 + b^2) \in \mathbb{R}[x]$$

의 근이다. 그러므로 $a + bi$는 $\mathbb{R}$ 위에서 대수적이다. 따라서 $\mathbb{C}$는 $\mathbb{R}$의 대수적 확대체이다. 한편, $\mathbb{C}$도 $\mathbb{R}$도 $\mathbb{Q}$의 대수적 확대체가 아니다. 왜냐하면 $\mathbb{Q}$ 위에서 대수적이 아닌 (π와 e와 같은) 실수가 존재하기 때문이다. ■

정리 6.2.2에 의하여, F 위에서 모든 대수적원소 u는 F의 어떤 유한차원 확대체, 즉, $F(u)$의 원소이다.

정리 6.3.1

K가 F의 유한차원 확대체이면, K는 F의 대수적 확대체이다.

[증명] 가정에 의하여, K는 F 위에서 유한 기저를 갖는다. $[K:F]=n$이라 하자. 보조정리 6.1.2에 의하여, K의 모든 선형 독립인 원소들의 집합은 n개 이하의 원소들을 갖는다. $u\in K$이라고 하자. 위수가 $n+1$인 집합 $\{1_F,\ u,\ u^2,\ \cdots,\ u^n\}$, $u\in K$은 선형 종속이다. 따라서 모두 영이 아닌 $c_i\in F$가 존재하여

$$c_0 1_F + c_1 u + c_2 u^2 + \ \cdots\ + c_n u^n = 0_F$$

이다. 그러므로 u는 영이 아닌 다항식

$$c_0 + c_1 x + c_2 x^2 + \ \cdots\ + c_n x^n \in F[x]$$

의 근이다. 그러므로 u는 F 위에서 대수적이다. 따라서 K는 F의 대수적 확대체이다. ■

F의 확대체 K가 초월원소 u를 포함하면, K는 F 위에서 무한차원이어야만 한다(그렇지 않으면, 정리 6.3.1에 의하여, u는 대수적이다). 그럼에도 불구하고, 무한차원 대수적 확대체가 존재(연습문제 6.3.14)하므로, 정리 6.3.1의 역은 성립하지 않는다.

F와 u를 포함하는 최소의 확대체 $F(u)$가 대수적 확대체라는 결론에 이르기 위하여 하나의 원소 u가 F 위에서 대수적임을 증명하기만 하면 된다. 이것은 단순 확대체의 개념을 일반화하는 것은 유한개의 원소들만을 확인함으로써 대수적 확대체성이 결정될 수 있는 체가 될 수 있음을 암시한다.

$u_1,\ u_2,\ \cdots,\ u_n$이 F의 확대체 K의 원소들일 때, $F(u_1,\ u_2,\ \cdots,\ u_n)$를 F와 모든 u_i를 포함하는 K의 모든 부분체들의 교집합이라 하자. 단순 확대체의 경우에서처럼 $F(u_1,\ u_2,\ \cdots,\ u_n)$은 F와 모든 u_i를 포함하는 K의 가장 작은 부분체다. 이때, $F(u_1,\ u_2,\ \cdots,\ u_n)$를 $u_1,\ u_2,\ \cdots,\ u_n$이 만드는 F의 **유한하게 만들어진 확대체**(a finitely generated extension of F)라 한다.

| 보기 6.3.2 | 체 $\mathbb{Q}(\sqrt{3},\ i)$는 체 $\mathbb{Q}$와 원소 $\sqrt{3}$과 i를 모두 포함하는 $\mathbb{C}$의 가장 작은 부분체다. ■

| 보기 6.3.3 | 유한하게 만들어지는 확대체는 실제로 단순 확대체일 수 있다. 예컨대 체

$\mathbb{Q}(i)$는 i와 $-i$를 모두 포함한다. 그러므로 $\mathbb{Q}(i,\ -i)=\mathbb{Q}(i)$이다. ■

| 보기 6.3.4 | 모든 유한차원 확대체는 역시 유한하게 만들어진다. 이를 증명하라.

[풀이] K는 임의의 F의 유한차원 확대체이고 $\{u_1,\ \cdots,\ u_n\}$은 F 위에서 K의 기저라 하자. 그러면(계수들이 F의 원소인) u_i들의 모든 선형 결합들은 $F(u_1,\ \cdots,\ u_n)$의 원소이다. 따라서 $K \subseteq F(u_1,\ \cdots,\ u_n)$이다. 반대로 $K \supseteq F(u_1,\ \cdots,\ u_n)$는 $F(u_1,\ \cdots,\ u_n)$의 최소성에 의해 자명하다. ■

유한하게 만들어지는 확대체들을 다루는 열쇠는 단순 확대체들을 연속하여 만들어 줌으로써 얻어질 수 있다.

다음과 같이 $F(u,\ v)=F(u)(v)$임을 보임으로써 설명을 할 수 있다. K가 F의 확대체이고 $u,\ v \in K$이면, $F(u,\ v)$는 F와 u를 모두 포함하고 $F(u)$는 F와 u를 포함하는 가장 작은체이므로 K의 부분체이므로 $F(u) \subset F(u,\ v)$이다. $v \in F(u,\ v)$이므로 $F(u)(v) \subset F(u,\ v)$이다. 왜냐하면 $F(u)(v)$는 $F(u)$와 v를 모두 포함하는 가장 작은 부분체이기 때문이다.

반대로 $F(u,\ v)$가 F, u와 v를 포함하는 가장 작은 부분체이고 $F(u)(v)$는 F, u와 v를 포함하는 체이므로 $F(u,\ v) \subset F(u)(v)$이다. 따라서 $F(u,\ v)=F(u)(v)$이다. 그러므로 유한하게 만들어지는 확대체 $F(u,\ v)$는 다음의 단순 확대체들의 사슬로부터 얻어질 수 있다 :

$$F \subset F(u) \subset F(u)(v)=F(u,\ v)$$

| 보기 6.3.5 | 확대체 $\mathbb{Q}(\sqrt{3},\ i)$는 다음의 단순 확대체들의 수열에 의하여 얻어질 수 있다 :

$$\mathbb{Q} \subset \mathbb{Q}(\sqrt{3}) \subset \mathbb{Q}(\sqrt{3})(i)=\mathbb{Q}(\sqrt{3},\ i)$$

보기 6.2.6에 의하여 $[\mathbb{Q}(\sqrt{3}) : \mathbb{Q}]=2$이다. 더욱이, i는 계수가 $\mathbb{Q}(\sqrt{3})$의 원소인 x^2+1의 근이다. 따라서 i는 $\mathbb{Q}(\sqrt{3})$ 위에서 대수적이다. 그러므로 정리 6.2.2에 의하여, $[\mathbb{Q}(\sqrt{3},\ i) : \mathbb{Q}(\sqrt{3})]$은 유한하다. 따라서 정리 6.1.5에 의하여,

$$[\mathbb{Q}(\sqrt{3},\ i) : \mathbb{Q}]=[\mathbb{Q}(\sqrt{3})(i) : \mathbb{Q}(\sqrt{3})][\mathbb{Q}(\sqrt{3}) : \mathbb{Q}]$$

는 유한하다. 그러므로 유한하게 만들어지는 확대체 $\mathbb{Q}(\sqrt{3},\ i)$는 유한차원이다. 따라서 정리 6.3.1에 의하여, $\mathbb{Q}(\sqrt{3},\ i)$는 $\mathbb{Q}$의 위에서 대수적이다. ■

정리 6.3.2

$K = F(u_1, \cdots, u_n)$가 F의 유한하게 만들어진 확대체이고 각 u_i가 F 위에서 대수적이면, K는 F의 **유한차원 대수적 확대체**이다.

[증명] 체 K는 다음의 확대체들의 **사슬**에 의하여 얻어질 수 있다 :

$$F \subset F(u_1) \subset F(u_1, u_2) \subset F(u_1, u_2, u_3) \subset \cdots$$
$$\subset F(u_1, \cdots, u_{n-1}) \subset F(u_1, \cdots, u_n) = K$$

더욱이, $F(u_1, u_2) = F(u_1)(u_2)$, $F(u_1, u_2, u_3) = F(u_1, u_2)(u_3)$이고 일반적으로, $F(u_1, \cdots, u_i)$는 $F(u_1, \cdots, u_{i-1})(u_i)$의 단순 확대체다. 각 u_i는 F 위에서 대수적이다. 그러므로 예제 6.2.3에 의하여, 각 u_i는 $F(u_1, \cdots, u_{i-1})$ 위에서 대수적이다. 한편 정리 6.2.2에 의하여, 대수적원소에 의한 모든 단순 확대체는 유한차원이다. 그러면

$$[F(u_1, \cdots, u_i) : F(u_1, \cdots, u_{i-1})]$$

은 각 $i = 2, \cdots, n$에 대하여 유한하다. 따라서 정리 6.1.5를 반복하여 적용함으로써, $[K : F]$는 다음의 곱이다 :

$$[K : F(u_1, \cdots, u_{n-1})] \cdots\cdots [F(u_1, u_2) : F(u_1)][F(u_1) : F]$$

그러므로 $[K : F]$는 유한하다. 따라서 정리 6.3.1에 의하여, K는 F 위에서 대수적 확대체이다. ■

| 보기 6.3.6 | $\sqrt{3}$과 $\sqrt{5}$는 모두 $\mathbb{Q}$ 위에서 대수적이다. 따라서 정리 6.3.2에 의하여, $\mathbb{Q}(\sqrt{3}, \sqrt{5})$는 $\mathbb{Q}$의 유한차원 대수적 확대체이다. 다음의 단순 확대체들의 사슬 :

$$\mathbb{Q} \subset \mathbb{Q}(\sqrt{3}) \subset \mathbb{Q}(\sqrt{3})(\sqrt{5}) = \mathbb{Q}(\sqrt{3}, \sqrt{5})$$

를 생각함으로써 $\mathbb{Q}$ 위에서 $\mathbb{Q}(\sqrt{3}, \sqrt{5})$의 차원을 계산할 수 있다. 분명히 보기 6.2.6에 의하여, $[\mathbb{Q}(\sqrt{3}) : \mathbb{Q}] = 2$이다. $[\mathbb{Q}(\sqrt{3})(\sqrt{5}) : \mathbb{Q}(\sqrt{3})]$을 결정하기 위하여, $\mathbb{Q}(\sqrt{3})$ 위에서 $\sqrt{5}$의 최소 다항식을 구할 것이다. $x^2 - 5$는 분명한 후보다항식이다 ; $x^2 - 5$는 $\mathbb{Q}[x]$에서 기약이지만, $x^2 - 5$가 $\mathbb{Q}(\sqrt{3})$ 위에서 최소 다항식이라는 결론을 내리기 위하여, $x^2 - 5$가

$\mathbb{Q}(\sqrt{3})$ 위에서 기약임을 보여야만 한다. $\sqrt{5} \in \mathbb{Q}(\sqrt{3})$ 또는 $-\sqrt{5} \in \mathbb{Q}(\sqrt{3})$라 가정하면, $\pm\sqrt{5} = a + b\sqrt{3}$이고 $a,\ b \in \mathbb{Q}$ 이어야 한다. 먼저 $a = 0$ 또는 $b = 0$이면 $5 = 3b^2$ 또는 $5 = a^2$이므로 모순이다. 이제 양변을 제곱하면, $5 = a^2 + 2ab\sqrt{3} + 3b^2$ 이므로

$$\sqrt{3} = \frac{5 - a^2 - 3b^2}{2ab}$$

이것은 $\sqrt{3}$이 무리수라는 사실에 모순이다. 그러므로 $\pm\sqrt{5} \notin \mathbb{Q}(\sqrt{3})$이다. 따라서 따름정리 3.7.6에 의하여, $x^2 - 5$는 $\mathbb{Q}(\sqrt{3})$ 위에서 기약이다. 따라서 $x^2 - 5$는 $\mathbb{Q}(\sqrt{3})$ 위에서 $\sqrt{5}$의 최소 다항식이다. 그러므로 정리 6.2.2에 의하여, $[\mathbb{Q}(\sqrt{3})(\sqrt{5}) : \mathbb{Q}(\sqrt{3})] = 2$이다. 따라서 정리 6.1.5에 의하여,

$$\begin{aligned}[\mathbb{Q}(\sqrt{3},\ \sqrt{5}) : \mathbb{Q}] &= [\mathbb{Q}(\sqrt{3})(\sqrt{5}) : \mathbb{Q}(\sqrt{3})]\,[\mathbb{Q}(\sqrt{3}) : \mathbb{Q}] \\ &= 2 \cdot 2 = 4\end{aligned}$$

이다. ■

정리 6.1.5는 유한차원 확대체들의 사슬에 있는 맨 위의 체(the top field)는 기본체(the ground field) 위에서 유한차원임을 말해준다. 여기에 비슷한 결과가 있다.

따름정리 6.3.3

L이 K의 대수적 확대체이고, K가 F의 대수적 확대체이면, L은 F의 대수적 확대체이다.

[증명] $u \in L$를 임의로 택하자. L은 K의 대수적 확대체이므로, u는 K 위에서 대수적이다. 그러면 $a_i \in K$를 계수로 갖는 다항식이 존재하여 $a_0 + a_1u + a_2u^2 + \cdots + a_mu^m = 0_K$를 만족한다. 그런데 각 a_i는 체 $F(a_0,\ \cdots,\ a_m)$의 원소이다. 따라서 u는 실제로 $F(a_0,\ \cdots,\ a_m)$ 위에서 대수적이다. 그러므로 확대체들의 사슬

$$F \subset F(a_0,\ \cdots,\ a_m) \subset F(a_0,\ \cdots,\ a_m)(u) = F(a_0,\ \cdots,\ a_m,\ u)$$

에서, (F 대신에 $F(a_0,\ \cdots,\ a_m)$를 $n = 1,\ u = u_1$라 놓으면) 정리 6.3.2에 의하여, $F(a_0,\ \cdots,\ a_m)(u)$는 $F(a_0,\ \cdots,\ a_m)$ 위에서 유한차원이다. 더욱이 각 a_i가 F 위에서 대수적이므로, 정리 6.3.2에 의하여, $[F(a_0,\ \cdots,\ a_m) : F]$는 유한하다. 그러므로

정리 6.1.5에 의하여, $F(a_0,\ \cdots,\ a_m,\ u)$는 F 위에서 유한차원이고 정리 6.3.1에 의해 대수적이다. 따라서 u는 F 위에서 대수적이다. 그러므로 L은 F의 대수적 확대체이다. ■

따름정리 6.3.4

K는 F의 확대체이고 E는 F 위에서 대수적인 K의 모든 원소들의 집합이라 하자. 그러면 E는 K의 부분체이고, F의 대수적 확대체이다.

[증명] F의 모든 원소는 F 위에서 대수적이다. 따라서 $F \subset E$이다. $u,\ v \in E$를 임의로 택하자. 그러면 E의 정의에 의하여, u와 v는 F 위에서 대수적이다. 따라서 정리 6.3.2에 의하여, 부분체 $F(u,\ v)$는 F의 대수적 확대체이다. 그러므로 $F(u,\ v) \subset E$이다. $F(u,\ v)$는 체이므로, $u+v,\ uv,\ -u,\ -v \in F(u,\ v) \subset E$이다. 비슷하게 u가 영이 아니면, $u^{-1} \in F(u,\ v) \subset E$이다. 따라서 E는 덧셈과 곱셈에 대하여 닫혀 있고 E의 원소의 음(negative)과 역원이 역시 E의 원소이다. 따라서 E는 체이다. ■

| 보기 6.3.7 | 따름정리 6.3.4에서 $K=\mathbb{C}$이고 $F=\mathbb{Q}$일 때, 체 E를 **대수적 수들의 체**(the field of algebraic numbers)라 한다. 체 E는 $\mathbb{Q}$의 무한차원 대수적 확대체이다(연습문제 6.3.14). ■

예제 | 6.3.1 $\mathbb{Q}$의 각 확대체의 기저를 구하라.

(1) $\mathbb{Q}(\sqrt{5},\ i)$ (2) $\mathbb{Q}(\sqrt{2},\ \sqrt{3},\ \sqrt{5})$

[풀이] (1) $\sqrt{5}$와 i는 모두 $\mathbb{Q}$ 위에서 대수적이다. 그러면 정리 6.3.2에 의하여, $\mathbb{Q}(\sqrt{5},\ i)$는 $\mathbb{Q}$의 유한차원 대수적 확대체이다. 다음의 단순 확대체들의 사슬(chain)을 생각할 수 있다. 즉,

$$\mathbb{Q} \subset \mathbb{Q}(\sqrt{5}) \subset \mathbb{Q}(\sqrt{5})(i) = \mathbb{Q}(\sqrt{5},\ i)$$

이므로 정리 6.1.5에 의하여,

$$[\mathbb{Q}(\sqrt{5},\ i):\mathbb{Q}] = [\mathbb{Q}(\sqrt{5})(i):\mathbb{Q}(\sqrt{5})][\mathbb{Q}(\sqrt{5}):\mathbb{Q}] \tag{6.3.1}$$

이다. 한편, x^2-5는 $\mathbb{Q}$ 위에서 $\sqrt{5}$의 최소 다항식이다. 정리 6.2.2에 의하여, $[\mathbb{Q}(\sqrt{5}):\mathbb{Q}]=2$이고 $\{1,\ \sqrt{5}\}$ 또는 $\{1,\ -\sqrt{5}\}$는 $\mathbb{Q}$ 위에서 $\mathbb{Q}(\sqrt{5})$의 기저이다. 이제 $\mathbb{Q}(\sqrt{5})$ 위에서 i의 최소 다항식을 구할

것이다. $x^2+1 \in \mathbb{Q}(\sqrt{5})$을 생각하자. x^2+1은 분명히 $\mathbb{Q}[x]$에서 기약이다. $i \in \mathbb{Q}(\sqrt{5})$ 또는 $-i \in \mathbb{Q}(\sqrt{5})$라 가정하자. 그러면 $\pm i = a + b\sqrt{5}$이고 $a, b \in \mathbb{Q}$. 먼저 $a=0$ 또는 $b=0$이면 $-1=5b^2$ 또는 $-1=a^2$이므로 모순이다. 양변을 제곱하여 정돈하면,

$$-1 = a^2 + 2ab\sqrt{5} + 5b^2 \text{ 또는 } \sqrt{5} = -\frac{1+a^2+5b^2}{2ab}$$

이다. 이것은 $\sqrt{5}$가 무리수라는 사실에 모순이다. 그러므로 $\pm i \notin \mathbb{Q}(\sqrt{5})$이다. 따라서 따름정리 3.7.6에 의하여, x^2+1은 $\mathbb{Q}(\sqrt{5})$ 위에서 기약이다. 그러므로 x^2+1은 $\mathbb{Q}(\sqrt{5})$ 위에서 i의 최소 다항식이다. 그러므로 정리 6.2.2에 의하여, $[\mathbb{Q}(\sqrt{5}, i):\mathbb{Q}(\sqrt{5})]=2$이고 $\{1, i\}$ 또는 $\{1, -i\}$는 $\mathbb{Q}(\sqrt{5})$ 위에서 $\mathbb{Q}(\sqrt{5}, i)$의 기저이다. 따라서 식 (6.3.1)에 의하여,

$$[\mathbb{Q}(\sqrt{5}, i):\mathbb{Q}] = 2 \cdot 2 = 4$$

이다. 더욱이 정리 6.1.5의 증명과정에 의하여, $\mathbb{Q}$ 위에서 $\mathbb{Q}(\sqrt{5}, i)$의 기저는

$$\begin{aligned}
&\{1, \sqrt{5}\} \cdot \{1, i\} = \{1, \sqrt{5}, i, \sqrt{5}i\}, \\
&\{1, \sqrt{5}\} \cdot \{1, -i\} = \{1, \sqrt{5}, -i, -\sqrt{5}i\}, \\
&\{1, -\sqrt{5}\} \cdot \{1, i\} = \{1, -\sqrt{5}, i, -\sqrt{5}i\}, \\
&\{1, -\sqrt{5}\} \cdot \{1, -i\} = \{1, -\sqrt{5}, -i, \sqrt{5}i\}
\end{aligned}$$

이다.

(2) $\sqrt{2}, \sqrt{3}, \sqrt{5}$는 모두 $\mathbb{Q}$ 위에서 대수적이다. 그러면 $\mathbb{Q}(\sqrt{2}, \sqrt{3}, \sqrt{5})$는 $\mathbb{Q}$의 유한차원 확대체이다. 다음의 단순 확대체들의 사슬을 생각한다. 즉

$$\mathbb{Q} \subset \mathbb{Q}(\sqrt{2}) \subset \mathbb{Q}(\sqrt{2}, \sqrt{3}) \subset \mathbb{Q}(\sqrt{2}, \sqrt{3}, \sqrt{5})$$

이다. 그러면 $x^2-2 \in \mathbb{Q}[x]$는 $\sqrt{2}$의 최소 다항식이고 $\{1, \sqrt{2}\}$ 또는 $\{1, -\sqrt{2}\}$는 $\mathbb{Q}$ 위에서 $\mathbb{Q}(\sqrt{2})$의 기저이다. 또한 $x^2-3 \in \mathbb{Q}(\sqrt{2})[x]$는 $\sqrt{3}$의 최소 다항식이고 $\{1, \sqrt{3}\}$ 또는 $\{1, -\sqrt{3}\}$은 $\mathbb{Q}(\sqrt{2})$ 위에서 $\mathbb{Q}(\sqrt{2}, \sqrt{3})$의 기저이다. 마지막으로 $x^2-5 \in \mathbb{Q}(\sqrt{2}, \sqrt{3})$

$[x]$는 $\sqrt{5}$의 최소 다항식이고 $\{1, \sqrt{5}\}$ 또는 $\{1, -\sqrt{5}\}$는 $\mathbb{Q}(\sqrt{2}, \sqrt{3})$ 위에서 $\mathbb{Q}(\sqrt{2}, \sqrt{3}, \sqrt{5})$의 기저이다. 따라서 구하고자 하는 기저 중 하나는

$$\begin{aligned}&\{1, \sqrt{2}\}\cdot\{1, \sqrt{3}\}\cdot\{1, \sqrt{5}\}\\&=\{1, \sqrt{2}, \sqrt{3}, \sqrt{5}, \sqrt{6}, \sqrt{10}, \sqrt{15}, \sqrt{30}\}\end{aligned}$$

이다. ■

유제 6.3.1 $\mathbb{Q}(\sqrt{3})$ 위에서 $\mathbb{Q}(\sqrt{2}+\sqrt{3})$의 기저를 구하라.

예제 6.3.2 $[\mathbb{Q}(\sqrt{3}, i) : \mathbb{Q}] = 4$임을 증명하라.

[풀이] $i \in \mathbb{Q}(\sqrt{3})$라 가정하자. 그러면 $i = a + b\sqrt{3}$이고 $a, b \in \mathbb{Q}$이다. 먼저 $a = 0$ 또는 $b = 0$이면 $-1 = 3b^2$ 또는 $i = a$이므로 모순이다. $a \neq 0$이고 $b \neq 0$이면, 양변을 제곱하여 정돈하면

$$\sqrt{3} = \frac{-1 - a^2 - 3b^2}{2ab}$$

이다. 이것은 $\sqrt{3}$이 무리수라는 사실에 모순이다. 그러므로 $i \notin \mathbb{Q}(\sqrt{3})$이다. 따라서 x^2+1은 $\mathbb{Q}(\sqrt{3})$ 위에서 i의 최소 다항식이다. 즉,

$$[\mathbb{Q}(\sqrt{3}, i) : \mathbb{Q}(\sqrt{3})] = 2$$

이다. 한편 $[\mathbb{Q}(\sqrt{3}) : \mathbb{Q}] = 2$이므로

$$\begin{aligned}[\mathbb{Q}(\sqrt{3}, i) : \mathbb{Q}] &= [\mathbb{Q}(\sqrt{3}, i) : \mathbb{Q}(\sqrt{3})]\,[\mathbb{Q}(\sqrt{3}) : \mathbb{Q}]\\&= 2\cdot 2 = 4\end{aligned}$$

이다. ■

유제 6.3.2 $[\mathbb{Q}(\sqrt{2}, \sqrt{5}, \sqrt{10}) : \mathbb{Q}] = 4$임을 증명하라.

예제 6.3.3 $[K : F]$가 유한하고 u가 K 위에서 대수적이면 $[K(u) : K] \leq [F(u) : F]$임을 증명하라.

[풀이] 분명히 $F \subset K \subset K(u)$이다. $[K(u) : K]$가 유한하고 $[K : F]$가 유한하므로, $[K(u) : F]$ 역시 유한하다. 따라서 정리 6.3.1에 의하여 $K(u)$는 F 위에

서 대수적 확대체이다. $p(x)\in F[x]$를 F 위에서 u의 최소 다항식이고 $g(x)\in K[x]$를 K 위에서 u의 최소 다항식이라 하자. $p(x)\in F[x]$이므로 $p(x)\in K[x]$이다. 그러면 정리 6.2.1에 의하여, $g(x)|p(x)$이다. 따라서 정리 6.2.2에 의하여 $[K(u):K]=\deg g(x)\le \deg p(x)=[F(u):F]$이다. ■

유제 6.3.3 $[K:F]$가 유한하고 u가 K 위에서 대수적이면 $[K(u):F(u)]\le[K:F]$임을 증명하라. 여기서 K는 F의 확대체이다. [도움말 : F 위에서 K의 임의의 기저는 $F(u)$ 위에서 $K(u)$를 생성함을 보여라.]

유제 6.3.4 체 K는 체 F의 대수적 확대체로서 $[K:F]=10$ (즉, $[K:F]=\dim_F K=10$)이다. F 위의 기약 다항식 $f(x)$의 차수가 3일 때, $f(x)$의 어떤 근도 K에 포함되지 않음을 보이시오.

6.3 연습문제

K는 F의 확대체이다.

1. $u,\ v\in K$이면, $F(u)(v)=F(v)(u)$임을 증명하라.

2. K가 유한체이면, K는 F의 대수 확대체임을 보여라.

3. $\mathbb{Q}$의 각 확대체의 기저를 구하라.

(1) $\mathbb{Q}(\sqrt{5},\ \sqrt{7})$　　　(2) $\mathbb{Q}(\sqrt[3]{2},\ \sqrt{3})$

4. $[K:F]$가 유한하고, u가 K 위에서 대수적이면, $[F(u):F]\,|\,[K(u):F]$임을 증명하라.

5. $[K:F]$가 유한할 필요충분조건은 $K=F(u_1,\ \cdots,\ u_n)$이고, 각 u_i는 F 위에서 대수적임을 증명하라.[이것은 정리 6.3.2의 변형이다.]

6. $u,\ v\in K$는 각각 최소 다항식 $p(x)$와 $q(x)$를 갖는 F 위에서 대수적이라 가정하자.

(1) $\deg p(x)=m,\ \deg q(x)=n$ 이고 $(m,\ n)=1$이면, $[F(u,\ v):F]=mn$임을 증명하라.

(2) m과 n이 서로소가 아니면, 결론(1)이 거짓일 수 있음을 보기를 주어서 보여라.
(3) $[\mathbb{Q}(\sqrt{2}, \sqrt[3]{2}) : \mathbb{Q}]$는 무엇인가?

7. D는 $F \subset D \subset K$인 환이라 하자. $[K : F]$가 유한이면, D는 체임을 증명하라. [도움말 : 영 아닌 $u \in D$의 역을 구하기 위하여, 정리 6.3.1과 6.2.2를 사용하여, $F(u) \subset D$임을 보여라.]

8. $p(x)$와 $q(x)$는 $F[x]$에서 기약, $\deg p(x)$와 $\deg q(x)$는 서로소, F의 어떤 확대체에서 u는 $p(x)$의 근이고, v는 $q(x)$의 근이라 하자. $q(x)$는 $F(u)$ 위에서 기약임을 증명하라.

9. (1) $F_1 \subset F_2 \subset F_3 \subset \cdots$ 는 **체들의 사슬**(chain of fields)이라 하자. $\bigcup_i F_i$ 역시 체임을 증명하라.
(2) 각 F_i가 F_1 위에서 대수적이면, $\bigcup_i F_i$는 F_1의 대수 확대체임을 보여라.

10. 따름정리 6.3.4에서처럼, E는 F 위에서 대수적인 K의 모든 원들의 체라 하자. 집합 $K-E$의 모든 원은 E 위에서 초월적임을 증명하라.

11. $1_F + 1_F \neq 0_F$ 라 하자. $u \in F$이면, $\sqrt{u}$는 K에서 $x^2 - u$의 근을 나타내자. $F(\sqrt{u} + \sqrt{v}) = F(\sqrt{u}, \sqrt{v})$임을 증명하라. [도움말 : 정리 6.2.2에 의하여, 1, $\sqrt{u}+\sqrt{v}$, $(\sqrt{u}+\sqrt{v})^2$, $(\sqrt{u}+\sqrt{v})^3$, $\cdots$ 등은 $F(\sqrt{u}+\sqrt{v})$을 만들어야만 한다. 이것을 사용하여 $\sqrt{u}$, $\sqrt{v} \in F(\sqrt{u}+\sqrt{v})$임을 보여라.]

12. $n_1, \cdots, n_t$가 다른 양의 정수면, $[\mathbb{Q}(\sqrt{n_1}, \cdots, \sqrt{n_t}) : \mathbb{Q}] \leq 2^t$ 임을 보여라.

13. 연습문제 6.3.12에서 각 n_i가 소수이면, $\leq$이 $=$로 바뀔 수 있음을 보여라.

14. E는 대수적 수들의 체라 하자(보기 6.3.7을 보라). E는 $\mathbb{Q}$의 무한차원 대수 확대체임을 증명하라.

6.3 유제풀이

유제 6.3.1 $\mathbb{Q}(\sqrt{3})$ 위에서 $\mathbb{Q}(\sqrt{2}+\sqrt{3})$의 기저를 구하라.

[풀이] $u=\sqrt{2}+\sqrt{3}$이라 하자. 그러면 $u-\sqrt{3}=\sqrt{2}$이다. 양변을 제곱하여 정돈하면 $u^2-2\sqrt{3}u+1=0$이다. 분명히 $x^2-2\sqrt{3}x+1\in\mathbb{Q}(\sqrt{3})[x]$이다. $\sqrt{2}+\sqrt{3}\in\mathbb{Q}(\sqrt{3})$이라 가정하자. 그러면 $\sqrt{2}+\sqrt{3}=a+b\sqrt{3}$, $a, b\in\mathbb{Q}$이다. $a\neq 0$이고 $b\neq 1$이라 하면, $\sqrt{3}=\dfrac{6b-a^2-3b^2-1}{2a(b-1)}$이다. 이것은 $\sqrt{3}$이 무리수라는 사실에 모순이다. $a=0$ 또는 $b=1$이면, $\sqrt{2}+\sqrt{3}=b\sqrt{3}$ 또는 $\sqrt{2}+\sqrt{3}=a\sqrt{3}$이고, $\sqrt{3}=\dfrac{2}{b-1}$ 또는 $\sqrt{2}=a$가 되어 역시 모순이다. 그러므로 $\sqrt{2}+\sqrt{3}\notin\mathbb{Q}(\sqrt{3})$이다. 따라서 따름정리 3.7.6에 의하여, $x^2-2\sqrt{3}x+1$은 $\mathbb{Q}(\sqrt{3})$ 위에서 $\sqrt{2}+\sqrt{3}$의 최소 다항식이다. 따라서 $\mathbb{Q}(\sqrt{3})$ 위에서 $\mathbb{Q}(\sqrt{2}+\sqrt{3})$의 기저는 $\{1, \sqrt{2}+\sqrt{3}\}=\{1, \sqrt{2}\}$이다.

유제 6.3.2 $[\mathbb{Q}(\sqrt{2}, \sqrt{5}, \sqrt{10}):\mathbb{Q}]=4$임을 증명하라.

[풀이] 분명히 $\sqrt{2}$, $\sqrt{5}$, $\sqrt{10}$은 $\mathbb{Q}$ 위에서 대수적이다. 다음의 유한 확대체들의 쇠사슬을 생각한다 :

$$\mathbb{Q}\subset\mathbb{Q}(\sqrt{2})\subset\mathbb{Q}(\sqrt{2}, \sqrt{5})\subset\mathbb{Q}(\sqrt{2}, \sqrt{5}, \sqrt{10}) \qquad (*)$$

그러면 $x^2-2\in\mathbb{Q}[x]$는 $\sqrt{2}$의 최소 다항식이다. 따라서 $[\mathbb{Q}(\sqrt{2}):\mathbb{Q}]=2$이다. 또한 $x^2-5\in\mathbb{Q}(\sqrt{2})[x]$는 $\sqrt{5}$의 최소 다항식이다. 그러므로 $[\mathbb{Q}(\sqrt{2}, \sqrt{5}):\mathbb{Q}(\sqrt{2})]=2$이다. 한편 $\sqrt{10}\in\mathbb{Q}(\sqrt{2}, \sqrt{5})$이므로 최소성에 의해 $\mathbb{Q}(\sqrt{2}, \sqrt{5}, \sqrt{10})\subset\mathbb{Q}(\sqrt{2}, \sqrt{5})$이다. (*)는 다음과 같이 쓸 수 있다 :

$$\mathbb{Q}\subset\mathbb{Q}(\sqrt{2})\subset\mathbb{Q}(\sqrt{2}, \sqrt{5})=\mathbb{Q}(\sqrt{2}, \sqrt{5}, \sqrt{10})$$

따라서 정리 6.1.5에 의하여,

$$\begin{aligned}[\mathbb{Q}(\sqrt{2}, \sqrt{5}, \sqrt{10}):\mathbb{Q}] &= [\mathbb{Q}(\sqrt{2}, \sqrt{5}, \sqrt{10}):\mathbb{Q}(\sqrt{2})]\\ &\quad [\mathbb{Q}(\sqrt{2}):\mathbb{Q}]\\ &= 2\cdot 2=4\end{aligned}$$

이다.

유제 6.3.3 $[K:F]$가 유한하고 u가 K 위에서 대수적이면 $[K(u):F(u)] \leq [K:F]$임을 증명하라. 여기서 K는 F의 확대체이다.

[도움말 : F 위에서 K의 임의의 기저는 $F(u)$ 위에서 $K(u)$를 생성함을 보여라.]

[풀이] $[K:F]$가 유한하므로, F 위에서 K의 기저를 $\{v_1, \cdots, v_n\}$이라 하자. 예제 6.3.3의 풀이에서처럼 $p(x) \in F[x]$를 F 위에서 u의 최소 다항식이고 $g(x) \in K[x]$를 K 위에서 u의 최소 다항식이라 하고 $\deg g(x) = m$이고 $\deg p(x) = m'$이라 하자. $K(u) \cong K[x]/(g(x))$이므로 $p(x) \in K(u) \cong K[x]/(g(x))$이라 하면 $p(x) = k_0 + k_1 u + \cdots + k_{m-1}u^{m-1}$, $k_i \in K$이다. 따라서 $k_i = a_{1i}v_1 + \cdots + a_{ni}v_n$, $a_{ji} \in F$, $j = 1, \cdots, n$, $i = 0, \cdots, m-1$라 할 수 있다. 그러므로

$$\begin{aligned}
p(x) &= k_0 + k_1 u + \cdots + k_{m-1}u^{m-1} \\
&= (a_{10}v_1 + \cdots + a_{n0}v_n) + (a_{11}v_1 + \cdots + a_{n1}v_n)u + \cdots \\
&\quad + (a_{1(m-1)}v_1 + \cdots + a_{n(m-1)}v_n)u^{m-1} \\
&= (a_{10} + a_{11}u + \cdots + a_{1(m-1)}u^{m-1})v_1 + (a_{20} + a_{21}u + \cdots + \\
&\quad a_{2(m-1)}u^{m-1})v_2 + \cdots + (a_{n0} + a_{n1}u + \cdots + a_{n(m-1)}u^{m-1})v_n
\end{aligned}$$

이다. $m = \deg g(x) \leq \deg p(x) = m'$이므로, 모든 $j = 1, \cdots, n$에 대하여 $a_{j0} + a_{j1}u + \cdots + a_{j(m-1)}u^{m-1} \in F(u) \cong F[x]/(p(x))$이다. 따라서 $\{v_1, \cdots, v_n\}$은 $F(u)$ 위에서 $K(u)$를 생성한다. 따라서 $[K(u):F(u)] \leq [K:F]$이다.

[별해] 예제 6.3.3에 의해 $[K(u):K] \leq [F(u):F]$이다. 또한

$$[K(u):F] = [K(u):K][K:F] = [K(u):F(u)][F(u):F]$$

이므로 $\dfrac{[K(u):K]}{[F(u):F]} = \dfrac{[K(u):F(u)]}{[K:F]} \leq 1$이다. 따라서 $[K(u):F(u)] \leq [K:F]$이다.

유제 6.3.4 체 K는 체 F의 대수적 확대체로서 $[K:F] = 10$ (즉, $[K:F] = \dim_F K = 10$)이다. F 위의 기약 다항식 $f(x)$의 차수가 3일 때, $f(x)$의 어떤 근도 K에 포함되지 않음을 보이시오.

[풀이] $f(\alpha) = 0$인 $\alpha \in K$가 존재한다고 하자. 이때 α는 체 F 위에서 대수적이고 조건에서 기약 다항식 $f(x)$의 차수가 3이므로 $[F(\alpha):F] = \deg f(x) = 3$

이다. 그런데 정리 6.1.5에 의해 $[F(\alpha):F]=3$은 $[K:F]$의 약수이다. 그러나 $3 \nmid 10$이므로 모순이다. 따라서 주어진 조건을 만족하는 $f(x)$의 어떤 근도 K에 포함되어 있지 않다.

6.4 분해체

$f(x)$의 모든 근들을 포함하는 가장 작은 확대체를 생각하자. F가 체이고 $f(x) \in F[x]$일 때, F의 확대체 K가 F 위에서 $f(x)$의 **분해체**(a splitting field) 또는 **근체**(a root field)라는 뜻은 K가 다음의 조건을 만족함을 의미한다 :

(i) $f(x)$가 K 위에서 분해된다. 즉,

$$f(x) = c(x-u_1)(x-u_2)\cdots(x-u_n),\ u_i \in K,\ c \in F$$

(ii) $K = F(u_1,\ u_2,\ \cdots,\ u_n)$

| 보기 6.4.1 | x^2+1을 $\mathbb{R}[x]$에서 다항식으로 생각하면, $\mathbb{C}$는 $\mathbb{R}$ 위에서 x^2+1의 분해체다. 왜냐하면, $\mathbb{C}[x]$에서

$$x^2+1 = (x+i)(x-i)$$

이고, $\mathbb{C} = \mathbb{R}(i) = \mathbb{R}(i,\ -i)$이기 때문이다. 비슷하게, $\mathbb{Q}(\sqrt{2})$는 다항식 $x^2-2 \in \mathbb{Q}[x]$의 분해체이다.

$$x^2-2 = (x+\sqrt{2})(x-\sqrt{2})$$

이고 $\mathbb{Q}(\sqrt{2}) = \mathbb{Q}(\sqrt{2},\ -\sqrt{2})$이기 때문이다. ■

| 보기 6.4.2 | 다항식 $f(x) = x^4 - x^2 - 2 \in \mathbb{Q}[x]$는 $(x^2-2)(x^2+1)$로 인수분해된다. 따라서 $\mathbb{C}$에서 $f(x)$의 근은 $\pm\sqrt{2}$와 $\pm i$다. 그러므로 $\mathbb{Q}(\sqrt{2},\ i) \neq \mathbb{C}$는 $\mathbb{Q}$ 위에서 $f(x)$의 분해체이다. ■

| 보기 6.4.3 | $F[x]$에서 모든 일차 다항식 $cx+d$는 F 위에서 분해된다. 왜냐하면 $cx+d=c(x-(-c^{-1}d))$이고 $-c^{-1}d \in F$이기 때문이다. 분명히 F는 F와 $c^{-1}d$를 모두 포함하는 가장 작은 체이다. 즉, $F=F(c^{-1}d)$이다. 그러므로 F 자신은 F 위에서 $cx+d$의 분해체이다. ■

| 보기 6.4.4 | 분해체의 개념은 다항식과 기본체에 의존한다. 예컨대 $\mathbb{C}$는 $\mathbb{R}$ 위에서 x^2+1의 분해체이지만 $\mathbb{Q}$ 위에서는 분해체가 아니다. 왜냐하면 $\mathbb{C}$는 확대체 $\mathbb{Q}(i, -i)=\mathbb{Q}(i)$가 아니기 때문이다. ■

두 가지 중요한 질문

1. $F[x]$의 모든 다항식은 F 위에서 분해체를 갖는가?
2. 다항식이 F 위에서 두 개 이상의 분해체를 갖는다면, 이 분해체들은 어떤 관계가 있는가?

첫째 질문에 대한 대답은 쉽다. $f(x) \in F[x]$가 주어지면, 정리 3.12.2에 의하여, $f(x)$의 근 u를 포함하는 확대체 $F(u)$를 구할 수 있다. $F(u)[x]$에서 정리 3.7.3(인수정리)에 의하여, $f(x)=(x-u)g(x)$이다. 다시 정리 3.12.2에 의하여, $g(x)$의 근 v를 포함하는 $F(u)$의 확대체 $F(u)(v)$가 존재한다. 이 과정을 계속함으로써 결국에 $f(x)$의 분해체를 얻을 수 있다. 이 주장을 귀납법에 의하여 공식화하고 약간 더 상세하게 증명할 수 있다.

| 보기 6.4.5 | $\mathbb{Q}(\sqrt{2}, \sqrt{3})$는 $\mathbb{Q}$ 위에서 다항식 $f(x)=(x^2-2)(x^2-3)$의 분해체이다. $\mathbb{Q}(\sqrt{2}, \sqrt{3})$는 $\mathbb{Q}$ 위에서 다항식 $f(x)=x^2-2$의 분해체는 아니다. $\mathbb{Q}$ 위에서 다항식 $f(x)=x^2-2$의 분해체는 $\mathbb{Q}(\sqrt{2})$이다. 그리고 $[\mathbb{Q}(\sqrt{2}, \sqrt{3}):\mathbb{Q}]=4$이다. $\mathbb{Q}$ 위에서 $\{1, \sqrt{2}, \sqrt{3}, \sqrt{6}\}$은 $\mathbb{Q}(\sqrt{2}, \sqrt{3})$의 기저이다.

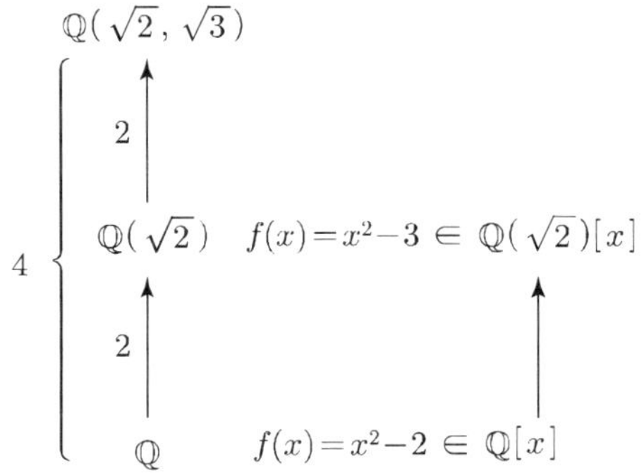

■

| 보기 6.4.6 | 다항식 $f(x)=x^5-1$는 복소수체 안에서 서로 다른 5개의 근을 갖는다.

$$f(x)=x^5-1=(x-1)(x^4+x^3+x^2+x+1)$$

이므로 $f(x)$의 근은 $1,\ \omega,\ \omega^2,\ \omega^3,\ \omega^4$ 이고 $\omega,\ \omega^2,\ \omega^3,\ \omega^4$ 는 $g(x)=x^4+x^3+x^2+x+1$의 근이다. 여기서 $\omega=\cos\frac{2\pi}{5}+i\sin\frac{2\pi}{5}$ 이다. 방정식 $g(x)=x^4+x^3+x^2+x+1=0$ 은 $x^2+x+1+\frac{1}{x}+\frac{1}{x^2}=0$ 으로 변형되고 $X=x+\frac{1}{x}$라 놓으면 $X^2+X-1=0$으로 된다. 따라서 $X=\frac{-1\pm\sqrt{5}}{2}$이므로 다음을 얻는다.

$$\omega=\frac{-1+\sqrt{5}+i\sqrt{10+2\sqrt{5}}}{4},\ \omega^4=\frac{-1+\sqrt{5}-i\sqrt{10+2\sqrt{5}}}{4}$$

$$\omega^2=\frac{-1+\sqrt{5}+i\sqrt{10-2\sqrt{5}}}{4},\ \omega^3=\frac{-1+\sqrt{5}-i\sqrt{10-2\sqrt{5}}}{4}$$

$\omega=(-1)^{\frac{2}{5}},\ \omega^4=-(-1)^{\frac{3}{5}},\ \omega^2=(-1)^{\frac{4}{5}},\ \omega^3=-(-1)^{\frac{1}{5}}$ 이라고도 쓴다.

■

| 보기 6.4.7 | $f(x)=x^5-2$는 복소수체 안에서 서로 다른 5개의 근

$$2^{\frac{1}{5}},\ \omega 2^{\frac{1}{5}}=(-1)^{\frac{2}{5}}2^{\frac{1}{5}},\quad \omega^2 2^{\frac{1}{5}}=(-1)^{\frac{4}{5}}2^{\frac{1}{5}},$$

$$\omega^3 2^{\frac{1}{5}}=-(-1)^{\frac{1}{5}}2^{\frac{1}{5}},\qquad \omega^4 2^{\frac{1}{5}}=-(-1)^{\frac{3}{5}}2^{\frac{1}{5}}$$

을 갖는다. 여기서 $\omega,\ \omega^2,\ \omega^3,\ \omega^4$ 는 $g(x)=x^4+x^3+x^2+x+1$의 근이다(보기 6.4.6). $\omega\notin\mathbb{Q}(\sqrt[5]{2})$이므로 $\mathbb{Q}(\sqrt[5]{2})$는 $\mathbb{Q}$ 위에서 $f(x)=x^5-2$의 분해체가 아니다. 또한 $\mathbb{Q}(\sqrt[5]{2},\ \sqrt[7]{3})$도 $\mathbb{Q}$ 위에서 다항식 $f(x)=(x^5-2)(x^7-3)$의 분해체가 아니다.

$$\begin{aligned}[\mathbb{Q}(\sqrt[5]{2},\ \sqrt[7]{3}):\mathbb{Q}]&=[\mathbb{Q}(\sqrt[5]{2},\ \sqrt[7]{3}):\mathbb{Q}(\sqrt[5]{2})][\mathbb{Q}(\sqrt[5]{2}):\mathbb{Q}]\\&=7\cdot 5=35\end{aligned}$$

이다.

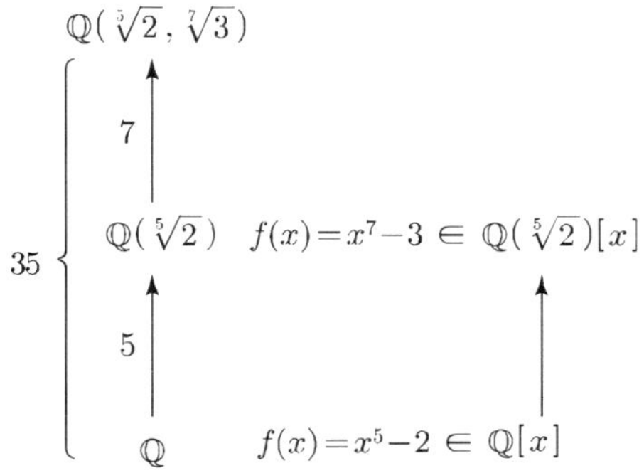

■

| 보기 6.4.8 | $K=\mathbb{Q}(\sqrt[5]{2},\ \sqrt[5]{2}\,\omega,\ \sqrt[5]{2}\,\omega^2,\ \sqrt[5]{2}\,\omega^3,\ \sqrt[5]{2}\,\omega^4)$는 다항식 $f(x)=x^5-2$의 분해체이다. 왜냐하면 5개의 근

$$\begin{aligned}
&2^{\frac{1}{5}},\ \omega 2^{\frac{1}{5}}=(-1)^{\frac{2}{5}}2^{\frac{1}{5}},\\
&\omega^2 2^{\frac{1}{5}}=(-1)^{\frac{4}{5}}2^{\frac{1}{5}},\\
&\omega^3 2^{\frac{1}{5}}=-(-1)^{\frac{1}{5}}2^{\frac{1}{5}},\\
&\omega^4 2^{\frac{1}{5}}=-(-1)^{\frac{3}{5}}2^{\frac{1}{5}}
\end{aligned}$$

는 모두 K의 원소이다. 또한 $\omega^i \in \mathbb{Q}(\sqrt[5]{2},\ \omega)$, $i=2,\ 3,\ 4$이므로 $K \subseteq \mathbb{Q}(\sqrt[5]{2},\ \omega)$이므로 $K=\mathbb{Q}(\sqrt[5]{2},\ \omega)$이다.

$$f(x)=x^5-2=(x-\sqrt[5]{2})(x^4+2^{\frac{1}{5}}x^3+2^{\frac{2}{5}}x^2+2^{\frac{3}{5}}x+2^{\frac{4}{5}})$$

이고 $g(x)=x^4+2^{\frac{1}{5}}x^3+2^{\frac{2}{5}}x^2+2^{\frac{3}{5}}x+2^{\frac{4}{5}} \in \mathbb{Q}(\sqrt[5]{2})[x]$이다. 또한 $g(x)$는 $\mathbb{Q}(\sqrt[5]{2})[x]$에서 기약이므로 $K=\mathbb{Q}(\sqrt[5]{2},\ \omega)$는 $\mathbb{Q}(\sqrt[5]{2})$ 위에서 $g(x)$의 단순 확대체이다. 따라서

$$\begin{aligned}
[K:\mathbb{Q}] &= [K:\mathbb{Q}(\sqrt[5]{2})]\,[\mathbb{Q}(\sqrt[5]{2}):\mathbb{Q}]\\
&=4\cdot 5=20
\end{aligned}$$

이다.

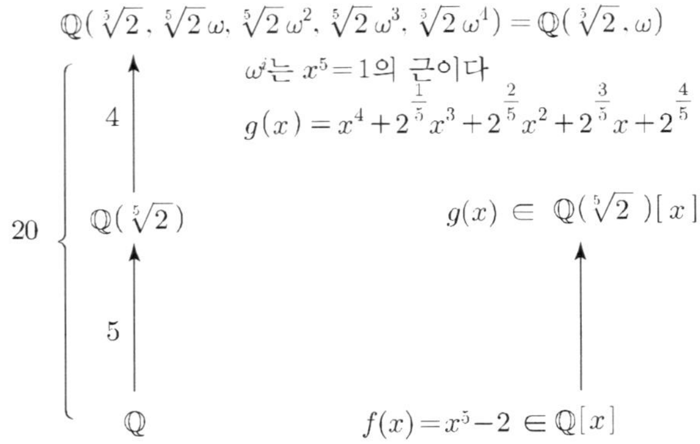

$f(x) = x^5 - 2 = (x - \sqrt[5]{2})g(x)$, $\deg g(x) = 4$

■

| 보기 6.4.9 | 보기 6.4.8에서 $K = \mathbb{Q}(\sqrt[5]{2}, \omega)$를 다음 그림과 같이 만들 수도 있다.

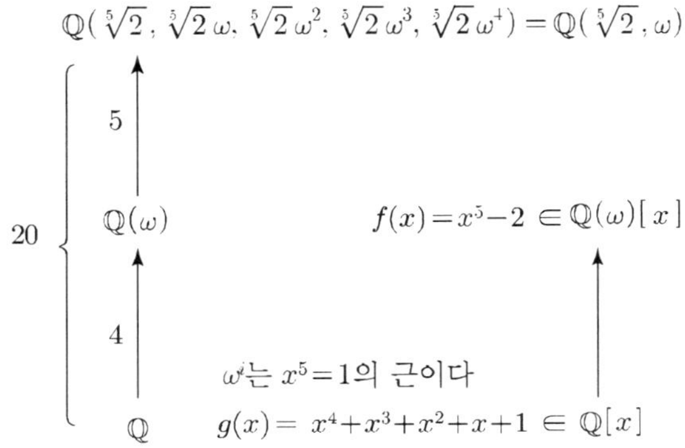

■

정리 6.4.1

F는 체이고 $f(x)$는 $F[x]$에서 n차의 비 비상수 다항식이라 하자. 그러면 F 위에서 $f(x)$의 분해체 K가 존재하여 $[K:F] \le n!$을 만족한다.

[증명] 이 증명은 $f(x)$의 차수(degree)에 대한 귀납법을 사용한다. $\deg f(x) = 1$이면, F 자신은 $f(x)$의 분해체이고 $[F:F] = 1 \le 1!$이다. 이 정리가 $n-1$차인 모든 다항식에 대하여 성립하고 $\deg f(x) = n$이라 가정하자. 정리 3.6.6에 의하여, $f(x)$는 $F[x]$에서 기약 다항식들의 곱으로 인수분해된다. $f(x)$의 최고차 계수의 역을 $f(x)$에 곱하게 되면, $f(x)$의 모닉 기약인 인수다항식 $p(x)$를 얻게 된다. 정리 3.12.2에 의하여 $p(x)$(따라서 $f(x)$)의 근 u를 포함하는 확대체가 존재한다. 더욱이 $p(x)$는 반드시 u의 최소 다항식이다. 따라서 정리 6.2.2에 의하여,

$$[F(u):F] = \deg p(x) \le \deg f(x) = n$$

이다. 그러므로 정리 3.7.3(인수정리)에 의하여, $g(x) \in F(u)[x]$가 존재하여 $f(x) = (x-u)g(x)$이다. $\deg g(x) = n-1$ 이므로, 귀납법 가정에 의하여, $F(u)$ 위에서 $g(x)$의 분해체 K가 존재하여 $[K:F(u)] \le (n-1)!$ 이다. 그러면 $K[x]$ 에서

$$g(x) = c(x-u_1)(x-u_2)\cdots(x-u_{n-1})$$

이다.

$$f(x) = c(x-u)(x-u_1)(x-u_2)\cdots(x-u_{n-1})$$

이므로

$$K = F(u)(u_1, \cdots, u_{n-1}) = F(u, u_1, \cdots, u_{n-1})$$

이다. K는 F 위에서 $f(x)$의 분해체이고, $[K:F] = [K:F(u)]\,[F(u):F] \le (n-1)!n = n!$가 되어 증명이 완료된다. ■

정리 6.4.2

함수 $\sigma : F \to E$ 는 체들의 동형 사상이다. $f(x)$는 $F[x]$의 비상수 다항식이고 $\sigma f(x)$는 $E[x]$의 대응하는 다항식이라 하자. K가 F 위에서 $f(x)$의 분해체이고 L이 E 위에서 $\sigma f(x)$의 분해체이면, σ는 동형 사상 $K \cong L$로 확대된다.

$F = E$이고 σ가 항등함수 $F \to F$이면, 이 정리는 $f(x)$의 임의의 두 분해체가 동형임을 말해준다.

[정리 6.4.2의 증명] 이 증명은 $f(x)$의 차수에 대한 귀납법에 의한다. $\deg f(x) = 1$ 이면 분해체의 정의에 의하여, $F(u)$에서 $f(x) = c(x-u)$이고 $K = F(u)$이다. 그런데 $f(x) = cx - cu \in F[x]$ 이므로 $c,\ cu \in F$이고 $u = c^{-1}cu \in F$이다. 따라서 $K = F(u) = F$이다. 분명히 $F[x] \cong E[x]$이고 위와 같은 논리로 $E = L$ 임을 알 수 있다. 따라서 $K \cong L$이다.

이 정리가 $n-1$ 차의 모든 다항식에 대하여 성립하고 $\deg f(x) = n$ 이라 가정하자. 정리 6.4.1의 증명에서처럼 정리 3.6.6에 의하여, $f(x)$는 $F[x]$에서 모닉 기약인수 $p(x)$를 갖는다. $\sigma : F[x] \cong E[x]$ 이므로, $\sigma p(x)$는 $E[x]$에서 $\sigma f(x)$의 모닉 기약인수다. 그런데 $p(x)$의 모든 근은 역시 $f(x)$의 근이다. 따라서 K는 $p(x)$의 모

든 근을 포함하다. 비슷하게, L은 $\sigma p(x)$의 모든 근을 포함한다. u는 K에서 $p(x)$의 근이고 v는 L에서 $\sigma p(x)$의 근이라 하자. 그러면 따름정리 6.2.3에 의하여, σ는 u를 v로 대응시키는 동형 사상 $F(u) \to E(v)$로 확대되고, 이 상태는 다음과 같다 :

$$\begin{array}{ccc} K & & L \\ \cup & & \cup \\ F(u) & \xrightarrow{\cong} & E(v) \\ \cup & & \cup \\ F & \xrightarrow{\sigma} & E \end{array}$$

정리 3.7.3(인수정리)에 의하여, $F(u)[x]$에서 $f(x) = (x-u)g(x)$이다. 따라서 $E(v)[x]$에서 $\sigma f(x) = \sigma(x-u)\sigma g(x) = (x-\sigma u)\sigma g(x) = (x-v)\sigma g(x)$이다. 한편 $f(x)$는 K 위에서 분해된다. 즉, $f(x)= c(x-u)(x-u_2)\cdots(x-u_n)$이다. $f(x) = (x-u)g(x)$이므로 $g(x) = c(x-u_2)\cdots(x-u_n)$이 된다. $g(x)$의 모든 근과 체 $F(u)$를 포함하는 가장 작은 부분체는 $F(u, u_2, \cdots, u_n) = K$이다. 따라서 K는 $F(u)$ 위에서 $g(x)$의 분해체이다. 비슷하게, L은 $E(v)$ 위에서 $\sigma g(x)$의 분해체이다. $\deg g(x) = n-1$ 이므로, 귀납법가정에 의하여, 동형 사상 $F(u) \cong E(v)$는 동형 사상 $K \cong L$로 확대될 수 있다. 따라서 증명이 완료된다. ■

F의 대수적 확대체 K가 **정규 확대체**(normal extension)라는 뜻은 $F[x]$에서 임의의 기약 다항식 $f(x) \in F[x]$가 K에서 한 근을 가지면 $f(x)$는 K 위에서 분해된다(즉, 이 기약 다항식의 모든 근이 K의 원소라는 것이다)는 것을 의미한다.

정리 6.4.3

체 K가 체 F 위에서 어떤 다항식의 분해체일 필요충분조건은 K가 F의 유한차원, 정규 확대체이다.

[증명] $\Rightarrow$] 다항식 $f(x) \in F[x]$가 존재하여, 체 K가 체 F 위에서 $f(x)$의 분해체라 가정하자. 그러면 u_i들이 모두 $f(x)$의 근일 때 $K = F(u_1, \cdots, u_n)$이다. 따라서 정리 6.3.2에 의하여, $[K : F]$는 유한하다. 임의의 다항식 $p(x)$가 K에서 근 v를 갖는 $F[x]$의 기약 다항식이라 하자. $p(x)$를 $K[x]$에서 다항식으로 생각하고 L은 K 위에서 $p(x)$의 분해체라 하자. 그러면 $F \subset K \subset L$이다. $p(x)$가 K 위에서 분해됨을 증명하기 위하여, L에서 $p(x)$의 모든 근이 실제로 K의 원소

임을 보이면 된다. $w \in L$는 v와 다른 $p(x)$의 임의의 근이라 하자. 따름정리 6.2.3의 동형 사상 $\sigma : F \to E$에서 $E = F$라 하면 v는 w에 대응되고 F의 모든 원소는 자신에 대응하는 동형 사상 $F(v) \cong F(w)$가 존재한다. L의 부분체 $K(w)$를 생각하면 다음과 같다(여기서 K와 $F(v)$는 F와 v를 모두 포함하지만 $F(v)$의 최소성에 의해 $F(v) \subseteq K$이다).

$$\begin{array}{ccc} K = F(u_1, \cdots, u_n) & & K(w) \\ \bigcup & & \bigcup \\ F(v) & \cong & F(w) \\ \bigcup & & \bigcup \\ F & = & F \end{array}$$

$K(w) = F(u_1, \cdots, u_n)(w) = F(u_1, \cdots, u_n, w) = F(w)(u_1, \cdots, u_n)$이므로 $K(w)$는 $F(w)$ 위에서 $f(x)$의 분해체이다. 더욱이 $v \in K$이고 K는 F 위에서 $f(x)$의 분해체이므로, K 역시 부분체 $F(v)$ 위에서 $f(x)$의 분해체이다. 따라서 정리 6.4.2에 의하여, 동형 사상 $F(v) \cong F(w)$는 v는 w에 대응하고 F의 모든 원소는 자신에 대응하는 동형 사상 $K \to K(w)$로 확대된다. 그러므로 정리 6.1.6에 의하여 $[K : F] = [K(w) : F]$이다. 확대체들의 사슬 $F \subset K \subset K(w)$에서 정리 6.2.2에 의하여 $[K(w) : K]$는 유한하고 $[K : F]$도 유한하다. 따라서 6.1.5에 의하여,

$$[K : F] = [K(w) : F] = [K(w) : K]\,[K : F]$$

이다. 이 방정식에서 $[K : F]$를 소거하면, $[K(w) : K] = 1$이다. 그러므로 $K(w) = K$이다. 이것은 $w \in K$임을 의미한다. 따라서 L에서 $p(x)$의 모든 근은 K의 원소이고 $p(x)$는 K 위에서 분해된다. 따라서 K는 F 위에서 정규 확대체이다.

$\Leftarrow$] K가 F의 유한차원 정규 확대체라 가정하고 $\{\alpha_1, \cdots, \alpha_n\}$은 기저라 하자. 그러면 $K = F(\alpha_1, \cdots, \alpha_n)$이다. 따라서 정리 6.3.1에 의하여, 각 α_i는 최소 다항식 $p_i(x)$를 갖고 F 위에서 대수적이다. 정규성에 의하여, 각 $p_i(x)$는 K 위에서 분해되므로, $f(x) = p_1(x) \cdots p_n(x)$라 하면 $f(x)$는 K 위에서 분해된다. 따라서 K는 $f(x)$의 분해체이다. ■

| 보기 6.4.10 | 체 $\mathbb{Q}(\sqrt[3]{2})$는 기약 다항식 $x^3 - 2 \in \mathbb{Q}[x]$의 실근 $\sqrt[3]{2}$을 포함하지만(보기 6.2.7에서 설명되었듯이) 복소수근 $\sqrt[3]{2}\,\omega$를 포함하지 않는다. 그러므로

$\mathbb{Q}(\sqrt[3]{2})$는 $\mathbb{Q}$의 정규 확대체가 아니다. 따라서 $\mathbb{Q}(\sqrt[3]{2})$는 $\mathbb{Q}[x]$의 임의의 다항식의 분해체가 될 수 없다. ■

이 점에서 체 F가 $F[x]$의 모든 다항식이 분해되는 확대체를 갖는지를 질문하는 것은 당연하다. 다른 말로 하면, $F[x]$의 모든 다항식들의 모든 근들을 포함하는 확대체가 존재하는가? 대답은 "그렇다"이다. 그러나 이 증명은 이 책의 수준을 뛰어 넘는다. 모든 비상수 다항식이 분해되는 체를 **대수적으로 닫혀 있다**(algebraically closed)고 말한다. 예를 들면 대수학의 기본정리와 따름정리 3.9.3은 복소수들의 체 $\mathbb{C}$가 대수적으로 닫혀있음을 보여준다.

K가 F의 대수적 확대체이고 K가 대수적으로 닫혀있을 때, K를 F의 **대수적 폐체**(the algebraic closure)라 한다. 대수적 폐체는 F의 가장 큰 대수적 확대체라고 볼 수 있다. 왜냐하면, K가 F의 대수적 확대체라고 하면 K의 대수적 폐체는 또한 F의 대수적 폐체이다. 그리고 K는 F의 대수적 폐체안에 포함된다. F의 임의의 두 대수적 폐체들은 정리 6.4.2에 의해 동형이다. 예를 들면 $\mathbb{C}=\mathbb{R}(i)$는 대수적으로 닫혀있는 $\mathbb{R}$의 대수적 확대체이므로, $\mathbb{C}$는 $\mathbb{R}$의 대수적 폐체이다. 그러나, $\mathbb{C}$는 $\mathbb{Q}$ 위에서 대수적이 아니므로(대수적 확대체가 아니다), 체 $\mathbb{C}$는 $\mathbb{Q}$의 대수적 폐체가 아니다. 대수적인 수들의 체(보기 6.3.7)는 $\mathbb{Q}$의 대수적 폐체이다.

예제 6.4.1 $\mathbb{Q}$ 위에서 x^4-4x^2-5의 분해체를 구하고 이 분해체는 $\mathbb{Q}$ 위에서 차원이 4임을 보여라.

[풀이]
$$\begin{aligned} x^4-4x^2-5 &= (x^2-5)(x^2+1) \\ &= (x-\sqrt{5})(x+\sqrt{5})(x-i)(x+i) \end{aligned}$$

분명히 $\mathbb{Q}(\sqrt{5},\, i)$는 $\mathbb{Q}$ 위에서 x^4-4x^2-5의 분해체이다. 더욱이 예제 6.3.1 (1)에 의하여, $[\mathbb{Q}(\sqrt{5},\, i) : \mathbb{Q}]=4$이다. ■

유제 6.4.1-1 $\mathbb{Q}$ 위에서 x^4+1의 분해체를 구하고 설명하라.

[도움말 : $x^4+1=(x^2+i)(x^2-i)$이고 i의 제곱근은 $\dfrac{1+i}{\sqrt{2}}$, $\dfrac{-1-i}{\sqrt{2}}$ 이다. 또한 $-i$의 제곱근은 $i\dfrac{1+i}{\sqrt{2}}$, $i\dfrac{-1-i}{\sqrt{2}}$ 이다.]

유제 6.4.1-2 다음의 각 체 위에서 x^4-2의 분해체를 구하라.

(1) $\mathbb{Q}$ (2) $\mathbb{R}$

예제 ▮ 6.4.2 이차 인수들을 구함으로써, $\mathbb{Q}(\sqrt{2}, \sqrt{3})$은 $\mathbb{Q}$ 위에서 $x^4+2x^3-8x^2-6x-1$의 분해체임을 보여라.

[풀이] $x^4+2x^3-8x^2-6x-1=(x^2+ax+b)(x^2+cx+d)$라 하자. 그러면

$$\begin{aligned} & x^4+2x^3-8x^2-6x-1 \\ &= x^4+(a+c)x^3+(b+d+ac)x^2+(ad+bc)x+bd \\ &\Leftrightarrow\ a+c=2, \qquad (6.4.1) \\ &\quad b+d+ac=-8, \qquad (6.4.2) \\ &\quad ad+bc=-6, \qquad (6.4.3) \\ &\quad bd=-1 \qquad (6.4.4) \end{aligned}$$

식 (6.4.1), (6.4.2), (6.4.3)과 (6.4.4)를 만족하는 정수 a, b, c, d를 구하면, $a=4$, $b=1$, $c=-2$, $d=-1$이다. 따라서

$$\begin{aligned} x^4+2x^3-8x^2-6x-1 &= (x^2+4x+1)(x^2-2x-1) \\ &= (x+(2+\sqrt{3}))(x+(2-\sqrt{3})) \\ &\quad (x-(1+\sqrt{2}))(x-(1-\sqrt{2})) \end{aligned}$$

이다. 따라서 $\mathbb{Q}(\sqrt{2}, \sqrt{3})$은 $\mathbb{Q}$ 위에서 $x^4+2x^3-8x^2-6x-1$의 분해체이다. ■

유제 ▮ 6.4.2 $\mathbb{Q}(\sqrt{2}, i)$는 $\mathbb{Q}(\sqrt{2})$ 위에서 $x^2-2\sqrt{2}x+3$의 분해체임을 보여라.

예제 ▮ 6.4.3 $\mathbb{Z}_3$ 위에서 x^2+1의 분해체를 구하라.

[풀이] $f(x)=x^2+1$라 하자. 그러면 $\mathbb{Z}_3$에서 $f(0)=1\neq 0$, $f(1)=2\neq 0$, $f(2)=2\neq 0$이다. 따름정리 3.7.6에 의하여, $f(x)=x^2+1$은 $\mathbb{Z}_3[x]$에서 기약이다. 그러므로 정리 3.12.2에 의하여, $\mathbb{Z}_3[x]/(x^2+1)$은 x^2+1의 근을 포함하는 $\mathbb{Z}_3$의 확대체이다. 그런데

$$\begin{aligned} \mathbb{Z}_3[x]/(x^2+1) = \{&0,\ 1,\ 2,\ [x],\ [x+1],\ [x+2],\ [2x], \\ &[2x+1],\ [2x+2]\} \end{aligned}$$

이므로 분명히 $[x]$와 $[2x]$는 $\mathbb{Z}_3[x]/(x^2+1)$ 위에서 x^2+1의 근이다. 따라서 $\mathbb{Z}_3[x]/(x^2+1)$은 $\mathbb{Z}_3$ 위에서 x^2+1의 분해체이다. ■

유제 6.4.3 $\mathbb{Z}_2$ 위에서 x^3+x+1의 분해체를 구하라.

유제 6.4.4 체 $\mathbb{Q}$는 유리수체이고 $\mathbb{Q}[x]$는 다항식환이다. 체 E를 다항식 $f(x)=(x^2-2)(x^2-11)\in\mathbb{Q}[x]$의 분해체라 하자. 체 E의 부분체와 관련된 다음 명제 중 참인 것은 증명하고 거짓인 것은 이유를 설명하라.

(1) 원소 $\alpha\in E$를 첨가한 단순 확대체 $\mathbb{Q}(\alpha)$에 속하는 모든 원소는 $\mathbb{Q}$ 위에서 대수적이다.

(2) 체 $\mathbb{Q}(\beta^2)$ 위에서 체 $\mathbb{Q}(\beta)$의 차수 $[\mathbb{Q}(\beta):\mathbb{Q}(\beta^2)]$가 1보다 큰 홀수가 되는 원소 $\beta\in E$가 존재한다.

(3) 차수 $[E:\mathbb{Q}(\gamma)]$가 1인 원소 $\gamma\in E$가 존재한다.

6.4 연습문제

1. $\sqrt{2}\not\in\mathbb{Q}(i)$ 따라서 $\mathbb{C}\neq\mathbb{Q}(i)$임을 보여라. [도움말 : $\sqrt{2}=a+bi\,(a,\ b\in\mathbb{Q})$는 모순에 이르게 됨을 보여라.]

2. x^2-3과 x^2-2x-2는 $\mathbb{Q}[x]$에서 기약이고 같은 분해체, 즉, $\mathbb{Q}(\sqrt{3})$을 가짐을 보여라.

3. $f(x)\in\mathbb{R}[x]$이면, $\mathbb{R}$ 또는 $\mathbb{C}$는 $\mathbb{R}$ 위에서 $f(x)$의 분해체임을 증명하라.

4. K는 F 위에서 $f(x)$의 분해체라 하자. E가 $F\subset E\subset K$인 체이면, K는 E 위에서 $f(x)$의 분해체임을 보여라.

5. K는 F 위에서 $f(x)$의 분해체라 하자. $[K:F]$가 소수, $u\in K$는 $f(x)$의 근이고 $u\not\in F$이면, $K=F(u)$임을 증명하라.

6. u가 F 위에서 대수적이고 $K=F(u)$가 F의 정규 확대체이면, K는 F 위에서 u의 최소 다항식의 분해체임을 증명하라.

7. 다음 중 어느 것이 $\mathbb{Q}$의 정규 확대체인가?

(1) $\mathbb{Q}(\sqrt{3})$ (2) $\mathbb{Q}(\sqrt[3]{3})$

(3) $\mathbb{Q}(\sqrt{5},\ i)$

8. 어떠한 유한체도 대수적으로 닫히지 않음을 증명하라. [도움말 : 체 F의 원들이 $a_1, \cdots, a_n$이고 $a_1 \neq 0_F$일 때, $a_1 + (x-a_1)(x-a_2)\cdots(x-a_n) \in F[x]$을 생각하라.]

9. $\mathbb{Q}$ 위에서 $x^6 + x^3 + 1$의 분해체를 구하라.

10. K가 $[K : F] = 2$인 F의 확대체이면, K는 정규적임을 증명하라.

11. F, E, K가 $F \subset E \subset K$인 체들이고 $E = F(u_1, \cdots, u_t)$라 하자. 여기서 u_i들은 $f(x) \in F[x]$의 몇 개의 근들이다. K가 F 위에서 $f(x)$의 분해체일 필요충분조건은 K가 E 위에서 $f(x)$의 분해체인 것이다. 이를 증명하라.

12. 체 K에 대한 다음의 조건들은 논리적으로 같음을 증명하라 :

(i) $K[x]$의 모든 비상수 다항식은 K에서 근은 갖는다.

(ii) $K[x]$의 모든 비상수 다항식은 K 위에서 분해된다(즉, K는 대수적으로 닫힌다).

(iii) $K[x]$의 모든 기약 다항식은 차수 1을 갖는다.

(iv) K 자신을 제외하고 K의 대수 확대체는 존재하지 않는다.

13. K는 F의 확대체이고, E는 따름정리 6.3.4에서처럼, F 위에서 대수적인 K의 모든 원들의 부분체라 하자. K가 대수적 닫혀 있으면, E는 F의 대수적 폐체임을 증명하라.[$F = Q$이고 $K = \mathbb{C}$인 특별한 경우는 대수적 수들의 체 E가 Q의 대수적 폐체임을 보여준다.]

14. K는 $F[x]$의 모든 다항식이 K 위에서 분해되는 F의 대수적 확대체라 하자 : K는 F의 대수적 폐체임을 증명하라.

15. F의 유한차원 확대체 K가 정규적일 필요충분조건은 K가 다음의 성질은 갖는 것이다. : L이 K의 확대체이고 $\sigma : K \to L$가 모든 $c \in F$에 대하여 $\sigma(c) = c$인 단사준동형 사상이면, $\sigma(K) \subset K$이다. 이를 증명하라.

6.4 유제풀이

유제 6.4.1-1 $\mathbb{Q}$ 위에서 $x^4 + 1$의 분해체를 구하고 설명하라.

[풀이] x^4+1이므로 이 방정식은 다음과 같은 4개의 근을 갖는다.

$$\begin{aligned}
\left(\cos\frac{\pi}{4}+i\sin\frac{\pi}{4}\right)\omega^0 &= \frac{\sqrt{2}}{2}+\frac{\sqrt{2}}{2}i,\\
\left(\cos\frac{\pi}{4}+i\sin\frac{\pi}{4}\right)\omega^1 &= \left(\cos\frac{\pi}{4}+i\sin\frac{\pi}{4}\right)\left(\cos\frac{2\pi}{4}+i\sin\frac{2\pi}{4}\right)\\
&= \left(\frac{\sqrt{2}}{2}+\frac{\sqrt{2}}{2}i\right)(0+i) = -\frac{\sqrt{2}}{2}+\frac{\sqrt{2}}{2}i,\\
\left(\cos\frac{\pi}{4}+i\sin\frac{\pi}{4}\right)\omega^2 &= \left(\cos\frac{\pi}{4}+i\sin\frac{\pi}{4}\right)\left(\cos\frac{4\pi}{4}+i\sin\frac{4\pi}{4}\right)\\
&= \left(\frac{\sqrt{2}}{2}+\frac{\sqrt{2}}{2}i\right)(-1) = -\frac{\sqrt{2}}{2}-\frac{\sqrt{2}}{2}i,\\
\left(\cos\frac{\pi}{4}+i\sin\frac{\pi}{4}\right)\omega^3 &= \left(\cos\frac{\pi}{4}+i\sin\frac{\pi}{4}\right)\left(\cos\frac{6\pi}{4}+i\sin\frac{6\pi}{4}\right)\\
&= \left(\frac{\sqrt{2}}{2}+\frac{\sqrt{2}}{2}i\right)(-i) = \frac{\sqrt{2}}{2}-\frac{\sqrt{2}}{2}i
\end{aligned}$$

따라서 $\mathbb{Q}(\sqrt{2},\ i)$는 $\mathbb{Q}$ 위에서 x^4+1의 분해체이다. 여기서 $\omega=e^{2\pi i/n}=\cos\left(\frac{2\pi}{n}\right)+i\sin\left(\frac{2\pi}{n}\right)$, 즉 $x^n=1$의 복소수근이다. 일반적으로 방정식 $x^n=c,\ c=a+bi\in\mathbb{C}$의 근은 $\eta,\ \eta\omega,\ \eta\omega^2,\ \cdots,\ \eta\omega^{n-1}$이다. 여기서 $\eta=\sqrt[n]{r}\,e^{i\theta/n}$, $r=\sqrt{a^2+b^2}$, θ는 복소수 c와 양의 실수축의 사이각이다.

유제 6.4.1-2 다음의 각 체 위에서 x^4-2의 분해체를 구하라.

(1) $\mathbb{Q}$　　　　(2) $\mathbb{R}$

[풀이]
$$\begin{aligned}
x^4-2 &= (x^2-\sqrt{2})(x^2+\sqrt{2})\\
&= (x-\sqrt[4]{2})(x+\sqrt[4]{2})(x-\sqrt[4]{2}\,i)(x+\sqrt[4]{2}\,i) \qquad (*)
\end{aligned}$$

(1) $\mathbb{C}[x]$에서 x^4-2는 (*)와 같이 인수분해된다. 그러므로 $\mathbb{Q}$ 위에서 x^4-2의 분해체는 $\mathbb{Q}(\sqrt[4]{2},\ i)$이다.

(2) $\mathbb{R}$ 위에서 x^4-2의 분해체는 $\mathbb{R}(i)=\mathbb{R}(i,\ -i)=\mathbb{C}$. 따라서 x^4-2의 분해체는 $\mathbb{C}$이다.

유제 6.4.2 $\mathbb{Q}(\sqrt{2},\ i)$는 $\mathbb{Q}(\sqrt{2})$ 위에서 $x^2-2\sqrt{2}x+3$의 분해체임을 보여라.

[풀이] $x^2-2\sqrt{2}x+3=\{x-(\sqrt{2}+i)\}\{x-(\sqrt{2}-i)\}$이다. 따라서 $\mathbb{Q}(\sqrt{2},\ i)$는 $\mathbb{Q}(\sqrt{2})$ 위에서 $x^2-2\sqrt{2}x+3$의 분해체이다.

유제 6.4.3 $\mathbb{Z}_2$ 위에서 x^3+x+1의 분해체를 구하라.

[풀이] $f(x)=x^3+x+1$라 하자. 그러면 $\mathbb{Z}_2$에서, $f(0)=1\neq 0$, $f(1)=1\neq 0$. 따라서 $f(x)$는 $\mathbb{Z}_2[x]$에서 기약이다. 그러므로 $\mathbb{Z}_2[x]/(x^3+x+1)$은 x^3+x+1의 근을 포함하는 확대체이다. 그런데 $\mathbb{Z}_2[x]/(x^3+x+1)=\{0, 1, [x], [x+1], [x^2], [x^2+x], [x^2+x+1], [x^2+1]\}$이다. α를 $x^3+x+1=0$의 근이라 하면 $\alpha^3=\alpha+1$이다.

$$
\begin{aligned}
([x^2])^3+([x^2])+1 &= \alpha^6+\alpha^2+1 \\
&= (\alpha+1)^2+\alpha^2+1 \\
&= \alpha^2+2\alpha+1+\alpha^2+1=0
\end{aligned}
$$

이고

$$
\begin{aligned}
([x^2+x])^3+[x^2+x]+1 &= \alpha^6+3\alpha^5+3\alpha^4+\alpha^3+\alpha^2+\alpha+1 \\
&= (\alpha^2+2\alpha+1)+3\alpha^2(\alpha+1) \\
&\quad +3\alpha(\alpha+1)+\alpha+1+\alpha^2+\alpha+1 \\
&= \alpha^2+2\alpha+1+\alpha^3+\alpha^2+\alpha^2+\alpha+\alpha+\alpha^2+\alpha \\
&= \alpha^2+1+\alpha+1+\alpha^2+\alpha=0
\end{aligned}
$$

이다. 따라서 $[x]$, $[x^2]$, $[x^2+x]$은 $\mathbb{Z}_2$ 위에서 x^3+x+1의 근이다. 그러므로 $\mathbb{Z}_2[x]/(x^3+x+1)$은 $\mathbb{Z}_2$ 위에서 x^3+x+1의 분해체이다.

유제 6.4.4 체 $\mathbb{Q}$는 유리수체이고 $\mathbb{Q}[x]$는 다항식환이다. 체 E를 다항식 $f(x)=(x^2-2)(x^2-11)\in\mathbb{Q}[x]$의 분해체라 하자. 체 E의 부분체와 관련된 다음 명제 중 참인 것은 증명하고, 거짓인 것은 이유를 설명하라.

(1) 원소 $\alpha\in E$를 첨가한 단순 확대체 $\mathbb{Q}(\alpha)$에 속하는 모든 원소는 $\mathbb{Q}$ 위에서 대수적이다.

(2) 체 $\mathbb{Q}(\beta^2)$ 위에서 체 $\mathbb{Q}(\beta)$의 차수 $[\mathbb{Q}(\beta):\mathbb{Q}(\beta^2)]$가 1보다 큰 홀수가 되는 원소 $\beta\in E$가 존재한다.

(3) 차수 $[E:\mathbb{Q}(\gamma)]$가 1인 원소 $\gamma\in E$가 존재한다.

[풀이] (1) 유한 확대체이므로 대수적 확대체이다. 따라서 대수적이다.

(2) 보기 6.4.5와 같은 문제이다. $[E:Q]=[E:Q(\beta)][Q(\beta):Q(\beta^2)][Q(\beta^2):Q]$를 만족하는 $\beta\in E$가 있다면

$$4=[E:Q(\beta)][Q(\beta):Q(\beta^2)][Q(\beta^2):Q]$$

이어야 하므로 1보다 큰 홀수가 되는 원소 $\beta\in E$가 존재하지 않는다.

(3) $E=Q(\sqrt{2}+\sqrt{11})$이므로 $[E:Q(\sqrt{2}+\sqrt{11})]=1$이다.

6.5 분리 가능성

F는 체라 하자. 차수 n인 다항식 $f(x)\in F[x]$가 **분리 가능하다**(to be separable)라는 뜻은 $f(x)$가 어떤 분해체에서 n개의 서로 다른 근들을 가짐을 의미한다(중근-multiple root을 갖지 않는다는 뜻). 따라서 $f(x)$가 분리 가능할 필요충분조건은 $f(x)$가 임의의 분해체에서 어떠한 중근도 갖지 않는 것이다. F의 확대체 K의 원소 u가 F **위에서 분리 가능하다**(to be separable over F)라는 뜻은 u가 $F[x]$의 분리 가능한 다항식의 근임을 의미한다. 확대체 K가 **분리 가능한 확대체**(a separable extension field)라는 뜻은 K의 모든 원소가 F 위에서 분리 가능함을 의미한다(모든 다항식 $f(x)$가 확대체 K에서 분리 가능하다는 뜻은 아니다). 모든 분리 가능한 확대체는 모든 원소가 분리 가능한 다항식의 근이므로 반드시 대수적이다.

| 보기 6.5.1 | 다항식 $x^2+1\in\mathbb{Q}[x]$는 분리 가능하다. 왜냐하면 x^2+1은 $\mathbb{C}$에서 다른 근 i와 $-i$를 갖기 때문이다. 그러나 $f(x)=x^4-x^3-x+1$은 분리 가능하지 않다. 왜냐하면 $f(x)$는 $(x-1)^2(x^2+x+1)$로 인수분해되므로, $f(x)$는 $\mathbb{C}$에서 중근을 갖기 때문이다. ■

$f(x)=c_0+c_1x+c_2x^2+\cdots+c_nx^n\in F[x]$의 **도함수**(the derivative)는 다항식

$$f'(x)=c_1+2c_2x+3c_3x^3+\cdots+nc_nx^{n-1}\in F[x]$$

로 정의된다. 도함수는 다음의 성질 ;

$$(f+g)'=f'(x)+g'(x)$$
$$(fg)'(x)=f(x)g'(x)+f'(x)g(x)$$

을 만족한다(연습문제 6.5.2, 6.5.3).

보조정리 6.5.1

F는 체이고 $f(x) \in F[x]$라 하자. $f(x)$와 $f'(x)$가 $F[x]$에서 서로소이면, $f(x)$는 분리 가능하다.

[증명] K는 $f(x)$의 분해체이고 $f(x)$는 분리 가능하지 않다고 가정하자. 그러면 $f(x)$는 K에서 중근 u를 가져야만 한다. 따라서 $g(x) \in K[x]$가 존재하여 $f(x) = (x-u)^2 g(x)$이다.

$$f'(x) = (x-u)^2 g'(x) + 2(x-u)g(x)$$

이므로 $f'(u) = 0_F\, g'(u) + 0_F g(u) = 0_F$이다. 따라서 u는 $f'(x)$의 근이다. $p(x) \in F[x]$가 u의 최소 다항식이면, $p(x)$는 비상수 다항식이고 $p(x) \mid f(x)$, $p(x) \mid f'(x)$이다. 그러므로 $f(x)$와 $f'(x)$는 서로소가 아니다. 이것은 모순이다. 따라서 $f(x)$는 분리 가능하다. ■

사실 이 정리는 $f(x)$가 분리 가능할 필요충분조건이다. 예제 6.5.2를 보아라.

양의 정수 n과 $c \in F$에 대하여, nc는 원소 $c + c + \cdots + c$(n합)임을 상기하자. '체 F가 **표수 0(characteristic 0)을 갖는다**'는 뜻은 모든 양의 정수 n에 대하여 $n1_F \neq 0_F$임을 의미한다. 예를 들면 $\mathbb{Q}$, $\mathbb{R}$과 $\mathbb{C}$는 모두 표수 0을 갖는다. 그러나 $\mathbb{Z}_3$은 그렇지 않다($\mathbb{Z}_3$에서 $3 \cdot 1 = 0$이므로). 표수가 0인 체는 무한체이다(예제 6.5.1). F가 표수 0을 가지면, 모든 양의 정수 n과 $c \in F$에 대하여,

$$nc = c + \cdots + c = (1_F + \cdots + 1_F)c = (n1_F)c$$

이고 $n1_F \neq 0_F$이다. 그러므로 $nc = 0_F \Leftrightarrow c = 0_F$이다. 이 사실은 표수 0인 체에서 분리 가능성에 대해 알 수 있는 열쇠이다.

정리 6.5.2

F가 표수 0인 체라 하자. 그러면 $F[x]$의 모든 기약 다항식은 분리 가능하고, F의 모든 대수적 확대체 K는 분리 가능한 확대체이다.

[증명] $p(x) \in F[x]$는 임의의 기약 다항식이라 하자. 그러면 $p(x)$는 비상수 다항식이다. 따라서 $0_F \neq c \in F$와 양의 정수 n이 존재하여 $p(x) = cx^n +$(더 낮은 차수항들)이

다. 그러므로 $p'(x) = (nc)x^{n-1} +$(더 낮은 차수항들)이고 $nc \neq 0_F$ 이다. 따라서 $p'(x)$는 기약 다항식 $p(x)$보다 더 낮은 차수인 영이 아닌 다항식이다($p(x)$와 $p'(x)$가 서로소). 그러므로 보조정리 6.5.1에 의하여, $p(x)$는 분리 가능하다. 특히, 각 $u \in K$의 최소 다항식은 분리 가능하다. 따라서 K는 분리 가능한 확대체이다. ■

F가 표수 0을 갖지 않으면 정리 6.5.2는 거짓일 수 있다(연습문제 6.5.9). 모든 유한하게 만들어지는(특히, 모든 유한차원의) 분리 가능한 확대체는 실제로 단순(simple) 확대체이다.

정리 6.5.3

K가 F의 유한하게 만들어진(finitely generated) 분리 가능한 확대체이면, 원소 $u \in K$가 존재하여 $K = F(u)$이다.

[증명] 가정에 의하여, $K = F(u_1, \cdots, u_n)$이다. 이 증명은 n에 대한 귀납법에 의한다. $n = 1$이고 $K = F(u_1)$일 때 증명할 것이 없다. 잠시 후 이 정리가 $n = 2$에 대하여 참임을 보일 것이다. 이 정리가 $n = k - 1$에 대하여 참이고 $n = k$라 가정하자. 그러면 귀납과정과 $n = 2$인 경우에 의하여, $t, u \in K$가 존재하여

$$\begin{aligned} K &= F(u_1, \cdots, u_k) = F(u_1, \cdots, u_{k-1})(u_k) \\ &= F(t)(u_k) = F(t, u_k) = F(u) \end{aligned}$$

이다. 증명을 완성하기 위하여 $K = F(v, w)$라 하고 K가 F의 단순 확대체임을 보이고자 한다. 먼저 F가 무한체라 가정하자. v의 최소 다항식을 $p(x) \in F[x]$라 하고 w의 최소 다항식을 $q(x) \in F[x]$라 하자. 또한 L은 F에서의 $p(x)q(x)$의 분해체이고 $w(= w_1), w_2, \cdots, w_n$은 L에서 $q(x)$의 근들이라 하자. K가 분리 확대체이므로 w는 $F[x]$에서 분리 가능한 다항식 $f(x)$의 근이라 하자. $q(x)$가 최소 다항식이므로 L에서 $q(x)|f(x)$이다. 즉, $f(x) = q(x)k(x)$, $k(x) \in F[x]$이다. $f(x)$가 분리다항식이므로 $q(x)$도 분리다항식이므로 w_i는 모두 서로 다른 근이다. 이제 $v(= v_1), v_2, \cdots, v_m$들이 L에서 $p(x)$의 근이라 하자. F가 무한체이므로, 모든 $1 \leq i \leq m$, $1 < j \leq n$에 대하여,

$$c \neq \frac{v_i - v}{w - w_j} \tag{6.5.1}$$

를 만족하는 $c \in F$가 존재한다. 이 c를 사용하여 $u = v + cw$라 하자. 이제 $K =$

$F(v, w) = F(u)$을 보이자. 이제 $w \in F(u)$임을 보이자.

$$h(x) = p(u - cx) \in F(u)[x]$$

라 하자. 그러면 $h(w) = p(u - cw) = p(v) = 0_F$ 이므로 w는 $h(x)$의 근이다. 어떤 $w_j\,(j \neq 1)$가 역시 $h(x)$의 근이라 가정하자. 그러면 $p(u - cw_j) = 0_F$ 이므로 $u - cw_j$도 $p(x)$의 근 중의 하나이다. 따라서 적당한 i에 대하여 $u - cw_j = v_i$이다. 그런데 $u = v + cw$이므로,

$$v + cw - cw_j = v_i \quad \text{또는} \quad c = \frac{v_i - v}{w - w_j}$$

이 되어 식 (6.5.1)에 모순이다. 그러므로 어떠한 $w_j\,(j \neq 1)$도 $h(x)$의 근이 아니다. 따라서 w는 $q(x)$와 $h(x)$의 유일한 공통근이다.

이제 $r(x)$가 $F(u)$ 위에서 w의 최소 다항식이라 하자. 그러면 $r(x)$는 분리 가능한 다항식 $q(x)$를 나눈다. 따라서 $r(x)$는 $L[x]$에서 분해되고 $r(x)$의 모든 근들은 다르다. 한편 $r(x) | h(x)$ 이므로 $r(x)$의 모든 근들은 $h(x)$의 근이다. $q(x)$와 $h(x)$의 유일한 공통근은 w이므로 $r(x)$는 L에서 오직 한 개의 근 w를 갖는다. 따라서 $r(x) \in F(u)[x]$는 차수 1을 갖는다. 그러므로 $r(x)$의 근 w는 $F(u)$의 원소이다.

이제 $v = u - cw$이고 $u,\ w \in F(u)$이므로 $v \in F(u)$이다. 따라서 $K = F(v, w) \subset F(u)$이다. 한편 $u = v + cw \in K = F(v, w)$이므로 $F(u) \subset K$이다. 따라서 $K = F(u)$이다. 이제 F가 유한체인 경우는 다음 절의 정리 6.6.10에서 증명한다. ■

보기 6.5.2 $\mathbb{Q}(\sqrt{3}, \sqrt{5})$에 정리 6.5.3의 증명을 적용하면, $v = \sqrt{3}$, $v_2 = -\sqrt{3}$, $w = \sqrt{5}$, $w_2 = -\sqrt{5}$이다. 따라서 $c = 1$을 선택할 수 있다. 그러므로 $u = \sqrt{3} + \sqrt{5}$이다. 따라서 $\mathbb{Q}(\sqrt{3}, \sqrt{5})$는 단순 확대체 $\mathbb{Q}(\sqrt{3} + \sqrt{5})$이다. ■

예제 6.5.1 표수 0인 모든 체는 무한체임을 증명하라.

[**도움말** : $n \in \mathbb{Z}$, $n > 0$인 원소 $n1_F$를 생각하라.]

[풀이] 체 F의 표수가 0이라 하자. $f : \mathbb{Z} \to F$를 $f(k) = k1_F$라고 정의하자. 모든 $k,\ l \in \mathbb{Z}$에 대하여

$$f(k+l) = (k+l)1_F = k1_F + l1_F = f(k) + f(l)$$
$$f(kl) = (kl)1_F = (k1_f)(l1_F) = f(k)f(l)$$

이므로 f는 $\mathbb{Z}$에서 F로의 준동형 사상이다. 따라서 제 1 동형정리에 의해 $\mathbb{Z}/\ker f \cong \operatorname{im} f \subseteq F$ 이고, $\ker f = \{k \in \mathbb{Z} \mid k1_F = 0\} = \{0\}$ 이다. 따라서 $\mathbb{Z}/\ker f \cong \mathbb{Z} \subseteq F$ 이므로 체 F는 $\mathbb{Z}$와 동형인 부분환를 포함하므로 무한체이다. ■

유제 6.5.1-1 F가 표수 0을 가지면, K가 표수 0을 가짐을 보여라. 여기서 K는 F의 확대체이다.

유제 6.5.1-2 (1) F가 표수 0을 갖고 $f(x) \in F[x]$ 이고 $f'(x) = 0_F$ 일 때, 어떤 $c \in F$에 대하여 $f(x) = c$ 임을 증명하라.

(2) F가 표수 0을 갖지 않으면, (1)이 거짓일 수 있음을 $\mathbb{Z}_2[x]$ 에서 보기를 주어 보여라.

예제 6.5.2 $f(x) \in F[x]$가 분리 가능할 필요충분조건은 $f(x)$와 $f'(x)$가 서로소인 것이다. 이를 증명하라.

[풀이] $\Rightarrow$] $f(x) \in F[x]$는 분리 가능하고 $f(x)$와 $f'(x)$는 서로소가 아니라 가정하자. $g(x)$가 $f(x)$와 $f'(x)$의 최대공약수라 하자. 그러면 $g(x)$의 분해체 K가 존재하고 u를 K 위에서 $g(x)$의 근이라 하자. $u \in K$는 $f(x)$의 중복근이다. 그러므로 $f(x)$는 분리 가능하지 않다. 이것은 모순이다. 따라서 $f(x)$와 $f'(x)$는 서로소이다.

$\Leftarrow$] 이것은 보조정리 6.5.1이다. ■

유제 6.5.2 $p(x)$는 $F[x]$에서 기약이라 하자. $p(x)$가 분리 가능할 필요충분조건은 $p'(x) \neq 0_F$ 임을 보여라.

예제 6.5.3 정리 6.5.3의 증명을 사용하여 $\mathbb{Q}(\sqrt{2}, \sqrt{3})$를 $\mathbb{Q}$ 의 단순 확대체로 표시하라.

[풀이] $v = \sqrt{2}$, $v_2 = -\sqrt{2}$, $w = \sqrt{3}$, $w_2 = -\sqrt{3}$, $u = v + cw$ 이고 $c = 1$ 이라 하자. 그러면

$$\frac{-\sqrt{2} - \sqrt{2}}{\sqrt{3} + \sqrt{3}} = \frac{-\sqrt{2}}{\sqrt{3}} \neq 1$$

이고

$$u = \sqrt{2} + \sqrt{3}$$

이다. 따라서 $\mathbb{Q}(\sqrt{2},\ \sqrt{3}) = \mathbb{Q}(\sqrt{2} + \sqrt{3})$이다. ■

유제 6.5.3-1 정리 6.5.3의 증명을 사용하여 $\mathbb{Q}(\sqrt{3},\ i)$을 $\mathbb{Q}$의 단순 확대체로 표시하라.

유제 6.5.3-2 p와 q가 다른 소수일 때, $\mathbb{Q}(\sqrt{p},\ \sqrt{q}) = \mathbb{Q}(\sqrt{p} + \sqrt{q})$임을 증명하라.

6.5 연습문제

K는 언제나 체 F의 확대체이다.

1. K가 F 위에서 분리 가능하고 E는 $F \subset E \subset K$인 체이면, K는 E 위에서 분리 가능함을 보여라.

2. $f(x),\ g(x) \in F[x]$일 때 다음 각각을 증명하라 :

(1) $(f+g)'(x) = f'(x) + g'(x)$.

(2) $c \in F$이면, $(cf)'(x) = cf'(x)$이다.

3. (1) $f(x) = cx^n \in F[x]$이고 $g(x) = b_0 + b_1 x + \cdots + b_k x^k \in F[x]$일 때 $(fg)'(x) = f(x)g'(x) + f'(x)g(x)$임을 증명하라.

(2) $f(x),\ g(x)$가 $F[x]$의 임의의 다항식일 때, $(fg)'(x) = f(x)g'(x) + f'(x)g(x)$임을 증명하라.

4. $f(x) \in F[x]$이고 n이 양의 정수일 때, $f(x)^n$의 도함수는 $nf(x)^{n-1}f'(x)$임을 증명하라. [도움말 : n에 대한 귀납법과 연습문제 6.5.3을 사용하라.]

5. $u \in K$가 $f(x) \in F[x]$의 중복근일 필요충분조건은 u가 $f(x)$와 $f'(x)$의 근임을 증명하라. [도움말 : $f(x) = (x-u)^m g(x)$, $m \geq 1$, $g(x) \in K[x]$이고 $g(u) \neq 0_F$이다.]

6. F는 표수 0을 갖고 K는 $f(x) \in F[x]$의 분해체라 하자. $d(x)$가 $f(x)$와 $f'(x)$의 최대공약수이고 $h(x) = f(x)/d(x) \in F[x]$일 때, 다음을 증명하라 :

(1) $f(x)$와 $h(x)$는 K에서 같은 근을 갖는다.

(2) $h(x)$는 분리 가능하다.

7. 정리 6.5.3의 증명을 사용하여 다음 각각을 $\mathbb{Q}$의 단순 확대체로 표시하라.

$$\mathbb{Q}(\sqrt{2},\ \sqrt{3},\ \sqrt{5})$$

8. F는 무한하고, $v,\ w \in K$는 F 위에서 대수적이고, w는 $F[x]$에서 분리 가능한 다항식의 근이라 하자. 그러면 $F(v,\ w)$는 F의 단순 확대체임을 증명하라.

9. 여기에 분리 가능하지 않은 기약 다항식의 예가 있다. 4.3절에서 정의되었듯이, $F=\mathbb{Z}_2(t)$는 ($\mathbb{Z}_2$에서 계수를 갖는 부정원 t의 다항식들의 환) $\mathbb{Z}_2[t]$의 몫체라 하자.

(1) x^2-t는 $F[x]$에서 기약 다항식임을 증명하라. [도움말 : x^2-t가 F에서 근은 가지면, 적당한 다항식 $g(t),\ h(t) \in \mathbb{Z}_2[t]$가 존재하여 $[g(t)/h(t)]^2=t$이다. 이것은 모순에 이르게 된다.]

(2) $x^2-t \in F[x]$는 분리 가능하지 않음을 증명하라.

6.5 유제풀이

유제 6.5.1-1 F가 표수 0을 가지면, K가 표수 0을 가짐을 보여라. 여기서 K는 F의 확대체이다.

[풀이] K가 표수 0을 갖지 않는다고 가정하자. 그러면 $n1_K=0_K$을 만족하는 최소의 양의 정수 n이 존재한다. K는 F의 확대체이므로, $1_F=1_K$이고 $0_F=0_K$이다. 따라서 $n1_F=0_F$이다. 그러므로 F의 표수는 0이 아니다. 이것은 가정에 모순이다. 따라서 K는 표수 0을 갖는다.

유제 6.5.1-2 (1) F가 표수 0을 갖고 $f(x) \in F[x]$이고 $f'(x)=0_F$일 때, 어떤 $c \in F$가 존재하여 $f(x)=c$임을 증명하라.

(2) F가 표수 0을 갖지 않으면 (1)이 거짓일 수 있음을 $\mathbb{Z}_2[x]$에서 보기를 들어 보여라.

[풀이] (1) $f(x)=a_0+a_1x+\ \cdots\ +a_nx^n \in F[x]$라 하자. 그러면 가정에 의하여, $f'(x)=a_1+2a_2x+\ \cdots\ +na_nx^{n-1}=0_F$ 이므로 $a_1=0_F,\ 2a_2=0_F,$

$\cdots$, $na_n = 0_F$이다. 즉, 각 $k=1$, $\cdots$, n에 대하여, $k(1_F)a_k = 0_F$이다. 그런데 F는 표수 0이므로, $k1_F \neq 0_F$이다. 따라서 $a_k = 0_F$이어야 하므로 $f(x) = a_0$이다. $c = a_0$이다.

(2) 분명히 $\mathbb{Z}_2$의 표수는 2이다. $f(x) = 1 + x^2 + x^4 \in \mathbb{Z}_2[x]$를 생각하자. 그러면 분명히 $f'(x) = 0_F$이다. 따라서 (1)은 거짓이다.

유제 | 6.5.2 $p(x)$는 $F[x]$에서 기약이라 하자. $p(x)$가 분리 가능할 필요충분조건은 $p'(x) \neq 0_F$인 것임을 증명하라.

[풀이] $\Rightarrow$] $p(x)$는 분리 가능하다고 가정하자. 그러면 $p(x)$의 분해체 K가 존재하여 $p(x)$는 K에서 어떠한 중근도 갖지 않고 $\deg p(x) \geq 1$이다. 그러므로 $p'(x) \neq 0_F$이다.

$\Leftarrow$] $p'(x) \neq 0_F$이라 가정하자. $p(x)$는 $F[x]$에서 기약이므로, $p(x)$와 $p'(x)$는 서로소이다. 따라서 $p(x)$는 분리 가능하다.

유제 | 6.5.3-1 정리 6.5.3의 증명을 사용하여 $\mathbb{Q}(\sqrt{3}, i)$을 $\mathbb{Q}$의 단순 확대체로 표시하라.

[풀이] $v = \sqrt{3}$, $v_2 = -\sqrt{3}$, $w = i$, $w_2 = -i$, $u = v + cw$이고 $c = 1$이라 하자. 그러면 $u = \sqrt{3} + i$이고 $\dfrac{-\sqrt{3} - \sqrt{3}}{i + i} = \dfrac{-\sqrt{3}}{i} \neq 1$이다. 그러므로 $\mathbb{Q}(\sqrt{3}, i)$는 단순 확대체 $\mathbb{Q}(\sqrt{3} + i)$이다.

유제 | 6.5.3-2 p와 q가 다른 소수일 때, $\mathbb{Q}(\sqrt{p}, \sqrt{q}) = \mathbb{Q}(\sqrt{p} + \sqrt{q})$임을 증명하라.

[풀이] $v = \sqrt{p}$, $v_2 = -\sqrt{p}$, $w = \sqrt{q}$, $w_2 = -\sqrt{q}$, $u = v + cw$이고, $c = 1$이라 하자. 그러면 $u = \sqrt{p} + \sqrt{q}$이고 $\dfrac{-\sqrt{r} - \sqrt{r}}{\sqrt{q} + \sqrt{q}} = \dfrac{\sqrt{p}}{\sqrt{q}} \neq 1$이다. 그러므로 $\mathbb{Q}(\sqrt{p}, \sqrt{q}) = \mathbb{Q}(\sqrt{p} + \sqrt{q})$이다.

6.6 유한체

환 R이 표수 0(characteristic 0)을 갖는다는 뜻은 임의의 양의 정수 m에 대하여 $m1_R \neq 0_R$임을 의미한다. 어떤 양의 정수 m에 대하여 $m1_R = 0_R$일 때, 정렬순서공리에 의하여, 이와 같은 가장 작은 m이 존재한다. 따라서 R이 **표수 n을 갖는다**(characteristic n)는 뜻은 n이 $n1_R = 0_R$인 가장 작은 양의 정수임을 의미한다. $\text{chap}\, R = n$이라고 쓴다. 예를 들면 $\mathbb{Q}$는 표수 0을 갖고, $\mathbb{Z}_3$은 표수 3을 갖는다(정의 3.2.11을 보라).

보조정리 6.6.1

R이 정역이면, R의 표수는 0 또는 양의 소수이다.

[증명] R이 표수 0을 갖는다고 가정하자. 그러면 증명할 것이 없다. 따라서 R은 표수 $n>0$을 갖고 n이 소수가 아니라 가정하자. 그러면 $k,\ t \in \mathbb{Z}$가 존재하여 $n = kt$, $k<n$이고 $t<n$이다. 분배법칙에 의하여,

$$\begin{aligned}(k1_R)(t1_R) &= \underbrace{(1_R + \cdots + 1_R)}_{k\ \text{합}}\underbrace{(1_R + \cdots + 1_R)}_{t\ \text{합}} \\ &= 1_R1_R + \cdots + 1_R1_R = 1_R + \cdots + 1_R \quad [kt\ \text{합}] \\ &= (kt)1_R = n1_R = 0_R\end{aligned}$$

이다. R은 정역이므로, $k1_R = 0_R$ 또는 $t1_R = 0_R$이다. 이것은 n이 $n1_R = 0_R$인 가장 작은 양의 정수라는 사실에 모순이다. 따라서 n은 소수이다. ■

보조정리 6.6.2

R이 표수 $n>0$인 항등원이 있는 환이라 하자. 그러면 $k1_R = 0_R$일 필요충분조건은 $n|k$이다.

[증명] $\Leftarrow$] $n|k$라 가정하자. 그러면 $d \in \mathbb{Z}$가 존재하여 $k = nd$이다. 따라서 $k1_R = nd1_R = (n1_R)(d1_R) = 0_R(d1_R) = 0_R$가 된다.

$\Rightarrow$] $k1_R = 0_R$이라 가정하자. 그러면 나눗셈 알고리즘에 의하여, $q,\ r \in \mathbb{Z}$가 존재하여 $k = nq + r$, $0 \leq r < n$이다. $n1_R = 0_R$이므로,

$$r1_R = r1_R + 0_R = r1_R + nq1_R = (r+nq)1_R = k1_R = 0_R$$

이다. 표수의 정의에 의하여, n은 $n1_R = 0_R$인 가장 작은 양의 정수이고 $r < n$이므로, $r = 0$이어야 한다. 그러므로 $k = nq$이고 $n|k$이다. ■

정리 6.6.3

R은 항등원이 있는 환이라 하자. 그러면
(1) 집합 $P = \{k1_R : k \in \mathbb{Z}\}$는 R의 부분환이다.
(2) R이 표수 0을 가지면, $P \cong \mathbb{Z}$이다.
(3) R이 표수 $n > 0$을 가지면, $P \cong \mathbb{Z}_n$이다.

[증명] $f : \mathbb{Z} \to R$를 $f(k) = k1_R$로 정의한다. 그러면

$$f(k+t) = (k+t)1_R = k1_R + t1_R = f(k) + f(t)$$

(보조정리 6.6.1의 증명에서처럼) 분배법칙에 의하여,

$$f(kt) = (kt)1_R = (k1_R)(t1_R) = f(k)f(t)$$

이므로 f는 준동형 사상이다. 더욱이, $\mathrm{Im}\, f = P$이므로 P는 환이다(각자 해보기). 그러면 f는 $\mathbb{Z}$에서 P로의 전사 준동형 사상이라고 생각될 수 있다. 따라서 제 1 동형정리 3.14.6에 의하여, $P \cong \mathbb{Z}/\ker f$이다. R이 표수 0을 갖는다고 가정하자. 그러면 $k1_R = 0_R$이 되는 유일한 정수 k는 0이다. 따라서 $\ker f$는 $\mathbb{Z}$에서 이데알 (0)이다. 그러므로 $P \cong \mathbb{Z}/(0) \cong \mathbb{Z}$이다. 마지막으로 R이 표수 $n > 0$을 갖는다고 가정하자. 그러면 보조정리 6.6.2에 의하여, $\ker f$는 n의 모든 배수들로 이루어지는 주 이데알 (n)이다. 따라서 $P \cong \mathbb{Z}/(n) = \mathbb{Z}_n$이다. ■

정리 6.6.3에 의해 표수 0인 체는 $\mathbb{Z}$와 동형인 환을 포함하고 따라서 무한체이다. 이 명제의 대우는 유한체이면 표수가 0이 아니게 되므로 보조정리 6.6.1에 의하여 다음의 결과를 얻는다.

따름정리 6.6.4

p가 어떤 소수일 때, 모든 유한체는 표수 p를 갖는다.

그러나 따름정리 6.6.4의 역은 거짓이다. 왜냐하면 표수 p인 무한체가 존재하기 때문이다(연습문제 6.6.4). K가 소수 표수 p인 체(특히, K가 유한하다)이면, 정리 6.6.3에 의하여, K는 $\mathbb{Z}_p$와 동형인 부분체 P를 포함한다. 이 체 P를 K의 **소체**(the prime subfield)라 하고 P는 K의 모든 부분체에 포함된다(왜냐하면 P의 정의에 의하여 모든 부분체는 1_R을 포함하므로 모든 정수 t에 대하여 $t1_R$을 포함하기 때문이다). P의 다른 설명에 대하여 연습문제 6.6.1을 보라. 소수부분체 P를 P의 동형 복사 $\mathbb{Z}_p$와 같게 볼 것이다. 그러면

표수 p인 모든 체는 $\mathbb{Z}_p$를 포함한다.

유한체 K의 원소들의 개수를 K의 **위수**(the order)라 한다. 표수 p인 유한체 K의 위수를 결정하기 위하여, K를 K의 소수부분체 $\mathbb{Z}_p$의 확대체로 생각한다.

정리 6.6.5

유한체 K가 표수가 소수 p이라 하면 위수가 p^n이다. 또한 $n = [K : \mathbb{Z}_p]$이다.

[증명] 따름정리 6.6.4에 의해 표수가 p이므로 K는 $\mathbb{Z}_p$를 포함한다. 분명히 $\mathbb{Z}_p$ 위에서 K를 만드는 원소들의 유한집합이 존재한다(예를 들면 K 자신). K의 이 원소들 중 K는 $\mathbb{Z}_p$에서 유한 기저$\{u_1, u_2, \cdots, u_n\}$을 갖는다. K의 모든 원소는

$$c_1 u_1 + c_2 u_2 + \cdots + c_n u_n \tag{6.6.1}$$

꼴로 유일하게 써질 수 있다. 여기서 $c_i \in \mathbb{Z}_p$이다. 각 c_i에 대하여 꼭 p개의 가능성들이 있으므로, (6.6.1)꼴의 다른 선형 결합들은 정확히 p^n이 있다. 따라서 K는 위수 p^n을 갖고, $n =$기저의 원소의 개수$= [K : \mathbb{Z}_p]$이다. ■

정리 6.6.5는 유한체의 가능한 크기에 대한 도움말을 준다. 예컨대 위수 6인 체는 존재할 수 없다. 왜냐하면 6은 어떠한 소수의 거듭 제곱이 아니기 때문이다.

정리 6.6.5는 역시 다음과 같은 질문을 유도한다 :

1. 모든 소수 p와 모든 양의 정수 n에 대하여 위수 p^n인 체가 있는가?
2. 위수 p^n인 두 체는 어떻게 관계되는가?

보조정리 6.6.6 새내기의 꿈(The Freshman's Dream)

p는 소수이고 R은 표수 p인 항등원이 있는 가환환이라 하자. 그러면 모든 $a,\ b\in R$와 모든 양의 정수 n에 대하여,

$$(a+b)^{p^n} = a^{p^n} + b^{p^n}$$

이다.

[증명] 이 증명은 n에 대한 귀납법에 의한다. $n=1$이면, 이항정리에 의하여,

$$(a+b)^p = a^p + \binom{p}{1}a^{p-1}b + \cdots + \binom{p}{r}a^{p-r}b^r + \cdots + \binom{p}{p-1}ab^{p-1} + b^p$$

이다. 또한 중간의 각 계수 $\binom{p}{r} = \dfrac{p!}{r!\,(p-r)!}$은 정수다. 분모의 모든 항은 소수 p보다 더 작으므로 분자에 있는 p는 소거되지 않는다. 따라서 $p \mid \binom{p}{r}$, 즉, $\binom{p}{r} = tp$가 된다. R은 표수 p를 가지므로,

$$\binom{p}{r}a^{p-r}b^r = tp1_R a^{p-r}b^r = t(p1_R)a^{p-r}b^r = t0_R a^{p-r}b^r = 0_R$$

이다. 그러므로 모든 중간의 항들은 영이고 $(a+b)^p = a^p + b^p$이다. 따라서 $n=1$일 때 이 정리는 참이다. $n=k$일 때 이 정리가 참이라고 가정하자. 그러면 이 귀납법 가정과 $n=1$인 경우에 의하여,

$$(a+b)^{p^{k+1}} = \left((a+b)^{p^k}\right)^p = \left(a^{p^k} + b^{p^k}\right)^p = \left(a^{p^k}\right)^p + \left(b^{p^k}\right)^p = a^{p^{k+1}} + b^{p^{k+1}}$$

이므로 이 정리는 $n=k+1$일 때 참이다. 따라서 모든 n에 대하여 이 정리는 참이다. ■

다음 정리의 다항식 $x^{p^n}-x$는 어떠한 원소의 최소 다항식이 아님을 유의하자.

정리 6.6.7

K는 $\mathbb{Z}_p$의 확대체이고 n은 양의 정수라 하자. K의 위수가 p^n일 필요충분조건은 K가 $\mathbb{Z}_p$ 위에서 $x^{p^n}-x$의 분해체인 것이다.

[증명] $\Leftarrow$] K가 $f(x)=x^{p^n}-x\in\mathbb{Z}_p[x]$의 분해체라 가정하자. 그러면

$$f'(x)=p^n x^{p^n-1}-1=0x^{p^n-1}-1=-1$$

이므로 $f(x)$와 $f'(x)$는 $\mathbb{Z}_p[x]$에서 서로소이다. 그러므로 보조정리 6.5.1에 의하여, $f(x)$는 분리 가능하다. E를 $x^{p^n}-x$의 p^n개의 서로 다른 근들로 이루어지는 K의 부분집합이라 하자. $c\in E$일 필요충분조건은 $c^{p^n}=c$이다. 집합 E가 실제로 K의 부분체임을 보일 것이다. 임의로 $a,\ b\in E$를 택하자. 보조정리 6.6.6에 의하여,

$$(a+b)^{p^n}=a^{p^n}+b^{p^n}=a+b$$
$$(ab)^{p^n}=a^{p^n}b^{p^n}=ab$$

이므로 $a+b,\ ab\in E$이다. $0_K,\ 1_K$는 $x^{p^n}-x$의 근이므로 $0_K,\ 1_K\in E$이다. 이제 a를 E의 임의의 영이 아닌 원소라 하자. 그러면

$$\left(a^{-1}\right)^{p^n}=a^{-p^n}=\left(a^{p^n}\right)^{-1}=a^{-1}$$

이므로 $a^{-1}\in E$이다. $a^{p^n}=a$이므로 $(-a)^{p^n}=(-1)^{p^n}a^{p^n}=(-1)^{p^n}a$이다. p가 홀수이면 $(-1)^{p^n}=-1$이므로 $-a\in E$이다. $p=2$이면 p^n이 짝수이고 E의 표수가 2이므로

$$\begin{aligned}(-a)^{p^n}-(-a)&=(-(1a))^{p^n}+a=((-1)a)^{p^n}+a\\&=(-1)^{p^n}a^{p^n}+a=a+a=2a=0\end{aligned}$$

이다. 따라서 $(-a)^{p^n}=-a$이므로 $-a\in E$이다. 그러므로 E는 K의 부분체이다. 분해체 K는 근들의 집합 E를 포함하는 가장 작은 부분체이므로, $K=E$이다. 따라서 K는 위수 p^n을 갖는다.

$\Rightarrow$] K의 위수 p^n이라 하자. K의 모든 원소가 $x^{p^n}-x$의 근임을 보이기만 하면 된다. 왜냐하면 K의 p^n개의 원소들이 $x^{p^n}-x$의 근이 되면 K는 $x^{p^n}-x$의 분해체가 되기 때문이다. 분명히 0_K는 근이다. c는 K의 임의의 영이 아닌 원소이고 $c_1,\ c_2,\ \cdots,\ c_k$는 모두 K의 영이 아닌 원소(여기서 $k=p^n-1$이고 c는 c_i들 중의 하나다)라고 하자. u를 곱 $u=c_1c_2c_3\cdots c_k$이라 하자. 이때 k개의 원소 $cc_1,\ cc_2,\ \cdots,\ cc_k$는 모두 다르다(왜냐하면 $cc_i=cc_j$면 $c_i=c_j$이기 때문이다). 따라서 $cc_1,\ cc_2,\ \cdots,\ cc_k$는 어떤 다른 순서로 열거된 K의 영이 아닌 원소들에 불과하고 이들의 곱은 u이다. 그러므로

$$u = (cc_1)(cc_2) \cdots (cc_k) = c^k(c_1c_2c_3 \cdots c_k) = c^k u$$

이다. u를 소거하면, $c^k = 1_K$ 이고 $c^{k+1} = c$이다. 따라서 $c^{k+1} - c = 0_K$ 이고 $k+1 = p^n$ 이므로, c는 $x^{p^n} - x$의 근이다. ■

따름정리 6.6.8

양의 소수 p와 양의 정수 n에 대하여, 위수 p^n인 체가 존재한다.

[증명] 정리 6.4.1에 의하여, $\mathbb{Z}_p$ 위에서 $x^{p^n} - x$의 분해체 K가 존재한다. 따라서 정리 6.6.7에 의하여, K는 위수 p^n을 갖는다. ■

따름정리 6.6.9

같은 위수의 두 유한체는 동형이다.

[증명] K와 L은 위수 p^n인 임의의 두 체라 하자. 그러면 정리 6.6.7에 의하여, K와 L은 $\mathbb{Z}_p$ 위에서 $x^{p^n} - x$의 분해체이다. 따라서 ($\mathbb{Z}_p$에서 항등함수 σ와 함께) 정리 6.4.2에 의하여, $K \cong L$이다. ■

위수 p^n의 유일한(동형인 것은 같은 것으로 본다) 체를 때때로 **위수 p^n의 갈로아체**(the Galais field of p^n)라 한다. 주어진 소수 p와 지수 n에 대하여 차수 n인 $\mathbb{Z}_p[x]$의 기약 다항식 $p(x)$를 구할 수 있다면, 8장의 기술들을 사용하여 위수 p^n의 갈로아체를 만들 수 있다. 이 경우에 정리 3.12.1에 의하여, $K = \mathbb{Z}_p[x]/(p(x))$는 체이다. 위수 p^n의 체 $\mathbb{Z}_p[x]/(p(x))$를 만드는 차수 n인 기약 다항식을 구하는 것은 다음과 같은 방법으로 직접 해봐야 한다. $\mathbb{Z}_p[x]$의 차수 n인 다항식은 유한개만 있고, 각 다항식은 유한개만의 약수를 갖는다. 따라서 다항식은 유한번의 단계에 의하여 기약성이 확인될 수 있다.

정리 6.6.10

K는 유한체이고 F는 K의 부분체라 하자. 그러면 K는 F의 단순 확대체이다.

[증명] 정리 2.8.11에 의하여, K의 영이 아닌 원소들의 곱셈군은 순환군이다. u를 이 군의 생성원이라 하자. 그러면 부분체 $F(u)$는 0_F와 u의 모든 거듭 제곱들을 포함한다.

따라서 $F(u)$는 K의 모든 원소들을 포함한다. 즉, $K \subset F(u)$이다. 그러므로 $K = F(u)$이다. 따라서 K는 F의 단순 확대체이다. ■

따름정리 6.6.11

p는 양의 소수라 하자. 그러면 각 양의 정수 n에 대하여, $\mathbb{Z}_p[x]$에서 차수 n인 기약 다항식이 존재한다.

[증명] 따름정리 6.6.8에 의하여, 위수 p^n인 $\mathbb{Z}_p$의 확대체 K가 존재한다. 정리 6.6.10에 의하여, $u \in K$가 존재하여 $K = \mathbb{Z}_p(u)$를 만족한다. 정리 6.2.2에 의하여, $\mathbb{Z}_p[x]$에서 u의 최소 다항식은 차수가 $[K : \mathbb{Z}_p]$인 기약 다항식이다. 따라서 정리 6.6.5에 의하여, $[K : \mathbb{Z}_p] = n$이다. ■

유제 6.6.1-1 R은 표수 $n \geq 0$인 항등원이 있는 환이라 하자. 그러면 모든 $a \in R$에 대하여 $na = 0_R$이다. 이를 증명하라.

유제 6.6.1-2 R은 표수가 소수 p인 항등원이 있는 가환환이라 하자. $a, b \in R$이고 $n \geq 1$일 때, $(a-b)^{p^n} = a^{p^n} - b^{p^n}$임을 증명하라.

예제 6.6.1 다음 각각의 표수는 무엇인가?

(1) $\mathbb{Q}$ (2) $\mathbb{Z}_2 \times \mathbb{Z}_6$ (3) $\mathbb{Z}_3[x]$

[풀이] (1) 모든 양의 정수 n에 대하여, $n1 \neq 0$이다. 그러므로 $\mathbb{Q}$의 표수는 0이다.

(2) n은 $\mathbb{Z}_2 \times \mathbb{Z}_6$의 표수라 하자. 그러면

$$n1_{\mathbb{Z}_2 \times \mathbb{Z}_6} = n(1, 1) = (n \cdot 1, n \cdot 1) = (0, 0) = 0_{\mathbb{Z}_2 \times \mathbb{Z}_6}$$

이다. 따라서 $\mathbb{Z}_2$에서 $n \cdot 1 = 0$이고 $\mathbb{Z}_6$에서 $n \cdot 1 = 0$이다. 그러므로 $2|n$이고 $6|n$, 즉 $n = [2, 6] = 6$이다. 따라서 $\mathbb{Z}_2 \times \mathbb{Z}_6$의 표수는 6이다.

(3) $\mathbb{Z}_3[x]$의 항등원 상수 다항식 1이다. 따라서 $\mathbb{Z}_3[x]$의 표수는 3이다. ■

유제 6.6.2 다음 각각의 표수는 무엇인가?

(1) $M(\mathbb{R})$ (2) $M(\mathbb{Z}_3)$

예제 6.6.2 x^3+x+1는 $\mathbb{Z}_2[x]$에서 기약임을 보이고 위수 8인 체를 만들어라.

[풀이] $f(x)=x^3+x+1\in\mathbb{Z}_2[x]$라 하자. 그러면

$$f(0)=f(1)=1\neq 0$$

이므로 $f(x)$는 $\mathbb{Z}_2[x]$에서 기약이다. 이제 $K=\mathbb{Z}_2[x]/(f(x))$라 하자. 그러면 K는 분명히 체이다. 그런데

$$K=\{ax^2+bx+c\ :\ a,\ b,\ c\in\mathbb{Z}_2\}$$

이므로 $|K|=2^3=8$이다. 따라서 $\mathbb{Z}_2[x]/(x^3+x+1)$은 위수 8인 체이다. ■

예제 6.6.3 위수가 9인 체 F_9를 구성하고, F_9를 원소나열법으로 나타내시오.

[풀이] 위수가 $3^2=|F_9|$인 유한체가 되기 위한 필요충분조건은 이 체가 다항식 $x^{3^2}-x=0$의 $\mathbb{Z}_3$ 위의 분해체(splitting field)인 것이다. 또한 이 체는 $\mathbb{Z}_3$의 단순 확대체이기도 하다.

$$x^9-x=x(x^8-1)=x(x-1)(x+1)(x^2+1)(x^4+1)$$

이므로 $x=0,\ x=1,\ x=-1=2$는 $\mathbb{Z}_3$에서 위 다항식의 근이 되고

$$p_1(x)=x^2+1,\ p_2(x)=x^4+1$$

은 $\mathbb{Z}_3$에서 기약 다항식이다. 이제 $p_1(x)=x^2+1$의 근을 α라 하면 $\alpha^2=-1=2$이다(또한 2α도 $(2\alpha)^2=4\alpha^2=-1$이므로 $p_1(x)=x^2+1$의 근이다). 따라서 $F_9=\mathbb{Z}_3(\alpha)=\mathbb{Z}_3[x]/(x^2+1)$이고 $F_9=\mathbb{Z}_3(\alpha)$의 각 원소는 $a+b\alpha,\ a,\ b\in\mathbb{Z}_3$ 꼴로 유일하게 나타내어진다. 따라서

$$F_9=\{0,\ 1,\ 2,\ \alpha,\ 2\alpha,\ 1+\alpha,\ 1+2\alpha,\ 2+\alpha,\ 2+2\alpha\}$$

이다.

참고 : 사실 $1+\alpha,\ 1+2\alpha,\ 2+\alpha,\ 2+2\alpha$는 $\mathbb{Z}_3$에서 $p_2(x)=x^4+1$의 근이 된다.

$$\begin{aligned}(\alpha+1)^4+1&=2+4\alpha+6\alpha^2+4\alpha^3+\alpha^4,\ (6\alpha^2=0)\\&=2+\alpha+\alpha^2\alpha+\alpha^2\alpha^2\\&=3+\alpha-\alpha=0\end{aligned}$$

$$(2\alpha+1)^4+1 = 2+8\alpha+24\alpha^2+32\alpha^3+16\alpha^4,\ (24\alpha^2=0)$$
$$= 2+2\alpha+2\alpha^2\alpha+\alpha^2\alpha^2$$
$$= 3+2\alpha-2\alpha = 0$$

또한 $(\alpha+2)^4+1=0$, $(2\alpha+2)^4+1=0$이다. ■

유제 Ⅰ6.6.3 x^3-x+1는 $\mathbb{Z}_3[x]$에서 기약임을 보이고, 위수 27인 체를 만들어라.

예제 Ⅰ6.6.4 F는 체 $\mathbb{Z}_2$의 유한 확대체이다. $[F:\mathbb{Z}_2]=60$일 때, 참인 것은 증명하고 거짓인 것은 이유를 설명하라.

(1) K가 F의 부분체이면 $\mathbb{Z}_2 \subseteq K$이다.

(2) F의 두 부분체 K_1과 K_2가 $[F:K_1]=5$, $[F:K_2]=10$을 만족하면 $K_2 \subseteq K_1$이다.

(3) F의 두 부분체 K_1과 K_2가 $[F:K_1]=6$, $[F:K_2]=10$을 만족하면 $K_1 \cap K_2 = \mathbb{Z}_2$이다.

[풀이] $[F:\mathbb{Z}_2]=60$이므로 $|F|=2^{60}$이다.

(1) $\mathbb{Z}_2$가 기저체이므로 $\mathbb{Z}_2 \subseteq K$이다.

(2) $[F:K_1]=5$, $[F:K_2]=10$이므로

$[F:\mathbb{Z}_2]=[F:K_1][K_1:\mathbb{Z}_2]=5[K_1:\mathbb{Z}_2]$이므로 $[K_1:\mathbb{Z}_2]=12$이고

$[F:\mathbb{Z}_2]=[F:K_2][K_2:\mathbb{Z}_2]=10[K_2:\mathbb{Z}_2]$이므로 $[K_2:\mathbb{Z}_2]=6$이므로

$|K_1|=2^{12}$이고 $|K_2|=2^6$

이므로 따름정리 6.6.9에 의해 $K_2 \subseteq K_1$이다.

(3) $|K_1|=2^{10}$이고 $|K_2|=2^6$이므로 따름정리 6.6.9에 의해 $|K_1 \cap K_2| = 2^{\gcd(10,6)} = 2^2$이다. 그러므로 거짓이다. ■

6.6 연습문제

1. K가 소수 표수 p인 체일 때, K의 소수부분체는 K의 모든 부분체들의 교집합임을 증명하라.

2. F는 유한체 K의 부분체라 하자. F가 위수 q를 가지면, K는 위수 q^n을 가짐을 보여라. 여기서 $n = [K : F]$이다.

3. 위수 p^n의 체 K는 1_K의 모든 k제곱근들을 포함함을 보여라. 여기서 $k = p^n - 1$이다.

4. p는 소수이고 $\mathbb{Z}_p(x)$는 다항식 환 $\mathbb{Z}_p[x]$의 분수체라 하자. $\mathbb{Z}_p(x)$는 표수 p의 무한 체임을 보여라.

5. K는 표수 p인 유한체라 하자. $f(a) = a^p$로 주어지는 함수 $f : K \to K$는 동형 사상임을 증명하라. K의 모든 원은 K에서 p제곱근이라는 결론을 내려라.

6. 새내기꿈(보조정리 6.6.6)은 표수 p가 소수가 아니거나 또는 R이 비교환이면, 거짓일 수 있음을 보여라. [도움말 : $\mathbb{Z}_6$와 $M(\mathbb{Z}_2)$를 생각하라.]

7. c가 $f(x) \in \mathbb{Z}_p[x]$의 근이면, c^p 역시 근임을 증명하라.

8. F는 체이고 $f(x)$는 $F[x]$에서 모닉 다항식이라 하자. 여기서 근들은 임의의 분리체 K에서 모두 다르다. E는 K에서 $f(x)$의 근들의 집합이라 하자. 집합 E가 실제로 K의 부분체이면, 소수 p와 $n \geq 1$이 존재하여 F는 표수 p를 갖고 $f(x) = x^{p^n} - x$이다. 이를 증명하라.

9. $x^4 + x + 1$는 $\mathbb{Z}_2[x]$에서 기약임을 보이고, 위수 16인체를 만들어라.

10. K는 표수 p인 유한체, F는 K의 부분체이고 m은 양의 정수라 하자. $L = \{a \in K : a^{p^m} \in F\}$이면, $L = F$임을 증명하라. [도움말 : $u_1, \cdots, u_n$이 F 위에서 L의 기저면, 연습문제 6.6.8과 보조정리 6.6.6를 사용하여 $u_1^{p^m}, \cdots, u_n^{p^m}$이 F 위에서 일차 독립임을 보여라. 이것은 $n = 1$일 때 성립한다.]

11. E와 F가 유한체 K의 부분체이고 $E \cong F$이면, $E = F$임을 증명하라.

12. K는 체이고 k, n은 양의 정수라 하자.

(1) $K[x]$에서 $x^k - 1$가 $x^n - 1_K$를 나눌 필요충분조건은 $\mathbb{Z}$에서 $k|n$인 것이다. 이를 증명하라. [도움말 : 나눗셈 알고리즘에 의하여, $n = kq + r$;

$$x^n - 1_K = (x^k - 1_K)h(x) + (x^r - 1_K)$$

임을 보여라. 여기서 $h(x) = x^{n-k} + x^{n-2k} + \cdots + x^{n-qk}$이다.]

(2) $p \geq 2$가 정수일 때, $(p^k - 1) | (p^n - 1)$과 $k|n$는 동치이다. 이를 증명하라.
[도움말 : x 대신에 p와 함께 (1)의 증명을 모방하라.]

13. K는 위수 p^n인 유한체라 하자.

(1) F가 K의 부분체이면, 적당한 d가 존재하여 F는 위수 p^d을 갖고 $d|n$이다. 이를 증명하라.

(2) $d|n$이면, K는 위수 p^d인 유일한 부분체임을 증명하라.

14. p는 소수이고 $f(x)$는 $\mathbb{Z}_p[x]$에서 차수 2인 기약 다항식이라 하자. K가 위수 p^3인 $\mathbb{Z}_p$의 확대체이면, $f(x)$는 $K[x]$에서 기약임을 증명하라.

15. 유한체의 모든 원들은 두 개의 제곱들의 합으로 써질 수 있음을 증명하라.

16. 정수환 $\mathbb{Z}$ 위의 다항식환 $\mathbb{Z}[x]$에 속하는 다항식 $f(x)$를 다음과 같이 정의하자.

$$f(x) = x^6 + 12x^4 - 3x^3 - 108x^2 + 24x - 120$$

환 $R_n\,(n = 1,\ 2,\ 3,\ 4)$을 다음과 같이 정의할 때, 잉여환 $R_3 = \mathbb{Q}[x]/(f(x))$가 유리수체 $\mathbb{Q}$의 확대체의 구조를 갖는다는 것을 증명하고, 각각의 $R_n\,(n = 1,\ 2,\ 3,\ 4)$안에서 다항식 $f(x)$의 근의 존재성을 증명하시오.

- $R_1 = \mathbb{Q}$
- $R_2 = \mathbb{C}$ (단, $\mathbb{C}$는 복소수체)
- $R_3 = \mathbb{Q}[x]/(f(x))$
- $R_4 = F$ (단, F는 $\mathbb{Z}_2$ 위에서의 차수(degree)가 $[F : \mathbb{Z}_2] = 2^{10}$인 체)

17. 체 $\mathbb{Z}_2$의 유한 확대체 F가 $[F : \mathbb{Z}_2] = 6$을 만족시키고, $\alpha \in F$에 대하여 함수

$$\varphi_\alpha : \mathbb{Z}_2[x] \to F,\ \varphi_\alpha(f(x)) = f(\alpha)$$

는 대입 준동형 사상(evaluation homomorphism)이다. 다음 중 참인 것은 증명하고 거짓인 것은 이유를 설명하라.

(1) 체 F는 위수(order)가 64인 유한체이다.

(2) φ_α의 핵 $\ker \varphi_\alpha$는 $\mathbb{Z}_2[x]$의 주 이데알이다.

(3) α의 기약 다항식 $p(x)$는 $\mathbb{Z}_2[x]$에서 다항식 $x^{64} - x$를 나눈다.

(4) 기약 다항식 $p(x)$의 차수가 4인 $\alpha \in F$가 존재한다.

(5) φ_α의 상 $\mathrm{im}\,\varphi_\alpha$는 F의 부분체이다.

6.6 유제풀이

유제 6.6.1-1 R은 표수 $n \geq 0$인 항등원이 있는 환이라 하자. 그러면 모든 $a \in R$에 대하여 $na = 0_R$이다. 이를 증명하라.

[풀이] $na = a + \cdots + a(n\text{합})$

$$= 1_R a + \cdots + 1_R a$$
$$= (1_R + \cdots 1_R)a$$
$$= (n1_R)a = 0_R a = 0_R$$

따라서 모든 $a \in R$에 대하여 $na = 0_R$이다.

유제 6.6.1-2 R은 표수가 소수 p인 항등원이 있는 가환환이라 하자. $a, b \in R$이고 $n \geq 1$일 때, $(a-b)^{p^n} = a^{p^n} - b^{p^n}$임을 증명하라.

[풀이] $(a-b)^{p^n} = [a + (-b)]^{p^n}$

$$= a^{p^n} + \binom{p^n}{1} a^{p^n - 1}(-b) + \cdots \binom{p^n}{p^n - 1} a(-b)^{p^n - 1} + (-b)^{p^n} \qquad (*)$$

p는 소수이고 R의 표수이므로,

$$\binom{p^n}{1} a^{p^n - 1}(-b) = 0_R, \quad \binom{p^n}{p^n - 1} a(-b)^{p^n} = 0_R$$

이고 $(-b)^{p^n} = -b^{p^n}$이다. 따라서 (*)에서 $(a-b)^{p^n} = a^{p^n} - b^{p^n}$이다.

유제 6.6.2 다음 각각의 표수는 무엇인가?

(1) $M(\mathbb{R})$ (2) $M(\mathbb{Z}_3)$

[풀이] (1) $M(\mathbb{R})$의 표수가 n이라 하자. 그러면

$$n1_{M(\mathbb{R})} = n\begin{pmatrix} 1 & 0 \\ 0 & 1 \end{pmatrix} = \begin{pmatrix} 0 & 0 \\ 0 & 0 \end{pmatrix} = 0_{M(\mathbb{R})}$$

따라서 $\begin{pmatrix} n \cdot 1 & 0 \\ 0 & n \cdot 1 \end{pmatrix} = \begin{pmatrix} 0 & 0 \\ 0 & 0 \end{pmatrix}$, 즉, $n \cdot 1 = 0$이다. 그러므로 $n = 0$이다.

따라서 $M(\mathbb{R})$의 표수는 0이다.

(2) $M(\mathbb{Z}_3)$의 표수가 n이라 하자. 그러면

$$n1_{M(\mathbb{Z}_3)} = n\begin{pmatrix} 1 & 0 \\ 0 & 1 \end{pmatrix} = \begin{pmatrix} 0 & 0 \\ 0 & 0 \end{pmatrix} = 0_{M(\mathbb{Z}_3)}$$

따라서 $\begin{pmatrix} n\cdot 1 & 0 \\ 0 & n\cdot 1 \end{pmatrix} = \begin{pmatrix} 0 & 0 \\ 0 & 0 \end{pmatrix}$이다. 그러므로 $n\cdot 1 = 0$이다. 즉 $3|n$이다. 따라서 $M(\mathbb{Z}_3)$의 표수는 3이다.

유제 6.6.3 $x^3 - x + 1$는 $\mathbb{Z}_3[x]$에서 기약임을 보이고 위수 27인 체를 만들어라.

[풀이] $f(x) = x^3 - x + 1 \in \mathbb{Z}_3[x]$라 하자. 그러면

$$f(0) = 1 \neq 0,\ f(1) = 1 \neq 0,\ f(2) = 1 \neq 0$$

이다. 따라서 $f(x)$는 $\mathbb{Z}_3[x]$에서 기약이다. 이제 $K = \mathbb{Z}_3[x]/(f(x))$라 하자. 그러면 K는 분명히 체이다. 한편,

$$K = \left\{ax^2 + bx + c \ :\ a,\ b,\ c \in \mathbb{Z}_3\right\}$$

이므로 $|K| = 3^3 = 27$이다. 따라서 $\mathbb{Z}_3[x]/(x^3 - x + 1)$은 위수 27인 체이다.

7장

갈로아 이론

끝날 때까지 끝난 것이 아니다.

"It ain't over till it's over."

-미국 프로야구선수 요기 베라(Yogi Berra)

7.1 갈로아군

K가 F의 확대체라 하자. K의 F-자기 동형 사상(F-automorphism of K)은 F의 원을 고정시키는 (즉, 모든 $c \in F$에 대하여 $\sigma(c) = c$인) 동형 사상 $\sigma : K \to K$이다. K의 모든 F-자기 동형 사상들의 집합을 $\mathrm{Gal}_F K$로 나타낸다. $\mathrm{Gal}_F K$는 적어도 하나의 자기 동형 사상, 즉, 항등함수 $id : K \to K$를 포함한다.

정리 7.1.1

K가 F의 확대체이면, $\mathrm{Gal}_F K$는 함수들의 합성연산에 대하여 군을 이룬다. 이때, $\mathrm{Gal}_F K$를 F 위의 K의 갈로아군(Galois group)이라 한다.

[증명] $\sigma, \tau \in \mathrm{Gal}_F K$를 임의로 택하자. 분명히 $\sigma \circ \tau : K \to K$는 동형 사상이다. 임의로 $c \in F$를 택하자. 그러면 $\sigma, \tau \in \mathrm{Gal}_F K$이므로

$$(\sigma \circ \tau)(c) = \sigma(\tau(c)) = \sigma(c) = c$$

이다. 따라서 $\sigma \circ \tau \in \mathrm{Gal}_F K$이므로 연산에 대하여 닫혀 있다. 또한 함수의 합성은 결합법칙을 만족한다. 항등사상 $id : K \to K$는 $\mathrm{Gal}_F K$의 항등원이다. 더욱이 모든 전단사 함수는 역함수를 갖는다. 임의로 $\sigma \in \mathrm{Gal}_F K$를 택하자. 그러면 $\sigma^{-1} : K \to K$는 동형 사상이고 모든 $c \in F$에 대하여 $\sigma^{-1}(c) = c$이다. 그러므로 $\sigma^{-1} \in \mathrm{Gal}_F K$이다. 따라서 $\mathrm{Gal}_F K$는 군이다. ■

| 보기 7.1.1 | $\sigma(a+bi) = a - bi$로 주어지는 복소수 켤레함수 $\sigma : \mathbb{C} \to \mathbb{C}$는 $\mathbb{C}$의 자기 동형 사상이다. 임의의 $a \in \mathbb{R}$에 대하여,

$$\sigma(a) = \sigma(a + 0i) = a - 0i = a$$

이므로 $\sigma \in \mathrm{Gal}_{\mathbb{R}} \mathbb{C}$이다. i와 $-i$는 $x^2 + 1 \in \mathbb{R}$의 근이고 σ는 이 근들을 서로 대응시키는 즉, $\sigma(i) = -i$, $\sigma(-i) = i$인 사상이다. ■

정리 7.1.2

K는 F의 확대체이고 $f(x) \in F[x]$라 하자. 임의의 $\sigma \in \mathrm{Gal}_F K$에 대하여 $u \in K$가 $f(x)$의 근이면, $\sigma(u)$도 역시 $f(x)$의 근이다.

[증명] $f(x) = c_0 + c_1 x + c_2 x^2 + \cdots + c_n x^n$라 하자. 그러면

$$c_0 + c_1 u + c_2 u^2 + \cdots + c_n u^n = 0_F$$

이다. σ는 동형 사상이고 각 $c_i \in F$에 대하여, $\sigma(c_i) = c_i$이므로,

$$\begin{aligned} 0_F = \sigma(0_F) &= \sigma\left(c_0 + c_1 u + c_2 u^2 + \cdots + c_n u^n\right) \\ &= \sigma(c_0) + \sigma(c_1)\sigma(u) + \sigma(c_2)\sigma(u)^2 + \cdots + \sigma(c_n)\sigma(u)^n \\ &= c_0 + c_1\sigma(u) + c_2\sigma(u)^2 + \cdots + c_n\sigma(u)^n = f(\sigma(u)) \end{aligned}$$

이다. 따라서 $\sigma(u)$는 $f(x)$의 근이다. ■

$u \in K$가 최소 다항식 $p(x) \in F[x]$와 함께 F 위에서 대수적이라 하자. 정리 7.1.2는 갈로아군의 자기 동형사상에 의하여 u의 모든 상이 역시 $p(x)$의 근이어야만 함을 설명해준다. 역으로, K에서 $p(x)$의 모든 근은 $\mathrm{Gal}_F K$의 어떤 동형 사상에 의한 u의 상(image)임을 다음에서 알 수 있다.

정리 7.1.3

K는 F 위에서 어떤 다항식의 분해체이고 $u, v \in K$라 하자. $\sigma \in \mathrm{Gal}_F K$가 존재하여 $\sigma(u) = v$일 필요충분조건은 u, v가 $F[x]$에서 같은 최소 다항식을 갖는 것이다.

[증명] $\Leftarrow$] u와 v가 $F[x]$에서 같은 최소 다항식을 갖는다고 가정하자. 그러면, 따름정리 6.2.3에 의하여, 동형 사상 $\sigma : F(u) \cong F(v)$가 존재하여 $\sigma(u) = v$이고, 모든 $c \in F$에 대하여 $\sigma(c) = c$를 만족한다. K는 F 위에서 어떤 다항식의 분해체이므로, K는 $F(u)$와 $F(v)$ 위에서 동시에 같은 다항식의 분해체이다. 따라서 정리 6.4.2에 의하여, σ는 K의 F-자기 동형사상으로 확대된다(역시 σ로 표시된다). 따라서 $\sigma \in \mathrm{Gal}_F K$이고 $\sigma(u) = v$이다.

$\Rightarrow$] 정리 7.1.2에 의해 성립한다. ■

| 보기 7.1.2 | 보기 7.1.1에 의하여, $\mathrm{Gal}_{\mathbb{R}}\mathbb{C}$는 적어도 두 개의 원, 항등함수 $id_{\mathbb{C}}$와 복소수 켤레함수 σ를 갖는다. 이제 이 두 원이 $\mathrm{Gal}_{\mathbb{R}}\mathbb{C}$의 유일한 원소임을 증명하자. $\tau\in\mathrm{Gal}_{\mathbb{R}}\mathbb{C}$를 임의로 택하자. $i, -i$는 $x^2+1\in\mathbb{R}[x]$의 근이므로, 정리 7.1.2에 의하여, $\tau(i)=\pm i$이다.

경우 1 : $\tau(i)=i$라 가정하자. 그러면, τ는 $\mathbb{R}$의 모든 원을 고정시키므로,

$$\tau(a+bi)=\tau(a)+\tau(b)\tau(i)=a+bi$$

따라서 $\tau=id_{\mathbb{C}}$이다.

경우 2 : $\tau(i)=-i$라 가정하자. 그러면,

$$\tau(a+bi)=\tau(a)+\tau(b)\tau(i)=a+b(-i)=a-bi$$

따라서 $\tau=\sigma$이다. 그러므로 $\mathrm{Gal}_{\mathbb{R}}\mathbb{C}=\{id_{\mathbb{C}},\sigma\}$는 위수 2인 군이다. 따라서 정리 2.8.5에 의하여, $\mathrm{Gal}_{\mathbb{R}}\mathbb{C}\cong\mathbb{Z}_2$이다. ■

보기 7.1.2는 $\mathbb{C}=\mathbb{R}(i)$의 $\mathbb{R}$-자기 동형사상이 i에 대한 $\mathbb{R}$-자기 동형사상의 상(image)에 의하여 완전히 결정됨을 보여준다. 일반적인 경우는 다음과 같다.

정리 7.1.4

$K=F(u_1,\cdots,u_n)$는 F 위에서 대수적 확대체라 하자. $\sigma,\tau\in\mathrm{Gal}_F K$이고 각 $i=1,2,\cdots,n$에 대하여 $\sigma(u_i)=\tau(u_i)$이면, $\sigma=\tau$이다.

[증명] $\beta=\tau^{-1}\circ\sigma\in\mathrm{Gal}_F K$라 하자. $\beta=id_K$임을 보일 것이다. 모든 i에 대하여, $\sigma(u_i)=\tau(u_i)$이므로

$$\begin{aligned}\beta(u_i)&=(\tau^{-1}\circ\sigma)(u_i)=\tau^{-1}(\sigma(u_i))=\tau^{-1}(\tau(u_i))=(\tau^{-1}\circ\tau)(u_i)\\&=id_K(u_i)=u_i\end{aligned}$$

이다. $v\in F(u_1)$를 임의로 택하자. 그러면, 정리 6.2.2에 의하여,

$$c_i\in F\text{가 존재하여 } v=c_0+c_1u_1+\cdots+c_{n-1}u_1^{m-1}$$

이다. 여기서 m은 F 위에서 u_1의 최소 다항식의 차수다. β는 u_1과 F의 모든 원소를 고정시키는 준동형 사상이므로,

$$\begin{aligned}\beta(v) &= \beta\left(c_0 + c_1u_1 + c_2u_1^2 + \cdots + c_{n-1}u_1^{m-1}\right)\\ &= \beta(c_0) + \beta(c_1)\beta(u_1) + \beta(c_2)\beta(u_1)^2 + \cdots + \beta(c_{n-1})\beta(u_1)^{m-1}\\ &= c_0 + c_1u_1 + c_2u_1^2 + \cdots + c_{n-1}u_1^{m-1} = v\end{aligned}$$

이다. 따라서 모든 $v \in F(u_1)$에 대하여 $\beta(v) = v$이다. F 대신에 $F(u_1)$, u_1 대신에 u_2를 적용하면 모든 $v \in F(u_1)(u_2) = F(u_1, u_2)$에 대하여 $\beta(v) = v$이다. F 대신에 $F(u_1, u_2)$과 u_2 대신에 u_3를 적용하면 모든 $v \in F(u_1, u_2, u_3)$에 대하여 $\beta(v) = v$이다. 이 과정을 유한번 반복하면, $\beta(v) = v \in F(u_1, u_2, \cdots, u_n) = K$이다. 그러므로 $id_K = \beta = \tau^{-1} \cdot \sigma$이고

$$\tau = \tau \circ id_K = \tau \circ (\tau^{-1} \circ \sigma) = (\tau \circ \tau^{-1}) \circ \sigma = id_K \circ \sigma = \sigma$$

이다. ■

| 보기 7.1.3 | 정리 7.1.2에 의하여, $\mathbb{Q}$ 위에서 $K = \mathbb{Q}(\sqrt{3}, \sqrt{5})$의 갈로아군의 임의의 자기 동형사상은 $x^2 - 3$의 근인 $\sqrt{3}$의 이미지로 $\sqrt{3}$ 또는 $-\sqrt{3}$을 취한다. 비슷하게 이 자기 동형사상은 $x^2 - 5$의 근인 $\sqrt{5}$의 이미지로 $\sqrt{5}$ 또는 $-\sqrt{5}$를 취한다. 정리 7.1.4에 의하여, 자기 동형사상은 $\sqrt{3}$과 $\sqrt{5}$에 대한 자기 동형사상의 상에 의하여 완전히 결정되므로, $\sqrt{3}$과 $\sqrt{5}$에 대한 4가지 가능한 경우가 있다 :

$$\begin{cases}\sqrt{3} \xrightarrow{id} \sqrt{3}\\ \sqrt{5} \longrightarrow \sqrt{5}\end{cases} \quad \begin{cases}\sqrt{3} \xrightarrow{\tau} -\sqrt{3}\\ \sqrt{5} \longrightarrow \sqrt{5}\end{cases} \quad \begin{cases}\sqrt{3} \xrightarrow{\alpha} \sqrt{3}\\ \sqrt{5} \longrightarrow -\sqrt{5}\end{cases} \quad \begin{cases}\sqrt{3} \xrightarrow{\beta} -\sqrt{3}\\ \sqrt{5} \longrightarrow -\sqrt{5}\end{cases}$$

따라서 $\mathrm{Gal}_{\mathbb{Q}}\mathbb{Q}(\sqrt{3}, \sqrt{5})$에는 많아야 4개의 자기 동형사상이 있다. 이제 $\mathrm{Gal}_{\mathbb{Q}}\mathbb{Q}(\sqrt{3}, \sqrt{5})$가 항등사상이 아닌 자기 동형사상 τ, α, β를 만듦으로써 위수 4인 군임을 보일 것이다. 따름정리 6.2.3에 의하여, 동형 사상 $\sigma : \mathbb{Q}(\sqrt{3}) \cong \mathbb{Q}(-\sqrt{3})$이 존재하여 $\sigma(\sqrt{3}) = -\sqrt{3}$이고 모든 $r \in \mathbb{Q}$에 대하여 $\sigma(r) = r$이다. 보기 6.3.6에 의하여, $x^2 - 5$는 $\mathbb{Q}(\sqrt{3})$ 위에서 $\sqrt{5}$의 최소 다항식이다. 다시 따름정리 6.2.3에 의하여, σ는 $\tau(\sqrt{5}) = \sqrt{5}$를 만족하는 $\mathbb{Q}(\sqrt{3})(\sqrt{5}) = \mathbb{Q}(\sqrt{3}, \sqrt{5})$의 $\mathbb{Q}$-자기 동형사상 τ로 확대된다. 따라서 $\tau \in \mathrm{Gal}_{\mathbb{Q}}\mathbb{Q}(\sqrt{3}, \sqrt{5})$이고 $\tau(\sqrt{3}) = \sigma(\sqrt{3}) = -\sqrt{3}$이고 $\tau(\sqrt{5}) = \sqrt{5}$이다. 비슷하게 자기 동형사상 α와 β를 만들 수 있다. 더욱

이, τ, α, β 각각은 $\mathrm{Gal}_{\mathbb{Q}}\mathbb{Q}(\sqrt{3},\ \sqrt{5})$에서 위수 2를 갖는다. 예컨대

$$\begin{aligned}(\tau\circ\tau)(\sqrt{3}) &= \tau(\tau(\sqrt{3})) = \tau(-\sqrt{3}) = -\tau(\sqrt{3})\\ &= -(-\sqrt{3}) = \sqrt{3} = id(\sqrt{3})\end{aligned}$$

이고

$$(\tau\circ\tau)(\sqrt{5}) = \sqrt{5} = id(\sqrt{5})$$

이다. 그러므로 정리 7.1.4에 의하여, $\tau\circ\tau = id$이다. 정리 2.8.6을 사용하거나 또는 직접 연산표를 계산함으로써, $\mathrm{Gal}_{\mathbb{Q}}\mathbb{Q}(\sqrt{3},\ \sqrt{5}) \cong \mathbb{Z}_2\times\mathbb{Z}_2$이다. 예컨대 $(\tau\circ\alpha)(\sqrt{3}) = \beta(\sqrt{3})$이고 $(\tau\circ\alpha)(\sqrt{5}) = \beta(\sqrt{5})$임을 확인할 수 있다. 따라서 정리 7.1.4에 의하여, $\tau\circ\alpha = \beta$이다. ■

보기 7.1.3에서, $\mathbb{Q}(\sqrt{3},\ \sqrt{5})$는 $f(x) = (x^2-3)(x^2-5)$의 분해체이고 갈로아군의 모든 자기 동형사상은 $f(x)$의 4개의 근 $\sqrt{3}$, $-\sqrt{3}$, $\sqrt{5}$와 $-\sqrt{5}$를 치환한다.

따름정리 7.1.5

K가 $F[x]$에서 n차인 분리 가능한 다항식 $f(x)$의 분해체이면, $H \le S_n$가 존재하여 $\mathrm{Gal}_F K \cong H$이다.

[증명] 분리 가능성에 의하여, $f(x)$는 K에서 n개의 다른 근, $u_1,\ \cdots,\ u_n$을 갖는다. S_n을 집합 $R = \{u_1,\ \cdots,\ u_n\}$의 치환들의 군이라고 생각하고 $\sigma \in \mathrm{Gal}_F K$를 임의로 택하자. 그러면, 정리 7.1.2에 의하여, $\sigma(u_1)$, $\sigma(u_2)$, $\cdots$, $\sigma(u_n)$은 $f(x)$의 근이다. 더욱이, σ는 단사함수이므로, 이들은 모두 다르고 어떤 순서로서 $u_1,\ \cdots,\ u_n$과 같아야만 한다. 다른 말로 하면, 집합 R에 대한 σ의 제한($\sigma|R$로 나타냄)은 R의 치환이다. 함수 $\theta : \mathrm{Gal}_F K \to S_n$을 $\theta(\sigma) = \sigma|R$로 정의한다. 두 군에서 연산은 함수들의 합성이므로, θ가 군들의 준동형 사상임을 증명하기는 쉽다. 분해체의 정의에 의하여, $K = F(u_1,\ \cdots,\ u_n)$이다. 임의의 $\sigma,\ \tau \in \mathrm{Gal}_F K$에 대하여 $\theta(\sigma) = \theta(\tau)$라 가정하자. 그러면 $\sigma|R = \tau|R$이다. 따라서 모든 i에 대하여 $\sigma(u_i) = \tau(u_i)$이다. 그러므로, 정리 7.1.4에 의하여, $\sigma = \tau$이다. 따라서 θ는 단사 단사 준동형 사상이다. 더욱이, $\mathrm{im}\,\theta \le S_n$이므로 $\mathrm{Gal}_F K \cong \mathrm{im}\,\theta$이다. ■

K가 $f(x)$의 분해체이면, 각 자기 동형사상은 $f(x)$의 근들 위의 치환들과 일치하므로 $\mathrm{Gal}_F K$는 S_n의 부분군과 동형이 된다.

| 보기 7.1.4 | K는 $\mathbb{Q}$ 위에서 x^3-2의 분해체라 하자. x^3-2의 근이 $\sqrt[3]{2}$, $\sqrt[3]{2}\,\omega$, $\sqrt[3]{2}\,\omega^2$임을 확인하라. $\omega=(-1+\sqrt{3}\,i)/2$는 1의 복소수 세제곱근이다. 그러면 $\mathrm{Gal}_{\mathbb{Q}} K \le S_3$이다. 따라서 정리 7.1.3에 의하여, 자기 동형사상 σ가 존재하여 $\sigma(\sqrt[3]{2})=\sqrt[3]{2}\,\omega$이다. 정리 7.1.2에 의하여,

$$\sigma(\sqrt[3]{2}\,\omega^2)=\sqrt[3]{2}\,\omega^2 \text{ 또는 } \sigma(\sqrt[3]{2}\,\omega^2)=\sqrt[3]{2}$$

이다. $\sqrt[3]{2} \to 1$, $\sqrt[3]{2}\,\omega \to 2$, $\sqrt[3]{2}\,\omega^2 \to 3$ 으로 대응된다고 보면 σ는 S_3에서 치환 $(1\,2)$ 또는 $(1\,2\,3)$이다. ■

K가 F의 확대체라 하자. $F \subset E \subset K$인 체 E를 K의 **중간체**(intermediate field)라 한다. 이 경우에 K를 E의 확대체라 생각할 수 있다. 갈로아군 $\mathrm{Gal}_E K$는 E의 원소를 고정시키는 K의 모든 자기 동형사상들로 이루어진다. $F \subset E$이므로, 이와 같은 모든 자기 동형사상은 자동으로 F의 각 원소를 고정시킨다. 따라서 $\mathrm{Gal}_E K$의 모든 자기 동형사상은 $\mathrm{Gal}_F K$의 원소이다. 즉,

$$E\text{가 중간체이면, } \mathrm{Gal}_E K \le \mathrm{Gal}_F K$$

이다.

| 보기 7.1.5 | $\mathbb{Q}(\sqrt{3})$은 $\mathbb{Q}$의 확대체 $\mathbb{Q}(\sqrt{3},\ \sqrt{5})$의 중간체이다. 보기 7.1.3에 의하여, $\mathrm{Gal}_{\mathbb{Q}}\mathbb{Q}(\sqrt{3},\ \sqrt{5})=\{id,\ \tau,\ \alpha,\ \beta\}$이다. 따라서 정리 7.1.4에 의하여, $\mathbb{Q}(\sqrt{3})$의 모든 원을 고정시키는 자기 동형사상은 정확히 $\sqrt{3}$을 $\sqrt{3}$으로 대응시키는 자기 동형사상이다. 그러므로 $\mathrm{Gal}_{\mathbb{Q}(\sqrt{3})}\mathbb{Q}(\sqrt{3},\ \sqrt{5})$는 $\{id,\ \tau,\ \alpha,\ \beta\}$의 부분군 $\{id,\ \alpha\}$이다. ■

확대체의 각 중간체에 갈로아군의 부분군을 대응시킬 수 있다. 역으로, H가 갈로아군의 부분군이면 다음의 결과를 사용하여 중간체를 H와 대응시킬 수 있다.

정리 7.1.6

K는 F의 확대체라 하자. $H \le \mathrm{Gal}_F K$일 때,

$$E_H = \{k \in K : \text{모든 } \sigma \in H\text{에 대하여 } \sigma(k) = k\}$$

E_H는 K의 중간체이다. 이때, 체 E_H를 부분군 H의 **고정체(the fixed field)**라 한다.

[증명] 임의의 $c,\ d \in E_H$와 $\sigma \in H$에 대하여

$$\sigma(c+d) = \sigma(c) + \sigma(d) = c + d \text{이고 } \sigma(cd) = \sigma(c)\sigma(d) = cd$$

이므로 E_H는 "+"과 "・"에 관하여 닫혀 있다. 더욱이, $\sigma(0_F) = 0_F$이고 $\sigma(1_F) = 1_F$이므로 $0_F,\ 1_F \in E_H$이다. 정리 3.3.2와 보기 3.3.8에 의하여 모든 $0_F \ne c \in E_H$와 모든 $\sigma \in H$에 대하여 $\sigma(-c) = -\sigma(c) = -c$이고 $\sigma(c^{-1}) = \sigma(c)^{-1} = c^{-1}$이므로 $-c \in E_H$이고 $c^{-1} \in E_H$이다. 그러므로 E_H는 K의 부분체이다. $H \le \mathrm{Gal}_F K$이므로, 모든 $c \in F$, $\sigma \in H$에 대하여 $\sigma(c) = c$이다. 따라서 $F \subseteq E_H$이다. 따라서 E_H는 K의 중간체이다. ■

❙ 보기 7.1.6 ❙ $\mathbb{Q}$ 위에서 $\mathbb{Q}(\sqrt{3},\ \sqrt{5})$의 갈로아군 $\{id,\ \tau,\ \alpha,\ \beta\}$의 부분군 $H = \{id,\ \alpha\}$를 보자. $\alpha(\sqrt{3}) = \sqrt{3}$이므로, 부분체 $\mathbb{Q}(\sqrt{3}) \subseteq E_H$이다. 또한 $\mathbb{Q}(\sqrt{3}) \subseteq E_H \subseteq \mathbb{Q}(\sqrt{3},\ \sqrt{5})$이고, $[\mathbb{Q}(\sqrt{3},\ \sqrt{5}) : \mathbb{Q}(\sqrt{3})] = 2$이므로 $E_H = \mathbb{Q}(\sqrt{3})$이다. 왜냐하면 $E_H = \mathbb{Q}(\sqrt{3},\ \sqrt{5})$이면 $H = \mathrm{Gal}_Q Q(\sqrt{3},\ \sqrt{5})$이 되어 모순이 되기 때문이다. ■

❙ 보기 7.1.7 ❙ 보기 7.1.2에서 보았듯이, $\mathrm{Gal}_{\mathbb{R}}\mathbb{C} = \{id,\ \sigma\}$이다. 여기서 σ는 켤레 복소수 함수이다. 분명히, 항등부분군 $\{id\}$의 고정체는 체 $\mathbb{C}$이다. σ는 모든 실수를 고정시키고 다른 모든 수를 이동시키므로, $\mathrm{Gal}_{\mathbb{R}}\mathbb{C}$의 고정체는 체 $\mathbb{R}$이다. ■

❙ 보기 7.1.8 ❙ 정리 7.1.2에 의하여, $\mathbb{Q}$ 위에서 $\mathbb{Q}(\sqrt[3]{2})$의 갈로아군의 모든 자기 동형사상은 $\sqrt[3]{2}$를 $x^3 - 2$의 하나의 근으로 대응시켜야만 한다. 보기 7.1.4에 의하여, $\sqrt[3]{2}$는 $x^3 - 2$의 유일한 실근이다. 정리 6.2.2에 의하여, $\mathbb{Q}(\sqrt[3]{2})$는 $x^3 - 2$의 다른 두 복소수근을 포함하지 않는다. 따라서 $\mathrm{Gal}_{\mathbb{Q}}\mathbb{Q}(\sqrt[3]{2})$의 모

든 자기 동형사상은 $\sqrt[3]{2}$ 를 자신으로 대응시켜야만 한다. 그러므로 정리 7.1.4에 의하여, $\mathrm{Gal}_{\mathbb{Q}}\mathbb{Q}(\sqrt[3]{2}) = \{id\}$이다. 따라서 $\mathrm{Gal}_{\mathbb{Q}}\mathbb{Q}(\sqrt[3]{2})$의 고정체는 체 $\mathbb{Q}(\sqrt[3]{2})$이다. ■

7.1 연습문제

K는 언제나 F의 확대체이다.

1. $[K:F]$가 유한하다고 가정한다. K의 모든 F-자기 동형사상은 F 위에서 K의 기저들의 자기 동형사상에 의한 상들에 의하여 완전히 결정됨을 보여라.

2. $[K:F]$가 유한하고 $u \in K$이고 $\sigma(u) = u$이면, $\sigma = \mathrm{Gal}_{F(u)}K$임을 보여라.

3. 군 $\mathrm{Gal}_{\mathbb{Q}}\mathbb{Q}(\sqrt{3}, \sqrt{5}) = \{id, \tau, \alpha, \beta\}$에 대한 연산표를 만들어라.

4. $f(x) \in F[x]$는 n차의 분리 가능한 다항식이고 K는 $f(x)$의 분해체라 하자. $|\mathrm{Gal}_F K| \mid n!$임을 보여라.

5. K는 $\mathbb{Q}$의 확대체이고 σ는 K의 자기 동형사상이면, σ는 $\mathbb{Q}$-자기 동형사상임을 증명하라. [도움말 : $\sigma(1) = 1$이면, 모든 $n \in \mathbb{Z}$에 대하여, $\sigma(n) = n$이다.]

6. $\mathrm{Gal}_{\mathbb{Q}}\mathbb{Q}(\sqrt[4]{2}) \neq id$임을 보여라.

7. (1) $\omega = (-1+\sqrt{3}i)/2$는 1의 복소수 세제곱근이라 하자. $\mathbb{Q}$ 위에서 ω의 최소 다항식 $p(x)$를 구하고 ω^2 역시 $p(x)$의 근임을 보여라.

(2) $\mathrm{Gal}_{\mathbb{Q}}\mathbb{Q}(\omega)$은 무엇인가?

8. (1) $\mathrm{Gal}_{\mathbb{Q}}\mathbb{Q}(\sqrt{2}, \sqrt{3})$을 구하라.

(2) p, q가 다른 양의 소수일 때, $\mathrm{Gal}_{\mathbb{Q}}\mathbb{Q}(\sqrt{p}, \sqrt{q})$을 구하라.

9. $\mathrm{Gal}_{\mathbb{Q}}\mathbb{Q}(\sqrt{2}, i)$을 구하라. [도움말 : $\mathbb{Q} \subset \mathbb{Q}(\sqrt{2}) \subset \mathbb{Q}(\sqrt{2}, i)$을 생각하고 보기 7.1.3에서처럼 진행하라.]

10. $\mathrm{Gal}_{\mathbb{Q}}\mathbb{Q}(\sqrt{2}, \sqrt{3}, \sqrt{5}) \cong \mathbb{Z}_2 \times \mathbb{Z}_2 \times \mathbb{Z}_2$임을 보여라.

11. F가 표수 0을 갖고 K가 $f(x)\in F[x]$의 분해체이면, $\text{Gal}_F K = [K:F]$ 임을 증명하라.

12. H는 $\text{Gal}_{\mathbb{Q}}\mathbb{Q}(\sqrt{3},\ \sqrt{5}) = \{id,\ \tau,\ \alpha,\ \beta\}$의 부분군 $\{id,\ \alpha\}$라 하자. H의 고정체는 $\mathbb{Q}(\sqrt{3})$임을 보여라. [도움말 : $\mathbb{Q}(\sqrt{3}) \subset E_H \subset \mathbb{Q}(\sqrt{3},\ \sqrt{5})$임을 증명하라. $[\mathbb{Q}(\sqrt{3},\ \sqrt{5}) : \mathbb{Q}(\sqrt{3})]$은 무엇인가?]

13. (1) $\mathbb{R}$의 모든 자기 동형사상은 양의 원소를 양의 원소로 대응시킴을 보여라.
[도움말 : $\mathbb{R}$의 모든 양의 원소는 제곱이다.]
(2) $a,\ b\in\mathbb{R}$, $a<b$이고 $\sigma\in\text{Gal}_{\mathbb{Q}}\mathbb{R}$이면, $\sigma(a)<\sigma(b)$ 임을 증명하라.
[도움말 : $a<b \Leftrightarrow b-a>0$.]
(3) $\text{Gal}_{\mathbb{Q}}\mathbb{R} = \langle id\rangle$ 임을 증명하라. [도움말 : $c<r<d$이고 $c,\ d\in\mathbb{Q}$이면, $c<\sigma(r)<d$; 이것은 $\sigma(r)=r$을 만족함을 보여라.]

14. $\zeta,\ \zeta^2,\ \cdots,\ \zeta^n = 1$가 $\mathbb{Q}$의 어떤 확대체에서 x^n-1의 n개의 다른 군이라 가정하자. $\text{Gal}_{\mathbb{Q}}\mathbb{Q}(\zeta)$은 아벨군임을 증명하라.

15. E가 F 위에서 정규인 중간체이고 $\sigma\in\text{Gal}_F K$라 하자. $\sigma(E)=E$ 임을 증명하라.

16. (1) $\text{Gal}_{\mathbb{Q}}\mathbb{Q}(\sqrt{2})$는 위수 2를 갖는다. 따라서 $\mathbb{Z}_2$와 동형임을 보여라.
(2) $d\in\mathbb{Q}$이고 $\sqrt{d}\notin\mathbb{Q}$이면, $\text{Gal}_{\mathbb{Q}}\mathbb{Q}(\sqrt{d})\cong\mathbb{Z}_2$임을 보여라.

7.2 갈로아 이론의 기본정리

이 절에서 K는 F의 유한차원 확대체이다. 갈로아 이론의 본질적인 개념은 확대체의 성질을 갈로아군 $\text{Gal}_F K$의 성질과 관련시키는 것이다. 그 결과가 **갈로아 이론의 기본정리**(The Fundamental Theorem of Galois Theory)이다. 이 정리는 적당한 가정하에 확대체의 중간체들과 갈로아군의 부분군들 사이에 일대일 대응이 존재한다는 것을 설명해준다. 주어진 중간체 E에 대하여, 자연히 F와 결합되는 $\text{Gal}_F K$의 부분군, 즉, E의 원소들을 고정시키는 K 의 자기 동형사상들의 부분군 $\mathrm{Gal}_E K$가 존재한다. 따라서 중간체의 전체 집합 S 에서 $\mathrm{Gal}_F K$의 모든 부분군의 전체 집합 T로의 함수를, 중간체 E를 부분군 $\mathrm{Gal}_E K$로 대응시킴으로써 정의할 수 있다. 이 함수를 갈로아 대응(the Galois correspondence)이라 한다. 이 갈로아 대응에 의하여, 자명한 중간체 F와 K는 갈로아군의 자명한 부분군에 대응된다 : K는 항등부분군 $\mathrm{Gal}_K K$에 그리고 F는 전체 갈로아군 $\mathrm{Gal}_F K$에 대응된다(순서에 조심).

❙보기 7.2.1❙ $\mathbb{Q}$의 확대체 $\mathbb{Q}(\sqrt{3},\ \sqrt{5})$와 중간체 $\mathbb{Q}(\sqrt{3})$에 대한 갈로아 대응을 생각한다. 앞의 설명과 보기 7.1.3에 의하여,

$$\mathbb{Q}(\sqrt{3},\ \sqrt{5}) \longrightarrow \mathrm{Gal}_{\mathbb{Q}(\sqrt{3},\ \sqrt{5})}\mathbb{Q}(\sqrt{3},\ \sqrt{5}) = \{id\}$$

$$\mathbb{Q}(\sqrt{3}) \longrightarrow \mathrm{Gal}_{\mathbb{Q}(\sqrt{3})}\mathbb{Q}(\sqrt{3},\ \sqrt{5}) = \{id,\ \alpha\}$$

$$\mathbb{Q} \longrightarrow \mathrm{Gal}_{\mathbb{Q}}\mathbb{Q}(\sqrt{3},\ \sqrt{5}) = \{id,\ \tau,\ \alpha,\ \beta\}$$

이다. 보기 7.1.6에 의하여, $E = \mathbb{Q}(\sqrt{3})$은 부분군

$$H = \{id,\ \alpha\} = \mathrm{Gal}_{\mathbb{Q}(\sqrt{3})}\mathbb{Q}(\sqrt{3},\ \sqrt{5})$$

의 고정체이다. 더욱이, $K = \mathbb{Q}(\sqrt{3},\ \sqrt{5}) = \mathbb{Q}(\sqrt{3})(\sqrt{5})$는 고정체 $E = \mathbb{Q}(\sqrt{3})$의 정규, 분리 가능한 확대체이다. 왜냐하면 K는 $x^2 - 5$의 분해체(정리 6.4.3)이고 표수 0을 갖는다(정리 6.5.2). ■

보조정리 7.2.1

K는 F의 유한차원 확대체라 하자. $H \le \mathrm{Gal}_F K$이고 E가 H의 고정체이면, K는 E의 단순, 정규, 분리 가능한 확대체이다.

[증명] $u \in K$를 임의로 택하자. 그러면, 정리 6.3.1에 의하여, u는 F 위에서 대수적이다. $F[x] \subseteq E[x]$이므로 u는 E 위에서 대수적이다. 정리 7.1.2에 의하여, H의 모든 자기 동형사상은 u를 u의 최소 다항식 $p(x) \in E[x]$의 어떤 근으로 대응시켜야만 한다. 따라서 H의 자기 동형사상에 의한 유한개의 상, 즉 $u = u_1,\ u_2,\ \cdots,\ u_t$를 갖는다.

임의의 $\sigma \in H$에 대하여 $\tau(u) = u_i$, $\tau \in H$라 하면 $\sigma(u_i) = \sigma(\tau(u))$이고

$\sigma \circ \tau \in H$ 이므로, $\sigma(u_i)$도 역시 u의 어떤 상이다. 따라서 $\sigma(u_i) \in \{u_1, \cdots, u_t\}$이다. σ는 단사함수이므로, 원 $\sigma(u_1), \cdots, \sigma(u_t)$는 u의 t개의 다른 상이다. 그러므로 $\{\sigma(u_1), \cdots, \sigma(u_t)\} = \{u_1, \cdots, u_t\}$이다. 다른 말로 하면, H의 모든 자기 동형사상은 $\{u_1, \cdots, u_t\}$에서 $\{u_1, \cdots, u_t\}$으로의 치환이다. 이제

$$f(x) = (x - u_1)(x - u_2) \cdots (x - u_t)$$

라 하자. u_i들은 서로 다르므로, $f(x)$는 분리 가능하다. $f(x) \in E[x]$를 보이자. $\sigma \in H$라 하자. 따름정리 6.2.3의 바로 위의 언급에 의하여, σ는 동형 사상 $K[x] \cong K[x]$ (역시 σ로 나타냄)을 만든다. 따라서

$$\sigma f(x) = (x - \sigma(u_1))(x - \sigma(u_2)) \cdots (x - \sigma(u_t))$$

이다. σ는 u_i들을 치환하므로, σ는 $f(x)$의 인수들을 다시 배열한다. 그러므로 $\sigma f(x) = f(x)$이다. 따라서 H의 모든 자기 동형사상은 분리 가능한 다항식 $f(x)$의 계수를 자기 자신으로 대응시키므로, 이 계수들은 H의 고정체인 E의 원소이다. 따라서 $f(x) \in E[x]$이다. $u = u_1$은 $f(x) \in E[x]$의 근이므로, u는 E 위에서 분리 가능하다. 그러므로 K는 E의 분리 가능한 확대체이다.

체 K는 F 위에서 유한하게 만들어진다 ($[K : F]$가 유한하므로, 보기 6.3.4를 보라). 그러면 K는 E 위에서 유한하게 만들어진다. 따라서 정리 6.5.3에 의하여, $u \in K$가 존재하여 $K = E(u)$이다. 더욱이 $f(x)$는 $K[x]$에서 분해된다. 따라서 $K = E(u)$는 E 위에서 $f(x)$의 분해체이다. 정리 6.4.3에 의하여, K는 E 위에서 정규적이다. ■

정리 7.2.2

K는 F의 유한차원 확대체라 하자. $H \leq \mathrm{Gal}_F K$이고 E가 H의 고정체이면, $H = \mathrm{Gal}_E K$이고 $|H| = [K : E]$이다. 그러므로 갈로아 대응은 전사다.

[증명] 보조정리 7.2.1에 의하여, $u \in K$이 존재하여 $K = F(u)$이다. $p(x)$가 E 위에서 u의 최소 다항식이고 $\deg p(x) = n$이라 하자. 그러면, 정리 6.2.2에 의하여, $[K : E] = n$이다. 정리 7.1.2와 7.1.3에 의하여, $\mathrm{Gal}_E K$의 자기 동형사상들은 u를 $p(x)$의 다른 근으로 대응시킨다. 또한 정리 7.2.1에 의해 $K = E(u)$이므로 정리 7.1.3에 의해 $\mathrm{Gal}_E K$의 서로 다른 자기 동형사상들의 개수는 u의 상에 의해 결정되므로 많아야 $p(x)$의 근들의 개수 n이다. 고정체 E의 정의에 의하여,

$H \subseteq \mathrm{Gal}_E K$이다. 그러므로

$$|H| \leq |\mathrm{Gal}_E K| \leq n = [K : E]$$

이다. $p(x)$의 K에 속하는 근들을 $u = u_1,\ u_2,\ \cdots,\ u_t \in K$하고, $f(x) = (x - u_1)(x - u_2) \cdots (x - u_t)$라 하자. 보조정리 7.2.1의 증명에서와 같이 $f(x) \in E[x]$이다. 그러면 H는 적어도(H에 의한 u의 서로 다른 상들의 개수인) t개의 자기 동형사상을 포함한다. $u = u_1$는 $f(x)$의 근이므로, $p(x) | f(x)$이다. 따라서

$$|H| \geq t = \deg f(x) \geq \deg p(x) = n = [K : E]$$

이다. 이 두 부등식을 결합하면,

$$|H| \leq |\mathrm{Gal}_E K| \leq [K : E] \leq |H|$$

이므로 $|H| = |\mathrm{Gal}_E K| = [K : E]$이다. 따라서 $H = \mathrm{Gal}_E K$이다. ■

| 보기 7.2.2 | 보기 7.1.8에 의하여, $\mathrm{Gal}_{\mathbb{Q}}\mathbb{Q}(\sqrt[3]{2}) = \{id\}$이다. 따라서 $\mathrm{Gal}_{\mathbb{Q}}\mathbb{Q}(\sqrt[3]{2})$의 고정체는 체 $\mathbb{Q}(\sqrt[3]{2})$이고 중간체 $\mathbb{Q}(\sqrt[3]{2})$와 $\mathbb{Q}$가 모두 동형 사상 id에 대응한다. 다항식 $x^3 - 2$의 복소수근을 $\mathbb{Q}(\sqrt[3]{2})$가 포함하지 않으므로 $x^3 - 2$는 $\mathbb{Q}(\sqrt[3]{2})$ 안에서 분해되지는 않는다. $\mathbb{Q}(\sqrt[3]{2})$는 $\mathbb{Q}$ 위의 정규 확대체가 아니다. $\mathbb{Q}(\sqrt[3]{2})$는 $x^3 - 2$의 복소수근을 포함하지 않는다. ■

정리 7.2.2에 의하여, 비록 갈로아 대응이 전사함수일지라도, 보기 7.2.2에 의하여, 이 대응은 단사함수가 될 수 없다. 단사성을 보장하기 위하여, 확대체에 대한 특별한 가정이 필요하다.

K가 F의 유한차원, 정규, 분리 가능한 확대체이면, K를 F의 **갈로아 확대체**(Galois extension) 또는 K가 F **위에서 갈로아**(K is Galois over F)라고 말한다.

표수가 0인 갈로아 확대체는 정리 6.4.3과 정리 6.5.2에 의하여 단순히(분리 가능한 다항식의) 분해체이다.

정리 7.2.3

K는 F의 갈로아 확대체이고 E는 중간체라 하자. 그러면 E는 부분군 $\mathrm{Gal}_E K$의 고정체이다.

[증명] $\mathrm{Gal}_E K$의 고정체를 E_0라 하면, 정의에 의하여 $E \subseteq E_0$이다. $E_0 \subset E$임을 보이기 위하여, 만약 $u \not\in E$이라 하면 $\mathrm{Gal}_E K$에 속하는 어떤 자기 동형사상에 의해 u를 다른 원소로 대응시키게 되어 $u \not\in E_0$임을 증명할 것이다.

K는 중간체 E의 갈로아 확대체(정리 6.4.3과 연습문제 6.4.4에 의하여 정규적이고, 연습문제 6.5.1에 의하여 분리 가능하다)이므로, K는 E의 대수적 확대체이다. 따라서 u는 E 위에서 대수적이므로 차수가 2 이상인 최소 다항식 $p(x) \in E[x]$을 갖는다($\deg p(x) = 1$ 이면, $u \in E$). 분리성에 의하여, $p(x)$의 근들은 모두 다르다. 정규성에 대하여, $p(x)$의 모든 근들은 K의 원이다. v가 u와 다른 $p(x)$의 근이라 하자. 그러면, 정리 7.1.3에 의하여, $\sigma \in \mathrm{Gal}_E K$이 존재하여 $\sigma(u) = v$이다. 그러므로 $u \not\in E_0$이다(E_0가 $\mathrm{Gal}_E K$의 고정체이므로, 즉 모든 $\sigma \in \mathrm{Gal}_E K$에 대하여 $\sigma(u) = u$이어야 한다). 이것은 모순이다. 그러므로 $E_0 \subset E$이므로 $E_0 = E$이다. ■

정리 7.2.3에 의해 $\mathrm{Gal}_E K = \mathrm{Gal}_L K$인 두 중간체 E와 L가 있다면 $E = L$이다. 따라서 갈로아 대응은 단사이다.

따름정리 7.2.4

K는 F의 유한차원 확대체라 하자. 그러면 K가 F 위에서 갈로아 확대체일 필요충분조건은 F가 갈로아군 $\mathrm{Gal}_F K$의 고정체인 것이다.

[증명] $\Rightarrow$] K가 F 위에서 갈로아라 가정하자. 그러면, ($E = F$라 놓으면) 정리 7.2.3에 의하여, F는 $\mathrm{Gal}_F K$의 고정체이다.

$\Leftarrow$] F가 $\mathrm{Gal}_F K$의 고정체라 가정하자. 그러면, ($E = F$라 놓으면) 보조정리 7.2.1에 의하여, K는 F 위에서 갈로아다. ■

따름정리 7.2.4의 관점에서, 갈로아 확대체가 종종 F가 $\mathrm{Gal}_F K$의 고정체인 유한차원 확대체로 정의된다. 갈로아 이론에 대한 책을 읽을 때 보증되지 않은 가정을 만들지 않도록 어느 정의가 사용되는지를 확인하는 일은 좋은 생각이다.

| 보기 7.2.3 | 체 $\mathbb{Q}(\sqrt{3}, \sqrt{5})$는 $\mathbb{Q}$는 갈로아 확대체이다. 왜냐하면 $\mathbb{Q}$가 표수가 0이므로 $\mathbb{Q}(\sqrt{3}, \sqrt{5})$는 $f(x) = (x^2-3)(x^2-5)$의 분해체이기 때문이다. 따라서 정리 7.2.2와 정리 7.2.3 밑의 언급에 의하여 갈로아 대응은 전단사이다. 보기 7.1.3에 의하여, $\mathrm{Gal}_{\mathbb{Q}}\mathbb{Q}(\sqrt{3}, \sqrt{5}) = \{id, \tau, \alpha, \beta\}$이다. 갈로아 대응에

의하여, 같은 관계의 위치에서 어느 부분체와 부분군이 서로 대응되는지를 아래의 도표에서 확인하자. 예컨대 보기 7.1.5에 의하여, $\mathbb{Q}(\sqrt{3})$은 $\{id, \alpha\}$에 대응한다. 모든 중간체들은 자신들이 $\mathbb{Q}$의 갈로아 확대체(예컨대 $\mathbb{Q}(\sqrt{5})$는 x^2-5의 분해체이다)이다. 더욱이 대응하는 갈로아군의 부분군들은 정규적이다. 비슷한 상태가 일반적인 경우에서 성립한다.

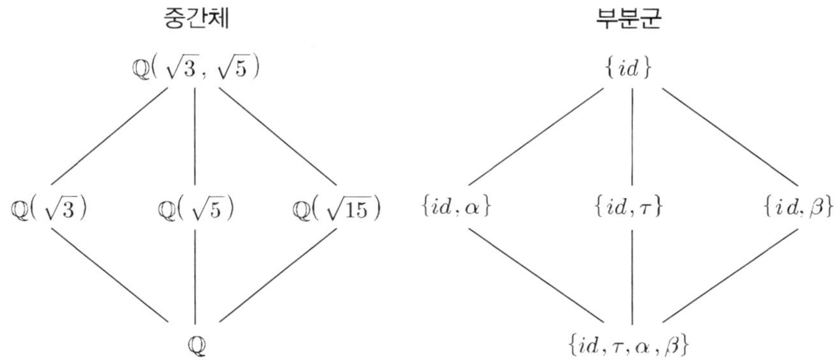

■

보조정리 7.2.5

K는 F의 유한차원 정규 확대체이고 E는 F 위에서 정규적인 중간체라 하자. 그러면 군 전사 준동형 사상 $\theta : \mathrm{Gal}_F K \to \mathrm{Gal}_F E$가 존재하여 $\ker\theta = \mathrm{Gal}_E K$을 만족한다.

[증명] $\sigma \in \mathrm{Gal}_F K$이고 $u \in E$라 하자. 그러면 u는 최소 다항식 $p(x)$를 갖는 F 위에서 대수적이다. E는 F의 정규 확대체이므로, $p(x)$는 $E[x]$에서 분해된다. 즉, $p(x)$의 모든 근이 E의 원이다. 정리 7.1.2에 의하여, $\sigma(u)$는 $p(x)$의 근이다. 따라서 $\sigma(u) \in E$이다. 그러므로 모든 $\sigma \in \mathrm{Gal}_F K$에 대하여 $\sigma(E) \subseteq E$이다. 따라서 E에 대한 제한($\sigma|E$로 나타냄)은 F-동형 사상 $E \cong \sigma(E)$이다. 그러므로, 정리 6.1.6에 의하여, $[E:F] = [\sigma(E):F]$이다. $F \subset \sigma(E) \subset E$이므로, 정리 6.1.5에 의하여,

$$[E:F] = [E:\sigma(E)]\,[\sigma(E):F]$$

이다. 따라서 $[E:\sigma(E)] = 1$이므로 $E = \sigma(E)$이다. 그러므로 $\sigma|E$는 실제로 $\mathrm{Gal}_F E$에서 자기 동형사상이다.

함수 $\theta : \mathrm{Gal}_F K \to \mathrm{Gal}_F E$를 $\theta(\sigma) = \sigma|E$로 정의한다. 그러면 임의의 $\sigma, \tau \in \mathrm{Gal}_F K$임의의 $\alpha \in E$에 대하여

$$\theta(\sigma\tau)(\alpha) = (\sigma \circ \tau)|E(\alpha) = (\sigma(\tau(\alpha)) = \sigma|E(\tau(\alpha))$$
$$= \sigma|E(\tau|E(\alpha)) = \theta(\sigma) \circ \theta(\tau)(\alpha)$$

이므로 θ는 군들의 준동형 사상이다. $\ker\theta$는 E에 대한 제한이 항등함수, 즉, 부분군 $\mathrm{Gal}_E K$이다. θ가 전사임을 보이자. 정리 6.4.3에 의하여, K는 F 위에서 분해체이고 따라서 K는 E 위에서 같은 다항식의 분해체이다. 따라서 정리 6.4.2에 의하여, 모든 $\tau \in \mathrm{Gal}_F E$는 $\mathrm{Gal}_F K$에서 F-자기 동형사상 σ로 확대될 수 있다. 그러므로 $\sigma|E = \tau$ 즉, $\theta(\sigma) = \tau$이다. 따라서 θ는 전사함수다. ■

정리 7.2.6 갈로아 이론의 기본정리(THE FUNDAMENTAL THEOREM OF GALOIS THEORY)

K가 F의 갈로아 확대체이면,

1. 이 확대체의 모든 중간체들의 집합 S와 갈로아군 $\mathrm{Gal}_F K$의 모든 부분군들의 집합 T 사이에, 각 중간체 E를 부분군 $\mathrm{Gal}_E K$로 대응시킴으로써 주어지는 전단사 함수가 존재한다. 더욱이

$$[K:E] = |\mathrm{Gal}_E K| \text{이고 } [E:F] = [\mathrm{Gal}_F K : \mathrm{Gal}_E K]$$

2. 중간체 E가 F의 정규 확대체일 필요충분조건은 대응하는 군 $\mathrm{Gal}_E K$가 $\mathrm{Gal}_F K$의 정규부분군이고 이 경우에,

$$\mathrm{Gal}_F E \cong \mathrm{Gal}_F K / \mathrm{Gal}_E K$$

이다.

[증명] 1. 정리 7.2.2와 정리 7.2.3 밑의 언급에 의하여 첫째 부분은 분명하다. 정리 7.2.3에 의하여 각 중간체 E는 $\mathrm{Gal}_E K$의 고정체이다. 따라서 정리 7.2.2에 의하여, $[K:E] = |\mathrm{Gal}_E K|$이다. 특히, $F = E$이면, $[K:F] = [\mathrm{Gal}_F K]$이다. 그러므로, 라그랑즈정리 2.8.2과 정리 6.1.5에 의하여,

$$[K:E][E:F] = [K:F] = |\mathrm{Gal}_F K| = |\mathrm{Gal}_E K|\,[\mathrm{Gal}_F K : \mathrm{Gal}_E K]$$

이다. 따라서 $[K:E] = |\mathrm{Gal}_E K|$이므로

$$[E:F] = [\mathrm{Gal}_F K : \mathrm{Gal}_E K]$$

이다.

2. $\Leftarrow$] $\mathrm{Gal}_E K \lhd \mathrm{Gal}_F K$라 가정하고 $p(x)$는 근 $u \in E$를 갖는 $F[x]$에서 기약 다항식이라 하자. $p(x)$는 $E[x]$에서 분해됨을 보여야 한다. K는 F 위에서 정규적이고, $p(x)$는 $K[x]$에서 분해된다. 따라서 K에서 $p(x)$의 임의의 근 v가 E의 원소임을 보이기만 하면 된다. 정리 7.1.3에 의하여, 자기 동형사상 σ가 $\mathrm{Gal}_F K$에 존재하여 $\sigma(u) = v$이다. 임의의 $\tau \in \mathrm{Gal}_E K$에 대하여, $\mathrm{Gal}_E K \lhd \mathrm{Gal}_F K$이므로, $\tau_1 \in \mathrm{Gal}_E K$이 존재하여 $\tau \circ \sigma = \sigma \circ \tau_1$이다. $u \in E$이므로 $\tau(v) = \tau(\sigma(u)) = \sigma(\tau_1(u)) = \sigma(u) = v$이다. 그러므로 v는 $\mathrm{Gal}_E K$의 임의의 원에 의하여 고정된다. 따라서 v는 $\mathrm{Gal}_E K$의 고정체, 즉 E에 속해야만 한다.

$\Rightarrow$] E가 F의 정규 확대체라 가정하자. 그러면, 1에 의하여, E는 F 위에서 유한 차원이다. 보조정리 7.2.5에 의하여 군 전사 준동형 사상 $\theta : \mathrm{Gal}_F K \to \mathrm{Gal}_F E$이 존재하여 $\ker \theta = \mathrm{Gal}_E K$을 만족한다. 따라서 $\mathrm{Gal}_E K \lhd \mathrm{Gal}_F K$이고 제 1 동형정리에 의하여 $\mathrm{Gal}_F K / \mathrm{Gal}_E K \cong \mathrm{Gal}_F E$이다. ■

| 보기 7.2.4 | 보기 7.1.4에 의하여, $x^3 - 2$의 분해체 K는 갈로아군이 S_3의 부분군인 $\mathbb{Q}$의 갈로아확대체이다. $\mathbb{Q} \subset \mathbb{Q}(\sqrt[3]{2}) \subset K$이다. $x^3 - 2$는 $\sqrt[3]{2}$의 최소 다항식이므로, 정리 6.2.2에 의하여, $[\mathbb{Q}(\sqrt[3]{2}) : \mathbb{Q}] = 3$이다. 그런데 $x^3 - 2$의 다른 근 $\sqrt[3]{2}\omega$와 $\sqrt[3]{2}\omega^2$중 어느 것도 실수가 아니다. 따라서 $\sqrt[3]{2}\omega \notin \mathbb{Q}(\sqrt[3]{2})$이고 $\sqrt[3]{2}\omega^2 \notin \mathbb{Q}(\sqrt[3]{2})$이다. 그러므로 $[K : \mathbb{Q}] > 3 = [\mathbb{Q}(\sqrt[3]{2}) : \mathbb{Q}]$이어야 한다. 정리 6.4.1에 의해 $[K : \mathbb{Q}] \le 6$이고 $[K : \mathbb{Q}] = [K : \mathbb{Q}(\sqrt[3]{2})][\mathbb{Q}(\sqrt[3]{2}) : \mathbb{Q}]$이므로 $3 \mid [K : \mathbb{Q}]$이어야 하므로 $[K : \mathbb{Q}] = 6$이다. 따라서 정리 7.2.6에 의하여, $|\mathrm{Gal}_{\mathbb{Q}} K| = 6$이고 $\mathrm{Gal}_{\mathbb{Q}} K = S_3$이다.

S_3의 진부분군들은 위수 3인 순환군 $\langle (123) \rangle$과 위수 2인 3개의 순환군 $\langle (12) \rangle$, $\langle (13) \rangle$, $\langle (23) \rangle$ 뿐이다. 갈로아 대응은 다음 그림과 같이, 같은 관계의 위치에서 부분군과 부분체가 서로 대응된다. 체 $\mathbb{Q}(\omega)$는 중간체이다. 왜냐하면 $\omega = \left(\frac{1}{2}\right)(\sqrt[3]{2})^2(\sqrt[3]{2}\omega) \in K$이기 때문이다. $\mathbb{Q}(\omega)$는 $x^2 + x + 1$의 분해체이다(연습문제 7.2.3). 따라서 $\mathbb{Q}(\omega)$는 $\mathbb{Q}$ 위에서 갈로아이고 대응하는 부분군은 정규부분군 $\langle (123) \rangle$이다. 한편, 보기 7.2.2에 의하여, $\mathbb{Q}(\sqrt[3]{2})$는 $\mathbb{Q}$ 위에서 갈로아가 아니다. 그러므로 대응하는 부분군 $\langle (23) \rangle$은 정규부분군이 아니다. ■

보기 7.2.4는 다음의 중요한 사실을 설명하여 준다 :

갈로아 대응은 **포함이 반대**(inclusion-reversing)이다. 예컨대 $\mathbb{Q} \subset \mathbb{Q}(\omega)$이지만 대응하는 부분군은 역포함 : $S_3 \supset \langle (1\,2\,3) \rangle$을 만족한다.

중간체

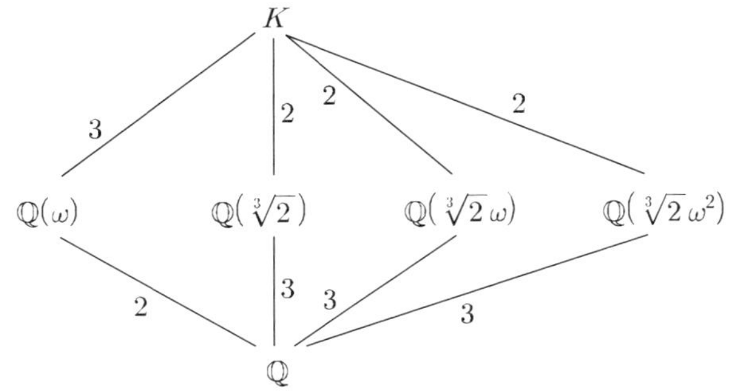

부분군

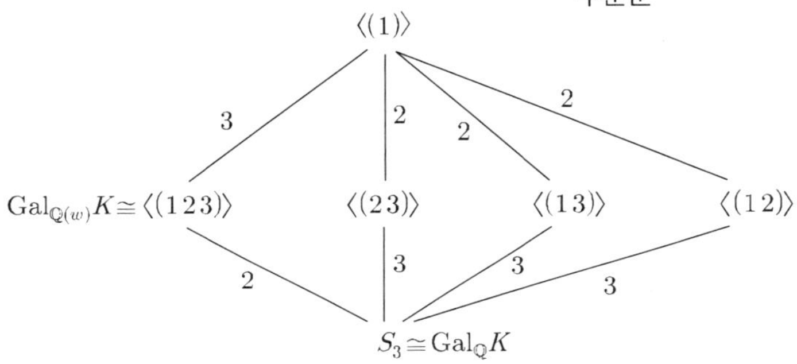

보조정리 7.2.5의 증명에서 K의 정규성은 다음을 증명하는 데는 사용되지 않았다. 따라서 다음을 얻는다.

따름정리 7.2.7

K는 F의 유한차원 확대체이고 E는 F 위에서 정규적인 중간체라 하자. $\sigma \in \mathrm{Gal}_F K$이면, $\sigma | E \in \mathrm{Gal}_F E$이다.

유제 7.2.1 체 K가 체 F 위의 확대체이고 $\mathrm{Aut}(K)$를 K에서 K로의 자기 동형사상 전체의 집합이라 할 때, $\mathrm{Aut}(K)$의 부분군 $\mathrm{Gal}_F K = \{\sigma \in \mathrm{Aut}(K)$ 모든 $a \in F$에 대하여 $\sigma(a) = a\}$로 정의하자. 체 K가 체 $\mathbb{Z}_3 = \{0,\ 1,\ 2\}$ 위의 차수 6인 유한 확대체일 때, 다음 명제 중 참이면 증명하고 거짓이면 이유를 설명하라.

(1) 체 K는 $\mathbb{Z}_3$ 위의 한 다항식의 분해체이다.

(2) 체 K는 $\mathbb{Z}_3$ 위의 분리 확대체이다.

(3) $\mathbb{Z}_3$와 K 사이에는 $\mathrm{Gal}_E K$의 위수가 2가 되는 체 E가 3개 존재한다.

유제 7.2.2 유한체 $\mathbb{Z}_p$(p는 소수) 위의 다항식 $f(x) = x^{p^4} - x \in \mathbb{Z}_p[x]$에 대하여 체 K가 $\mathbb{Z}_p$ 위에서의 $f(x)$의 분해체일 때, 다음 명제 중 참인 것은 증명하고 거짓인 것은 이유를 설명하라.

(1) 임의의 원소 $\alpha \in K$에 대하여 $\alpha^{p^4} = \alpha$이다.

(2) $\mathbb{Z}_p \subsetneq L \subsetneq K$를 만족시키는 중간체 L은 오직 한 개 존재한다.

(3) 갈로아군 $\mathrm{Gal}_{\mathbb{Z}_p} K$는 위수가 4인 순환군이다.

7.2 연습문제

K는 언제나 F의 확대체를 나타낸다.

1. K가 F 위에서 갈로아이면, 유한개의 중간체들만 존재함을 보여라.

2. K가 $\mathbb{Q}$의 정규 확대체, $[K : \mathbb{Q}] = p$이고 p는 소수일 때, $\mathrm{Gal}_{\mathbb{Q}} K \cong \mathbb{Z}_p$임을 보여라.

3. $\mathbb{Q}$의 주어진 확대체에 대하여 중간체와 부분군들의 대응을 보여라 :

(1) $\mathbb{Q}(\sqrt{d})$, 여기서 $d \in \mathbb{Q}$, 그러나 $\sqrt{d} \notin \mathbb{Q}$이다.

(2) $\mathbb{Q}(\omega)$, 여기서 $\omega = \dfrac{-1+\sqrt{3}i}{2}$로서 $x^3 - 1$의 근이다.

4. K가 F 위에서 갈로아이고 $\mathrm{Gal}_F K$가 위수 10인 아벨군이면, 이 확대체는 얼마나 많은 중간체를 갖고 각각의 차원은 F 위에서 무엇인가?

5. K와 L이 모두 F 위에서 갈로아, F, $K \neq L$이고 $\mathrm{Gal}_F K \cong \mathrm{Gal}_F L$인 F의 확대체 K와 L의 보기를 주라.

6. $\mathbb{Q}$의 확대체 $\mathbb{Q}(\sqrt{2}, \sqrt{3})$에 대한 갈로아 대응을 보여라 :

7. K가 F 위에서 갈로아, $\mathrm{Gal}_F K$는 아벨군이고 E는 F 위에서 정규적인 중간체일 때, $\mathrm{Gal}_E K$와 $\mathrm{Gal}_F E$는 아벨군임을 증명하라.

8. K가 F 위에서 갈로아이고 $\mathrm{Gal}_F K \cong \mathbb{Z}_n$라 하자.

(1) E가 F 위에서 정규적인 중간체이면, $\mathrm{Gal}_E K$와 $\mathrm{Gal}_F E$는 순환군임을 증명하라.

(2) n의 각 양의 약수에 대하여 꼭 하나의 중간체가 존재하고 이것은 유일한 중간체임을 보여라.

9. 함수 $\sigma \in \mathrm{Gal}_F K$가 존재하여 $\sigma(E) = L$을 만족하면 두 중간체 E와 L이 켤레체라고 한다. E와 L이 켤레체일 필요충분조건은 $\mathrm{Gal}_E K$와 $\mathrm{Gal}_L K$가 $\mathrm{Gal}_F K$의 켤레 부분군인 것이다. 이를 증명하라.

10. (1) $K = \mathbb{Q}(\sqrt[4]{2}, i)$는 $\mathbb{Q}$ 위에서 $x^4 - 2$의 분해체임을 보여라.

(2) $[K : \mathbb{Q}] = 8$임을 증명하고 정리 7.2.5로부터 $\mathrm{Gal}_{\mathbb{Q}} K$가 위수 8을 갖는다는 결론을 내려라. [도움말 : $\mathbb{Q} \subset \mathbb{Q}(\sqrt[4]{2}) \subset \mathbb{Q}(\sqrt[4]{2}, i)$]

(3) $\sigma \in \mathrm{Gal}_{\mathbb{Q}} K$, $\sigma(\sqrt[4]{2}) = (\sqrt[4]{2})$, $\sigma(i) = i$이고 σ가 위수 4를 갖는 $\sigma \in \mathrm{Gal}_{\mathbb{Q}} K$가 존재함을 증명하라.

(4) 따름정리 7.2.7에 의하여 K에 대한 복소수 켤레함수의 제한은 $\mathrm{Gal}_{\mathbb{Q}} K$의 원 τ이다. $\mathrm{Gal}_{\mathbb{Q}} K = \{\sigma, \sigma^2, \sigma^3, \sigma^4 = \iota, \tau, \sigma\tau, \sigma^2\tau, \sigma^3\tau\}$임을 보여라.

(5) $\mathrm{Gal}_{\mathbb{Q}} K \cong D_4$임을 증명하라. [도움말 : σ를 r_1으로 τ를 d로 대응시켜라.]

11. K는 연습문제 7.2.10에서와 같다고 하자. $\mathrm{Gal}_{\mathbb{Q}(i)} K \cong \mathbb{Z}_4$임을 증명하라.

12. K는 연습문제 7.2.10에서와 같다고 하자. 이 확대체에 대한 갈로아 대응을 보여라. [중간체들 사이에 $\mathbb{Q}((1+i)^4\sqrt{2})$와 $\mathbb{Q}((1-i)^4\sqrt{2})$가 있다.]

13. $\mathbb{Q}$의 확대체 $\mathbb{Q}(\sqrt{2}, \sqrt{3}, \sqrt{5})$에 대한 갈로아 대응을 보여라. [이 갈로아군은 위수 2인 7개의 부분군과 위수 4인 7개의 부분군을 갖는다.]

14. 유한체 $\mathbb{Z}_p = \{0, 1, 2, \cdots, p-1\}$($p$는 소수) 위의 다항식환 $\mathbb{Z}_p[x]$에 속하는 다항식 $f(x) = x^p - x - a(a \neq 0)$에 대하여 K는 $f(x)$의 $\mathbb{Z}_p$ 위에서의 분해체, $\mathrm{Gal}_{\mathbb{Z}_p} K$는 K의 $\mathbb{Z}_p$ 위에서의 갈로아군이라 하자. $f(x)$의 한 근 α와 모든 $\sigma \in \mathrm{Gal}_{\mathbb{Z}_p} K$에 대하여 $\psi_\alpha(\sigma) = \sigma(\alpha) - \alpha$일 때, 다음의 세 명제가 참임을 증명하시오.

(1) $\psi_\alpha(\sigma) \in \mathbb{Z}_p$이고 $K = \mathbb{Z}_p(\alpha)$이다.

(2) 함수 $\psi_\alpha : \mathrm{Gal}_{\mathbb{Z}_p}K \to (\mathbb{Z}_p,\ +)$는 군 동형 사상이다.

(단, $(\mathbb{Z}_p,\ +)$는 덧셈군이다.)

(3) $f(x)$의 두 근 $\alpha,\ \beta$에 대하여 $\psi_\alpha = \psi_\beta$이다.

15. (1) $\omega = (-1+\sqrt{3}i)/2$은 x^3-1의 근임을 보여라.

(2) ω와 ω^2은 x^2+x+1의 근임을 보여라.

16. $\mathbb{Q}$의 확대체 $\mathbb{Q}(i,\ \sqrt{2})$에 대한 갈로아 대응을 보여라.

7.2 유제풀이

유제 7.2.1 체 K가 체 F 위의 확대체이고 $\mathrm{Aut}(K)$를 K에서 K로의 자기 동형사상 전체의 집합이라 할 때, $\mathrm{Aut}(K)$의 부분군 $\mathrm{Gal}_{\mathrm{F}}K=\{\sigma\in Aut(K) :$ 모든 $a\in F$에 대하여 $\sigma(a)=a\}$로 정의하자. 체 K가 체 $\mathbb{Z}_3=\{0,\ 1,\ 2\}$ 위의 차수 6인 유한 확대체일 때, 다음 명제 중 참이면 증명하고 거짓이면 이유를 설명하라.

(1) 체 K는 $\mathbb{Z}_3$ 위의 한 다항식의 분해체이다.

(2) 체 K는 $\mathbb{Z}_3$ 위의 분리 확대체이다.

(3) $\mathbb{Z}_3$와 K 사이에는 $\mathrm{Gal}_E K$의 위수가 2가 되는 체 E가 3개 존재한다.

[풀이] (1) 정리 6.6.7에 의해 $p=3,\ n=6$이고 $x^{3^6}-x$의 분해체이므로 K는 다항식의 Z_3 위의 분해체이다.

(2) $x^{3^6}-x$는 분리 가능하다. 즉, 3^6개의 서로 다른 근들로 이루어져 있다. 따라서 K는 Z_3 위의 분리 확대체이다. 정리 6.6.7 참조.

(3) Z_3는 유한체이고 $[K: Z_3]=6$이면 $\mathrm{Gal}_{\mathbb{Z}_3}K$는 위수 6인 순환군이다. 따라서 $\mathrm{Gal}_{\mathbb{Z}_3}K\cong\mathbb{Z}_6$이다. 만약 $|\mathrm{Gal}_E K|=2$이고 $Z_3 \le E \le K$를 만족하는 체 E가 3개 존재한다면 갈로아군 $\mathrm{Gal}_{\mathbb{Z}_3}K$도 위수가 2인 3개의 부분군을 갖는다. 그러나 $\mathrm{Gal}_{\mathbb{Z}_3}K\cong Z_6$이므로 Z_6에서 위수 2인 부분군은 1개이므로 모순이다.

유제 7.2.2 유한체 $\mathbb{Z}_p$(p는 소수) 위의 다항식 $f(x) = x^{p^4} - x \in \mathbb{Z}_p[x]$에 대하여 체 K가 $\mathbb{Z}_p$ 위에서의 $f(x)$의 분해체일 때, 다음 명제 중 참인 것은 증명하고 거짓인 것은 이유를 설명하라.

(1) 임의의 원소 $\alpha \in K$에 대하여 $\alpha^{p^4} = \alpha$이다.

(2) $\mathbb{Z}_p \subsetneq L \subsetneq K$를 만족시키는 중간체 L은 오직 한 개 존재한다.

(3) 갈로아군 $\mathrm{Gal}_{\mathbb{Z}_p} K$는 위수가 4인 순환군이다.

[풀이] (1) 임의의 원소 $\alpha \in K$는 $f(x) = x^{p^4} - x \in \mathbb{Z}_p[x]$의 근이므로 $f(\alpha) = 0$ 즉 $f(\alpha) = \alpha^{p^4} - \alpha = 0$이다. 따라서 $\alpha^{p^4} = \alpha$이다.

(2) $[K : \mathbb{Z}_p] = 4$이고 K는 Z_p 위의 유한체이므로 K는 위수 4인 갈로아체이다. 유한체의 갈로아군은 순환군이다. 그러므로 $\mathbb{Z}_4$와 동형이다. 따라서 $\mathbb{Z}_4$는 부분군으로 한 개의 $\mathbb{Z}_2$를 포함하므로 대응정리에 의해 유일한 중간체를 갖는다.

(3) 유한체의 갈로아군은 순환군이다. [자세한 증명은 참고서적 현대대수학(김응태, 박승안) 정리 6.7.9를 보라.]

7.3 원분 확대체

이 절에서 F의 n차 다항식 $x^n - 1$의 분해체 K, 즉 **제 n 원분 확대체**(nth cyclotomic extension)에 대하여 논한다.

정의 7.3.1

K가 체이고 n은 양의 정수라 하자. 원소 $\zeta \in K$가 $\zeta^n = 1_K$을 만족하면 ζ을 **단위원 1_K의 n제곱근**(nth root of unity)라 부른다. ζ가 $x^n - 1_k \in F[x]$의 근이라는 뜻이다.

K 안의 단위원 1_K의 모든 n제곱근의 집합은 K의 영이 아닌 원소들의 곱셈군의 곱셈 부분군을 형성한다. 이 부분군을 R_n이라 하자. R_n은 따름 정리 5.2.12에 의하여 순환군이고 따름정리 3.7.4에 의해 많아야 n개의 원소를 갖는다(연습문제 7.3.1).

정의 7.3.2

K가 체이고 n은 양의 정수라 하자. 단위원 1_K의 n제곱근 ζ가 단위원 1의 n제곱근들의 곱셈군에서 위수 n을 가지면 $\zeta \in K$를 **단위원 1_K의 원시 n제곱근**(primitive nth root of unity)이라 한다. 단위원 1의 원시 n제곱근은 모든 단위원 1의 n제곱근들의 순환 곱셈군을 생성한다.

| 보기 7.3.1 | (1) 양의 정수 n에 대하여 $\zeta = e^{\frac{2\pi i}{n}} = \cos\frac{2\pi}{n} + i\sin\frac{2\pi}{n}$는 복소수체 $\mathbb{C}$에서의 단위원의 원시 n제곱근이다.

(2) 1_K은 모든 $n \geq 1$에 대하여 K에서 n제곱근이다.

(3) 만약 $\mathrm{chap}\, K = p \neq 0$, $n = p^k$이면 보조정리 6.6.6에 의하여 1_K은 K에서 유일한 n제곱근이다.

(4) $\mathbb{C}$의 부분체 $\mathbb{Q}(i)$는 원시 4제곱근 $\pm i$를 갖지만 1을 제외한 3제곱근은 갖지 못한다(3제곱은 $-1/2 \pm \sqrt{3}\, i/2$이다). ■

정리 7.3.3

K가 체이고 n은 양의 정수라 하자. ζ을 단위원 1_K의 원시 n제곱근이라 하면 다음이 성립한다.

(1) K안의 단위원 1_K의 n제곱근 전체의 집합 R_n은 다음과 같다.

$$R_n = \langle \zeta \rangle = \{1, \zeta, \cdots, \zeta^{n-1}\}, \ \zeta^n = 1, \ |R_n| = n$$

(2) K안의 단위원 1_K의 원시 n제곱근 전체의 집합 P_n은 다음과 같다.

$$P_n = \{\zeta^k \mid 1 \leq k \leq n-1, \ (k, n) = 1\}, \ |P_n| = \varphi(n)$$

여기서 $\varphi(n)$은 오일러 함수(정의 2.8.9)이다.

[증명] (1) 정의 7.3.2에 의해 분명하다.

(2) 정수 k에 대하여 $\zeta^k \in R_n$가 단위원의 1_K의 원시 n제곱근이기 위한 필요충분조건은 ζ^k의 위수가 n인 것이다. 예제 2.3.10에 의해 ζ^k의 위수가 n일 필요충분조건은 $(n, k) = 1$이므로 정리가 성립한다. ■

정의 7.3.4

F위의 x^n-1의 분해체를 위수 n의 **원분 확대체**(the cyclotomic extension of order n over F)라고 한다.

F가 무한체이고 $f(x)=x^n-1\in F[x]$이라고 하자. α가 x^n-1의 근이라고 하면 $f(x)=g(x)(x-\alpha)$이고

$$g(x)=\frac{f(x)}{x-\alpha}=x^{n-1}+\alpha x^{n-2}+\alpha^2x^{n-3}+\cdots+\alpha^{n-2}x+\alpha^{n-1}$$

이므로 $g(\alpha)=\alpha^{n-1}+\alpha^{n-1}+\alpha^{n-1}+\cdots+\alpha^{n-1}+\alpha^{n-1}$

$$=(n)\alpha^{n-1}=(n)\frac{\alpha^n}{\alpha}=[n\cdot 1]\frac{1}{\alpha}$$

이다. 만약 F의 표수가 n을 나누지 못한다면 $g(\alpha)\neq 0$이므로 α는 중복도 1을 갖는다. 따라서 x^n-1의 분해체는 분리체가 되고 F의 정규체가 된다. 사실 x^n-1의 분해체를 K라 하고 $n=p^km$, $m<n$이라고 할때 $\text{char}\,K=p$이면 K는 원시 n제곱근을 갖지 않는다. 이 역도 성립한다(연습문제 7.3.2).

정의 7.3.5

$\zeta_i\in K$가 단위원 1_K의 원시 n제곱근일 때, 다항식

$$\Phi_n(x)=\prod_{i=1}^{\varphi(n)}(x-\zeta_i)$$

을 체 F위의 **제n번째 원분 다항식**(the nth cyclotomic polynomial)이라고 한다.

| 보기 7.3.2 | (1) $n=1$일 때, 다항식 $x-1_K$의 단위원 1_K의 1제곱근은 1밖에 없으므로 $R_1=\{1\}$이고 $\varphi(1)=1$이므로 $P_1=\{1\}$이다. 따라서 $\Phi_1(x)=x-1_K$이다.

(2) $n=2$일 때, 다항식 x^2-1_K의 단위원 1_K의 2제곱근의 집합은 $R_2=\{1,\zeta\}=\{1,-1\}$이고 이 중 단위원 1_K의 원시 2제곱근은 ζ뿐이므로 $P_2=\{\zeta\}(\varphi(2)=1)$이다. 따라서 $\Phi_2(x)=x-(-1_K)=x+1$이다.

(3) $F=\mathbb{Q}$이면 다항식 x^3-1_K의 단위원 1_K의 3제곱근의 집합은

$$R_3=\{1,\zeta,\zeta^2\}=\left\{1,\ \cos\frac{2\pi}{3}+i\sin\frac{2\pi}{3},\ \cos\frac{4\pi}{3}+i\sin\frac{4\pi}{3}\right\}$$

$$= \left\{1,\ -\frac{1}{2}+i\frac{\sqrt{3}}{2},\ -\frac{1}{2}-i\frac{\sqrt{3}}{2}\right\}$$

이고 이 중 단위원 1_K의 원시 3제곱근은

$$\left\{-\frac{1}{2}+i\frac{\sqrt{3}}{2},\ -\frac{1}{2}-i\frac{\sqrt{3}}{2}\right\}$$

이므로 $P_3 = \left\{-\frac{1}{2}+i\frac{\sqrt{3}}{2},\ -\frac{1}{2}-i\frac{\sqrt{3}}{2}\right\}(\varphi(3)=2)$이다. 따라서

$$\begin{aligned}\Phi_3(x) &= \left(x-\left(-\frac{1}{2}+i\frac{\sqrt{3}}{2}\right)\right)\left(x-\left(-\frac{1}{2}-i\frac{\sqrt{3}}{2}\right)\right)\\ &= x^2+x+1\end{aligned}$$

이다. 또한 다항식 x^4-1_K의 단위원 1_K의 4제곱근의 집합은

$$\begin{aligned}R_4 &= \{1,\ \zeta,\ \zeta^2,\ \zeta^3\}\\ &= \left\{1,\ \cos\frac{2\pi}{4}+i\sin\frac{2\pi}{4},\ \cos\frac{4\pi}{4}+i\sin\frac{4\pi}{4},\ \cos\frac{3\pi}{4}+i\sin\frac{3\pi}{4}\right\}\\ &= \{1,\ i,\ -1,\ -i\}\end{aligned}$$

이고 이 중 단위원 1_K의 원시 4제곱근은 $\{i,\ -i\}$이므로 $P_4 = \{i,\ -i\}(\varphi(4)=2)$이다. 따라서

$$\begin{aligned}\Phi_4(x) &= (x-i)(x-(-i))\\ &= x^2+1\end{aligned}$$

이다. ■

정리 7.3.6

K가 표수가 0인 체이고 n은 양의 정수라 하자.

(1) $x^n - 1_k = \prod_{d|n} \Phi_d(x)$

(2) $\Phi_n(x)$의 계수들은 모두 정수이고 $\deg \Phi_n(x) = \varphi(n)$ 이다.

[증명] (1) 정의 7.3.1의 밑에서 언급했듯이 K가 표수가 0이므로 단위원 1_K의 원시 n제곱근 ζ가 존재한다(연습문제 7.3.2). 즉, $R_n = \langle \zeta \rangle$이다. 정의에 의해

$$x^n - 1_k = \prod_{\eta \in R_n} (x-\eta)$$

이다. 예제 2.3.10에 의해 $d|n$이면 $\zeta^{n/d}$의 위수는 d이므로 $\zeta^{n/d}$는 단위원 1_K의 d제곱근이다. 따라서 R_n은 $d|n$인 d에 대하여 모든 단위원 1_K의 d제곱근을 포함한다. 분명히 $d|n$인 d에 대하여 $\eta \in R_n$가 단위원 1_K의 원시 d제곱근이기 위

한 필요충분조건은 $|\eta| = d$이다. 그러므로 $d|n$인 d에 대하여

$$\Phi_d(x) = \prod_{\substack{\eta \in R_n \\ |\eta| = d}} (x - \eta)$$

이고 $\eta \in R_n$의 위수는 n의 양의 약수이므로

$$x^n - 1_k = \prod_{\eta \in R_n} (x - \eta) = \prod_{d|n} \left(\prod_{\substack{\eta \in R_n \\ |\eta| = d}} (x - \eta) \right) = \prod_{d|n} \Phi_d(x)$$

이다.

(2) n에 대한 귀납법으로 $\Phi_n(x) \in \mathbb{Z}[x]$임을 증명하자. $n = 1$이면 $\Phi_1(x) = x - 1_K$이므로 $\Phi_1(x) \in \mathbb{Z}[x]$이다. $n \geq 2$일 때 $k < n$에 대하여 $\Phi_k(x) \in \mathbb{Z}[x]$이라고 가정하고 $f(x) = \prod_{\substack{d|n \\ d < n}} \Phi_d(x)$라 하자. 귀납법 가정에 의해 $f \in \mathbb{Z}[x]$이고 (1)에 의해 $x^n - 1_K = f(x)\Phi_n(x)$이다. $x^n - 1_K \in \mathbb{Z}[x]$이고 f는 모닉이다. 따라서 나눗셈 알고리즘에 의해 $h,\ r \in \mathbb{Z}[x] \subset F[x]$가 존재하여 $x^n - 1_K = f(x)h(x) + r(x)$가 존재한다. $F[x]$에서 나눗셈 알고리즘을 적용하면 몫과 나머지는 유일하므로 $r(x) = 0$이고 $h(x) = \Phi_n(x) \in \mathbb{Z}[x]$이다. 또한 $x^n - 1_K = \prod_{\substack{d|n \\ d < n}} \Phi_d(x)\, \Phi_n(x)$이므로 $\deg \Phi_n(x)$은 단위원 1_K의 원시 n제곱근의 개수이다. 따라서 $\deg \Phi_n(x) = \varphi(n)$가 성립한다. ■

| 보기 7.3.3 | (1) 위의 정리에 의하여 $\Phi_n(x)$을 구하는 재귀적방법(recursive method)을 얻을 수 있다.

$$\Phi_n(x) = \frac{x^n - 1_K}{\prod_{\substack{d|n \\ d < n}} \Phi_d(x)}$$

p가 소수이면

$$\Phi_p(x) = \frac{x^p - 1_K}{\Phi_1(x)} = \frac{x^p - 1_K}{(x - 1_K)} = x^{p-1} + x^{p-2} + \cdots + x^2 + x + 1_K$$

이다. $F = \mathbb{Q}$이면 보기 7.3.2에서처럼

$$\Phi_6(x) = \frac{x^6 - 1_K}{\Phi_1(x)\Phi_2(x)\Phi_3(x)} = \frac{x^6 - 1_K}{(x-1)(x+1)(x^2+x+1)}$$
$$= x^2 - x + 1$$

이다. 비슷하게

$$\Phi_8(x) = \frac{x^8 - 1_K}{\Phi_1(x)\Phi_2(x)\Phi_4(x)} = \frac{x^8 - 1_K}{(x-1)(x+1)(x^2+1)},$$
$$= x^4 + 1$$

$$\Phi_{12}(x) = \frac{x^{12} - 1_K}{\Phi_1(x)\Phi_2(x)\Phi_3(x)\Phi_4(x)\Phi_6(x)}$$
$$= \frac{x^{12} - 1_K}{(x-1)(x+1)(x^2+x+1)(x^2+1)(x^2-x+1)}$$
$$= \frac{x^{12} - 1_K}{(x^6-1)(x^2+1)}$$
$$= \frac{x^6+1}{x^2+1} = x^4 - x^2 + 1$$

이다.

(2) 양의 정수 k에 대하여 p가 소수이면 p^{k+1}의 약수는 p^i, $0 \le i \le k+1$이다. 또한

$$\prod_{i=0}^{k} \Phi_{p^i}(x) = x^{p^k} - 1$$

이므로

$$\Phi_{p^{k+1}}(x) = \frac{x^{p^{k+1}} - 1_K}{x^{p^k} - 1_K} = \frac{(x^{p^k})^p - 1_K}{x^{p^k} - 1_K}$$
$$= \Phi_p(x^{p^k}) = x^{p^k(p-1)} + x^{p^k(p-2)} + \cdots + x^{p^k} + 1_K$$

이다. 이 다항식은 유리수체 $\mathbb{Q}$위에서 기약이다(연습문제 7.3.3). ■

정리 7.3.7

체 F의 위수 n의 원분 확대체 K안에 단위원 1_K의 원시 n제곱근 ζ가 존재할 때 다음이 성립한다.

(1) $K = F(\zeta)$이고 K는 F의 갈로아 확대체이다.

(2) $|\mathrm{Gal}_F K| = |K : F|$이다.

(3) $\mathrm{Gal}_F K$는 $\mathbb{Z}_n^*$의 한 부분군과 동형인 아벨군이고 $|\mathrm{Gal}_F K| \mid \varphi(n)$, $|K : F| \mid \varphi(n)$이다. 특히 n이 소수이면 $\mathrm{Gal}_F K$는 순환군이다.

[증명] (1) 정리 7.3.3에 의해 $f(x) = x^n - 1$은 서로 다른 n개의 근 $1, \zeta, \cdots, \zeta^{n-1}$을 가진다. 따라서 $K = (1, \zeta, \cdots, \zeta^{n-1}) = F(\zeta)$

이므로 정리 6.4.3에 의해 갈로아 확대체이다.

(2) 정리 7.2.5에 의해 분명하다.

(3) $\sigma \in \mathrm{Gal}_F K$이라고 하자. $\sigma \in \mathrm{Gal}_F K$는 $\sigma(\zeta)$에 의하여 완전히 결정되고 $\sigma(\zeta)$의 위수는 n이므로 $\sigma(\zeta)$는 1_K의 원시 n제곱근이다. 따라서 정리 7.3.3에 의해

$\sigma(\zeta) = \zeta^i, \quad (i, n) = 1$

과 같이 쓸 수 있다. 따라서 함수 ϕ를 다음과 같이 정의하자.

$$\phi : \mathrm{Gal}_F\ K \to \mathbb{Z}_n^*, \quad \phi(\sigma) = i$$

$$\phi(\sigma) = i \iff \sigma(\zeta) = \zeta^i$$

또 $\sigma, \tau \in \mathrm{Gal}_F K$에 대하여 $\phi(\sigma) = i$, $\phi(\tau) = j$라고 하면,

$$(\sigma \circ \tau)(\zeta) = \sigma(\tau(\zeta)) = \sigma(\zeta^j) = (\zeta^j)^i = \zeta^{ij}$$

이므로

$$\phi(\sigma \circ \tau) = ij = i \cdot j = \phi(\sigma) \cdot \phi(\tau)$$

이므로 ϕ는 준동형 사상이다. 그리고 $\sigma \in \ker\phi$라면 $\phi(\sigma) = 1$이다. 따라서 $\sigma(\zeta) = \zeta$이고 $K = F(\zeta)$이므로 $\sigma = 1$이다. 따라서 ϕ는 일대일이다. 그러므로

$$\mathrm{Gal}_F K \cong \mathrm{im}\,\phi \subseteq \mathbb{Z}_n^*$$

이다. 곱셈군 $\mathbb{Z}_n^*$는 위수 $\varphi(n)$인 아벨군이므로 $\mathrm{Gal}_F K$는 아벨군이고 $|\mathrm{Gal}_F K| \mid \varphi(n)$이다. 당연히 n이 소수이면 $\mathbb{Z}_n^*$는 순환군이고 $\mathrm{Gal}_F K \cong im\,\phi \subseteq \mathbb{Z}_n^*$이므로 $\mathrm{Gal}_F K$는 순환군이다. ■

정리 7.3.8

K는 유리수체 $\mathbb{Q}$의 위수 n의 원분 확대체라 하고 $\Phi_n(x)$는 $\mathbb{Q}$위의 제 n번째 원분 다항식이라 하면 다음이 성립한다.

(1) $\Phi_n(x)$는 $\mathbb{Q}[x]$에서 기약 다항식이다.

(2) $|K : \mathbb{Q}| = \varphi(n)$.

(3) $\mathrm{Gal}_{\mathbb{Q}} K \cong \mathbb{Z}_n^*$, $\mathbb{Z}_n^*$는 환 $\mathbb{Z}_n$의 단원들의 곱셈군이다. 따라서 $|\mathrm{Gal}_{\mathbb{Q}} K| = \varphi(n)$.

[증명] (1) 이 책의 범위를 벗어나므로 생략한다.

(2) (1)과 정리 7.3.6, 7.3.7에 의하여 $|K : \mathbb{Q}| = \deg \Phi_n(x) = \varphi(n)$

(3) 정리 7.3.7(3)에 의해 $\mathrm{Gal}_{\mathbb{Q}} K \cong \mathbb{Z}_n^*$이다. ■

| 보기 7.3.4 | 체 K를 유리수체 $\mathbb{Q}$ 위의 위수 8의 원분 확대체라고 하자.

$$\zeta = e^{\frac{2\pi i}{8}} = \cos\frac{2\pi}{8} + i\sin\frac{2\pi}{8} = \frac{1}{\sqrt{2}} + \frac{1}{\sqrt{2}}i$$

는 단위원 1_K의 원시 8제곱근이다. 정리 7.3.3과 7.3.8에 의해 $K = \mathbb{Q}(\zeta)$이고 집합

$$\{\zeta,\ \zeta^3,\ \zeta^5,\ \zeta^7\}$$

은 단위원 1_K의 원시 8제곱근의 집합이다. 또한 ζ는 다항식은 보기 7.3.3에서

$$\Phi_8(x) = (x-\zeta)(x-\zeta^3)(x-\zeta^5)(x-\zeta)^7 = x^4 + 1$$

의 근이다. Φ_8는 유리수체 $\mathbb{Q}$에서 기약이므로 다음이 성립한다.

$$\begin{aligned} K = \mathbb{Q}(\zeta) &= \{a_0 + a_1\zeta + a_2\zeta^2 + a_3\zeta^3 \mid a_0,\ a_1,\ a_2,\ a_3 \in \mathbb{Q}\} \\ &= \{a_0 + a_1\zeta + a_2 i + a_3\zeta i \mid a_0,\ a_1,\ a_2,\ a_3 \in \mathbb{Q}\} \end{aligned}$$

$$\mathrm{Gal}_{\mathbb{Q}}K \cong \{1,\ \sigma,\ \tau,\ \rho\},$$

$$\sigma(\zeta) = \zeta^3 = \zeta i,\ \ \tau(\zeta) = \zeta^5 = \zeta^3\zeta^2 = \zeta i \cdot i = -\zeta,\ \ \rho(\zeta) = \zeta^7 = -\zeta i$$

사실

$$\mathrm{Gal}_{\mathbb{Q}}K \cong \mathbb{Z}_8^* = \{1,\ 3,\ 5,\ 7\}$$

이고 $\phi : \mathrm{Gal}_{\mathbb{Q}}K \to \mathbb{Z}_8^*$, $\phi(1) = 1$, $\phi(\sigma) = 3$, $\phi(\tau) = 5$, $\phi(\rho) = 7$라 정의하면 ϕ는 동형 사상이다.

유제 | 7.3.1 유리수체 $\mathbb{Q}$ 위에서 다항식 $x^{24} - 1$의 분해체를 K라 하자. 갈로아군 $\mathrm{Gal}_{\mathbb{Q}}K$의 위수와 복소수 $\zeta = e^{\frac{\pi}{12}i}$의 $\mathbb{Q}$ 위에서의 기약 다항식을 각각 풀이 과정과 함께 쓰시오.

유제 | 7.3.2 체 K를 유리수체 $\mathbb{Q}$위의 위수 12의 원분 확대체라고 하자. 단위원 1_K의 원시 12제곱근을 구하고 보기 7.3.4와 같이 $\mathrm{Gal}_{\mathbb{Q}}K$을 구하고 그 부분군을 구하라. 또한 $\mathrm{Gal}_{\mathbb{Q}}K$의 각 부분군의 불변체를 구하여라.

7.3 연습문제

K는 언제나 F의 확대체를 나타낸다.

1. F 안의 모든 단위원 1_K의 n제곱근의 집합은 F의 영이 아닌 원소들의 곱셈군의 곱셈 순환 부분군이고 $1 \leq R_n \leq n$임을 증명하라.

2. $x^n - 1$의 분해체를 K라 하고 $n = p^k m$, $m < n$이라고 할 때 $\text{char}\, K = p$이면 K는 원시 n제곱근을 갖지 않음을 증명하라. 또한 이 역도 성립함을 증명하라.

3. 양의 정수 k와 소수 p에 대하여

$$\Phi_{p^{k+1}}(x) = \frac{x^{p^{k+1}} - 1_K}{x^{p^k} - 1_K} = \frac{(x^{p^k})^p - 1_K}{x^{p^k} - 1_K} = \Phi_p(x^{p^k}) = x^{p^k(p-1)} + x^{p^k(p-2)} + \cdots + x^{p^k} + 1_K$$

는 유리수체 $\mathbb{Q}$ 위에서 기약임을 보여라. 또한 이 결과를 이용하여 $n = p^k$일 때 정리 7.3.8을 증명하라.

4. $n = 20$일 때의 제n번째 원분 다항식을 구하라.

5. $D(n)$을 n의 약수들의 집합이라 하자. 다음과 같이 함수(뫼비우스 함수, Möbius function)를 정의하자.

함수 $\mu : \mathbb{N} \to \mathbb{Z}$,

$\mu(1) = 1$,

$\mu(n) = 0$ 만약 n이 제곱인 약수를 가질 때,

$\mu(n) = (-1)^r$ 만약 n이 r개의 구별되는 소수의 곱일 때.

라 정의한다.

(1) 정수 $n > 1$에 대하여 $\sum_{d \in D(n)} \mu(d) = 0$임을 증명하라.

(2) G를 덧셈군이라 하자. $g : \mathbb{N}^* \to G$는 함수이고 $f : \mathbb{N}^* \to G$는 $f(n) = \sum_{d \in D(n)} g(d)$라고 정의하자. 그러면

$$g(n) = \sum_{d \in D(n)} \mu(d) f\left(\frac{n}{d}\right) = \sum_{d \in D(n)} \mu\left(\frac{n}{d}\right) f(d)$$

임을 증명하라. (G가 곱셈아벨군일 때 위의 식은 다음과 같이 쓸 수 있다.

$$g(n) = \sum_{d \in D(n)} f\left(\frac{n}{d}\right)^{\mu(d)} = \sum_{d \in D(n)} f(d)^{\mu(n/d)})$$

(3) $\Phi_n(x) = \prod_{d \in D(n)} (x^d - 1)^{\mu(n/d)}$이고 p가 소수일 때 $\Phi_p(x) = \prod_{0 \le k \le p-1} x^k$임을 보여라.

(4) (3)을 이용하여 $n = 30$, $n = 81$일 때의 제 n번째 원분 다항식을 구하라.

6. n, m은 서로 서로소인 양의 정수라 하자. $\mathbb{Q}$위의 $x^{nm} - 1$의 분해체는 $\mathbb{Q}$위의 $(x^n - 1)(x^m - 1)$의 분해체와 일치함을 증명하라.

7. $\mathbb{Q}$위의 원분 다항식 Φ_n, $n = 1, 2, 3, 4, 5, 6$을 모두 구하라.

8. $\mathbb{Q}$위의 다음 다항식들의 분해체를 구하라.

(1) $x^4 + x^2 + 1$

(2) $x^4 + 1$

(3) $x^6 + 1$

(4) $x^6 + x^3 + 1$

9. $\mathbb{Q}$위의 ζ은 단위원 1_K의 원시 12제곱근이라 하자. ζ을 근으로 갖는 $\mathbb{Q}[x]$에서의 모닉 기약 다항식을 구하라. $\mathbb{Q}(\zeta) = \mathbb{Q}(\zeta^2)$인가?

10. $\mathbb{Z}$ 위에서 $\Phi_{105}(x)$의 계수들 중에 절대값 2를 갖는 계수가 있음을 보여라.

11. $n = p^a q^b$, p, q는 서로 다른 소수일 때 $\Phi_n(x)$의 계수는 $1, -1, 0$ 중 하나임을 보여라.

12. $\mathbb{Q}[x]$에서 원분 다항식의 다음 관계를 증명하라.

(1) $\Phi_n(x) = \Phi_d(x^m)$, $n = dm$이고 d는 n의 모든 소수 인수들의 곱이다.

(2) n이 홀수 정수이면 $\Phi_{2n}(x) = \Phi_d(-x)$

(3) p가 소수이고 $p \nmid n$이면 $\Phi_{pn}(x) = \Phi_n(x^p)/\Phi_n(x)$이다.

7.3 유제풀이

유제 I 7.3.1 유리수체 $\mathbb{Q}$ 위에서 다항식 $x^{24}-1$의 분해체를 K라 하자. 갈로아군 $\mathrm{Gal}_{\mathbb{Q}}K$의 위수와 복소수 $\zeta = e^{\frac{\pi}{12}i}$의 $\mathbb{Q}$ 위에서의 기약 다항식을 각각 풀이 과정과 함께 쓰시오.

[풀이] ζ는 단위원 1_K의 24제곱근이고 정리 7.3.7에 의해 $K=\mathbb{Q}(\zeta)$이다. 또한 정리 7.3.8에 의해 $|\mathrm{Gal}_{\mathbb{Q}}K| = \varphi(24) = \varphi(8)\varphi(3) = 4\times 2 = 8$이다. 정리 7.3.8(1)에 의해 $\Phi_{24}(x) = \dfrac{x^{24}-1_K}{\prod\limits_{\substack{d|24 \\ d<24}} \Phi_d(x)}$ 이 복소수 $\zeta = e^{\frac{\pi}{12}i}$의 $\mathbb{Q}$ 위에서의 기약 다항식이다. 즉,

$$\begin{aligned}
\Phi_{24}(x) &= \frac{x^{24}-1_K}{\prod\limits_{\substack{d|24 \\ d<24}} \Phi_d(x)} \\
&= \frac{x^{24}-1_K}{\Phi_1(x)\Phi_2(x)\Phi_3(x)\Phi_4(x)\Phi_6(x)\Phi_8(x)\Phi_{12}(x)} \\
&= \frac{(x^{12}-1_K)(x^{12}+1_K)}{(x-1)(x+1)(x^2+x+1)(x^2+1)(x^2-x+1)(x^4+1)(x^4-x^2+1)} \\
&= \frac{(x^{12}-1_K)(x^4+1_K)(x^8-x^4+1_K)}{(x^4-1)(x^4+x^2+1)(x^4+1)(x^4-x^2+1)} \\
&= \frac{(x^{12}-1_K)(x^8-x^4+1_K)}{(x^4-1)(x^8+x^4+1)} = x^8-x^4+1_K
\end{aligned}$$

이다.

유제 I 7.3.2 체 K를 유리수체 $\mathbb{Q}$위의 위수 12의 원분 확대체라고 하자. 단위원 1_K의 원시 12제곱근과 $\mathrm{Gal}_{\mathbb{Q}}K$를 구하고 그 부분군을 구하라. 또한 $\mathrm{Gal}_{\mathbb{Q}}K$의 각 부분군의 고정체를 구하여라.

[풀이] 체 K를 유리수체 $\mathbb{Q}$위의 위수 12의 원분 확대체라고 하자.

$$\zeta = e^{\frac{2\pi i}{12}} = \cos\frac{2\pi}{12} + i\sin\frac{2\pi}{12} = \frac{\sqrt{3}}{2} + \frac{1}{2}i$$

는 단위원 1_K의 원시 12제곱근이다. 정리 7.3.3과 7.3.8에 의해 $K=\mathbb{Q}(\zeta)$

이고 집합

$$\{\zeta,\ \zeta^5,\ \zeta^7,\ \zeta^{11}\}$$

은 단위원 1_K의 원시 12제곱근의 집합이다. 또한 ζ는 다항식은 보기 7.3.3에서 $\Phi_{12}(x)=(x-\zeta)(x-\zeta^5)(x-\zeta^7)(x-\zeta^{11})=x^4-x^2+1$의 근이다. Φ_{12}는 유리수체 $\mathbb{Q}$에서 기약이므로 다음이 성립한다.

$$|\mathrm{Gal}_{\mathbb{Q}}K|=\varphi(12)=\varphi(4)\varphi(3)=2\times 2=4$$

$$K=\mathbb{Q}(\zeta)=\{a_0+a_1\zeta+a_2\zeta^2+a_3\zeta^3\,|\,a_0,\ a_1,\ a_2,\ a_3\in\mathbb{Q}\}$$

$$\mathrm{Gal}_{\mathbb{Q}}K\cong\{1,\ \sigma,\ \tau,\ \rho\}\cong\mathbb{Z}_{12}^*=\{1,\ 5,\ 7,\ 11\},$$

$$\sigma(\zeta)=\zeta^5,\ \ \tau(\zeta)=\zeta^7,\ \ \rho(\zeta)=\zeta^{11}$$

$\mathrm{Gal}_{\mathbb{Q}}K$의 진부분군은 $\{id\}$, $\langle\sigma\rangle=\{1,\ \sigma\}$, $\langle\tau\rangle=\{1,\ \tau\}$, $\langle\rho\rangle=\{1,\ \rho\}$이다. 또한 $u=a_0+a_1\zeta+a_2\zeta^2+a_3\zeta^3\in K$에 대하여 $\mathrm{Gal}_{\mathbb{Q}}K$의 각 원소들에 의한 상을 조사하자. 다음의 결과는 많은 계산 과정을 포함한다.

$\zeta^5=\zeta^3-\zeta$, $\zeta^{10}=-\zeta^4$, $\zeta^4=\zeta^2-1$이고 $\zeta^7=-\zeta$, $\zeta^9=-\zeta^3$이고 $\zeta^{11}=\zeta-i=\zeta-\zeta^3$이므로 다음을 얻는다.

$$\begin{aligned}\sigma(u)&=\sigma(a_0+a_1\zeta+a_2\zeta^2+a_3\zeta^3)=\sigma(a_0)+\sigma(a_1\zeta)+\sigma(a_2\zeta^2)+\sigma(a_3\zeta^3)\\&=a_0+a_1\sigma(\zeta)+a_2\sigma(\zeta^2)+a_3\sigma(\zeta^3)=a_0+a_1\zeta^5+a_2\zeta^{10}+a_3\zeta^{15}\\&=a_0+a_1(\zeta^3-\zeta)-a_2\zeta^4+a_3\zeta^3=a_0-a_1\zeta-a_2(\zeta^2-1)+a_1\zeta^3+a_3\zeta^3\\&=(a_0+a_2)-a_1\zeta-a_2\zeta^2+(a_1+a_3)\zeta^3\end{aligned}$$

$$\begin{aligned}\tau(u)&=a_0+a_1\tau(\zeta)+a_2\tau(\zeta^2)+a_3\tau(\zeta^3)=a_0+a_1\zeta^7+a_2\zeta^{14}+a_3\zeta^{21}\\&=a_0+a_1\zeta^7+a_2\zeta^2+a_3\zeta^9=a_0-a_1\zeta+a_2\zeta^2-a_3\zeta^3\end{aligned}$$

$$\begin{aligned}\rho(u)&=a_0+a_1\rho(\zeta)+a_2\rho(\zeta^2)+a_3\rho(\zeta^3)=a_0+a_1\zeta^{11}+a_2\zeta^{22}+a_3\zeta^{33}\\&=a_0+a_1\zeta^{11}+a_2\zeta^{10}+a_3\zeta^9=a_0+a_1(\zeta-\zeta^3)+a_2(1-\zeta^2)-a_3\zeta^3\\&=(a_0+a_2)+a_1\zeta-a_2\zeta^2-(a_1+a_3)\zeta^3\end{aligned}$$

따라서 $\sigma(u)=u$이기 위한 필요충분조건은 $u=a_0+a_3\zeta^3$, $\tau(u)=u$이기 위한 필요충분조건은 $u=a_0+a_2\zeta^2$이다. $\rho(u)=u$이기 위한 필요충분조건은 $\zeta^{11}=\zeta^{-1}=\zeta-i$이고 $\zeta^3=i$이므로

$$\begin{aligned}u&=a_0-2a_3\zeta+a_3\zeta^3=a_0-2a_3\zeta+a_3i=a_0-a_3\zeta-a_3(\zeta+i)\\&=a_0-a_3\zeta-a_3\zeta^{11}=a_0-a_3(\zeta+\zeta^{-1})\end{aligned}$$

이다. 또한 $\zeta^2 = \dfrac{1+\sqrt{3}\,i}{2}$, $\zeta+\zeta^{-1} = \sqrt{3}$ 이다. 따라서 $\mathrm{Gal}_{\mathbb{Q}}K$의 각 부분군의 고정체는 다음과 같다.

$$K_{\{1\}} = K,\ K_{\langle\sigma\rangle} = \mathbb{Q}(\zeta^3) = \mathbb{Q}(i),\ K_{\langle\tau\rangle} = \mathbb{Q}(\zeta^2) = \mathbb{Q}(\sqrt{3}\,i),$$

$$K_{\langle\rho\rangle} = \mathbb{Q}(\zeta+\zeta^{-1}) = \mathbb{Q}(\sqrt{3}\,),\ K_{\mathrm{Gal}_{\mathbb{Q}}K} = \mathbb{Q}$$

이다.

참고문헌

상식이란, 18세까지 습득한 편견의 집합이다.

Common sense is the collection of prejudices acquired by age eighteen.

- 이론 물리학자 알버트 아인슈타인 (Albert Einstein)

김응태 · 박승안, 2010: **선형대수학.** 제3판. 청문각.

김응태 · 박승안, 2007: **정수론.** 제7판. 경문사.

김응태 · 박승안, 2009: **현대대수학.** 제7판. 경문사.

임근빈 · 전송기 · 임동만, 2006: **현대대수학.** 제5판. 경문사.

채갑병, 2010: **선형대수학**. 경문사.

허걸, 2010: **임용고사를 위한 대수학**. 경문사.

Richard A. Dean, 1990: *Classical Abstract Algebra.* Harper & Row.

John D. Dixon, 1973: *Problems in group theory.* Dover.

Jean-Pierre Escofier, 2001: *Galois Theory.* Springer.

John B. Fraleigh, 1998: *A first course in Abstract Algebra.* sixth edition. Addison Wesley Longman.

Joseph A. Gallian, 2014: 현대대수학. 제7판 (박종률 · 조정래 · 강동승 · 임정욱 · 김세경 공역). 교우사.

I.N. Herstein, 1975: *Topics in Algebra.* second edition. John Wiley and Sons.

Thomas W. Hungerford, 1974: *Algebra.* Springer.

Thomas W. Hungerford, 1996: *Abstract Algebra An introduction.* second edition. Harcourt College Publishers.

T.Y. Lam, 2007: *Exercises in Modules and Rings.* Springer.

Steven H. Weintraub, 2009: *Galois Theory.* second edition. Springer.

찾아보기

"솔직히 말해보자. 너는 아인슈타인은 아니지만 저런 엉터리 수학 선생님이 너를 바보 취급하게는 하지 말아라. 너는 충분히 영리하고 수학 말고도 다른 것에 소질도 있어, 그치?"

- $#*! My Dad Says

■ 국문

ㄱ

가약 260
가역행렬 208
가우스의 보조정리 393
가우스 정수환 360
가환성 34
가환환 184
갈로아 539
갈로아군 528
갈로아 이론의 기본정리 536, 542
갈로아체 519
갈로아 확대체 539
같음(상등) 12
결합법칙 34, 74
계산의 기본정리 10
고유하다 120
고정부분군 426
고정점 428
고정체 534
곱셈의 교환법칙 184
곱의 항등원 184
공리 34
공액 438
공액류 427
공액변형 421
공약수 4
교환법칙 34
교환자부분군 139
군 32, 34
군의 표현 99
궤도의 크기 425
극대 이데알 351
근 267
기본체 484
기수 459
기약 다항식 260
기약원 361
기저 457
기초인수 415
길이 425
길이 k의 순환 41

ㄴ
나눈다 3, 251, 360
나눗셈 알고리즘 2, 244
나눗셈환 188
나머지 정리 268
나머지류 298, 332
내부자기동형사상 95
내용 285, 392
(내적인)직적 405

ㄷ
다항식 241
다항식환 242, 316
다항함수 266
단사 93
단순 확대체 468
단순군 158
단원 24, 208, 360
단위원 1_K의 n제곱근 548
단위원 1_K의 원시 n제곱근 549
단인자 415
닫힘 34
대수적 468
대수적으로 닫혀있다 500
대수적 폐체 500
대수적 확대체 480
대수학의 기본정리 291
대응정리 150
대입준동형사상 275, 524
대칭군 37
대칭률 113, 321
동반원 259, 360
동형 93
동형사상 93, 94, 223
동형정리 341
드무아브르(DeMoivre)의 정리 51

ㄹ
라그랑지 정리 165, 427
류 방정식 428

ㅁ
메타아벨군 159
멱등원 211, 218
멱영원 213, 219
모닉기약다항식 469
모닉다항식 252
몫군 134
몫환 334
무한군 35
무한위수 35, 60
무한차원 459

ㅂ
반대대입 7
반사율 113, 321
배수 3
부분군 74
부분체 189
부분환 185
부정원 267
분리가능하다 506
분리가능한 확대체 506
분수체 390
분해불능 406
불변인자 415
비가환군 35
비가환환 184, 317
비아벨군 35

ㅅ
사슬 483
사원소군 450

사원수 198
사원수군 51, 169
상군 134
상등 12
상수다항식 243
새내기의 꿈 517
생성원 77, 80
생성한다 80, 456
서로소 4, 42, 254, 299
선형결합 456
선형독립 456
선형종속 457
소거법칙 57
소수 9
소수부분체 516
소원 366
소이데알 349
소인수 10
소인수분해 10
순열 32
순환군 77
순환표시법 41
실로우 p-부분군 437
실로우 제1정리 435
실로우 제2정리 439
실로우 제3정리 440

ㅇ

아벨군에 대한 코시 정리 434
아이젠스타인의 판정법 283
안정부분군 426
약수 3
역원 34, 57
영이데알 317
영인자 210
오른쪽 나머지류 113, 114
오른쪽 이데알 326
오른쪽 정칙 표현 106
오름사슬조건 375
오일러 함수 170
완전제곱수 11
왼쪽 나머지류 114
왼쪽 이데알 319
왼쪽 정칙표현 99
원시다항식 285, 392
웨더번 190
위수 n의 원분 확대체 550
위수 34, 60, 77, 516
유리근 판정법 278
유리함수들의 체 390
유일인수분해정역 363
유클리드 알고리즘 6
유클리드 정역 377
유한위수 34, 60
유한차원 대수적 확대체 483
유한차원 458
유한하게 만들어진 508
유한하게 만들어진다 141
유한하게 만들어진 확대체 481
유한하다 34
음 204, 485
이데알 317
이항정리 207
인수 정리 268
인수 251, 360
인수군 134
인수환 334
일반선형군 37
잉여군 134

ㅈ

자기동형사상 95

자명한 부분군 74
자연준동형사상 335
작용 420
작용준동형사상 422
재배열 32
전단사 함수 32, 93
전사 93
정규 확대체 498
정규부분군 116
정규화부분군 84, 428
정규화집합 84
정사각형의 대칭군 40
정역 188
제n번째 원분 다항식 550
제n원분 확대체 548
제1동형정리 147, 336
제1동형정리 336
제2동형정리 159, 341, 345
제3동형정리 149, 345
주이데알 318
주이데알정역 375
준동형사상 94, 223
준동형상 336
중간체 533
중심 82, 119, 136
중심화 83
중심화부분군 83, 427
지수표기법 59, 206
지표 164
직적 402
직적인자 405
직접곱 147
직합 402
진부분군 74
진약수 364
짝수치환 43

ㅊ

차수 243, 459
체 188
체들의 쇠사슬 489
초월원 267
초월적 469
최고차계수 243
최대공약수 4, 252, 362
최대위수원소 411
최소다항식 470
최소의 공통분모 277
추이율 113, 321
추이적으로(transitively) 작용 428
치환 32
치환군 37
치환표현 423

ㅋ

카테시안곱 191
케일리 정리 97
켤레사상 224
코시 정리 436
클라인의 사원군 132

ㅌ

특수선형군 51

ㅍ

페르마의 소정리 266
포함이 반대 544
표수 211
표수 0 507
표준준동형 147

ㅎ

합동 320

합동류 298
합성수 10
항등원 34, 57
항등원이 있는 환 184
항등치환 43
항등함수 528
해 268
핵 120, 145, 335, 442
호환 43
홀수치환 43
확대체 313, 456
환 184

■ 영문

A

a k-cycle 41
a basis 457
a cycle of length k 41
a finitely generated extension of F 481
a is congruent to b modulo K 113
a is congruent to b modulo n 12
a is left congruent to b modulo K 122
a linear combination 456
a principal ideal domain 375
a separable extension field 506
a simple extension 468
a unique factorization domain 363
action homomorphism 422
action 420
algebraic 468
algebraically closed 500
an algebraic extension of F 480
associate 259, 360
associative law 74
Associativity 34
automorphism 95
axiom 34

B

back-substitution 7
bijection 93
Binomial Theorem 207

C

canonical Homomorphism 147
cardinality 459
Cartesian product 191
Cauchy's theorem 436
Cauchy's theorem for abelian group 434
Cayley's Theorem 97
center 82, 119, 136
Centralizer subgroup 83, 427
chain of fields 489
characteristic 120, 211
characteristic 0 507
class equation 428
Closure 34
common divisor 4
commutative ring 184
commutator subgroup 139
composite number 10
congruence class 298
conjugate 438
conjugation 421
conjugation mapping 224
constant polynomial 243
content 285
cyclic group 77

D

degree 243, 459
direct factor 405
direct product 147
direct sum 402
disjoint 42
divides 3, 360
division ring 188
divisor 3

E

ED 377
Eisenstein's Criterion 283
element of maximal order 411
elementary divisor 415
equal 12
Euclidean domain 377
Euler function 170
evaluation homomorphism 275, 524
exponent notation 59, 206
extension field 313, 456
external direct product 402

F

factor 251
factor ring 334
F-automorphism of K 528
field 188
finite dimensional 458
finite order 34, 60
finitely generated 141, 508
fixed point 428

G

Galois extension 539
Galois group 528
general linear group 37
generate 80
generator 80
group 32, 34

H

homomorphic image 336
homomorphism 94, 223

I

ideal 317
idempotent element 211
identity element 34
inclusion-reversing 544
indecomposable 406
indeterminate 267
infinite dimensional 459
infinite order 35, 60
injective 93
integral domain 188
intermediate field 533
internal direct product 405
invariant factor 415
invertible matrix 208
irreducible element 361
irreducible polynomial 260
isomorphic 93
isomorphism 93, 94, 223

K

kernel 120, 335, 422
Klein four group 132

L

Lagrange's Theorem 165
leading coefficient 243

left coset of K 114
left ideal 319
left regular representation of G 99
length 425
linearly dependent 457
linearly independent 456

M

maximal ideal 351
metaabelian group 159
monic polynomial 252
multiple 3

N

negative 204, 485
nilpotent element 213
nonabelion group 35
noncommutative ring 184
non-commutative ring 317
normal extension 498
normal subgroup 116
nth cyclotomic extension 548
nth root of unity 548

O

order 34, 77

P

perfect square 11
permutation representation 423
p-group 411
PID 375
polynomial function 266
polynomial with coefficients in R 241
prime 9
prime element 366
prime factor 10
prime factorization 10
prime ideal 349
primitive nth root of unity 549
primitive polynomial 285
proper devisor 364
proper subgroup 74

Q

Quaternion group 450
quotient ring 334

R

Rational Root Test 278
rearrangement 32
reducible 260
relatively prime 4, 254
representation of G 99
residue class 298
right coset 114
right coset of K 113
right ideal 326
ring 184
ring with identity 184
root 267

S

simple group 158
size 425
solution 268
span 456
special linear group 51
stabilizer 426
subfield 189
subgroup 74
subring 185

surjective 93
Sylow p-subgroup 437
Sylow the first theorem 435
Sylow the second theorem 439
Sylow the third theorem 440
symmetric group 37

T

the nth cyclotomic polynomial 550
the algebraic closure 500
the alternating group of degree n 44
the ascending chain condition(ACC) on principal ideals 375
the congruence class of a modulo k 113
the congruence class of a modulo I 322
the congruence class of a mod n 14
the correspondence theorem 150
the cyclic subgroup generated by a 76
the cyclotomic extension of order n over F 550
the dihedral group of degree 4 40
the dihedral group of degree n 40
The division Algorithm 2
The Euclidean Algorithm 6
the factor group 134
The Factor Theorem 268
the field obtained by adjoining u to F 472
the field of quotients 390
the field of rational functions 390
The First Isomorphism Theorem 147, 336
the fixed field 534
The Freshman's Dream 517
THE FUNDAMENTAL OF GALOIS THEORY 542
The Fundamental Theorem of Algebra 291
The Fundamental Theorem of Arithmetic 10
The Fundamental Theorem of Galois Theory 536
the Galais field of p^n 519
the greatest common divisor 4, 252, 362
the ground field 484
the group of symmetries of the square 40
the index of H in G 164
the inner automorphism of G induced by c 95
the inverse 34
the kernel 145
the least common denominator 277
the minimal polynomial of u over F 470
the natural homomorphism from R to R/I 335
the order 516
the prime subfield 516
the principal ideal generated by c 318
the quaternion group 51, 169
the quotient group 134
The Remainder Theorem 268
the right regular representation 106
the ring of Gaussian integers 360
The Second Isomorphim Theorem 159, 341, 345
the subgroup generated by S 79
The Third Isomorphism Theorem 149, 341, 345
to be separable 506
transcendental 469
transposition 43
trivial subgroup 74

U

UFD 363

unit 24, 208, 360

W
Wedderburn 190

Z
zero divisor 210
zero ideal 317

■ 기타

2-순환 43
4차의 정이면체군 40
a가 n을 법으로 하여 b와 합동 12
a에 의해 생성된 순환부분군 76
c가 만드는 주이데알 318
F-자기동형사상 528
$f(x)$가 $p(x)$를 법으로 $g(x)$와 합동 296
$F(u)$는 u를 F에 첨가하여 얻어지는 체 472
G-궤도 425
G-작용의 준동형사상 422
I를 법으로 하는 a의 합동류 322
K를 법으로 a의 합동류 113
k-순환 41
n을 법으로 하는 a의 합동류 14
n차 교대군 44
n차의 정이면체군 40
p-군 411
S에 의해 생성된 부분군 79
$\equiv$ 12

추상대수학 제2판

지은이 허 걸 · 채갑병
펴낸이 조경희
펴낸곳 경문사
펴낸날 2015년 7월 10일 1판 1쇄
2022년 3월 31일 2판 1쇄
등 록 1979년 11월 9일 제1979-000023호
주 소 04057, 서울특별시 마포구 와우산로 174
전 화 (02)332-2004 팩스 (02)336-5193
이메일 kyungmoon@kyungmoon.com

값 34,000원

ISBN 979-11-6073-382-2